无人机集群无线自组织网络

陈 昕 刘家佳 洪 亮 著

西北工业大学出版社

西 安

【内容简介】 无人机集群协同作战是未来空战的主要形式，无线自组织网络可为无人机集群提供可靠的通信基础。本书围绕无人机集群协同作战对无线自组网的技术需求和关键技术展开阐述。具体内容包括无人机集群协同作战的场景想定及对应的网络技术指标分析、信道接入协议、路由协议、信息一致性方法以及时钟同步和网络安全等。

本书可供无人机集群相关领域的技术研究人员学习、参考。

图书在版编目(CIP)数据

无人机集群无线自组织网络/陈昨，刘家佳，洪亮著. —西安：西北工业大学出版社，2020.2
ISBN 978-7-5612-6999-2

Ⅰ.①无… Ⅱ.①陈… ②刘… ③洪… Ⅲ.①无人架驶飞机-集群通信系统-自组织系统-通信网-研究 Ⅳ.①V279

中国版本图书馆 CIP 数据核字(2020)第 194723 号

WURENJI JIQUN WUXIAN ZI ZUZHI WANGLUO
无 人 机 集 群 无 线 自 组 织 网 络

责任编辑：万灵芝　　**策划编辑**：杨　军
责任校对：张　潼　　**装帧设计**：李　飞
出版发行：西北工业大学出版社
通信地址：西安市友谊西路 127 号　　邮编：710072
电　　话：(029)88491757，88493844
网　　址：www.nwpup.com
印 刷 者：兴平市博闻印务有限公司
开　　本：787 mm×1 092 mm　　1/16
印　　张：20.875
字　　数：548 千字
版　　次：2020 年 2 月第 1 版　2020 年 2 月第 1 次印刷
定　　价：69.00 元

前　言

以“蜂群”为代表的无人机集群是无人机未来的发展趋势，近年来美军和我军均投入了大量的精力发展无人机集群作战。尤其是2016年以来，中美两国纷纷发布了自己的无人机集群实验验证项目，进入了你追我赶的快速发展轨道。无人机集群协同作战将无可置疑地成为未来空战的主要形式。可靠的通信系统是无人机集群形成协同作战能力的必要条件。无线自组织网络由于具有快速组网、无控制中心、抗毁性强、无需通信基础设施的特点，密切结合了无人机集群协同作战的战术需求，是无人机集群的首选通信技术。

笔者所在的课题组从事无线自组织网络，尤其是无人机集群无线自组织网络方面的研究已经多年，参加和完成了多项相关重大课题，奠定了较为深厚的理论基础，具有较为丰富的工程实践经验。鉴于无线自组织网络是无人机集群的关键支撑技术，且面向无人机集群协同作战的无线自组织网络与通用的无线自组织网络在实现方式和技术指标上有着较大的不同，而国内关于系统介绍该领域技术的书籍十分少见，为此，有必要编写一部旨在对无人机集群无线自组织网络技术进行全面而系统地分析和介绍的专业书籍，满足相关研究人员的需求，并为促进国内对无人机集群协同作战的研究尽微薄之力。

本书分5章，紧密围绕无人机集群的战术需求，从无人机集群协同作战对无线自组网提出的技术指标、信道接入协议、路由协议、时钟同步、信息一致性到网络安全等一系列关键技术，进行了全面系统的阐述和分析。对其中每一项关键技术均给出了课题组近年来所取得的研究成果，并进行了详细的分析和深入的讨论。具体而言，第1章对网络中心战条件下，无人机集群的优势和需求进行了分析，给出了一些无人机集群协同作战的场景想定，并推导出了相应作战条件下对无人机集群无线自组织网络的技术指标要求。第2章首先分析了无人机集群组网对信道接入协议的要求，并对现有的主流信道接入协议进行了分类介绍，然后重点介绍了课题组设计实现的STDMA协议。第3章分析指出，高可靠、高实时和高鲁棒性是无人机集群无线自组网路由协议的首要需求，在对主流无线自组网路由协议进行分析介绍后，分别介绍了课题组面向不同无人机集群应用条件设计的4种高可靠、高实时、高鲁棒路由协议。无人机集群执行协同作战任务的前提是对协作信息达成一致。第4章对无领航节点和有领航节点条件下的有限时间收敛的信息一致性方法和时钟同步方法进行了介绍，并给出了有限时间收敛的一致性算法和时钟同步方法。第 5 章简要介绍了无人机集群自组织网络的网络安全问题。

本书在撰写过程中密切结合无人机集群的战术应用，针对性地对相关关键技术展开阐述，可为无人机集群相关领域的技术研究人员提供诸多帮助。写作本书曾参阅了相关文献、资料，在此，谨向其作者深表谢意。

由于无人机集群自组织网络是一个全新的应用领域，许多问题尚无定论，加之笔者水平有限，不妥之处在所难免，敬请同行和读者批评指正。

著　者

2019 年 2 月

目　录

第1章 绪 论

1.1 概 述

1.1.1 狼群战术

人类在征服自然和改造自然的同时,也在不断地向自然界学习,从自然界汲取各种营养。战争是人类社会活动的重要组成部分,人类也从自然界的现象中学习和丰富了战争艺术。例如,人类从狼群中学习和发展出了一系列战术战法,其中最著名的就是第二次世界大战中,纳粹德国海军的"狼群战术"。"狼群战术"与"闪电战"并称为纳粹德国军队的海陆两大"法宝"。而真实的狼群要比德军潜艇的"狼群"复杂得多。

2004年,一部叫《狼图腾》的小说风靡全中国。在《狼图腾》的第二章中对狼群有这么一段精彩的描写:

"突然,狼群开始总攻。最西边的两条大狼在一条白脖白胸狼王的率领下,闪电般地冲向靠近黄羊群的一个突出山包,显然这是三面包围线的最后一个缺口。抢占了这个山包,包围圈就成形了。这一组狼的突然行动,就像发出三枚全线出击的信号弹。憋足劲的狼群从草丛中一跃而起,从东、西、北三面向黄羊群猛冲。陈阵从来没有亲眼见过如此恐怖的战争进攻。人的军队在冲锋的时候,会齐声狂呼冲啊杀啊;狗群在冲锋的时候,也会狂吠乱吼,以壮声威,以吓敌胆,但这是胆虚或不自信的表现。而狼群冲锋却悄然无声,没有一声呐喊,没有一声狼嗥。可是在天地之间,人与动物眼里、心里和胆里却都充满了世上最原始、最残忍、最负盛名的恐怖:狼来了!

在高草中嗖嗖飞奔的狼群,像几十枚破浪高速潜行的鱼雷,运载着最锋利、最刺心刺胆的狼牙和狼的目光,向黄羊群冲去。"[1]

这段描述虽然是虚构的文学作品,但却真实地体现了狼群作战的几个关键技术点。

首先,狼群不是个体狼简单的数量叠加,狼群和军队一样,有等级森严的组织、明确的分工和严明的纪律。狼群中最强壮的狼将会成为头狼,并依次在狼群中建立严格的等级秩序。头狼具有绝对的号召力,是狼群的指挥者。在上面一段文字的描述中,正是头狼率先发起了进攻,带领整个狼群完成捕猎任务。

其次,狼群通过有效的通信协调来实施攻击行动。要实现协同攻击,前提是必须能够有效地共享协同信息。狼群没有高带宽的通信系统,必须通过最简单的动作和声音,在极低带宽条件下有效地共享协同信息。而且,这个共享过程并不需要全局通信,每头狼只要与邻近的狼之间交互信息即可。上面这段文字描述的就是狼群之间如何相互跟随形成攻击波的。

最后，狼群根据猎物的情况进行合理的站位，即资源的合理调度。上文描述的狼群攻击就对兵力进行了配置，攻击从东、西、北三个方向展开，最终将黄羊群赶到了“大雪窝”，基本全歼了黄羊群。这个情节虽然文学夸张的成分较多，但真实的狼群也的确会根据猎物的不同，进行合理的分工或资源配置。例如，在狼群攻击驼鹿时，就会有一两只狼咬住驼鹿的后腿，一只咬住驼鹿的鼻子，一只去咬断驼鹿的咽喉。狼群正是通过这种协同行为极大地提高了捕猎成功率。

在《狼图腾》中，成吉思汗的蒙古大军就是从狼群那里学到了一系列的战术战法，从而横扫欧亚大陆。不仅仅是成吉思汗的蒙古大军，时至今天，狼群依然有值得人类学习和借鉴的方面。

狼群战术的关键点在于协同作战。如果没有有效的协同，规模再庞大的狼群也不会发挥出较高的作战效率。学习了狼群战术的三万拖雷骑兵，通过有效的协同作战，在河南三峰山战役中消灭了二十万金国主力。

如何实现有效的协同作战依然是现代战争需要解决的首要问题。网络中心战就是现代信息社会条件下提出的一种实现有效协同作战的新方法。

1.1.2 网络中心战下的协同作战

网络中心战（Network - Centric Warfare，NCW），现多称网络中心行动（Network - Centric Operations，NCO），是美国海军军事学院的塞布鲁斯基海军中将于 1997 年提出的一种新的作战指导原则，其中心思想是通过网络，把各种不同的系统与传感器连接在一起，使各分散配置的作战单元共同感知战场态势，协调行动，从而发挥最大的作战效能。

网络中心战是人类社会步入信息社会的必然产物。自 20 世纪 90 年代以来，以计算机网络为核心的信息迅猛发展，深刻地改变了人类生活的方方面面。大到商业模式，小到生活出行、休闲娱乐，都受益于计算机网络信息共享带来的各种便利。军事领域也不例外，由于有了先进的通信网络，指挥官不需要像过去那样，依赖于在地理位置上接近，逐级响应来指挥战斗，而是通过通信网络实时地部署兵力、指挥行动。网络中心战就是在这种条件下产生的新的作战方式。网络中心战在现代战争中的地位，就相当于电子商务在现代商业中的地位。

网络中心战的核心是信息网络，它利用先进的网络技术，将分布在各地不同类型的传感器和作战单元连接成高效协同的作战单元。实施网络中心战的关键要素如下。

（1）完善的通信网络是基础。网络中心战的强大威力来源于其强大的网络通信体系，它将各分散的作战要素通过全球信息栅格实现网络化，共享战场态势感知，将信息优势转化为作战优势。可以说没有完善的通信网络，就没有实时的态势共享，就没有网络中心战的优势。数据链系统为网络中心战提供了通信网络基础。世界各军事强国均先后研发了各种不同用途的通用数据链和专用数据链，以保障网络中心战的需求。

（2）有效的感知是支撑。网络中心战通过网络将传感器结合在一起，发挥其在信息化战场获取信息的优势，大大提高了作战单元对战场态势的感知能力，使其可以实时地了解不断变化的战场动态。网络中心战强调的是全方位、立体的感知。感知对象除敌情之外，还包括我情、友情、地理环境和气象水文等。而且，网络中心战中对信息的感知不仅仅是收集信息，还要对信息进行处理和分析，从而使指控系统能够平稳地响应战场条件的变化，避免被动式的响应。

（3）充分的协同是目的。所谓协同作战，一般是指不同的力量在不同领域围绕一个共同的目标一起作战。在传统的平台中心战中,由于作战单元采用垂直管理体系,各兵种、各平台之间难以形成有效的协同。而网络中心战通过各分散作战单元共享战场信息,减少了指挥环节,从而促成各作战单元之间的有效协同行动,可以产生最佳的作战效果。这是网络中心战的核心目标。

(4)准确的评估是补充。在作战任务完成后,还需要对作战效果做出准确的评估,以确定是否完成作战任务、是否发起第二轮攻击。

网络中心战与传统的平台中心战相比,具有更高的作战效能,因此世界各国已经开始建设基于网络中心的军事体系。在以网络中心战为核心的军事体系中,无人机集群占有核心地位。

首先,无人机集群是网络中心战通信网络的重要组成部分,无人机可以作为空中通信的中继节点,基于无线自组织网络建立战场临时通信系统,是全球信息栅格的重要组成部分。

其次,无人机集群在战场态势感知中起着举足轻重的作用。无人机具有良好的机动性能和续航能力,可实现对战场目标的持续监视能力。而且,通过无人机集群中不同无人机搭载的不同种类的先进机载传感器,可以对战场目标进行精准定位。可以说无人机在战场态势感知中的地位是其他作战平台无法替代的。

再次,无人机集群协同作战是网络中心战中一种重要的作战方式。与有人机相比,无人机具有诸多优势:无人机不需要飞行员,不存在伤亡问题;无人机造价相对便宜,即使被击落,损失也较小;无人机本身具有侦察打击一体化的特点,可在发现目标后,迅速进行攻击,时效性较强;无人机集群可形成饱和打击能力,可有效突破敌方的防御系统。因此,无人机集群是协同作战的一个利器。

最后,通过无人机集群可对作战效果进行有效评估。无人机集群可通过合理的战术配合完成对作战效果的评估。例如,无人机集群可配置包括可见光、红外线、合成孔径雷达在内的不同类型的传感器,由不同的无人机在高空、中空、低空对战场进行多角度、多层次、多分辨率的侦察和评估,形成高度可信的评估结论。

因此,可以说无人机集群是网络中心战中至关重要的一环,承担着主要包括军事测绘、侦察探测、电子战、信息战、精确打击、战场评估以及与其他平台协同作战等任务[2]。

1.2 无人机集群协同作战

既然无人机集群是网络中心战的重要组成部分,我们有必要对无人机及无人机集群的特点进行分析和介绍。

1.2.1 无人机的概念和发展简史

无人驾驶飞机简称“无人机”,英文缩写为UAV(Unmanned Aerial Vehicle),是利用无线电遥控设备和自备的程序控制装置操纵的不载人飞机。

在2002年1月美国联合出版社出版的《国防部词典》中,对无人机的解释是这样的:“无人机是指不搭载操作人员的一种动力空中飞行器,采用空气动力为飞行器提供所需的升力,能够自动飞行或进行远程引导;既能一次性使用,也能回收;能够携带致命性或非致命性有效载荷。弹道或半弹道飞行器、巡航导弹和炮弹不能看作无人飞行器。”[3]

无人机产生于20世纪40年代,最初主要是作为靶机用于训练防空炮手。到20世纪中叶的越南战争期间，无人机开始应用于作战，主要执行侦察和电子干扰任务。

到了1991年的海湾战争，美军将小型无人机作为诱饵，在对伊拉克雷达系统实施欺骗干扰的同时，还为反辐射导弹提供目标参数。

在此之后，无人机开始得到快速的发展和广泛的应用。大量新技术、新材料被应用于无人机系统，使得无人机的能力得到了大幅提高。无人机的作战使用方式也日趋多样化，从单纯执行侦察、监视、搜索、目标指示等非攻击性任务，发展到对地攻击及轰炸等精确打击型任务，任务内容逐步由简单向复杂过渡。由于无人机具有技术先进、性能优异、成本较低和人员伤亡率低的优点，以美国和以色列为代表的世界各军事强国纷纷将无人机作为本国空军的主要发展方向。美国的专家认为到2025年，美国空军90％的作战飞机将是无人机。甚至有专家预言，到2050年，美军将不再装备有人驾驶飞机[3]。

在无人机未来的发展方向中，无人机集群协同作战无疑是一个发展重点。在高对抗强度的战场环境中，单机无人机的生存率和作战效率无法得到有效提高。将多架无人机按照作战任务要求形成编队，组成集群，通过不同载荷、不同功能无人机之间的协同，使无人机系统发挥出全新的作战能力。

2016年5月，美国空军正式提出《2016—2036年小型无人机系统飞行规划》，希望构建横跨航空、太空、网空三大作战疆域的小型无人机系统，并将在2036年实现无人机系统集群作战。2017年1月10日，美国国防部宣布，2016年10月26日，美国军方在加利福尼亚州中国湖基地进行了无人机集群飞行试验，用3架F/A－18“超级大黄蜂”战斗机释放了103架“山鹑”(Perdix)微型无人机组成的集群。美国国防部同时宣称，在这次试验飞行中，无人机集群指令是下达给“蜂群”的，而不是其中任何一个个体。“蜂群”之间彼此会不停地“交谈”，在没有个体指挥官情况下形成“蜂群智能”。在组成集群过程中，如果个别无人机发生故障或损失，剩余无人机会根据参与组网的无人机实际数量做出反应，自主调整编队形式，继续完成既定任务目标。可见，美军已经在无人机集群协同作战方面突破了关键技术，初步具备了协同作战的能力。

无人机系统集群作战也是我国在“十三五”期间的重点研究和发展内容。2017年7月，中国电子科技集团成功完成了119架固定翼无人机集群飞行试验，刷新了此前2016年珠海航展上同样由中国电子科技集团完成的67架固定翼无人机集群试验纪录，这标志着智能无人集群领域的又一突破，奠定了我国在该领域的领先地位。

由此可见，无人机集群协同作战技术已经成为无人机技术发展的热点。以“复眼”和“蜂群”为代表的无人机集群协同作战必将成为未来战场的重要作战模式。

1.2.2 无人机集群协同作战的优势

无人机集群能够克服单架无人机由于载荷有限而造成的能力上的不足，通过搭载不同载荷的无人机之间的协同，形成“1＋1＞2”的效果，使得无人机集群具有多种优势。

1.无人机集群具有信息优势

如前所述，无人机集群可由搭载不同载荷的无人机配置而成。可分布式配备各类传感器，通过多个平台相互协作，从不同角度，采用不同传感器，对目标进行全方位的侦察，从而完成对目标的精确定位。而且无人机集群内各平台联网行动，可以做到一点发现，全网皆知。可见，无人机集群在对战场的信息感知方面具有无可比拟的优势。

2.无人机集群具有较强的战场生存能力

"蜂群"是无人机集群的主要发展方向。"蜂群"由大量体积小、成本低的无人机构成，编队规模一般在100个节点以上，美国还计划发展编队规模达到1 000个节点的无人机集群。无人机集群采用去中心化的无线自组网技术实现通信，使得无人机集群具有"无中心"和"自主协同"的特性，这就保证了无人机集群不会因为个别节点的损失而影响整体作战效能，具有较强的战场生存能力和抗毁性。

3.无人机集群具有成本优势

在战争理论中，有一个基础性理论，即Lanchester定律：战斗力＝参战单位总数×单位战斗效率。根据这个定律，作战单元数量是比单元作战能力更重要的战争胜负决定因素。传统有人战斗机的成本急剧上升，F22的造价居然达到了3.5亿美元，性能相对较弱的F35的造价也有1.22亿美元。因此，未来战争中不可能基于先进战斗机建立作战单位总数优势，只有低成本的无人机才可能在未来战争中建立数量优势。美国提出的利用微小型无人机集群作战的模式，就是为了降低作战成本。基于低成本无人机平台的无人机集群已经成为网络中心战的主要发展方向。

4.无人机集群具有协同攻击优势

编队飞行的无人机集群，可以根据载荷的不同，将复杂的作战任务分解成子任务，由不同无人机子编队来执行。例如，无人机集群中可由不同的无人机实现多角度、高精度的侦察定位，并引导多架攻击型无人机对目标进行饱和打击。再由特定的无人机对毁伤情况进行评估，以确定是否进行二次打击。在执行电子干扰任务时，单架无人机只能对自己所在方向的敌方雷达辐射面产生干扰。而通过无人机编队的协同合作，就可以对整个敌方雷达辐射面进行干扰。

1.3　无人机集群的通信基础——无线自组织网络

无人机集群的协同作战是建立在信息共享的基础上的。无人机集群各项协同任务能够顺利完成的必要前提是各作战单元之间能够连续不断、高度密集、快速地进行大量的信息交换。这种近乎实时的信息交换必须依靠具有高实时性和高可靠性的网络来提供。因此，没有非常可靠的无线通信网，无人机集群协同作战便无从谈起，没有可靠的网络通信，就没有信息共享。

无线自组织网络就是一种能够胜任无人机集群协同作战条件下的无线通信技术。

首先，在战场环境中，通信系统很容易受到敌方的攻击，因此通信系统要求具有较强的抗毁性，不能因为个别节点的毁坏而造成整个通信系统的瘫痪，这就要求通信系统最好以一种无中心、分布式控制的方式进行组网。

其次，随着无人机集群攻击任务的多样化和活动范围的扩大，对各无人机的控制和通信已经远远超出了视距范围，超视距通信条件下需要利用无人机集群之间互相协作形成通信中继平台，采用多跳中继转发的形式扩大通信范围。

最后，战场瞬息万变，必须要求通信系统能够快速部署，具有很强的机动性，且能够自组织形成通信能力。

上述要求综合在一起就是要求一种无中心、分布式控制、可快速临时组网、多跳的无线通信系统，即无线自组织网络。

无线自组织网络又称 Ad Hoc 网络，是一种没有有线基础设施支持的移动网络，网络中的节点均由移动主机构成。无线自组织网络最初应用于军事领域，它的研究起源于战场环境下分组无线网数据通信项目，该项目由 DARPA 资助，其后，又分别在 1983 年和 1994 年进行了抗毁可适应网络(Survivable Adaptive Network，SURAN)和全球移动信息系统(Global Information System，GloMo)项目的研究。由于无线通信和终端技术的不断发展，无线自组织网络在民用环境下也得到了发展，如需要在没有有线基础设施的地区进行临时通信时，可以很方便地通过搭建无线自组织网络实现。无线自组织网络具有抗毁性、自组织性和机动性的特点，特别适用于紧急抢险和军事作战等领域。图 1-1 展示了无线自组织网络的组成结构。

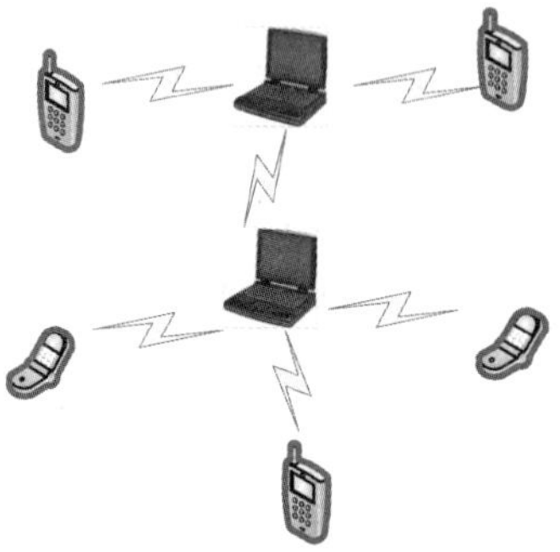

(a)

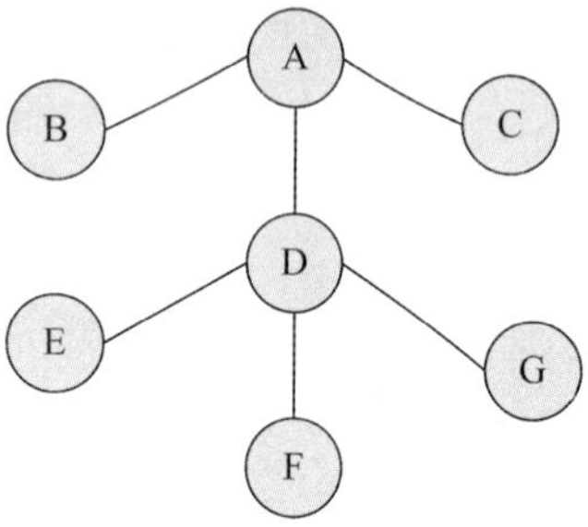

(b)

图 1-1　无线自组织网络组成结构

无线自组织网络作为一种新颖的组网方式，具有以下鲜明的特点[4-5]。

(1)网络的独立性。无线自组织网络的形成既不依赖特定的网络服务提供商，也不依赖特定的网络路由设备，只需要通信节点按照无线自组织网络的通信规约即可实现网络的构建。因此，其网络形成与运行都可以独立于外部的设备和其他基础网络架构。

(2)动态变化的网络拓扑结构。无线自组织网络内的各节点具有自由活动的能力，通常具有不同的速度和方向等运行参数。其中，无线设备节点的功率也可能随时间变化，兼具无线信道的复杂性和无线环境的众多干扰因子，无线自组织网络的拓扑经常展现出动态变化的特性。

(3)多跳网络。由于无线自组织网络节点间的通信范围有限，因此在直接辐射范围之外的节点间需要通过中间节点的中继转发，完成数据的发送和接收，以此形成多条传输。

(4)信道的非对称性。由于无线信道的特点和网络节点性能的差异，无线自组织网络节点间很可能形成单向信道，即一方能够发送给另一方数据并被正常接收，而另一方发送给本方的信息无法正常接收。

(5)自组织性。无线自组织网络的形成只涉及内部通信节点，节点自身充当了终结点和路由器两个角色。在不需要外在节点参与的条件下，节点间通过交换控制信息，形成网络拓扑和路由信息，实现网络数据通信。

(6)网络的临时性。无线自组织网络是按需实现的，在需要时各个分散的网络节点聚集起来形成全局网络，节点间事先不需要对网络进行特别的规划和设计，也不需要网络基础架构设施。节点间的路由形成也是临时性的，根据实际的拓扑变化而变化，具有对变化环境的高度适应性。

(7)有限的无线通信带宽。无线自组织网络依赖于无线信道，目前的无线信道的带宽相对于有线网络普遍较低，同时网络路由中经常出现共享同一个信道的情况，存在信道竞争，因此往往在带宽表现上容量有限。

（8）有限的主机能源。网络中节点往往需要实现按需移动，因此其不能采用固定能源，而是广泛采用电池作为主要能源，在目前的电池容量和耗费水平前提下，其能量一般会受到限制。

（9）网络的分布式特性。在无线自组织网络中，没有预先设置的网络通信基础设施，不存在中心控制节点，因此形成了全分布式的网络结构。对无线自组织网络的控制也只能通过分布式架构控制方法实现。

（10）生存周期短。由于无线自组织网络节点普遍是具有有限能源的主机，因此能源的生存周期决定了网络的稳定性和生存周期。在有限的能源条件下，无线自组织网络的生存周期往往较短。

（11）有限的物理安全。鉴于无线自组织网络的完全分布式特性，没有任何中心控制节点，同时采用了开放的无限信道，因此更加容易受到各方面的攻击，安全性相对有限。

1.4　无人机集群协同作战场景想定

1.4.1　无人机集群协同攻击

随着无人机装备数量和种类越来越多，应用越来越广，战时作战区域内将有不同层级、不同功能的多种多架无人机同时完成不同的任务。通过将功能相对简单的无人机组成无人机网络，从单飞单控工作模式转变为多飞单控或者多飞多控工作模式，形成无人机集群，实现有人-无人或无人机群协同作战，增强的单机计算能力通过联网构成分布式计算网络，实现智能化网络和作战指挥平台。同时，设计良好的无人机作战网络可根据作战需求灵活调整网络内无人机种类、数量、分布，并随时微调、改变网络的功能，具有优异的可扩充性、灵活性和健壮性，生存力强，适应性高的特点。

根据无人机的类别、航程、续航时间和有效载荷能力的不同，无人机所能执行的具体任务也不同。目前，对无人机的任务没有明确的划分，最通用的一种划分方式是将无人机的任务分为攻击杀伤型和非攻击杀伤型。攻击杀伤型任务是由消耗型无人机来完成的，如自杀型无人机或者无人作战飞机。

攻击杀伤型无人机的任务通常要求协同攻击，该任务的目的是侦察、搜寻、击毁目标。首先，由数架无人机组成的侦察小组在指定区域大范围搜寻，并评估其危险性。发现目标后，对其进行三角测量定位，确定坐标位置，并通知攻击无人机目标特征和攻击坐标，然后提供对火力引导，一架或数架攻击无人机协同攻击目标，后续的毁伤效果评估则由侦察无人机完成。

战术攻击无人机主要用于发现、识别和摧毁地面固定和移动目标，这主要依靠装载在无人机上的先进传感器。能够进行精确打击是现代无人机的发展趋势，也是现代战争中实现“非接触”打击的重要手段。所谓精确打击具有两层含义：一是能够发现需要攻击的目标，二是给出目标的精确位置。传统精确打击系统需要特种兵对目标进行标定，这种方法危险性大，不确定因素多。现代战争对无人机自主化、引导精确制导武器摧毁目标智能化方面的要求越来越高，而随着无人机精确打击技术的迅速发展，先进的图像传感器在无人机自主导航、战场侦察、目标识别以及目标定位等方面均有十分重要的作用。现阶段，机载图像传感器主要包括主动视觉系统和被动视觉系统两类。其中,主动视觉系统主要包括合成孔径雷达(Synthetic Aperture Radar, SAR)、毫米波雷达和主动激光视觉系统等;被动视觉系统主要包括红外图像传感器和可见光相机等。目前,美国的"全球鹰"和"捕食者"等无人机早已在地区实战中表现出色,并多次成功完成打击恐怖组织头目的"斩首行动",而我国的军用无人机很多还停留在验证和试验阶段,尤其在侦察和电子技术等领域,我国与美国等技术发达国家还有很大的差距。

无人机群自组网为无人机群实现协同作战任务提供技术支撑。无人机群自组网的网络性能指标必须能够满足无人机顺利完成协同作战。为此,我们需要分析无人机群协同作战对无人机群自组网的技术指标要求。

我们以无人机群对水面舰艇的集群攻击来分析无人机群协同攻击的技术指标要求。无人机群协同攻击必须基于两个基本条件:第一,实现无人机群编队飞行;第二,共享态势信息。

无人机群编队的主要技术指标有编队数量和定位精度。根据美国海军研究生院洛克·范姆的研究报告,无人攻击机的数量达到 10 架、20 架或者 50 架,那么防御系统也只能拦截到前面的 7 架左右,可以实施对水面舰艇的有效攻击。因此,无人机群编队的规模应该在 10～50 架,对应到无人机无线自组网的网络指标即网络容量为 10～50 个节点。

针对定位精度,我们考虑无人机的飞行速度为 250 km/h,水面舰艇的巡航速度一般为 20 节(1 节=1.852 km/h),最高 30 节[6]。10～50 架无人机发射时间要在 50 s 以内,以达到在小于 10 min[7-8]的时间范围内,对既定目标发起攻击,可折算为定位精度为 1 m×1 m[9](全球鹰 SAR 可检测速度为 4～70 km/h 的移动目标,条带模式下分辨率为 1 m,作用距离为 220 km;聚束模式下分辨率为 0.3 m,作用距离为 20～200 km;捕食者上战术加强 SAR,作用距离为 25 km时分辨率可达 1 m)。对应到无人机无线自组网的网络指标即为信息更新率为 30 Hz,时钟同步误差为 10～100 ns[10]。

共享态势信息需要根据目标的移动速度和要害攻击范围确定。例如,航母的移动速度为 20 节,要害区域为 30 m×30 m。无人机群无线自组网应当保证在网络受到损害到修复前,不能失去对要害区域的瞄准信息,可折算为网络性能指标为:网络恢复时间估计小于 5 s[11]。考虑传输的态势信息为视频信息,若分辨率为 D1 格式,每秒 10 帧,由网络带宽估计大于1.6 Mb/s[12]。

对无人机系统而言,无人机的任务可以理解为为了达成一定战术目的,在无人机地面控制系统和相关人员的指挥和控制下,由无人机平台所完成的事件和动作的集合。从这一定义来理解,通常的非攻击杀伤型无人机的任务包括协同侦察任务、协同监视任务和协同信息对抗任务。

1.4.2 无人机协同侦察

协同侦察是无人机集群的另一项主要作战任务。单架无人机上的雷达只能探测到目标的方位角,若有 3 架或更多架无人机组成的无人机编队,则可通过信息交换合作,对目标进行三角测量,同时编队可以使用配备的不同装备,以雷达、光学等多种形式进行侦查,获得更多更全面的目标信息,同时可以引导制导武器到达攻击目标,并进行毁伤效果评估。组织多架不同性能的无人机共同执行侦察任务是未来实施战场侦察的重要方式。实际战场环境中有很多对象是移动目标,如坦克。由于移动目标的位置是不停变化的,因此,对移动目标的侦察不同于也难于对固定目标的侦察,它不仅包含对固定目标侦察所需要的技术问题,并且包含对已侦察到的目标如何定位和跟踪的问题。由于无人机装载的传感器观测区域和精度有限,单架无人机通常不足以实现对目标的持续跟踪,因此需要融合多架无人机的观测值,并协同多架无人机对某一侦察到的目标进行有效跟踪和定位。常用的侦察手段是机载SAR设备,可以同时发挥无人机飞行平台和合成孔径成像设备的优势。

侦察任务和监视任务被认为是非攻击杀伤型无人机的首要任务。侦察任务是指在特定的时间内,无人机通过机载的探测设备来获取有关敌方行动和资源信息,并将相应的侦察数据和图像情报通过通信链路下传到地面系统。和侦察任务联系在一起的还包括目标引导和定位等。无人机通过机载的有效载荷来引导相关精确制导武器对目标进行攻击。其中,目标侦察定位精度主要取决于两方面的因素:一是各种侦察设备的制造和安装水平,二是无人机自身定位和姿态测量的精度。目前我国在这两方面的科技水平离国外尖端技术还有一定的差距,我国的无人机目标定位技术发展水平仍然不高。为此,深入研究高精度的目标定位技术,对于提高我国无人机的军用效能有着重要的现实作用和意义。利用无人机机载目标定位测量系统,可以获取目标相对机载光电平台的距离和相对角度信息,但是无法直接得到目标在空间的坐标值,也就是无法直接获取目标的定位信息。而无人机在执行目标侦察任务时,希望获得的目标定位信息是目标的大地坐标值,并将其标定在无人机传送回的图像上,以便战场指挥官对目标及周围环境进行分析监视。因此,必须要研究在大地坐标系下的高精度无人机目标位置解算问题,通过机载光电测量系统的输出,实现实时的、高效的目标定位计算。而在利用机载光电测量系统的相对信息解算出目标的大地坐标时,不可避免地需要使用到无人机载机的绝对定位、定姿信息,这就对无人机载机的定位精度提出相应的要求。尤其当无人机对动态目标进行定位时,相应地对无人机载机定位的实时性要求更高。由此可见,无人机载机定位问题与目标定位问题是紧密结合的,高精度的载机定位精度是实现高精度目标定位的前提条件。

而监视任务是指无人机通过相关的探测和侦察设备,对空间、地面或者水下区域的地点、人员和事件进行系统的观察,它对无人机平台的性能和载荷的能力提出更高的要求。在作战过程中,为了实现我方武器和作战资源的有效利用,需要充分掌握和获取敌方的目标信息与情报,获取信息情报的手段称为侦察,而区域监视则是其中一种基本的侦察方式。从概念上讲,区域监视是指为了获得必要的信息而在指定的任务区域进行持续的、重复的完整搜索过程。通过区域监视并结合信息处理手段可以获得大量的情报信息,包括:①区域内是否存在敌方兵力和武器装备;②敌方目标的位置和运动状态信息;③敌方目标的类型、兵力组成、型号和部署情况;④敌方的实力变化和毁伤情况等。

这些信息是指挥员进行有效作战指挥决策的重要保障。区域监视问题与通常的搜索问题相比,它们的相同点是都主要涉及两类具体对象:被搜索目标和搜索者,其中任何一方都可能有多个成员。不同点是搜索问题的目的是如何以较少的搜索行动和代价来获取尽可能多的目标信息,而区域监视问题需要对整个区域完成覆盖,并且间隔一段时间对目标区域持续进行重复的搜索。而与覆盖问题相比,区域监视与区域覆盖两者都要求对整个任务区域做全面、完整的搜索;不同点是覆盖问题考虑的是,怎样以最快的速度完成对任务区域的全面搜索,而区域监视问题是一个持续和重复的过程,它不是一次性的。

在对任务区域进行监视的过程中,由于战场区域通常位于敌方的控制范围,存在通信干扰、延迟等诸多不确定因素,使得在大多数情况下,无法采用某个任务控制站或任务控制单元对所有的无人机实施集中有效的控制。此时,为保证目标搜索任务的顺利完成,每架无人机需要具备一定的自主控制和决策能力，并且多无人机能组成动态的通信网络，通过机载通信设备交换各种信息，包括自身状态信息、目标信息、任务信息以及协调信息，从而实现战场信息的共享和任务协同。

以 M1 型"艾布拉姆斯"式主战坦克为例，其最高时速可达 72 km/h。要保证对其的定位误差小于 1 m，则每秒最少需要采集 20 帧图像。若分辨率为 D1 格式，如果通过两架无人机协同定位，则信息更新率约为 20 Hz，网络带宽的需求为大于 3 Mb/s[13]。

如果引入高效的运动预测和跟踪技术，信息更新率和带宽要求可以适当降低。两架无人机的交叉范围如下：

(1)使用 SAR 时：作用距离为 150～200 km，分辨率 3 m×3 m，条带宽度 30 km；作用距离为 100～150 km，分辨率 1 m×1 m，条带宽度 15 km；作用距离为 40～100 km，分辨率 0.5 m×0.5 m，条带宽度 8 km；作用距离为 30～50 km，分辨率 0.15 m×0.15 m，转为聚束式 3 km×3 km。总定位精度优于 20 m。

(2)使用电荷耦合器件(Charge Coupled Device，CCD)时：俯仰角 0°～30°，作用距离 50～120 km，分辨率 0.5～1.5 m，作用区域宽10～25 km，长 25～70 km[14]。

为保证不丢失侦察目标，网络恢复时间应该小于 5 s。如果一架无人机的侦察有效覆盖范围为 1 km×1 km，对 10 km×10 km 范围形成有效覆盖侦察，网络规模应当大于 100 个节点。更进一步考虑持续侦察的需要，网络规模应当大于 150 个节点。

1.4.3 无人机协同信息对抗

外军在广义上将无线电电子战理解为，全部使用电磁频谱，以提高己方兵力与兵器的作战使用效能，削弱敌人控制其兵力与兵器的能力。无线电电子战被发达国家武装力量视为遂行作战行动不可分割的组成部分。无线电电子战措施具有防御、进攻和支援性质，在武装对抗和非作战行动中均可使用。在无人机协同信息对抗领域，信息对抗任务包括侦听敌方情报通信，干扰地面通信传输，以及作为己方的通信中继等，它需要大而复杂的电子设备支持。应用于信息对抗的无人机可以分为电子侦察无人机和电子攻击无人机，作战用途包括电子侦察、电子攻击和电子防御。

(1)电子侦察：截获对方雷达信号，测定雷达辐射源的方向，分类和识别雷达信号情报并做出预警。

(2)电子攻击：利用电磁能量阻止或降低敌方电磁频谱的有效使用，主要以电磁/定向能为手段破坏敌方武器系统的行为。攻击方式包括电子干扰、电子欺骗、电磁毁伤与反辐射攻击。

(3)电子防御：电子防御是为防止己方电子设备辐射信号、技术参数以及电子战部署被敌方发现，避免电子设备被敌方摧毁、破坏而采取的反电子侦察、反电子干扰、反电子欺骗、反摧毁和反隐身等措施。

一架电子战无人机只能干扰敌方雷达的一部分辐射面，而多架电子干扰无人机群则可通过调整飞行路线和干扰信号，干扰整个辐射面。需要解决的是为无人机群制定有效的干扰策略，当有新的威胁或者敌方针对干扰出现变化的时候，做出合适的策略调整以保持干扰效果。

因而无人机在信息对抗中的主要任务是利用电子对抗无人机或反辐射无人机对敌方的通信设施进行干扰和打击。无人机在侦察作战中要依靠传感器等机载电子设备进行非实时和实时信息情报的收集，并通过视距或卫通测控链路与地面控制站交换信息。若实施电子干扰，将使无人机机载探测设备及数据传输与处理受到影响甚至失灵，特别对于小型侦察无人机要通过地面控制站采用无线电传输实时遥控和获取战场信息，对其实施电子干扰很可能达成作战目的。高度智能化的无人系统往往接入计算机网络中，为破解其关键密码或协议创造了机会。视距或卫通测控链路信号很容易被接收，只要截获的数据样本足够大，在一段时间后总能够被破解。此外，无人机的控制站计算机往往防护不严密，使用键盘记录器之类的木马软件就可以截获无人机操作规律，分析出有用的信息。

无人机可以通过搜索截取、检测处理、分析识别、记录存储敌方的通信信号的特征，测量信号的技术参数，以此获取敌方兵力部署、作战意图等军事情报，为己方决策和采取作战行动提供支援。同时还可以在关键时刻、重点区域和主要方向上，使用通信干扰手段，对敌方作战指挥、武器控制、通信系统/网络实施压制性或欺骗性干扰，破坏甚至阻止敌方对信息的获取、传输、交换和利用，削弱其作战指挥、相互协同和武器控制能力，造成其通信中断、指挥控制混乱，从整体上瓦解其意志和战斗力，确保己方顺利完成作战任务。执行无人机信息对抗任务的无人机在现代战场上发挥着不可或缺的作用。

无人机协同信息对抗主要可以分为电子侦察、选择攻击方式和网络攻击三个阶段。电子侦察阶段，需要融合多架无人机的侦察数据，实现对辐射源的高精度定位和识别。为了与美军的舒特系统形成对抗能力，这个过程应当在数秒内完成。在选择攻击方式阶段，通过将多个侦察传感平台送来的各种侦察情报数据进行融合，从而产生一幅高度准确的实时战场态势图，并进行分发，从而迅速准确地形成对移动和时敏目标的高效打击摧毁方案。网络攻击阶段则是对敌综合防空系统实施干扰、欺骗、控制和硬摧毁。例如，可以向敌人脆弱的处理节点植入定制的信号，包括专业算法和恶意程序，巧妙渗入敌方防空雷达网络，或窥测敌方雷达屏幕信息，或实施干扰和欺骗，或冒充敌方网络管理员身份接管系统，操纵雷达天线转向，使其无法发现来袭目标。

根据上述功能，无人机协同信息对抗对无线自组织网络的性能指标可推算如下：

在电子侦察阶段，多架无人机需要交互侦察数据进行数据整合。至少需要3架无人机才能实现三角定位。定位精度如果在2 m以内，以72 km/h的地面目标时速计算，则单跳网络传输时延应当小于100 ms。而且为避免不确定的时延，MAC协议应当采用TDMA技术体制。误码率根据所使用的数据整合算法不同而有所区别，但普遍应当小于10^{-6}[15-16]。

在选择攻击方式和网络攻击阶段，需要传输战场态势信息，网络带宽的需求参考舒特系统，应当大于10 Mb/s。

由于完成网络打击时间控制在秒级，因此无人机自组织网络组网网络恢复时间最好不大于5 s。

综上所述，协同作战对无人机群无线自组织网络的指标要求如下：①入网时间小于5 s；②网络恢复时间小于5 s；③网络带宽大于10 Mb/s；④单跳传输时延小于100 ms；⑤网络容量大于20个节点；⑥信息更新率大于20 Hz；⑦误码率小于10^{-6}；⑧MAC协议采用TDMA技术体制。

未来战争中，信息对抗的范围更广、规模更大、强度更高、进程更加激烈，协同信息对抗将成为未来信息战场的核心和支柱。因此，以下关键技术将成为信息对抗的研究重点。

(1)主动感知技术。对于实际复杂战场环境下，面临地理、电磁、威胁、气象等"实时"自主感知，因此，需要处理来自多架无人机系统以及其他信息系统提供的多源异类信息，解决数据的传输、实时处理、信息可视化以及数据共享问题。电子战无人机的在线主动感知重点解决不确定条件下信息的快速获取与处理,多源数据的融合与目标信息的整合,同时在数据链缺失、实时威胁以及复杂的故障和损伤等控制站无法实时干预的紧急情况下的主动感知技术。

(2)智能控制技术。自主控制是无人机发展的必然趋势,而目前的无人机地面站已发展成为任务规划控制站,无人机也开始具备一定程序控制模式下的自主飞行的能力,但是在遭遇到非预见的威胁或者任务变更时,只有具备了实时任务重规划能力,才能完成高威胁环境下的突防和任务,急需解决在动态的战场不确定环境中,在尽量少的操纵手干预或者操纵手不干预的条件下,根据主动感知获得战场环境下的情报、监视和侦察的信息,自主决策,智能控制无人机执行任务。

(3)多维协同与动态规划技术。在电子战无人机组网或者与有人机的协同作战环境下,无人机系统需要根据来自其他无人机探测到的信息进行态势变化和实时威胁,实时地动态规划、修改系统的任务路径,实现威胁的有效回避和电子战任务的完成。目前人在回路的结构即缺乏动态实时任务规划,其方法的有效性、实时性与自主性在实际应用中还有待验证。因此,急需展开对多维协同与动态规划技术的研究,为未来电子战无人机作战指挥控制系统的构建奠定基础。

(4)混合协同编队技术。无人机与无人机以及有人机实现协同作战必然面临协同编队问题。目前,学者们对无人机(自主)编队技术作了大量的研究,但是面对未来混合立体式协同作战模式,需要解决在协同编队飞行条件下的自适应决策制定、队形设计、人机交互、信息互换和传递、编队控制、编队重构等技术。

(5)高生存力技术。

1)隐身技术。未来服役的新一代战机、导弹、舰船和战车等将大多具有隐身能力。为有效对付隐身武器,反隐身技术和装备也在不断发展。目前国外发展的反隐身技术主要还是在雷达技术方面,如米波和毫米波雷达、光电探测系统等。用于电子战的隐身与反隐身技术将是未来具有战略意义的技术领域。因此,需要重点展开具有隐身外形和隐身材料的新型电子战无人机的研究。

2)突防规避技术。对于电子战无人机,虽然可以通过采用隐身技术减小雷达面积,但是会造成侦察机速度降低,延长在雷达威力范围内的滞留时间。随着各种现代化、高性能的防空武器的出现,防空体系日趋完善,因此,电子战无人机突防规避,不能单纯依靠减小雷达截面积,同时急需解决实时威胁。

(6)复杂作战环境适应性技术。

1)电磁环境。无人机与电子战设备的特点决定了电磁兼容性成为电子战无人机能否顺利完成作战任务的重要因素。而无人机比有人机更加依靠外部的通信设备,如果无人机系统的自主电子攻击能力没有得到充分发展,那么数据传输、战术环境描述,必须实时传给遥控的操作手,一旦电子攻击开始,自干扰、互干扰和对外部通信设备的依赖会大大降低系统的可靠性。

2)气象环境。针对电子战全时域覆盖的需求,电子战无人机面临复杂气象环境下的作战能力的挑战。影响电子战无人机作战效能发挥的气象要素主要有云、雾、雨、雪、风、雷、电等,这些要素随时间空间的变化而变化。因此,电子战无人机必须具有全天候的飞行能力。

3)目标环境。高技术条件下的电子战不仅涉及通信、雷达、光电、隐身、导航、制导等系统,而且遍及空间、空中、地面、水面和水下,覆盖了从米波、微波、毫米波、红外到紫外的所有电磁频谱，涉及各军兵种和各个作战领域。因此，电子战无人机面临的不仅仅是某个或某几个目标，而是从地面到空中甚至到太空的地、空、天网络一体化的复杂目标环境。

因此，针对电子战无人机复杂电磁、气象和目标等综合战场环境的作战需求，对无人机系统在复杂战场环境下的适应能力提出了更高的要求。

参考文献

[1] 姜戎.狼图腾[M].武汉:长江文艺出版社,2004.
[2] 吴森堂.导弹自主编队协同制导控制技术[M].北京:国防工业出版社,2015.
[3] 魏瑞轩,李学仁. 先进无人机系统与作战运用[M].北京:国防工业出版社,2014.
[4] 郑少仁,王海涛,赵志峰,等. Ad Hoc 网络技术[M].北京:人民邮电出版社,2005.
[5] GIORDANO S,LU W W. Challenges in mobile ad hoc networking[J]. IEEE Communications Magazine,2001,39(6):129-139.
[6] 李洪兴. ONR 开发无人机集群技术[J]. 现代军事,2015(7):23.
[7] 陈晶. 解析美海军低成本无人机蜂群技术[J]. 飞航导弹,2016(1):24-26,55.
[8] 杨王诗剑. 引领海战革命:浅析无人机"蜂群战术"[J]. 兵器知识,2016(3):60-63.
[9] 邱洪云,陈政,彭焰,等. 进攻性赛博武器:舒特系统与网络支撑环境[J]. 空间电子技术,2014(1):123-127.
[10] 刘中杰. 无人机精确打击过程中的 SAR 图像解译系统关键技术研究[D]. 南京:南京航空航天大学,2013.
[11] 侯延顺,孙甲琦,王晓波,等. 无人机自组网分布式时间同步方案研究[J]. 遥测遥控,2014,35(3):31-36.
[12] 欧南程,曹裕华,冯书兴. 快速全球打击系统与空天信息网络数据交链薄弱环节分析[J]. 四川兵工学报,2012,33(2):97-100.
[13] 崔麦会,周建军,陈超. 无人机视频情报的压缩传输技术[J]. 电讯技术,2007,47(1):131-133.
[14] 张旺. 无人机载电子/光学传感器协同侦察技术研究[D]. 南昌:南昌航空大学,2014.
[15] 黄超. 无人机信息传输系统中 TCDL 数据链关键技术研究及仿真[D]. 成都:电子科技大学,2013.
[16] 王黎来. 适用于无人机宽带无线通信系统的关键技术研究[D]. 上海:上海交通大学,2007.

第2章　无人机集群自组织网络的信道接入技术

我们已经知道，无线自组织网络是无人机集群通信的基础。无线自组织网络是一项通用基础网络技术，除了可以应用于无人机集群，还可应用于其他众多的场合。例如，面向智能路网的车载互联网、物联网中的传感器网络等，均采用的是无线自组织网络技术。相比于这些民用应用，无人机集群自组织网络面对更为复杂的战场环境，对技术指标的要求更为苛刻，必须有针对性地进行研究和开发。从本章开始，我们将以无人机集群协同作战的战术需求为出发点，研究面向无人机集群协同作战的无线自组织网络的相关关键技术。

如何解决多架无人机有效合理地共享无线信道资源，即信道接入控制(Medium Access Control，MAC)协议，是无人机集群无线自组网网络需要解决的关键问题之一。MAC协议主要为各节点提供公平和快速的接入机制。它的设计效果将直接影响无人机集群通信质量，对无人机集群的信息共享起着决定性的作用。

2.1　信道接入协议的技术需求

无线自组织网络是一种无中心、多跳、动态拓扑、临时组织的网络，这使得传统的基于有中心网络的MAC协议不能满足无线自组织网络的需求。因为在有中心网络，例如蜂窝通信网络中，可以通过中心控制实体对全局的信道资源进行调度和分配。但在无线自组织网络中，没有中心节点，信道的管理和分配只能通过分布式协调机制解决。传统的分布式协调机制，包括ALOHA、CSMA/CD协议，是基于共享广播信道的协议，要求全网节点处于全连通的网络中，而无线自组织网络是多跳网络，采用传统的分布式接入协议无法取得优异的性能。因此必须针对无线自组织网络的特点，开发专门的分布式信道接入协议。

面向无人机集群协同作战的无线自组织网络MAC协议所面临的问题如下。

1.多跳共享

无线自组织网络的无线信道是多跳共享的，与传统的信道共享方式不同。在无线自组织网络中，节点发送数据的行为只有它的邻居节点能感知到，而其他非邻居节点无法感知到数据的发送。这是无线自组织网络的一大特点，也是优势，可以使非邻居节点同时发送数据，实现多对节点同时进行通信，从而显著提高了信道的空间复用度。另一方面，受节点移动性和网络拓扑变化的影响，无线自组织网络数据的冲突问题尤为严重，导致数据传输的效率低下。由于无线自组织网络的多跳共享性，报文冲突不再是全局事件，而是一种局部事件。一个节点正确接收了一个报文，该报文还是可能在另外一个节点处冲突，而发送节点丝毫察觉不到。由于各节点在同一时刻感知到的信道情况是不一样的，因此，无线自组织网络的隐藏终端和暴露终端问题才更为突出。

当前，大多数 MAC 协议都没有最优的利用信道资源。若要提供最优的传输方案，节点需要知道全网的调度信息。但由于无线自组织网络的动态和分布特性，节点在接入信道之前无法得到全网信息。然而，节点可能得到一定时间内的局部信息，如何利用这有限的信息是节点高效无冲突的接入信道的 MAC 协议的一个重要研究方面。

2.隐藏终端和暴露终端

隐藏终端和暴露终端问题是由无线自组织网络的多跳共享特性导致的。隐藏终端问题可能会引起报文冲突，从而影响信道的利用率，所以必须设法解决。隐藏终端问题又可分为两种：隐发送终端和隐接收终端。在单信道条件下，隐发送终端是可以通过控制报文的交换来解决的，而隐接收终端问题无法在单信道条件下解决。

暴露终端因听到发送节点的发送而延迟自身的发送，但实际上，它的发送不会造成冲突，从而引入不必要的延时和信道资源的浪费，所以也需要设计相应的机制来解决。大多数 MAC 协议提出了缓解隐藏终端问题的方案，但未对暴露终端问题加以改善。在 MAC 层引入 ACK 报文实际上阻止了暴露终端复用信道。然而，为了复用信道去掉 ACK 报文，发送端将无法保证数据包被成功接收。因此，如何在无线自组织网络中采取相应的有效的机制来解决隐藏终端和暴露终端问题成为 MAC 协议设计的一大难点。

3.公平接入信道

公平接入是一个理想的无线自组织网络 MAC 协议必须具备的功能。随着无线自组织网络向商业领域的发展，信道的公平接入也越来越重要。目前，公平接入的标准有两种：一是保证节点之间信道访问的公平性，二是保证业务之间使用信道的公平性。现有的基于随机接入机制的 MAC 协议多采用退避算法或者发送概率来实现信道的访问。因此，如何选择合理的退避算法和发送概率，有效地改善信道的接入公平性问题是无线自组织网络 MAC 协议的一个研究方面。

4.QoS 保证

无线自组织网络出现的初期，主要用于传输少量的数据信息。随着应用的不断扩展，需要在无线自组织网络中传输语音、图像等多媒体综合业务。这些综合业务对带宽、时延及其抖动等都提出了很高的要求。这就需要 MAC 协议能够提供一定的 QoS 保证，如提供资源预留策略等。如何实现有效的 QoS 保证机制，更是成为无线自组织网络中 MAC 协议的研究重点。

5.节能

无线自组织网络是由电池供电的移动设备组成的，但电池能量有限，因此节能是无线自组织网络具有挑战性的研究方面。若不考虑提高微小电源的供电能力，那么如何提高 MAC 协议的能效也是需要研究的。目前提出的能效管理和节能方案都有一些缺陷，包括吞吐量、协议开销、不对称链路等。

6.定向天线

未来，无线自组织网络的应用要求越来越高的带宽，且无线自组织网络可能成为人们日常生活的一部分。基于定向控制的智能天线需要可靠和有效的实现方法。而定向天线的引入将带来新的隐藏终端和暴露终端问题，如何开发定向天线发现节点、避免冲突的潜力成为新的研究课题。目前，这方面的研究还很少，但随着未来硬件的发展，这方面的研究将必然成为无线自组织网络 MAC 协议的一个重要方向。

2.2　无线自组织网络信道接入协议现状

经过长期和大量的研究，面向无线自组织网络，世界各国的研究人员已经提出了几十种 MAC 协议。根据信道接入方式的不同，我们可以将现有的无线自组织网络的 MAC 协议分为以下两类：基于竞争机制的 MAC 协议和基于预留机制的 MAC 协议，如图 2－1 所示。

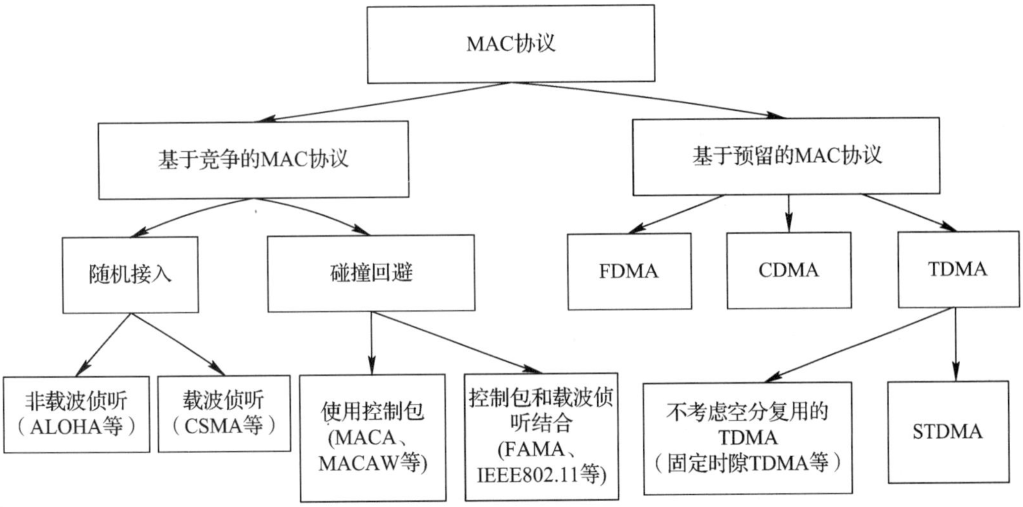

图 2－1　无线自组织网络 MAC 分类

1.基于竞争机制的 MAC 协议

基于竞争机制的 MAC 协议是指利用一定的竞争机制来访问共享信道的协议，因此，所利用的竞争机制对协议的性能起着决定性的作用。该类协议可以根据上一次的竞争结果和退避算法来调整本次竞争的时间或概率。该类 MAC 协议多采用随机接入或碰撞回避机制两种。采用随机接入方式的竞争 MAC 协议较有代表性的是 ALOHA 协议[1]和 CSMA[2]协议。采用碰撞回避机制的典型协议有 MACA 协议[3]、MACAW 协议[4]、FAMA 协议[5]、IEEE 802.11 协议[6]等。

ALOHA 协议是在夏威夷大学的 ALOHANET 项目中提出的，是无线自组织网络中首个基于竞争机制的 MAC 协议。ALOHA 协议的竞争机制非常简单，当节点需要发送数据时，就直接发送，没有采用任何载波侦听或冲突避免机制。该协议在同一时刻可能存在多个节点同时传送数据，冲突的可能性很大。由于竞争机制存在较大的缺陷，ALOHA 协议数据冲突问题很严重，性能很差，一般只适用于网络负载较低的情况。

ALOHA 协议由于没有使用信道占用标志，导致了大概率的冲突。而 CSMA（Carrier Sense Multiple Access）协议的思想就是在发送前通过载波侦听技术检测信道，确定信道是否空闲，以降低数据在传输中冲突的概率，从而提高信道的利用率。根据不同的侦听策略，CSMA 协议可分为 1 坚持、非坚持和 P 坚持三种。所谓 1 坚持是指节点在要发送数据时，持续监听信道，当监听到信道空闲时，就发送数据；P 坚持则是监听到信道空闲时，以概率 P 发送数据；非坚持则是指节点如果在需要发送数据时监听到信道忙，则随机退避一段时间后再来检测信道是否空闲。相比较而言，P 坚持的 CSMA 协议应用较为广泛。退避 CSMA 协议与

ALOHA 协议相比，数据冲突问题有了较大改善，但 CSMA 协议的性能仍然受到了无线自组织网络固有的隐藏终端和暴露终端问题的制约。

为了解决 CSMA 协议存在的隐藏终端和暴露终端问题，出现了采用碰撞回避机制的 MAC 协议。碰撞回避机制主要有两种方式：一是在竞争机制中引入 RTS/CTS(Request - To - Send/Clear - To - Send)握手机制，如 MACA、MACAW 协议等；二是将 RTS/CTS 控制包与载波侦听相结合，如 FAMA、IEEE802.11 等。

MACA(Multiple Access Collision Avoidance)协议是由 Karn 提出的用于解决 CSMA 协议的隐藏终端和暴露终端问题。MACA 协议采用两种短的控制报文：RTS 报文和 CTS 报文。其基本思想是：发送节点发送数据前先向接收节点发送 RTS 报文，接收节点收到 RTS 报文后回送 CTS 报文，收到 CTS 报文后发送节点开始发送数据报文，听到 RTS 报文和 CTS 报文的其他节点在一段时间内不能发送任何消息。MACA 协议的关键在于任何侦听到 RTS 报文的邻居节点将中止自身的数据发送，等待一段时间，直到 CTS 报文完成传输；侦听到 CTS 报文的节点将按照预期的数据传输时间等待。

存在隐藏终端的情况，如图 2-2 所示。C 将侦听不到由 A 发送的 RTS 报文，但能够侦听到由 B 发送的 CTS 报文。相应的，当 A 进行数据发送时，C 将处于等待状态，不进行任何数据传输。相似的，在存在暴露节点的情况下，C 能够侦听到由 B 发送的 RTS 报文，而侦听不到由 A 发送的 CTS 报文。因此，C 认为 B 在进行发送数据，信道是占用的。很明显，RTS/CTS 报文交换减少了邻居节点在接收节点的冲突。但是，不同的 RTS 报文之间还是存在冲突的情况。发送节点在发送的 RTS 报文冲突或者未收到回送的 CTS 报文时，将等待一段随机选择的时间间隔后再争用信道。

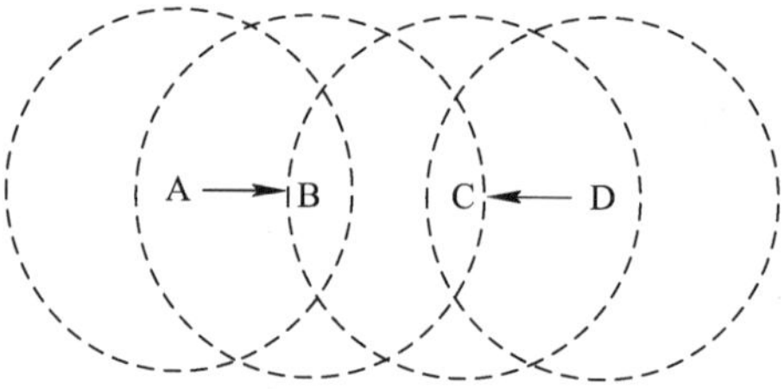

(a)

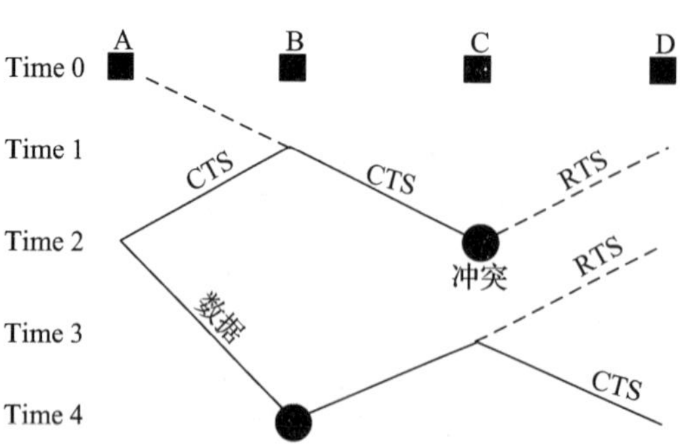

(b)

图 2-2　RTS/CTS 未解决隐藏终端问题示意

为了克服 MACA 在数据链路层没有数据传输确认的缺陷，MACAW（MACA for Wireless）协议被提出来。MACAW 采用了五步握手机制，即 RTS — CTS — DS — DATA — ACK 交换。MACAW 利用数据包正确接收后的确认报文 ACK，允许数据链路层的快速纠错。MACAW 也考虑到了节点间的退避机制和公平性问题。相对于 MACA 协议，MACAW 吞吐量方面有了显著提高，但还是没能解决隐藏终端和暴露终端的问题。

FAMA（Floor Acquisition Multiple Access）协议是另一类基于 MACA 方案的 MAC 协议。该协议要求各站点在实际发送数据之前控制无线信道。与 MACA 和 MACAW 协议不同，FAMA 要求每一个节点在发送数据前了解基本的传输环境，要求同时在发送端和接收端进行冲突检测。该协议分为两个阶段，首先获取信道（通过发送大量的确认数据包），再实际地发送数据包，以此来有效地避免冲突。为了实现信道占用，发送节点采用非持续性包侦听（NPS）或非持续载波侦听（NCS）的方式发送 RTS 报文。接收节点回复含有发送节点位置信息的 CTS 报文。为了确保成功占用信道，CTS 信号持续时间必须比 RTS 信号持续时间长，这样才能保证来自接收端的 CTS 信号足够长，确保与发送端互为隐藏的终端收到这个禁止发送的信号。FAMA 是通过延长 RTS 和 CTS 控制报文的长度来消除控制报文的冲突，较好地解决了隐藏终端的问题。

IEEE802.11 协议指明了两种 MAC 模型：分布式协作模式（Distributed Coordination Function，DCF）（用于无线自组织网络）和点协作模式（Point Coordination Function，PCF）（用于有中心基站协调的网络）。DCF 是基于冲突避免机制的 CSMA，即 CSMA/CA，相当于 CSMA 和 MACA 方案的结合。该协议采用 RTS — CTS — DATA — ACK 握手机制来实现数据传输。除了物理信道检测，该协议还引入了虚拟载波侦听的新概念，是由每个节点保存网络分配向量（Network Allocation Vector，NAV）的形式实现的。NAV 包括信道忙时间，每个节点不停地侦听信道更新自己的 NAV。NAV 实际上表示了一种虚拟的载波检测机制。IEEE802.11 就是采用物理检测和虚拟检测的组合以避免冲突。

由上述分析可知，基于竞争机制的 MAC 协议实现简单，允许节点独立竞争信道，十分适合应用于分布式环境，因此可为分布式无线自组织网络的媒体接入控制提供较好的解决方案。但是，该类 MAC 协议采用的是竞争接入机制，无法根据无线自组织网络环境的变化做出及时的调整，在轻负载的环境下能够表现出较好的性能，无法适应大规模或高负载的网络环境，且未能从根本上解决隐藏终端和暴露终端的问题，具有一定的局限性。尤其是无人机集群目前主要发展方向是“蜂群”，网络中的节点数目在 100 个，甚至是 1 000 个以上。如此密集的编队，冲突的概率大大增加，基于竞争机制的 MAC 协议显然无法提供较高的 QoS，也就无法满足无人机集群协同作战的战术需求。

2.基于预留机制的 MAC 协议

基于预留机制的 MAC 协议的原理是将无线自组织网络的无线信道资源按照所采用的预留机制分配给网络中的节点。该类 MAC 协议相比竞争类的协议来说，灵活性不够，但是能够适应网络负载较大和节点密度较高的网络环境，信道利用率较高。

我们可以将无线自组织网络的信道资源分成三个维度：频域、时域和码域，从而相应地产生三种预留方式：频分多址（Frequency Division Multiple Access，FDMA）、时分多址（Time Division Multiple Access，TDMA）和码分多址（Code Division Multiple Access，CDMA）。

由于 FDMA 方式具有需要采用较高成本的基础设备且频率管理复杂的缺陷，因此，无线自组织网络中一般不采用 FDMA 方式。虽然 CDMA 方式具有网络容量较大、能够支持大数据量的通信、同时避免冲突等优点，但实现困难，成本高，且易受干扰等缺陷都制约了其在无线自组织网络中的应用，不过随着技术的进步，基于 CDMA 的无线自组织网络 MAC 协议近年来取得了较大的进展。

TDMA 方式已经得到了充分的研究，发展至今也已非常成熟，受到了国内外广泛的认可。TDMA 方式采用的是一种突发通信模式，因此它的抗干扰和抗截获的能力很强。而且，在 TDMA 方式下，无线信道资源是按照时域划分，通过合理的分配机制，无冲突的数据传输是可以实现的。而且，在 TDMA 方式下，MAC 协议需解决的问题，如节能、公平接入、QoS 保证等也有了较大的实现可能。因此，TDMA 方式非常适合应用于无线自组织网络，这也是 TDMA 通信方式发展的一个重要方面。

目前，基于预留机制的 MAC 协议一般都是指基于 TDMA 方式的协议。该类协议将一个时钟周期划分为若干时帧，再将一个时帧划分成若干时隙，然后按照其采用的时隙分配方案，为每个节点预留时隙，保证节点在预留的时隙内进行数据传输是无冲突的。基于 TDMA 预留机制的 MAC 协议避免了竞争类 MAC 协议在冲突较多的情况下产生的性能急剧下降问题。在该类 MAC 协议中，时隙分配方案对协议的性能起到了至关重要的作用。

基于预留机制的 MAC 协议的优势在于能够适应节点密度较大和负载较重的网络环境。通过有效地分配无线信道资源，该类协议可以提供较高的 QoS 保证，能够满足语音、视频等综合业务的需求。目前，各国的研究者已经提出了大量基于预留机制的 MAC 协议，典型的有 FPRP 协议[7]、E-TDMA 协议[8]、ABROAD 协议[9]、USAP 协议[10]、ASAP 协议[11]等。

传统的 TDMA 协议是基于固定时隙分配的，在无线自组织网络运行前，时隙分配已经完成，不会随时间的推移而变化。若网络中有 N 个节点，则该协议将一个时帧划分为 N 个时隙，每个节点固定占用一个。网络中的各个节点可以利用分配到的独占时隙传输数据，而不用担心会发生冲突。该协议的数据传输延迟很大程度上是由时隙长度和节点个数决定的。由于该协议的时隙分配是固定的，无法支持网络业务量的动态变化，也没有很好地利用无线自组织网络多跳复用的特性，因此在无线自组织网络中性能较差。

FPRP 协议，即五步预留协议，利用五步预留机制实现 TDMA 的广播调度过程。但 FPRP 协议没有考虑单播数据时隙预留的情况，因此很难支持实际应用。进而，E-TDMA 协议被提出来。E-TDMA 协议是 TDMA 协议的改进和优化，能够及时更新广播时间列表来完成时隙的预留，因此，E-TDMA 协议对大规模动态网络表现出了较好的适应性。

USAP 协议是一种基于 TDMA 的协议，也是为了适应无线自组织网络的分布式特性而专门设计的。USAP 协议的时隙预留是由邻居节点间的包交换来完成的。邻居节点能够确认时隙预留，并能将预留信息发送至两跳范围的其他节点，降低了由于节点移动性和拓扑变化造成冲突的概率。虽然后续很多 MAC 协议都采用了 USAP 协议思想，但是 USAP 协议本身是存在缺陷的，如端到端时延较大、无法保证 QoS 等。

ASAP 协议是一种动态的时隙预留协议。网络中各节点的帧长是可变的，并将每帧的首个时隙预留给新节点入网。新节点入网时，ASAP 协议将为其设置一个帧长，而该长度是与竞争范围内节点的最小帧长相等的。ASAP 协议的最大缺陷是无法满足多个节点同时预留时隙的请求，因此，ASAP 协议在无线自组织网络中的性能表现一般。

ABROAD 协议是基于 TDMA 的预留协议，将传统的固定时隙分配的 TDMA 协议与 CS-

MA/CA机制相结合。该协议实现相对简单，但在高负载和高节点密度的网络环境下，竞争机制的固有缺陷会对协议的性能造成较大的负面影响。

因此，尽管基于TDMA的MAC协议在节点密度较大和网络负载较重的环境下性能表现较好，具有一定的QoS保证能力，但无线自组织网络的动态特性对该类协议还是造成了一定的影响。当网络负载较低时，时隙划分的不合理可能造成无线信道资源的较大浪费，不适用于突发性较强的业务。而当网络负载较大时，基于TDMA的MAC协议忽略了空间时隙利用效率，因此未能最大限度地利用时隙。而且，基于TDMA的MAC协议未能支持和适应无线自组织网络的动态拓扑结构变化。

STDMA协议是对TDMA协议的改进，其与传统TDMA协议的区别在于时隙能够重复使用，在多跳范围内同一个时隙能同时被多个节点同时使用并进行数据的传输。STDMA协议保证了节点在预留的时隙能够无冲突地传输数据，而且充分考虑了无线自组织网络的多跳传输特性，显著地提高了信道的空间复用度和利用率。

STDMA协议有两种实现方式：利用定向天线和利用全向天线。目前，无线自组织网络中的MAC协议基本都假设使用的是全向天线。采用全向天线的弊端是所有在接收节点范围内的节点在它接收数据时必须保持沉默。而定向天线能够在特定的方向上实现高增益传输控制。类似地，带有定向天线的接收节点也不会被其他方向的信号干扰，提高了空间重用性。但这不是一项简单的工作，因为每对节点要知道正确的通信方向，并及时准确地转到该方向。而且，需要设计新的上层协议（如路由协议）来利用定向天线导致的网络新特性，现有的协议是无法利用定向天线的新特性优势的。另外，定向天线硬件要求高，设备复杂度大、成本高等缺点也成为其广泛应用的障碍。因此，本书中提到的STDMA协议是假设利用全向天线实现的。

在上述信道接入协议中，我们分别选择两个基于竞争机制的信道接入协议和一个基于预留机制的信道接入协议进行分析。

2.3　CSMA/CA协议

目前唯一能够支持Ad Hoc模式的商用标准是802.11x系列，包括802.11b、802.11a、802.11g(注意802.11n并不支持Ad Hoc模式)。国内外学者在研究无线自组网时，通常也以802.11x系列为基础，搭建实验系统。802.11x系列所采用的接入协议就是CSMA/CA协议。DCF是CSMA/CA接入控制的基础，它允许网络中的节点无须通过中心控制节点实现彼此交互，从而支持了无中心的自组网工作模式。尽管CSMA/CA定义了基于中心节点控制的、无竞争的PCF模式，但PCF模式在商用芯片中的应用并不常见。

在介绍CSMA/CA的工作流程之前，我们首先需要了解一下CSMA/CA协议的帧间间隔(Interframe Space，IFS)。为了避免传送的数据发生碰撞，CSMA/CA协议规定，所有节点在发送完一帧后，必须等待一个很短的时间才能发送下一个帧，这段很短的时间就是帧间间隔。CSMA/CA定义了四种不同的帧间间隔，其中三种用于信道接入控制。

(1)短帧间间隔(Short Interframe Space，SIFS)。SIFS是长度最短的帧间间隔，用于高优先级的传输场合，通常用来分隔一次会话内的各个帧，例如RTS帧、CTS帧、ACK帧，以及过长的MAC帧分片后的各帧。SIFS之后可以传送的帧的优先级较高，例如AP的探询帧和PCF模式下AP发送的各帧。不同标准中规定的SIFS的长度不同，在802.11b和802.11g

中，SIFS 的长度为 10 μs；在 802.11a 中，SIFS 的长度为 16 μs。

(2)点协调功能帧间间隔(PCF Interframe Space，PIFS)。PIFS 主要用于 PCF 工作模式，实现无竞争的信道接入。有数据发送的节点必须等待一个 PIFS 以后才可以传送。PIFS 的长度是一个 SIFS 加一个时隙时间(SLOT Time)长度。时隙时间长度在 802.11b 中定义为 20 μs，802.11a 中定义为 9 μs，802.11g 中定义为 20 μs 或 9 μs。

(3)分布式协调功能帧间间隔(DCF Interframe Space，DIFS)。DIFS 主要用于 DCF 工作模式，当信道空闲时间超过 DIFS 时，节点就可以发送下一帧。DIFS 的长度为一个 SIFS 加两个时隙时间(SLOT Time)长度。

(4)扩展帧间间隔(Extended Interframe Space，EIFS)。EIFS 不是固定的时间间隔，只有在帧传输出现错误时才会用到 EIFS。

CSMA/CA 协议的信道接入流程如下。当某个节点有数据帧需要发送时，如果信道是空闲的，且上一次发送的帧正确接收，则等待一个 DIFS 之后，节点获得信道控制权，准备发送数据。如果上一帧的传输出现错误，则等待一个 EIFS 之后，节点获得信道控制权，开始发送数据。如果节点准备发送的数据帧是广播帧，就直接发送，并不用等待收到 ACK 确认帧；如果节点发送的是单播帧，则开始 RTS/CTS 握手过程，并在收到 CTS 帧后开始发送单播数据帧。具体过程如图 2-3 所示。

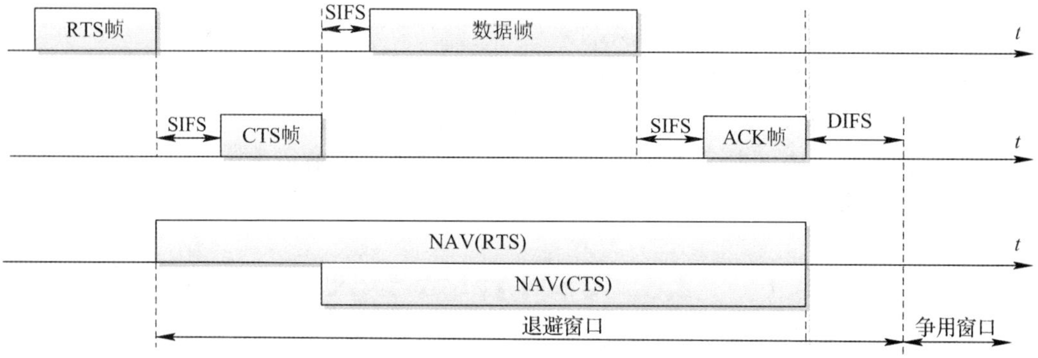

图 2-3　CSMA/CA 工作原理

发送节点和接收节点的邻居节点在收到 RTS/CTS 帧后，设置 NAV，表明信道被占用，不能发送数据。NAV 指出了信道被占用的时间长度，由 RTS 或 CTS 帧首部中的持续时间字段指定。NAV 也被称为虚拟载波侦听(Virtual Carrier Sense)技术。

接收节点在正确接收单播数据帧后，等待一个 SIFS 后，发送 ACK 确认帧，同时 NAV 结束。

如果节点要发送数据时，信道是被占用的，则节点需要继续监听信道，直到信道空闲，即要等待如图 2-3 中 ACK 帧发送结束。这时，节点需要执行退避算法。在经过一个 DIFS 后，进入争用窗口(Contention Window)期或称退避窗口(Backoff Window)期。争用窗口期由若干个 SLOT 组成，SLOT 的个数通常是 2 的指数倍数减 1。以直序列扩频的 802.11 协议为例，初始的争用窗口由 31 个 SLOT 组成。每当出现一次重传，争用窗口的竞争期间就移至下一个 2 的指数倍数，即以[31、63、127、255、511、1023]的顺序递增。注意直序列扩频的 802.11 协议限制争用窗口最大长度为 1 023 个 SLOT，即增加到 1 023 个 SLOT，也就是第 6 次重传后不再增加。

发送节点会在当前争用窗口中随机选择一个时隙，这相当于设定了一个退避定时器。发送节点每经历一个 SLOT 就检测一次信道，如果退避定时器到零，即已选择的时隙到来时信道是空闲的，则节点可以将数据帧发送出去，退避定时器复位。如果已选择的时隙到来时信道是被占用的，则冻结退避定时器，等到信道再次空闲后，再经过一个 DIFS 继续计时，直到退避定时器到零。

目前，大多数无线自组网验证系统基本都是采用 802.11 的 MAC 协议。但在实际应用中该协议存在诸多问题。例如，该协议并没有完全解决隐藏终端和暴露终端问题，造成暴露终端不能发送，严重影响了多跳转发条件下的网络利用率。我们搭建了一个采用静态路由的五跳语音传输实验，根据我们做的实测结果，五跳时传输时延最大可以达到 1 min，这样的性能指标完全不能应用于实战。

2.4　SPMA 协议

军事航空通信中，传输的信息大致可分为两种：一是对时延要求为毫秒级的作战指令、武器控制信息，这类信息数量少，对时效性和可靠性要求非常高；二是对时延要求为 10 ms 级甚至 100 ms 级的态势信息，与第一类信息战术相比，数量非常大，对吞吐量的要求比对可靠性的要求还要高[12]。战术瞄准网络技术（Tactical Targeting Network Technology，TTNT）系统是美军下一代数据链系统，是航空自组网的关键技术，主要面向第一类信息进行传输。为作战单元提供战术定位、瞄准和再瞄准能力，对短暂停留的机动目标给予快速定位和精确打击。其构想是在目标探测、识别、瞄准、打击和确认摧毁的全过程中，利用数据链网络环境提供及时有效的数据、图像和话音信息，同时使打击附带的毁伤最小[13]。

TTNT 数据链信道接入控制协议采用统计优先级多址（SPMA）接入协议[14]。目标是要建立一个低时延和高可靠性的通信机制。由于国外公开资料较少，暂时还不清楚它的具体实现方法。国内对 SPMA 的认识主要来源于文献[13]。根据文献[13]，SPMA 协议的工作流程如图 2-4 所示。

SPMA 协议可以看作是 CSMA 协议在扩频通信里的一种扩展。在 CSMA 协议中，信道具有“忙”和“空闲”两种状态。网络中的节点监听信道，当有分组需要发送，且信道空闲并恰好时，分组就被发送。如果信道被占用，节点就会根据预设的退避算法进行退避，退避结束后，再尝试发送。在这一点上，SPMA 协议和 CSMA 协议是相似的。SPMA 协议考虑到机载通信业务量的不断增加，不同移动节点发生碰撞的概率也随之增大，以至于影响了吞吐量、分组成功传输概率等网络性能。所以 SPMA 协议在信道监听时，比较的是优先级而不是简单的“忙”或“空闲”。SPMA 协议通过 MAC 层与物理层进行交互，采用滑动平均统计的方法统计信道忙闲程度，并与不同优先级业务所设定的忙闲阈值相比较，当信道的忙闲程度小于阈值时，分组可以接入信道，否则执行退避算法。

SPMA 协议由 8 个优先级队列、优先级竞争回退窗口、优先级门限、信道占用统计量、收发天线及相应的分布式控制算法组成。

现阶段 SPMA 协议达到的主要性能指标如下[15]：

系统规模：可容纳的用户数为 200～2 000 个；

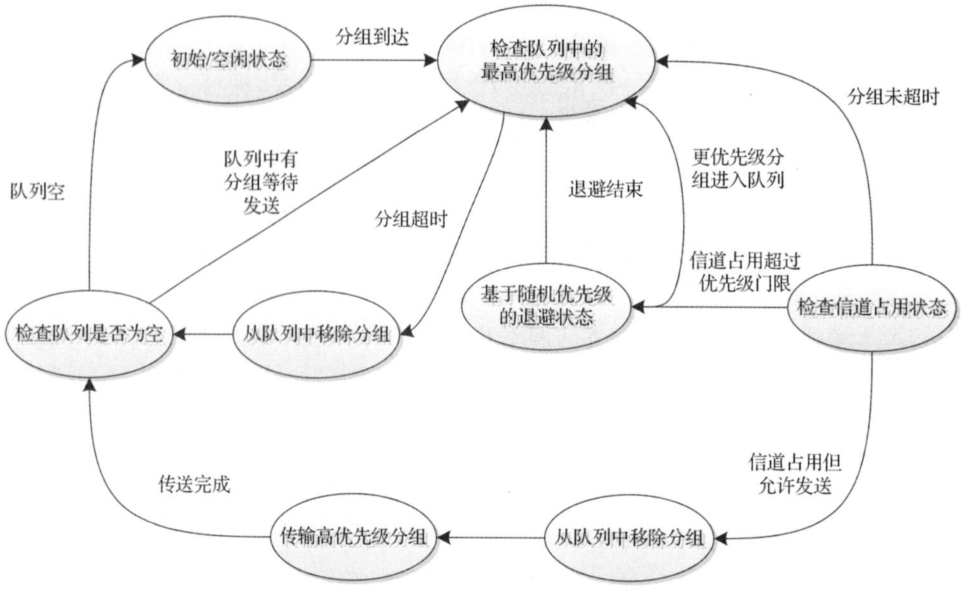

图 2-4 SPMA 协议工作流程图

系统容量：总传输速率>10 Mb/s；

传输速率：2 Mb/s(传输距离<185 km)，500 kb/s(185 km≤传输距离<370 km)，220 kb/s(370 km≤传输距离<555 km)；

传输时延：小于 2 ms(传输距离<185 km)，小于 6 ms(185 km≤传输距离<370 km)，小于 30 ms(370 km≤传输距离<555 km)；

入网时间：新注册的平台在 5 s 内进入网络；

成功传输概率：最高优先级的信息成功传输概率大于 99%。

以 CSMA、SPMA 为代表的竞争式随机接入协议具有较好的实时性，支持快速动态组网，同时可实现较低的端到端时延，其优势是显而易见的。但由于它们均采用竞争机制，不可避免地会产生分组的碰撞和冲突。在负载较重，尤其是像“蜂群”这种应用场景下，竞争式的接入协议难以保证网络的服务质量和系统的稳定性。

基于预留的信道接入协议可以以动态或静态的方式为每个节点分配一定的时隙资源，节点可不受干扰地独享时隙资源，对于保证接入的公平性和较低时延具有一定的优势。在确定的网络规模下，网络时延、吞吐量比较稳定。因此，尽管竞争式的接入协议目前在无线自组织网络领域占据主导地位，基于预留的信道接入协议还是有比较良好的发展和应用前景的。

2.5 STDMA 协议

笔者所在的课题组通过大量的实验，分析了竞争式接入协议的不足，针对无人机集群的作战需求设计并实现了一种基于时隙预留的接入协议——空时多址接入(Spatial Time Division Multiple Access，STDMA)协议。

2.5.1　协议的设计思想

根据无人机集群编队作战的任务特性和需求，STDMA 协议的设计应满足以下基本要求。

(1)分布式调度。每个运行 STDMA 协议的节点仅需要了解局部区域的时隙分配情况，而无须获知整个网络的时隙调度。这样的 STDMA 协议具有可扩展性，适合于大规模网络。

(2)网络拓扑变化自适应。无线自组织网络拓扑不仅仅取决于节点移动导致的节点之间相对距离的变化，还受到时变信道的影响，更具有环境干扰的相关性。所以，STDMA 协议应该感知网络拓扑的变化，并及时调整时隙分配。

(3)网络流量变化自适应。STDMA 协议应该能够根据节点自身高层业务的需求进行时隙的动态分配和释放。

本书 STDMA 协议的设计目标就是尽最大可能地复用时隙，提高网络中时隙的利用率，为网络中各类不同的业务提供区分服务，以有效地保证 QoS 要求。该协议主要通过相邻节点之间信息的交换和节点间的信息广播，来实现对信息传输时隙的预约。

在每一个时隙周期开始时，每个节点在各自的时隙中向邻居节点发送预约信息时隙的请求，这样既可以进行时隙预约，也可以及时发现邻居节点的移动，避免因为网络的移动而造成本无冲突的传输时隙发生冲突。

该协议对广播和单播的预约过程做不同的处理。该协议通过握手机制保证单播数据在信息时隙中的无冲突发送，并引入博弈论来解决广播数据的预约冲突问题，达到尽可能复用时隙的目的。该协议能够充分利用无线自组织网络的空分特性，即相距两跳外的节点可以在同一个信息时隙中发送数据信息。

该协议中的帧长度是可变的，并设计合理的入网和脱网机制，以适应拓扑结构的变化。同时，该协议支持区分业务类型的时隙聚合，以更好地满足综合业务的 QoS 需求。下面对该协议进行更详细的描述。

2.5.2　协议的具体描述

1.协议的前提条件

对无线自组织网络作以下假设：

(1)可以用图 $G = <V,E>$ 表示无线自组织网络，其中，V 是所有节点的集合，E 是链路的集合。假设网络中的通信链路都是双向的，即若(a,b)属于 E，则(b,a)也属于 E。

(2)网络中的节点工作在半双工模式下，即在同一时间里要么接收数据，要么发送数据，而不能同时接收和发送数据。

(3)网络中的节点通信采用全向天线发送数据包，也就是说一个节点发送数据时，它的一跳范围内的邻居节点都能侦听到。两个在通信范围内的节点可以直接通信。

(4)网络中的节点都有一个唯一的 ID(可以是 MAC 地址)。

(5)全网时钟同步已经实现，各个节点之间已经达到时隙同步(关于无线自组织网络的时钟同步的实现方法参阅本书第 4 章)。

2.协议的帧结构

如图 2-5 所示，该协议将一个完整的时钟周期分为控制帧(CF)、广播帧(BF)、信息帧(IF)。在控制帧部分，该协议采用固定的时隙分配方式，也就是说，将控制帧分为 $M+2$ 个时隙(其中 M 为节点个数),每一个节点对应一个控制时隙。每个控制时隙又分为三个子时隙,用于交互控制信息。在控制时隙的末尾留有两个空闲时隙 S_1 和 S_2,不被任何节点占用,称为预分配时隙,是新节点申请入网的专属控制时隙,使得新节点接入时不会与其他节点发送的数据冲突。广播帧是由两个广播时隙 B_1 和 B_2 构成,每个广播时隙也分为三个子时隙,主要用于处理组播和广播数据的时隙申请过程中发生的冲突问题。

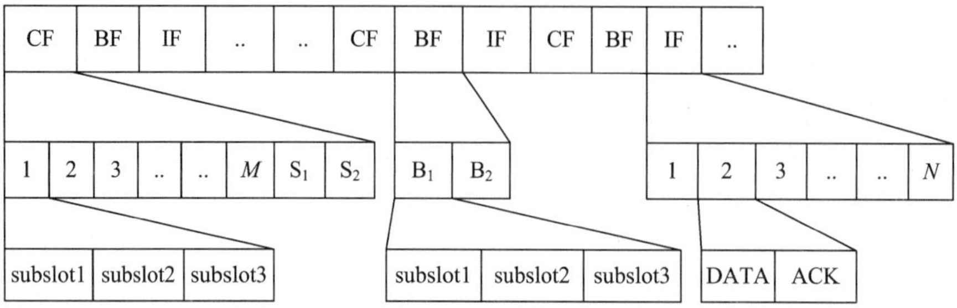

图 2-5　帧结构图

CF:控制帧(Control Frame);BF:广播帧(Broadcast Frame);

IF:信息帧(Information Frame);M:节点个数;S_1/S_2:预分配时隙;

N:用户自定义;DATA:信息传输子时隙;ACK:确认释放子时隙

信息帧可以划分为多个信息时隙,每个信息时隙分为两个子时隙:信息传输子时隙和确认释放子时隙,分别用于信息传输和信息确认及时隙释放。由前两个阶段的信息交互,全网生成一个时隙分配和调度方案,使得各节点在自己的传输时隙进行数据发送。当数据信息被正确接收后,接收节点要回复一个 ACK 消息,否则数据传送失败,需要重传。

节点在协议的执行过程中主要有四种状态:发送状态(TX)、接收状态(RX)、阻塞状态(BLOCK)和空闲状态(IDLE)。每个节点在本地保存两个链表:时隙分配链表 NAV_List 和邻居节点链表 Neighbor_List。NAV_List 用于记录该时钟周期内,两跳范围内已经被占用的时隙;Neighbor_list 用于保存当前的邻居节点信息,可以用来预估网络的当前容量。

该协议主要有两类控制消息,一类是用于完成时隙分配的控制消息,另一类是用于完成节点入网和脱网的动态拓扑控制消息。用于完成时隙分配的消息包括时隙预约请求消息(SLOT_ALLOC)、心跳消息(HEARTBEAT)、拓扑消息(TOPO)、预约同意消息(ALLOC_AGREE)、预约拒绝消息(ALLOC_REFUSE)、预约确认消息(ALLOC_CONFIRM)、时隙释放消息(ALLOC_REALEASE)和预约冲突消息(ALLOC_COLLIDE);用于实现动态拓扑的消息包括入网请求消息(ADD_REQUEST)、脱网请求消息(LEAVE_REQUEST)、代理应答消息(AGENT_REPLY)、代理选择消息类型(AGENT_CHOOSE)、入网广播消息(ADD_INFORM)、脱网广播消息(LEAVE_INFORM)、拓扑变化确认类型(TOPO_CONFIRM)和拓扑变化否定消息(TOPO_DENY)。

3.协议的时隙聚合模型

为了使无线自组织网络中的所有节点能够均衡有效地工作,在一个时钟周期内,若按单个的时隙逐一分给每个节点,实现起来是很困难的。因此,该协议提出时隙聚合模型,将时隙“成块”分给各节点,为不同业务提供区分业务的 QoS 支持。该协议的信息时隙的划分如图 2-6所示。

在时隙分配过程中,该协议将信息帧中一批连续的时隙定义为一个块。本协议将信息帧

划分为 $m\times2^n$ 个单位信息时隙，其中，m 和 n 是常值，由用户根据构建的网络规模手动设置。该协议中的每个时隙块都是由若干个单位信息时隙组成。分配时隙就是将大小不同的时隙块按业务需要分配给网络中的各个节点。每个节点得到的将是由一个或多个单位信息时隙组成的时隙块。时隙块模型的实现，不仅可以为业务提供区分服务，满足不同的业务需求，而且可以降低接入时延，从而保证节点的 QoS 要求。

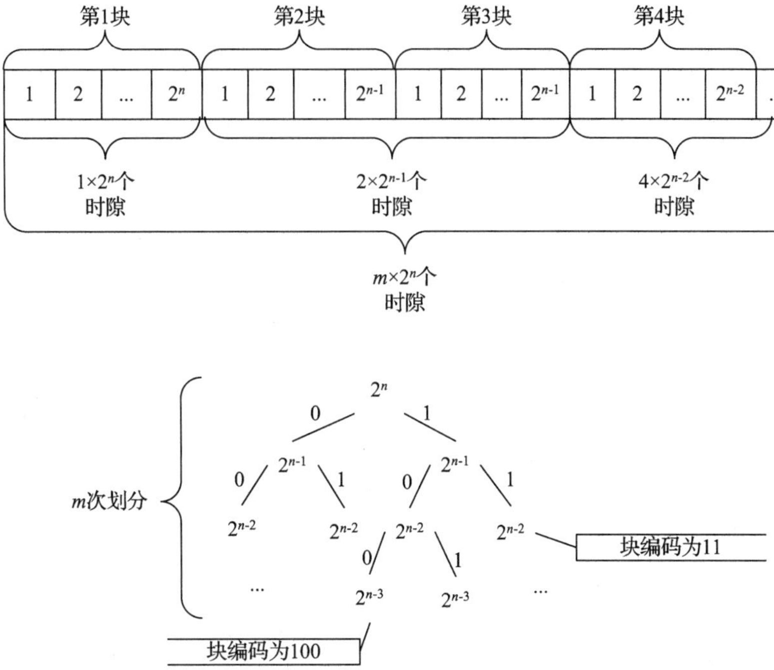

图 2－6　信息时隙分块原理图

在资源分配过程中，时隙块是等分得到的，其等分方法采用二叉树均分法。如图 2－6 所示，每划分一次，即生成两块，一块进入左子树，标记为 0，一块进入右子树，标记为 1。由此可见，m 即为划分的次数，2^n 即为最大的时隙块所包含的单位时隙数。将标记号沿着叶节点到根节点的顺序组合起来就得到该叶节点的对应编码的二进制表示。在预约时隙的过程中，可以使用块编码来标识所申请的时隙块。时隙块的编码越短，时隙块就越大。因此，无线自组织网络中的各个节点可以根据当前应用的 QoS 类别，申请不同大小的时隙块。不同应用的 QoS 类别如表 2－1 所示。

表 2－1　不同应用的 QoS 类别

QoS 类别	应　　用
1	均匀比特率(CBR)
2	可变比特率(VBR)视频，音频应用
3	面向连接型数据传输
4	无连接型数据传输

为了选择合适的时隙块数，我们从图论中节点度[16]的角度出发，得出时隙块数与节点最大度的关系。节点度是图论中的概念，是指与节点关联的边的条数。在无线自组织网络中，节点度用来表示一跳邻居节点的个数。网络密度越高，节点度也越大。因此，我们可以根据节点度与时隙块数的关系，为不同密度的网络选取合适的时隙块数。下面，我们从图论的角度出发，推导控制时隙数与节点最大度的关系。

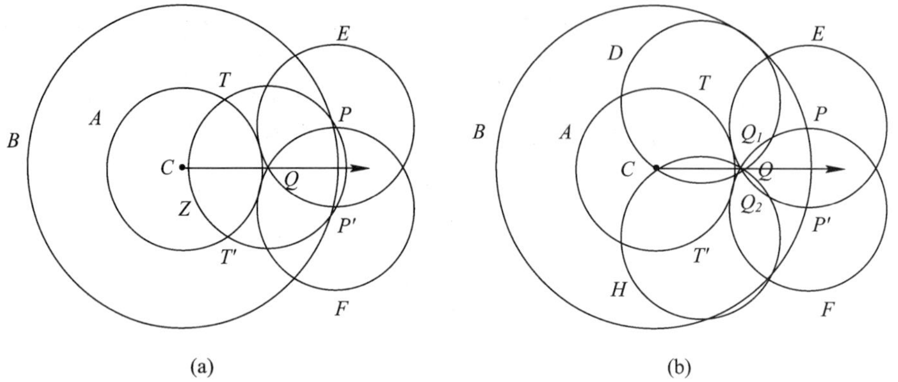

图 2-7　区域划分过程

如图 2-7(a)所示，节点 V_c 位于坐标轴的原点 $C(0,0)$处。以 C 为圆心，以节点 r（节点的传输范围）和 $2r$ 作两个圆 A 和 B。B 中长度为 r 的弦 PP'垂直并平分于 x 轴。因此，我们可以得到 P 和 P'的坐标分别为$(\frac{\sqrt{15}}{2}r,\frac{r}{2})$和$(\frac{\sqrt{15}}{2}r,-\frac{r}{2})$。我们再以 P 和 P'为圆心，以 r 为半径画圆，得到圆 E 和圆 F。圆 E 和圆 F 相交于 x 轴上的 $Q(\frac{\sqrt{15}-\sqrt{3}}{4}r,0)$，且 Q 点位于圆 B 内。以 Q 为原点，r 为半径的圆 Z 与圆 A 相交于 $T(\frac{\sqrt{15}-\sqrt{3}}{4}r,\sqrt{\frac{\sqrt{45}-1}{8}}r)$和 $T'(\frac{\sqrt{15}-\sqrt{3}}{4}r,-\sqrt{\frac{\sqrt{45}-1}{8}}r)$。

如图 2-7(b)所示，以 T 为圆心，r 为半径的圆 D 与圆 F 相交于 Q 和 $Q_1(\frac{\sqrt{15}+\sqrt{3}}{4}r,\frac{\sqrt{3\sqrt{5}-1}-\sqrt{2}}{2\sqrt{2}}r)$。同理，以 T'为圆心，r 为半径的圆 H 与圆 E 相交于 Q 和 $Q_2(\frac{\sqrt{15}+\sqrt{3}}{4}r,-\frac{\sqrt{3\sqrt{5}-1}-\sqrt{2}}{2\sqrt{2}}r)$。由此可得，$CQ_1$ 与 x 轴的夹角 α 约为 $13.82°$。

已知 Q、Q_1 和 α、A 和 B 之间的环形区域可以划分为一系列区域，如图 2-8 所示。C_0 和 C_1 是以 C 为圆心，CQ 和 CQ_1 为半径的圆。在 A 上取一点 G_0，射线 CG_0 分别与圆 C_1、C_0 和 B 交于 K、L、M。由此以角度 α 在 CG_0 两端作出 26 条射线，即可得到 13 个区域 E 和 13 个区域 I，分别用 E_i 和 I_i 表示，$0\leqslant i\leqslant 12$。划分剩余区域 R 的角度 β 为 $0.8204°$（小于 $1°$）。假设 $n(x)$为区域 x 中的节点个数。

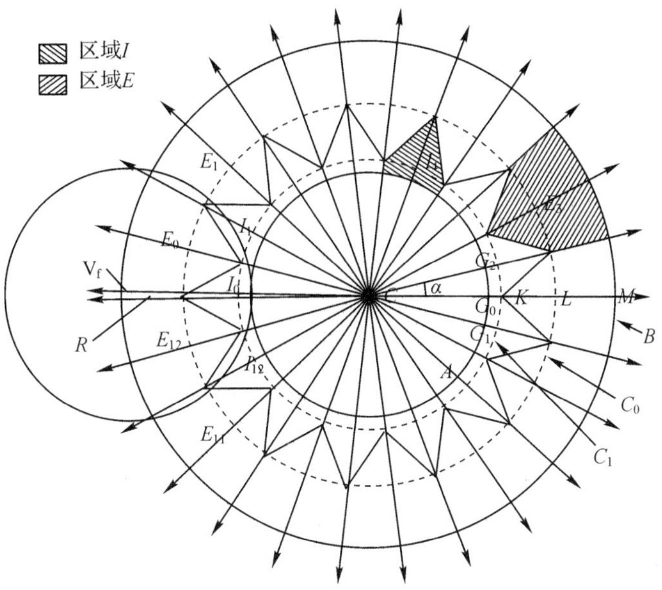

图 2-8　区域划分结果

区域划分后，我们可以知道以下两点：在任意区域 E_i 和 I_i 的节点可以相互连接，而且在 I_i 中的节点可以和邻居区域 I_{i-1} 和 I_{i+1}（$I_{13}=I_0$，$I_{12}=I_{-1}$）中的节点连接。假设 I 区域中的每个节点都至少与一个节点相连，则可得 $\sum_{i=0}^{12} n(I_i)<6(\Delta-1)$，其中 Δ 表示节点最大度。假设 V_f 是 V_c 节点的一个两跳邻居，为了不失一般性，假设 V_f 位于区域 R 内，如图 2-8 所示。V_f 与区域 E_0，E_{12} 和 I_0 中的任意节点是互为邻居的。因此，可以得出 $n(E_0)+n(E_{12})+n(R)<(\Delta-1)$，则 $\sum_{i=0}^{12} n(E_i)<12(\Delta-1)$。

V_c 节点的两跳邻居最多有 $18(\Delta-1)$ 个，且每一个至少与圆 A 中 V_c 的一个一跳邻居相连，此时，V_c 两跳内的邻居节点个数为 $(19\Delta-18)$。另外，对于任何节点最大度为 Δ 的网络，两跳之内邻居节点的个数是小于 (Δ^2+1) 的。因此，任意节点的两跳内邻居的个数是 $\min\{(19\Delta-18),(\Delta^2+1)\}$，$\Delta\geqslant 2$。也就是说，对于 $\Delta\geqslant 2$ 的网络来说，当信息帧划分为 $\min\{(19\Delta-18),(\Delta^2+1)\}$ 个信息时隙块时，每个节点至少能拥有一个信息时隙块来有效地进行无冲突的信息传输。

由二叉树划分过程可知，时隙块的个数是由 m 决定的，即时隙块个数为 $1+2+\cdots+2^{m-1}$；而从时隙块个数与节点度的关系角度看，时隙块个数应该大于或等于 $\min\{(19\Delta-18),(\Delta^2+1)\}$。也就是说，当网络的最大度为 Δ 时，m 的取值必须满足

$$1+2+\cdots+2^{m-1}\geqslant \min\{(19\Delta-18),(\Delta^2+1)\} \tag{2-1}$$

才能保证每个节点都至少能预约到一个时隙块来进行数据传输。

2.5.3　协议的具体流程

STDMA 协议流程由四部分组成：节点入网，时隙分配，数据传输，节点退网。时隙分配流程是控制信息的交换，主要在控制阶段和广播阶段完成。数据传输，在数据传输阶段完成。交换控制信息不可避免地带来额外的开销，在该协议中，由于控制信息交换的报文的长度非常

短，故引入的额外开销相对较小，时隙的有效利用率较高。

根据业务需求的不同，一般的 MAC 帧期望接收目的地址可以分为点对点的单播帧和点对多点的组播或广播帧，如图 2-9 和图 2-10 所示。STDMA 协议进行时隙分配时，需要考虑 MAC 帧的目的地址类型为单播还是广播(组播)。广播接收对应的 MAC 帧目的地址为广播或组播地址，所有能够收到该 MAC 帧的一跳邻居节点都必须解析该帧并进行相应的处理。单播接收对应的 MAC 帧目的地址为单播地址。单播 MAC 帧只和收发双方节点相关，若底层收发器能够提供多个信道的操作，就可以在同一竞争区域内的多个收发节点对上分配不同的信道，这样就提高了网络的容量。广播(组播)MAC 帧会影响到发送节点两跳范围内的所有节点，所以即便收发器能提供多信道，也很难提高组播或广播时隙调度时的网络容量。

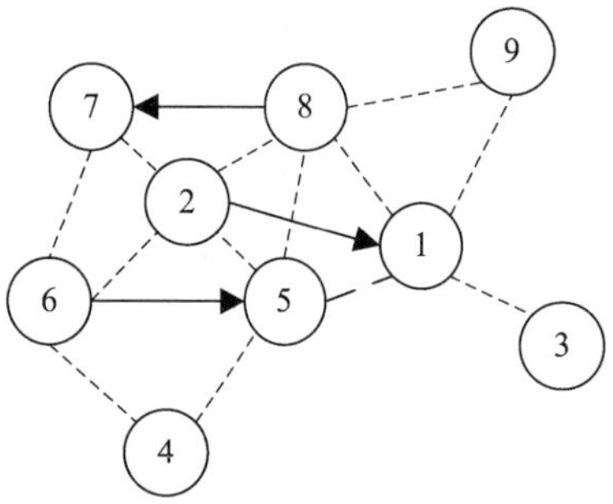

图 2-9 单播传输

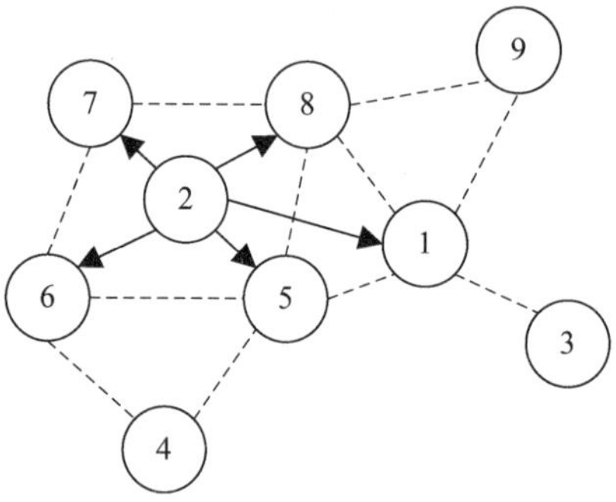

图 2-10 广播传输

在该协议中，单播和广播传输采用不同的预约机制。

(1)单播预约过程。对于无线自组织网络中的单播信息，将利用控制时隙的三个子时隙，通过三次握手完成无冲突的信息时隙分配：无线自组织网络中的每个节点维护一个本地时隙分配链表 NAV_List，当一个信息时隙被分配或被邻近的节点(二跳范围内)占用时，将在时隙分配链表添加一条记录；当被占用的信息时隙得到释放时，将从时隙分配链表中删除对应记录。无线自组织网络中的数据发送节点需要发送单播信息时，首先遍历本地时隙分配链表选择满足 QoS 要求的空闲信息时隙，将其状态设为 TX，同时更新时隙分配链表；然后在对应的控制时隙中的第一个子时隙内发送时隙申请 SLOT_ALLOC，内容是被占用时隙的时隙号。正常情况下，所有的一跳邻居节点可接收到这一时隙申请消息。其中，目的节点查询本地时隙分配链表，若没有对应的时隙占用记录，则同意该时隙申请，将该时隙状态设为 RX，同时更新时隙链表 NAV_List，并在控制时隙的第二个子时隙内发送正性确认消息 ALLOC_AGREE。数据发送节点及目的节点的其他一跳邻居节点将该申请时隙状态设为 BLOCK，避免二跳邻居节点申请此节点，造成冲突。申请节点在收到正性确认消息 ALLOC_AGREE 后，在第三个子时隙发送申请成功消息 ALLOC_CONFIRM。一跳邻居节点均维持时隙状态不变。若目的节点被申请的时隙已经被占用，则会发送负性确认消息 ALLOC_DENY。如果申请节点收到的是负性确认消息 ALLOC_DENY，则在第三个子时隙内发送释放时隙消息 ALLOC_RELEASE，数据发送节点及目的节点的其他一跳邻居节点将解除被申请时隙的 BLOCK 状态。

(2)广播预约过程。对于广播和组播消息，由于确认消息会以较大的概率发生冲突，因此，该协议采用竞争方式获得信息时隙使用权：无线自组织网络中的数据发送节点首先进行预估网络状态，博弈计算出预约概率 p。查询本地时隙分配链表 NAV_List，将预计申请的信息时隙状态设为 TX，同时更新时隙链表 NAV_List，并在对应的控制时隙中的第一个子时隙内以概率 p 发送 SLOT_ALLOC，内容为被占用时隙的时隙号。数据发送节点的一跳邻居节点在收到组播及广播信息请求 SLOT_ALLOC 后，查询本地时隙分配链表 NAV_List。若申请的时隙空闲，则在本地时隙分配链表 NAV_List 中添加对应记录；如果申请的时隙已经被其他节点申请并占用，则一跳邻居节点在随后的两个广播时隙的六个子时隙中随机选择一个时隙，用于发送冲突报告消息 ALLOC_COLLIDE。如果在随后的广播帧中，数据发送节点没有收到冲突报告消息，即认为时隙申请成功。当收到 ALLOC_COLLIDE 消息后，节点将进行退避。预约概率 p 的确定将在下一节中介绍。

现在我们给出协议的流程图并作详细说明。

1.时隙分配和数据传输流程

该协议的信息时隙申请流程如图 2-11 所示。数据发送节点的信息时隙申请及数据传输过程如下。

(1)当节点的网络层有数据需要发送时，该协议将网络层数据读取到本地缓存。数据发送节点根据 QoS 要求选择可用的空闲信息时隙，同时将所选时隙添加到本地时隙分配链表 NAV_List。根据目的节点地址，判断数据的类型。如果是单播数据，则采取三次握手过程申请时隙，转步骤(2)；如果是广播数据，则跳转到步骤(5)。

(2)对于单播数据，发送节点将在对应控制时隙的第一个子时隙中向目标节点发送时隙申请消息 SLOT_ALLOC。

(3)数据发送节点的目标节点在收到时隙申请 SLOT_ALLOC 后，根据申请消息中的时隙号查询本地时隙分配链表 NAV_List。如果申请的时隙空闲，则在本地时隙链表内添加一个时隙占用记录，并广播发送正性确认消息 ALLOC_AGREE。收到 ALLOC_AGREE 消息的所有节点，将修改本地时隙分配链表 NAV_List，添加对应的时隙占用记录，从而实现二跳无冲突的时隙分配。如果被申请的时隙已经被占用，则发送负性确认消息 ALLOC_DENY。

(4)数据发送节点在收到正性确认消息 ALLOC_AGREE 后，在对应控制时隙的第三个子时隙内发送时隙申请确认消息 ALLOC_CONFIRM。数据发送节点的所有一跳节点在收到 ALLOC_CONFIRM 消息后，修改本地时隙分配链表 NAV_List，添加对应的时隙占用记录。该协议利用三次握手过程实现了二跳范围内的单播信息时隙申请无冲突，因此，在此阶段发生所申请的信息时隙发生冲突的概率很低，仅在节点快速移动，并处于发送或接收状态时才有可能发生。如果发生冲突，节点将在下一时钟周期重新申请时隙。

(5)对于广播数据，数据发送节点将在对应的控制时隙中以概率 p 广播时隙申请消息 SLOT_ALLOC。一跳邻居收到时隙申请后查询本地时隙分配链表 NAV_List，如果申请的时隙空闲，则在本地时隙链表中添加一条时隙占用记录；如果申请的时隙已被占用，邻居节点将在广播帧的 6 个子时隙中以 1/6 的概率选择一个发送冲突报告消息 ALLOC_COLLIDE。

(6)若数据发送节点在广播帧中收到了冲突报告消息，将进行退避。否则，信息时隙申请成功。

(7)在信息时隙申请成功后，数据发送节点利用占用的信息时隙开始发送用户数据。在信息帧中包含信息长度信息，数据发送节点的一跳邻居节点，根据信息长度信息定义释放时隙定时器，时隙定时器到时后，更新本地时隙分配链表 NAV_List，删除对应的时隙占用记录，表明时隙处于空闲状态。发送结束后,目标节点将发送 ALLOC_RELEASE 消息,通知其一跳邻居,也就是数据发送节点的二跳节点释放时隙。

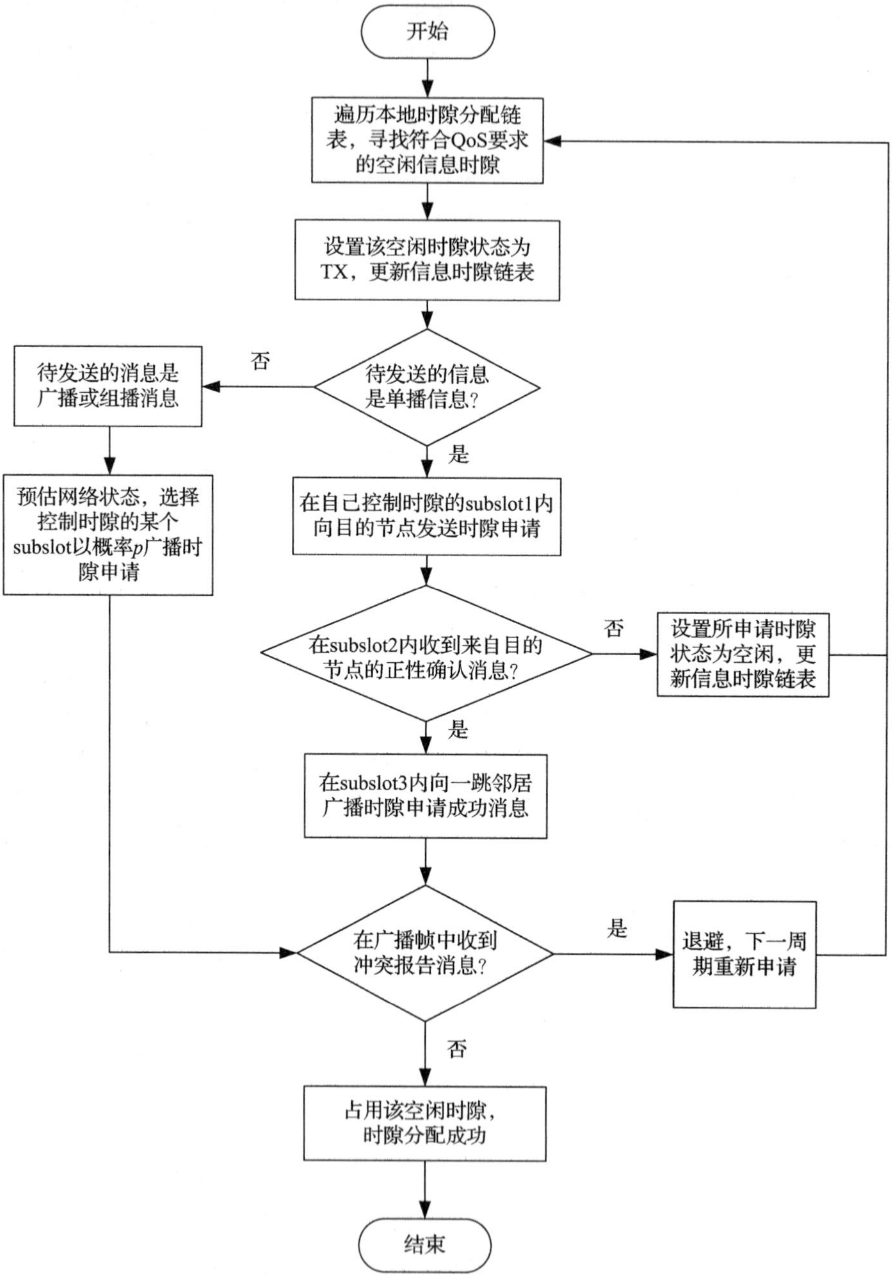

图 2-11　时隙申请流程图

2.入网流程

无线自组织网络中的节点入网流程是属于 MAC 层的基本子流程。GSM 和 CDMA 网络都曾经为入网流程设定了相应的标准。IEEE802.16d[17] 和 MIL-STD-188-220[18] 中曾定义了自组织模式下相应的入网流程。

为了减小待入网节点的入网时延,我们需要为 STDMA 协议选择合理的入网方法。而入网方法的设计重点在于以下几点：①入网对网络同步的影响。由于 STDMA 协议正确运行的一个前提是帧同步，因此在待入网节点成功入网后，网络内各节点时隙表更新，处于连通网络内的节点之间需要维持同步。如果有的节点更新延迟或者未更新，会造成网络内节点时隙数目不一致，时帧产生偏差，此时节点发送数据时，就极有可能发生冲突。②简化的流程。入网流程的复杂性不仅会占用其余节点的资源，而且会直接影响节点的入网时延。③解决入网的竞争问题。当网络内多个节点入网时，入网过程中可能会产生冲突，因此在设计入网方法时应该尽量避免入网冲突的产生。如果冲突已经发生，还需要有合理的退避机制来减小冲突对网络中其余节点造成的影响，并降低再次发生冲突的概率。

STDMA 协议入网方法的基本思想是采用邻居代理的方式入网，待入网节点需要入网时，发送入网请求，在回应的邻居内选择一个节点作为代理节点。该代理节点与其余节点进行交互，并负责将交互结果反馈给待入网节点。入网的过程大致可以分为以下几个阶段：①粗同步阶段：待入网节点根据收到的 Ctrl_Topo 消息内的时隙号及全网时隙数目推测当前网络的帧起始时刻，并根据该时刻进行粗同步，以降低待入网节点发送入网申请时的冲突概率。②精同步阶段：待入网节点请求邻居代理自己的入网业务，代理节点与网络内其余节点交互消息后，如果该待入网节点被准许入网，则发送 Ctrl_Add_Confirm 消息，该消息内包含代理节点的帧起始位置，待入网节点可以根据此消息计算时帧偏差并调整自己的时帧。③同步维持阶段：当网络内节点出现时隙数目不同的情况时，根据最大一致性原理调整时隙，使全连通网络内时隙数目一致。

为了实现节点动态入网，网络中每个节点会维护一个待入网节点表，该表是由单链表实现的。如果节点收到待入网节点的入网请求，则在该表内添加相应的信息。如果某待入网节点在一段时间内没有任何消息，则将对应条目删除。

如图 2-12 所示，待入网节点表中 NewNodeID 为待入网节点的节点号，用来区分网络中的节点。IsAgentNode 标志着当前节点是否为该待入网节点的代理节点，如果是代理节点，则下个字段 AgentnodeId 为当前节点的节点号，否则为该待入网节点的代理节点号。ReceiveTTLMsg 用来统计收到 CTRL_ADD_BR 消息的次数。ReceiveBRMsg 为"true"标志着当前节点收到了 CTRL_ADD_BR 消息，节点转发该消息后将 ReceiveBRMsg 置为"false"。TTL 和 Circle 用来计算 CTRL_ADD_BR 消息从代理节点发出到当前节点收到经历的周期轮次，可用在 Timer_WaitForDenyMsg 定时器的设置上。TTL 初始值为网络内节点个数，每经过一个节点的转发减 1，Circle 初始值为 0，在转发过程中，如果源节点时隙号比当前节点时隙号大，则 Circle 加 1。ReceiveAddDenyMsg 标志着待入网节点是否收到了 CTRL_ADD_DENY 消息，如果收到了，待入网节点要进行退避重新入网。 * next 是指向下个待入网节点条目的指针，如果下个条目不存在，则为 NULL。

NewNodeID (int)	IsAgentNode (bool)	AgentnodeId (int)	ReceiveTTLMsg (int)	ReceiveBRMsg (bool)

TTL (int)	Circle (int)	Timer_WaitForDenyMsg (Timer)	ReceiveAddDenyMsg (bool)	* next (NewNodeList)

图 2-12　待入网节点表结构(NewNodeList)

为了描述简便起见，我们将待入网节点、代理节点和非代理节点的流程分开描述。

(1)待入网节点的入网流程如图 2-13 所示,详细流程如下。

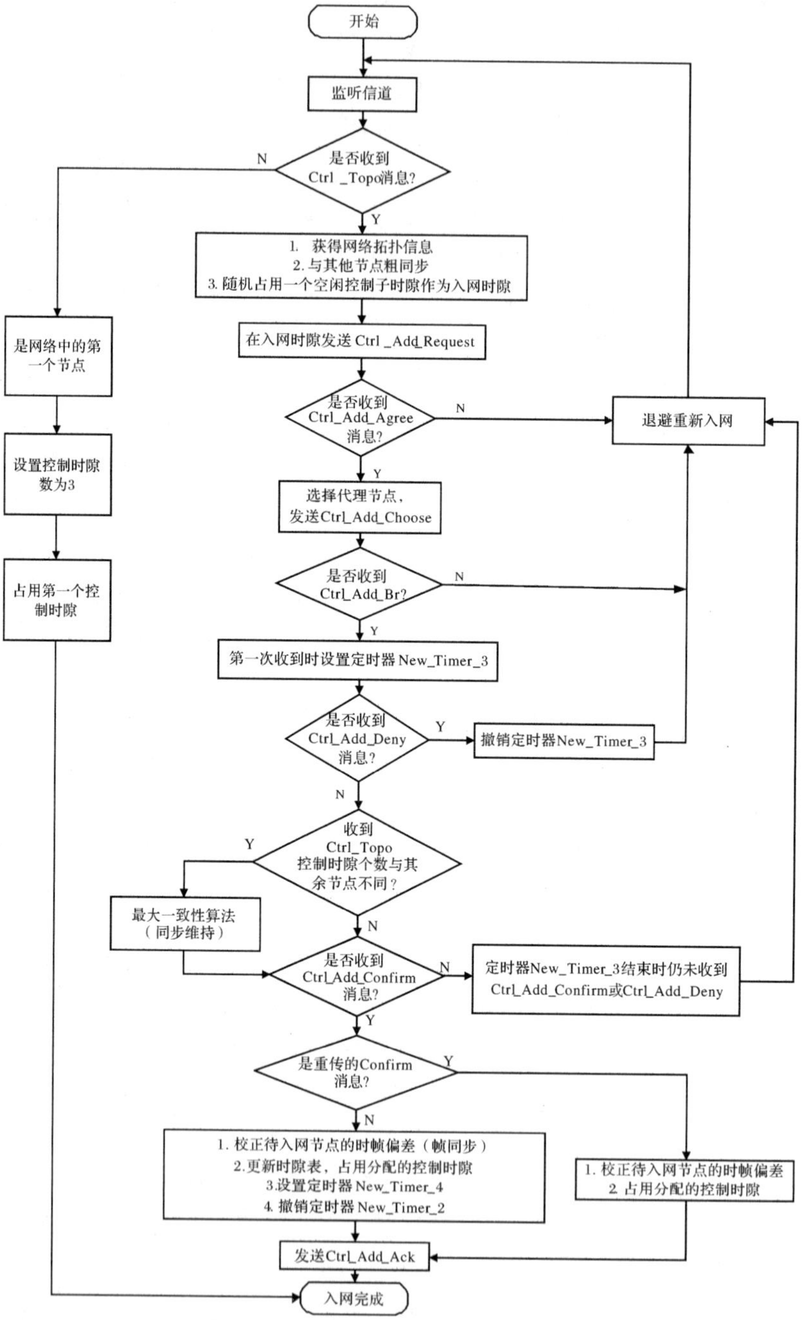

图 2-13 STDMA 协议入网流程图(待入网节点)

1)当待入网节点想要入网时,先持续侦听信道一段时间 TL(TL> TF,TL:Time for Listen, TF: Time for Frame,可根据网络可容纳的最大规模对该时间进行调整)。如果 TL 结束时依然没有收到网络拓扑消息(Ctrl_Topo),则待入网节点可认为本网络中只有自己一个节点,根据当前节点数来创建时隙表,然后占用唯一可用的控制时隙。否则,进入步骤 2)。

2)待入网节点读取 Ctrl_Topo 报文中的控制时隙个数和 Ctrl_Topo 报文源节点的 SlotId,创建时隙表,大致计算出下一帧的起始时刻并根据该时间设置定时器 New_Timer_1,使得待入网节点与其余节点粗略同步。

3)随机占用 S1 或 S2 的一个子时隙作为入网时隙,并在该时隙到来时发送入网请求消息 Ctrl_Add_Request,设置定时器 New_Timer_2 等待 Ctrl_Add_Agree 消息。如果定时器结束时未收到 Ctrl_Add_Agree 消息,则退避重新入网。如果在定时器时间内收到 Ctrl_Add_Agree 消息,则进入步骤 4)。

4)收到 Ctrl_Add_Agree 消息后,选择收到的第一个 Ctrl_Add_Agree 消息发送方为代理节点,并发送 Ctrl_Add_Choose 消息。

5)定时器 New_Timer_2 结束之前,如果待入网节点收到 Ctrl_Add_Br 消息,则根据消息内的 Circle 和 TTL 值设置定时器 New_Timer_3,否则退避重新入网。

6)如果待入网节点收到 Ctrl_Add_Deny 消息,撤销定时器 New_Timer_3,退避重新入网。

7)若待入网节点在定时器 New_Timer_3 结束前收到 Ctrl_Add_Confirm 消息,则根据 Ctrl_Add_Confirm 消息内的信息计算时帧偏差值、记录被分配的控制时隙、本轮次成功入网的节点个数、撤销定时器 New_Timer_3、设置定时器 New_Timer_4 到下个帧起始位置并发送 Ctrl_Add_Ack 消息。代理节点发送的 Ctrl_Add_Confirm 消息中包含代理节点的控制时隙起始时间,待入网节点根据该时间以及代理节点的控制时隙位置等消息,计算出其与代理节点的时帧偏差,进行调整以达到与代理节点精同步的目的。

8)定时器 New_Timer_4 结束时,待入网节点与其余节点同步更新时隙表,并占用分配的控制时隙。此后如果收到代理节点发送的 Ctrl_Add_Confirm 消息则丢弃(这些重发的 Ctrl_Add_Confirm 消息是未收到 Ctrl_Add_Ack 消息所以重传的)。

考虑到网络内的丢包,如果待入网节点未收到代理节点发送的第一个 Ctrl_Add_Confirm 消息,代理节点会在下个周期重新发送该消息。现考虑:正常情况下其余节点已经更新时隙表,待入网节点收到邻居节点的 Ctrl_Topo 消息,会发现邻居节点的控制时隙个数比自己多,待入网节点将计算时帧偏差,调整因延迟更新时隙表引起的时帧偏差。此后,如果待入网节点收到重传的 Ctrl_Add_Confirm 消息,只需调整因网络延迟引起的时帧偏差并占用分配的控制时隙即可。

如果待入网节点在 New_Timer_3 结束时仍未收到 Ctrl_Add_Confirm 消息,则退避重新入网。

现在详细介绍待入网节点使用的几个定时器的作用及时间设置原则。

New_Timer_1:该定时器用在待入网节点的粗略同步。在节点收到 Ctrl_Topo 消息时,根据消息内的信息计算出大致的下周期帧起始时刻,设置该定时器到下周期帧起始时刻。所以 New_Timer_1 的设置时间是下周期帧起始时刻与当前时刻的差值。

New_Timer_2:该定时器在待入网节点发送 Ctrl_Add_Request 消息后设置,用于判断其余节点是否收到该入网请求并广播该请求,根据这一过程的交互时间,我们设置该定时器时间为三个帧长。

New_Timer_3:该定时器在待入网节点收到 Ctrl_Add_Br 后设置,这个定时器用来保证网络内其余节点都收到 Ctrl_Add_Br 消息且在同一周期停止定时器统一更新时隙表。设置的时间根据收到的 Ctrl_Add_Br 消息内的 circle、TTL 值计算。由于待入网节点的更新是收到

Ctrl_Add_Confirm 消息后，所以该定时器对于待入网节点的作用取决于是否未收到 Ctrl_Add_Confirm 消息而退避重新入网，考虑到丢包重传，该定时器的时间较其余节点多五个帧长。该定时器的时间设置很重要，节点入网时间中该定时器的时间占用了最大的部分，所以优化入网时间就必须要合理设置该定时器时间。

New_Timer_4：对于待入网节点来说，该定时器在收到 Ctrl_Add_Confirm 消息后设置，设置到下个帧起始时刻，使得各节点在同一帧起始位置时更新。对于其余节点来说，该定时器有同样的作用，不同的是在 New_Timer_3 结束时设置。

(2)代理节点的入网流程如图 2-14 所示，详细流程如下。

1)已入网节点收到 Ctrl_Add_Request 消息，则将该节点的信息添加到待入网节点表 NewNodeList 内。并设置定时器 Agent_Timer_1，如果定时器结束之前未收到 Ctrl_Add_Br 消息，则删除待入网节点表内该待入网节点的信息。

2)如果节点没有数据发送且没在等待 Info_Ack，则回复 Ctrl_Add_Agree 消息。

3)节点收到 Ctrl_Add_Choose 消息后将 NewNodeList 内对应待入网节点的 IsAgentNode 标志位设为 TRUE。此时，该节点成为对应待入网节点的代理节点。

4)如果当前网络内已入网节点只有该节点，则直接向待入网节点发送 Ctrl_Add_Confirm 消息。否则，进入流程 5)。

5)如果网络内已入网节点不止代理节点一个，则代理节点在自己的控制时隙内发送 Ctrl_Add_Br 消息，并设置定时器 Agent_Timer_2。

6)由于网络内待入网节点不止一个，所以代理节点可能会收到其他待入网节点的 Ctrl_Add_Br 消息，收到后与非代理节点一样，在 NewNodeList 内添加相应信息，设置对应的定时器 Agent_Timer_2(另外一个)，并转发该 Ctrl_Add_Br。

7)Agent_Timer_2 结束时，代理节点在 NewNodeList 内根据代理节点时隙号大小对入网请求已广播完成的新节点所占用的控制时隙位置进行排序，并记录入网请求广播完成的待入网节点个数。

8)如果该代理节点代理的入网请求广播已完成，则发送 Ctrl_Add_Confirm 消息；否则，发送 Ctrl_Add_Deny 消息。

9)设置定时器 Agent_Timer_3 到下个帧的起始时刻。

10)定时器 Agent_Timer_3 结束时，网络内各节点更新时隙表，并将 NewNodeList 内相应信息清除。

11)代理节点发送 Ctrl_Add_Confirm 消息后，如果未收到 Ctrl_Add_Ack 消息，则在下个周期重新发送 Ctrl_Add_Confirm，重传次数设置为 3 次。

现在详细介绍代理节点使用的几个定时器的作用及时间设置原则。

Agent_Timer_1：该定时器是在节点收到 Ctrl_Add_Request 消息后设置的，如果定时器结束时未收到相应的 Ctrl_Add_Br 消息，则说明该待入网节点入网流程中止，则删除 NewNodeList 内对应信息。

Agent_Timer_2：该定时器是在代理节点发送 Ctrl_Add_Br 消息后设置的，作用与 New_Timer_3 相同。时间设置要参考不同网络规模下的全网转发等待时延，详见第 4 章。

Agent_Timer_3：该定时器是在 Agent_Timer_2 结束时设置的，结束时间为下个帧起始时刻，作用与 New_Timer_4 相同。

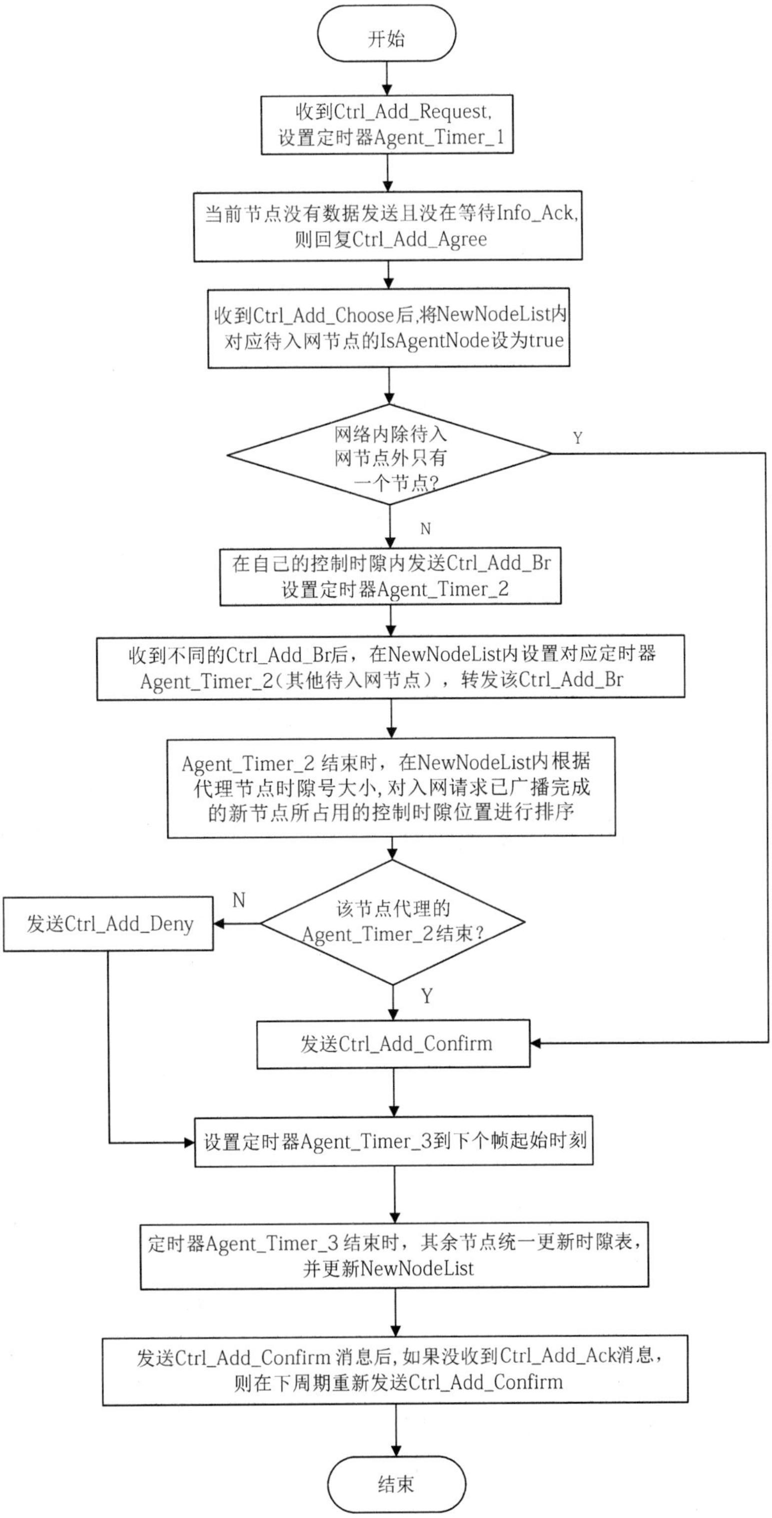

图 2－14　STDMA 协议入网流程图(代理节点)

(3)非代理节点的入网流程如图 2-15 所示，详细流程如下。

1)节点在运行过程中收到 Ctrl_Add_Request 消息后，将该待入网节点信息添加到 NewNodeList 内。

2)节点收到 Ctrl_Add_Br 消息后，如果 NewNodeList 内有该待入网节点，则更新信息，否则，将该待入网节点的相应信息添加到 NewNodeList 内。另外，如果是第一次收到该待入网节点的 Ctrl_Add_Br 消息，将收到的 Ctrl_Add_Br 消息内的 TTL 值减 1，如果源节点时隙号比当前节点时隙号大，则 circle 加 1，根据新的 TTL 和 circle 值设置定时器 Timer_1 并转发该 Ctrl_Add_Br 消息。

3)定时器 Timer_1 结束后，设置定时器 Timer_2 到下个帧的起始时刻。

4)定时器 Timer_2 结束后，网络内各节点统一更新时隙表。

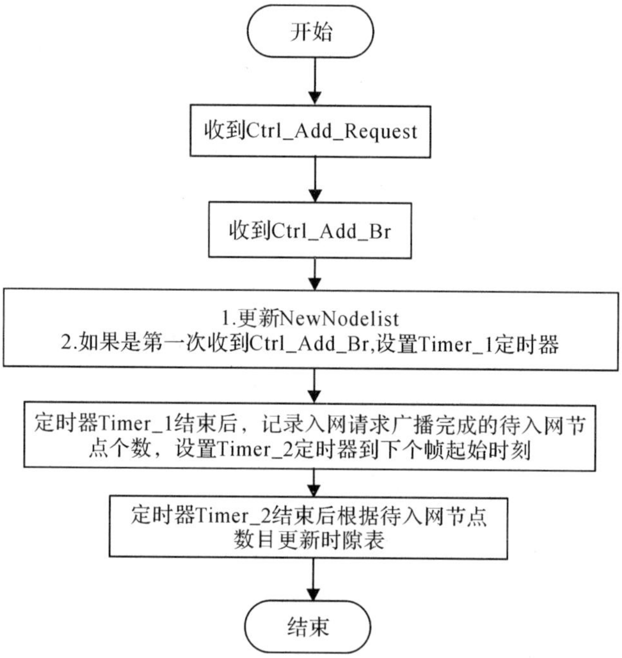

图 2-15　STDMA 协议入网流程图(非代理节点)

现在详细介绍非代理节点使用的几个定时器的作用及时间设置原则。

Timer_1：该定时器是在收到 Ctrl_Add_Br 消息后设置的，作用与 New_Timer_3、Agent_Timer_2 作用相同。

Timer_2：该定时器与 New_Timer_4、Agent_Timer_3 作用相同，不再赘述。

3.退网流程

无线自组织网络是一个动态网络，不仅有节点的加入，也有节点因为移动、障碍物阻隔、电池耗尽、在无人机集群中被击落等原因离开网络，即退网。该协议对于节点退网的处理流程与入网过程类似，也是采用邻居代理的方式实现。不同的是，节点退网分显式退网和隐式退网两种形式。具体过程如图 2-16 所示。

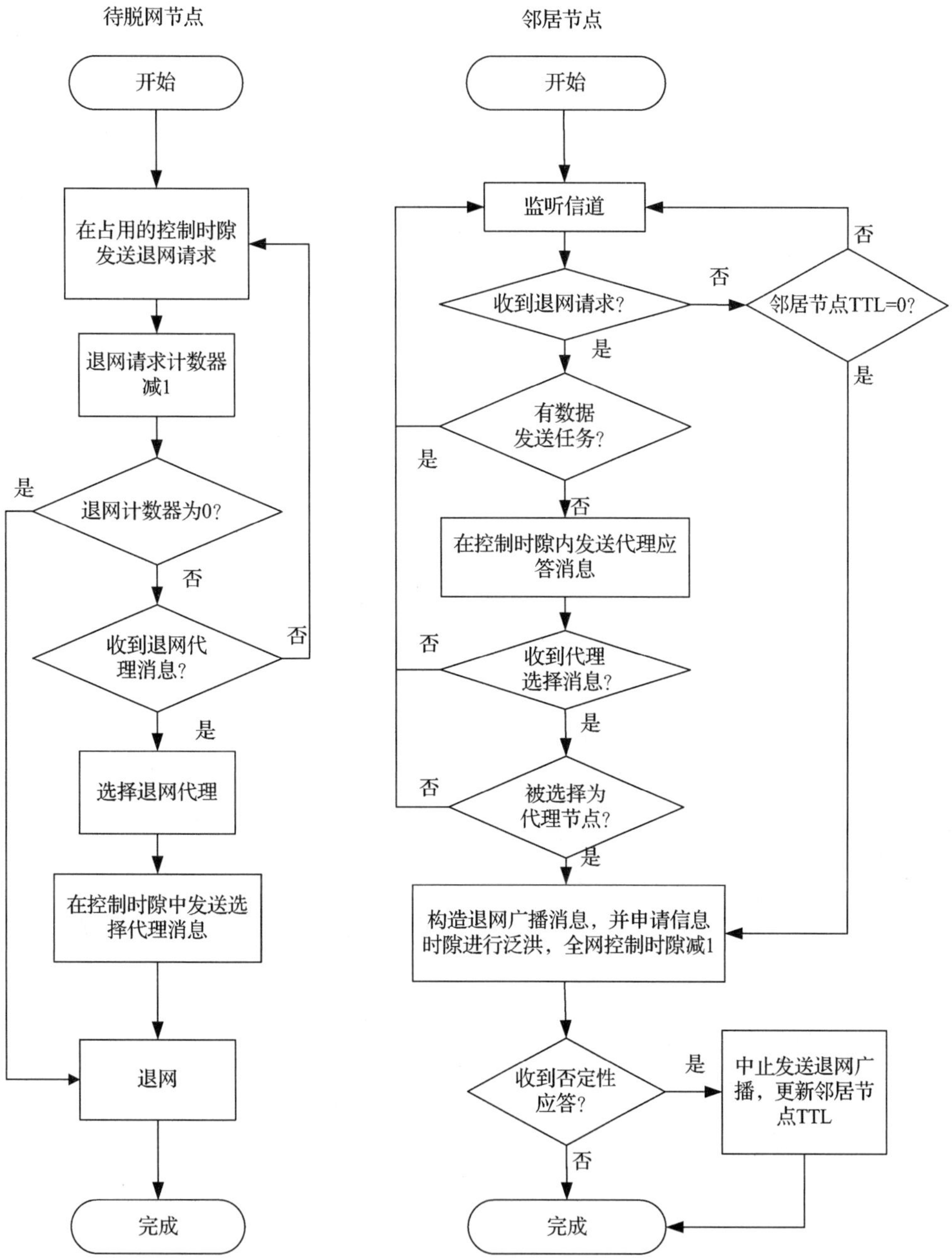

图 2-16　退网处理流程图

显式退网是指节点退网以前，在自己的控制时隙向邻居节点发送退网请求 LEAVE_REQUEST，通过握手选择邻居代理后退网。邻居代理节点通过泛洪发送退网广播消息 LEAVE_INFORM 通知其他节点，全网控制时隙减 1。

隐式退网是指节点无法发出退网信息时的非正常退网。这要求网络中每个节点保存一个邻居节点存活 TTL 表。当节点没有数据发送时，将在自己的控制时隙中发送 HEARTBEAT

消息，其一跳邻居收到该消息或该节点发送的任何消息时，会更新本地节点存活 TTL。当节点存活 TTL 减到 0 时，即一段时间未收到来自该节点的任何消息时，邻居节点将作为代理发送退网广播消息 LEAVE_INFORM。

4.完整工作流程

该协议的完整工作流程如图 2-17 所示，涉及节点入网、信息时隙分配、信息传输及节点退网过程。该协议有效地解决了信道冲突问题，并且能够对业务提供区分服务，满足业务的 QoS 要求，具有开销小、时隙利用率高、适应拓扑结构变化的特点，特别适用于大规模无线自组织网络。

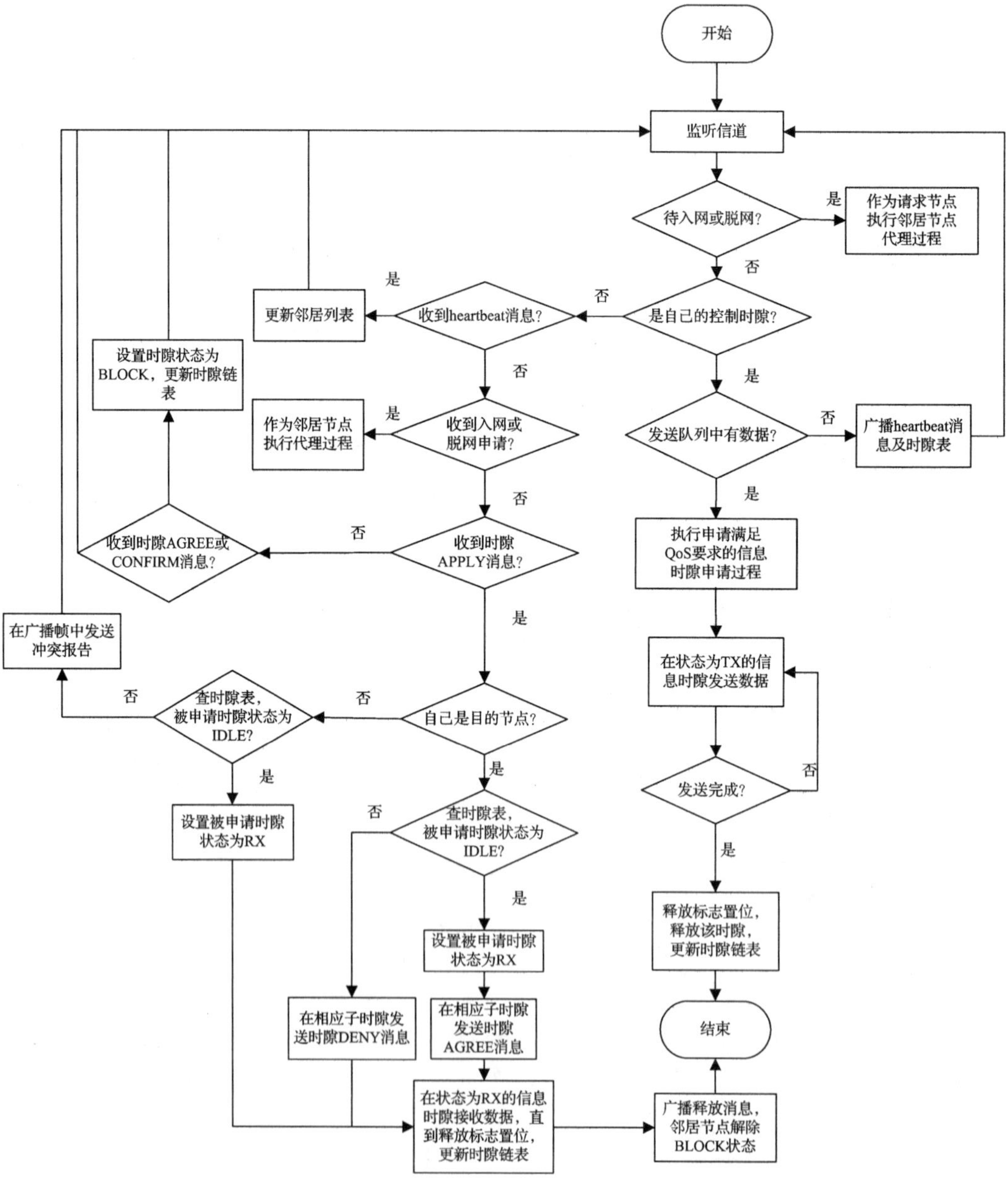

图 2-17 完整工作流程图

2.5.4　协议的博弈模型

由于广播数据的发送会影响发送节点两跳范围内的所有节点，因此广播预约无法采用三次握手机制。对于广播数据，该协议采用竞争的方式进行时隙预约。为了保证广播数据预约的有效性和公平性，本节引入博弈论概念，建立博弈模型，对网络状态进行预估，并推导广播预约概率 P 的计算公式。

1.博弈论的基本概念

博弈论(Game theory)[19-21]是一门描述和分析独立决策者之间进行交互决策情形的应用数学。博弈论提供了预测理性个体之间复杂交互导致的结果的分析工具，这里，"理性"要求每个独立的个体严格遵循基于其能够预见或评估的未来结果进行策略选择。

博弈论的主要应用有经济学、政治科学、生物学和社会学。从 20 世纪 90 年代早期，工程和计算机科学也开始应用博弈论研究各自领域的问题。博弈论被用于研究计算机和电信网络的不同领域，主要是传统的有线网络。近几年，研究者开始利用博弈论对无线自组织网络性能进行研究。由于为无线自组织网络开发的博弈理论模型聚焦于分布式系统，网络节点数越多，其结果和结论都越具有通用性。

在说明博弈论如何解决 STDMA 协议的广播预约问题之前，先对博弈论的一些术语和背景假设作简要说明。

一个完整的博弈的主要元素包括参与人、可行策略、拥有的信息及目的[22]。

(1)参与人。参与人是指博弈的利害关系者，不存在利害关系的参与者被称为自然。

(2)策略。简单地说，策略就是参与人可采取的选择，是根据博弈、其他参与人的行动的变化而变化的。

(3)效用。为比较博弈的可能结果，所有参与人的每一个可行选择的组合都有一个数值。这个和每一个可能结果联系在一起的数值就是参与人在该结果下的效用。一般来说，效用越高表示结果越好。

(4)理性。每个参与人都是理性的，均以获取最大效用值为目标。博弈论大多假设参与人严格按照其最优策略行事，即理性假设。

(5)均衡。均衡是指每个参与人所采取的策略是对其他参与人策略的最优反应，是理性参与人的策略互动的最终结果。

严格来说，博弈的规则包括：①参与人名单；②每个参与人的可行策略；③每个参与人在所有可能策略组合下获得的效用；④每个参与人是理性的最大化利益追求者。

本节主要在非合作博弈的框架下考虑信道竞争接入问题。在非合作博弈中，每个参与人可以根据其利益采取行动，使自己的利益最大化，而不考虑他人的利益。非合作博弈强调的是个人理性，个人最优策略。必须指出的是，个人利益和集体利益也可以是兼容的，因此，在非合作博弈中合作行为满足个人利益也就可能发生。

根据博弈中各参与人是序贯行动还是同步行动，非合作博弈可以分为同时行动博弈(也称静态博弈)和序贯博弈(也称动态博弈)。同时行动博弈是指参与人在不清楚对手所做选择的情况下采取行动。在同时行动博弈中，某个参与人在决策时不知道其他参与人的行动，也不能预见其他参与人对自己的行动将要做出的反应。而在序贯博弈中，参与人的行为有严格时间顺序的，且后行动的参与者知道先行动的参与人的策略。

另外，根据博弈中参与人是否拥有完全信息，即是否完全知道他人的行动策略、效用函数等，非合作博弈可以划分为完全信息博弈和非完全信息博弈。完全信息博弈是指博弈参与人完全知道其他参与人的策略空间、效用等信息的博弈；反之，在参与人没有完全信息的情况下的博弈就是非完全信息博弈。完全信息博弈并不常见，在实际应用中，绝大多数参与人均面临一些信息限制。

因此，我们可以得到 4 种不同类型的非合作博弈和与之相对应的四种博弈的解，即策略均衡，如表 2-2 所示。

表 2-2 非合作博弈的分类及对应的策略均衡

	静态博弈	动态博弈
完全信息博弈	完全信息静态博弈； 纳什均衡	完全信息动态博弈； 子博弈精炼纳什均衡
非完全信息博弈	非完全信息静态博弈； 贝叶斯-纳什均衡	非完全信息动态博弈； 精炼贝叶斯-纳什均衡

2.博弈论数学模型

博弈 G 的标准形式[23]为

$$G=\langle \mathbf{N},\mathbf{A},\{u_i\}\rangle \tag{2-2}$$

其中，

$$\mathbf{N}=\{1,2,\cdots,n-1,n\} \tag{2-3}$$

为参与者(或决策者)集合。对于每个参与者，都有相应的策略集合 $A_i(i\in\mathbf{N})$，

$$A=A_1\times A_2\times\cdots\times A_{n-1}\times A_n \tag{2-4}$$

为所有参与者各自策略集合的笛卡儿乘积。

参与者 $i(i\in\mathbf{N})$的效用函数为 u_i，是策略集合 A 到实数集 $\mathbf{R}$ 上的映射：

$$u_i:A\rightarrow\mathbf{R} \tag{2-5}$$

所有参与者的效用函数集合

$$\{u_i\}=\{u_1,u_2,\cdots,u_{i-1},u_i\} \tag{2-6}$$

表示第 i 位参与者在不同策略组合下所得的效用。

每个参与者 i $(i\in\mathbf{N})$都要最大化自己的效用函数 u_i。对于每个参与者 i 而言，效用函数 u_i 是参与者 i 选取的策略，以及其他参与者选择的策略的函数。从以上条件可以看出，我们可以描述稳态条件，即纳什均衡(Nash Equilibrium，NE)。在定义纳什均衡以前，我们首先定义参与者对其他参与者策略向量做出的最优策略，即能够最大化自己效用函数的策略。

在博弈 $G=\{S,u\}$ 中，在其他参与人任意给定的策略组合下，即 $\forall s_{-i}=(s_1,s_2,\cdots,s_{i-1},s_{i+1},\cdots,s_n)\in S_{-i}=(S_1,S_2,\cdots,S_{i-1},S_{i+1},\cdots,S_n)$，参与人 i 存在一个策略 s_i^*，使得对于 $\forall s_i\in S_i,s_i^*\neq s_i$，都有

$$u_i(s_1,\cdots,s_i^*,\cdots,s_n)>u_i(s_1,\cdots,s_i,\cdots,s_n) \tag{2-7}$$

则称 s_i^* 是参与人 i 的严格最优策略。

$$u_i(s_1,\cdots,s_i^*,\cdots,s_n)\geqslant u_i(s_1,\cdots,s_i,\cdots,s_n) \tag{2-8}$$

并且至少存在一个 s_i^* 使得

$$u_i(s_1,\cdots,s_i^*,\cdots,s_n) > u_i(s_1,\cdots,s_i,\cdots,s_n) \tag{2-9}$$

则称 s_i^* 是参与人 i 的最优策略。

由此可得纳什均衡的定义如下：

在 n 个参与者标准博弈 $G=\{S_1,S_2,\cdots,S_n;u_1,u_2,\cdots,u_n\}$ 中，如果策略组合 $\{s_1^*,\cdots,s_n^*\}$ 满足对每一参与者 i，s_i^* 是(至少不劣于)针对其他 $n-1$ 个参与者所选策略 $\{s_1^*,\cdots,s_{i-1}^*,s_{i+1}^*,\cdots,s_n^*\}$ 的最优反应战略，则称 $\{s_1^*,\cdots,s_i^*,\cdots,s_n^*\}$ 是该博弈的一个纳什均衡，即

$$u_i(s_1^*,\cdots,s_{i-1}^*,s_i^*,s_{i+1}^*,\cdots,s_n^*) \geqslant u_i(s_1^*,\cdots,s_{i-1}^*,s_i,s_{i+1}^*,\cdots,s_n^*) \tag{2-10}$$

对所有 S_i 中的 s_i 都成立。亦即 s_i^* 是以下最优化问题的解：

$$\max_{s_i\in S_i} u_i\{s_1^*,\cdots,s_{i-1}^*,s_i,s_{i+1}^*,\cdots,s_n^*\} \tag{2-11}$$

再者，纳什均衡也可以表示成最优反应函数的交集，也就是说，纳什均衡是一个策略向量，对应于互相的最佳响应：对于每个参与者 i 选择的策略是其他所有参与者的最佳响应。或者说，纳什均衡是一个策略向量，没有一个参与者愿意单方面偏离该策略从而使自己效用减少。我们将映射 $B_i(i\in\mathbf{N})$ 称为最优反应函数，如果

$$B_i(s_{-i})=\{s_i^* \in S_i : u_i(s_i^*,s_{-i}) \geqslant u_i(s_i,s_{-i})\},\ \forall s_i \in S_i \tag{2-12}$$

在博弈 $G=\{S,u\}$ 中，策略组合 $s^*=(s_i^*,s_{-i}^*)$ 为纳什均衡，如果

$$s_i^* \in B_i(s_{-i}^*) \tag{2-13}$$

纳什均衡对应的策略向量是博弈的一致期望，也就是说，如果所有的参与者预测到了纳什均衡，那么将不会有理性的参与者改变自己的策略。需要说明的是，纳什均衡的存在并不保证高效或期望的结果一定出现，实际有时会出现不期望的结果，如囚徒困境。

3.博弈论确定广播预约概率

当节点有广播数据要发送时，首先进行时隙预约。如图 2-18 所示，节点 A 和节点 C 申请信息时隙 F1，其共同的一跳邻居 B 在收到 A 和 C 发来的预约请求后会检测到这种冲突，B 将构造冲突报告消息，在广播帧内发送，通知预约时隙 F1 的冲突。由于无线自组织网络中存在较多的广播数据，这种冲突的可能性相对较大，因此我们根据网络状态，采用概率 p 来发送广播预约分组。

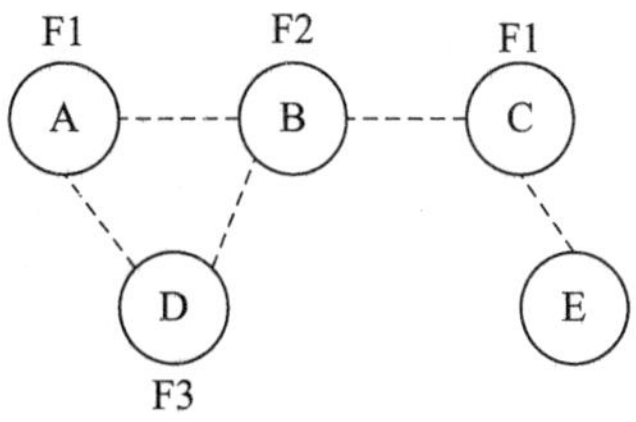

图 2-18　预约冲突示例

现在，我们引入博弈的思想来研究节点广播预约概率 p 的问题。假设两跳之内所有预约同一时隙的节点构成了博弈参与者的集合。广播预约问题是一个非完全信息静态博弈，也就是说，博弈中的各个节点不知道其他节点的行动策略和效用函数。通过博弈矩阵的建立，节点就可以理性地得出下一步的行动策略。

我们假设在某一时钟周期内，两跳范围之内，预约同一信息时隙用于广播数据发送的节点

个数为 m。我们可以使用 m 个参与者非完全信息静态博弈来对广播预约问题建模[22-23]。

我们首先建立一个参与人数目为 2 的单阶段静态博弈模型，即考虑 $m=2$ 的情况。然后，再将这个两用户的单阶段博弈模型向多个用户即 $m>2$ 的情况推广。假设当前参与博弈的节点为 i 和 j，且任意节点 $k(k=i$ 或 $j)$ 具有纯策略空间：$\{T,D\}$，其中 T 代表发送预约分组，D 代表退避在下一时钟周期再进行预约。该博弈有 4 种博弈结果，如图 2-19 所示。

		节点j	
		T	D
节点i	T	$u^F{}_i,u^F{}_j$	$u^T{}_i,u^D{}_j$
	D	$u^D{}_i,u^T{}_j$	$u^D{}_i,u^D{}_j$

图 2-19　$m=2$ 节点的单阶段信息时隙预约博弈

(1)节点 i 选择 T，节点 j 选择 D。在这种情况下，博弈结果为节点 i 成功完成广播预约，得到成功预约的效用值 u_i^T；节点 j 退避，得到退避的效用值 u_j^D。

(2)节点 i 选择 D，节点 j 选择 T。在这种情况下，博弈结果为节点 j 成功完成广播预约，得到成功预约的效用值 u_j^T；节点 i 退避，得到退避的效用值 u_i^D。

(3)节点 i 和节点 j 同时退避，则两者分别得到退避的效用值 u_i^D 和 u_j^D。

(4)节点 i 和节点 j 同时预约，则两者产生预约冲突，分别得到冲突后的效用值 u_i^F 和 u_j^F。

在该博弈中，节点的目标是以最小的代价成功预约时隙，则任意节点 $k(k=i$ 或 $j)$ 的效用值的关系如下：

$$u_k^F < u_k^D < u_k^T \tag{2-14}$$

现在我们利用图 2-19 所示的策略式矩阵对上述博弈过程进行分析。在这个博弈中，每个节点都是理性的，即节点能够理性地选择策略以选择获得自身的最高效用值。因此，当节点 i 选择策略 T 时，由于 $u_j^F<u_j^D<u_j^T$，故节点 j 的最优选择是 D。同理，当节点 j 选择策略 T 时，由于 $u_i^F<u_i^D<u_i^T$，故节点 i 的最优选择是 D。因此，节点 i 和节点 j 的最优策略组合是 (T,D) 或 (D,T)。这也就是该博弈的均衡。

然后，我们将上述博弈向多个参与者即 $m>2$ 的情况推广。在这里引入博弈论的混合策略概念。混合策略是参与人纯策略的选择概率，混合策略的效用是构成他们纯策略的相应效用的加权平均。因此，上述博弈的混合策略可以描述如下：任意节点 $i(1\leqslant i\leqslant m)$ 选择策略 T 的概率为 p_i，选择策略 D 的概率为 $1-p_i$。

为了方便分析，我们对博弈模型作如下假设：

(1)假设所有节点的单阶段效用值相同，即所有节点有相同的 u^T、u^D、u^F；

(2)考虑到协议接入的公平性，假设各节点具有相同的策略空间，即 $p_1=p_2=\cdots=p_m=p$。

由此，我们可以推出该混合策略博弈中，任意节点 i 的效用为

$$U_i=\tau\left(u^T\prod_{j=1}^{m-1}(1-p)+u^F\sum_{j=1}^{m-1}\binom{n-1}{j}\tau^j\,(1-p)^{n-1-j}\right)+u^D(1-p) \tag{2-15}$$

由于博弈中的节点是理性的，博弈的目的是追求效用的最大化，所以我们可以得 U_i 取最大值的一阶必要条件为

$$
\begin{aligned}
\frac{\partial U_i}{\partial \tau} &= u^T(1-p)^{m-1} + u^F \sum_{j=1}^{m-1} \binom{n-1}{j} p^j (1-p)^{n-1-j} - u^D \\
&= 0
\end{aligned}
\tag{2-16}
$$

$$
u^T(1-p)^{m-1} + u^F(1-(1-p)^{m-1}) - u^D = 0 \tag{2-17}
$$

由式(2-17)可以求得任意节点 i 的最优发送策略为

$$
p^* = 1 - \left(\frac{u^D - u^F}{u^T - u^F}\right)^{\frac{1}{m-1}} \tag{2-18}
$$

因此,该博弈的最优混合策略组合是$\{p^* \mid i=1,2,\cdots,m\}$,即混合策略纳什均衡。由于 u^T、u^D、u^F 是确定的,则节点发送广播预约的概率只与 m 有关。节点可以根据邻居节点列表和当前网络的拥塞程度对 m 值进行预估,从而确定广播预约的概率 p。

4.博弈论在无线自组织网络中的应用前景

博弈论作为一种分析分布式算法和协议的工具，已在无线自组织网络广泛应用,包括物理层的功率控制[24-25]、链路层的信道接入[26-27]、网络层路由的建立和维护及转发数据[28-29]和激励机制[30-31]等。我们可以得出无线移动无线自组织网络到博弈的模型映射,如表 2-3 所示。

表 2-3　无线移动无线自组织网络博弈模型

博弈基本元素	参与者	策　略	效用函数
无线自组织网络中的元素	无线自组织网络中的节点	与功能相关的行为 (例如数据包转发决定等)	性能指标 (例如吞吐量、时延等)

在一个博弈中,参与者是独立的决策者,其效用依赖于其他参与者的行为。在无线自组织网络中,博弈中的参与者一般为网络中的节点。无线自组织网络中的策略是与功能相关的行为,如物理层的发射功率控制,波形调制方案以及网络层的数据转发决定等。在动态无线自组织网络中,策略集合还可能随着时间的推移而变化。无线自组织网络中的效用函数是与性能相关的参量,可以是吞吐量、端到端时延、目标信噪比、能量消耗等。

博弈论作为分析分布式算法和协议的工具,运用到无线自组织网络的优势主要有以下几点。

(1)分析分布式系统。博弈论使得网络中的节点在完全分布、各自独立的情况下找到存在的、唯一的、收敛的稳定状态,是一个分析分布式协议的强大工具。

(2)跨层优化。在无线自组织网络的博弈中,节点在某一层策略的目标可以是优化其他层的性能,因此选择合适的行动空间,可以实现跨层设计。

(3)激励机制设计。机制设计是博弈论的一个重要方面。无线自组织网络可通过建立一个有效的激励合作机制来加强节点之间的合作动机,从而改善和提高网络的整体性能。

虽然博弈论可以运用在分析无线自组织网络的性能中,但在应用博弈论时仍然存在一些挑战,主要有以下三方面。

(1)理性假设。博弈论是建立在参与者行为理性的基础上。每个参与者在受限制的行为中最大化自己的目标函数。尽管可以利用软件编程使无线自组织网络中的节点工作在理性状态下,但这种理性假设可能导致一个非社会化最优的稳定状态。事实上,博弈理论的一个重大贡献是，它正式表明单独理性、客观最大化行为不一定会导致社会最优状态。而且，在一些实用的场合，完美理性的假设不能准确地反映实际观察到的行为。

(2)真实场景需要复杂的模型。无线自组织网络的动态特性会导致信息的不完美性，这可能需要复杂的，甚至是非线性化的模型对无线自组织网络的行为(如无线信道接入模型和不同层的协议之间的交互)进行描述。

(3)效用函数的选择。无线自组织网络的性能有时难以建立准确的数学模型。节点很难评估不同级别的性能和做出权衡，且难以将节点可采取的行为映射到更高层的性能指标，如吞吐量。

2.5.5 待入网节点退避算法

在入网流程中，待入网节点在某些情况下会入网不成功，这有可能是与其余待入网节点入网冲突造成的，也有可能是网络内丢包导致未代理成功造成的。总之，多个待入网节点入网不成功会退避后重新入网。本节我们将分析该退避过程。

1.退避算法分析

为了使待入网节点尽快入网，网络产生入网冲突时，我们需要采取冲突解决方法来解决本次冲突并尽量降低持续冲突的可能。现有的解决入网竞争冲突的方案主要分为两种：一种是集中式入网管理。这种方案通常是静态配置的，在已知待入网节点状态信息的情况下，即使有很多待入网节点，也可以小时延、无冲突地加入已经组网成功的网络。但这种方案对于分布式的移动自组织网络来说，实施起来较为复杂。另外一种是分布式入网管理。其基本思想是建立一个以时隙为单位的竞争窗口，冲突发生后各待入网节点在这个窗口中随机选择一个数作为退避值，以退避值为基础，当处于退避状态的节点检测到空闲时隙时，减小该退避值。如果退避值已经减小到 0，待入网节点就认为此时可以发送入网请求消息。根据此过程可以看出：初始竞争窗口的大小、退避值的选择策略、退避结束后发送入网请求时怎么解决冲突，这些是影响基于退避的分布式入网方案性能的重要因素[32]。这种方案由于不需要集中式管理且实现简单，被广泛地用于分布式网络中。

参考无线网络 MAC 协议的退避机制，需要使用信道的节点在发送报文之前随机选择一段时间退避，等到退避结束时发送数据。这样是为了保证多个节点在一段时间内竞争占用同一个信道时的公平有效性。退避机制不仅要避免因长时间退避引起的信道利用率降低的现象，又要降低参与竞争的节点间的冲突，与此同时还要保证各节点的公平性。

二进制指数退避(BEB)算法[33]是常见的用于 MAC 协议的退避算法，该算法由 IEEE802.11 标准引入，其目的是为了减少竞争占用信道时节点间的冲突。其工作机制为，初始时，各节点的竞争窗口(CW)都初始化为 CW_{min}。当节点退避结束后发送报文成功时，就会认为信道竞争情况好转，竞争窗口 $CW=CW_{min}$，即重置为最小值。而当节点发送报文失败时，则认为信道竞争冲突情况更加严重，为了避免以后持续发生冲突，节点会将当前的 CW 值加倍，直到 $CW=CW_{max}$，即达到设定的竞争窗口最大值。由于退避计数器是从 0 到 CW 之间选取的随机整数，因此在竞争窗口值变大后节点的退避时间有可能会更长，这样会使得一定时间内有多个节点竞争信道的概率降低，从而降低网络的冲突概率。但 BEB 算法由于其机制问题使得一段时间内公平性无法保证，发送失败的节点的退避时间会越来越长，发送成功的节点会持续以较高的概率占用信道。

基于 802.11 的工作机制，现在已经有了很多种改进过的退避算法，改进思路包括降低参与竞争的节点间的冲突概率、减少退避算法本身产生的等待时间、提高算法的公平性等。这些算法在改进包括吞吐率、公平性、时延、稳定性等方面的网络性能时有不同的优势。这些改进算法如下[34]。

(1)改进 CW 更新规则类。这种改进算法在目前研究的算法里是最多的一种，实现起来比较简单。包括乘法增加线性减小算法 MILD[35]、CW 慢速减小算法 SD[36]、乘法增加乘法/线性减小算法 MMLD[37]、线性/乘法增加线性减小算法 LMLD[38] 和 GDCF[39] 算法。这类算法的基本思路是使 CW 的值更合理，从而减少竞争冲突，提高系统吞吐率。但这类算法在网络规模变化较为剧烈时的性能较差，因为要重新调整竞争窗口到最佳值需要等待一段时间。

(2)监测网络动态调整参数类。在这类算法中，节点可以通过监测网络获得局部的网络信息，并根据此信息不断调整算法参数。文献[40]的侧重点在于改进网络吞吐率，节点可以通过监测一段时间内的空闲时隙数来估计网络中当前的活跃节点个数。文献[41]以提高数据流的公平性为目的，提出了 P-MAC 算法。这类算法的特点在于：节点可以按照网络情况动态调整算法参数，从而达到降低竞争冲突概率、提高系统的公平性或吞吐率的目的，算法具有较强的适应性。但是当估计的参数值误差较大时会影响算法的整体性能。除此之外，这类算法由于需要实时监测网络状态，所以实现起来比较复杂。

(3)动态调整接入优先级类。这种算法的原理是通过调整节点的优先级，控制一段时间内接入信道的节点数量来优化网络性能的，比如 FCR(Fast collision resolution)算法[42]和 REBS (Residual-Energy-Based tree-splitting)算法[43]等。此类算法的特点是，在一段比较短的时间内参与竞争信道的节点数量少，从而减少冲突，增加网络容量。但此类算法还需要采取合理的措施来解决短时间内的不公平情况。

(4)多阶退避类。这类算法的原则是当网络规模较大时，只允许进入某个特定阶段的节点竞争信道，以此来减小冲突概率，增强算法在高节点分布密度场景下的性能，比如两阶竞争解决算法 DSCR[44]。这类算法在节点密度大的场景可以大幅降低冲突概率，但还需要解决算法的公平性问题。

(5)多接入优先级类。这类算法是为了支持 QoS 提出的，节点可以将不同优先级的数据缓存在不同的发送队列中等待发送，比如 802.11e 提出的 EDCF[45](Enhanced Distributed Coordination Function)。这种算法可根据不同的业务调整优先级，为 QoS 网络提供了链路层支撑。但这种算法还需要研究怎样与 QoS 网络中的其他机制相互协同工作。

(6)预约发送时隙类。这类算法的原理是将某些与发送或退避相关的信息放在发送的报文中发送出去，邻居节点在收到这种报文后可以利用相关信息采取相应措施来降低冲突概率，比如 EBA[46](Early Backoff Annoucement)算法。该类算法虽然在全互连网络中具有较强的适用性，但在无线多跳网络中的性能还需继续验证。

每种退避算法都有各自的特点和特殊要求，有自己的适用场合。有的仅适合在流量饱和或规模较大的全互连网络中使用，而有的则适合在几乎所有情况下使用。各类算法之间并不是完全独立的，我们也可以结合其特点设计出性能更优的新算法。

2.入网退避与 802.11 冲突退避的区别

STDMA 协议中待入网节点的入网退避与 IEEE 802.11 DCF 的信道竞争退避有以下不同之处。

(1)入网退避的主体是网络内某一部分待入网节点,而 802.11 中的退避主体是共享无线信道的节点。待入网节点的数量相对于 802.11 中参与竞争的节点数量更有限。

(2)入网退避在以下情况会发生:待入网节点在特定时间内未收到入网代理回复消息;收到 Ctrl_Add_Deny 消息;特定时间内 Ctrl_Add_Confirm 或 Ctrl_Add_Deny 消息均未收到。而 802.11 是节点的发送数据碰撞时退避的。对于无线网络来说,入网退避的概率不会比 802.11 节点接入信道时的退避的大。

(3)待入网节点的入网过程与无线网络中的信道接入过程不同。前者在有限次退避后就会结束,而后者只要有报文需要发送,就需要竞争信道。

(4)对比普遍的入网时间与报文发送间隔就可以发现,入网退避的周期比 802.11 信道竞争退避的长。因此,入网退避的单次退避比信道竞争退避的损失更大。

上文提到的 BEB 算法及其改进算法大部分都是通过多次的退避寻优来实现的。因此我们需要一个可用于有限竞争节点的单阶段退避策略,来提高入网退避的性能。基于此,我们引入了策略博弈,通过单阶段的最优策略来设置初始竞争窗口值,达到入网退避的优化。

在入网流程中我们曾提到定时器 Timer_3 的时间设置取决于入网请求广播的时间,并且该时间对入网时间有显著影响。下面我们将分析单节点的入网时延,并对入网请求广播的全网转发等待时延进行估计。

2.5.6 单节点入网时延分析

分析 STDMA 协议入网流程可知,单个待入网节点在无退避的情况下的入网时延如图 2-20所示。

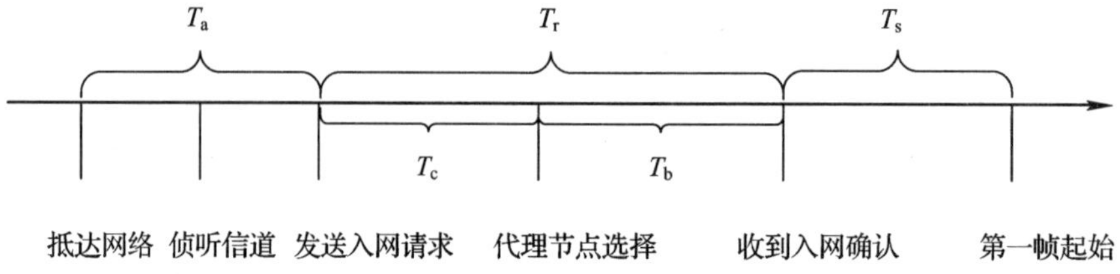

图 2-20　入网时延构成分析

入网时延由以下三部分组成:

(1)待入网节点抵达网络到发送入网请求的时延 T_a。这部分时延包括待入网节点侦听信道的时延、等待第一帧开始的时延、等待自己的入网控制时隙的时延。

(2)时隙分配时延 T_r。即待入网节点发送入网请求到收到代理节点的入网确认消息的时延,其中包括选择代理节点的时延及代理节点与网络内节点协商的时延(即入网请求广播的转发等待时延)。其中,代理节点与网络内节点协商的时延占据了很大一部分,并且与网络规模相关。

(3)待入网节点收到代理节点发来的入网确认消息到待入网节点精同步后帧开始的时延 T_s。

通过定性分析与仿真验证可以得知,T_a 与 T_s 都在有限的周期轮次内,对入网时延影响最大的是时隙分配时延 T_r,这部分时延又包括选择代理节点的时延 T_c 及代理节点与网络内节点协商的时延(即入网请求广播的转发等待时延)T_b。T_c 是待入网节点确认代理节点的时延,在不丢包的情况下,T_c 通常等于帧长 T_F。

因此,对入网时延影响最大的是入网请求广播的转发等待时延 T_b,该时延的估计值还影响着定时器 Timer_3 的时间设置。以下我们将详细分析转发等待时延 T_b。

入网请求广播是为了将入网请求消息广播到网络内每个节点,代理节点在控制时隙发送该消息后,收到的节点等到自己的控制时隙转发该消息,我们可以将入网请求广播这一过程看作传统的 TDMA 形式。入网请求广播时延的构成部分包括处理时延、传输时延、传播时延和排队时延[47-48]。

处理时延(Processing delay):指的是分组到达某节点的时间与离开(被发送)该节点的时间之差。在传统的分组交换网中,高速路由器的处理时延通常是微秒或更低的数量级。而移动自组织网络中每个节点不仅作为数据终端还要作为路由器来进行数据包的转发,而大量数据包的转发影响了网络节点的处理时延[49]。

传输时延(Transmission delay):指的是发送该分组的起始时间与发完整个分组的时间差,主要受到网络带宽的影响。实际的传输时延通常在毫秒级到微秒级。

传播时延(Propagation delay):指的是该分组在信道中传输所使用的时间。传播速率取决于该链路的物理媒体,传播时延等于两台终端之间的距离除以传播速率。因此,传播时延主要由信道长度和信号传播速率决定。传播时延通常是毫秒级。

排队时延(Queuing delay):假定分组以先到先服务的方式进行存储转发,则某分组在传输之前需要等待前面所有已经被存储的分组被成功转发完成,因此排队时延指的是分组到达传输队列(或等待队列)到该分组实际被处理(或传输)的时延。对于基于竞争性的 MAC 协议而言,排队时延涉及节点内信息竞争与节点间信息竞争引起的时延。节点内信息竞争引起的时延主要受调度算法影响,节点间信息竞争引起的时延通常受 MAC 协议影响。上文曾提到,考虑 STDMA 协议的分组转发过程,节点由于占用固定的控制时隙,在收到分组后需要等到自己的控制时隙才能传输该分组。单节点入网时,分组数量有限,所以分组在传输队列中的等待时延是有限的。因而节点等待自己控制时隙的时间在排队时延中占最大部分。

对于入网请求广播的转发等待时延来说,网络中处理时延、传输时延和传播时延通常是微秒级或毫秒级或者基本保持不变的,而且这部分时延不能直接控制。而分组转发等待时延由于受网络规模影响较大,因此在计算入网请求广播时延时,前者可忽略不计,其主要构成部分为节点的转发等待时延。

本节我们将分析全网转发等待时延,但在这之前,我们需要了解网络内节点度数的分布及其期望。

2.5.7　节点的度数及期望

为了方便讨论,我们对网络做出下述假设:

(1)m 个节点在面积为 lw 的矩形区域内随机均匀分布($w \leqslant l$)。

(2)每个节点有相同的传输范围,是半径为 R_e 的圆($R_e \leqslant \min(l, w)$)。

在计算全网转发等待时延之前,我们需要先推导出网络内节点度数的分布和期望。文献[50]证明了满足上述网络假设的无线自组织网络节点度数服从二项分布,即

$$\Pr(\deg=k)=\binom{m-1}{k}(\Pr(L))^k(1-\Pr(L))^{n-k-1} \tag{2-19}$$

式中，$\Pr(L)$是链路概率，m 是网络内节点个数。然而，该文献并没有给出计算链路概率的确切表达式。文献[51]分析了两个在传输范围内的随机节点的链路发生概率。假设节点 i 在网络范围内独立随机分布，其位置在笛卡儿坐标系中可表示为(X_i,Y_i)，其中 $0\leqslant X_i\leqslant l$，$0\leqslant Y_i\leqslant w$。显然，$X_i$ 和 Y_i 满足概率密度函数(PDF)分别为 $f_X(x)$和 $f_Y(y)$的均匀分布：

$$f_{X_i}(x_i)=\begin{cases}\dfrac{1}{l}, & 0\leqslant X_i\leqslant l,1\leqslant i\leqslant m\\ 0, & \text{其他}\end{cases} \tag{2-20}$$

$$f_{Y_j}(y_j)=\begin{cases}\dfrac{1}{w}, & 0\leqslant Y_j\leqslant w,1\leqslant j\leqslant m\\ 0, & \text{其他}\end{cases} \tag{2-21}$$

网络中任意两节点间的距离定义为

$$d_{ij}=\sqrt{(x_i-x_j)^2+(y_i-y_j)^2}-\sqrt{U^2+V^2} \tag{2-22}$$

式中，$U=|X_i-X_j|$和 $V=|Y_i-Y_j|$是独立的。因此，随机变量 U 的累积分布函数是 $F_U(u)=\Pr[U\leqslant u]=\Pr[|X_i-X_j|\leqslant u]$，可推导如下：

(1)当 $u<0$ 时，$F_U(u)=0$。

(2)当 $0\leqslant u\leqslant l$ 时，有

$$\begin{aligned}F_U(u)&=2\left[\int_0^u\int_0^{x_i}f(x_i,x_j)\mathrm{d}x_j\mathrm{d}x_i+\int_u^l\int_{x_i-u}^{x_i}f(x_i,x_j)\mathrm{d}x_j\mathrm{d}x_i\right]\\&=2\left[\int_0^u\int_0^{x_i}\frac{1}{l^2}\mathrm{d}x_j\mathrm{d}x_i+\int_u^l\int_{x_i-u}^{x_i}\frac{1}{l^2}\mathrm{d}x_j\mathrm{d}x_i\right]\\&=\frac{2ul-u^2}{l^2}\end{aligned} \tag{2-23}$$

(3)当 $u>l$ 时，$F_U(u)=1$。

因此，$F_U(u)$的概率分布函数为

$$f_U(u)=\mathrm{d}F_U(u)/\mathrm{d}u=\frac{2(l-u)}{l^2},0\leqslant u\leqslant l \tag{2-24}$$

相应地，$f_V(\nu)$的概率分布函数为

$$f_V(\nu)=\mathrm{d}F_V(\nu)/\mathrm{d}\nu=\frac{2(l-\nu)}{l^2},0\leqslant \nu\leqslant l \tag{2-25}$$

所以，链路$<i,j>$的概率为

$$\begin{aligned}\Pr\left[\sqrt{U^2+V^2}\leqslant R_e\right]&=\iint\limits_{\sqrt{U^2+V^2}\leqslant R_e}f(u,\nu)\mathrm{d}u\mathrm{d}\nu\\&=\int_0^{R_e}\int_0^{\sqrt{R_e^2-U^2}}f(u,\nu)\mathrm{d}\nu\mathrm{d}u\\&=\int_0^{R_e}\int_0^{\sqrt{R_e^2-U^2}}\frac{4(l-u)(w-\nu)}{l^2w^2}\mathrm{d}\nu\mathrm{d}u\end{aligned}$$

$$=\frac{\pi R_e{}^2 lw+\frac{1}{2}R_e{}^4-\frac{4}{3}lR_e{}^3-\frac{4}{3}wR_e{}^3}{l^2w^2} \tag{2-26}$$

根据式(2－19)和式(2－26)可推出，节点度数的概率质量函数 PMF 为

$$\begin{aligned}D_N&=\Pr(\deg=k)\\&=\binom{m-1}{k}\left(\frac{\pi R_e{}^2 lw+\frac{1}{2}R_e{}^4-\frac{4}{3}lR_e{}^3-\frac{4}{3}wR_e{}^3}{l^2w^2}\right)^k\times\\&\quad\left(1-\frac{\pi R_e{}^2 lw+\frac{1}{2}R_e{}^4-\frac{4}{3}lR_e{}^3-\frac{4}{3}wR_e{}^3}{l^2w^2}\right)^{n-k-1}\end{aligned} \tag{2-27}$$

节点度数的期望 D_E 为

$$\begin{aligned}D_E&=E[D_N]\\&=(m-1)\frac{\pi R_e{}^2 lw+\frac{1}{2}R_e{}^4-\frac{4}{3}lR_e{}^3-\frac{4}{3}wR_e{}^3}{l^2w^2}\end{aligned} \tag{2-28}$$

2.5.8　全网转发等待时延推导

全网的转发等待时延可根据以下顺序推导。

1.推导单个节点的转发等待时间 T_w

根据前文对网络内节点度数的分析可以得知，网络中某节点 A 的一跳邻居的期望为 D_E。假设在理想条件下，所有一跳邻居在某周期发送入网请求广播的概率为 p，且邻居发送的入网请求消息均能接收到，则一周期内收到的入网请求广播的数量 n 及对应的邻居节点个数 n 的期望为 $E(n)=D_Ep$。用 S_A 代表节点 A 的控制时隙号，S_{N_1}，S_{N_2}，…，S_{N_n} 分别代表这 n 个邻居的控制时隙号。此时，节点 A 会在收到第一个入网请求消息后等待控制时隙 S_A 并转发该消息。假设该消息是由邻居节点 C 发送的，此时如果 $S_A>S_C$，节点 A 会在本周期内 S_A 时隙转发该消息。否则，节点 A 需要等到下周期自己的控制时隙才能发送该消息，这部分转发等待时间除了到本周期已占用控制时隙结束的时间外，还包含空闲的两个控制时隙、广播时隙、信息时隙以及Interframe(以下简称这部分为 T_E)。

如果忽略 T_E 的存在，STDMA 协议就是一个传统的 TDMA 协议，在分析单个节点转发等待时间的过程中，我们可以将 T_E 暂时忽略。

转发等待时间 T_w 可以分成以下两种事件来考虑：

(1)记事件 L：$S_A<S_{B_1}$，$S_A<S_{B_2}$，…，$S_A<S_{B_n}$ 表示节点 A 的所有一跳邻居的控制时隙号都大于自己的控制时隙号。此时节点 A 收到的入网请求消息都需要等到下周期才能转发。

(2)记事件 $\overline{L}$ 为事件 L 的逆事件。此时，节点 A 收到消息后在本周期自己的控制时隙转发该消息。

控制时隙是每个节点占用一个的，所以对于任意时隙 k 有

$$P\{S_A=k\}=\frac{1}{m}$$

由全概率公式可知，对于任意节点 i 和 j，有

$$\begin{aligned}P\{S_i < S_j\} &= \sum_{S_i=1}^{m} P\{S_i\} P\{S_i < S_j \mid S_i\} \\ &= \frac{1}{m} \cdot \frac{m-1}{m-1} + \frac{1}{m} \cdot \frac{m-2}{m-1} + \cdots + \frac{1}{m} \cdot \frac{1}{m-1} \\ &= \frac{1}{2}\end{aligned} \tag{2-29}$$

但对于事件 L，$S_A < S_{B_1}$，$S_A < S_{B_2}$，…，$S_A < S_{B_n}$ 等事件并不独立。因此事件 L 发生的概率为

$$\begin{aligned}P\{L\} &= \frac{\sum_{i=1}^{m-n} A_{m-i}^{n}}{A_m^{n=1}} \\ &= \frac{A_{m-1}^{n} + A_{m-2}^{n} + \cdots + A_n^n}{A_m^{n+1}}\end{aligned} \tag{2-30}$$

相应地，事件 $\overline{L}$ 发生的概率为

$$P\{\overline{L}\} = 1 - P\{L\} \tag{2-31}$$

用符号 s 表示事件 L 发生时等待的时隙数(向上取整)。当事件 L 发生时，当前节点在本周期自己的控制时隙后收到入网广播消息，如图 2-21 所示。

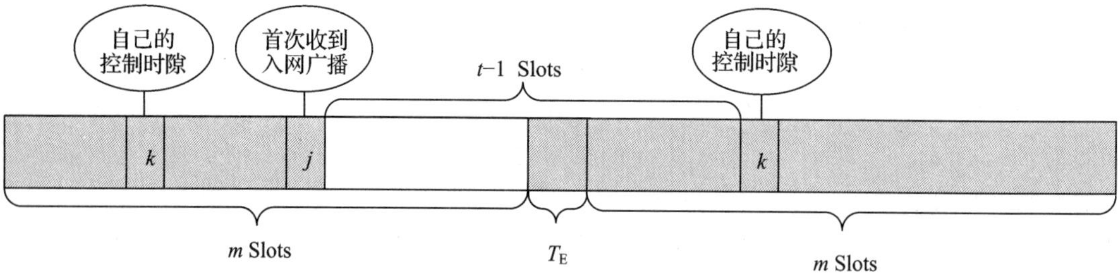

图 2-21　在本周期 Slef_ID 之后收到入网请求广播消息

其中，j 时隙所对应的节点为该周期内第一个发送入网广播的邻居节点，而其余 $n-1$ 个邻居节点只能在非阴影区域内的时隙中随机选择。此时需要等待的时隙数为本周期首次收到入网广播消息到下周期自己的控制时隙的差值，即 s 个时隙。其概率为

$$\begin{aligned}P\{s=t\} &= \sum_{k=1}^{m} P\{\exists j \in N_i \&\& (n \leqslant t-k), S_j = \min(S_{r\in N_i}) = k+m-t \mid S_i = k\} \\ &= \sum_{\substack{k=1 \\ n\leqslant t-k}}^{t} \left(\frac{1}{m} \frac{n}{m-1} \frac{A_{t-k+1}^{n-1}}{A_{m-2}^{n-1}}\right)\end{aligned} \tag{2-32}$$

用符号 $\overline{s}$ 表示事件 $\overline{L}$ 发生时等待的时隙数(向上取整)。当事件 $\overline{L}$ 发生时，当前节点在本周期自己的控制时隙到来之前就收到了入网广播消息，如图 2-22 所示。

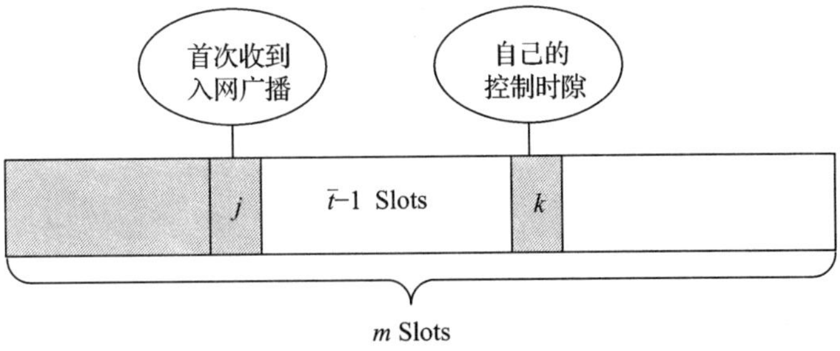

图 2-22　在本周期 Slef_ID 之前收到入网请求广播消息

此时需要等待的时隙数为本周期首次收到入网广播消息到自己的控制时隙的差值，即 $\bar{s}$ 个时隙。其概率为

$$\begin{aligned} P\{\bar{s}=t\bar{s}\} &= \sum_{k=\bar{t}+1}^{m-\bar{n}+\bar{t}} P\{\exists j \in N_i, S_j=\min(S_{r\in N_i})=k-\bar{t} \mid S_i=k\} \\ &= \sum_{k=\bar{t}+1}^{m}\left(\frac{1}{m}\frac{n}{(m-1)}\frac{A_{m-(k-\bar{t})-1}^{n-1}}{A_{m-2}^{n-1}}\right) \end{aligned} \tag{2-33}$$

用 $E[S]$表示事件发生时等待的时隙数的期望（不包含 T_E），$E[\bar{S}]$表示事件 $\bar{L}$ 发生时等待的时隙数的期望。则有

$$E[S]=\sum_{t=1}^{m-1} P\{s=t\}\cdot t \tag{2-34}$$

$$E[\bar{S}]=\sum_{\bar{t}=1}^{m-1} P\{\bar{s}=\bar{t}\}\cdot \bar{t} \tag{2-35}$$

单个节点转发等待时延为

$$T_w=\begin{cases} E[\bar{S}]\cdot T_C, & \bar{L} \\ E[S]\cdot T_C+T_E, & L \end{cases} \tag{2-36}$$

其期望为

$$E[T_w]=P\{L\}\cdot(E[S]\cdot T_C+T_E)+P\{\bar{L}\}\cdot E[\bar{S}]\cdot T_C \tag{2-37}$$

2.根据网络规模推导跳数

前面我们曾对网络做出过假设，网络的 m 个节点均匀分布在面积为 $D=lw$ 的矩形区域，各节点的传输范围是一个半径为 R_e 的圆形区域。因此，任意两节点间距离为

$$d_{ij}=\sqrt{(x_i-x_j)^2+(y_i-y_j)^2} \tag{2-38}$$

期望为

$$\begin{aligned} E(d_{ij}) &= \int_D\left(\int_D f(x_i,y_i)f(x_j,y_j)\sqrt{(x_i-x_j)^2+(y_i-y_j)^2}\,dx_i dy_i\right)dx_j dy_j \\ &= \int_0^l\int_0^w\left(\int_0^l\int_o^w \frac{\sqrt{(x_i-x_j)^2+(y_i-y_j)^2}}{(lw)^2}dx_i dy_i\right)dx_j dy_j \end{aligned} \tag{2-39}$$

则节点的平均跳数为

$$H_{avg}=E(d_{ij})/R_e \tag{2-40}$$

而网络内节点间的最大距离为

$$d_{max} = \sqrt{l^2 + w^2} \tag{2-41}$$

则节点的最大跳数为

$$H_{max} = d_{max}/R_e \tag{2-42}$$

全网平均转发等待时延 T_{wn} 为

$$T_{wn} = H_{avg} \cdot E[T_w] \tag{2-43}$$

最大转发等待时延 T_{wn_max} 为

$$T_{wn\_max} = H_{max} \cdot E[T_w] \tag{2-44}$$

转发等待时延估计值是一个与网络内节点个数 m、网络覆盖区域 l、w 和节点覆盖范围半径 R_e 相关的变量，我们可以根据估计值设置定时器 Timer_3 以达到最优的入网时延。

2.5.9 单节点转发等待时延 K－S 检验结果

同时，我们将该入网方法在 QualNet 内进行仿真，统计了不同网络规模下的一跳转发等待时延，并采用 SPSS 软件中的单样本 K－S 检验对其进行了检验分析。SPSS 是 IBM 公司的“统计产品与服务解决方案”软件[52]，可提供统计学分析运算等方面的服务。

我们对统计的两组数据的一跳转发等待时延分别进行了单样本 K－S 检验，其中一组的仿真场景是 64 个节点在 1 500 m×1 500 m 的区域内随机分布的单节点入网场景，仿真数据包含 434 个；另外一组的仿真场景是 81 个节点在 1 500 m×1 500 m 的区域内随机分布的单节点入网场景，仿真数据包含 790 个。我们对每个随机场景中的每个节点的一跳转发等待时延进行统计，对得到的数据分别进行正态分布、均匀分布、指数分布、泊松分布的单样本 K－S 检验，其分析结果如图 2－23～图 2－26 所示。

根据 SPSS 单样本 K－S 检验准则：如果检验结果的渐进显著性大于 0.05，即可认为原假设无异常。因此，样本的检验结果表明网络内单节点入网的一跳转发等待时延服从均匀分布。

除此之外，我们将 64 个节点随机分布的仿真场景的一跳转发等待时延数据进行了处理，计算出对应的转发等待时隙数(除去 T_E 后的)，并对其进行单样本 K－S 检验，检验结果如图 2－27 所示。结果表明，转发等待时隙数目符合泊松分布，这说明等待时隙数目在某一区域内的频率较高。

根据等待时隙数目对应的次数与其频数，我们绘制了如图 2－28 所示的折线图。从图中可以看出，其落在某区间的频数与图 2－27 的检验结果较为吻合。

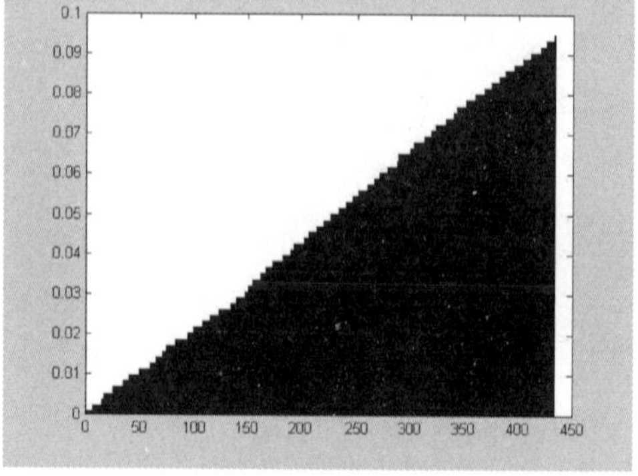

图 2－23　64 个节点的一跳转发等待时延直方图

单样本Kolmogorov-Smirnov 检验2

		V1
数字		434
统一参数 a,b	最小值	.000781808
	最大值(X)	.094779621
最极端差分	绝对	.039
	正	.039
	负	-.019
Kolmogorov-Smirnov Z		.811
渐近显著性（双尾）		.527

a. 检验分布是均匀分布。

b. 根据数据计算。

图 2－24　64 个节点的单样本 K－S 检验结果

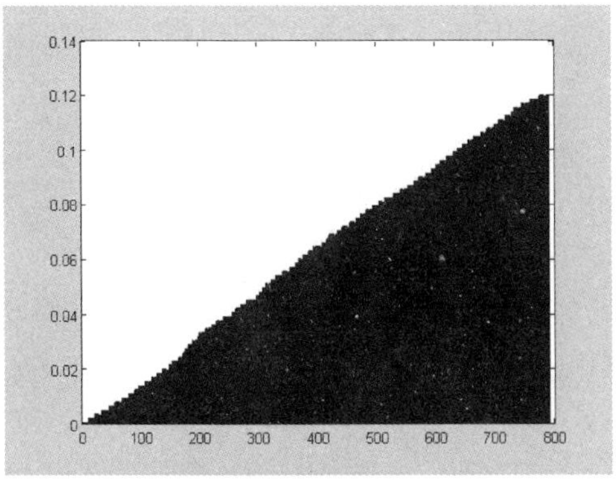

图 2-25　81 个节点的一跳转发等待时延直方图

单样本Kolmogorov-Smirnov 检验2

		V1
数字		790
统一参数 a,b	最小值	.000781731
	最大值(X)	.120143708
最极端差分	绝对	.046
	正	.024
	负	-.046
Kolmogorov-Smirnov Z		1.289
渐近显著性（双尾）		.072

a. 检验分布是均匀分布。

b. 根据数据计算。

图 2-26　81 个节点的单样本 K-S 检验结果

单样本Kolmogorov-Smirnov 检验3

		VAR64
数字		64
泊松参数 a,b	平均值	15.5000
最极端差分	绝对	.079
	正	.054
	负	-.079
Kolmogorov-Smirnov Z		.635
渐近显著性（双尾）		.815

a. 检验分布是泊松分布。

b. 根据数据计算。

图 2-27　64 个节点的转发等待时隙数的检验结果

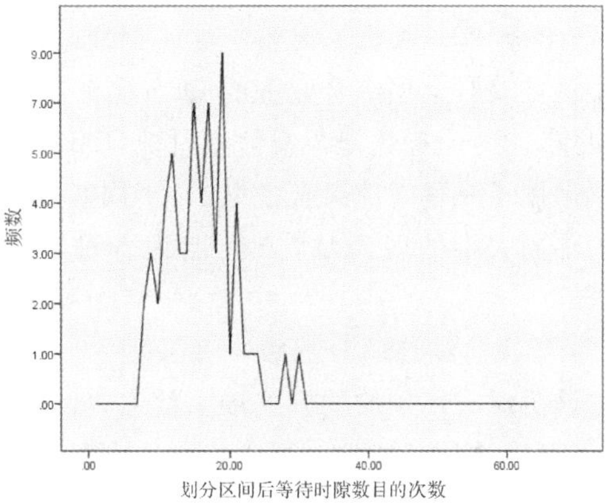

图 2-28　转发等待时隙数的频数分布

2.5.10　协议性能分析

本节对新的 STDMA 协议的性能进行理论分析，并考虑 STDMA 协议设计的关键问题，以及无线自组织网络的 MAC 协议需要解决的一些特殊问题，说明该协议在这些问题上的解决方法。

1.对拓扑变化的适应性

在该协议中，控制帧的长度是随网络中节点个数变化的，而且当网络高速运动时，只要节点没有退网，则依然能够独占控制时隙完成时隙预约。在控制阶段，如没有业务需要预约信息时隙，节点就会发送最新的全网节点信息或自身的心跳信息，而且我们为每个节点设置了 TTL 值，以及时感知节点的变化。利用邻居节点列表和心跳信息，节点能快速地感知两跳范围内的拓扑变化，并对时隙分配方案进行周期性的动态调整。另外，为了适应无线自组织网络的动态变化，我们设计了合理的入网和退网机制。节点入网是由邻居代理节点完成，代理节点在申请的信息时隙进行新节点入网信息的洪泛，从而达到快速入网的目的。总的来说，该协议是适应拓扑结构的变化的，可以支持节点的移动。

2.提高时隙的利用率

提高时隙利用率是基于时分结构的MAC协议设计的一个重要目标。该协议对时隙利用率的提高主要表现在以下几个方面。

(1)该协议采用了动态的时隙分配方案,以一个时钟周期为单位进行时隙预留。网络中的节点能根据当前业务的需求动态地预约信息时隙。若节点没有业务数据传输需求,则不占用信息时隙,避免浪费。

(2)该协议采用合理的预约机制来避免冲突。通过单播的三次握手过程和广播博弈模型的建立,该协议保证了节点在两跳范围内对信息时隙的独占,能够无冲突地传输数据。虽然该协议在控制阶段需要交换一定的控制报文,但报文长度很短,额外开销相对较小。

(3)该协议考虑了时间和空间两方面的复用度。一方面,该协议在两跳范围内能预留不同的广播时隙和信息时隙;另一方面,该协议充分利用了无线自组织网络的多跳传输特性,在空间上提高了时隙的空间复用度,允许两跳范围外的多对节点占用同一信息时隙,进行数据传输。

3.QoS保证机制

该协议对上层综合业务的QoS保证主要体现在两个方面。一方面,该协议是一种时隙预留协议,能为业务数据预留信息时隙,实现无冲突的数据传输,保证端到端时延;另一方面,该协议采用了一种时隙聚合模型,对不同业务提供区分服务。节点可根据上层业务的不同需求,预约不同大小的时隙块,方便地为各种不同的业务提供QoS服务,保证不同业务的QoS需求。

4.解决隐藏终端和暴露终端问题

该协议采用预约的方式接入信道,将一个时钟周期分为三部分,即控制阶段、广播阶段和信息阶段。在控制阶段,每个节点独占一个控制时隙。与RTS/CTS的信息交换不同,控制阶段的信息交互是无冲突的。源节点与目的节点通过三次握手机制完成无冲突的时隙预留。通过时隙的划分和有效分配机制的实现,该协议类似一个多信道协议,不存在隐藏终端和暴露终端的问题。

5.网络的节点最大度对协议的影响

为了保证时隙分配的有效性和公平性,我们在2.5.2节中充分考虑了信息时隙块的个数m与节点最大度Δ的关系。我们可以根据该协议的应用场合,在组网时,根据预期的网络规模预计节点最大度,根据公式(2-1)确定信息时隙块个数m的下限,从而保证每个节点能够预约到信息时隙进行数据传输。

6.良好的可扩展性

该协议具有良好的可扩展性。一方面,协议的参数,如时隙块数m、广播概率预约效用值等都可以根据组网环境预设,可以随协议应用环境的变化而设置,适应性更强;另一方面,该协议的控制时隙数是根据拓扑变化的,能够适应不同节点规模的无线自组织网络应用环境。

2.5.11 STDMA协议QualNet仿真

1.仿真软件QualNet介绍

QualNet软件原为美国国防部内部软件,后获准许投放市场,由于其优越的性能,该软件在全球五十多个国家和地区得到了推广应用。从局域网、广域网到卫星网络、无线自组织网络，都可以使用 QualNet 进行仿真。该软件提供了非常全面的工具，可以自定义网络中的所有组件，同时以源代码的形式提供了完备的开发库，可以满足各种网络功能的实现。

在 QualNet 中定义的每个网络节点都可以进行独立运算，扩展性强，由于其具有非常高效的内核，QualNet 可以满足节点移动性、高负载业务、大规模网络的仿真验证。

QualNet 仿真软件主要由以下 4 部分组成。

(1)仿真器。仿真器是 QualNet 软件的核心，仿真器提供了一个灵活、扩展性强的仿真引擎，可以适用于成千上万的网络节点的仿真，并提供图形用户界面(GUI)，用户可以快速地进行模型设置，并且仿真器会减少不必要的步骤，即时显示网络仿真的结果。

(2)设计器。设计器主要用于创建和设计实验，通过直观的点击、拖拽，用户可以定义节点之间物理连接的类型、节点工作的参数、网络中的数据流等，并且可以在仿真过程中创建运行时的动态图来显示关键的网络工作性能。

(3)结果分析器。结果分析器提供统计工具，可以可视化显示网络中的统计信息，并且可以比较不同仿真实验的结果。

(4)协议栈。QualNet 提供了和真实的物理场景类似的协议栈，协议栈的结构隔层的功能如图 2－29 所示。该协议栈结构和 OSI 的 TCP/IP 网络协议栈类似，各层完成不同的网络功能，层与层之间提供了不同接口进行相互操作。

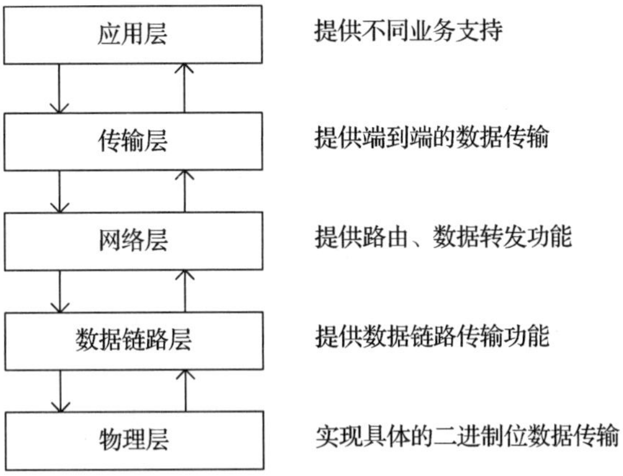

图 2－29　QualNet 协议栈

2.仿真环境

(1)仿真场景。仿真场景在 QualNet 的设计器中进行设定，如图 2－30 所示。在 QualNet 主界面的 Architect 选项直观地展示了当前仿真的模型，可以以图形化的方式设置网络、节点数目、节点位置、节点之间的物理连接等参数，并且节点的移动性、网络流量等会直观地以图形化的方式呈现。

(2)仿真参数。

1)节点移动性。无线自组织网络中移动性是节点重要的属性之一，在 QualNet 中可以方便地设置节点的移动性，如图 2－31 所示。移动性的具体参数包括起始时间、移动速度、移动范围等。本文采用的是“Random－Waypoint”移动模型，此模型中的节点会随机选择一个目的位置，在速度区间内随机选择一个速度值，然后向目的节点做直线移动，因此在协议运行过程中，有可能一开始并非相邻的节点在移动过程中成为邻居节点。

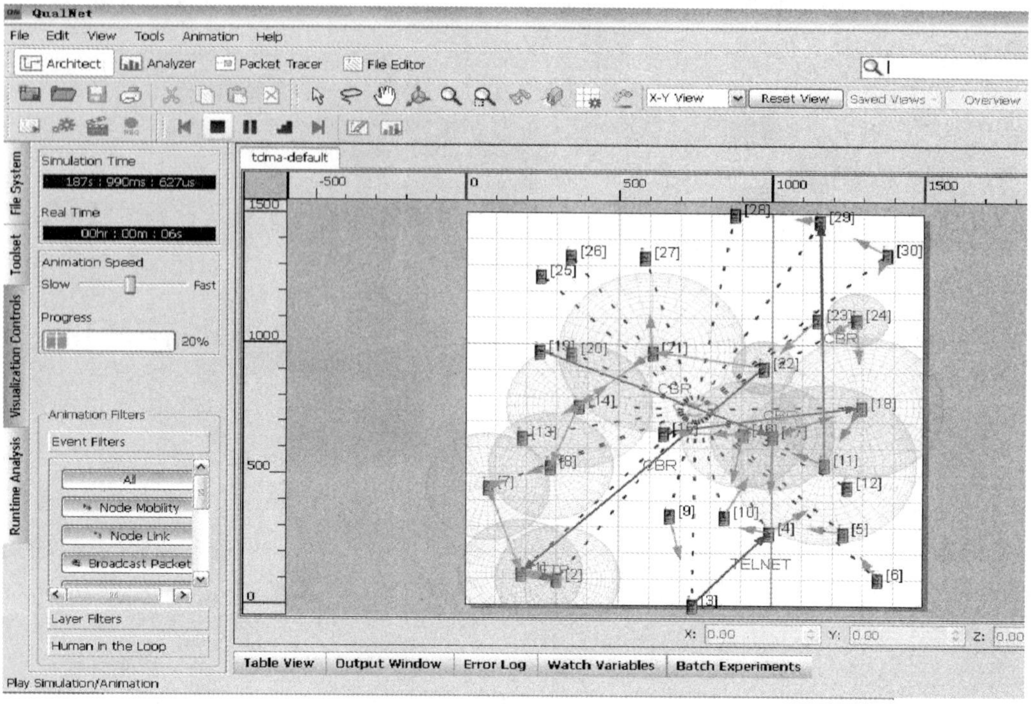

图 2-30 仿真场景

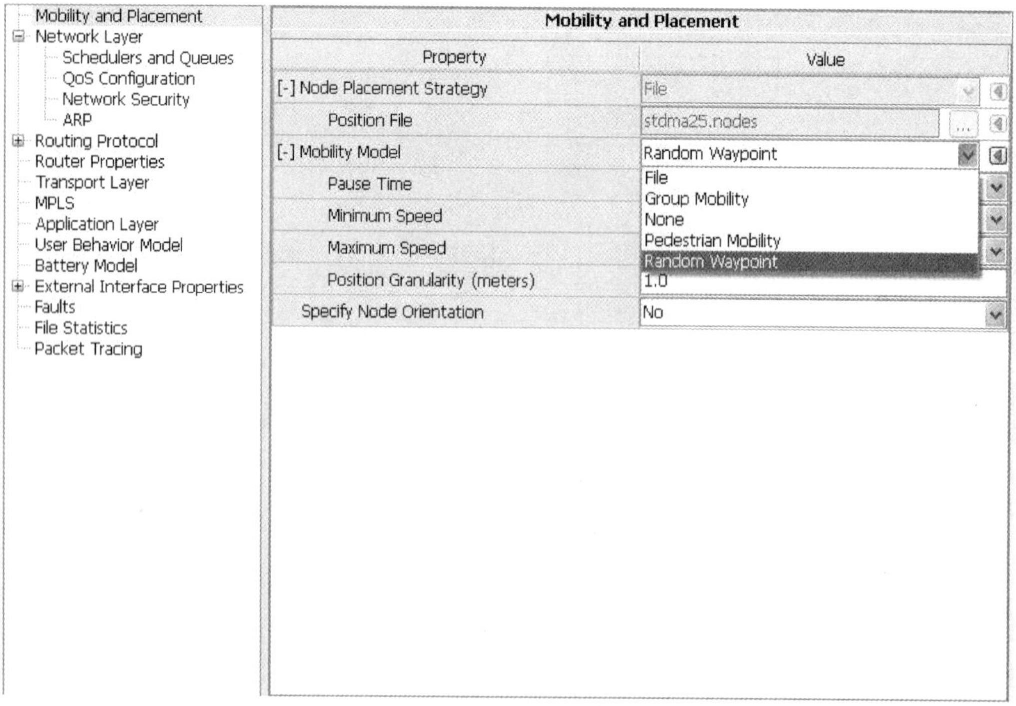

图 2-31 节点移动性设置

2)业务负载。对不同业务负载量的仿真,是仿真实验非常重要的一个方面。本文以不同的 CBR(Constents Bit Rate)的数量表示不同的业务量,如图 2-32 所示。主要的参数有发送节点、目的节点、总的业务量、发送时间、发送间隔等,在不同的节点之间可以定义不同的 CBR 参数。

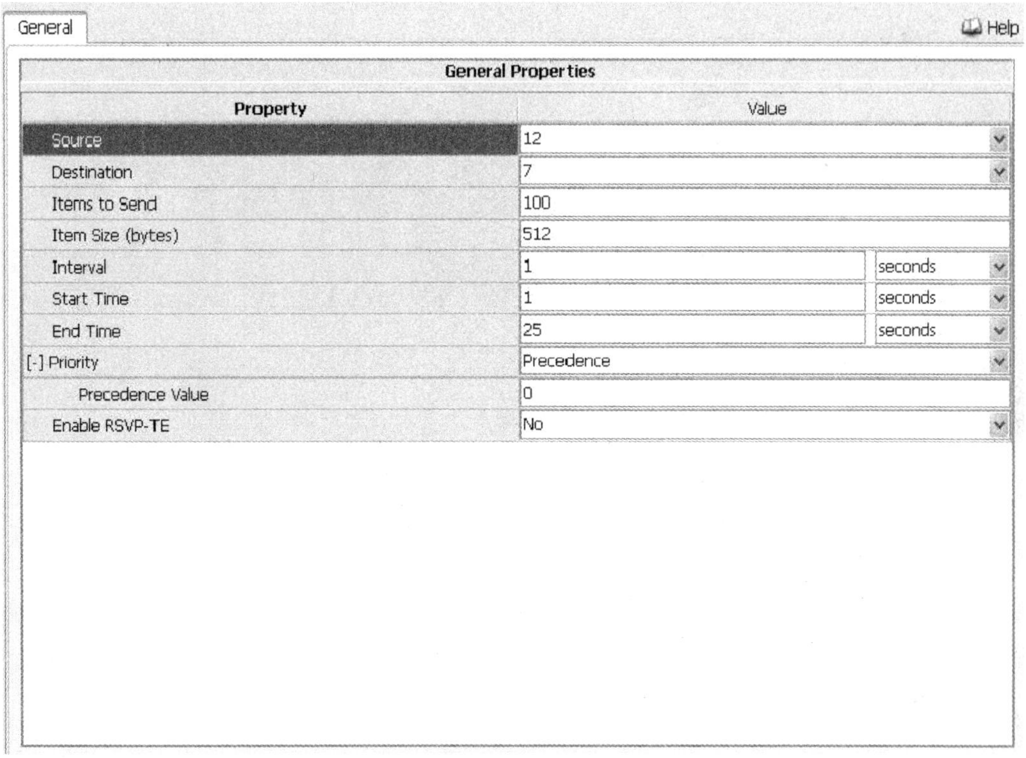

图 2-32　业务负载

3)运行时间。运行时间是整个仿真过程的运行时间,在图 2-30 所示的"Scenario Properties"面板中即可进行设置。协议运行时间的不同会导致业务量、节点移动位置等发生变化,在本文中设计不同的场景对协议进行了仿真,各仿真实验中的时间均设为 300 s。

(3)仿真结果。QualNet 对网络仿真结果提供了详细的结果分析报告,如图 2-33 所示。仿真结果包括发送方和接收方两个方面的统计,统计的内容包括发送的数据量、接收的数据量、时延、吞吐量等,这些统计结果是本文分析协议性能的主要依据。

本文的 STDMA 协议以时隙复用为核心,通过提高时隙利用率来提升网络性能,主要从以下三个方面分析协议性能。

1)平均时延。QualNet 仿真结果给出了每个节点的时延,时延在数值上等于数据从发送方到接收方经过的时间。本文仿真关注全网的性能,以所有节点的平均时延进行性能评价。

2)分组递交率。QualNet 仿真结果给出了每个节点的发送数据量、接收数据量,据此定义分组递交率:

$$\text{分组成功递交率}=\frac{\text{所有目的节点收到的分组总和}}{\text{所有源节点发送的分组总和}}$$

在相同的网络环境设置下,分组递交率越大,性能越好。

3)吞吐量。QualNet 仿真结果直观地给出了各个节点的吞吐量,即单位时间内收到的二进制位数,与时延类似,在后文进行性能分析时使用平均值。

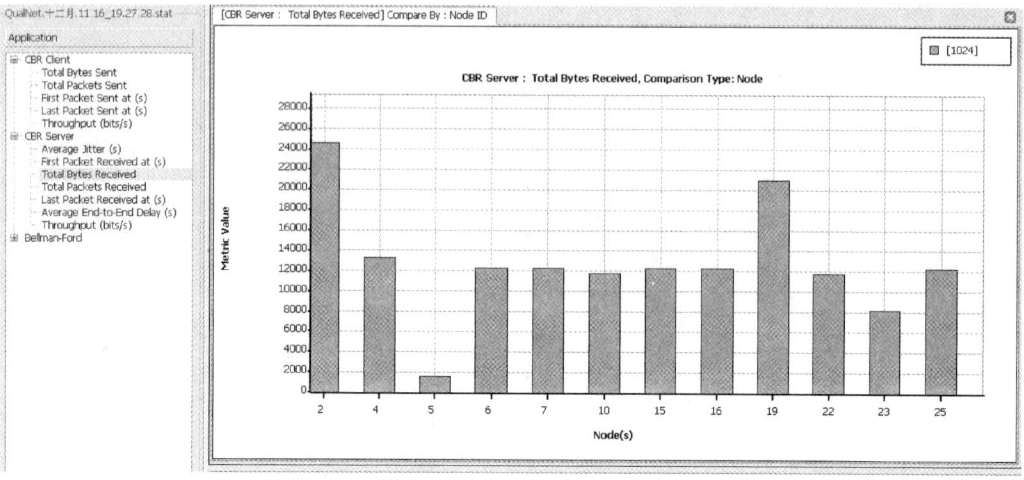

图 2-33　仿真结果

3.协议的仿真实现

(1)协议的有限状态机模型。QualNet 中运行的网络协议都对应着一个有限状态机模型,如图 2-34 所示。有限状态机包括模型初始化、事件分发和模型结束三个部分。在协议中可以创建事件,事件的发生对应状态的改变。图中的核心是事件分发器(Event Dispatcher),包括事件等待(Wait For Event)和事件处理(Event Handler)两部分。当协议等待的事件出现后,协议转换到 Event Handler 事件处理状态,进入相应的事件处理流程,事件处理完毕之后再次回到事件等待状态。

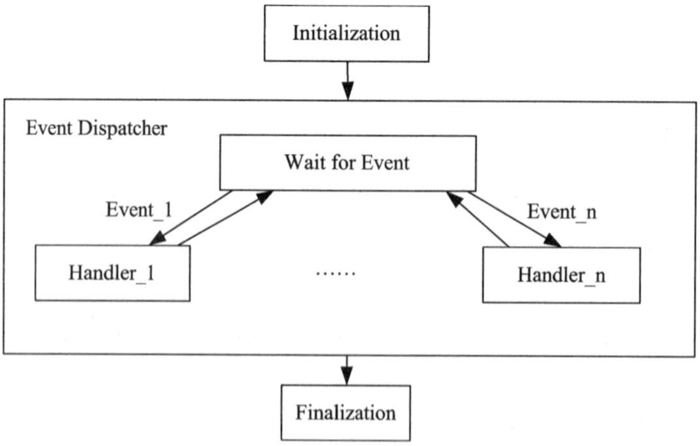

图 2-34　协议的有限状态机模型

在 QualNet 中,事件有两种类型:数据包事件和定时器事件。数据包事件用于协议栈中不同协议层之间的数据交换,定时器事件可用于时钟同步协议的时钟超时的实现。在实现 STDMA 协议的过程中,大量采用了这两类事件。特别地,定时器事件可以非常方便地实现

STDMA协议时隙之间的切换,这也是本文采用QualNet进行仿真实现的重要原因之一。

(2)STDMA协议的实现。在仿真平台中实现上文设计的协议,仿真平台提供了C语言开发方法,协议代码的逻辑如图2-35所示。

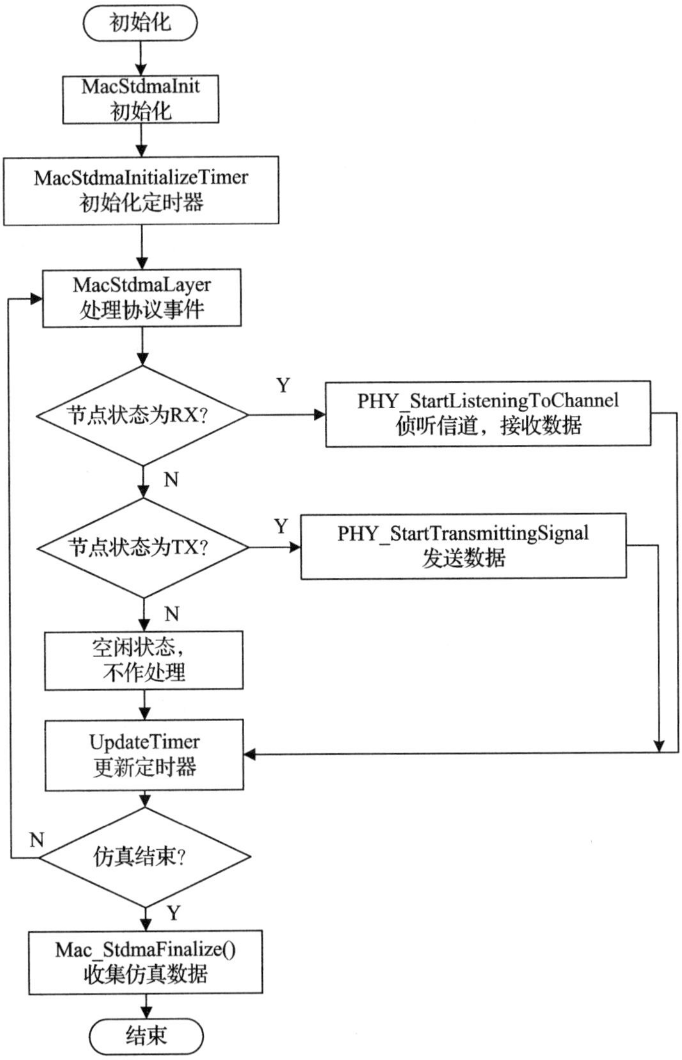

图2-35 协议在QualNet仿真平台中的实现

1)在MacStdmaInit函数中,进行网络初始化,初始化的内容包括读取QualNet的配置文件(.config),该文件定义了网络拓扑结构、节点移动、物理连接等信息。MacStdmaInit函数还配置了时隙的数量、长度、状态,以及初始化节点本地时隙表SLOT_LIST。

2)调用MacStdmaInitializeTimer函数,实现定时器的初始化,并调用MESSAGE_Send API实现每个节点的第一次事件调用。

3)在MacStdmaLayer函数中处理事件,每次处理完事件时调用一次MacStdmaUpdateTimer函数,该函数会再次产生事件供MacStdmaLayer处理,由此形成一个闭环,协议在此循环中不断运行下去。

4)当 MacStdmaLayer 检测到结束事件，调用 MacStdmaFinalize 函数处理协议运行过程中收集的数据，如节点的发送数据量、接收数据量、丢包量等，可以将这些信息打印在 QualNet 仿真环境的控制台中，便于调试。

在实现 STDMA 协议的过程中，最重要的事件为 MSG_MAC_TimerExpired 事件，该事件判断时隙的状态，若该时隙为发送状态 TX，则根据时隙的类型、子时隙的位置选择发送数据、握手确认报文、数据确认报文等，具体发送数据通过调用 PHY_StartTransmittingSignal API 实现；若该时隙的状态为接收状态 RX，则调用 PHY_StartListeningToChannel 监听信道，当接收到数据时，调用 MacSTdmaReceivePacketFromPhy 进行数据的接收，并对接收的不同数据做相应的处理。

(3)在 QualNet 中使用编写的 STDMA 协议。利用 QualNet 软件提供的功能，将实现好的 STDMA 协议作为 MAC 层协议添加到 QualNet 环境中，如图 2－36 所示。在正确添加了实现的 STDMA 协议后，在节点的“Interface”设置选项，就可以设定节点的 MAC 层协议为 STDMA 协议。

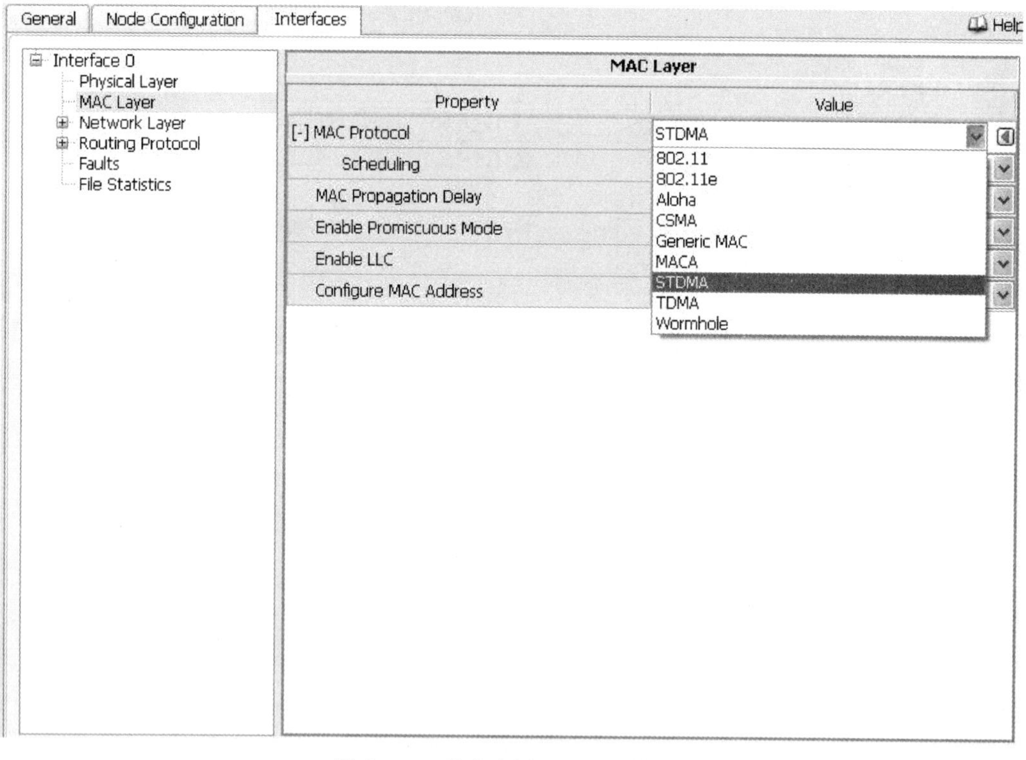

图 2－36　节点应用 STDMA 协议

4.仿真实验与结果分析

对 STDMA 协议的仿真实验要能反映协议的整体性能，因此在 QualNet 中设计了三种不同场景：不同的节点个数、不同业务负载量、不同节点移动速度。在这些仿真场景进行仿真实验，并根据 QualNet 仿真结果中给出的数据，计算上文提到的仿真性能指标，并与相同场景下 TDMA 协议的仿真结果进行比较，考察 STDMA 协议的性能。

(1)不同业务负载量的仿真与分析。首先需要定义不同负载量的业务。如前文所述，在实验中可以用 CBR 的数量代表业务的负载，在 QualNet 中设置 CBR 条目(item)为 1 500 字节，每个 CBR 包含 100 条目，数据传输速率为 2 Mb/s。仿真场景设置为在 QualNet 平台中 1 500×1 500 m^2 的网络面积上进行，节点个数为 30 个，节点属性设置为“不移动”，运行时间为 300 s。分别在节点上应用 STDMA 和 TDMA 协议，根据上文定义的仿真性能及计算方法，结合 QualNet 仿真平台给出的实验结果，计算各自的仿真性能指标，将实验结果绘制如图 2-37 所示。

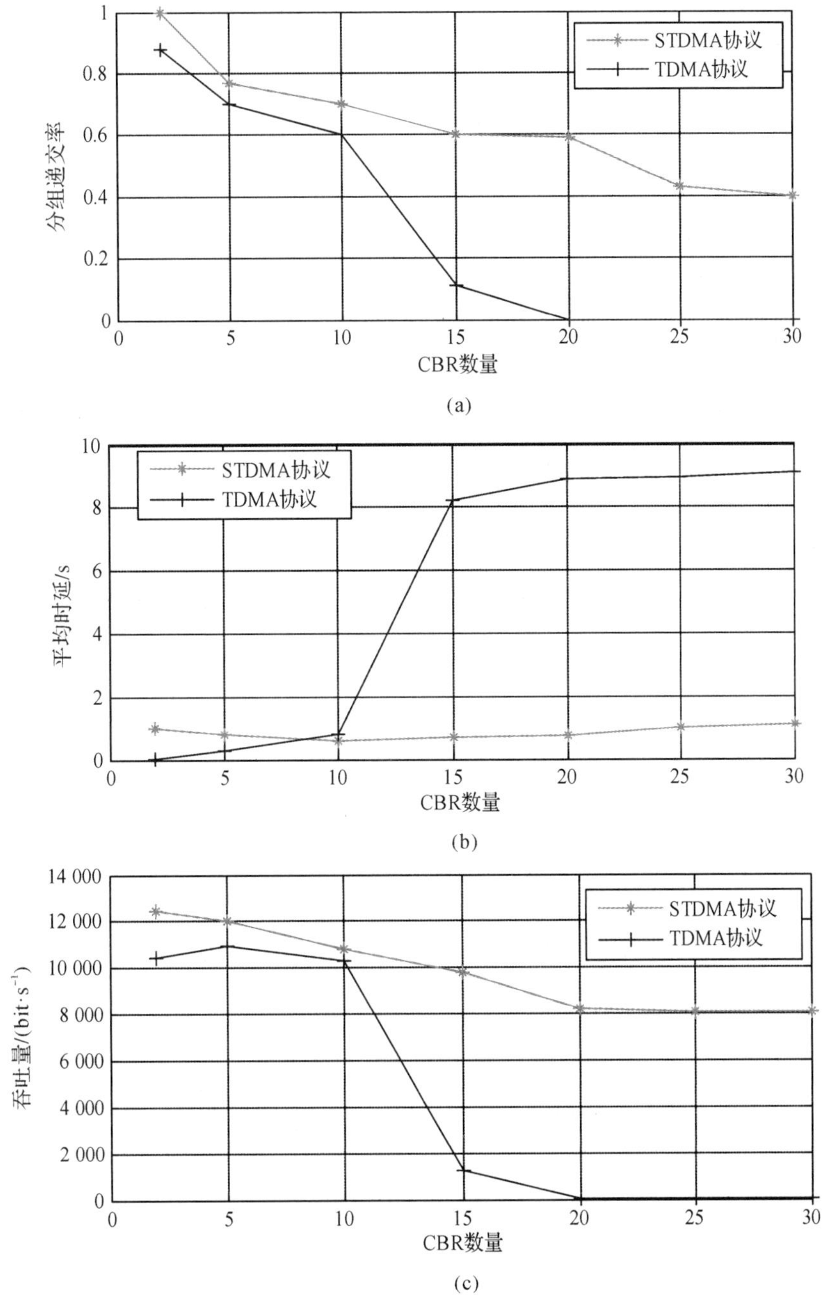

图 2-37　不同负载下的仿真结果

由图 2-37 可以看出，在分组递交率方面，在不同的业务负载下，STDMA 协议的优势都十分明显，尤其是 CBR 值增加到 20 以后，TDMA 协议的分组递交率减为 0，而试验中 STDMA 协议仍能保持在 50%以上。在时延方面，当负载较低时，二者差别不大，但负载增大以后，TDMA 协议的性能受到较大影响，尤其是在 CBR 增加到 20 以后，平均时延增加到接近 9 s，这在实际应用场景中是不能容忍的。在吞吐量方面，与分组递交率的情况类似，在 TDMA 协议的吞吐量近似减少到 0 时，STDMA 协议吞吐量则达到了 8 000 bit/ s，STDMA 协议仍保持了相当大的优势。

随着业务数据量的增多，使用 TDMA 协议的网络性能会迅速恶化，这是由于 TDMA 协议在运行期间，时隙的长度、数量、分配、使用等方面并不能调整为与网络中的业务负载情况相适应，而 STDMA 的性能也会随着业务量的增加有所下降，这主要是由于节点在进行时隙预约时发生的冲突所造成的，但 STDMA 协议仍能保持相当的分组递交率、吞吐量、时延等方面的性能指标，仍能满足一定的业务需求。

(2)不同节点数量的仿真与分析。不同的节点数量，可以代表不同的网络规模，在相同的网络面积上，节点数量的增大会导致节点密度的增加。仿真在 QualNet 中 1 500×1 500 m^2 的网络面积上进行，节点设置为“不移动”，CBR 数量设为 5～10，考察协议在节点数量为 5、10、20、40、60 时协议的性能表现，其余参数与不同负载仿真实验相同。分别在节点上应用 STDMA 和 TDMA 协议，计算各自的仿真性能指标，将实验结果绘制如图 2-38 所示。

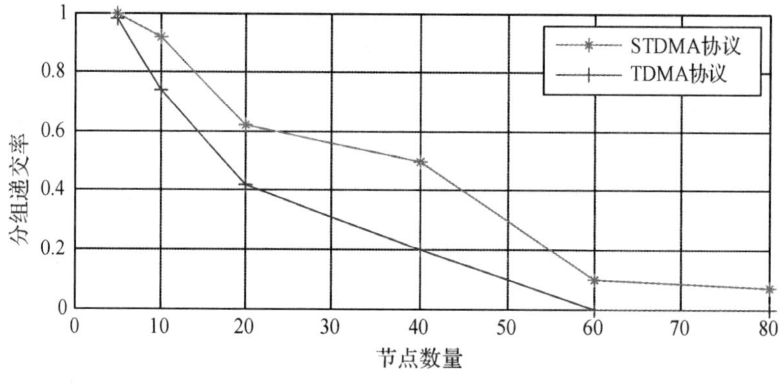

(a)

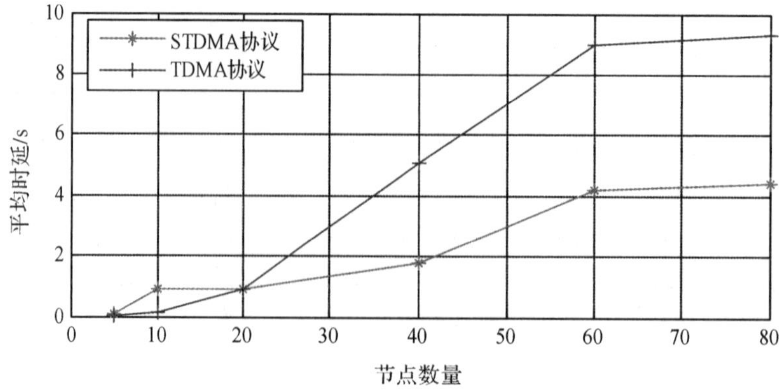

(b)

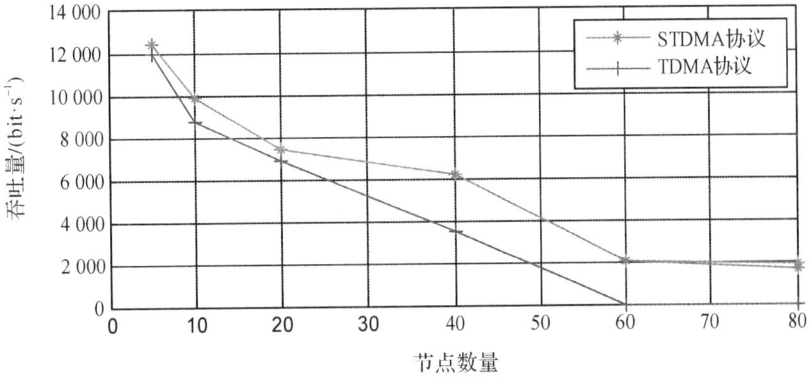

(c)

图 2-38　不同节点数目的仿真结果

由图 2-38 可以看出，在分组递交率方面，节点数量增多后，二者的分组递交率值都减小，但 STDMA 协议的递交率始终大于 TDMA 协议的递交率。在时延方面，与上个仿真实验类似，在节点数目较少时，TDMA 的平均时延优于 STDMA 协议，但相差不大；在节点数目增多时，尤其是节点数量达到 60 以后，TDMA 协议的平均时延是 STDMA 协议的两倍。在吞吐量方面，二者的性能变化趋势与分组递交率的结果类似，随着节点数目增多，TDMA 协议的性能急剧下降，STDMA 协议仍然优势明显。

(3)不同移动速度的仿真与分析。节点的移动性和自主性会造成网络拓扑的不固定，MAC 协议要适应这种拓扑变化，同时节点的移动会造成某些节点的邻居信息发生改变，因此节点保持的 SLOT_LIST 本地时隙表有可能并没有反映当前二跳范围内邻居节点的时隙申请和占用的情况(如前文"时隙管理策略"小节中所述)，对移动性的仿真是检测协议是否适用于无线自组织网络的一个重要依据。

设置不同的移动速度，分别在节点上应用 STDMA 和 TDMA 协议，计算各自的仿真性能指标，将实验结果绘制如图 2-39 所示。

由图 2-39 可以看出，在分组递交率方面，本文的 STDMA 协议优势明显，而 TDMA 协议对于不同移动速度下的节点数据传输支持较差。在时延方面，不同的移动速度引起的节点相对位置、拓扑形状等情况较为复杂，因此二者的性能表现都不够稳定，但 TDMA 协议的波动幅度峰峰差值较大，在实际应用中具体表现为网络质量的大幅度波动，而 STDMA 协议则表现得相对平稳且峰峰差值相对较小。在吞吐量方面，出现了与时延类似的波动情况，从整体来看，STDMA 协议仍保持较大优势，尤其在节点移动速度较快时(如超过 25 m/s)，TDMA 协议的吞吐量变得很小，而 STDMA 协议仍能保持一定的吞吐量水平。

本实验"移动模型"参数设置为"Random - Waypoint"，即网络拓扑是随机变化的，两种协议均不能预测网络在某个时间的拓扑情况，隐藏端、暴露端问题在节点移动性加强后更加严重，另外，节点移动性会造成新的冲突情况，TDMA 协议都不能处理这些情况，而 STDMA 协议被设计为可以适应网络拓扑变化，并且能处理节点移动性带来的新的冲突问题，因此在仿真实验中 STDMA 协议表现优于 TDMA 协议。

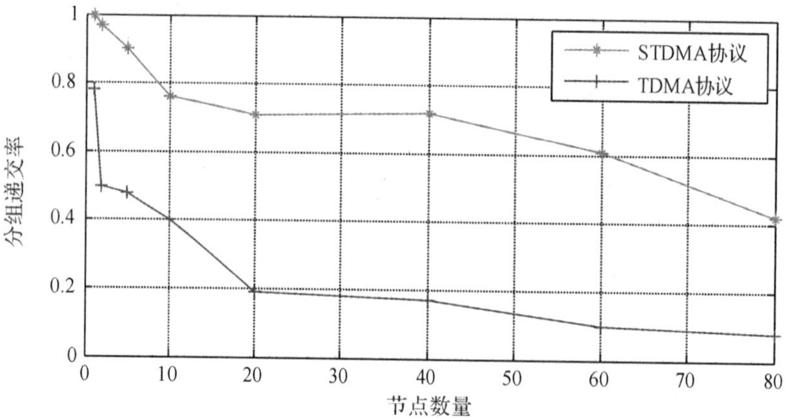

(a)

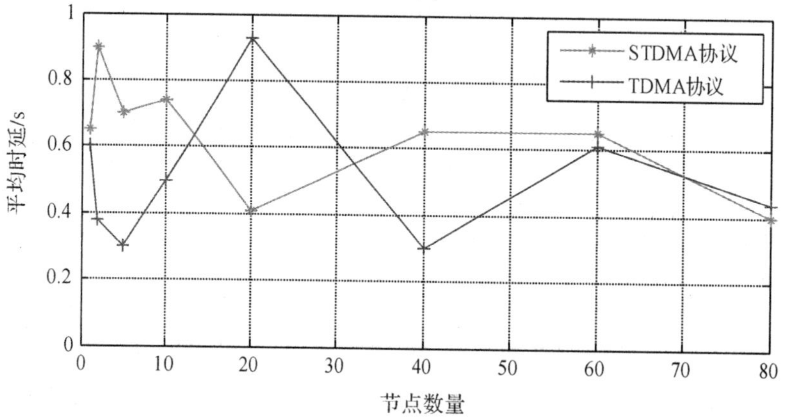

(b)

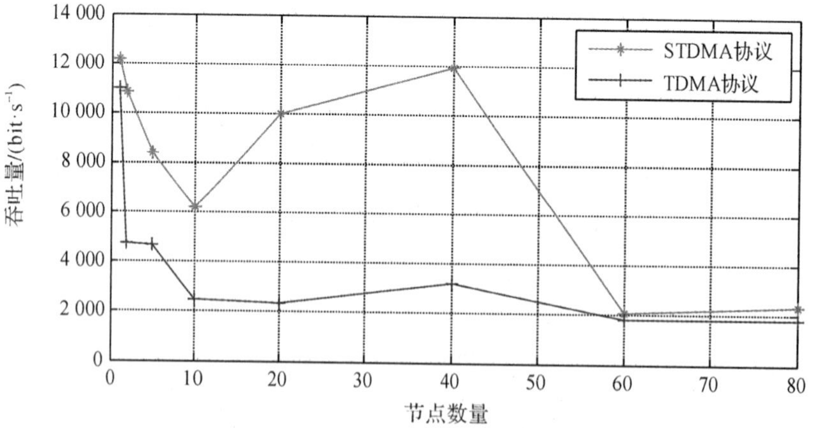

(c)

图 2-39　不同移动速度的仿真结果

综上所述，由于 TDMA 协议的设计为每个节点只能使用特定的时隙，因此在数据传输时对网络规模、负载量、节点移动性的适应能力较弱，STDMA 协议得益于良好的帧结构设计、时隙管理方案、冲突处理机制，在设计的仿真实验中呈现更好的性能，STDMA 协议更能适应网络规模较大的情况，且能在不同的业务负载中表现良好，对于移动性强的网络各个性能指标也表现得更加平稳。

5.单节点入网仿真结果及分析

本节我们将对不同规模网络的入网方法进行仿真分析。对于 MAC 协议性能的判定通常是基于协议设计的侧重点，MAC 协议普遍的性能指标有数据包平均时延、网络丢包率、全网吞吐量和能量消耗等。本节的侧重点在于待入网节点的入网问题，因此考察的指标主要为节点入网时延。

本节的仿真场景是单节点入网，仿真场景包含待入网节点处于边缘、中心等各种场景。表 2-4 为不同场景下单节点入网时延仿真参数。

表 2-4　不同规模下单节点入网时延仿真参数

	第一组	第二组	第三组
已组网节点数量	36	64	81
网络范围/m^2	1 000×1 000	1 500×1 500	1 500×1 500
待入网节点数量	1	1	1
节点到达时间/s	2	2	2

相应的入网时延统计图如图 2-40 所示。

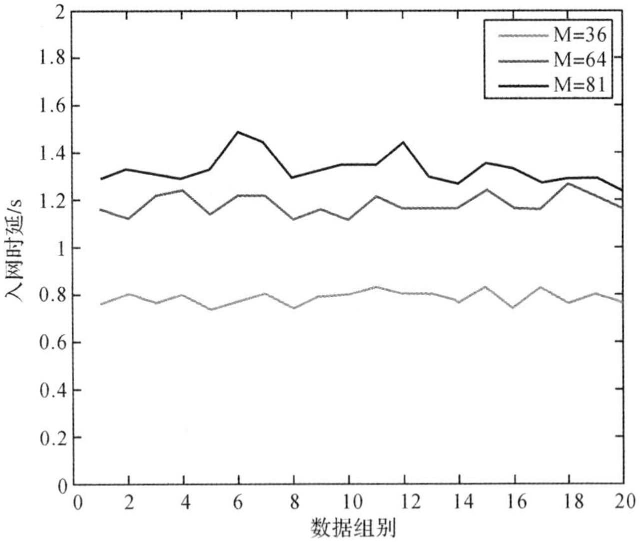

图 2-40　单节点入网时延统计图

单节点入网时延统计表见表 2-5。

表 2-5　单节点入网时延统计表

	已组网节点个数		
	36	64	81
最大入网时延/s	0.831 4	1.262 0	1.483 8
最小入网时延/s	0.732 6	1.114 6	1.238 9
平均入网时延/s	0.783 7	1.179 4	1.327 1

由表 2－5 可以看出，单节点入网时延随着网络规模的增大而增大。对于节点数量为 36 的网络来说，平均入网时延在 0.8 s 左右；对于节点数量为 64 的网络来说，平均入网时延在 1.2 s左右；对于节点数量为 81 的网络来说，平均入网时延在 1.3 s 左右。对于普遍的入网场景来说，单节点入网时延处于可接受的范围内。

6.退避策略对多节点入网延迟的影响

本节将验证退避策略对多节点入网延迟的影响。为了便于分析，我们将入网流程调整为每次只允许一个待入网节点入网。在本节的仿真中，仿真场景分别为三种规模网络中的六个待入网节点同时入网。为了便于记录，我们将节点号为 M、$M-1$、…、$M-5$ 的 6 个节点设置为待入网节点。这 6 个节点在仿真运行到 2 s 时同时到达已组网成功的网络，并开始申请入网。由于多个节点在入网过程中可能发生冲突退避，这会使得待入网节点入网时延增大，我们对采取退避策略和无退避策略的两种情况下的入网延迟及退避次数进行统计对比。

三种场景的仿真参数如表 2－6 所示。

表 2－6　三种场景仿真参数

	第一组	第二组	第三组
已组网节点数量	36	64	81
网络范围/m^2	1 000×1 000	1 500×1 500	1 500×1 500
待入网节点数量	6	6	6
节点到达时间/s	2	2	2

仿真统计结果如图 2－41～图 2－44 所示。

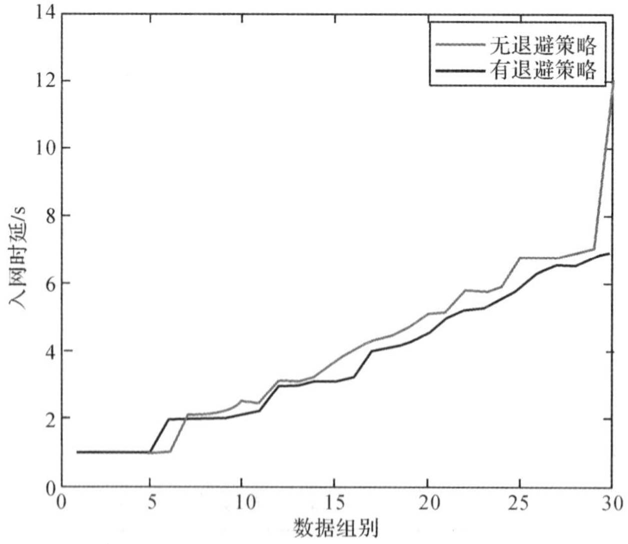

图 2－41　36 个节点有无退避策略的入网时延对比图

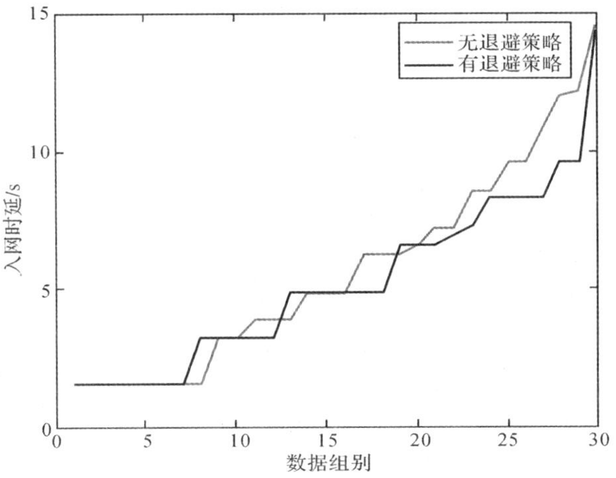

图 2-42　64 个节点有无退避策略的入网时延对比图

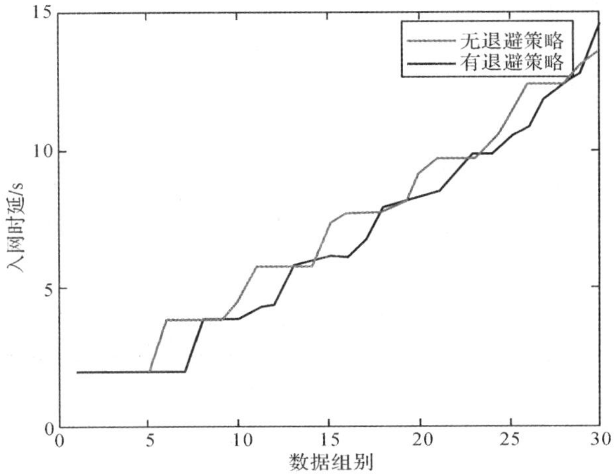

图 2-43　81 个节点有无退避策略的入网时延对比图

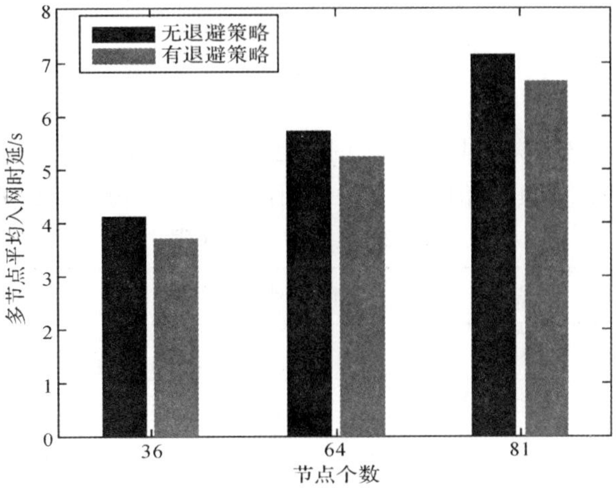

图 2-44　有无退避策略的平均入网时延对比图

从图 2-44 可以看出，在加入退避策略后，不同场景中多节点同时入网的平均入网时延比无退避策略的优化了大概 0.5 s。

7.多节点入网仿真结果及分析

为了分析多节点入网的入网效率，我们首先对多个节点同时入网的实际入网时延及退避次数进行统计。仿真参数见表 2-7。

表 2-7 仿真参数

已组网节点个数	网络范围/m^2	待入网节点个数	待入网节点到达时间/s
80	1 500×1 500	6	2

仿真结果如图 2-45 所示。从图 2-45 可以看出，对于节点数量为 80 的已组网网络，6 个节点在 2 s 同时入网的最大时延为 2.752 4 s，最小入网时延为 1.303 6 s。最大入网时延与单节点入网时延差距较大是因为部分节点在第一个轮次未能与其余节点一同入网，而是退避了一段时间重新入网的。从图中可以看出，退避的节点虽然入网比较慢，但数量较少，大部分节点还是在 1.3 s 左右就完成了入网。

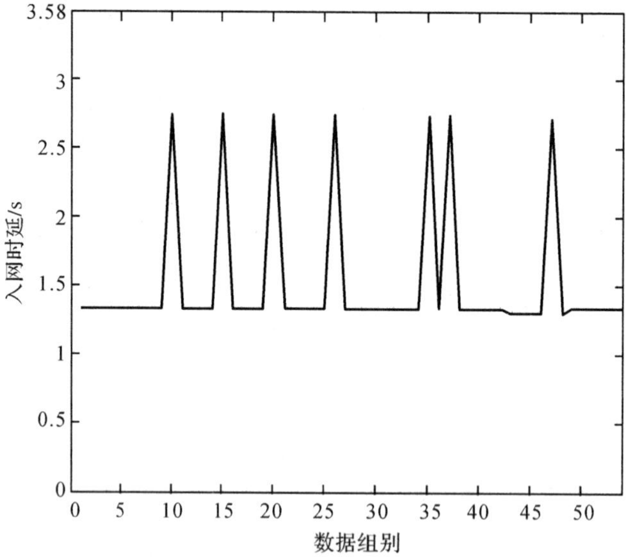

图 2-45 6 个节点同时入网的入网时延统计图

我们还仿真分析了不同规模网络下入网时延与待入网节点个数的关系，与以上仿真场景不同的是，待入网节点在仿真开始的 1～6 s 期间随机到达。仿真参数见表 2-8。

表 2-8 仿真参数表

已组网节点个数	网络范围/m^2	待入网节点个数	待入网节点到达时间/s
30	1 000×1 000	5、10、20	1～6
60	1 200×1 200	5、10、20	1～6
90	1 500×1 500	5、10、20	1～6

仿真结果如图 2-46～图 2-49 所示。

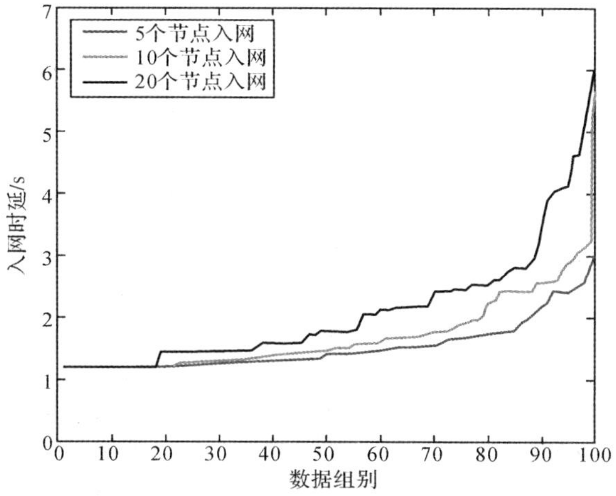

图 2-46　30 个已组网节点(1 000 m×1 000 m)入网时延对比图

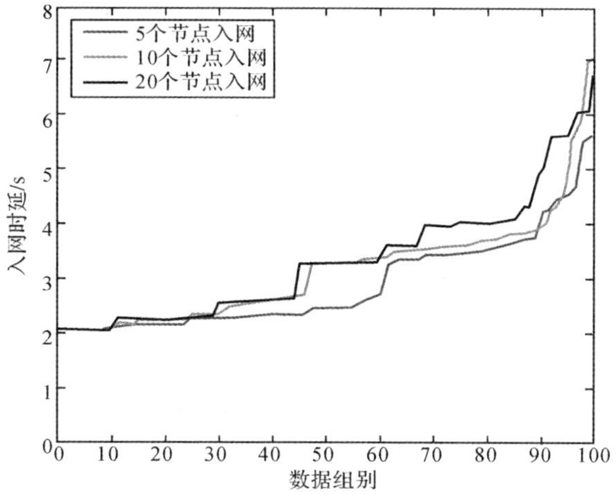

图 2-47　60 个已组网节点(1 200 m×1 200 m)入网时延对比图

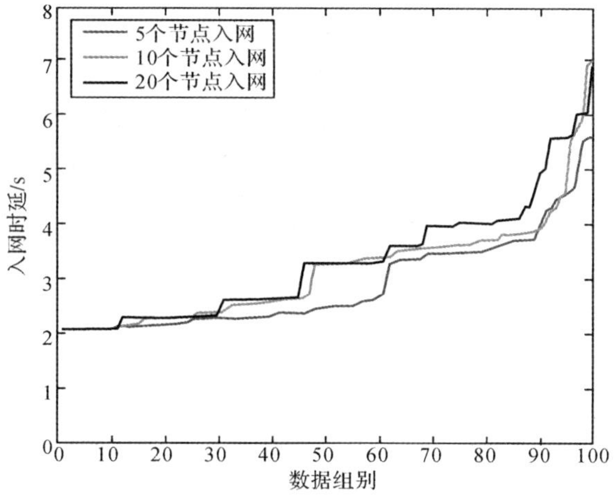

图 2-48　90 个已组网节点(1 500 m×1 500 m)入网时延对比图

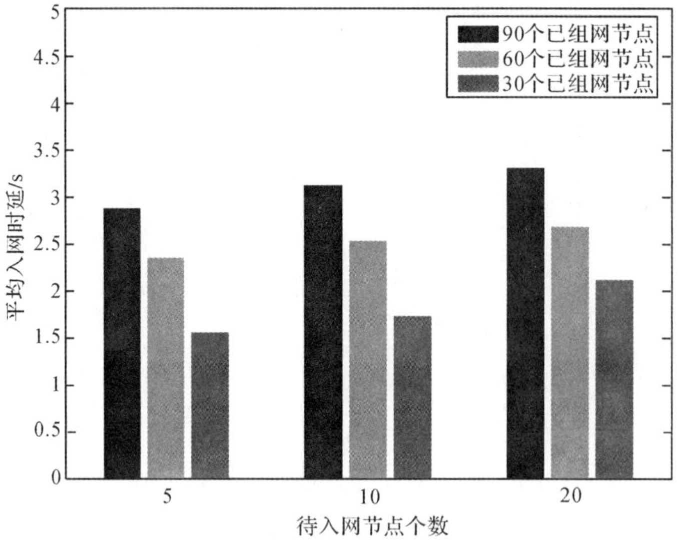

图 2-49　不同规模不同待入网节点个数的平均时延对比图

由以上仿真可以看出，多节点同时入网的入网时延与待入网节点个数成正比，也与网络规模成正比。对于节点数量为 30 的网络来说，5 个待入网节点的平均入网时延为 1.528 5 s，10 个待入网节点的平均入网时延为 1.715 2 s，20 个待入网节点的平均入网时延为 2.103 0 s；对于节点数量为 60 的网络来说，5 个待入网节点的平均入网时延为 2.338 7 s，10 个待入网节点的平均入网时延为 2.516 2 s，20 个待入网节点的平均入网时延为 2.665 7 s；对于节点数量为 90 的网络来说，5 个待入网节点的平均入网时延为 2.876 6 s，10 个待入网节点的平均入网时延为 3.133 1 s，20 个待入网节点的平均入网时延为 3.299 0 s。对于普遍的入网场景来说，多节点同时入网的平均入网时延处于可接受的范围内。

2.5.12　小结

通过上述仿真实验，相比 TDMA 协议，本文设计实现的 STDMA 协议具有更优越的性能。在低负载、小规模、静态网络环境下，两者的性能相当。但由于 TDMA 协议具有固定分配的缺陷，在高负载和大规模网络环境下，性能无法保证。而本文设计实现的 STDMA 协议采用的是固定和动态时隙分配相结合的方案，帧结构划分合理，通过三次握手机制和广播预约机制实现信道资源的预留，能够适应高负载、大规模、拓扑变化快的网络环境，时隙利用率高，协议扩展性强。

参考文献

[1] ABRAMSON N. THE ALOHA SYSTEM: another alternative for computer communications[C]//Proceedings of the November 17 - 19, 1970, fall joint computer conference. ACM, 1970: 281 - 285.

[2] KLEINROCK L, TOBAGI F. Packet switching in radio channels: Part I: Carrier sense multiple - access modes and their throughput - delay characteristics[J]. IEEE transactions on Communications, 1975, 23(12): 1400 - 1416.

[3] KARN P. MACA - a new channel access method for packet radio[C]//ARRL/CRRL Amateur radio 9th computer networking conference. 1990, 140: 134 - 140.

[4] BHARGHAVAN V, DEMERS A, SHENKER S, et al. MACAW: a media access protocol for wireless LAN's[J]. ACM SIGCOMM Computer Communication Review, 1994, 24(4): 212 - 225.

[5] FULLMER C L, GARCIA - LUNA - ACEVES J J. Floor acquisition multiple access (FAMA) for packet - radio networks [C] // ACM SIGCOMM computer communication review. ACM, 1995, 25(4): 262 - 273.

[6] 加斯特. 802.11 无线网络权威指南[M]. 2 版.O'Reilly Taiwan,译.南京:东南大学出版社，2007.

[7] ZHU C X, CORSON M S. A five - phase reservation protocol (FPRP) for mobile ad hoc networks[J]. Wireless networks, 2001, 7(4): 371 - 384.

[8] ZHU C X, CORSON M S. An evolutionary - TDMA scheduling protocol (E - TDMA) for mobile ad hoc networks[R]. [S.l.:s.n.],1998.

[9] CHLAMTAC I, MYERS A D, SYROTIUK V R, et al. An adaptive medium access control (MAC) protocol for reliable broadcast in wireless networks[C]//2000 IEEE International Conference on Communications. IEEE, 2000, 3: 1692 - 1696.

[10] YOUNG C D. USAP multiple access: dynamic resource allocation for mobile multihop multichannel wireless networking[C]// Proceedings of IEEE Military Communications Conference, 1999, 1: 271 - 275.

[11] XUE J, STUEDI P, ALONSO G. ASAP: an adaptive QoS protocol for mobile ad hoc networks[C]// 14th IEEE Proceedings on Personal, Indoor and Mobile Radio Communications. IEEE, 2003, 3: 2616 - 2620.

[12] 王叶群，杨峰，黄国策，等. 一种航空自组网中带差分服务的跳频 MAC 协议建模[J]. 软件学报，2013，24(9)：2214 - 2225.

[13] 周赛. TTNT 数据链的多址接入协议研究[D]. 西安：西安电子科技大学，2015.

[14] CLARK S M, HOBACK K A, ZOGG S J F. Statistical priority - based multiple access system and method: U.S. Patent 7,680,077[P]. 2010 - 3 - 16.

[15] 金荣，张衡阳. 美军 TTNT 数据链发展应用现状[J]. 现代导航，2014，5(2)：154

-156.
[16] 傅彦，顾小丰. 离散数学及其应用[M]. 北京：电子工业出版社，1997.
[17] IEEE LAN/MAN Standards Committee. IEEE standard for local and metropolitan area networks, part 16: Air interface for broadband wireless access systems[J]. IEEE Standard 802.16j-2009,2009.
[18] MIL-STD-188-220D. Department of defense interface standard digital message transfer device subsystems [S]. 2005.
[19] 张维迎. 博弈论与信息经济学[M].上海：上海人民出版社，2009.
[20] 迪克西特，斯克丝.策略博弈[M].蒲勇健，译.北京：中国人民大学出版社，2009.
[21] 吉本斯. 博弈论基础：A primer in game theory[M]. 高峰，译.北京：中国社会科学出版社，1999.
[22] 吕娜，徐德民，徐浩翔，等. 基于非完全信息动态博弈论的无线局域网 MAC 协议[J]. 西北工业大学学报，2008，26(5)：556-560.
[23] 赵玉亭.空时多址战术自组网关键技术研究[D].西安：西北工业大学，2009.
[24] CHEN L, LENEUTRE J. A game theoretic framework of distributed power and rate control in IEEE 802.11 WLANs[J]. IEEE Journal on Selected Areas in Communications, 2008, 26(7): 1128-1137.
[25] SONG L, HAN Z, ZHANG Z, et al. Non-cooperative feedback-rate control game for channel state information in wireless networks[J]. IEEE Journal on Selected Areas in Communications, 2012, 30(1): 188-197.
[26] NUGGEHALLI P, SARKAR M, KULKARNI K, et al. A game-theoretic analysis of QoS in wireless MAC[C]// The 27th Conference on Computer Communications. IEEE, 2008: 1903-1911.
[27] SONG J, LIU K. A novel game-theoretic mac protocol for wireless networks[C]// 2nd International Conference on Consumer Electronics, Communications and Networks (CECNet). IEEE, 2012: 3052-3055.
[28] ZONG W K, XIAO S G, WU S D, et al. An incomplete information game routing model for wireless multimedia sensor networks[C]// 2010 Ninth International Symposium on Distributed Computing and Applications to Business Engineering and Science. IEEE, 2010: 273-277.
[29] HADDAD M, ALTMAN E, GAILLARD J. Sequential routing game on the line: Transmit or relay? [C]// 2012 International Conference on Communications and Information Technology (ICCIT). IEEE, 2012: 297-301.
[30] 黄蕾，刘立祥. Adhoc 网络寻路阶段的合作激励机制研究[J]. 计算机学报，2008，31(2)：262-269.
[31] 张国鹏. 基于博弈论的无线网络资源竞争与协作机制研究[D]. 西安：西安电子科技大学，2009.
[32] 魏更宇，杨茗名. 无线自组织应急通信网络的入网管理[J]. 中兴通讯技术，2010 (5)：28-31.

[33] HU C, KIM H, HOU J C. An analysis of the binary exponential backoff algorithm in distributed MAC protocols[R]. 2005.

[34] 黎宁，韩露. 无线自组织网络退避算法综述[J]. 计算机应用，2005，25(6)：1244-1247.

[35] BHARGHAVAN V, DEMERS A, SHENKER S, et al. MACAW：a media access protocol for wireless LAN's[J]. ACM SIGCOMM Computer Communication Review，1994，24(4)：212-225.

[36] AAD I, NI Q, BARAKAT C, et al. Enhancing IEEE 802.11 MAC in congested environments[J]. Computer communications，2005，28(14)：1605-1617.

[37] PANG Q, LIEW S C, LEE J Y B, et al. Performance evaluation of an adaptive backoff scheme for WLAN[J]. Wireless Communications and Mobile Computing，2004，4(8)：867-879.

[38] DENG J, VARSHNEY P K, HAAS Z J. A new backoff algorithm for the IEEE 802.11 distributed coordination function[R].Proc Cnds Sandiego Ca Jan，2004.

[39] WANG C, LI B, LI L. A new collision resolution mechanism to enhance the performance of IEEE 802.11 DCF[J]. IEEE Transactions on Vehicular Technology，2004，53(4)：1235-1246.

[40] CALI F, CONTI M, GREGORI E. Dynamic tuning of the IEEE 802.11 protocol to achieve a theoretical throughput limit[J]. IEEE/ACM Transactions on networking，2000，8(6)：785-799.

[41] QIAO D, SHIN K G. Achieving efficient channel utilization and weighted fairness for data communications in IEEE 802.11 WLAN under the DCF[C]//Tenth IEEE International Workshop on Quality of Service. IEEE，2002：227-236.

[42] KWON Y Y, FANG Y Y, Latchman H. A novel MAC protocol with fast collision resolution for wireless LANs[C]//Twenty-Second Annual Joint Conference of the IEEE Computer and Communications. IEEE，2003，2：853-862.

[43] SAGDUYU Y E, EPHREMIDES A. Energy-efficient collision resolution in wireless ad-hoc networks[C]//Twenty-Second Annual Joint Conference of the IEEE Computer and Communications. IEEE，2003，1：492-502.

[44] YANG X, VAIDYA N H. DSCR：A more stable MAC protocol for wireless networks[R]. UIUC Technical Report，2002.

[45] DRAFT. Supplement to Part 11：Wireless LAN Medium Access Control (MAC) and Physical layer (PHY) specifications：Medium Access Control (MAC) Enhancements for Quality of Service (QoS)[J]. MAC and PHY,2004.

[46] CHOI J, YOO J, CHOI S, et al. EBA：An enhancement of the IEEE 802.11 DCF via distributed reservation[J]. IEEE Transactions on mobile computing，2005，4(4)：378-390.

[47] 张耀峰. 无线传感器网络实时性能分析及优化设计[D]. 兰州：兰州大学，2015.

[48] 谢希仁. 计算机网络[M].5 版.北京：电子工业出版社,2008.

[49] 王海南. 基于链路质量的无线自组织网络按需路由协议研究[D].成都:电子科技大学，2014.

[50] TSENG C C, CHEN H T, CHEN K C. Distribution of the node degree for wireless ad hoc networks in shadow fading environments[J]. IEICE transactions on communications, 2007, 90(8): 2155 - 2158.

[51] GUO L, XU H, HARFOUSH K. The node degree for wireless ad hoc networks in shadow fading environments[C]//2011 6th IEEE Conference on Industrial Electronics and Applications (ICIEA). IEEE, 2011: 815 - 820.

[52] 余建英，何旭宏. 数据统计分析与 SPSS 应用[M]. 北京:人民邮电出版社，2003.

第3章 无人机集群自组织网络的路由技术

3.1 路由协议的技术要求

无人机集群的通信系统是基于无线自组织网络建立起来的。路由协议是无线自组网的核心技术，无人机集群无线自组网也不例外，无人机集群依赖于多架无人机之间的路由转发功能实现全网的互联互通。不过，无人机集群无线自组网工作在战场环境，与普通的无线自组网相比，其对路由协议有其特殊需求。

无人机集群工作在高对抗、高拒止条件下，不可避免地会存在节点损失和链路失效的情况，这是无人机集群自组网相比于传统无线自组网最突出的特点。因此，无人机集群无线自组织网络的路由协议必须具备较高的鲁棒性。

(1)无人机集群无线自组网应该具备对节点损失的鲁棒性。无人机集群工作在对抗作战条件下，节点的损失是不可避免的。路由协议应当能够有效地处理节点损失的情况，首先，当现有的可行路径上的某个节点损失，变为不可行路径时，路由协议应当迅速切换到可行路由，并且不能对现有的业务流程造成较大影响；其次，在无人机集群损失一定数量的节点后，路由协议应当依然可以实现全网的互联互通，从而保障作战任务按照预定指标完成；最后，无人机集群无线自组网的路由协议在算法上也与传统的路由协议算法不同，在选择最优路径时，需要引入惩罚函数，使得路由在各节点中均匀分布，以避免出现路由的中心节点，降低系统的鲁棒性。

(2)无人机集群无线自组网应该具备链路状态变化的鲁棒性。无线通信与传统有线通信具有不同的特点，即易受外界干扰出现数据包的丢失，从而造成链路质量不稳定。无人机集群工作在战场环境下，这一特点尤为突出。如何选择合适的链路质量量度方法，及时检测链路的连接状况，并对链路的未来变化趋势做出准确的预测，是实现无人机集群无线自组网高效、可靠通信的基础。

(3)无人机集群无线自组网应该具备对拓扑结构变化的鲁棒性。受战场环境的限制，无人机集群会在执行作战的过程中改变编队的形式，这就使得无人机集群的拓扑结构发生变化，原有的路由将可能失效。因此，需要引入移动预测机制和备份路由机制，对无人机集群的拓扑结构进行精确预测，并及时切换到备份路由，保证通信质量不会由于拓扑结构的变化产生抖动现象。

(4) 较高的QoS要求。无人机集群的目的就是通过共享战场信息提高作战效率，其传输的内容包括战术指令和战场态势信息，具体表现在：要求信息能够实时、准确地到达，这就要求网络保证带宽和分组的时延；作战应用中需要传输语音、视频、图像等实时信息，这些业务对延迟、时延抖动等 QoS 参数非常敏感，同样要求较高的 QoS 保障能力。

(5)较高的快速性布置要求。天下武功，唯快不破。这一点在无人机集群协同作战中同样适用。路由协议具备节点快速入网、路由的快速建立与快速恢复、支持数据高更新率，才能保证无人机集群在作战中的信息优势。

(6)能够适应不对称链路。无人机集群的各种作战模式中，大部分场景是不同类型的无人机构成协同作战集群，集群中各节点的数据能力、通信能力各不相同，比如有人机/无人机协同编队中，有人机的通信覆盖范围比无人机大得多，这就形成了不对称链路。无人机集群自组网路由协议必须有效处理这种场景。

(7)需要高安全性路由。无人机集群工作在开放的无线环境中，极易受到无线入侵和攻击。如果路由协议被攻击，建立了虚假路由，会使整个无人机集群的通信处于瘫痪状态。因此，无人机集群无线自组网的路由协议必须引入身份认证、入侵检测等安全机制，避免路由受到毒化或建立虚假路由。

综合以上几点，建立高可靠、高实时、高鲁棒性的路由是无人机集群自组网路由协议的核心关键技术问题。本章将主要从基于移动预测的备份多径路由、基于链路评估的稳定路由、高鲁棒性路由三个方面进行研究，并给出解决方案。考虑到定向天线也是无人机集群自组网的一个发展方向，本章最后还给出了一个面向定向天线的无线自组网路由协议的邻居发现算法。

3.2 传统无线自组织网络路由协议

在介绍无人机集群无线自组网路由前，我们先回顾一下无线自组织网络中影响较为广泛的路由协议。我们的工作也是在传统无线自组织网络路由协议的基础上展开的。

无线自组织网络要求路由协议必须采用分布式操作，能够尽量支持单向链路，同时应避免产生路由环路，具备对动态拓扑的自适应能力，对于网络的变化能够做出快速响应，保证网络的容错性和鲁棒性。在形成路由的过程中要尽量减少控制开销，提高信道利用率。考虑到无线节点的特点，路由协议还应尽量简单，能够支持“休眠”操作以节约电源，能够提供安全性保护等机制。

根据发现路由的驱动模式的不同，无线自组织网络的路由协议大致可以分为先验式(Proactive)路由协议、反应式(Reactive)路由协议和混合式路由协议三种类型。每个分类都有其代表协议，适合于不同的应用场景。详细的路由协议分类如图 3-1 所示。

先验式路由协议也称为表驱动路由协议或主动式路由协议，这类路由协议每个节点主动维护一个包含网络中其他节点的路由信息表。路由条目也是通过这些表内信息形成的。当网络中节点行动导致网络结构变化时，节点间就会重新交换网络拓扑信息，更新节点的路由信息表，进而重新计算路由。这类路由协议特点在于其路由形成在业务数据传输发生之前，因此业务数据的传输时延较小。但是，由于其不断地交换节点网络拓扑及其他多种控制信息，当网络拓扑不稳定时，往往导致控制信息的流量剧增而影响网络性能。故先验式路由协议适合应用在拓扑较稳定的网络中。典型的先验式路由协议有 DSDV、WRP、FSR 和 OLSR 等。

反应式路由协议也称被动式路由协议或按需路由协议。相对于先验式路由协议，反应式路由协议中不需要维护太多的网络信息表，而只需要动态地维护一个自身需要产生连接的目的节点的路由表。路由条目也是在有数据需要发送时才发起路由发现操作而形成的。因此在业务数据发送时，往往需要首先寻找路由，数据传递产生的时延相对较大。但是在网络拓扑变化较快的情况下，反应式路由协议不需要像先验式路由协议那样不断更新网络拓扑的信息，因此不会出现控制开销暴增的状况。对于网络的高动态性有比较好的适应能力。典型的反应式路由协议有 AODV、TROA、DSR、AOMDV 等。

混合式路由协议的设计是为了综合以上两种路由协议的优点，取长补短，实现路由的性能优化和增强路由协议的适应性。混合式路由协议多用于分级路由协议的设计，通过对网络进行区域划分，在区域内相对稳定的拓扑条件下采用表驱动路由协议，形成域间路由。在区域间通过按需路由实现路由发现和维护工作。混合式路由协议的关键是如何结合主动和按需两种类型的路由协议，巧妙处理两种协议的应用区域的划分，合理的划分方法应该随着环境的变化采用自适应的调整，以取得最佳的路由效果。ZRP 就是一种典型的混合式路由协议。

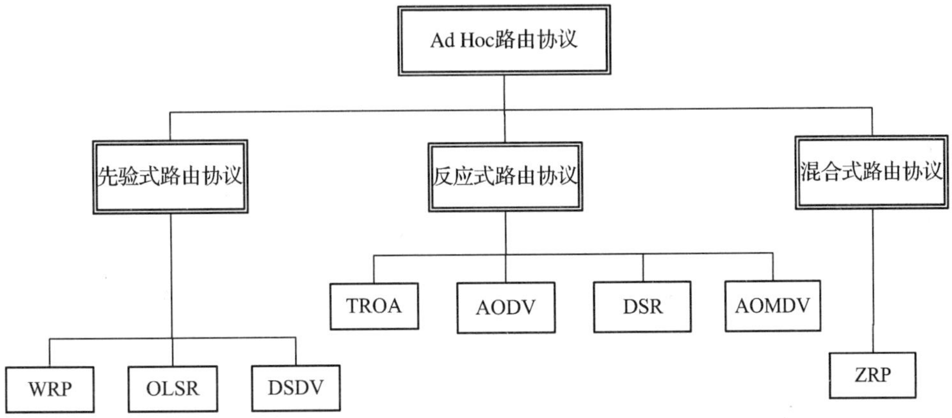

图 3-1　无线自组织网络路由协议分类

无线自组网路由协议还包括基于地理位置的路由协议，这类协议以地理位置为主要的路由参考信息。网络中的节点一般带有 GPS 定位装置。典型的地理位置路由有基于位置辅助路由 LAR(Location Aided Routing)、栅格位置服务 GLS(Grid Location Service)、贪婪的周边无状态路由 GPSR(Greedy perimeter Stateless Routing)、基于区域的分级链路状态路由 ZHLS(Zone - based Hierarchical Link State Routing)等。

依照上述分类标准，接下来将介绍其中一些较有影响的路由协议及其工作原理，其中一些协议已经实现并得以实际应用，另外一些处于实验仿真改进阶段。

1.表驱动路由协议

(1) DSDV (Destination - Sequenced Distance - Vector)。DSDV 协议基于消除环路的 Bellman - Ford 路由算法，采用了有线网络路由中的距离矢量路由的思想。协议中利用目的节点产生路由条目序列号来有效避免路由环路。在 DSDV 中，每个节点都维护了一张路由表，该表记录了本节点到其他节点的路由条目信息。路由条目包括到目的节点的下一跳地址和跳数等信息，与路由条目相关的目的序列号代表了路由条目的新旧程度。通过对序列号的更新机制避免了路由环路。协议工作过程可以这样描述：每个节点从其邻居节点获得路由信息，并且根据路由信息计算出自己到网络中其他节点的最短路径。当节点形成一个新的路由表时，就将整个路由表信息广播给所有的邻近节点。通过这种邻居间广播交换路由信息的方式，当拓扑相对稳定的时候，路由协议会逐渐趋于收敛状态，形成与拓扑对应的路由表。如果在一段时间后没有收到邻居广播消息，即断定链路断裂，然后在较短时间内迅速将这个消息通知到各邻居节点。

在网络节点移动性不强的条件下，相应的拓扑结构变化速度也较慢，DSDV 协议能够快速地收敛形成路由表。但是当拓扑结构频繁变化、节点高速移动时，节点为了维护准确的路由信息，自然会不断交互变化中的路由信息，会产生较大的控制开销，给网络带来相当大的负载，DSDV 协议的收敛性能就变低，性能急剧恶化。

(2) OLSR (Optimized Link State Routing)。OLSR 协议是经传统链路状态路由的优化设计而得来的典型先验式路由协议。协议中采用一个或多个路由表来存储路由信息以维护全网拓扑。OLSR 协议周期性地向全网发布控制消息来交换拓扑信息的变化，保持了路由信息和网络拓扑的一致性。此外，OLSR 在控制消息的转发上做了优化，采取了 MPR(多点中继)策略，利用选择性转发代替了全网泛洪，减少了路由的控制开销。协议在数据业务发生之前就形成路由，因此数据转发速度较快，时延较小。

OLSR 协议在路由形成过程中涉及 4 种控制消息：HELLO 消息、TC(Topologica Control，拓扑控制)消息、MID(Multiple Interface Declaration，交换多接口声明)消息和 HNA (Host and Network Association，主机和网络关联)消息。其中，HELLO 消息和 TC 消息起着至关重要的作用。节点通过周期性广播 HELLO 消息可实现链路侦测，进行邻居信息侦听，以此建立节点的本地链路信息表；同时 HELLO 分组也携带了自身的多点中继 MPR 选择结果，因此通过 HELLO 消息交换还实现了 MPR 信息通告。TC 消息则执行 MPR Selector 链路状态声明，使得每个节点都能够感知全网拓扑结构。MID 消息则表示了一个节点的多个接口和节点主地址之间的映射关系。

OLSR 协议中维持着许多有关网络拓扑和路由形成的信息表。本地链路信息表记录了本地节点地址、邻居节点地址和链路的状态。通过 HELLO 消息的交换可形成直接一跳邻居表，一跳邻居表记录了节点一跳范围内的邻居状态信息和报文转发意愿。同时还可以通过 HELLO 消息计算得知两跳邻居的相关信息，构成具有两跳邻居链路状态信息的两跳邻居表。协议中使用了 MPR 来控制信息的有向转发，因此需要有 MPR 表存储被选为 MPR 的邻居节点信息。相应地需要维持另一类邻居节点的信息，这类节点都将该节点选择为其 MPR 节点，这类节点称作 MPR Selectors，构成了 MPR Selectors 表。

OLSR 工作的具体细节如下：OLSR 协议周期性广播 HELLO 控制消息来侦听邻居节点的状态，建立一跳邻居表并适当地更新链路状态信息。一跳邻居建立后，通过对 HELLO 消息携带的信息进行计算还可获得两跳邻居信息，组成两跳邻居表。此后，每个节点再分别计算各自的 MPR 集，并在此之后发送的 HELLO 分组中加入节点各自的 MPR 信息。通过解析携带 MPR 信息的 HELLO 分组，节点可以获得节点本身的 MPR Selectors 集，然后使用 TC 控制消息声明它与 MPR Selectors 而非所有一跳邻居之间的链路状态信息。这样实现了 TC 控制分组的长度压缩。每个节点根据收到的 TC 分组和自己的邻居信息来计算网络的拓扑图。网络中每个节点在收到 TC 消息时，首先更新所达节点的路由信息，同时广播来自节点本身的 MPR Selectors 的信息。因此，通过源节点到目的节点的 MPR 的逐跳节点序列形成了节点间的路由。从转发规则来看，TC 控制消息和 HELLO 控制消息的不同之处在于 HELLO 消息用于邻居侦听，只在一跳范围内有效，用于更新自己的本地链路信息，而 TC 控制消息必须广播到全网，并且只有被选为 MPR 的邻居节点才转发此节点的 TC 控制消息。

OLSR是从欧洲军事长期合作计划中衍生而来，具有鲜明的军事应用背景，因此对OLSR进行仿真研究或者实际实验都具有重要现实意义。

2.按需路由协议

(1) AODV(无线自组织网 On - Demand Distance Vector Routing)。AODV是基于距离矢量的路由算法。AODV只保持需要的路由，而不需维持通信过程中未激活的目的节点的路由。AODV协议包含三种路由控制报文，RREQ报文用于发起路由请求，RREP报文用于路由应答，RRER报文用于通知链路断裂等路由错误信息。

协议工作流程可简述如下：当源节点 s 需要到某个目的节点 d 的路由时，它就广播一个路由请求消息(RREQ)给它的邻居节点。邻居节点在收到RREQ消息后，如果是第一次收到该消息，则根据RREQ消息中的源IP信息，建立一条反向路由，然后向周围节点转发RREQ消息。转发过程中，每一个转发的中间节点就为自身创建一条到源节点 s 的反向路由。该过程一直持续到RREQ消息到达目的节点，或到达含有到达目的节点路由的中间节点。此时，目的节点或含有到达目的节点路由的中间节点向源节点回复路由应答消息(RREP)。RREP消息沿着刚刚建立的反向路由向源节点进行传送。在此过程中，收到RREP的中间节点在自身的路由表中添加一条到目的节点的路由，称为正向路由。

AODV协议借鉴了DSDV协议的思想，节点的路由条目中包含了目的节点的序列号。目的节点序列号越大，表示该路由条目越新，也就越能反映网络当前拓扑情况。AODV协议利用目的节点序列号信息避免了路由环路。

AODV的优点是可以利用多播的优势，这正是其他路由协议所缺少的；而缺点则是依赖于对称性的链路，而不能处理非对称链路的网络。

(2) DSR (Dynamic Source Route)。DSR的设计目的在于创建一种开销低、对网络拓扑变化响应快的路由协议。DSR使用源路由而非逐跳的间接路由，每一个数据分组在其头部都携带了完整的途经节点的顺序转发列表。运行DSR的节点使用一个缓存用来存放已知目的节点的所有路由。需要发送分组时，节点首先查询路由表。如果路由表包含目的节点和所需路由，则使用该路由条目；否则，就广播路由请求分组进行寻径。当路由请求分组在网络中传输时，其到达的每一个节点都检查自己的路由表，看它们是否有到达目的节点的路由。如果这些节点的路由表中有到达目的节点的路由，就应答该请求并提交这条路由。当路由请求分组到达目的节点时，中继节点就查看路由请求分组经过的这条路径是否在高速缓冲区中。如果高速缓冲区中没有这条路由，就把这个目的节点和路由加到自己的高速缓冲区中以备将来使用。DSR在路由过程中使用的控制消息类型和AODV一样，不同的是，DSR的控制消息中携带了完整的路由路径信息。

DSR的优点在于中间节点无须维持更新的路由信息为它们的转发分组寻路，因为分组本身已经包含了所有的路由决定。事实上，这个协议和按需相结合消除了周期路由广播和其他协议中所出现的邻节点的检测分组；再者，它不依赖于其他节点来保持有效的消息，这就减少了带宽的占用和所需的能量。而且，由于节点的高速缓冲区储存了到目的节点的多条路由，所以如果当一条路由断开时，节点可以在高速缓冲区中找到预备的路由。

DSR协议的缺点：①由于采用了源路由，每个数据分组的头部需要携带完整的路由信息，导致数据分组的额外开销较大，使得DSR协议很难应用于大规模的网络；②由于采用了路由缓存技术，而缓存中的路由信息可能会过期，这会影响路由协议的正确性。

3.混合式路由协议

ZRP(Zone Routing Protocol)协议是典型的混合式路由协议，也是一种分级路由协议，它混合使用主动路由和按需路由策略来实现路由信息的生成和维护。ZRP 协议中，集群被称作域；ZRP 按照一定的规则(一般是区域半径)将网络划分为不同的区域，这样就可以分情况综合利用按需路由和主动路由的各自优点，在区域内部采用基于表驱动的路由方式，保证节点能够实时掌握区域内所有其他节点的路由信息；在区域间则采用按需驱动的路由方式，通过边界节点间的路由发现过程完成源节点和目的节点间的路由发现。由于拓扑更新过程仅在较小的区域范围内进行，一方面有效地减少了拓扑更新过程中产生的过多的控制信息而对网络资源形成过度耗费，同时也加快了路由发现的过程，有效地提高了系统的收敛速度和响应速度。通常，ZRP 协议中区域半径参数值决定了协议的总体性能。小的区域半径适合于移动速度快的节点所组成的密集网络中；大的区域半径适合于移动速度慢的节点所组成的稀疏网络中。由于区域半径的约束，ZRP 路由协议的扩展性受到一定程度的影响。

相比于一般的无线自组织网络路由协议，无人机集群无线自组织网络的动态拓扑特性更为突出。首先，无人机集群会由于战场环境的变化或战术要求的变化而改变编队形式，从而使各节点之间的相对拓扑关系发生变化；其次，无人机集群工作在对抗环境中，节点可能损失，无线链路会受到各式各样干扰，影响链路的通信质量；最后，无人机集群的通信具有突发性、并行性的特点，当侦察到目标信息时，不同的节点会基本上同时发送信息，造成拥塞现象，使得原有的路由不可用。因此，要对无人机集群中的动态现象进行有针对性的设计工作，实现高可靠、高实时、高鲁棒性的路由协议。下面将针对上述三种情况分别设计实现相应的路由协议。

3.3 链路稳定性模型及相关路由协议比较分析

基于理论和实验的分析及验证，无线自组织网络性能的提高需要稳定的路由基础环境。无人机集群所传输的战术信息对 QoS 有较高的要求，路由的稳定性就显得尤为重要。因为战术信息不但要在报文传递率上达到要求，同时传输时延、时延抖动等指标也要满足要求。而传输时延、时延抖动的保证需要降低路由发现的次数，增强路由的稳定性和可用时间。无线自组织网络路由稳定性问题得到了大量的关注和相应研究。各种研究表明，路由稳定性是取决于组成路由的各跳链路的稳定性。因此，在无线自组织网移动网络中，对于稳定路由的研究最终统一到路由路径上各跳链路稳定性的研究，并希望通过路由稳定性和链路稳定性的关系得出最终路由稳定性的表达方案。对链路稳定性的研究也已经开展了许多工作，形成了各种链路稳定性评估模型，其中一些已整合到相关路由协议中，进行了性能评估。

本节即是总结当前主要的链路稳定性评估模型，充分明确当前链路稳定性度量方案的典型思路，明确决定链路质量的关键网络因素，分析已有模型和方案的可行性和优缺点。纵观现有链路稳定性评价模型的发展历程和评价标准，链路稳定性模型中有两种表达链路稳定性的方式：定性和定量的方式。定性方法将链路分为强、弱两种，通过设置阈值进行强弱比较来判断。定量的方法是计算相关链路评价指标，比较之后取最优值即可。定性方法相对简单明了，但是由于阈值定义的取值比较主观，容易产生误判，影响结果的可靠性，同时由此判断路径稳定性时存在累积误差，更增加了误判的概率。现有链路稳定性评价模型可大致分为四类：基于假设的简单预测模型，基于信号强度的预测模型，基于位置和移动预测的预测模型，基于统计方法的链路预测模型。当然,分类标准并不是绝对的,在这四类方案中也存在不同程度的结合方案。原因在于这些分类依据的影响因子存在不同程度的耦合,这在具体分析中将有所体会。

3.3.1　基于假设的简单链路稳定性预测模型

在链路稳定预测提出的初期,有关学者根据自身特定的实验条件提出了一些简单的链路稳定性预测模型[1],这类模型的主要特点就是基于特定的假设而成立。同时这类预测模型只是在定性分析上起到了作用,没有做定量的分析和严格的论证。这类预测模型中最典型的两种方法分别为:①存在最久的链路最稳定;②最新的链路最稳定。之所以会出现两种截然不同的链路稳定性判别方式,是由于这两种稳定性模型依附的实际条件和假设差异太大,因此这类模型的适用性和应用条件也都受到很大限制。

将最久的链路作为最稳定的链路的理由是,在移动性不强的网络中,存在最久的链路代表其实际的链路自然环境的稳定性,移动性不强时可忽略移动性的影响带来的链路质量变化,根据链路的存在时间的先验表现可以准确地推断其将来的状态。在这种条件下,存在最久的链路为稳定链路的判断是可信的。同理,同样条件下,存活时间很短的链路往往表明其链路环境的不稳定或者脆弱。存活时间短在另一方面表明其状态的振荡性和易变性,同时也表明在一段特定时间内其链路断裂的频数较高,这种链路当然可以判断为不稳定状态。所有以上分析都是建立在一个假设上,就是链路存活时间和链路的稳定性成正比关系。而假设又是建立在实际的网络基础上,这种网络移动性不强,典型场景可取暂停时间比较长的随机路点模型。同时仿真和实际实验也表明,这种情况下链路稳定性决策方案可行。但是这样的模型在移动性增加的情况下性能会急剧下降,因为移动性导致了其假设不再成立,相反可能导致其对立模型(最新的链路稳定性高)成立。

最新的链路稳定性高,在移动性高的实验中会表现出较好的性能。其判断准则就是链路越新越稳定,这在移动性强的环境中是成立的。当节点移动性强时,节点对间会在其通信半径内外切换,进而展现出链路可用性和稳定性的变化。最新的链路表示该链路刚建立不久,经过节点相对运动之后节点间链路就可能失效。因此节点间的链路一般会有个更新周期,最新的链路处于更新周期的早期,其剩余存活时间的期望值就相对较高。而存活较久的链路其更新周期到来的时刻就会很近,以至于失效概率变高,实际中也表现出这样的情形。

通过以上两个极端的链路稳定模型对比可见,早期的基于简单假设的链路稳定模型都是在相对局限的实验条件下产生的,针对的问题很具体,模型的应用缺乏普遍性,同时基于一定的假设条件,这些条件的成立与否也没有实现很好的论证和分析,更多的是靠直观的感觉和推断。但是作为链路稳定性模型的先期尝试,起到了积极的作用。

3.3.2　基于信号强度的预测模型

基于信号强度的预测模型是现有链路稳定性预测模型中使用率和相关研究最为广泛的方法之一[2]。信号强度作为链路环境的直接相关因素,对链路质量有明显的指示作用。信号强度的大小表达了网络物理层的环境好坏程度。需要明确的一点是,由于无线环境开放性导致的不确定因素存在,信号强度可能会出现振荡,所以信号强度的指示作用会受到影响。在使用信号强度作为链路稳定性预测的核心要素时,需要对模型进行优化,避免随机性的干扰,提高预测模型的准确性,实际的研究工作也显示出这样的趋势。起初的信号预测模型基于理想的信道传输模型，认为信号强度和距离之间具有理想的比例关系，同时以传输距离为参照，判断链路的稳定性[3]。随着对预测模型的深入研究，信号强度预测模型存在的信号失准问题引起了关注，Myungsik Yoo 等提出了通过多采样的特性避免单个信号强度信息偶然因素引起的误差[4]，同时在相同的信号强度条件下，将信号的变化趋势也考虑在内进行链路稳定性的预测，希望不断加强信号强度指示的可靠性和模型的适用性。

1.基本模型

(1)模型 1。理想信号强度模型基于理想的信号传输模型，理想信号传输模型给出了该条件下信号强度和距离的数量关系。

图 3-2 所示为理想的信号传输模型。

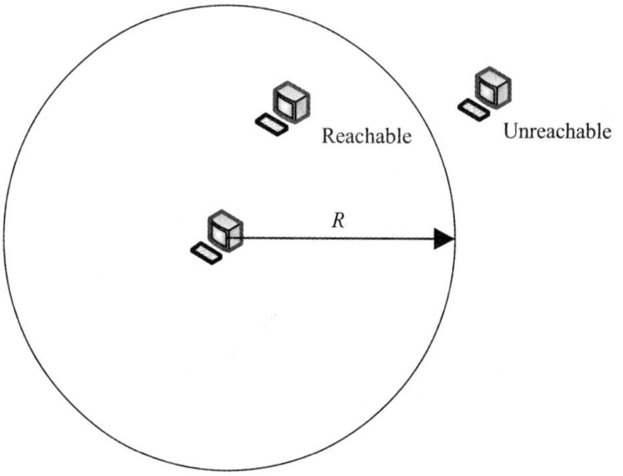

图 3-2　理想信号传输模型

在这个简单的传输模型中，发送端和接收端信号功率的关系可用式表示为

$$P_r(d)=\frac{P_t G_t G_r \lambda}{4\pi d^2 L} \tag{3-1}$$

式中，P_r 表示接收端的功率；P_t 表示发送端的功率；G_t 是发送端的增益；G_r 是接收端的增益；λ 表示发送信号的波长；d 表示离发送点的距离；L 是系统损耗因子。从接收信号的表达式可见，接收功率和距离的二次方成反比关系。随着距离的增大，接收功率不断降低。在存在环境噪声时，发送端和接收端的距离在达到一定范围时，信噪比下降，产生误码，导致无法解码出正确的数据，甚至无法检测到信号。因此在理想的情况下，存在一个临界值，当接收到的信号强度大于该值时，可以正常进行数据收发；当接收到的信号强度小于该值时，就导致传输的失败。基于这样的分析，大量利用信号强度作为指示的链路预测模型涌现出来。最为直接的就是把接收到的信号强度和信号强度预设阈值作比较，以此来划分链路质量的好坏。信号强度值在接收端很容易得到，一般的硬件设备都能提供该值，称为 RSSI(Receive Signal Strength Indicator)。对于某条特定的链接，设接收到的信号强度为 S_r，正常接收数据的信号阈值为 S_{thresh}，对于某条链路的稳定性只定义强、弱两种表示。1 表示为强链接，0 表示为弱链接。其简单的判断算法为

$$f(s_i)=\begin{cases}0, S_r \leqslant S_{thresh}\\1, S_r > S_{thresh}\end{cases} \tag{3-2}$$

这是利用信号强度实现链路稳定性度量的一种基本模型，其给出了模型的基本原理和判断方法，简单性是其最大特征，但是也带来了许多不可避免的弱点，一是理想传输模型本身在实际应用中需要修正，二是信号阈值通常会发生振荡，这样以阈值点为基准的判断方案将会失效。

(2)模型2。模型2[3]也是一种使用很广泛的模型，同时比起模型1，其使用的传播模型实用性更强，更加贴近实际的实验状况，称之为双径模型。传输模型的数学关系式为

$$P_r=\frac{P_t G_t G_r (h_t h_r)^2}{D^4} \tag{3-3}$$

式中，P_r、P_t、G_t、G_r 和模型1中的参数具有相同的物理意义；h_t 代表发送天线的高度；h_r 代表接收天线的高度。在实验条件下，可以认为固定设备的 G_t、G_r 是常数，天线高度在平面网络结构下也是常数，因此式(3-3)可以简化为

$$P_r=\frac{CP_t}{D^4} \tag{3-4}$$

$C=G_t G_r (h_t h_r)^2$，为一常数。由式(3-4)可推导出以下关系：

$$D=\sqrt[4]{\frac{CP_t}{P_r}} \tag{3-5}$$

在通信范围的临界点，其对应的距离为临界距离，用 D_0 来表示，则有

$$CP_t=P_{\text{thresh}} {D_0}^4 \Rightarrow D_0=\sqrt[4]{\frac{CP_t}{P_{\text{thresh}}}} \tag{3-6}$$

由式(3-5)和式(3-6)得

$$D=\sqrt[4]{\frac{P_{\text{thresh}}}{P_r}} D_0 \tag{3-7}$$

由以上推导可见信号强度和距离之间存在明显的关系。每个信号强度对应了相应的距离 D，在这个模型中根据通信的临界距离给出了一种稳定性的度量方案，用 $S_{i,j}$ 表示节点 i 和节点 j 形成链路的稳定性，$S_{i,j}$ 可表示为

$$S_{i,j}=\begin{cases}0, & D \geqslant D_0 \\ 1-\dfrac{D}{D_0}, & D < D_0\end{cases} \tag{3-8}$$

将式(3-7)代入式(3-8)，得

$$S_{i,j}=\begin{cases}0, & P_r \leqslant P_{\text{thresh}} \\ 1-\sqrt[4]{\dfrac{P_{\text{thresh}}}{P_r}}, & P_r > P_{\text{thresh}}\end{cases} \tag{3-9}$$

式(3-9)首先表达了对稳定性的定义，在临界距离之外，稳定度为0，在临界距离之内，链路稳定度随着距离增加而减小，符合定性的设计，同时给出了具体的定量计算方法。可以看到，在通信距离之内的链路质量的大小介于0到1之间。模型2相对于模型1不但给出了稳定性的定义，同时通过定量的表达式给出了更细致的解决方法。比起定性的方案，定量的方法会有更高的准确性，不会因为累积误差导致判断结果发生剧烈的振荡和变化。

2.模型演化与改进

针对已提出的两个基本模型的不足，很多后来的研究给出了一些补充和改进，形成了对应

的模型演化和改进方案。文献[1]提出了多采样率的信号强度收集方法，通过对最近几次接收到的信号强度取平均值，以此来避免接收到的偶然失准的信号对判断的误导性。同时针对定性和定量的基本模型，都有进一步的改进设计。Hwee Xian Tan 等通过定义相对信号强度来反映链路稳定性[5]，有

$$RS[t]=10\lg\left(\frac{P(t)}{P(t-\Delta t)}\right) \tag{3-10}$$

式中，$P(t)$为当前时间接收的信号强度；$P(t-\Delta t)$为上一采样时间接收到的信号强度。

Min - Gu Lee 等人对模型 1 进行了改进设计[6]，得出了一个比较可靠的定性判断模型。而文献[7]以信号强度为基础，通过信号强度对节点的位置和运动状态进行估计，进而给出了基于信号强度的另一种链路稳定性预测方案。

Min - Gu Lee 等人在方案中提出了一系列改进，将信号强度的累积值和当前信号进行平滑计算出代表当前链路质量的累积信号强度值，称为 SBM(Signal - Based - Model)，则有

$$\left.\begin{aligned} S_{\mathrm{cum}j} &= \alpha S_{\mathrm{cum}j}+\beta S_j \\ \alpha+\beta &= 1 \end{aligned}\right\} \tag{3-11}$$

式中，$S_{\mathrm{cum}j}$ 表示节点 j 累积信号强度，累积信号强度带来的好处和取统计平均值的方式相同。式(3 - 11)表示当前的累积信号强度可由上一次累积信号强度和当前获得的信号强度值进行加权叠加而得到。其中，α 和 β 是平滑参数，都取 0～1 之间的正实数。图 3 - 3(a)所示为在改进模型进行分析的基本场景分布，图 3 - 3 (b)所示为判断流程。

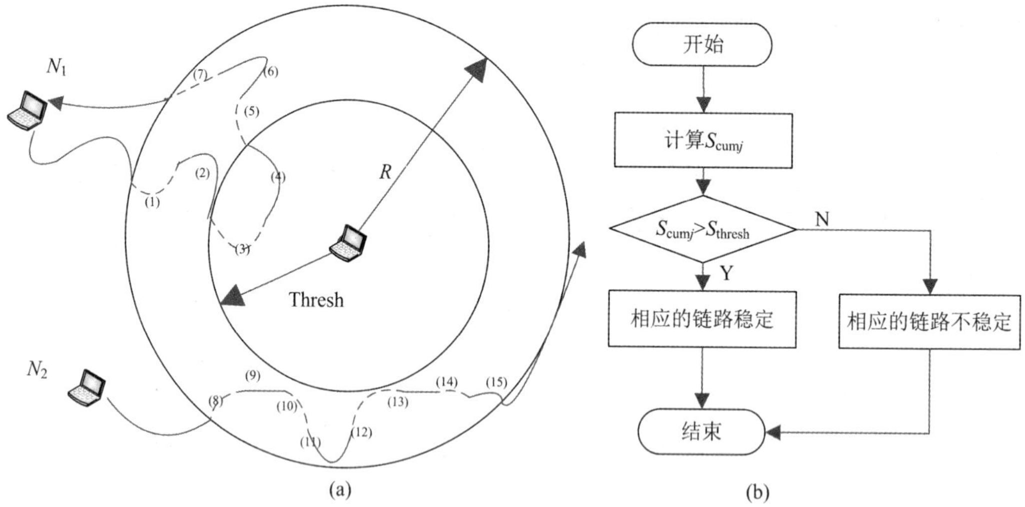

图 3 - 3　SMB 模型场景和判断流程

上述方案只是考虑了某时刻的累积信号的强度，分析图 3 - 3 可知，当节点 N_1 处于运动轨迹上的(1)(2)(5)(7)上时，认为此链路是不稳定的，因为接收到的能量小于能量阈值。处于(3)(4)上时，节点间的链路被认为是稳定的，因为在这两段轨迹上的接收能量大于能量阈值。而节点 N_2 所经历的路径上任何位置都是不稳定的链路，因为其所有的接收能量都小于能量阈值。这种方案虽然能够避免直接的独立采样带来的偶然误差，但是其判断方法明显缺乏稳定性。考虑边缘效应，当节点刚好处在接收信号强度为 P_{thresh} 附近时，下一刻链接的状态就没

法确定，如果节点离发送节点远去，该链接应该属于不稳定链接。相反，如果节点是从通信半径的边缘不断靠近发送节点，则此时的链接应该会在接下来一段时间内保持，因此可视为稳定链接。这样提出了一个改进策略，在考虑节点接收信号强度的同时，将节点相对运动趋势纳入到衡量体系中来。

首先考虑节点的当前接收能量是否高于阈值，如果高于阈值，再进行节点运动趋势的判断，判断方法是通过计算累积能量的差分，该方法称为 ASBM(Advanced Signal - Based - Model)，差分表达式为

$$DS_j = S_{\text{cum}j} - \text{prev}S_{\text{cum}j} \tag{3-12}$$

当差分值大于零时，表示这一时刻相对于上一次判断时刻，节点是相向运动的，这时才判断链路是稳定的。如果差分值不大于零，则认为其不稳定。该方案通过引入信号强度的差分实现了对节点运动方向的预测，可以检测到由于运动带来的节点间链路状况的改变趋势。同时可以适当调整其阈值门限，比起图 3-3 的情况可以适当地降低门限值，即扩大可探测传输范围，如图 3-4 所示。

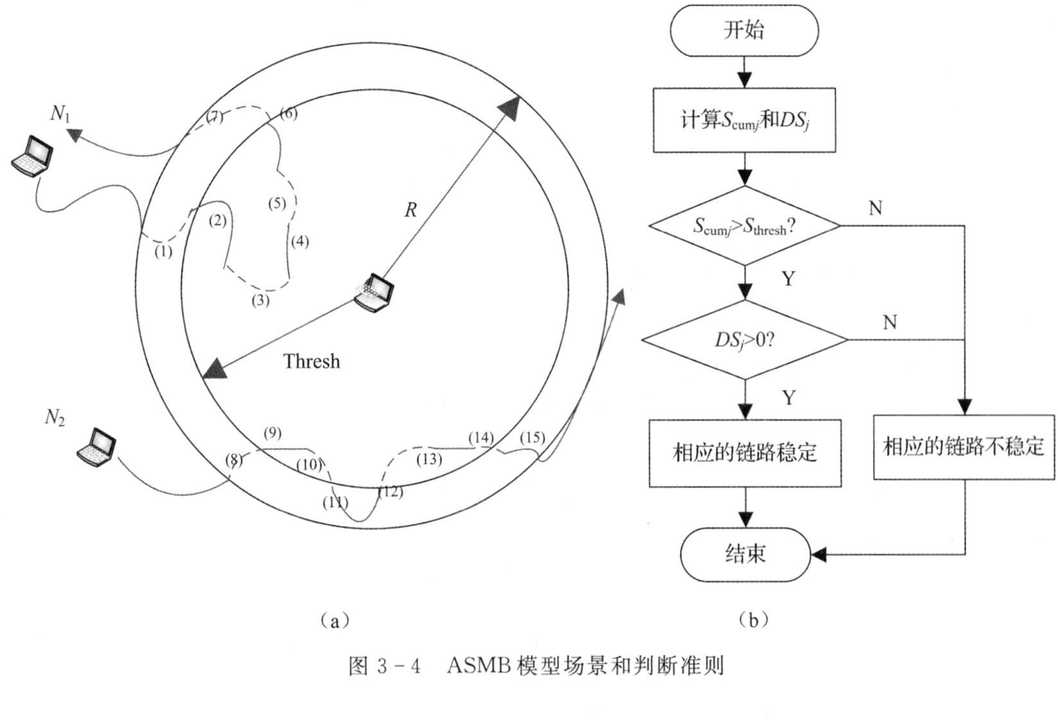

(a)　　　　(b)

图 3-4　ASMB 模型场景和判断准则

可以认为基于差分的改进，提升了原有的预测准确度。但是在分析实际情况之后发现，基于差分的模型还有缺陷。考虑节点 N_1 的运动轨迹曲线，(2)～(6)都在稳定区域内，依据上述判据，(2)(3)被判断为稳定，(4)(5)(6)被判断为不稳定。注意到在图中(4)所处位置离发送节点很近，可以想象即使其是远离发送点而去，在一定时间内还不会移动到传输半径之外而一直保持连接，因此应该判断为稳定较为合理。故提出了一种加强的策略，称为 ESM(Enhanced Stability Model)。ESM 通过设置两个能量阈值，避免了将原本稳定的链接判断为不稳定，ESM 中的度量方案可通过图 3-5 进行说明。

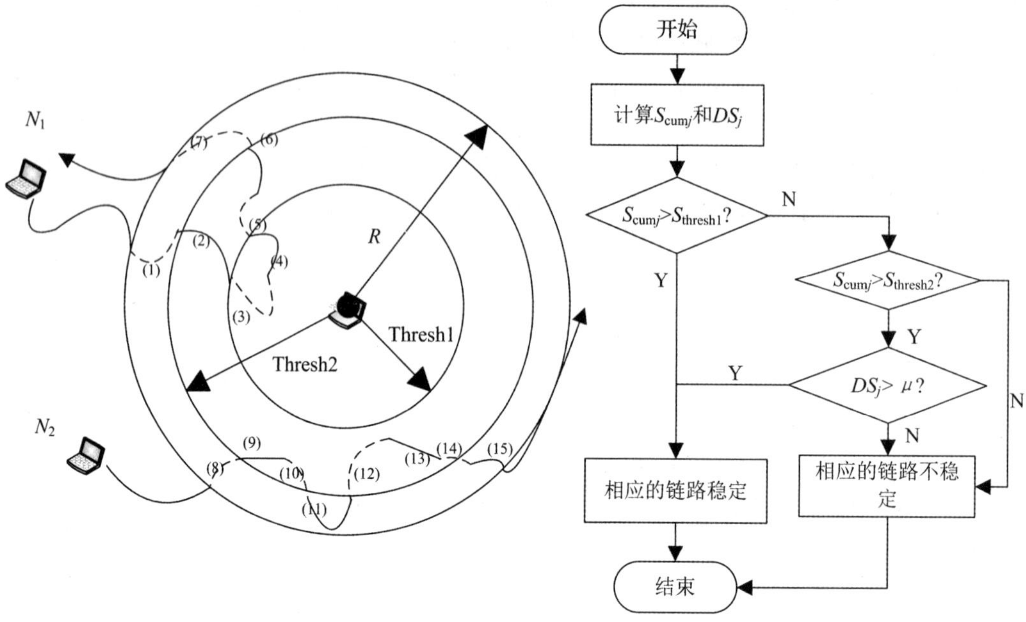

（a）　　　　　　　　　　　（b）

图 3-5　ESM 模型场景和判断准则

当然，图中的 $P_{\text{thresh1}}>P_{\text{thresh2}}$。首先对节点接收到的能量进行判断。如果大于 P_{thresh1}，则断定其为稳定链路；否则不稳定。当其处于 P_{thresh2} 和 P_{thresh1} 之间时，需要对其运动方向进行判断。若 $DS_j>0$，判断为稳定链路；否则判定为不稳定链路。

上述改进使得利用信号强度进行判断也有了一个在稳定性和准确性方面比较有保证的算法。但是作为一种定性的方案，在精确性的提升方面也许还会不足。Jui-Ming Chen 等人的方案在定量方案上给出了描述。这种方案立足于信号强度，并利用信号强度和距离的关系，对节点的当前位置和瞬时速度进行预测，利用这些信息计算当前的运动状态，节点移动到通信范围之外需要的时间。这个预测的时间就代表了节点间链路的稳定性。该方案的一个基础就是在基本模型中给出了距离和信号强度间存在定量关系的事实。利用 $S(r)$ 表示在距中心节点 r 处的节点的信号强度。采用文献[7]中给出的信号强度模型，有

$$S(r_2)=\frac{{r_1}^2}{{r_2}^2}(1-\rho_{\text{d}}(h*(r_2)r_2)\Delta r)S(r_1) \tag{3-13}$$

式中，取 $\rho_{\text{d}}=0$，加以简化，得到信号强度和距离之间的简化关系式：

$$\frac{S(r_1)}{S(r_2)}\propto\sqrt{\frac{r_2}{r_1}} \tag{3-14}$$

根据这个关系，用 $r_{i,j}(t)$ 表达 t 时刻节点 i 和 j 之间的距离。则有以下表述：

$$\left.\begin{aligned}r_{i,j}(t)&=R_{\text{thresh}}\sqrt{\frac{S_{\text{thresh}}}{S_{i,j}(t)}}\\ r_{i,j}(t-\Delta t)&=R_{\text{thresh}}\sqrt{\frac{S_{\text{thresh}}}{S_{i,j}(t-\Delta t)}}\end{aligned}\right\}\Rightarrow$$

$$v_{i,j}(t)=\frac{r_{i,j}(t)-r_{i,j}(t-\Delta t)}{\Delta t}=\frac{\sqrt{S_{\text{thresh}}}}{\Delta t}R_t\sqrt{\frac{1}{S_{i,j}(t)}-\frac{1}{S_{i,j}(t-\Delta t)}} \tag{3-15}$$

式(3-15)表达了 t 时刻的位置变化率，但不能表达出节点在该段时间内的运动能力。

图 3-6 (a)所示为节点间的距离和信号强度关系，图 3-6 (b)(c)所示为同样的信号强度变化下，不同的运动能力。为了对这两种情况加以区分，给出了平均速度变化率来表达不同的运动能力，有

$$\text{Avg}(v_{i,j}(t))=\begin{cases}\text{Avg}(v_{i,j}(t-\Delta t))+v_{i,j}(t)\text{ ,case1\&4}\\ v_{i,j}(t)\text{ ,case2\&3}\end{cases} \tag{3-16}$$

case1 和 case4 分别表示一直靠近或一直远离中心节点，case2 表示从靠近转换为开始远离中心节点，case3 则表示从远离转换为开始靠近中心节点。

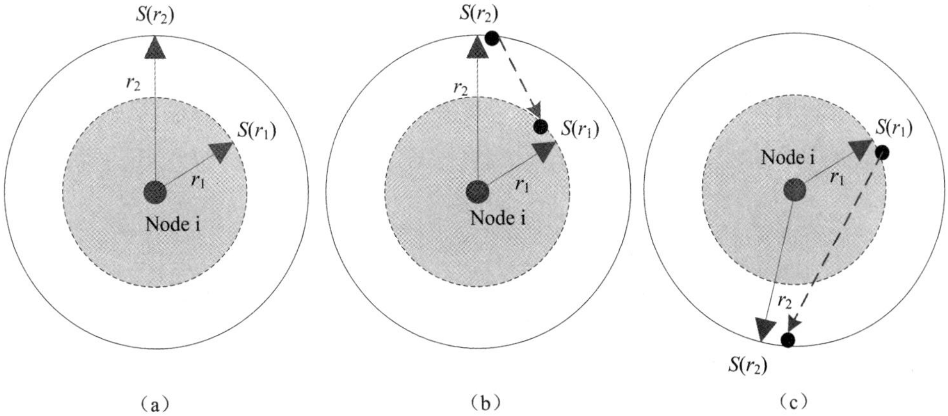

图 3-6　信号强度模型和运动模型

根据平均运动能力进行了剩余时间的预测，分三种情况进行预测，有

$$T_{i,j}\text{ predict}=\begin{cases}\left[\dfrac{R_t-r_{i,j}(t)}{v_{i,j}(t)}\right],\text{avg}(v_{i,j}(t))>0\\ T_s, \qquad \text{avg}(v_{i,j}(t))=0\\ \left[\dfrac{R_t+r_{i,j}(t)}{v_{i,j}(t)}\right],\text{avg}(v_{i,j}(t))<0\end{cases} \tag{3-17}$$

此模型从信号强度的变化推断节点的位置和运动状态，并做出时间预测。将运动状态进行了划分，提升了模型的有效性和准确性。

3.模型评估分析

基于信号强度的链路稳定性预测模型给出了链路预测的根本性影响因素。尽管不能完全排除复杂自然环境干扰，信号强度的确称得上是链路物理环境的直观反映。因此，基于信号强度的预测方案从根本上来说是令人信服的。经过改进的预测模型也能进一步提高稳定性预测的可靠性。但是链路可靠性不只是指链路物理环境的可靠性，同时还要考虑到物理层以上协议栈的影响，当选定了协议栈时，需要考虑到协议栈对链路稳定性的影响。比如 MAC 协议中的帧冲突会造成在稳定物理条件下的低吞吐率。因此，光靠信号强度来判断链路稳定性，只能确定物理层的状况，而要作为整个链路性能评估的依据，还要考虑更多的其他相关因素。

3.3.3 基于位置和移动预测的预测模型

考虑到各种无线自组织网络具有的典型的移动特性，产生了许多以移动模型为基础的链路稳定性预测模型[8-11]。这类模型一方面注重网络节点的移动规律的探究，另一方面引入了GPS为基础的测度工具，通过获取GPS的相关信息，实时了解节点的运动状况，并根据掌握的信息对节点规定时间后的位置和状态进行预测，以此判断节点是否处在通信范围内。或者根据当前节点的运动状况，计算链路的失效时间。这类方案的基本假设在于：确定的信号传输范围，节点运动状态的暂态不变性，同时还基于可靠的GPS信息。

1.基本模型

(1)模型1。该模型的稳定度定义和3.3.2节中相同：

$$S_{i,j}=\begin{cases}0, & D>D_0\\ 1-\dfrac{D}{D_0}, & 0<D<D_0\end{cases} \tag{3-18}$$

不同于信号强度预测模型的关键在于，其直接使用节点的运动状态信息进行距离的计算。代入时刻 t 的位置信息，得

$$S_{i,j}(t)=\begin{cases}0, & D>D_0\\ 1-\dfrac{\sqrt{[x_i(t)-x_j(t)]^2+[y_i(t)-y_j(t)]^2}}{D_0}, & 0<D<D_0\end{cases} \tag{3-19}$$

通过该模型计算出的稳定性是根据节点位置变化，$S_{i,j}(t)\in[0,1)$。结合当前的速度信息 v，速度方向角为 φ，则预测 t_{p} 时刻的节点位置 $(x_{\mathrm{p}},y_{\mathrm{p}})$ 为

$$\left.\begin{aligned}x_{\mathrm{p}}&=x_0+v(t_{\mathrm{p}}-t)\cos\varphi\\ y_{\mathrm{p}}&=y_0+v(t_{\mathrm{p}}-t)\sin\varphi\end{aligned}\right\} \tag{3-20}$$

如果没有速度的方向信息，则可以通过最近的两次位置信息 (x_1,y_1) 和 (x_2,y_2) 计算方向角，有

$$\left.\begin{aligned}\cos\varphi&=\frac{x_2-x_1}{\sqrt{(x_2-x_1)^2+(y_2-y_1)^2}}\\ \sin\varphi&=\frac{y_2-y_1}{\sqrt{(x_2-x_1)^2+(y_2-y_1)^2}}\end{aligned}\right\} \tag{3-21}$$

通过位置的预测给出 t_{p} 时刻稳定性的预测值：

$$S_{i,j}(t_{\mathrm{p}})=\begin{cases}0, & D>D_0\\ 1-\dfrac{\sqrt{[x_i(t_{\mathrm{p}})-x_j(t_{\mathrm{p}})]^2+[y_i(t_{\mathrm{p}})-y_j(t_{\mathrm{p}})]^2}}{D_0}, & 0<D<D_0\end{cases} \tag{3-22}$$

结合当前的稳定度值，可以大致推断在 $t_{\mathrm{p}}-t$ 这段时间内，链路的稳定性和相应变化。

(2)模型2。基于位置和移动预测的链路稳定性模型，假定网络中各节点具有相同的有效传输距离，节点的信号传输能力一致，信号强度只与信号传输距离有关。节点间只需要保持相对距离在传输范围 R 之内，就能够保持连接。若已知节点 i 的运动信息：速度为 v_i，速度方向角为 θ_1，节点的当前位置为 (x_i,y_i)。同样有节点 j，其运动信息为：速度为 v_j，速度方向角为 θ_2，节点的当前位置为 (x_j,y_j)。如图3-7所示为一般节点运动模型。

以节点当前的运动状态可以计算从现在开始节点间距离达到传输距离门限的时间，有

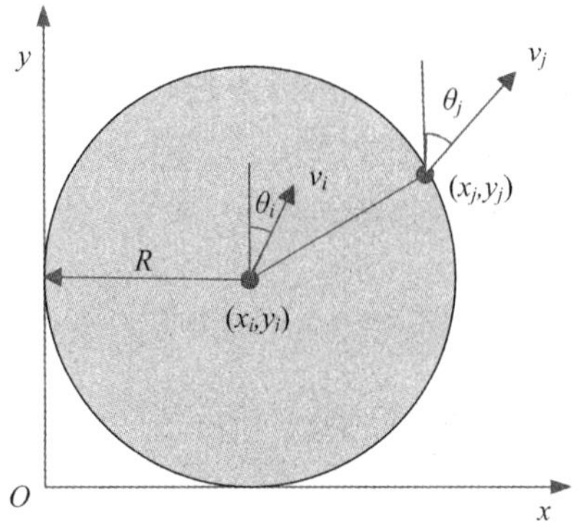

图 3 - 7　节点运动模型

$$[(x_i + v_{ix}t) - (x_j + v_{jx}t)]^2 + [(y_i + v_{iy}t) - (y_j + v_{jy}t)]^2 = r^2$$
$$\Rightarrow t = \frac{-(ab+cd)+\sqrt{(a^2+c^2)r^2-(ad-bc)^2}}{a^2+c^2} \tag{3-23}$$

式中

$$\left.\begin{aligned} a &= v_{ix} - v_{jx} = v_i\sin\theta_i - v_j\cos\theta_j \\ b &= x_i - x_j \\ c &= v_{iy} - v_{jy} = v_i\cos\theta_i - v_j\cos\theta_j \\ d &= y_i - y_j \end{aligned}\right\} \tag{3-24}$$

t 即是根据当前运动状态预测的链路失效时间，多数文献简称为 LET(Link Expiration Time)。在以位置和运动状态为基本信息的链路稳定模型中，周期性获得节点运动状态信息并作 LET 计算，LET 的值就表达了链路的稳定性。该模型有一定的预测作用，但是预测时间不能太长，时间太长，节点的运动状态的一致性难以保证，预测的准确性会下降。

2.模型演化与改进

(1)模糊组合轨迹预测法。前文中的基本模型给出了以节点位置等地理信息作为基础的链路稳定性度量办法。文献[12]对基本的位置信息给出了一个轨迹预测模型，通过前 n 个时刻的位置信息，对建立的轨迹模型参数进行计算。确定了轨迹模型之后，再计算下一时刻的位置。通过下一时刻的预测值计算稳定性来衡量当前链路的稳定性。此模型由于使用了将来时刻的预测值信息来计算当前链路的稳定度，因此不但可以获得当前位置的稳定性，还可以获得下一时段的稳定性，结合这两者即可确定未来一段时间的稳定性，实现了时间上的连续性预测。为了增强轨迹曲线的适应性，轨迹的解析式中结合了几种常用的曲线模型，分别是线性函数模型、对数函数模型、指数函数模型和幂函数模型。首先给出 4 种模型的典型解析式：

线性函数模型：$f_1(t) = \alpha_{10} + \alpha_{11}t$

对数函数模型：$f_2(t) = \alpha_{20} + \alpha_{21}\ln t$

指数函数模型：$f_3(t) = \alpha_{30}e^{\alpha_{31}t}$

幂函数模型：$f_4(t) = \alpha_{40}t^{\alpha_{41}}$

以上模型的参数可以通过代入样本点的值，再通过最小二乘法计算得出。

根据基本模型，定义以下轨迹预测模型，有

$$f(t+\Delta t)=a_1f_1(t+\Delta t)+a_2f_2(t+\Delta t)+a_3f_3(t+\Delta t)+a_4f_4(t+\Delta t) \tag{3-25}$$

式中，参数 a_1、a_2、a_3、a_4 表达了各模型对整个轨迹的权重影响，满足 $\sum_{i=1}^{k}a_k=1$。对于 a_k 的确定，文献中采用了模糊组合预测方式。假设 $f_i(t)(i=1,2,\cdots,k)$表示 t 时刻第 i 种基本模型预测值，那么可以得到 k 种模型相结合的预测值为

$$\left.\begin{aligned}f(t)=\sum_{i=1}^{k}A_if_i(t)\\ \sum_{i=1}^{k}A_i=1\end{aligned}\right\} \tag{3-26}$$

由模糊集理论可知，预测值 $f(t)=\sum_{i=1}^{k}A_if_i(t)$也是一个模糊数，并且有以下隶属函数关系：

$$\mu_f(x)=\begin{cases}1-\dfrac{|x-a|}{c}, & a-c\leqslant x\leqslant a+c\\ 0, & \text{其他}\end{cases} \tag{3-27}$$

且 $a=\sum_{i=1}^{k}a_if_i(t)$，$c=\sum_{i=1}^{k}c_if_i(t)$。

为了提高模糊组合模型的预测精度，模糊间隔尺度$[a+c,a-c]$必须要达到最小。因为每个模糊数 A_i 的模糊间隔都对预测结果很重要。

给定水平值 λ，使得隶属函数符合

$$\mu_f(x)=1-\frac{\left|x-\sum_{i=1}^{k}a_if_i(t)\right|}{\sum_{i=1}^{k}c_if_i(t)}\geqslant\lambda \tag{3-28}$$

由式(3-28)可推导出以下两个不等式：

$$\left.\begin{aligned}\sum_{i=1}^{k}a_if_i(t)+(1-\lambda)\sum_{i=1}^{k}c_if_i(t)\geqslant f(t)\\ \sum_{i=1}^{k}a_if_i(t)-(1-\lambda)\sum_{i=1}^{k}c_if_i(t)\leqslant f(t)\end{aligned}\right\} \tag{3-29}$$

要使组合模型的预测精度达到最好，则可以构造下列线性规划模型：

$$\left.\begin{aligned}&\text{Min} \quad s=c_1+c_2+\cdots+c_k\\ &\text{s.t.} \quad \sum_{i=1}^{k}a_if_i(t)+(1-\lambda)\sum_{i=1}^{k}c_if_i(t)\geqslant f(t)\\ &\qquad \sum_{i=1}^{k}a_if_i(t)-(1-\lambda)\sum_{i=1}^{k}c_if_i(t)\leqslant f(t)\\ &\qquad t=(1,2,3,\cdots,n)\Delta t\\ &\qquad a_i,c_i>0,i=1,2,\cdots,k\end{aligned}\right\} \tag{3-30}$$

这个线性规划模型可以通过单纯形算法得出 a_i 的值，进而确定基本模型的权重，使用单纯形算法的解法如文献[13]所述。

轨道预测模型一旦确定就可以根据当前掌握的位置序列，预测将来某时段后的链路稳定性，即

$$S_{i,j}(t+\Delta t)=1-\frac{\sqrt{[x_i(t+\Delta t)-x_j(t+\Delta t)]^2+[y_i(t+\Delta t)-y_j(t+\Delta t)]^2}}{D_0} \tag{3-31}$$

该方案通过对位置的周期性预测来实现链路稳定性度量，合理地规划了轨迹参数，提高了预测的准确性，避免了基本模型中的一些不足。

(2)基于运动状态的改进模型。该方法是 Xi Hu 等人在一般运动模型的基础上，对节点的相对运动模型进行了研究，考虑到节点运动状态短时一致性和长时间的随机变化，通过节点运动状态的概率分布规律，力求使用持续时间剩余量的期望值代表链路的稳定性。

该模型将运动节点的研究转化为节点间的相对运动的研究，同时将节点间相对运动划分为两类，如图 3-8 所示。

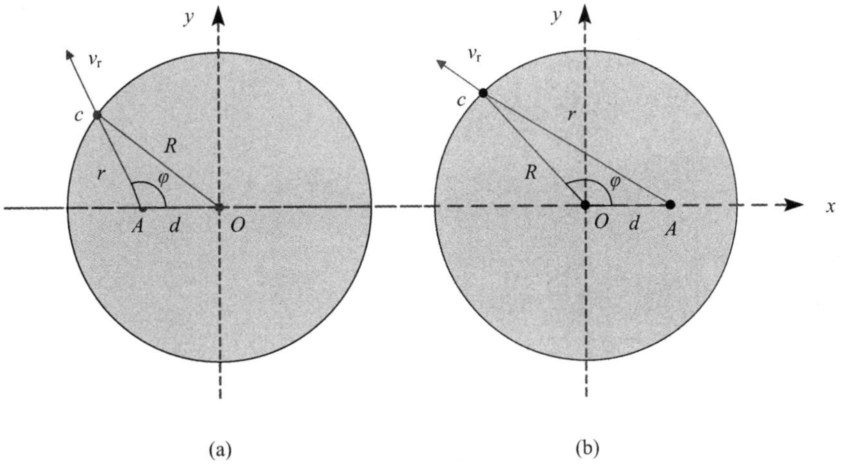

图 3-8　节点运动模型分类

图 3-8 (a)表示节点间一直远离，直到它们之间不能直接通信。图 3-8(b)表示节点在开始一段时间相互靠近，距离不断减小，然后再远离，距离不断增大，直到相互之间不能直接相连接。

这里仍然使用 LET 表达链路剩余寿命，当节点间的相对运动速度为 v_r，节点 j 相对于节点 i 的运动方向角为 φ 时，在图 3-8 所示的两种情形下，LET 可表达为

$$\mathrm{LET}_{i,j}(v_r,\theta,d)=\frac{r}{v_r}=\begin{cases}\dfrac{d\cos\varphi+\sqrt{R^2-d^2\sin^2\varphi}}{v_r}, & \text{condition1}\\ \dfrac{-d\cos\varphi+\sqrt{R^2-d^2\sin^2\varphi}}{v_r}, & \text{condition2}\end{cases} \tag{3-32}$$

则根据统计知识，这里可以通过速度和方向角的分布计算得到$\overline{\mathrm{LET}_{i,j}}$：

$$\overline{\mathrm{LET}_{i,j}}(v_r,\varphi,d)=E(\mathrm{LET}_{i,j}(v_r,\varphi,d))=\iint_{v_r,\varphi}\mathrm{LET}_{i,j}(v_r,\varphi,d)f(v_r,\varphi)\mathrm{d}v_r\mathrm{d}\varphi \tag{3-33}$$

其中，$f(v_r,\varphi)$是 v_r 和 φ 的联合分布函数。首先通过雅可比变换，得

$$f(v_r,\varphi,v_0)=\frac{f(v_0,v_a,\theta_a)}{|J(v_0,v_a,\theta_a)|}=\frac{1}{2\pi b^2}\frac{v_r}{\sqrt{{v_0}^2+{v_r}^2+2v_0v_r\cos\varphi}} \tag{3-34}$$

式中，$f(v_0,v_a,\theta_a)$为初始变量的联合分布函数；v_0、v_a、θ_a 是相互独立的随机变量，$v_0\in[0,b]$均匀分布，$v_a\in[0,b]$也均匀分布，$\theta_a\in[-\pi,\pi]$均匀分布；$|J(v_0,v_a,\theta_a)|$为变换的雅可比行列式。

对式(3-34)中的 v_0 积分，有

$$f(v_r,\varphi)=\int_{v_0}f(v_r,\varphi,v_0)\mathrm{d}v_0=\frac{1}{2\pi b^2}\int_{v_0}\frac{v_r}{\sqrt{{v_0}^2+{v_r}^2+2v_0v_r\cos\varphi}}\mathrm{d}v_0 \tag{3-35}$$

由图 3-8 可知，在两种运动情况下，有 $\varphi\in[-\pi,-\frac{\pi}{2}]\cup[\frac{\pi}{2},\pi]$，且呈现对称状态。因此可计算两种情况下的$\overline{\mathrm{LET}_{i,j}}(v_r,\varphi,d)$。

第一种运动模式下，节点间一直远离：

$$\overline{\mathrm{LET}_{i,j}}(v_r,\varphi,d)=2\int_{\frac{\pi}{2}}^{\pi}\int_0^{\infty}\mathrm{LET}_{i,j}(v_r,\varphi,d)f(v_r,\varphi)\mathrm{d}v_r\mathrm{d}\varphi=$$

$$\frac{1}{\pi b^2}\int_{\frac{\pi}{2}}^{\pi}\int_0^{\infty}(-d\cos\varphi+\sqrt{R^2-d^2\sin^2\varphi})\cdot\ln\left|\frac{b+\sqrt{b^2-v_0\sin^2\varphi}}{v_0-v_0\cos\varphi}\right|\mathrm{d}v_0\mathrm{d}\varphi \tag{3-36}$$

第二种运动模式下，节点间先是靠近，然后再远离：

$$\overline{\mathrm{LET}_{i,j}}(v_r,\varphi,d)=2\int_{\frac{\pi}{2}}^{\pi}\int_0^{\infty}\mathrm{LET}_{i,j}(v_r,\varphi,d)f(v_r,\varphi)\mathrm{d}v_r\mathrm{d}\varphi=$$

$$\frac{1}{\pi b^2}\int_{\frac{\pi}{2}}^{\pi}\int_0^{\infty}(d\cos\varphi+\sqrt{R^2-d^2\sin^2\varphi})\cdot\ln\left|\frac{b+\sqrt{b^2-v_0\sin^2\varphi}}{v_0-v_0\cos\varphi}\right|\mathrm{d}v_0\mathrm{d}\varphi \tag{3-37}$$

由此可见，平均链路剩余时间取决于节点间初始距离 d、节点的通信半径 R 和节点移动的最大速度 b。在文献中，作者取了经验值 $R=250$ m，$b=20$ m/s 对上面的积分进行了计算。最终得出在相应的通信基础条件下的稳定性度量公式为

$$\left.\begin{aligned}\overline{\mathrm{LET}_{i,j}}(d)=21.9043-0.071d-2.553\times10^{-7}d^3\\ \overline{\mathrm{LET}_{i,j}}(d)=21.9043+0.0637d-2.553\times10^{-7}d^3\end{aligned}\right\} \tag{3-38}$$

该方案引用了随机运动模型，通过求平均的思想对节点运动的特性进行了平衡，求得链路平均剩余可用时间，最后得出与初始节点间距离相关的较为简单的度量方案。同时可以根据实际的网络环境对不同的模型参数进行替换，得出符合具体环境的度量表达式，具有一定的适应性。同时该方案在预测时间上来说要比基本模型准确，因为其考虑到了节点运动状态的变化，而采用了对各状态进行平衡的方式。计算出的稳定性值在统计上大部分都应该合理。但是该模型基于位置和运动状态，假定了节点在通信范围上是理想的，对于复杂多变的网络，通信范围频繁变化的时候，性能也会受到严重影响。

3.模型评估分析

基于位置和移动预测的这类稳定性模型，在客观条件允许的情况下的确可以实现对位置和运动状态的预测，进而对链路质量稳定性做出判断。但是这类方法的代价相对较高，要获得

节点的运动信息，一般需要有 GPS 设备的硬件支撑，提高了方案实现的经济阻碍。再者，GPS 设备的精确度要能得到保证才能提高稳定性预测的有效性，如果 GPS 设备误差太大，此类方案将会得不偿失。因此，过度依赖于额外设备支撑是该模型受到局限的主要因素，这类预测模型注定只会在特殊需求的方案中使用，缺乏广泛推广的前提条件。此外，单依靠运动状态计算节点间距离来判断链路质量也是不可靠的。信号的波动或者不规则变化使得链路质量和距离之间的关系比想象的要复杂，使用 GPS 获得的距离只能作为一种距离和信号间存在特定关系的理想测度，尚不能完全反映链路质量的真实状况。

3.3.4　基于统计方法的链路预测模型

统计方法是避免偶然因素影响和提升模型可靠性的有效手段，在上述稳定性预测模型中，也都涉及统计原理的应用，如信号的多采样、求平均值等。虽然上面的模型侧重点各不相同，采用的手段也有很大差异，但是也体现出了统计方法在预测模型中的可用性，实际也证明统计方法在链路预测模型的研究中起着重要作用。这类方法重点在于研究链路指标的相关统计特性和概率表现。通过计算出的概率大小来判断稳定性的大小，或者发现变量的统计规律便于预测。

基于统计方法的链路预测模型也经历了从简单到复杂，从感性认识到理性论证的过程。首先是出现了简单的以概率来实现判断的手段，其次有相关工作在特定的移动模式下对链路寿命和路由寿命的分布进行了统计研究。还有工作对链路稳定性的变化过程从随机过程的角度进行探索。基于统计的链路预测模型通过发现随机的网络中潜在的统计特性，完成对链路稳定性的预测和评估。这种预测模型也可以是建立在已有预测模型基础上的进一步研究和应用。其基于现有的模型中使用的链路稳定性影响因素，进一步提取其统计特性，实现对预测性能的提升。

1.简单的统计概率测度模型

简单的统计模型即是通过对某变量的概率特性进行计算，概率的大小即表示了链路的稳定程度，这类方法包括了以丢包率为基础的链路质量算法和以误帧率为参考的链路度量方法。丢包率(Packet Lost Rate，PLR)的定义为

$$\mathrm{PLR}=\frac{\mathrm{PS}-\mathrm{PR}}{\mathrm{PS}} \tag{3-39}$$

式中，PS 表示发送端发送的报文数量；PR 表示接收端收到的报文数量。

误帧率(Frame Error Rate，FER)[14]也有类似的定义，

$$\mathrm{FER}=\frac{\mathrm{NFT}}{\mathrm{NFT}+\mathrm{NST}} \tag{3-40}$$

式中，NFT(Net Fail Transmitted)代表失败的帧发送次数；NST(Net Success Transmitted)代表成功的帧发送次数。

作为简单的指示器，这些通过在链路两端计算出来的概率可以反映当前链路的稳定性。

还有一类直接利用链路寿命的统计数据进行链路剩余寿命估计的方法[7]，该方法通过定义一个数组来存放网络中链路的生存时间，并以此为依据，对链路的平均剩余寿命进行估计。对于数组的设计需要遵循一定的原则，数组的大小显示了统计的粒度。

设定需要估计的链路已存在的时间为 a，则依据统计到的链路生存时间的数组，直接做如

下计算得出链路的平均剩余寿命估计：

$$R(a)=\frac{\sum_{t=a}^{N}td[t]}{\sum_{t=a}^{N}d[t]}-a \tag{3-41}$$

式中，$d(t)$为存放网络中链路的生存时间的数组。这种方法具有一定的适应性，但是大的平均值可能是由小部分具有很大预期生存时间链路导致的结果，其他大部分链路却很早就发生了断裂。在这种情况下选择一条具有短生存期的链路的概率增加了。因此，在同样的统计数据结构下又提出了使用链路最大持续概率来表征链路的稳定度。假设一个时间段 s，在 s 时段后链路仍然可用的概率定义为

$$P(s)=\frac{\sum_{t=a+s}^{N}d[t]}{\sum_{t=a}^{N}d[t]} \tag{3-42}$$

式中，s 表示某个业务或应用需要的持续时间，但是通常某个应用所需要的持续时间事先是不知道的，如果直接使用估计的 s 值，则该值将会成为一个敏感参数，选得太长或太短都不利于方案应用在路由选择中。太长则导致概率 $P(s)$比较小，太短则会使概率 $P(s)$增加，即误判概率会加大，可应用性会受到影响。考虑到这个问题，一种选择具有最小链路失效概率的方法提了出来：

$$Q_{\alpha}(a)=\max\{s \mid P_{s}(a)\geqslant\alpha\} \tag{3-43}$$

式中，α 是设定的一个分位数标准，在该概率标度下，计算最大的 s，使得从现在开始持续 s 时段的概率大于设定的分位数值。s 越大，说明链路越稳定。

2.基于分布律特性的统计模型

基于分布律的统计模型，不再局限于使用有限样本计算得出一些估计值。其更多的在于建立概率模型或随机过程模型。有的方法直接对链路寿命目标进行研究，得出其累积分布函数(CDF)。还有的方法对已有的链路评估方法的随机特性展开研究，引入概率随机模型研究方法实现对已有方案的进一步优化。

Zhao Cheng 和 Wendi B. Heinzelman 就根据节点的移动模型，研究了节点数量、节点移动速度和移动概率对链路寿命累积分布函数的影响[15]。并在 1 - D(一维)，2 - D(二维)情况下推导出相应的累积分布函数。

1 - D 条件下，节点只有按相向或相反方向运动。为了方便处理，文献[15]中进行了归一化，设定了节点的速度在[0,1]区间变化，同样节点间的初始距离为 D[0,1]。假定在时间 t 后，节点间的距离大于最大通信半径，文献中给出了随机变量 T 的累积分布函数如下：

$$F_{T}(t)=\begin{cases}\dfrac{t}{4}, & t<2\\[2ex] 1-\dfrac{1}{t}, & t\geqslant 2\end{cases} \tag{3-44}$$

考虑复杂一点的情况：两个节点都在运动，此时累积分布函数如下：

$$F_T(t)=\begin{cases}\dfrac{t}{3}, & t<1\\ 1-\dfrac{1}{t}+\dfrac{1}{3t^2}, & t\geqslant 1\end{cases}\tag{3-45}$$

文献[15]中将节点一维情况下的移动节点数量不同的累积分布函数进行了图形化，得出结论：一个移动节点和两个移动节点的情况下，分布函数的差异不大。

对于二维的情况，由于随机参量的个数增加，节点的运动方向角 $\theta\in[0,2\pi]$、速度 $v\in[0,1]$ 都呈均匀分布，文中没有对其最终分布形式进行推导，而是采用了仿真的方法统计了其链路寿命的 CDF 曲线，通过对曲线的对比，给出了最小速度对分布函数的影响不大的结论，而节点的最大速度是分布函数的重要影响因素。之后又讨论了节点运动概率对分布函数的影响，给出了如下的分布函数解析表示式：

$$F_T(t)=\begin{cases}-\dfrac{t}{6}p^2+\dfrac{pt}{2}, & t<1\\ (1-\dfrac{1}{t}+\dfrac{1}{3t^2}-\dfrac{t}{2})p^2+p\,\dfrac{t}{2}, & 1<t<2\\ (\dfrac{1}{t}-1+\dfrac{1}{3t^2})p^2+2p(1-\dfrac{1}{t}), & 2<t<\infty\\ 1, & t=\infty\end{cases}\tag{3-46}$$

式(3-46)表明，移动概率 p 对链路寿命的分布影响很大。p 越小，链路的寿命越长。

基于预测的链路可用性估测模型是另一类利用概率分布的模型，其在移动预测模型基础上，先对链路的期望过期时间 LET 进行估计，同时引入随机过程模型对节点运动规律进行建模，从而计算节点在 LET 时刻还可用的概率 $L(\mathrm{LET})$：

$$L(\mathrm{LET})=P\{\text{链路在 } t_0+\mathrm{LET} \text{ 时刻可用}|\text{链路在 } t_0 \text{ 时刻可用}\}$$

LET 则采用在 3.3.3 节中式(3-23)的方案计算，有

$$\mathrm{LET}=\frac{-(ab+cd)+\sqrt{(a^2+c^2)r^2-(ad-bc)^2}}{a^2+c^2}\tag{3-47}$$

将节点的运动分为相互独立的运动间隔，在时间 t 上运动间隔数目 $N(t)$ 是一个参数为 λ 的泊松过程[16-17]。根据泊松过程的性质，运动间隔长度服从参数为 λ 的指数分布。有 $P(\mathrm{epoch}<t)=1-\mathrm{e}^{-\lambda t}$。epoch 表示运动时间间隔。

考虑两个节点的运动状态是否发生变化，可以得出：$L(\mathrm{LET})=L_1(\mathrm{LET})+L_2(\mathrm{LET})$，$L_1(\mathrm{LET})$代表两个节点运动状态都不变时持续概率，$L_2(\mathrm{LET})$则表示至少有一方运动状态变化的概率。

$$\left.\begin{aligned}&L_1(\mathrm{LET})=P_1(\mathrm{epoch}>\mathrm{LET})*P_2(\mathrm{epoch}>\mathrm{LET})=\mathrm{e}^{-2\lambda\mathrm{LET}}\\&L_2(\mathrm{LET})=(2\lambda\mathrm{LET})^{-1}+\varepsilon+\mathrm{e}^{-2\lambda\mathrm{LET}}(p\lambda\mathrm{LET}-(2\lambda\mathrm{LET})^{-1}-\varepsilon)\\&L(\mathrm{LET})=(1-\mathrm{e}^{-2\lambda\mathrm{LET}})[(2\lambda\mathrm{LET})^{-1}+\varepsilon]+\frac{1}{2}\lambda\mathrm{LET}\mathrm{e}^{-2\lambda\mathrm{LET}}\end{aligned}\right\}\tag{3-48}$$

式中的 ε 采用估计值，同时 p 取 0.5。当 ε 为 0 时，$L(\mathrm{LET})$取到最小值。此方案中计算出的 $L(\mathrm{LET})$越大，表示链路越稳定。

3.模型评估分析

相比于其他的链路稳定性评估模型的定性和定量分析，统计模型的出发点不在于分析影

响因子在某时刻或某时段的定量或定性性质，而在于对网络中相关参量进行系统地统计特性研究，旨在获得其统计规律，通过统计规律来反映参量的分布或总体变化趋势。相对于其他模型的瞬时或短时预测特性，统计模型具有更广范围的适应性，是对系统长期行为的提炼。对现有的一些模型融入统计规则，更能提升模型的稳定性和预测能力。因此，建立统计模型或对现有模型进行统计改进是提升链路稳定性预测模型性能的有效途径。比起确定性的方法，统计方法更符合无线自组织网络的特点。

3.3.5 基于稳定性预测的路由策略和相关协议

链路稳定性预测模型给出了衡量链路稳定性的方法，如何利用模型给出的链路稳定性指标实现稳定路由的发现也是一个关键的问题。研究中普遍认为，路径的稳定性取决于链路中稳定性最弱的那条链路，用 $LS_{i,j}$ 表达节点 i 和节点 j 之间的链路稳定性，$RS_{s,d}$ 表达源节点 s 到目的节点 d 之间的路径的稳定性，有如下关系：

$$RS_{s,d}=\min\{LS_{s,i},LS_{i,j},\cdots,LS_{k,d}\} \tag{3-49}$$

最终确定的路由，是在发现的多条路径中选择具有最大 RS 值的那条路由。即

$$RS=\max\{RS_{s,d}(i)\} \tag{3-50}$$

式中，i 为发现的路径条数。

对于统计相关的方法，文献中通过计算链路的稳定概率来计算路由的稳定概率。P_l 表示某条链路的稳定概率，则路由稳定的概率 P_r 为组成链路稳定概率的乘积：$P_r=\prod_{l=1}^{n}P_l$。P_r 可以通过模型直接计算，也可以通过分布函数计算。同样最终路由满足：

$$RS=\max\{P_r(i)\} \tag{3-51}$$

基于信号强度的典型路由协议[6]有 ABR(Associated - Based Routing)、SSA(Signal Stability - Based Adaptive Routing)、RABR(Route Lifetime Assessment Based Routing)、LBR(Link Life Based Routing)。ABR 协议通过接收到的信标数量判断链路是否稳定。在 SSA 中，通过对接收信号强度取统计均值度量链路稳定性。在 RABR 协议中，采用信号强度和其变化来确定一个亲和参数以表达链路稳定性。信号强度的变化如前文的差分方案，正好反映了节点的移动趋势。LBR 协议即是利用了信号强度和距离的定量关系，将信号强度转化为距离因素进行处理。这些都是直接提出的以信号强度为基础的路由协议。还有一些对现有路由协议根据信号强度预测方案进行改进的，AODV、DSDV、DSR 等就是经常用到的。在这些路由协议中，通过修改路由控制消息，比如路由请求消息、路由应答消息等，在路由发现过程中加入链路质量的处理。文献[18]就实现了一种基于 DSR 协议的 PSBQR 协议。文献[3]实现了 LS - DSR 协议，并进行了协议性能评价。

利用地理位置和运动状态信息提供稳定性路由参考的路由协议一般根据 GPS 提供实时的地理位置信息和速度等信息。通过周期性的接收 GPS 消息，根据相应的策略对信息实现处理，得出链路稳定性等相关结果，以此作为路由选择的条件。较早出现和地理位置相关的协议是 LAR(Location Aided Routing)。ALARM(Adaptive Location Aided Routing for Mines)是一种整合了 LAR 的混合式路由协议，使用了节点的链路过期时间作为稳定性因子，采用链路过期时间大于特定时间长度的链路来传输数据。同样距离矢量路由协议 DV - MP[19] 和 QRMP[20] 也采用 LET 作为路由表中选择路由的决定性参数。FORP 及其改进的多播协议[21]

使用 LET 也得到了性能提升。同时基于 LET 的预测，还用于多播路由协议 ODMPR[22] 中。

基于统计方法的路由策略也是根据对影响因子的统计计算获得链路稳定性的表达，并在路由发现过程中加以应用，其使用的影响因子基本和以前的方法相似，最重要的特点是其对影响因子进行了统计分析和概率特征建模，重点研究影响因子的统计特性。通过对统计规律的发现、把握和应用，从宏观和系统的角度提高网络对重要因素的预测能力，也是当前重点研究的方案。其已被用于一些协议上进行了性能分析，并且这种趋势将会持续。文献中涉及的典型协议改进有 AODV 和 DSR。这类改进后的路由协议一般统称为 LLR(Long Lifetime Routing)。相应的路由算法有 G－LLR 和 D－LLR[23]，G－LLR 主要是用全局信息来发现 LLR 路由路径，由于网络的分布式特性，这种方法难以用到实际中。而 D－LLR 在路由发现中采用了利用影响因素的累积特性而非全局信息感知来实现选路，实际中多采用此法实现。

3.3.6　链路稳定性模型总结

本节对无线自组织网络中现存的链路稳定性模型进行了细致的分析和对比，明确了各类链路稳定性模型的主要设计思想和其中重点考虑的影响链路稳定性的因素。总结了各种链路稳定预测方案的应用范围和适用程度，对其局限性进行了分析。通过以上分析可见，虽然各种链路预测模型关注的重点和用于预测的因子各有侧重，但基本还是承认一个默认假设：两个节点在通信范围之内就可以有稳定的链路质量。这在严格的链路稳定性模型中是不一定成立的。同时这些方案都暴露出一个共同的缺点，就是预测因素较为单一，综合性考虑还不足，即使模型都表现出对一些路由协议能起到一定改进作用，然而并不能保证模型的高可靠性和扩展性。另一方面，对于模型中使用的影响因子的数据的来源和准确性，现有方案也没有做出充分的说明，用于稳定性预测的数据的失准也有可能使得好的预测模型的效果大打折扣。在利用稳定性预测进行路由协议的设计过程中，采用的都是取最小的链路稳定性作为路由的最终稳定度，这个结论虽然获得一致认同，但是严格上讲也只是给出了稳定性的上界，很少能在严格意义上解决链路稳定性和路由稳定性定量关系问题。

在接下来的两节中，我们将分别介绍基于移动预测和稳定链路的路由协议设计方案。

3.4　基于移动预测的多径路由协议

无人机集群的编队会根据战术要求和战场环境的变化而发生改变，节点之间的相对拓扑关系必然也会变化，这将使原来的路由变为不可用路由。为了避免路由失效对网络 QoS 的不利影响，基于移动预测的多径路由协议的基本原理是根据链路状态建立起多条可用路由，其中链路质量最好的为主路由，然后利用移动预测算法对节点的位置进行预测，判断出链路的稳定性，当节点拓扑关系发生时，可提前进行路由切换操作，保证传输链路的稳定性，从而保证网络 QoS。

3.4.1　单径路由的缺陷

单径路由协议指的是在路由发现阶段只获取一条路径的路由协议。在无线自组网中，单径路由没有充分利用网络的有效信息，增加了不小的路由开销；另外，因为只获取了一条路径，数据传输也只使用一条路径，无法并行传输，或者在链路断开时无法及时找到一条备份路径，导致网络传输率较低，路由建立时延增加，网络延迟大，且网络负载不平衡，甚至造成网络拥塞等情况。显然，随着网络性能要求的提高，如果没有适当的优化设计，单路径路由很难很好地支持网络业务对 QoS[24]的要求。

3.4.2 多径路由与单径路由的比较

单径路由相对于多径路由，算法简单，易于管理、配置和实现。在节点移动性不大、负载较轻时，能较好得完成路由任务。相对于单径路由，多路径路由需要更大的路由信息存储空间，路由计算也比较复杂，而且往往需要发送额外的其他控制消息来完成对其他路由的寻找，增加了网络开销。另外，在节点数目较小，负载较轻的情况下，通过增加路由开销和增大路由信息存储空间换来的多条路径，效果并不是特别好，即“性价比”不高。虽然这样，但在无人机集群编队的无线自组织网络中，尤其是蜂群无人机系统中，多路径路由的优势还是很明显的。

首先，无人机集群无线自组织网络中的无线带宽有限，多径路由可以实现多条路径同时传输，在一定程度上提高了端到端吞吐量，同时具备负载均衡的功能。

其次，由于无人机集群的拓扑结构在执行任务过程中会因为战场条件的改变而改变，原有的可用路由可能会失效。多径路由可实现多条路径传输能数据，可有效抵御路由失效的不利影响。

最后，无人机集群中的节点在对抗过程中可能损失。一旦集群中某个路由关键节点损失，就会对整个网络的性能造成较大的影响。而多路径路由在使用时，将原本集中在一条路径上的负载分配到了几条不同的路径上，减少了核心关键节点的数量，从而降低了由于节点损失导致的网络分割或拓扑变化发生的概率，提高了网络的鲁棒性。

因此，在无人机集群自组织网络中，采用基于移动预测的多径路由是有一定优势的。

3.4.3 移动预测模型

为了减少由于节点移动、网络拓扑结构变化所带来的重新计算开销，如何利用节点现有的运动信息预测节点在将来某个时刻的运动状况就成了关键。移动预测主要指的是对链路质量的预测，从而选出较稳定的路由[25]。所有移动预测包含两个阶段：首先是节点运动状态信息的获取。在进行链路预测前，通过 GPS 或信息获取协议取得节点运动的状态，例如节点位置、节点运动速度、节点运动方向等。然后运用链路预测方法进行链路状态计算。链路预测的前提是节点的运动基本符合某种运动模型，对于完全随机的运动是无法预测的。

目前基于链路预测的策略主要有以下 4 种：链路可用性模型（Path Availability Model）、传输链路保持链接时间的预测模型（Link Expiration Time Model）、基于预测的链路可用性模型（Prediction - based Link Availability Estimation）以及节点位置预测模型。

（1）链路可用性模型（Path Availability Model）[26]。这种模型建立在随机游走（Random Walk）模型的基础上。每个节点的运动都有一系列随机长度的运动时间间隔（Mobility Epoch）组成，在每个运动间隔上，节点的运动速度和方向保持不变。在时间 t 上，运动间隔的数目 $N(t)$是一个独立的随机过程。据此，可以得到单个节点 n 在一段时间 t 上的运动距离 $D(t)$的规律，然后预测得到 $D(t)$小于节点通信距离 r 的概率。考虑两个节点的联合运动，将其转化成一个节点相对于另一个节点的运动，则可以得到一个节点相对另一个节点在时间 t 上的运动距离 $D_{m,n}(t)$的变化规律，并依据其变化来预测它小于 r 的概率。假设节点的传输

范围是半径为 r 的圆，考虑某链路 $L(m,n)$，假设在 t_0 时刻可用，则在 t_0+t 时刻该链路可用的概率表示为链路的可用性。根据最初的状态和 m、n 的位置，链路可用性的预测分为两种情况：

1）节点激活状态（Node Activation）：即 t_0 时刻 m 在 n 的范围之内活动。

2）链路激活状态（Link Activation）：即 t_0 时刻 m 运动到距离 n 的 r 边缘。

假设 Z 为一个节点按随机方向移动到另外一个节点的 r 边缘所需要运动的距离。所以链路可用性可以表示如下：$A_{m,n}(t)=P_r\{D_{m,n}(t)<Z\}$。

（2）链路保持链接时间的预测（Link Expiration Time Model）[27]。在某时刻节点 i、j 之间可直接通信，节点的传输范围为 r。节点 i 的位置 (x_i,y_i)，速度 v_i，方向 θ_i；节点 j 的位置 (x_j,y_j)，速度 v_j，方向 θ_j。则预测节点 i，j 保持链接的时间 LET（Link Expiration Time）为

$$\mathrm{LET}=\frac{\sqrt{(a^2+c^2)r^2-(ad-bc)^2}-(ab+cd)}{a^2+c^2}$$

其中 $a=v_i\cos\theta_i-v_j\cos\theta_j$；$b=x_i-x_j$；$c=v_i\sin\theta_i-v_j\sin\theta_j$；$d=y_i-y_j$。

（3）基于预测的链路可用性模型（Prediction - Based Link Availability Estimation）[28]。基于预测的链路可用性估测模型主要通过对节点之间距离的预测来估计节点之间的链路是否可用。也就是说，要预测出一段连续的时间 t_{p}，这段时间是假设所有节点都保持当前的速度和方向不变的情况下，可用链路保持自己可用性的最长时间。然后再考虑 t_0 和 t_0+t_{p} 之间，两个节点运动可能发生的变化，预测该链路持续到 t_0+t_{p} 的概率 $L(t_{\mathrm{p}})$：首先假设运动间隔的长度服从 λ^{-1} 的指数分布，且各节点的运动无关联。

考虑两个节点的运动是否发生变化，可得到 $L(t_{\mathrm{p}})=L_1(t_{\mathrm{p}})+L_2(t_{\mathrm{p}})$，其中，$L_1(t_{\mathrm{p}})$ 表示两节点运动均不发生变化，链路在 t_0+t_{p} 时刻仍可用的概率；$L_2(t_{\mathrm{p}})$ 表示两节点中任意节点运动状态发生改变，链路在 t_0+t_{p} 时刻仍然可用的概率。根据 $E(x)$ 的概率分布规律分别预测除 $L_1(t_{\mathrm{p}})$ 和 $L_2(t_{\mathrm{p}})$ 的概率，从而得到链路保持到 t_0+t_{p} 仍然保持链接的概率。

（4）节点位置预测模型[29]。节点位置的预测是根据节点运动状态信息中是否包含运动方向 θ，分为两种情况：

1）包含运动方向 θ：某节点 n 在 t 时刻，运动速度为 v，运动方向为 θ，位置为 (x,y)，假设节点的运动状态保持不变，则可预测节点 n 在将来某个时刻 t_{p} 的位置为 $(x_{\mathrm{p}},y_{\mathrm{p}})$，则

$$\begin{cases}x_{\mathrm{p}}=x+v(t_{\mathrm{p}}-t)\cos\theta\\ y_{\mathrm{p}}=y+v(t_{\mathrm{p}}-t)\sin\theta\end{cases}$$

2）不包含运动方向 θ：由于某节点 n 没有运动方向信息，则需要用到最近两次信息包所保存的运动信息来预测节点 n 在未来某时刻 t_{p} 的位置 $(x_{\mathrm{p}},y_{\mathrm{p}})$。假设节点的运动状态在最近两次更新之后运动方向没有发生变化，则根据两次的运动情况可预测节点的位置：在 t_1 时刻，节点 n 的位置为 (x_1,y_1)；在 t_2 时刻，节点 n 的位置为 (x_2,y_2)，速度为 v，$t_2>t_1$；即为最近两次从目的节点 n 到相应源节点的最新信息。则

$$\begin{cases}x_{\mathrm{p}}=x_2+\dfrac{v(t_{\mathrm{p}}-t_2)(x_2-x_1)}{\sqrt{(x_2-x_1)^2+(y_2-y_1)^2}}\\[2ex] y_{\mathrm{p}}=y_1+\dfrac{(x_{\mathrm{p}}-x_2)(y_2-y_1)}{x_2-x_1}\end{cases}$$

由以上现有的链路稳定性估测策略机制可以总结出[30]，要进行链路稳定性估测，必须首

先进行节点移动信息的获取，主要包括节点运动速度、节点运动方向、节点的位置等信息；其次，针对在节点基本符合某种运动模型的基础上，运用链路预测方法对链路稳定性进行估测。如果移动自组织网中节点的运动是任意的，不具备任何运动特性，则无法对其运动进行预测。预测的前提条件就是节点的运动基本符合某种运动规律，通过节点间信息的交互感知彼此的运动信息，从而对链路稳定性做出估测。现有各种链路稳定性估测方法的比较见表 3-1。

表 3-1　4 种链路预测模型的比较

移动预测模型	预测机制	优缺点
链路可用性预测模型	节点运动服从一定的数学规律，以此预测链路在 t_0 时刻可用，则在 t_0+t 时刻仍然可用的概率	理论预测与实际基本相同，在预测时间较短的情况下，相对比较准确
链路保持链接时间的预测模型	通过节点的移动参数来估测节点间的链路保持时间 LET	适宜预测在较短的时间内，节点的运动状态没有发生改变
基于预测的链路可用性模型	一个链路时间区间 t_p；预测该链路持续时间 t_0+t_p 的概率 $L(t_p)$	预测时间较长情况下，准确性较高
节点位置的预测模型	预测将来某时刻 t_p 的位置(x_p,y_p)	只适应于节点运动速度较慢，运动比较稳定的情况

应用于上述随机模型评估策略的数学工具主要有时间序列法[如自回归过程(AR，Autoregressive processes)、滤波法[如卡尔曼滤波(KF，Kalman Filtering)、粒子滤波(Particle Filtering)]、随机过程法[如高斯-马尔可夫过程(Gauss - Markov)]和最小二乘法(Least Squares)[31]等。下面将介绍两种算法较易实现的预测方法。

(1)最小二乘法。已知 n 个数据点$(x_i,y_i)(i=1,2,3,\cdots,n)$，其中，$x_i$ 不全相同，寻求函数 $f(x;a_1,a_2,\cdots,a_m)$的待定参数 $a_1,a_2,\cdots,a_m$ 的一组取值，使得在这组取值之下，函数 $f(x;a_1,a_2,\cdots,a_m)$与已知 n 个数据点整体上最为接近。

最小二乘曲线拟合方法根据已知数据，首先构造出能够反映含有待定参数的函数 $f(x;a_1,a_2,\cdots,a_m)$与 n 个数据点$(x_i,y_i)(i=1,2,3,\cdots,n)$偏离程度的函数：$J(a_1,a_2,\cdots,a_m)=\sum_{i=1}^{n}[y_i-f(x_i;a_1,a_2,\cdots,a_m)]^2$。

然后应用数学方法求函数 $J(a_1,a_2,\cdots,a_m)$的最小值 $\min\limits_{a_1,\cdots,a_m}=J(a_1,a_2,\cdots,a_m)$，此时 $a_1,a_2,\cdots,a_m$ 的取值就是所求的待定值。这样，一组取值使得函数 $f(x;a_1,a_2,\cdots,a_m)$与 n 个数据点在二次平方和意义下最为接近。其中，n 取值超过 20 个点时，已经无法再提高精度了。

(2)卡尔曼滤波法。卡尔曼滤波器用于估计离散时间过程的状态变量 $\boldsymbol{X}\in\mathbf{R}^n$。这个离散时间过程由以下离散随机差分方程描述：

$$\boldsymbol{X}_k=\boldsymbol{A}\boldsymbol{X}_{k-1}+\boldsymbol{B}u_{k-1}+w_{k-1} \tag{3-52}$$

定义观测变量 $\boldsymbol{Z}_k\in\mathbf{R}^m$，得到量测方程为

$$\boldsymbol{Z}_k=\boldsymbol{H}\boldsymbol{X}_k+v_k \tag{3-53}$$

随机信号 w_k、v_k 分别表示过程激励噪声和观测噪声。假设它们相互独立且为正态分布的白色噪声，过程激励噪声协方差矩阵为 $\boldsymbol{Q}$，观测噪声协方差矩阵为 $\boldsymbol{R}$，即

$$p(w) \sim N(0,\boldsymbol{Q}) \tag{3-54}$$

$$p(v) \sim N(0,\boldsymbol{R}) \tag{3-55}$$

此时，$\boldsymbol{A}$，$\boldsymbol{B}$，$\boldsymbol{H}$，$\boldsymbol{Q}$，$\boldsymbol{R}$ 均设为常数。

定义先验估计误差和后验估计误差，有

$$\boldsymbol{E}_k^- = \boldsymbol{X}_k - \hat{\boldsymbol{X}}_k^- \tag{3-56}$$

$$\boldsymbol{E}_k = \boldsymbol{X}_k - \hat{\boldsymbol{X}}_k \tag{3-57}$$

先验估计误差的协方差矩阵为

$$\boldsymbol{P}_k^- = \boldsymbol{E}(\boldsymbol{E}_k^- \boldsymbol{E}_k^{-\mathrm{T}}) \tag{3-58}$$

后验估计误差的协方差矩阵为

$$\boldsymbol{P}_k = \boldsymbol{E}(\boldsymbol{E}_k \boldsymbol{E}_k^{\mathrm{T}}) \tag{3-59}$$

先验估计 $\hat{\boldsymbol{X}}_k^-$ 和加权的测量变量 $\boldsymbol{Z}_k$ 及其预测 $\boldsymbol{H}\hat{\boldsymbol{X}}_k^-$ 之差的线性组合构成了后验状态估计 $\hat{\boldsymbol{X}}_k$，有

$$\hat{\boldsymbol{X}}_k = \hat{\boldsymbol{X}}_k^- + \boldsymbol{K}(\boldsymbol{Z}_k - \boldsymbol{H}\hat{\boldsymbol{X}}_k^-) \tag{3-60}$$

式中，测量变量及其预测之差($\boldsymbol{Z}_k - \boldsymbol{H}\hat{\boldsymbol{X}}_k^-$)反映了预测值与实际值之间不一致的程度，被称为测量过程的残余。$n \times m$ 阶矩阵 $\boldsymbol{K}$ 叫做残余的增益，作用是使式(3-58)中的后验估计误差协方差最小。

将式(3-60)代入式(3-57)后，然后再把式 (3-57)代入式 (3-59)中，将 $\boldsymbol{P}_k$ 对 $\boldsymbol{K}$ 求导，令一阶导数为零，则得出 $\boldsymbol{K}$ 的一种形式为

$$\boldsymbol{K}_k = \boldsymbol{P}_k^- \boldsymbol{H}^{\mathrm{T}} (\boldsymbol{H}\boldsymbol{P}_k^- \boldsymbol{H}^{\mathrm{T}} + \boldsymbol{R})^{-1} \tag{3-61}$$

卡尔曼滤波器包括两个主要过程：预估和校正。预估过程主要是利用时间更新方程建立对当前状态的先验估计，及时向前推算当前状态变量和误差协方差估计的值，以便为下一个时间状态构造先验估计值；校正过程负责反馈，利用测量更新方程在预估过程的先验估计值及当前测量变量的基础上建立起对当前状态的改进的后验估计。以下为离散卡尔曼滤波的时间更新方程和状态更新方程。

时间更新方程：

$$\hat{\boldsymbol{X}}_k^- = \boldsymbol{A}\hat{\boldsymbol{X}}_{k-1} + \boldsymbol{B}\hat{u}_{k-1} \tag{3-62}$$

$$\boldsymbol{P}_k^- = \boldsymbol{A}\boldsymbol{P}_{k-1}\boldsymbol{A}^{\mathrm{T}} + \boldsymbol{Q} \tag{3-63}$$

状态更新方程：

$$\boldsymbol{K}_k = \boldsymbol{P}_k^- \boldsymbol{H}^{\mathrm{T}} (\boldsymbol{H}\boldsymbol{P}_k^- \boldsymbol{H}^{\mathrm{T}} + \boldsymbol{R})^{-1} \tag{3-64}$$

$$\hat{\boldsymbol{X}}_k = \hat{\boldsymbol{X}}_k^- + \boldsymbol{K}_k(\boldsymbol{Z}_k - \boldsymbol{H}\hat{\boldsymbol{X}}_k^-) \tag{3-65}$$

$$\boldsymbol{P}_k = (1 - \boldsymbol{K}_k\boldsymbol{H})\boldsymbol{P}_k^- \tag{3-66}$$

计算完时间更新方程和状态更新方程，整个过程再次重复。上一次计算得到的后验估计

被作为下一次计算的先验估计。卡尔曼滤波器就是一种递归推算。

3.4.4 移动预测模型的实现

1.基于最小二乘法的移动预测

针对 Ad Hoc 网络中节点的移动过程,可以发现节点的移动属于一个随机过程。而且节点下一时刻的移动位置仅依赖于近期状态,是典型的非时齐马尔可夫过程[32]。因此,可以采用基于最小二乘的移动预测对节点的近期运动轨迹进行计算,预测出下一时刻节点的位置信息。源节点根据自身预测的下一时刻的位置和路由表中下一跳节点所预测的下一时刻位置,预测出下一时刻两个节点之间的距离,从而判断通过该节点链路的稳定性。经折中考虑,本文中 n 取为 7,即利用 7 个数据点来拟合 6 次方的曲线。

具体算法如下。

(1)节点结构中定义一个带头指针的循环链表,存放节点的 7 个位置信息(节点的 X 和 Y 坐标值,Z 坐标始终为 0)和对应的时间信息。本文设定预测周期为 2 s,HELLO 包发送周期也为 2 s。假如 HELLO 包发送时间为 0 s,2 s,4 s…,那么最初预测时间设置为 1 s,使之在 1 s,3 s,5 s…时预测,并将位置信息封装入 HELLO 包中。

(2)前 6 次的预测:根据前两次的位置信息,拟合出一条直线,并预测出第三次位置节点的位置,将预测信息封装到节点 HELLO 包中,并广播到一跳邻居节点;再根据前三次的位置信息拟合出一条抛物线,处理方式同上。依次类推至获得第 7 个位置信息,拟合出本文最初设定的 7 个数据点 6 次方曲线,并预测出第 7 次的位置,处理方式同上。

(3)当循环链表中 7 个位置信息均“装满”后,节点周期性地接收下一时刻的位置信息,即更新一次当前链表的指针和值,并预测出下一时刻的位置信息,返回给 HELLO 包,广播给邻居节点。

(4)接收到 HELLO 包的节点,除提取原版 OLSR 协议规定的有关邻居信息之外,还得到了发送该 HELLO 包的节点的下一时刻的预测信息。该收包节点通过计算自身下一时刻预测位置与该发包节点的下一时刻预测位置的距离判断通过该节点链路的稳定性和可用性,返回一个布尔型的值,以便作为备份路由切换的依据。图 3-9 所示为算法的流程。

2.基于卡尔曼滤波的移动预测

无人机集群中节点此刻的位置只与节点上一时刻的位置和速度信息有关,是一种典型的马尔可夫[32]过程,因此可以使用卡尔曼滤波的方法,且卡尔曼滤波已经在实践中被证明是一种有效的移动预测方法。由于节点的位置、速度、方向等可以从 GPS 中获取,因此,我们利用以上信息来建立当前节点移动位置的最优预测。具体实现算法如下:

(1)设立状态向量 $\boldsymbol{X}_k=(x,y,\nu_x,\nu_y)^{\mathrm{T}}$,并取初始值 $\boldsymbol{X}_0=(x_0,y_0,0,0)^{\mathrm{T}}$,其中,$x$、$y$ 代表节点的 X、Y 坐标位置,ν_x 和 ν_y 分别表示 x 和 y 的速度方向。

(2)得到状态转移矩阵为

$$\mathbf{A}=\begin{bmatrix}1 & 0 & t & 0\\0 & 1 & 0 & t\\0 & 0 & 1 & 0\\0 & 0 & 0 & 1\end{bmatrix},$$

式中,t 为采样间隔,在本文中取 $t=2$ s。

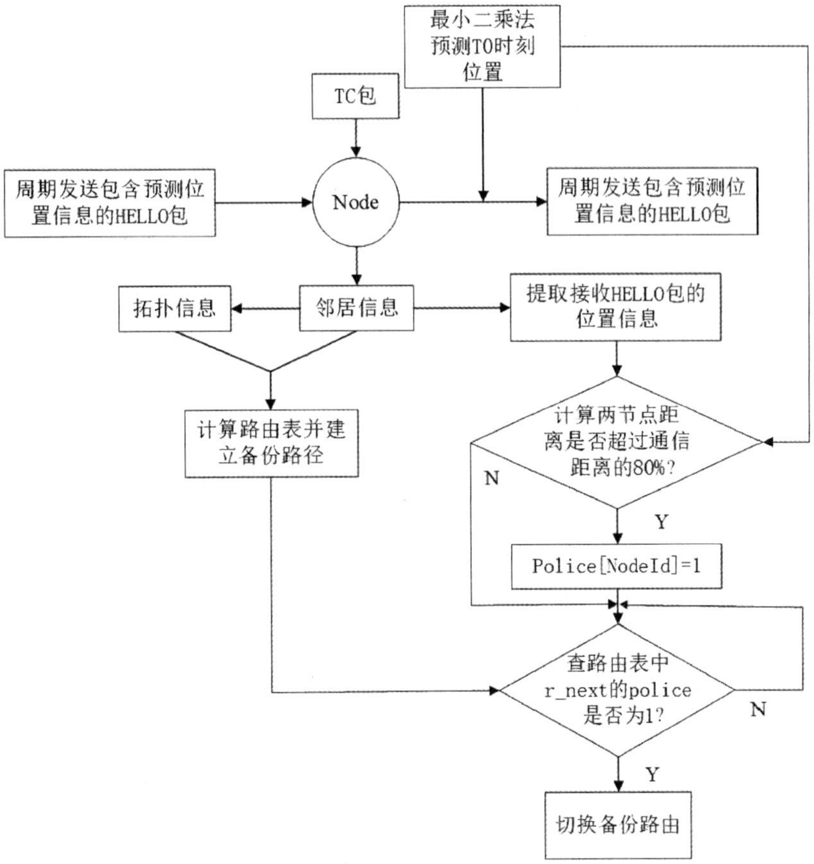

图 3－9　协议执行过程

(3)模型噪声协方差矩阵取为

$$Q=\begin{bmatrix}0.25&0&0&0\\0&0.25&0&0\\0&0&0.25&0\\0&0&0&0.25\end{bmatrix}$$

观测矩阵取为

$$H=\begin{bmatrix}1&0&0&0\\0&1&0&0\\0&0&1&0\\0&0&0&1\end{bmatrix}$$

观测噪声协方差矩阵为

$$R=\begin{bmatrix}0.25&0&0&0\\0&0.25&0&0\\0&0&0.25&0\\0&0&0&0.25\end{bmatrix}$$

初始化估计误差协方差矩阵为

$$\boldsymbol{P}_0=\begin{bmatrix}1&0&0&0\\0&1&0&0\\0&0&1&0\\0&0&0&1\end{bmatrix}$$

(4)$\boldsymbol{Z}_k$ 观测向量由当前节点信息可以得到，定义 $\boldsymbol{G}_k$ 稳定增益矩阵，用于存放最后时刻的稳定增益矩阵。

(5)通过卡尔曼滤波函数进行一次迭代，预测出下一时刻节点的位置和速度信息，并存储 $\boldsymbol{X}_k=(x,y,\nu_x,\nu_y)^{\mathrm{T}}$ 信息、$\boldsymbol{P}_k$ 信息以及 $\boldsymbol{G}_k$ 信息。等待下一个周期时系统的调用。

(6)将节点下一时刻的位置信息赋值给 HELLO 包中的 predict_x 和 predict_y，并广播给该节点的邻居节点。

(7)邻居节点收到其他节点发来的带有 predict_x 和 predict_y 的数据包后，提取 predict_x 和 predict_y，然后求与自身节点的预测位置的距离。假如预测距离将超过无线通信范围的 80%，则该节点对此邻居节点的告警性记为 1，表示此邻居节点属不稳定链路。此告警性传递给备份路由的切换。

(8)依次循环，直到仿真结束。卡尔曼滤波在程序中的执行过程与最小二乘法相似，如图 3-9 中卡尔曼滤波反馈结果即可，在此不再赘述。

我们将基于卡尔曼滤波与最小二乘法的移动预测模型在 MATLAB 中进行了仿真比较。

为了验证所使用的预测模型方法的可行性，利用 MATLAB 对最小二乘法和卡尔曼滤波两种预测进行了分析。本次仿真采用了两种模型：随机路点(RWP)模型和一维随机路点(xR-WP)模型。

(1)随机路点(RWP)。在即将开始的一段路程中，节点随机选择移动方向[0，2π)、随机选择速度大小[$\nu_{\min}$，$\nu_{\max}$]，节点从(0，0)开始移动，每次移动持续 2 s(位置更新周期)。参数设置：$\nu_{\min}=1$ m/s，$\nu_{\max}=15$ m/s，预测样本点数 10，节点移动 30 次，如图 3-10(a)所示为第 11～30 个预测的点。

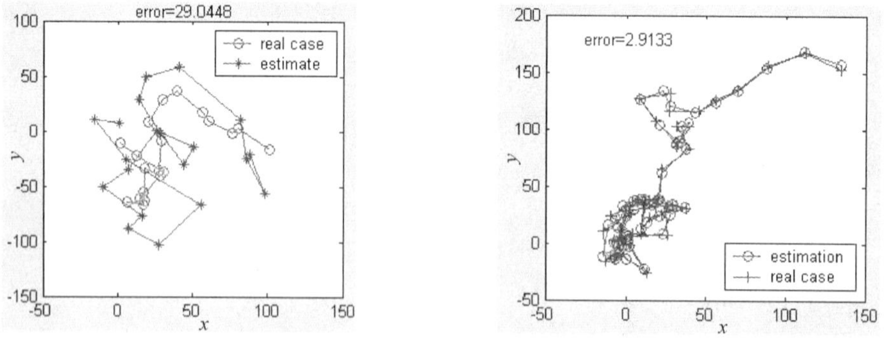

(a)　　　　(b)

图 3-10　两种预测模型展示图

(a)基于最小二乘法的移动预测模型；(b)基于卡尔曼滤波的移动预测模型

参数值：$\boldsymbol{A}=\begin{bmatrix}1&0&t&0\\0&1&0&t\\0&0&1&0\\0&0&0&1\end{bmatrix}$，假定在 t 时刻内节点匀速。测量值 $\boldsymbol{Z}(k)$ 为节点 B 直接传输

过来的其 GPS 结果，所以 $\boldsymbol{H}=\boldsymbol{I}$，且 $\boldsymbol{Q}$、$\boldsymbol{R}$ 均取 $\boldsymbol{I}$。

由图 3-10 可以明显看出，基于最小二乘法的预测模型不适用于随机路点模型，卡尔曼滤波法误差相对较小。

(2)一维随机路点(xRWP)模型。方向只在{0，π}中等概率选择。参数：$\nu_{min}=1\ m/s$，$\nu_{max}=15\ m/s$，节点从(0,0)开始沿 x 轴移动，每次移动持续 2 s。如图 3-11 所示为节点等概率随机从两个方向选择一个移动。图 3-12 所示为节点只朝同一个方向移动。

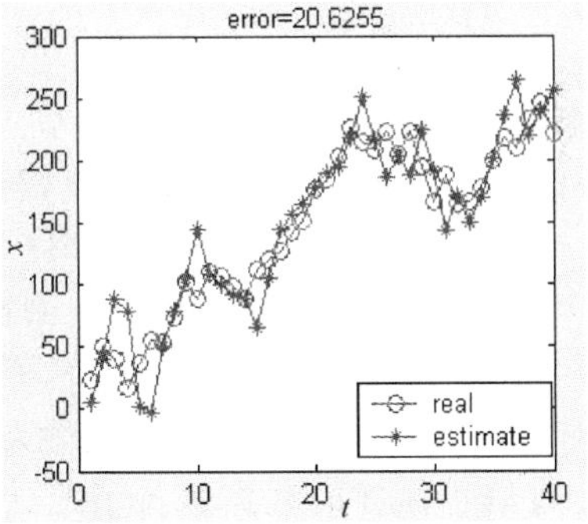

(a)

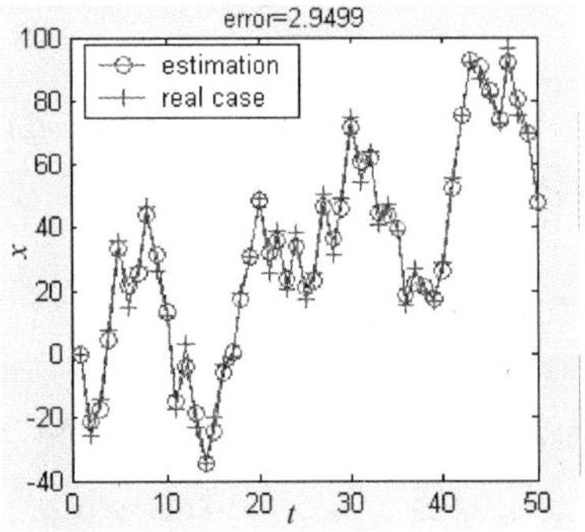

(b)

图 3-11 等概率随机移动的两种预测模型误差展示图

(a)基于最小二乘法的移动预测模型；(b)基于卡尔曼滤波的移动预测模型

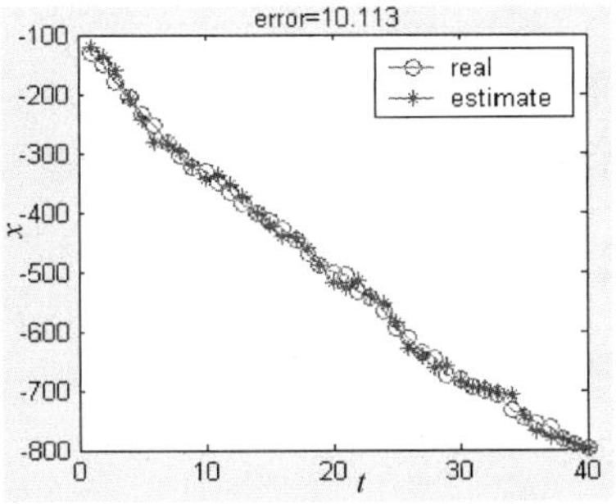

(a)

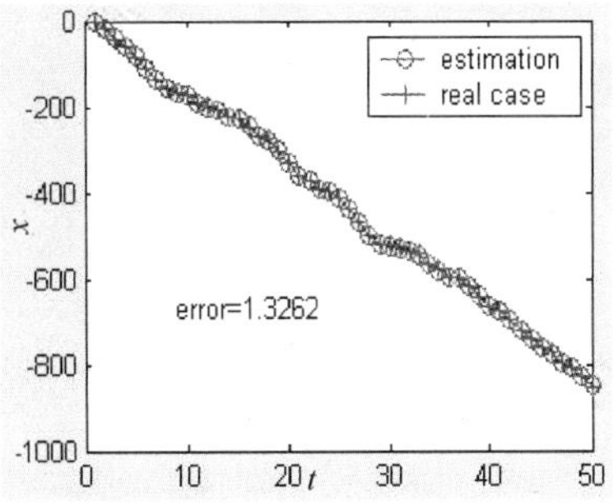

(b)

图 3-12 单一方向移动的两种预测模型误差展示图

(a)基于最小二乘法的移动预测模型；(b)基于卡尔曼滤波的移动预测模型

重复试验 50 次，求出平均结果，最小二乘法和卡尔曼滤波法的误差如表 3-2 所示。

表 3-2 最小二乘法与卡尔曼滤波法的误差比较

方 法	RWP	xRWP	xRWP - same
卡尔曼滤波法	2.974	2.727	1.323
最小二乘法	29.072	23.991	11.659

通过这两种模型的比较，很明显发现，卡尔曼滤波与最小二乘法的误差不在一个数量级，卡尔曼滤波要优于最小二乘法的移动预测模型。

3.基于信号强度变化的移动预测

上述两种移动预测方法要求节点安装有定位装置，而在战时或节点载荷有限的情况下，这个条件是难以满足的，所以本节实现了一种基于信号的移动预测方法。

在无线自组网中，由于节点的移动性，节点与节点之间能通过接收包来探测到发包的节点的功率大小，因为每个节点都有一个唯一标识，收到包的节点能很快得知是谁发的包，这样通过功率大小的变化，我们就可以判断出邻居节点是否远离源节点。

若节点 A、B 互为一跳邻居，节点 A 就可以根据节点 B 发出的包的功率强度得出两节点的相对运动速度：

$$v_{AB}=\ln\frac{P_{r\,AB}^{\,now}}{P_{r\,AB}^{\,old}} \tag{3-67}$$

其中，$P_{r\,AB}^{\,now}$表示当前时刻节点 A 收到来自节点 B 的接收功率；$P_{r\,AB}^{\,old}$表示上一时刻节点 A 收到来自节点 B 的接收功率。由式(3－67)可以得出，若 $v_{AB}\geqslant 0$，说明节点 A 和节点 B 相互靠近或保持距离不变，两节点的稳定性较强；若 $v_{AB}<0$，则说明节点 A 和节点 B 相互远离，两节点之间的稳定性较弱。根据以上理论的分析，本文又采用基于信号强度变化的移动预测模型。具体实现步骤如下：

(1)首先设立一个阈值 v，上面已经分析过 $v=0$ 时的情况。但假如 v 取 0 的话，对于信号强弱变化过于敏感。对于阈值的选取，经过试验，对接收信号强度的数据进行了统计，取其平均值作为阈值。

(2)每个节点根据在物理层记录的所收广播包的信号强度，按式(3－67)进行计算，超出阈值则记录为一个告警性 police[n]。其他节点也同理得出。

(3)节点周期性检测路由表中下一跳路由的 police 值，根据 police 值和备份路由的情况，选择切换与否。主要工作流程如图 3－13 所示。

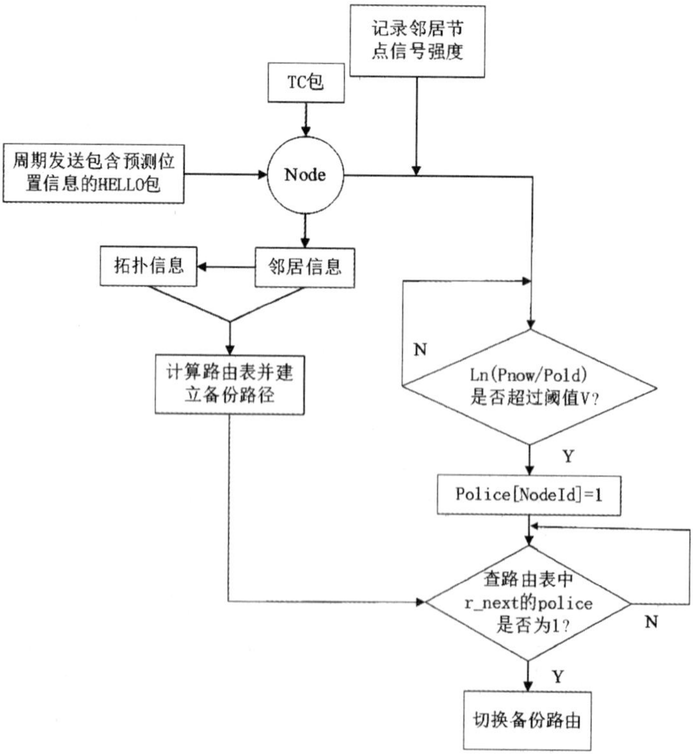

图 3－13　基于信号强度变化的预测模型执行过程

3.4.5　多路径 OLSR 路由协议设计

多路径路由协议一般按链路相交性可以分为相交多路径和不相交多路径。其中，不相交多路径又可以分为链路不相交多路径和节点不相交多路径。同时，建立好的多条路径也有两种使用方式，即备份路径方式和并行传输方式。

本节提出的 BM－OLSR(Backup Multipath － OLSR)路由协议的算法，采用的是主备份路径机制。在原有 OLSR 协议基础上采用一种内嵌式 Dijkstra 算法，直接计算出源-目的节点之间 n 条不相交路径。在本协议中 n 取 2，即 2 条，选择最小跳数的那条作为主路径，另外一条作为备份路径使用。然后，根据移动预测的结果，在主路径即将失效时，自动切换到备份路径，以便减少链路失效时间，增强网络可靠性。

1.备份路径的建立

Dijkstra[33]算法是由荷兰计算机科学家艾兹格·迪科斯彻发现的。算法解决的是有向图(或者无向图)中任意两个顶点之间的最短路径问题。算法主要特点是以起始点为中心向外层层扩展，直到扩展到终点为止。Dijkstra 算法是很有代表性的最短路径算法，在很多专业课程中都作为基本内容有详细的介绍，如数据结构、图论、运筹学等。

现在对 Dijkstra 算法进行详细的介绍。图 3－14 所示为一个带权无向实物图。

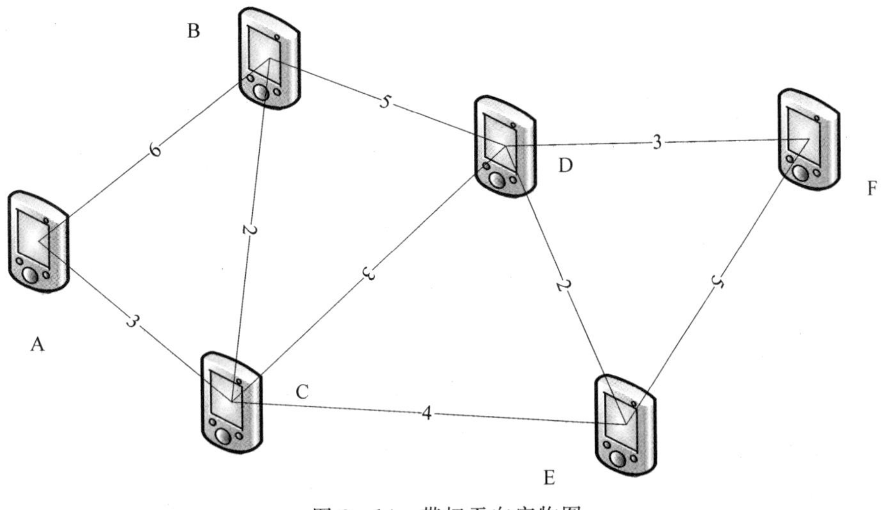

图 3－14　带权无向实物图

算法执行的具体步骤如下：

第一步，初始化 S 集合和 U 集合，S 集合只包含一个源节点，其他节点均归入 U 集合。

第二步，从 U 集合中找出距离源节点开销最小的节点，把这个点放到 S 集合中。

第三步，以第二步选出的这个节点作为起始点 K，求出距离这个起始点开销最小的点 D，假如源节点经过这个起始点 K 到 D 的开销比源节点直接到 D 的距离短，则修改 U 集合中的开销值。将 D 节点放入 S 集合中。

第四步，重复第二步和第三步，直到所有节点均在 S 集合中。

以图 3－14 中带权无向图为例，表 3－3 给出了算法的具体步骤。

表 3-3　Dijkstra 算法具体步骤

步骤	S 集合	U 集合
1	选入 A,此时 S=<A> 最短路径 A→A=0 以 A 为中间点,从 A 开始找	U=<B,C,D,E,F> A→B=6,A→C=3 A→其他顶点=∞ 发现 A→C=3 开销最短
2	选入 C,此时 S=<A,C> 最短路径 A→A=0,A→C=3 以 C 为中间点,从 A→C 这条路径开始找	U=<B,D,E,F> A→C→B=5(比第一步的 A→B=6 短) 此时 B 的开销为 A→C→B=5 A→C→D=6,A→C→E=7 A→C→其他顶点=∞ 发现 A→C→B=5 开销最短
3	选入 B,此时 S=<A,B,C> 最短路径 A→A=0,A→C=3, A→C→B=5 以 B 为中间点,从 A→C→B 这条 路径开始找	U=<D,E,F> A→C→B→D=10 (比第二步的 A→C→D=6 长) 此时到 D 的开销更改为 A→C→D=6 A→C→B→其他顶点=∞ 发现 A→C→D=6 开销最短
4	选入 D,此时 S=<A,B,C,D> 最短路径 A→A=0,A→C=3, A→C→B=5,A→C→D=6 以 D 为中间点,从 A→C→D 这条 路径开始找	U=< E,F> A→C→D→E =8 (比第二步的 A→C→E=7 长) 此时到 E 的开销更改为 A→C→E=7 A→C→D→F=9 发现 A→C→E=7 开销最短
5	选入 E,此时 S=<A,B,C,D,E > 最短路径 A→A=0,A→C=3, A→C→B=5,A→C→D=6,A→C→E=7 以 E 为中间点,从 A→C→E=7 这条路径开始找	U=< F> A→C→E→F =12(比第四步的 A→C→D→F=9 长) 此时到 E 的开销更改为 A→C→D→F=9 发现 A→C→D→F=9 开销最短
6	选入 F,此时 S=<A,B,C,D,E,F > 最短路径 A→A=0,A→C=3, A→C→B=5,A→C→D=6,A→C→E=7 A→C→D→F=9	U 集合已空,查找毕

本书在建立备份路径时就是使用了内嵌式 Dijkstra 算法,即在原有路由协议计算路由表时使用 Dijkstra 算法的基础上,通过再次嵌入 Dijkstra 算法来计算多条不相交路径。另外,网络拓扑图中的开销均为 1,即一跳距离。原 OLSR 路由协议的路由表生成过程读者可参考相关文献,在此不予赘述。原 OLSR 和 BM-OLSR 路由协议路由表结构如图 3-15 所示。

R_dest_addr	R_next_addr	R_dist	R_iface_addr

(a)

R_dest_addr	R_next_addr	R_dist	R_backup	R_backup_dist

(b)

图 3-15　原 OLSR 路由协议路由表结构(a)和 BM-OLSR 路由协议路由表结构(b)

本节提出的备份多路径路由生成具体过程如下：

第一步，节点删除路由表中的所有表项记录，在源代码中，利用 NetworkEmptyForwardingTable(node,BM-OLSR)函数，清空所有的路由条目。

第二步，由节点的一跳邻居表 ($h=1$)，生成以下路由表项，加入路由表：

R_dest_addr = 1-hop 邻居节点地址；

R_next_addr = 1-hop 邻居节点地址；

R_dist = 1；

第三步，由节点的两跳邻居表($h=2$)生成以下路由表项，并将其加入到路由表：

R_dest_addr = the address of the 2-hop neighbor;

R_next_addr = the R_next_addr of the entry in the routing table with;

R_dest_addr = N_neighbor_addr of the 2-hop tuple;

R_dist = 2;

第四步，向路由表中添加距离为($h+1$)的目的节点的路由表项，从 $h=2$ 开始，对于本地节点拓扑表中的每个表项，

if ((no entry that R_dest = T_dest in routing table)&&(have exist the entry that R_dest==T last))

/* 如果在路由表中没有任何一条表项的 R_dest_addr 等于 T_dest_addr，同时在路由表中存在 R_dest_addr 等于 T_last_addr，那么为路由表增加一条新的表项：*/

R_dest_addr = T_dest_addr;

R_next_addr = R_next_addr of the recorded route entry where;

R_dest_addr = T_last_addr;

R_dist = h+1。

第五步，在第四步的基础上：

```
……//前面略
if (如果在路由表中找不到 T_dest_addr = R_dest_addr)
{
且在路由表中存在 R_dest_addr 等于 T_last_addr;
则添加新路由条目//第四步已经给出
}
else//指的是在路由表中找到一个条目 T_dest_addr = R_dest_addr
{
//找到相关路由条目，并增加备份路径和备份路径距离
```

R_backup = R_next_addr (of the R_dest_addr);

R_backup_dist = R_dist (of the R_dest_addr)+1;

}

现在举例说明建立备份路径的算法。

图 3-16 所示为一个拥有 6 个节点的网络图，其中，节点 1 想要向节点 6 发送 CBR(Constant Bit Rate，固定比特率)数据包。在某一个时刻，通过 OLSR 路由协议中 HELLO 消息和 TC 消息，得到网络中节点邻居情况如表 3-4 所示。

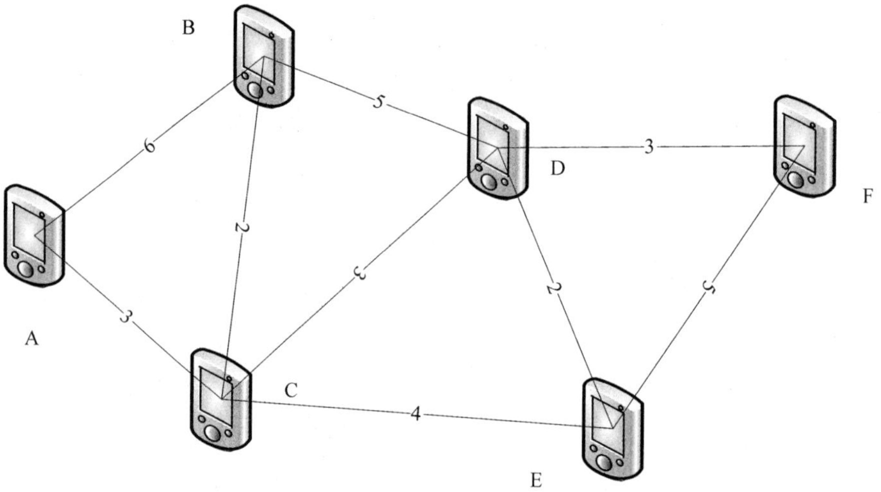

图 3-16 QualNet5.0 中 6 个节点的网络拓扑图

表 3-4 节点邻居信息

节 点	一跳邻居	二跳邻居
1	2,3	4,5
2	1,3,4,5	6
3	1,2,4,5	6
4	2,3,5,6	1
5	2,3,4,6	1
6	4,5	2,3

节点 1 由前 4 步路由表计算可得它的路由表，其中地址直接由节点 ID 来表示，如表 3-5 所示(省略接口地址)。

表 3-5 节点 1 未建立备份路径时的路由表

R_dest_addr	R_next_addr	R_dist	R_backup	R_backup_dist
2	2	1		
3	3	1		
4	2	2		
5	3	2		
6	3	3		

根据拓扑表，经过第五步的计算，我们可以得到节点 1 的可能的一种完整路由表，如表 3-6所示（省略接口地址）。

表 3-6　节点 1 建立备份路径后可能的一种路由表

R_dest_addr	R_next_addr	R_dist	R_backup	R_backup_dist
2	2	1	3	2
3	3	1	2	2
4	2	2	3	2
5	3	2	2	2
6	3	3	2	3

至此，备份路由建立，每个节点在理想情况下都将拥有一个完整的备份路由表。这里所谓的理想情况是每个节点通过 HELLO 消息和 TC 控制消息都已经了解全网的拓扑情况。

2.备份路由的切换

OLSR 路由协议是一种先验式的路由协议，本节提出的 BM-OLSR 路由协议在备份路由切换时也应该是先验式的，而不是等到检测出路由已经失效或者链路已经断开后才进行备份路由的切换。因此，设立一个定时函数，周期性地检查链路状态，通过上文给出的结果，进行预防性地切换备份路由。

如图 3-17 所示，在 QualNet5.0 中，小红旗代表节点移动的轨迹，我们设置节点 3 按插小红旗的轨迹离开，此时移动预测模型预测到某一时刻节点即将进入节点 1 传输范围的 80%以外，因此预测节点 3 相对于节点 1 为不稳定节点，周期性检查定时函数一旦触发，则节点 1 到节点 6 的原主路径 1→3→5→6，将切换备份路径 1→2→4→6 为主路径（如表 3-7 所示，其他节点暂不考虑）。备份路径切换为主路径之后，协议不再寻找新的备份路径，而是当备份路径失效时，协议才重新发起路由寻找过程。

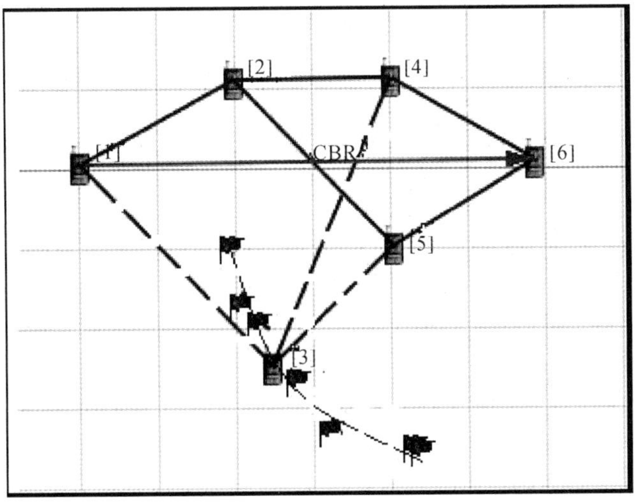

图 3-17　QualNet5.0 中节点 3 的运动轨迹（图中用小红旗标出）

表 3-7 切换备份路径

R_dest_addr	R_next_addr	R_dist	R_backup	R_backup_dist
2	2	1	3	2
3	3	1	2	2
4	2	2	3	2
5	3	2	2	2
6	2	3	2	3

3.4.6 多路径 OLSR 路由协议仿真分析

1.仿真方法和性能指标

为了观察三种改进协议 BM-OLSR-SS(基于信号强度的移动预测方案)、BM-OLSR-LS(基于最小二乘法的移动预测方案)以及 BM-OLSR-KF(基于卡尔曼滤波的移动预测方案)的运行效果,增强对改进协议优良性的直观认识,在网络仿真工具 QualNet 5.0 上完成了对协议算法的程序实现,并和原版 OLSR 路由协议进行了仿真比较。

为了能够反映不同场景下的网络性能,根据 RFC 2501(自组网路由协议性能观点和评价)[34]和相关文献,提出了以下 4 种性能指标。

(1)分组传递率(Packet Delivery Rate,PDR)。分组传递率是目的节点接收到的分组数目与 CBR 源节点发送的数据分组数目之比。分组传递率是评估路由协议的一个重要参数,它可以反映网络所能支持的最大吞吐量,从而在一定程度上刻画了协议的完整性和正确性,则有

$$\text{分组传递率}=\frac{\text{目的节点接收到的分组数目}}{\text{CBR 源节点发送的分组数目}} \tag{3-68}$$

(2)平均端到端时延(Average End-to-End Delay,AED)。平均端到端时延是从源节点成功到达目的节点的所有数据分组的端到端时延的平均值。该时延包括路由寻找期间的缓存时延、接口排队时延、MAC 层重传时延、空中传播时延、转换时间等所有可能时延。假设源节点有 M 个数据分组要发送,第 i 个数据分组发送的时延间隔为接收时间与发送时间的差,即 $T(i)_{\text{receive}}-T(i)_{\text{get}}$,那么所有数据分组的平均端到端时延为

$$\text{平均端到端时延}=\frac{\sum_{i=1}^{M}\left[T(i)_{\text{receive}}-T(i)_{\text{get}}\right]}{M} \tag{3-69}$$

(3)平均端到端抖动(Average End-to-End Jitter,AEJ)。平均端到端抖动指的是传输时延、排队时延等由各种时延所导致的网络中的数据分组到达速率的变化。

(4)路由开销(Routing Load)。单位时间内,网络中全部节点发送的路由控制分组的数目,包括 TC 分组和 HELLO 分组等。它反映了网络的拥塞程度。路由开销越小,为寻找目的节点的路径所消耗的带宽就越小,发送数据分组的机会就越大,有限的无线网络带宽就越能得到有效的利用。

2.仿真实验设置

仿真参数如表 3-8 所示。

表 3－8　仿真参数表

常规参数类型	参数值
仿真空间	1 500 m×1 500 m
仿真时间	100 s
发送间隔	1 s
路径损失	Two Ray
MAC 层	802.11b
带宽	2 Mb/s
无线通信距离	450 m
实验种类	场景布置
场景 1	6 个节点，1 条 CBR 流，移动速度分为低速、中速和高速
场景 2	18 个节点，4 条 CBR 流，移动速度分为低速、中速和高速
场景 3	36 个节点，8 条 CBR 流，移动速度分为低速、中速和高速

注：低速指的是 0～10 m/s，中速指的是 10～20 m/s，高速指的是 20～30 m/s。

3.仿真结果对比分析

仿真主要从以下五个网络性能参数来比较改进协议与原协议的性能。场景 1 节点个数较少，CBR 流也较少，网络负载较轻。场景 2 节点个数为 18 个，拥有 4 条 CBR 流。场景 3 节点个数为 36 个，有 8 条 CBR 业务流，网络负载相对较重。每个实验中，轨迹都是预先设定的，通过改变到达时间，来设定每个节点的移动速度。每个实验分别在低速(0～10 m/s)、中速(10～20 m/s)和高速(20～30 m/s)三种移动速度条件下进行，目的在于检验在不同拓扑变化快慢情况下，所提出的改进协议的网络性能。

(1)分组传递率。

1)场景 1 结果。图 3－18 所示为在少量节点(场景 1 中为 6 个)的情况下，4 种协议在不同节点移动速度条件下分组传递率的比较。从图中可以看出，随着节点移动速度的提高，节点运动到事先设定的目的地的时间将变短，因此，在整个仿真时间不变的情况下，节点将更快运行到目的地，从而使网络链路发生断裂的时间也随之变短，系统也相对变得稳定。因此，从图 3－18中也可以看出，随着节点速度的提高，分组传递率也有所提高。由图 3－18 可以得出，在速率较高时，BM－OLSR 三种不同版本都要比原版 OLSR 协议要好，这说明节点在高速移动时，BM－OLSR 所建立的备份路由发挥了作用。而在低速和中速时，由于 BM－OLSR－LS 和 BM－OLSR－KF 协议需要额外开销记录节点的位置信息来预测链路，因此在低速时，它没有表现出它的优越性。

2)场景 2 结果。如图 3－19 所示，由于网络负载的增加，明显可以发现，4 种协议的分组传递率都有所下降。BM－OLSR－LS 和 BM－OLSR－KF 均采用预测位置信息来决定备份路由的切换，因此在网络负载较重的情况下表现出了较好的性能。从图中可以看出，在高速情况下，改进的三个协议均比原协议的分组传递率要高。

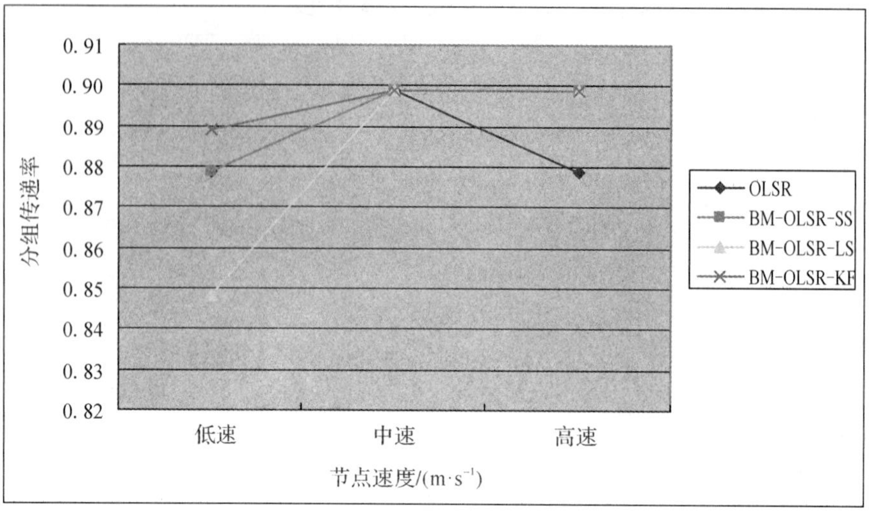

图 3-18　场景 1 在不同速度下的分组传递率

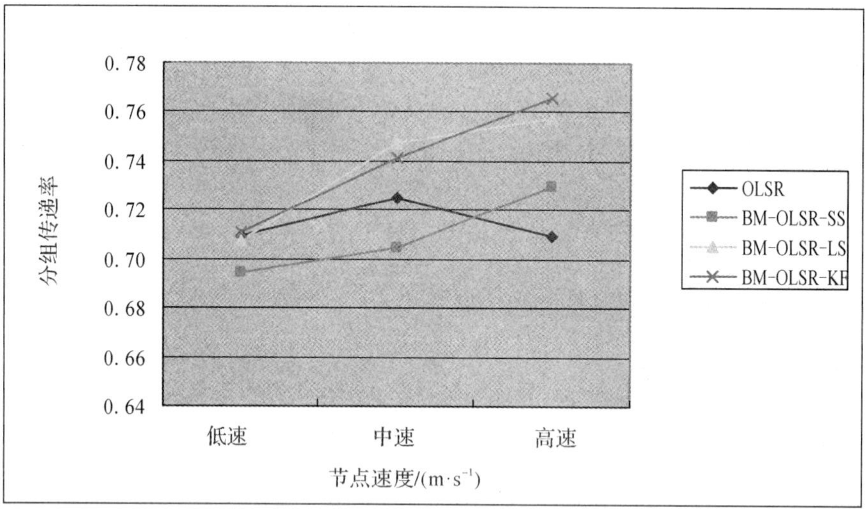

图 3-19　场景 2 在不同速度下的分组传递率

3)场景 3 结果。如图 3-20 所示,在网络负载都很大的时候,4 种协议的分组传递率均下降了 20%～30%。在低速情况下,改进协议与原协议的变化不大,甚至变差,这是因为改进协议在低速时,额外的移动预测增加了网络的拥塞,整体来说效果不明显。但随着速度的增加,3 种改进协议均发挥了一定优势,特别是卡尔曼滤波,由于它预测精度最高,因此切换时机比另外两个更恰当。改进协议的分组传递率平均要比原版协议高 5%左右。

(2)平均端到端时延。

1)场景 1 结果。如图 3-21 所示,在较轻负载下,BM-OLSR-KF 和 BM-OLSR-LS 协议由于需要预测节点位置信息,网络拥塞程度要高于原版协议和 BM-OLSR-SS 协议。但当速度变快时,网络拓扑变化加剧,原版协议产生更多的路由更新消息,而改进协议由于存在备份路径，因此网络拥塞程度相比原版协议较轻，端到端时延也降低了。

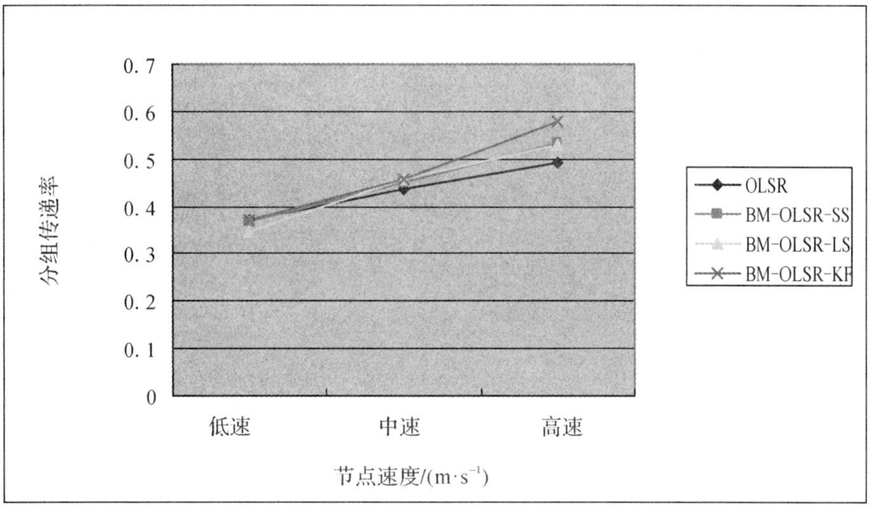

图 3-20　场景 3 在不同速度下的分组传递率

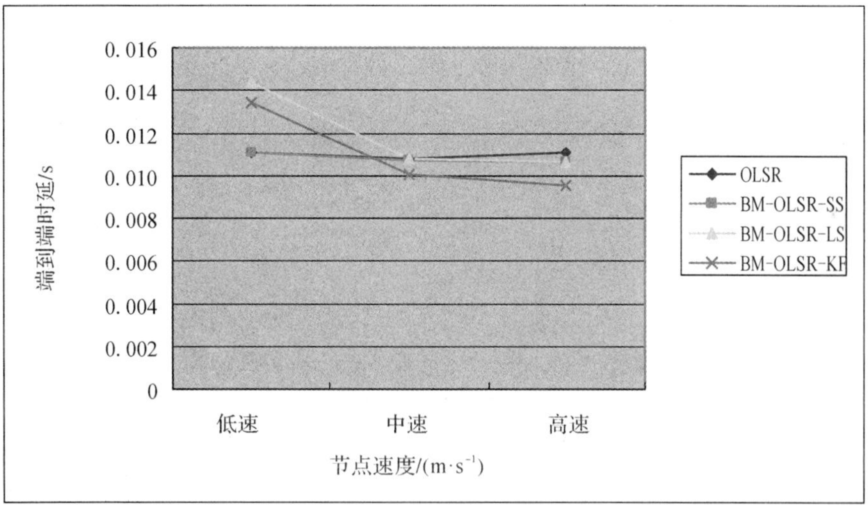

图 3-21　场景 1 在不同速度下的端到端时延

2)场景 2 结果。如图 3-22 所示，当网络负载加重时，端到端时延也随之增加。由于改进协议中都存有备份路径，网络拥塞变化程度相比原版协议没有那么快，因此时延增加幅度也没有原版协议那么高。当节点为高速时，网络拓扑变化加剧，由于 BM-OLSR-KF 和 BM-OLSR-LS 协议需要预测位置信息，开销加大，因此时延也变大。而 BM-OLSR-SS 协议无需额外开销计算，因此变化较小。

3)场景 3 结果。如图 3-23 所示，随着网络开销的进一步加重，4 种协议的端到端时延平均增加了 0.03 s 左右。BM-OLSR-KF 和 BM-OLSR-LS 协议的时延相对原版协议较小，BM-OLSR-SS 协议在节点高速情况下，时延高于其他三种协议，可能的原因是网络拓扑变化加剧，导致 BM－OLSR－SS 协议信号强度变化的频率增加，切换过于频繁，因此，端到端时延增加。

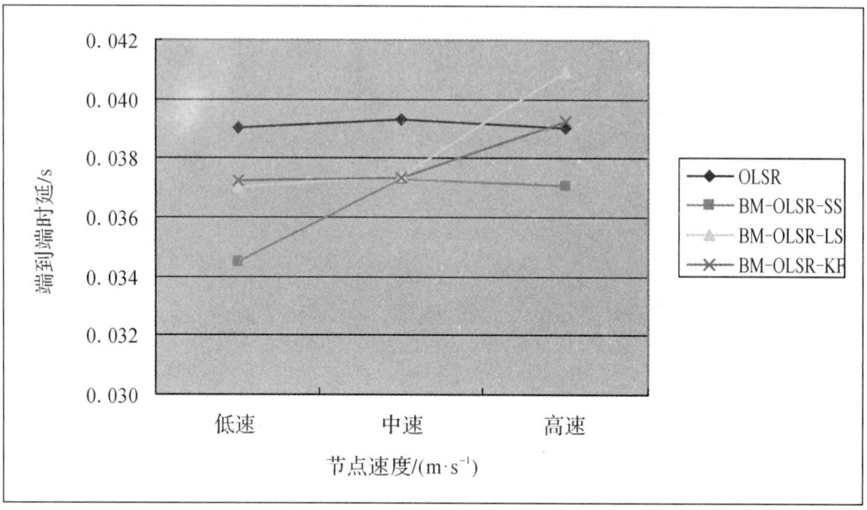

图 3－22　场景 2 在不同速度下的端到端时延

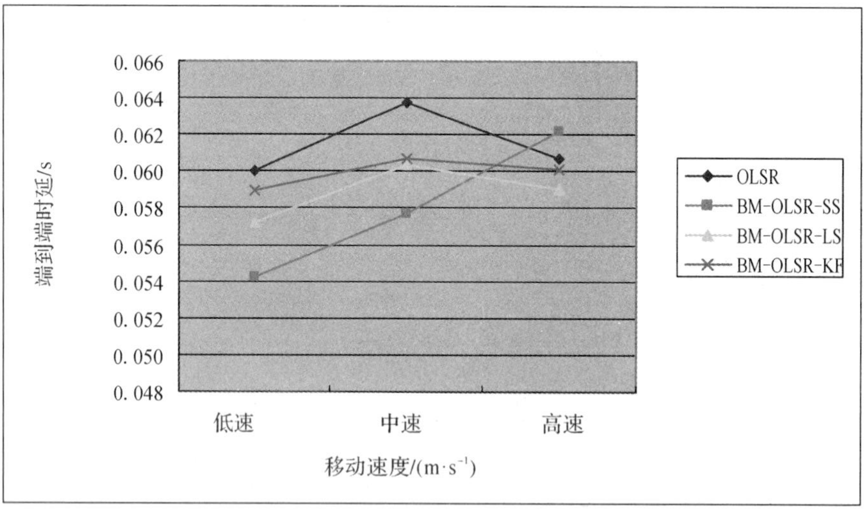

图 3－23　场景 3 在不同速度下的端到端时延

(3) 平均端到端抖动。

1)场景 1 结果。如图 3－24 所示，在低速、负载较轻情况下，除 BM－OLSR－LS 协议之外，其他协议抖动均较小。可能原因是在该场景下，BM－OLSR－LS 协议机制下的端到端抖动出现了震荡。随着节点速度增加，拓扑变化加剧，原 OLSR 协议的抖动相对改进协议较高。

2)场景 2 结果。在场景 2 下，如图 3－25 所示，端到端抖动差异不明显，表明该实验场景下的负载和网络拓扑变化对改进协议影响不大。

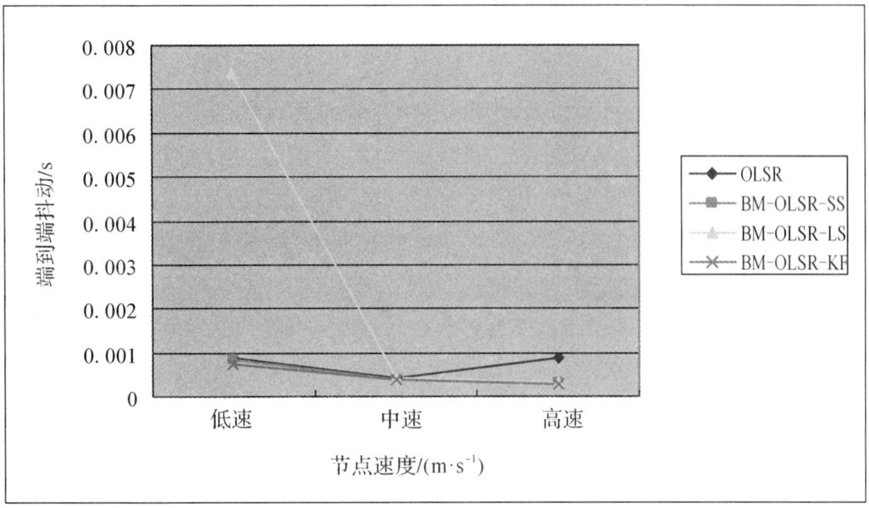

图 3-24　场景 1 在不同速度下的端到端抖动

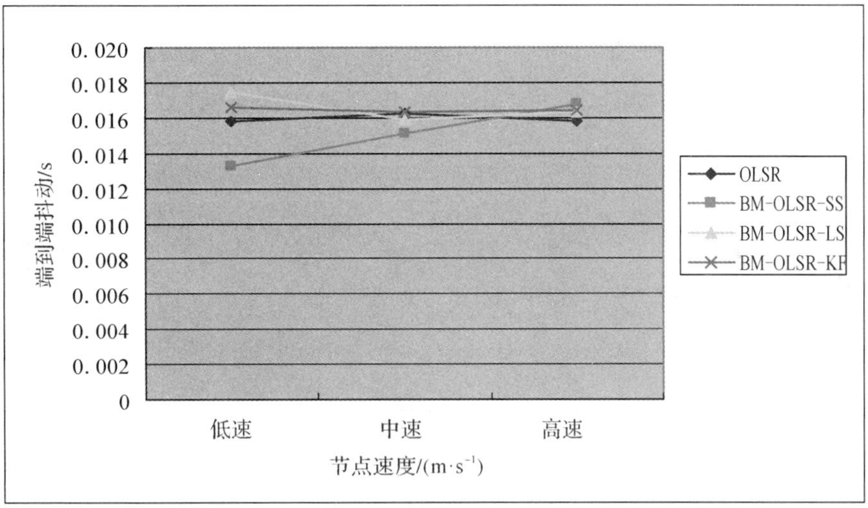

图 3-25　场景 2 在不同速度下的端到端抖动

3)场景 3 结果。由图 3-26 可以看出,在高负载情况下,改进协议的端到端抖动相对原版协议均有了一定的改善。随着节点速度的增加,网络的拓扑变化变快,协议的端到端抖动均有所上升,但改进协议的端到端抖动并没有超过原版协议,表现出改进后协议一定的网络性能。

(4)路由开销。

1)场景 1 结果。由图 3-27 可以看出,在轻负载、中低速的情况下,改进协议与原协议的路由开销基本相同,这是由于在轻负载和中低速的场景下,路由更新需求基本相同,因此,路由开销也趋于相同。随着节点速度的增加,原版协议的路由开销仍然在 360～380 之间,而改进协议由于需要更多控制消息来建立和维护备份路径,因此,路由开销有所增加。

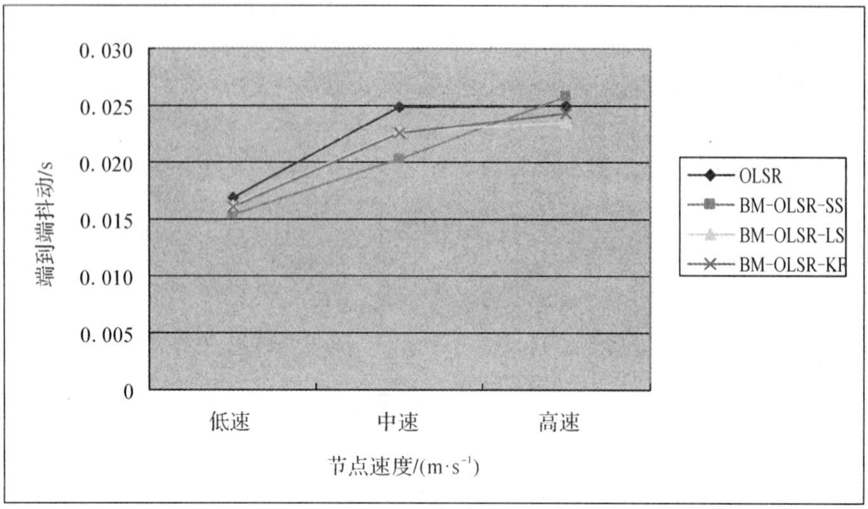

图 3-26　场景 3 在不同速度下的端到端抖动

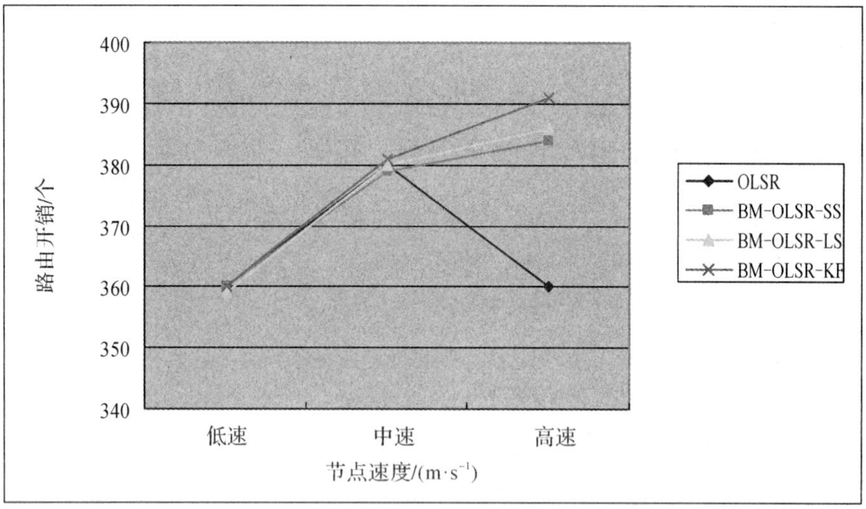

图 3-27　场景 1 在不同速度下的路由开销

2)场景 2 结果。如图 3-28 所示,网络负载相比场景 1 有所增加,因此,不同的协议也出现了不同的情况。OLSR 协议除增加一定的路由开销以外,路由开销基本上保持在 1 110～1 135之间。BM-OLSR-SS 协议由于只考虑信号变化强度,节点变化趋势不大。BM-OLSR-KF 和 BM-OLSR-LS 协议由于需要额外数据分组来传递位置信息,因此,随着拓扑变化加剧,路由开销也随之增加。

3)场景 3 结果。如图 3-29 所示,随着网络负载的增加,改进协议相对原版协议的路由开销增加。在节点速度较低的情况下,网络拓扑变化较慢,路由更新分组也相对较小,改进协议的路由开销比原协议高一些。但当网络拓扑变化很快时,原版协议通过不断地更新路由表来维护路由,而三条改进协议由于拥有备份路由,重新发起路由的次数减少。

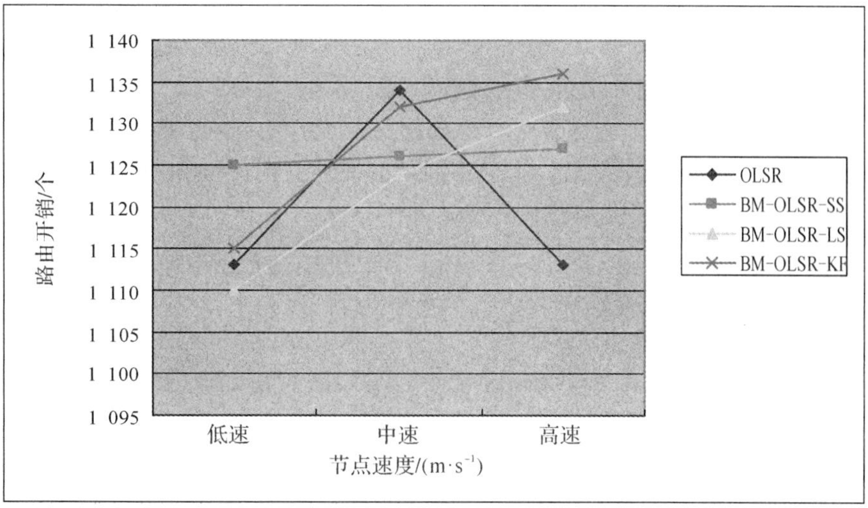

图 3-28　场景 2 在不同速度下的路由开销

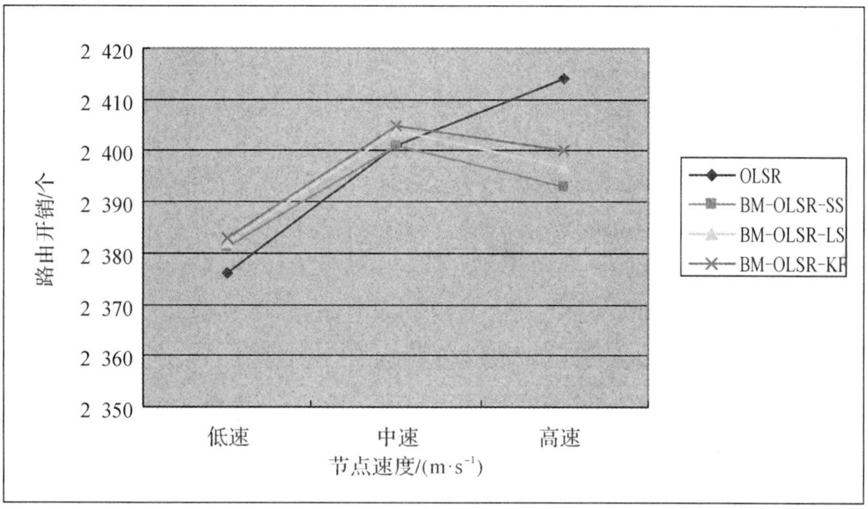

图 3-29　场景 3 在不同速度下的路由开销

3.5　基于链路评估的稳定路由协议

在面向无人机集群无线自组网应用中，由于节点可以自由运动导致拓扑经常变化，路由计算能否实时反映出这一变化是设计的关键问题。

在现有的路由协议设计中，通常采用“跳数越少路径最优”的简单路由选择策略。但该方法具有一定的片面性，忽视了一些可能影响路径选择的其他指标，导致网络实际性能与设计初衷不符。

为了克服“跳数作为单一选择指标”的缺陷，当前做法是引入链路质量评估算法（Link

Quality Estimation,LQE),使得网络拓扑图变成赋权图,根据开销来选择路由。但目前很多链路质量评估技术都是基于数据报文统计的,因而算法的有效性会严重依赖于“样本”的大小和质量,并且还存在着“路由滞后于拓扑变化”的现象。

本章选择灰预测算法结合链路评估技术来解决上述问题,利用灰理论处理“小样本贫信息”的优势,规避了无线自组网环境下样本获取的数量和质量的不确定因素影响,从而设计满足面向无人机集群无线自组网需求的路由协议。

3.5.1 灰色系统理论

邓聚龙先生在20世纪70年代末提出了灰色系统(Grey system)的概念。灰色系统是指数据少且不确定的系统,灰色理论便是针对这种灰色系统的理论,灰色系统的特点就是“信息少”和“信息不确定”。灰色系统理论的主要任务就是根据社会、生态、经济等系统的特征数据,找出不同系统变量之间或者某些系统变量自身的关系和规律。灰色系统理论认为,任何随机过程都是在一定范围内变化的灰色量,并把随机过程看成灰色过程。

目前研究不确定性问题主要有三种理论:灰色理论(Grey Theory)、概率论(Probability)和模糊理论(Fuzzy Theory)。灰色理论针对信息量少且不确定的问题,强调信息优化,研究现象背后的规律。概率论针对大样本中数据多但没有明显规律的问题,通过类比研究重复出现的统计规律,强调统计数据和历史关系,模糊理论则应用在人的认知和先验信息不确定的问题,通过将不确定的外延量化表示来实现,强调先验信息,研究经验的表达规律。

经过30余年的发展,灰色系统理论已经建立起成熟的体系结构,如表3-9所示。灰色理论的核心是灰色哲学思想、分析方法和预测,关键技术在于对系统进行分析评估、建模和决策控制。灰色系统认为尽管客观世界复杂多变,数据繁杂混乱,但必有其整体的规律,问题在于如何对数据进行有效提取和分析,所有灰色序列能通过其生成减小其随机性,排除外在因素干扰,呈现出系统变化的规律性。

表3-9 灰色系统理论结构体系

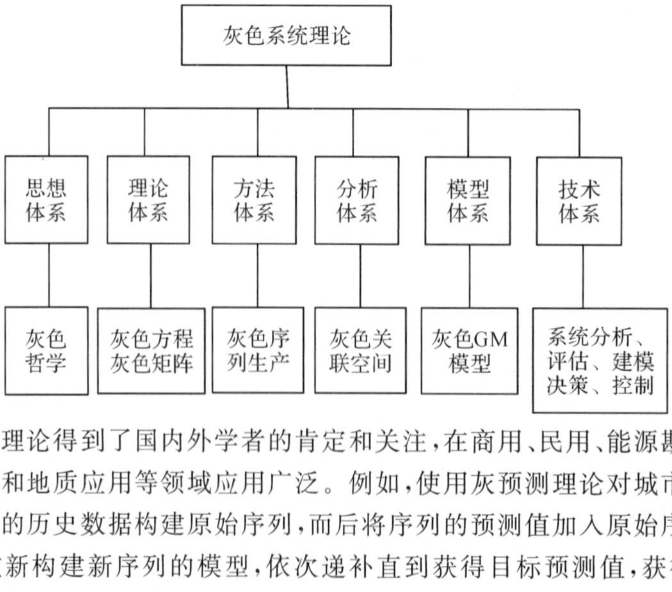

近年来,灰色理论得到了国内外学者的肯定和关注,在商用、民用、能源勘探、影像压缩、经济管理、医疗教育和地质应用等领域应用广泛。例如,使用灰预测理论对城市燃气负荷进行预测,利用少量分散的历史数据构建原始序列,而后将序列的预测值加入原始序列并去掉原始序列的第一个值,重新构建新序列的模型,依次递补直到获得目标预测值,获得了较高的精度。此外,灰预测理论在温度、电量等具有一定周期性规律的预测领域等都有广泛的应用,灰预测

理论不依赖于数学模型的精度，可以克服常规算法中对模型精度和干扰精确测量度的依赖，很多研究将灰预测和常规算法结合起来形成新的理论运用在各个领域。

3.5.2 灰预测

灰预测是针对灰色系统的预测理论，基于状态的当前信息预测未来状态趋势。灰预测通过判断系统因素间发展趋势的差别进行关联分析，对现有数据进行处理寻找系统隐藏的规律，生成具有特定规律的系列数据，然后建立对应的模型，从而预测系统的未来趋势。灰预测主要有以下类型。

(1)数列灰预测：由于系统随着时间的推移而发生的变化而做出的预测，比如预测市场物价指数。

(2)异常值灰预测：事件有时发生异常跳变，对发生故障、异常变化的时间或者跳变值进行预测，例如对地震的预测，对干旱和洪水降水量的预测。

(3)季节灾变灰预测：对发生在特定时区的事件进行分布预测，比如台风、农业虫灾预测等。

(4)拓扑灰预测：对现有数据做出分布曲线，在曲线上按定值建模，预测未来序列的趋势。

(5)系统灰预测：系统中的多个因素相互影响干扰，由多个因素变量形成微分方程，建立模型预测多个变量的发展趋势。

灰预测模型的实质是对 k 时刻之前的现实数据进行变换和处理，建立构造模型，以此来获得 $k+\delta$ 时刻的未来数据。数学定义如下。

定义 3.1 令 $k \in T$ 为时间坐标轴的一点，$x(k)$ 为其对应的数据，令 $\hat{x}(k+\delta)$ 为时刻 $k+\delta$ 的预测，令 C 为构造函数，θ 为构造根据，则预测模型为

$$C((x(k) \mid k \in T) \mid \theta) \rightarrow \hat{x}(k+\delta) \tag{3-70}$$

通常，现实数据构造是由灰模型 GM(1,1)计算出未来数据的过程，称为灰预测。

3.5.3 灰预测原理

系统的现有状态是系统中各种因子综合作用的结果，灰预测是基于现有状态对未来的预测。为了获得可靠的结果，需要建模数据具有全信息性。时钟同步系统中节点间的传输时延受多种因子干扰作用的结果，因此传输时延的值与影响传输时延的因子也满足灰因白果律，如图 3-30 所示。

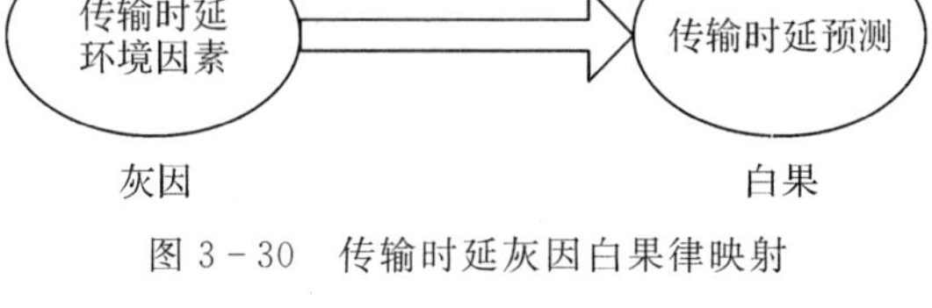

图 3-30 传输时延灰因白果律映射

根据时钟同步系统中传输时延基于时间的连续序列性特点，本方案选择数列灰预测[35]的方法对传输时延的预测进行建模。

3.5.4 GM(1,1)模型

基于灰预测理论的模型称为灰色预测模型，灰建模是利用少量的现有数据序列建立微分方程，灰模型是具有部分微分、部分差分性质的模型，属于少数据模型，在性质上和关系上具有不确定性。其中，最经典的是 GM(1,1)模型。常用灰模型 GM(1.1)的数据允许少至 4 个[36]，所以具有 4 个以上的数据的序列可通过滚动检验完成整个同步过程中的估计。滚动检验是指用前面的数据建模，预测后一个数据，如此一步一步地向前滚动。

令 $X^{(0)}=\{x^{(0)}(1),x^{(0)}(2),\cdots,x^{(0)}(n)\}$，$X$ 是一个非负的初始序列，而 $x^{(0)}(k)$是序列元在 k 时刻的值。对序列 $X^{(0)}$ 执行一阶累加生成，即可得到其一阶生成序列[37]，有

$$X^{(1)}=\{x^{(1)}(1),x^{(1)}(2),\cdots,x^{(1)}(n)\} \tag{3-71}$$

式中，$x^{(1)}(k)=\sum_{i=1}^{k}x^{(0)}(i)$，$k=1,2,\cdots,n$。

依据灰理论中的灰系统模型 GM(1,1)可建立灰微分方程，有

$$x^{(0)}(k)+az^{(1)}(k)=b,\ b=x^{(0)}(0)=x^{(0)}(1) \tag{3-72}$$

式中，$x^{(0)}(k)$为灰导数；a 为发展系数；$z^{(1)}(k)$为白化背景值；b 为灰作用量。

$$z^{(1)}(k)=\frac{x^{(1)}(k)+x^{(1)}(k-1)}{2},\quad k=2,3,\cdots,n \tag{3-73}$$

式(3-72)中的参数 a 和 b 是通过最小二乘法来估计的，即

$$\begin{bmatrix}a\\b\end{bmatrix}=(\boldsymbol{B}^{\mathrm{T}}\boldsymbol{B})^{-1}\boldsymbol{B}^{\mathrm{T}}\boldsymbol{Y} \tag{3-74}$$

式中

$$\boldsymbol{Y}=\begin{bmatrix}x^{(0)}(2)\\x^{(0)}(3)\\\cdots\\x^{(0)}(n)\end{bmatrix},\ \boldsymbol{B}=\begin{bmatrix}-z^{(1)}(2) & 1\\-z^{(2)}(3) & 2\\\cdots & \cdots\\-z^{(1)}(n) & \cdots\end{bmatrix} \tag{3-75}$$

建立 GM(1,1)模型主要包括级比检验、数据处理、累加生成 1-AGO 序列模型、MEAN 序列，发展系数和灰色作用量，计算拟合值以及预测值。微分方程模型的机理如图 3-31 所示。

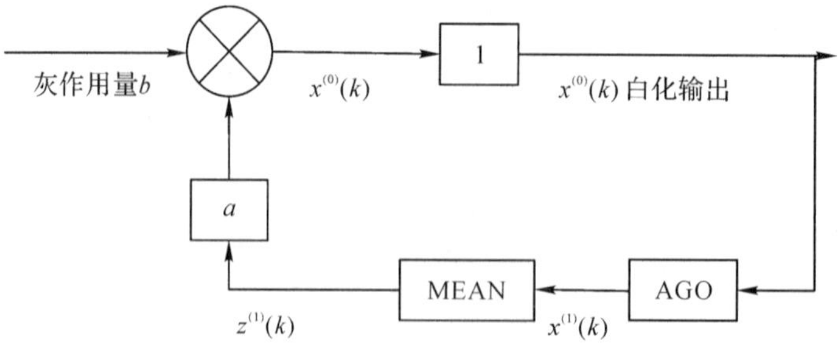

图 3-31　GM(1,1)模型机理

GM(1,1)灰色模型通过白化方程$\frac{\mathrm{d}x^{(1)}}{\mathrm{d}t}-ax^{(1)}=b$ 可解得

$$\hat{x}^{(1)}(t+1)=(x^{(0)}(1)-\frac{b}{a})\mathrm{e}^{-at}+\frac{b}{a} \tag{3-76}$$

一阶累加生成运算的逆运算为

$$\hat{x}^{(0)}(k+1)=\hat{x}^{(1)}(k+1)-\hat{x}^{(1)}(k), k=1,2,\cdots,n-1 \tag{3-77}$$

由此可得 k 时刻下一时刻 $k+1$ 的预测为

$$\hat{x}^{(0)}(k+1)=(1-e^{a})\left(x^{(0)}(1)-\frac{b}{a}\right)e^{-aK},\ k=1,2,\cdots,n-1 \tag{3-78}$$

3.5.5　基于链路预测的稳定路由协议

链路质量评估的样本有两种来源：一种是来自硬件获取的物理层信息，另一种则是来自于 MAC 层以上获取的报文统计。前者是通过物理层的信道特征来表征链路质量，比如 RSSI、SNR、CSI，通过采样来评估链路质量等等。后者以 ETX 为代表，通过计算指定链路的报文接收率，计算完成一次报文传输所需要次数期望来表征链路质量，后续 Fonseca 等人设计了 4 - Bit LQE，继承了 WMEWMA 设计并采用了 ETX 作为链路评估指标。

在无人机集群组网中，根据使用的射频以及设备的特性，可以选择多种物理特征来作为链路稳定性评估的样本。本节以无线网卡可以提取到的信道 SNR 值作为评估链路质量的指标，路由协议采用灰预测技术来计算链路质量，即本节提出的 G - LQE(Grey Theory - based Link Quality Estimation)算法。G - LQE 结构如图 3 - 32 所示。

G - LQE 路由算法描述如表 3 - 10 所示。

表 3 - 10　基于 G - LQE 的路由算法描述

算法 I. 基于 G - LQE 的路由算法

输入：拓扑表
　输出：路由表
　初始化函数(路由表)；
　//步骤 1——处理 1 跳邻居表
　FOR(1 跳邻居表中的全部节点)
　DO{　IF 链路对称性函数(节点)AND 节点链路有效时间 >= 当前时间
　　THEN 节点的路径开销 += LinkQuality；
　　路由表插入函数(路由表，节点，节点前驱节点，1 跳)；}
　//步骤 2——处理 2 跳邻居表
　FOR(2 跳邻居表中的全部节点)
　DO{　节点的路径开销 = 节点前驱节点的路径开销 + LinkQuality；
　　IF 1 跳邻居节点判断函数(节点)//若节点同时在 1 跳邻居表和 2 跳邻居表中
　　THEN 比较此节点处于 1 跳邻居和 2 跳邻居状态下的开销值并做出选择
　　IF 2 跳邻居状态下的开销 < 1 跳邻居状态下的开销
　　THEN 路由表更新函数(路由表，节点，节点前驱节点，2)}
　//步骤 3——重复步骤 2，循环处理节点的全部 2 跳邻居节点直到其中所有的节点都已经被添加到了路由表中

协议流程图如图 3 - 33 所示。

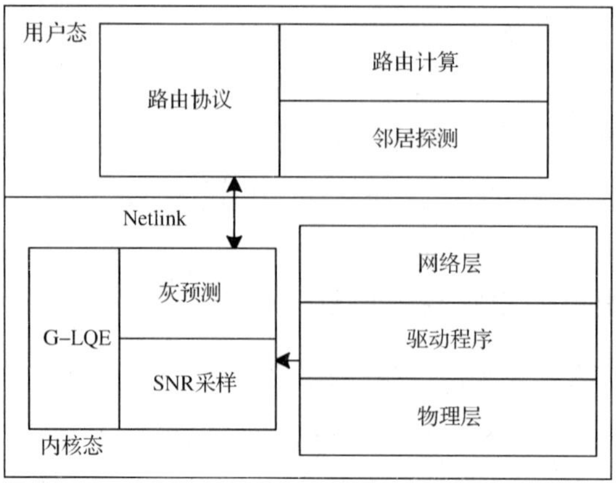

图 3-32　G-LQE 路由算法结构图

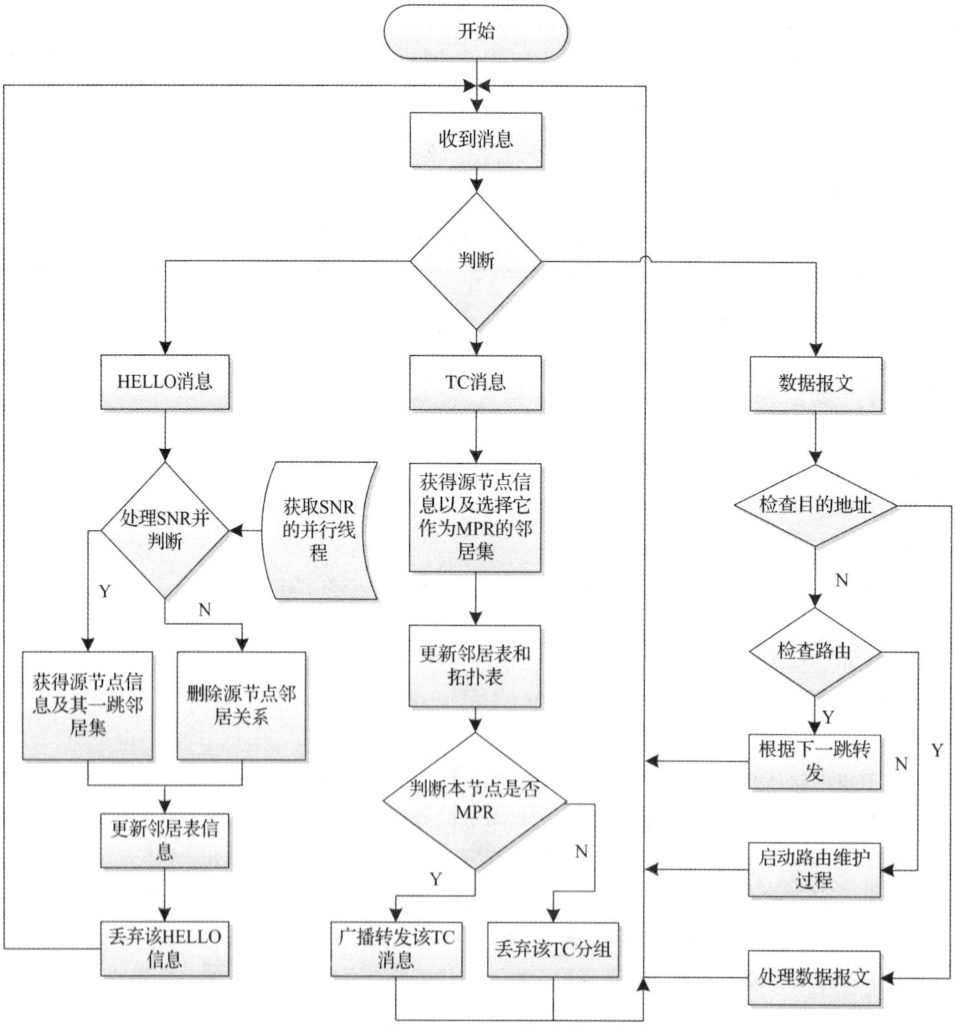

图 3-33　协议流程图

3.5.6 实验结果及分析

为了验证节点在多跳环境下的网络切换性能，将 4 个节点按照适当的通信距离呈直线布置在 L 形走廊里，然后让移动节点 D 做循环往复运动，如图 3 - 34 所示。在节点 S 和 D 之间建立一条 CBR 数据流，通过 S 端附近的终端笔记本，监视并统计网络中的各种数据信息。实验设备清单见表 3 - 11，部分装置如图 3 - 35 所示。

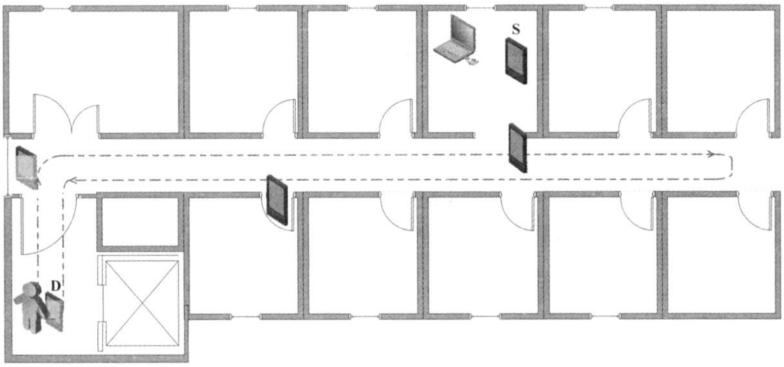

图 3 - 34　实验场景

表 3 - 11　实验设备清单

实验设备		数目	单位	规格与作用
硬件器材	MANET 网络节点终端	10	台	CPU：S3C6410XH - 66，ARM1176JZF - S 内核；内存：256M DDR RAM，256M SLC Nand Flash
	终端无线网卡	10	套	Mavell 88W8686，SDIO WIFI 模块，802.11b/g；
	PC 主机	1	台	用于操作和监控节点
	USB 无线网卡	1	件	PC 机上使用
应用软件	嵌入式 Linux 系统	1	套	Linux kernel 2.6.38
	Windows7	1	套	远程登陆控制终端节点
	Ubuntu10.10	1	套	通过 Windows7 搭载的虚拟机运行
	路由协议软件	1	套	在 MANET 网络节点终端上执行

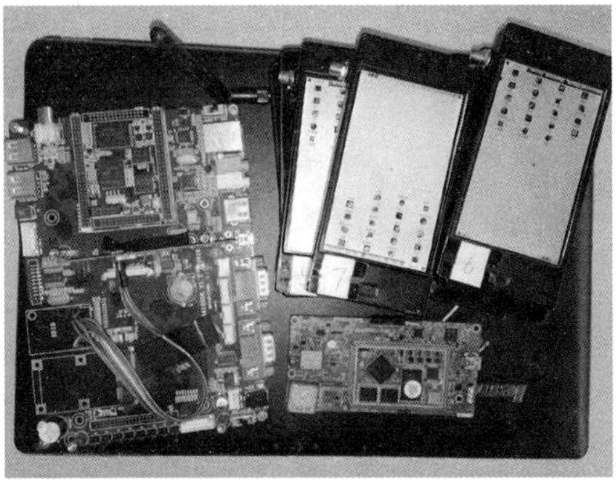

图 3 - 35　实验设备

作为对比方案，选择了 OLSR-ETX、OLSR-MD 以及 OLSR-ML 协议作为参照协议，参数配置如表 3-12 所示。

表 3-12　实验中使用的各链路质量的参数配置

OSLR 原版协议	链路质量插件未启用 原协议以跳数选择路由链路质量为常量 1
OLSR-ETX	插件参数:lq_plugin_etx etx 报文统计快速启动窗口大小:4 etx 报文统计完全大小:32
OSLR-ML	插件参数:lq_plugin_ml ml 报文统计快速启动窗口大小:4 ml 报文统计完全大小:32 路径开销：$cost=1000\log_2(1/(d_f d_r))$
OLSR-MD	插件参数:lq_plugin_md 采样数:$N = 3$ 接包延迟的计算：$EVD_{n,A}=\alpha D_{n,A}+(1-\alpha)EVD_{n-1,A}$，$\alpha=0.5$
OLSR-G-LQE	插件参数:lq_plugin_ g-lqe 采样数:$N = 6$ 路径开销：$LinkQuality=2^{-p\_SNR/3}\times 400+1$

实验结果分析如下。

(1)丢包率。由图 3-36 可以看出，G-LQE 的报文丢失率要明显比 MD、ETX 和 ML 要低。其中 ETX 与 ML 的丢包率基本持平，但是 ML 的局部表现要强于 ETX，且 ML 在节点移动的过程中丢包率下降的趋势要更加平稳。尽管如此，G-LQE 的丢包率相比 ETX 和 ML 也有了几乎 10%的降低。此外，MD 的丢包率是最高的，这也是由于时延的无法实时获取所造成的，G-LQE 的丢包率较之减少了近 30%。

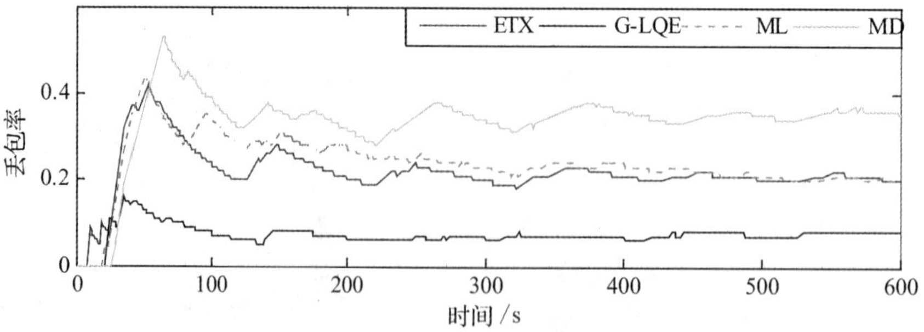

图 3-36　丢包率对比示意图

(2)报文经历跳数对比。每一个报文在传输过程中所经历节点跳数的情况绘制如图3-37所示。在图中，不同的颜色表示报文传输所经过的不同的跳数，空白的部分表示该部分报文的丢失。据此，可以直观地看到 G－LQE 的空白区域是最少的，而 MD 的空白区域则是最多的，这也与上一部分有关丢包率的结果是一致的。从路径的选择来看，由图 3－37 可知，在路由从 1 跳切换到 2 跳或者从 1 跳切换到 3 跳的过程中，ETX、ML 和 MD 丢失了非常多的数据报文。相反，由于 G－LQE 对于链路状态变化的准确反映和对链路质量预测的效果，其性能表现最佳，丢包最少，对多跳有效路径的切换使用也是最频繁的。

另外，经过以上分析也可知，报文丢失主要发生在路由的路径切换过程中。这也充分说明协议对链路状态变化的情况越灵敏，无效路径到有效路径的切换就越迅速，那么也就能进一步降低丢包率，提高网络通信的性能。甚至，如果路由协议能够对链路状态的变化进行精准的预测，那么，在排除外界干扰和节点本身性能问题的情况下，丢包率理论上或许能降低到 0。

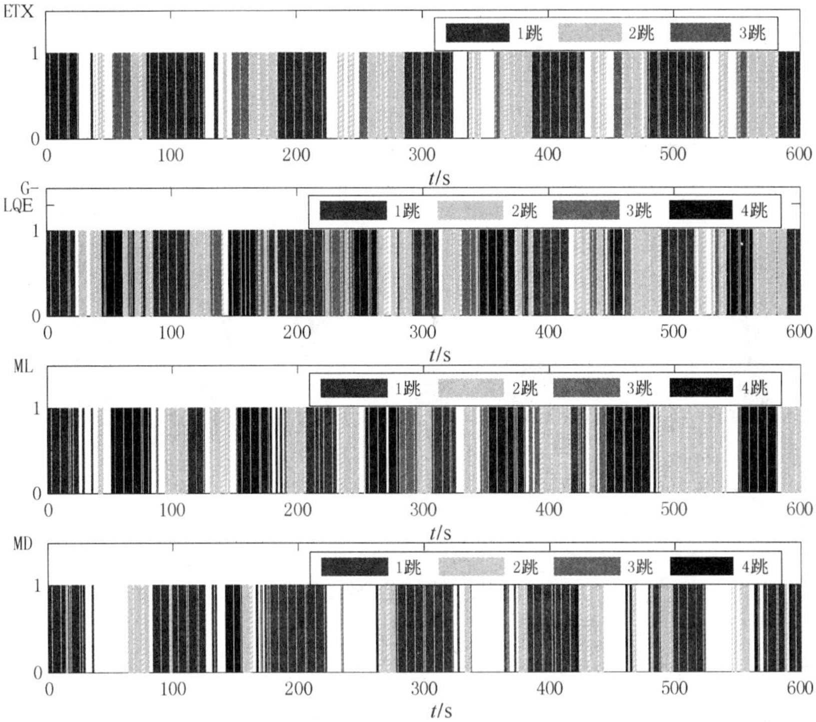

图 3－37　每个报文在传输过程中的状态对比示意图

（3）平均端到端时延。如图 3－38 所示，G－LQE 的平均时延大概在 13 ms 左右，而 ETX 和 MD 的平均时延则比 G－LQE 明显要小，大概在 10 ms 左右。此外，这一指标只有在接收端成功接收到报文后才计入样本。

（4）路由平均切换时间分析。由图 3－39 可知，ETX 启用路由切换的操作时，无论是从 1 跳路径切换到 2 跳路径还是从 2 跳路径切换到 3 跳路径都需要大概 6 s，而且对比其他 3 种协议，在一般的情况下，ETX 并不能将路由切换到 4 跳。ML 的平均切换延迟大概是 5 s，MD 的平均切换延迟则非常的不稳定，它将路由路径由 2 跳切换到 3 跳需要花费多于 10 s 的时间，而由 3 跳切换到 4 跳时反而小于 2 s。由于切换花费的时间太长，这也造成了 MD 的丢包率非常高。G－LQE 不仅能感知到全部多跳路径，其各跳路径之间的平均切换延迟都小于 2 s。

综合实验分析，采用链路评估技术的稳定路由协议能有效提高无人机集群组网的网络性能。

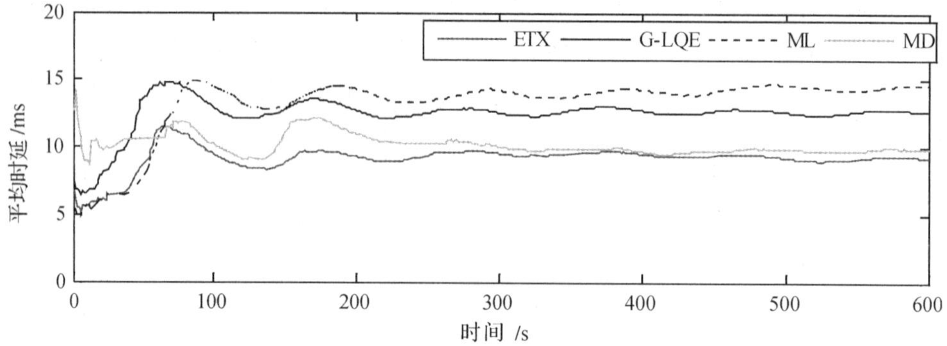

图 3-38 平均端到端时延

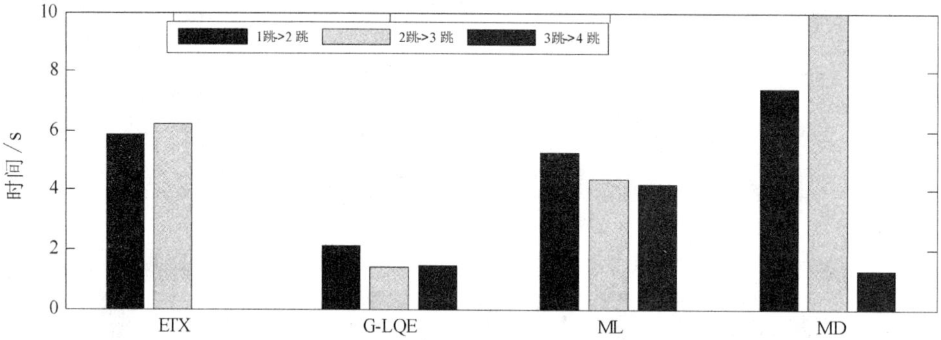

图 3-39 路由平均切换时间

3.6 多尺度稳定链路路由协议

上述两节我们分别以节点的移动性和链路的质量为判别依据提出了稳定路由协议。但是影响路由稳定性的因素除了这两个因素外，还有其他因素。本节试图在现有稳定链路预测工作的基础上实现一个更为有效和可靠的链路稳定性度量模型。该模型通过分析现有对链路稳定性产生影响的因素，研究各因素之间的关系，尽量使因素间相互独立，从而减少信息的冗余和不必要的计算处理。重点选择了能表征链路质量并且相互独立的变量因素组，以此为基础实现对链路稳定性的度量。对模型进行了理论建模和论证，明确了模型设计考虑的重点问题和相应的解决办法，加入了链路稳定性和路由稳定性关系的理论阐释。之后提出了多尺度稳定链路模型，该模型综合考虑了多种因素，并采用分层的方式分析了如何计算各因素对链路质量的影响。形成了多尺度多权重的链路质量评价体系。最后基于模型的可靠性考虑，采用了相应的滤波算法，提高某些具有振荡性质的因素值的准确性，进一步保证模型的精度。

3.6.1 理论基础分析和建模

在提出具体设计方案之前，需要进行一定的理论分析，并对这些问题加以论证，以保证提出方案的合理性和有效性。这里我们需要分析如何选取度量因素，因素的值如何处理以实现对链路质量的评估，各种因素如何综合作用等，并对链路稳定性和路由稳定性的定性和定量关系做出探讨。

1.因素的分析和选取

由前文的分析可知，影响链路质量的因素其实很多，包括本章多次提到的信号强度和节点的位置信息。还有其他一些潜在的因素，如路径时延、节点剩余能量、节点 CPU 占用率、节点报文队列长度等。如何从这些因素中选出主要影响因素，一方面可以减少方案设计的复杂度，另一方面可以节约节点有限的计算资源。为了解决这个问题需要在因素选择问题上提出一些基本的原则，然而影响因素类型在不同的软硬件系统中可能会发生变化，为了明确影响因子的选择范围，这里先对要讨论的网络节点作限定，网络中节点均使用全向天线进行数据收发，同时天线工作在固定频率上，不存在变频的硬件支持，在这样的限定下，对于选择的因素一般需要满足以下条件：①因素对链路质量要有明确的影响，即忽略那些微小影响的因素；②因素要易于获得或测量，以提高模型的可实现性；③对于相关性很强的因素，可以只保留其一，减少数据的冗余；④因素的度量要尽量本地化，以免由于节点间的信息互通产生额外的网络流量。

纵观已有文献，如同本章的 3.4 和 3.5 节，使用最多的因素就是信号强度和节点位置及其运动信息。一些文献将节点能量[18]作为限制条件来进行链路稳定性度量。路径的时延[38]在一定条件下也被纳入选路策略中，但是从总体看来这是一种全局性的指示标准，是对某条路径的整体评判，和链路层面的其他因素性质上存在差异。这里单纯从链路上考虑，找出符合标准的指示因素。各种典型因素见表 3－13。

表 3－13　典型链路质量影响因素

因素名称	现有获取方式	参数的准确程度
节点 CPU 占用率	操作系统接口	准确
报文队列长度	操作系统接口	准确
接收信号强度	网络接口设备	有噪声
节点运动状态信息	GPS 设备	有噪声
报文接收率	网络协议统计	准确
节点周边网络密度	网络协议统计	准确

为了对表 3－13 中所列因素的意义和作用有更进一步的了解，下面将对每个因素进行详细解析。

(1)节点 CPU 占用率。节点的 CPU 占用率体现了节点当前运行计算资源的利用程度，CPU 占用率越高说明当前节点的任务越重，运行负荷较高。长期的高 CPU 利用率表达了节点运行处于忙状态，不适宜再增加额外的运行任务，这样的节点当然是不适宜选择为提供链路的中介点。

(2)报文队列长度。报文队列长度指的是当前时刻 IP 层的报文缓冲区等待发送的报文数量，报文队列长度越大，说明在该节点上阻塞的报文数量越多，因而该节点所在的路由路径上的吞吐量将会受到影响，不宜作为路由选择所经过的节点。因此定义报文长度越大，其所在链路的质量越低。

(3)信号强度。信号强度表达了在物理层面上的节点链路的连通性能。接收的信号强度越大，表明物理层功率越强。作为协议栈的最底层，信号强度从根本上影响着链路质量。

(4)节点运动状态。节点运动状态参数一般在具有GPS导航设备的节点上使用，包含了节点距目标点的距离和节点的运动状态。移动性是无线自组织网络最显著的特点，也是形成无线自组织网络特殊性的关键因素。从理论上讲，只要掌握了节点的运动规律，把握节点网络拓扑信息，做出适当的路由选路策略调整，就有希望找到稳定的路由。但是无线网络除了移动性这个主要特点外，还有其他客观条件的影响，因此仅仅用节点运动状态还不足以形成可靠的链路评价方案。

(5)报文接收率。报文接收率是一个应用层指标，全网的报文接收率也被作为衡量整个网络性能的标准之一。在网络中所有的优化工作都是为应用开展服务的，因此链路上的该指标值直接指示了链路质量。同时由于该指标是一种统计结果，对时间长度有一定的要求，时间长度不当会使得计算出的指标可参考性降低。

(6)节点周边密度。节点周边密度表达了节点所处的网络区域的稠密程度。稠密区域的节点其报文转发的出口会较多，有较多下一跳可候选的节点。这样选择该节点作为路由所经过的节点，将会大大增加报文投递成功的概率。

这些因素无疑都对链路质量的评价有着重要的影响，但是否应该将这些因素全部使用以形成链路质量评价模型还需要有其他的考虑。由于移动节点通常在能量和软硬件资源上都存在限制，如果能最大限度地减少使用的度量因素，同时又能使度量结果的有效性能损耗最小，这样的模型将会更加合理。这要求对相关性很强的因素进行裁剪，对于相关性很小的因素尽量实现独立化。基于这样的想法，本节确立了以下减少冗余的原则对因素进行了相关性分析。这里相关性表示从其中一种因素能推断另一种因素的能力，对相关性做以下定义：

如果因素A的值可以由因素B的值完全推导得出，那么就称A和B是相关因素。

基于此定义和文献中已有的链路稳定性评价方法，明显可见信号强度和节点的距离之间是可以在理想状况下直接推导、相互转化的[3,10]。因此，信号强度和节点的运动信息是相关因素。在链路稳定性评估模型中只选取其中一种进行相关度量即可。这样就可以达到减少需要处理的数据的冗余度，节约了数据存储空间，降低了处理冗余因素的计算复杂度。

报文的队列长度和CPU利用率也存在一定的相关性，原因在于当CPU利用率很高时，有可能节点上的运行的程序很多，数据报文的发送是很多业务中的一种，若其他任务抢占了大部分CPU运行时间，那么报文得不到及时发送，就会导致发送队列变长。同时发送队列又会反过来对CPU占用率产生影响。假设CPU占用率在开始时较小，由于数据包过多地阻塞在节点的发送队列上，节点就会不断地尝试发送在队列中的数据，发送数据的任务不断加重，这样CPU的占用率就会因为数据发送而升高。因此在利用这两种因素来决定链路稳定性的时候，有必要对因素的相关性程度做出度量。若相关性可以忽略，则因素之间可以独立实现部分链路稳定性的度量；若相关性很大，则可以取其中之一计算。

报文接收率和节点周边网络密度基本可以看作和其他的因素是相互独立的，首先这里的报文接收率主要也是为了测试一条链路上的节点双方在应用层上的连通表现。节点周边密度是为了给路由建立时期提供一个辅助性的指示，通常来说，周边网络密度高的节点，其转发数据的途径相对较多，增加了数据发送成功的可能性。因此在其他主要条件相差不大的情况下，优先选择高节点密度区域的下一跳节点。

从各个因素的性质来看，还是有一些需要做出区分和说明的地方。按照因素的采集方式和是否需要进行信息的网络交互分为以下三个层面。

(1)节点层面：表示该因素的获取方式是直接通过某个目标节点的自身采集而来。节点作为网络的基本组成单元，其自身的状况自然对其组成的链路有重要影响。在提出的因素中，CPU 处理能力和节点的报文队列长度都是节点层面的重要元素。

(2)链路层面：链路层面的因素是指因素的获取是和组成链路的双方节点都相关的，接收信号强度就是典型的链路层面的影响因素，其受到发送端和接收端的共同影响，比如发送端功率、增益，接收端的增益，节点间的距离，等。

(3)网络层面：网络层面因素是一种宏观上的总体指示，这种指示对链路质量的影响不是确定性的，只是提供了大体趋势上对链路质量的影响。

链路层的因素对于节点双方来说都可以直接获取，而对于节点层面的因素需要通过邻居节点间的交互完成到链路层的转换。考虑节点 AB 组成链路 L，则当在节点 A 要计算与之相关的链路稳定性时，接收信号强度因素可以直接从与节点 A 通信的网卡获得，而节点层面的影响因素值需要通过 B 节点的采集，并发送到 A 节点成为 A 节点的链路 L 的链路层因素。而网络层面的因素则是提供一种链路质量评价的辅助和增强。三种因素的关系与转化如图 3-40所示。

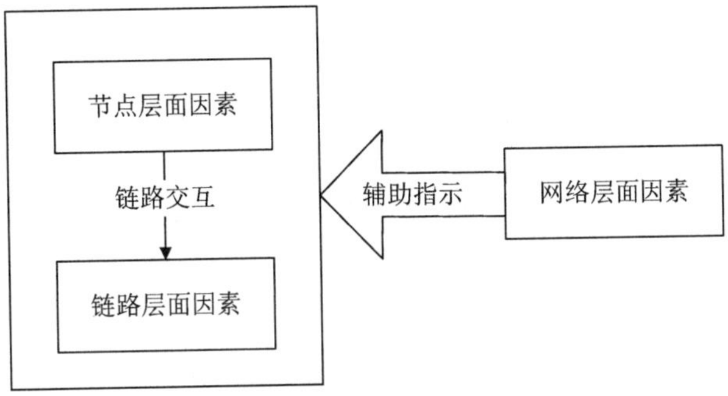

图 3-40　各级因素关系表达

2.因素值的处理方法探讨

在完成链路稳定性预测相关因素的选取和分析之后，对单个因素而言，在这里考虑如何处理得到的因素值来表达和形成其对链路稳定性影响的最终指标。当然，有的因素由于其本身在获取时的准确程度和性质满足直接表达链路稳定性的条件，就可以直接使用，有的因素则需要分别进行分析和处理方法设计。

首先考虑接收信号强度因素，接收信号强度在很大程度上存在振荡，同时信号强度采样得到的数据也有可能存在较大误差，一般称为“脏数据”。当采集数据的时候正好遇到振荡或者采集到“脏数据”，利用这样的数据得出的链路影响成分必然失去可参考性。针对这些现象，一些文献中给出了解决方案，最直接并且有效的就是多采样平均和累积参数法。多采样即是通过平均值来减小误差，平衡信号振荡和个别“脏数据”带来的影响。实质上，累积参数法起到的作用和平均值法是一样的，只是采用了另一种表现方式。其数学表现形式为

$$S_{\mathrm{cum}j+1}=\alpha S_{\mathrm{cum}j}+(1-\alpha)S_j \tag{3-79}$$

式中，S_j 代表当前时刻采集到的信号强度值；$S_{\mathrm{cum}j}$ 代表该时刻上一时刻的累积信号强度，这是个递推的过程。通过应用这样的递推规则对信号强度值进行了多次采样的融合，提高了数据

的可靠性。这个处理方式比起多采样的平均方式可以节约存储空间,从表达式可见,其只需要存储已计算的上一时刻累积信号强度值和当前采样的信号强度值。但是其还是有一定不足,因为其缺乏多采样方法的实时性。在短时间内信号强度的变化可以考虑为连续的。多采样法在短时间内连续采集多个数据进行平均,可以对振荡和“脏数据”的不利影响加以避免。但是采用累积法时,信号强度的连续性假设在执行计算的相邻时刻相差太大的情况下就不再严格成立,对当前数据利用时间尺度相差较大的数据来实现平滑就没法达到预期效果。因此对于累积法,采用合适的采样间隔,做到对信号强度变化的跟踪是很重要的,要使累积法产生好的效果,必须在这方面加以保证。另一方面,累积方法中的参数 α,文献中多称为亲和参数(affinity parameter),参数表达了上一时刻的累积值和当前该模型中采集值对最终的结果的影响权重。为了体现当前值对结果的主导作用,一般情况下需要设置参数满足 $\alpha<0.5$。

对于节点 CPU 使用率,一般采用操作系统提供的访问接口得到,采用百分比表示。由于操作系统自己本身的统计,在准确性上有所保证,可以直接使用。

报文队列长度需要转化为队列的空闲率来实现对链路稳定性的度量。其计算公式为

$$Q_{\text{free}}=\frac{\text{length}-\text{queued\_length}}{\text{length}}\times 100\% \tag{3-80}$$

式中,Q_{free} 表达了报文队列的空闲率;length 表示队列的总长度;queued_length 表示已经占用的报文队列长度。

报文接收率统计从应用层对链路质量进行评估,其仅仅表示构成链路的两个端节点间的数据包接收的概率。节点间通过的数据包有很多,使用什么类型的数据包来计算报文接收率这个问题值得讨论。同样统计时段的设计也要符合实时性的原则,需要统计最近一段时间内的报文接收率。数据包包括控制消息数据和业务数据,控制消息数据有的是具有固定的发送周期,而有的则是按需发送,不存在固定的发送规律。业务数据是完全按需的,也可以说是随机的,因此如果使用具有固定发送规律的流量进行报文接收率的统计,发送的数据包可以通过发送规律求得,接收报文数量可以通过接收端计数统计,统计较为方便。如果使用包括数据流量的其他数据来实现报文接收率的计算,需要对接受方和发送方的报文都加以统计,在这里还会引起另一个问题,那就是时钟同步,因为要使发送端和接收端统计的数据报文的数量相对应,就要保证统计的数据是在同一时段取得的。鉴于此,结合路由协议机制,采用协议中的控制 HELLO 探测报文进行报文接收率的统计。根据 HELLO 报文的发送间隔可以计算统计时段内的报文发送数量,结合该段时间接收的报文数量进行统计。

节点周边节点密度可以通过节点可探测的邻居节点个数表达。同时可以使用下式实现量化方式的转化:

$$D=\frac{\text{Neighbor\_Num}}{\text{Network\_scale}}\times 100\% \tag{3-81}$$

式中,Network_scale 表示网络的总体规模,即网络中的节点总数;Neighbor_Num 表示节点的邻居个数。对于这个指标,可以直接融入总体稳定度计算中去,也可以单独出来作为计算稳定度的辅助标准。

3.链路稳定性和路径稳定性关系模型解析

在对链路稳定性影响因素做出分析之后,本小节将对最终的链路稳定性指示如何映射到路由路径的稳定性问题进行探讨,主要严格阐述链路稳定性和路由稳定性的关系模型,这对于

后面的链路稳定性方案设计和路由改进提供了理论支持。较多文献对链路稳定性和路径稳定性的关系简单的归结为最小化度量，还有文献以持续时间概率模型给出了路径稳定性的概率模型。前者的不足在于最小化度量往往用于定性，在定量的要求下往往得不到精确解法，特别是在多因素条件下。而后者在于条件概率的计算条件是以每条链路的具体条件为前提，缺乏统一的前提。文献[39]对 Y.Han 等人[40]的基本框架进行了扩展，通过随机过程建模对链路稳定性及其相应的路径稳定性进行了分析。

基本框架：根据随机过程理论，节点间的链路可以用可达过程表示。V 表示网络内的节点集合，对于网络中任意两节点 i 和 j，随机可达过程 $\{\gamma_{i,j}(t), t \geqslant 0\}$ 可以用于表达其链路。当 $\gamma_{i,j}(t)=1$ 表示两节点间的链路可用，而 $\gamma_{i,j}(t)=0$ 则表示两节点间的链路不可用。在双向链路中有 $\gamma_{i,j}(t)=\gamma_{j,i}(t)$。过程 $\{\gamma_{i,j}(t), t \geqslant 0\}$ 可视为一个简单的开关过程。其开关状态转换伴随着可用持续时间和不可用持续时间两个随机变量独立的变化。根据文献描述，该可达过程可以通过多种方式定义，以节点位置为例：在网络中节点的位置是不固定的，使用 $\{C_i(t), t \geqslant 0\}$ 表示 V 中节点 i 的坐标随着时间的变化过程。对于简单的信道模型，假设节点间的距离在有效临界距离之内就可以实现连接，其表达式为

$$\gamma_{i,j}(t)=\begin{cases}0, & \| C_i(t)-C_j(t) \| > r_{\text{thresh}} \\ 1, & \| C_i(t)-C_j(t) \| \leqslant r_{\text{thresh}}\end{cases}, t \geqslant 0 \tag{3-82}$$

接着定义链路的稳定性，主要考虑路径的持续时间。结合上面链路可达过程，可将网络表示成无向图 $(V, E(t))$，前者即是节点集合，后者表示节点集合 V 中的边集合，$E(t)$ 是随着时间变化的一个随机集合。满足下式：

$$E(t)=\{(i,j \in V): \gamma_{i,j}(t)=1\}, t \geqslant 0 \tag{3-83}$$

网络中使用 $P_{s,d}(t)$ 表示 t 时刻从源节点 s 到目的节点 d 的路径集合。对于 $P_{s,d}(t)$ 中的某条路径，使用 $L_{s,d}(t)$ 表达该条路径上的链路集合。在路径 $L_{s,d}(t)$ 上的链路 l，$T_l(t)$ 表示链路的剩余寿命。$Z_{s,d}(t)$ 表示由 $L_{s,d}(t)$ 中链接建立的从 s 到 d 的路由的剩余持续时间，其表达式为

$$Z_{s,d}(t)=\min\{T_l(t): l \in L_{s,d}(t), t \geqslant 0\} \tag{3-84}$$

网络场景假设：为了获得多跳情况下的路径持续时间的渐进分布，对节点的分布做出场景设计。

$n \in \{1,2,\cdots\}$ 表示场景中的节点数；

$V^{(n)}=\{1,\cdots,N^{(n)}\}$ 表示网络中的节点集合；

$D^{(n)}$ 表示网络中节点的活动区域；

$\{X_i(t), t \geqslant 0\}$ 是一个随机过程，表示节点 i 在活动区域 $D^{(n)}$ 内的轨迹。

同时对于网络的规模有以下规格：

$N^{(n)} \sim nN^{(1)}$ 且 $\text{Area}(D^{(n)}) \sim n \cdot \text{Area}(D^{(1)})$ 这保证了在网络中的节点分布是渐进常数。

考虑这样的网络在运行长时间后达到稳态的状况，假定此时网络中节点间的链路过程达到联合平稳状态。对于每条链路的活动(UP)和遏制(DOWN)时间序列：

$W^{(n)}(k)=[(U_{i,j}{}^{(n)}(k), D_{i,j}{}^{(n)}(k)), i<j, i,j \in V^{(n)}]$ 其中 $U_{i,j}{}^{(n)}(k)$ 表示链路的活动时间，$D_{i,j}{}^{(n)}(k)$ 则表示节点的遏制时间。此序列在网络稳定时是一个严平稳过程。根据更新过程和独立开关过程易知，对于每条链路，有如下关系：

$$P\{T_l^{(n)}(0)<x \mid \gamma_{i,j}(0)\}=F_l^{(n)}(x)$$

$$F_l^{(n)}=\begin{cases} m(G_l^{(n)})\int_0^x (1-G_l^{(n)}(y))\mathrm{d}y, & x>0 \\ 0, & x\leqslant 0 \end{cases} \tag{3-85}$$

式中,$G_l^{(n)}$ 表示 $U_{i,j}^{(n)}(k)$ 的累积分布函数。

那么对一跳的路由路径其实就是一条链路。假设 $X_l^{(n)}$ 是服从 $F_l^{(n)}$ 的随机变量,那么

$$\left.\begin{array}{l} (T_l^{(n)}(0)<x \mid \gamma_{i,j}(0))=X_l^{(n)} \\ X_l^{(n)} \sim F_l^{(n)} \end{array}\right\} \tag{3-86}$$

那么路径持续时间的随机变量 $Z^{(n)}$ 可作以下简化:

$$Z^{(n)}=\min\{X_l^{(n)}: l=1,2,\cdots,H^{(n)}\} \tag{3-87}$$

$H^{(n)}$ 表达该条路径上的跳数。由于网络的稳态严平稳假设,则对任意时刻的观测研究可以转化为对 $t=0$ 时刻的计算,有 $H^{(n)}=|L_{s,d}(0)|$。

在将链路稳定性向路径稳定性推广之前,注意到到链路可达过程模型并非是相互独立的。但是在文献[40]中作者假设可达模型相互独立,通过仿真实验,在随机路点模型下证明了链路剩余生命时间的相关性随着两条链路间相隔的跳数增加而快速降低。因此有了 $m-$dep 模型,该模型基于以下假设:

假设 1:对于满足公式(3-87)的随机变量 $X_l, l=1,2,\cdots$,存在 m,如果当 $|l-l'|>m>0$ 时。随机变量 X_l 和 $X_{l'}$ 相互独立。

假设 2:对于任意 $x>0$,对于给定的任意小的 $\varepsilon>0$,存在整数 n>0,使得 $G(\frac{x}{n})\leqslant\varepsilon$.这保证了 $\lim\limits_{n\to\infty}G(\frac{x}{n})=G(0)=0$。

在以上两条假设成立的条件下,有以下定理:

$$\begin{aligned} &\lim_{c\downarrow 0}\frac{1}{P[X_i>0]}\max_{|i-j|\leqslant m}P[X_i<c, X_j<c] \\ &=\lim_{c\downarrow 0}\max_{|i-j|\leqslant m}P[X_i<c \mid X_j<c] \\ &=0 \end{aligned} \tag{3-88}$$

$$\lim_{n\to\infty}P[H(n).Z^{(n)}\leqslant x]=\begin{cases}1-\mathrm{e}^{-\lambda x}, & x>0 \\ 0, & x\leqslant 0\end{cases} \Rightarrow \lambda=\frac{1}{m(G)} \tag{3-89}$$

定理表达了,当一条路径的跳数增加到一定程度时,路径的持续时间渐进服从参数为 $H(n).\lambda$ 的指数分布。同时指出了当 $c\downarrow 0$ 时,在 m 跳内的两个相近链路之间同时具有很短链路寿命的几率是很小的这个事件在网络中的存在性。当然这个结论是在有限独立情况下给出的。接下来将要考察更一般的情况。

假定 $Q=\{Q_i(n), n=1,2,\cdots; i=1,\cdots,h(n)\}$ 是一个是随机变量集合。而 $\{h(n), n\geqslant 1\}$ 是一个正整数序列,满足 $\lim\limits_{n\to\infty}(h(n))=\infty$。定义随机变量 $\{Q_{i_1}^{(n)}, Q_{i_2}^{(n)},\cdots,Q_{i_n}^{(n)}\}$ 的联合分布函数为 $J_{i_1\cdots i_n}^{(n)}(u,\cdots,u)$,简称 $J_{i_1\cdots i_n}^{(n)}(u)$。令 $\{u_n, n\geqslant 1\}$ 为实数序列,$B=\{\beta_{n,m}, n=1,2,\cdots; m=1,2,\cdots,h(n)\}$ 是个非负实数序列。则

$$1<i_1<\cdots<i_p<s_1<\cdots<s_q<h(n), \text{若 } s_1-i_p>m\Rightarrow$$

$$|J^{(n)}_{i_1\cdots i_p j_1\cdots j_q}(u_n)-J^{(n)}_{i_1\cdots i_p}(u_n)\cdot J^{(n)}_{j_1\cdots j_q}(u_n)|\leqslant \beta_{n,m} \tag{3-90}$$

在上述情况下引入一些定义和追加假设：

定义 1：假设可以找到非负整数序列$\{m(n),n=1,2,\cdots\}$和序列 B 集合符合式(3-89)并且有

a)　$$\lim_{n\to\infty}m(n)=\infty$$

b)　$$m(n)=o(h(n))$$

c)　$$\lim_{n\to\infty}\beta_{n,m(n)}=0$$

就称为随机变量序列$\{Q_{i_1}{}^{(n)},Q_{i_2}{}^{(n)},\cdots,Q_{i_n}{}^{(n)}\}$满足条件 $D(u_n)$[41]。

定义 2：k 为一个正整常数，将跳数 $h(n)$ 划分为等间隔的 k 个区间。前 k 个区间等间隔 $n'=\left\lfloor\dfrac{h(n)}{k}\right\rfloor$，最后一个区间的长度根据 $h(n)$ 不同而异，有

$$\left.\begin{aligned}I^{(n)}_{k,j}&=\{(j-1)n'+1,\cdots,jn'\}\\I^{(n)}_{k,k+1}&=\{k+1,\cdots,h(n)\}\end{aligned}\right\} \tag{3-91}$$

令$|I|$表示区间的长度，则$|I^{(n)}_{k,j}|=n'$。$0<|I^{(n)}_{k,k+1}|<n'$

称满足公式(3-90)的序列 Q 符合条件 $D'(u_n)$。

$$\lim_{n\to\infty}\sum_{i,i'\in I^{(n)}_{k,j};i<i'}P\{Q^{(n)}_i>u_n,Q^{(n)}_{i'}>u_n\}=o(\frac{1}{k}) \tag{3-92}$$

在满足 m-dep 模型中，追加以下假设：

假设 3：对于任意 $x\geqslant0$，有

$$\lim_{n\to\infty}(\max_{l=1,\cdots,H(n)}G^{(n)}_l(\frac{x}{H(x)}))=0$$

假设 4：令 $\lambda^{(n)}_l=\dfrac{1}{m(G^{(n)}_l)}$，存在正实数 λ，满足

$$\lim_{n\to\infty}\frac{1}{H(n)}\sum_{l=1}^{H(n)}\lambda^{(n)}_l=\lambda \tag{3-93}$$

假设 5：对任意$\{I^{(n)}_{\text{sub}},n=1,2,\cdots\}$为连续的正整数集合序列，$I^{(n)}_{\text{sub}}\subset\{1,2,\cdots,H(n)\}$，$\dfrac{1}{H(n)}\sum_{l\in I^{(n)}_{\text{sub}}}\lambda^{(n)}_l=O(\dfrac{|I^{(n)}_{\text{sub}}|}{H(n)})$，该假设说明期望的链路寿命随着网络规模的扩大不会减小到 0。

假设 6：对于任意 $x>0$ 和 $u_n=\dfrac{H(n)}{x}$，则序列 $Q=\{Q^{(n)}_l,n=1,2,\cdots;l=1,2,\cdots,H(n)\}$，满足条件 $D'(u_n)$。

当假设 6 成立时，可以导出结论：

$$\lim_{n\to\infty}P[H(n).Z^{(n)}\leqslant x]=\begin{cases}1-\mathrm{e}^{-\lambda x},x>0\\0,\qquad x\leqslant0\end{cases} \tag{3-94}$$

结论告诉我们，h 跳路径的分布特性可以使用指数分布来近似表达，这里 h 应该是足够大的。同时也可得如果链路服从$\{G_l,l=1,2,\cdots,h\}$的分布特性，那么由此组成的路径的期望持续时间可以近似为 $1/\sum_{l=1,\cdots,h}[m(G_l)^{-1}]$。另一方面，可见这个结论和假设链路间剩余生命相互独立得到相同的结论，表明了该结论在链路间存在本地依赖时仍然成立，即路径的持续时间分布和组成其链路间可达过程的独立程度关系不大。

3.6.2 多尺度链路稳定性方案设计

经过对理论基础基本模型的分析，明确了各种链路稳定性模型组成的基础条件、链路稳定性和路径稳定性的定性和定量关系。这里将着手建立多尺度链路稳定性模型，详细阐述方案设计的框架和方案运行流程，并且对其中若干关键问题给出解决方法。

1.方案总体架构

本节设计的多尺度链路稳定性评测方案融合了网络中多种对网络性能产生影响的因素。通过对因素的合理规划和使用，力求得到全方位的链路稳定性评价。在整体设计上，评测方案借鉴了文献中已有的一些典型链路评价办法和采用的因素，形成了本节的综合评测方案。该方案在结构上表现为采用网络多方面的评价指标进行多尺度的综合比较。主要有节点任务评估管理、高鲁棒性网络拓扑管理和信道质量评估管理三方面的指标：

(1)节点任务评估管理。在节点层面管理和统计节点自身相关的属性，如节点电源使用情况、节点的 CPU 负载情况、节点的缓冲区使用情况、节点的任务队列等，通过任务管理机制能获得这些所需要的评价指标的当前状态，为评价体系提供了第一类输入。这类输入主要用到节点 CPU 占用率和节点的数据缓冲区占用率。

(2)高鲁棒性网络拓扑管理。拓扑管理信息是通过邻居节点之间的移动预测信息和拓扑感知来获得。拓扑管理会给出当前的局部拓扑状态和节点密度等指示，作为评价体系的第二类输入。

(3)信道质量评估管理。信道评估是通过感知邻居之间链接的信号强度来评价，通过信号强度的大小和变化趋势，可以预测信道的质量。链路间的报文投递率在更高的层次上，基于信道质量给出了信道和协议栈的综合作用对应用层业务的支持，在信道质量满足的情况下，信道质量评估结果作为评价体系的第三类输入。

这三类输入经过多尺度的综合作用，最终形成的综合指标用以指示链路稳定性，如图 3-41所示。

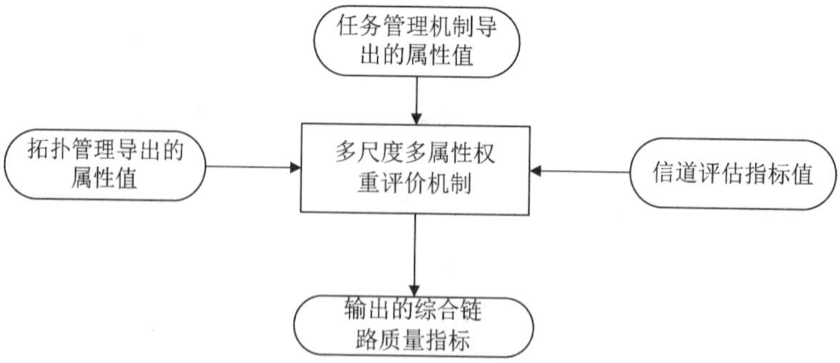

图 3-41 综合评价体系的输入输出关系

对于任务管理机制来说，主要就是对应到其相关的链路影响因素，并根据前文对单因素的定义和计算处理办法，得出度量值。作为下一步的输入值存储起来。

拓扑管理主要是根据节点间交换的邻居探测信息报文，一般是 HELLO 报文，实现节点邻居拓扑探测。主要是收集一跳邻居的信息，也有收集两跳邻居信息的时候，如 OLSR 协议。拓扑管理就是根据这些邻接点的信息计算节点的网络密度。

信道评估常用的两种方法是节点位置评估和信号强度评估。前文已分析得到节点位置和信号强度间具有深度的耦合和相关性，同时使用两种因素来做信道质量预测和评估，更多的是添加了信息的冗余度，而没有太多实质性的性能提升。同时位置预测一般需要外部辅助设备，如 GPS 等。因此本方案中直接采用信号强度实现信道评估而省略了位置预测。

三类输入指标输入到多属性多权重的中间模块中进行权重分配和加权平均，进而得到最终的综合评价指标。

在多尺度评价方案中采用了分层比较，这样设计的目的是为了减少计算的规模。当其中某类指标不满足阈值条件时，则可以直接判断该链路的性质，而无须对其链路质量做定量计算。文中认为差的链路质量指标没有计算的必要性，如果能直接定性判断完成，没必要再增加计算量。如果满足了阈值条件，那么这条链路才有可能成为优质链路，这时候基于选最优链路的需求，我们再对优质链路计算其链路稳定性的度量值，通过稳定性具体值的比较可实现最优选择。多级评判计算模型可通过图 3-42 来表达。

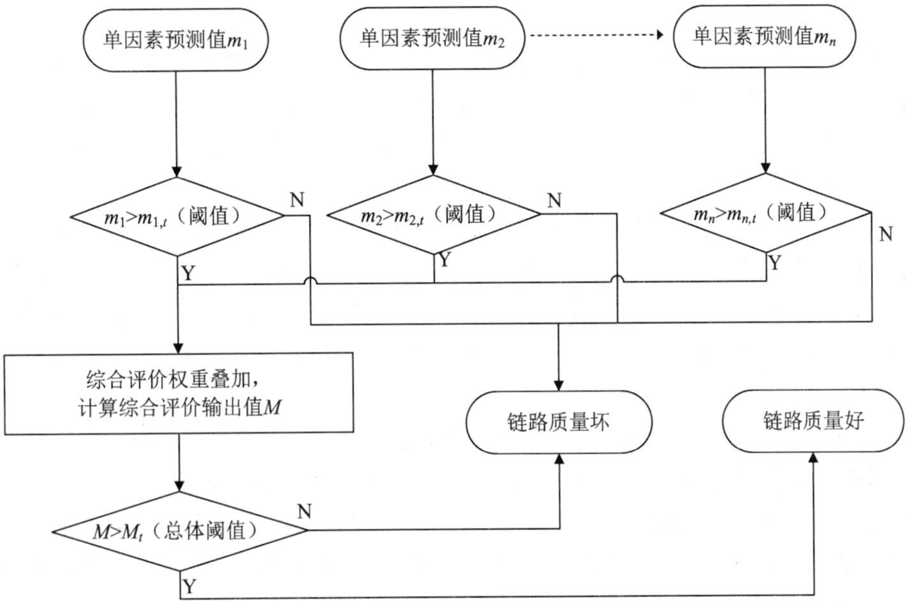

图 3-42　层级阈值判断计算流程

图 3-42 还表达了对链路质量评价结果的表述方式，即已有方案中的定性和定量方式。该方案中采用了两者结合的方式，对于链路质量差的链路直接使用定性的表示方法，不需要关注其具体的度量值。对于链路质量好的链路直接采用计算的链路稳定度数值表示。因此对于这里所提出的链路质量评测方法，使用 m_k 表示对因素 k 的测量或者预测值，这里可以明确$\{k=1,2,3,4,5\}$，分别对应信号强度、CPU 占用率、报文队列长度、报文接收率和节点邻居密度。a_k 表示因素 k 的影响权重。结合前文对因素独立性分析，利用得到的因素值，通过式(3-95)计算链路综合评价指标。

$$\mathrm{LQ}=\begin{cases}0,\text{if any } m_k < m_{\text{thresh}}\\ \sum_{k=1}^{5} a_k m_k\end{cases} \tag{3-95}$$

其中的各因素的链路相关的度量值 m_k 是从其因素值原始数据转化过来的，实现转化的相关规则由下式给出：

$$\left.\begin{array}{l}
m_1=\dfrac{S_{\text{cum}}}{S_{\text{send}}}, S_{\text{cum}}>S_{\text{thresh}} \\
m_2=\begin{cases}1-C_{\text{queued}}^2, 50\%<C_{\text{queued}}<90\% \\ 1, \qquad C_{\text{queued}}<50\% \\ 0, \qquad C_{\text{queued}}>90\%\end{cases} \\
m_3=\begin{cases}1-D_{\text{queued}}^2, 50\%<D_{\text{queued}}<90\% \\ 1, \qquad D_{\text{queued}}<50\% \\ 0, \qquad D_{\text{queued}}>90\%\end{cases} \\
m_4=P_{\text{Receve}} \\
m_5=D
\end{array}\right\} \tag{3-96}$$

这里对于 CPU 占用率和队列长度两种因素做了分段设计，因为在节点资源充足的情况下，这两种因素的百分比的大小差异对实际的链路质量影响差别太小，而在资源很紧缺的情况下百分比的差别展现出同样的特性。所以对处于两端的因素值，直接做出定性判断。

2.权重分配及调度办法

综合评价方案还有个关键的问题需要讨论，那就是权重的分配问题，对于以上三方面的输入，需要给予不同的权重。表示了各类输入在最终稳定性评价综合指标中起到的作用。这需要分析各类输入的重要程度来定。要明确的一点是，这种权重分配不一定是定权值分配，各种因素起到的作用大小会随着网络所处的状态发生转变，决定性输入可能在三类输入中发生随机转移。

这三类输入中，信道预测和评估机制导出的那部分输入作为链路级影响因素，是链路质量的基础并且是最直接的指标。因此该类输入的权重一般比较大，这也是很多文献直接采用信号强度作为链路稳定度评价的潜在依据。而节点任务管理机制给网络性能提供了另外的链路性能要求的评价。节点在高 CPU 占用率和高缓冲区占用率的情况下，网络的吞吐率会受到影响，同时通信时延也会增加，这些对于语音等多媒体通信业务非常重要的指标，在信道质量好的情况下也需要特别的关注。前文已经分析过，网络密度作为一种辅助性因素影响着链路质量。可以单独作为辅助的因素而存在，但是本节中为了统一，将其作为一类输入来处理。这意味着这类输入所占的权重一般应该比前两类输入要小。图 3－43 表达了权重层级划分。

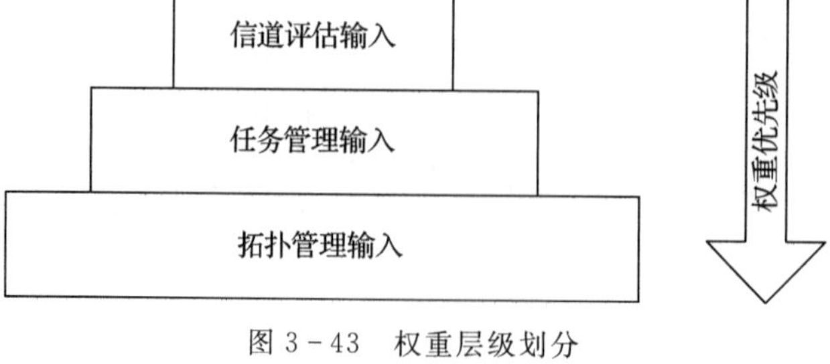

图 3－43　权重层级划分

为了提高多尺度链路稳定模型的实用性和适应性，对于多层级的权重划分机制，还需要进行进一步的优化。因为在不同的条件下各类输入起到的作用大小会不同，并且有时变的特点。为此设计一个合适的权重轮换方案，来满足不同条件下的权重分配需求，如果当时权重分配的链路稳定性预测效果受到严重影响，就对权重分配进行轮换匹配。可以采用在协议中定时检测链路预测的成果，度量标准可以使用链路失效的概率，或者使用单位时间内检测被标定为高质量的链路失效的次数。次数越多，表明该预测机制误报概率提升，需要对预测方案实现权重轮换。图 3－44 显示了权重轮换机制详细工作过程。

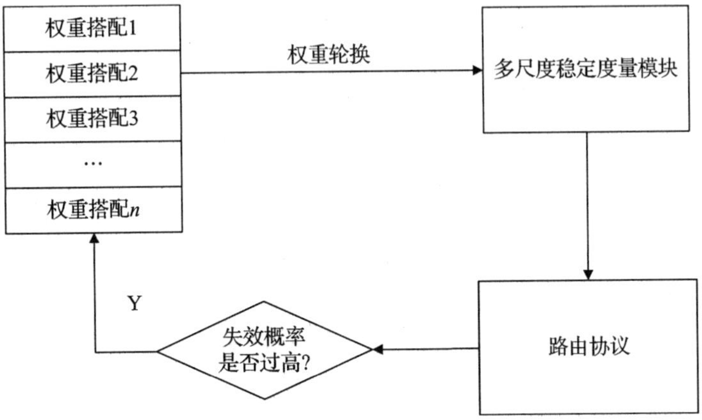

图 3－44　权重轮换机制

权重轮换机制形成了链路评价机制和路由协议性能之间的闭环控制，使得路由协议性能在闭环条件下实现稳态优化。

权重轮换机制中涉及多种权重搭配套件，这些搭配套件可以取实验的经验值，针对主要的几种应用场景实现对应，形成一个权重搭配套件库。根据权重分配层级原则，权重搭配套件需要满足：

$$\left.\begin{aligned}&\sum_{k=1}^{n} c_k = 1, n = \text{num\_facors}\\&c_{k\_\text{low}} < c_k < c_{k\_\text{high}}\\&c_{k\_\text{low}}, c_{k\_\text{high}} > 0\\&0 < c_1 < c_2 < \cdots < c_k\end{aligned}\right\} \tag{3-97}$$

式中，c_k 表示对于某种影响因子对综合链路指标的影响权重；c_{k_low} 和 c_{k_high} 分别表示第 k 种影响因子的权重的最低限和最高限。影响因子间的权重大小顺序限制，表达了影响因子的层级约束。当确定了满足(3－97)的权重搭配套件后，就可以此为据结合式(3－95)进行链路质量计算。

对于权重搭配库的构成和更新则采取经验值和规划值的统一。对于熟悉的实验场景，根据实验的经验，可以确定各因素基本的一些权重搭配集。同时对于新的实验环境，可以结合式(3－97)采用的模糊数学理论实现新的权重搭配套件的计算[12-13]。并将新计算的权重搭配套件添加到权重搭配套件库中去。当所选用的权重搭配套件对链路质量预测效果达不到要求时，启动权重套件轮换机制，依次从库中调用其他套件实现链路质量计算。如果所有的现有套件都无法满足要求时,则启动新套件机制重新计算。根据实验场景的数量规模设计套件库的容量,套件库中的元素根据使用频率实现实验后的排序。当现有容量已满,则在更新时替换掉最不常使用的套件元素。

3.6.3 模型可靠性分析与设计

多尺度链路稳定性方案对多种因素进行了综合和权衡,目的在于利用低冗余的信息实现高准确性的模型。该部分主要集中在模型可靠性方面,分析模型可靠性的关键,并对已有模型实现可靠性提升。通过对模型的分析,其可靠性主要来源于采用的影响因素值的可靠性。在众多因素值中,CPU 占用率和节点队列长度是通过节点自身读取系统状态得来的,视为可靠值。节点密度是网络层面的影响因素,时变特性较慢,也可认为在链路质量计算期间保持可靠。报文传输率是一段时间的统计值,具有较高的准确性保障。因此模型可靠性影响最大的部分就落在信号强度上。接收的信号强度是发送信号通过复杂的信道后产生的结果,本身就具有复杂多变的特性,同时还易于产生突变。因此需要对信号强度因素进行可靠性的提升和再设计。对于信号强度,一方面需要提高其检测的可靠性,这个依靠硬件来实现;另一方面要对检测值实现进一步的滤波处理。同时为了增强模型的后验能力,可以适当进行链路稳定性状态向量的预测。因此首先要了解相关的滤波算法,选择一个合适的来加强模型的可靠性。目前为止,已有将滤波算法应用到 WSN(Wireless Sensor Network)的链路评估案例[41]。同样在无线自组织网络的动态环境中也可以通过这种方法来加强链路评估模型的可靠性。

1.常用滤波算法分析和选取

对于目标量的测量和估计方法到现在已经有很多,也形成了许多有效的研究方法和理论,比较普遍的一类便是以滤波算法为基础的。这里先介绍当前使用较多的一些经典滤波算法[42-43]。

(1)标准 KF 算法。标准卡尔曼滤波算法是以状态空间模型为基础的。在状态空间模型中将需要测量的信号视为状态或者状态的分量。状态空间满足以下两个基本特征:

1)利用状态方程描写系统的动态过程,利用量测方程提供状态的量测信息;

2)将状态看作空间中的“点”,利用 Hilbert 空间影射理论解决最优状态估计问题。

卡尔曼滤波假定在每一时刻后验概率是高斯型的,因此使用均值和方差就可以完全表达过程参数。在没有输入情况下,对线性系统进行离散时间系统建模:

$$\left.\begin{aligned} x_k &= \boldsymbol{F}_k x_{k-1} + w_{k-1} \\ z_k &= \boldsymbol{H}_k x_k + v_k \end{aligned}\right\} \tag{3-98}$$

式(3-98)中,$\boldsymbol{F}_k$ 和 $\boldsymbol{H}_k$ 是系统转移矩阵和量测矩阵;w_{k-1} 和 v_k 分别是均值为零、方差为 Q_{k-1} 和 R_k 且相互独立的过程噪声和量测噪声。对模型的初值 $\hat{X}(0)$ 即 $\hat{X}_{0|0}$,一般取为 $E(X_0)=0$,$P(0)$ 可以任意假定。

卡尔曼滤波是典型的最小方差无偏估计(MMSE)方法。最优卡尔曼滤波问题就是给定量测序列 $z_1, z_2, \cdots, z_{k+1}$,要求找出 x_{k+1} 的最优线性估计 $\hat{x}_{k+1|k+1}$,满足 $\tilde{x}_{k+1|k+1} = x_{k+1} - \hat{x}_{k+1|k+1}$ 的方差最小。

卡尔曼滤波是一个带反馈的估计方法,滤波器先通过状态方程做出相应的估计,然后以包含噪声的量测值的形式获得反馈。卡尔曼滤波分为两个阶段:时间更新(又称估计)和量测更新(又称修正)。预测状态通过当前状态及其协方差估计得出下一时刻这两个量的先验估计;修正阶段负责处理反馈,将新获得的量测值和先验估计合并以获得改善后的后验估计。

卡尔曼滤波的时间更新方程

$$\left.\begin{aligned}\hat{x}_{k+1|k} &= \boldsymbol{F}_{k+1}\hat{x}_{k|k}\\ \boldsymbol{P}_{k+1|k} &= \boldsymbol{F}_k\boldsymbol{P}_{k|k}\boldsymbol{F}_k^{\mathrm{T}}+\boldsymbol{Q}_{k+1}\end{aligned}\right\}\tag{3-99}$$

卡尔曼滤波的量测更新方程

$$\left.\begin{aligned}\boldsymbol{K}_{k+1} &= \boldsymbol{P}_{k+1|k}\boldsymbol{H}_{k+1}^{\mathrm{T}}(\boldsymbol{H}_{k+1}\boldsymbol{P}_{k+1|k}\boldsymbol{H}_{k+1}^{\mathrm{T}}+\boldsymbol{R}_{k+1})^{-1}\\ \hat{x}_{k=1|k+1} &= \hat{x}_{k+1|k}+\boldsymbol{K}_{k+1}(z_{k+1}-\boldsymbol{H}_{k+1}x_{k+1|k})\\ \boldsymbol{P}_{k+1|k+1} &= (\boldsymbol{I}-\boldsymbol{K}_{k+1}\boldsymbol{H}_{k+1})\boldsymbol{P}_{k+1|k}\end{aligned}\right\}\tag{3-100}$$

式中,$\boldsymbol{K}_{k+1}$为增益矩阵,$\boldsymbol{P}_{k+1|k}$和$\boldsymbol{P}_{k+1|k+1}$均为协方差阵。式(3-99)和式(3-100)构成了卡尔曼滤波算法的核心方程。

卡尔曼滤波能很好地解决线性的、正态的系统状态估计问题,期望的概率密度函数仍然是正态分布。其缺点在于要求系统的过程和量测噪声为高斯白噪声,且相互独立,否则,滤波算法可能会发散。因此有许多对卡尔曼滤波算法的改进,但是改进的同时也增加了算法复杂度,降低了算法的效率。典型的改进有 EKF(扩展卡尔曼滤波)、UKF(无迹卡尔曼滤波)滤波算法等。

(2)UKF 算法。针对卡尔曼滤波只能处理具有高斯噪声的线性系统估计问题,很多学者以卡尔曼滤波为基础进行改进,希望能解决非线性系统的估计。在这类方法中,UKF 算法是值得一提的。

这是一种比较常用的次优非线性贝叶斯滤波方法,是在无迹变换的基础上发展起来的。无迹变换是用于计算经过非线性变换的随机变量统计的一种新方法,不需要对线性状态和量测模型进行线性化,而是对状态向量的概率密度函数进行近似,近似后的概率密度函数仍然是高斯分布的,但是表现为一系列选取好的采样点。

无迹变换的基本思想是:根据 x 的均值 $\bar{x}$ 和方差 P_x,选择 $2n_x+1$ 个加权样点 $S_i=\{W_i,x_i\}(i=1,2,\cdots,2n_x+1)$来近似随机变量 x 的分布,x_i 称为粒子(σ 点)。基于设定的粒子 x_i 计算其经过系统函数 $f(\cdot)$的传播获取 y_i,然后计算 $\bar{y}$ 和 P_y。无迹变换的具体过程由以下式子表达,即

$$\left.\begin{aligned}&x_0=\bar{x},W_0=\frac{\lambda}{n_x+\lambda},i=0\\ &x_i=\bar{x}+(\sqrt{(n_x+\lambda)P_x})i,i=1,2,\cdots,n_x\\ &x_i=\bar{x}-(\sqrt{(n_x+\lambda)P_x})i,i=n_x+1,n_x+2,\cdots,2n_x\\ &W_0^{(m)}=\frac{\lambda}{n_x+\lambda},W_0^{(c)}=\frac{\lambda}{n_x+\lambda}+(1-\alpha^2+\beta),\lambda=\alpha^2(n+k)-n\\ &W_i^{(m)}=W_i^{(c)}=\frac{1}{2(n_x+k)},i=1,2,\cdots,2n_x\end{aligned}\right\}\tag{3-101}$$

对式(3-101)的几点说明:$\alpha>0$ 是一个比例调节因子,一般取很小的正值,用于调节粒子间的分布距离、高阶矩的影响,进而减小测量误差。$\beta\geqslant 0$ 的作用在于改变 $W_0^{(c)}$,控制统计状态

的峰值误差，提高方差精度。

根据无迹变换表达式，在目标系统中变换过程如下：①选定参数 α,β,k 的值；②按照公式(3-101)计算得到调整后的各粒子及其权值；③对每个粒子进行系统变换(一般为非线性变换)，形成变换后的点集。即 $y_i=f(x_i),i=1,2,\cdots,2n_x$。

计算变换后的均值和方差，有

$$\bar{\boldsymbol{y}}=\sum_{i=0}^{2n_x}\boldsymbol{W}_i^{(m)}\boldsymbol{y}_i,\quad \boldsymbol{P}_y=\sum_{i=0}^{2n_x}\boldsymbol{W}_i^{(c)}(\boldsymbol{y}_i-\bar{\boldsymbol{y}})(\boldsymbol{y}_i-\bar{\boldsymbol{y}})^{\mathrm{T}} \tag{3-102}$$

结合以上的无迹变换原理和标准卡尔曼滤波算法，无迹卡尔曼滤波可以通过如下步骤实现：

1)初始化过程，设初始状态为 x_0，具有数字特征：

$$E[\boldsymbol{x}_0]=\overline{\boldsymbol{x}_0},D[\boldsymbol{x}_0]=E[(\boldsymbol{x}-\boldsymbol{x}_0)(\boldsymbol{x}-\boldsymbol{x}_0)^{\mathrm{T}}]=\boldsymbol{P}_0$$

考虑误差，并对状态加以扩展后有 $E[x_0,w_k]=0,E[x_{0,}v_k]=0$，扩展后的初始状态向量及其方差表示为

$$\boldsymbol{x}_0^a=(\bar{\boldsymbol{x}}_0^{\mathrm{T}},0,0)^{\mathrm{T}},\quad \boldsymbol{P}_a=E[(\boldsymbol{x}_0^a-\bar{\boldsymbol{x}}_0^a)(\boldsymbol{x}_0^a-\bar{\boldsymbol{x}}_0^a)^{\mathrm{T}}]=\begin{Bmatrix}P_0 & 0 & 0\\ 0 & Q & 0\\ 0 & 0 & R\end{Bmatrix} \tag{3-103}$$

2)系统扩展向量表示为

$$\boldsymbol{x}_k^a=(\boldsymbol{x}_k^{\mathrm{T}},\boldsymbol{w}_k^{\mathrm{T}},\boldsymbol{v}_k^{\mathrm{T}})^{\mathrm{T}},\boldsymbol{P}_k^a=E[(\boldsymbol{x}_k^a-\bar{\boldsymbol{x}}_k^a)(\boldsymbol{x}_k^a-\bar{\boldsymbol{x}}_k^a)^{\mathrm{T}}]=\begin{Bmatrix}P_k & 0 & 0\\ 0 & Q_k & 0\\ 0 & 0 & R_k\end{Bmatrix} \tag{3-104}$$

选取粒子

$$\left.\begin{aligned}&x_{k-1}^a=(\bar{x}_{k-1}^a,\bar{x}_{k-1}^a+\sqrt{(n_a+\lambda)P_{k-1}^a},\bar{x}_{k-1}^a-\sqrt{(n_a+\lambda)P_{k-1}^a})\\&\boldsymbol{x}_{k-1}^a=[\boldsymbol{x}_{k-1}^x,\boldsymbol{x}_{k-1}^w,\boldsymbol{x}_{k-1}^v]^{\mathrm{T}}\end{aligned}\right\} \tag{3-105}$$

式中，$n_a=n_x+n_w+n_v$，n_x、n_w、n_v 分别为状态向量、过程噪声和量测噪声的维数。而向量 $\boldsymbol{x}_{k-1}^a$ 中则包含了状态向量、过程噪声和量测噪声分量。

3)时间更新。在没有输入的情况下采用式(3-105)中的相关式子可计算权值 W_i，然后计算时间更新，有

$$\left.\begin{aligned}&x_{k|k-1}^x=f(x_{k-1}^x,u_{k-1},x_{k-1}^w)\\&\bar{x}_{k|k-1}=\sum_{i=0}^{2n_a}W_i^{(m)}x_{i,k|k-1}^x\\&P_{k|k-1}=\sum_{i=0}^{2n_a}W_i^{(c)}(x_{i,k|k-1}^x-\bar{x}_{k|k-1})(x_{i,k|k-1}^x-\bar{x}_{k|k-1})^{\mathrm{T}}\\&z_{k|k-1}=h(x_{k|k-1}^x,x_{k|k-1}^v)\\&\bar{z}_{k|k-1}=\sum_{i=0}^{2n_a}W_i^{(m)}z_{i,k|k-1}\end{aligned}\right\} \tag{3-106}$$

4)测量更新：

$$\left.\begin{aligned}
&P_{zk|k-1,zk|k-1}=\sum_{i=0}^{2n_a}W_i^{(c)}[z_{i,k|k-1}-\bar{z}_{k|k-1}][z_{i,k|k-1}-\bar{z}_{k|k-1}]^{\mathrm{T}}\\
&P_{xk|k-1,zk|k-1}=\sum_{i=0}^{2n_a}W_i^{(c)}[x_{i,k|k-1}-\bar{x}_{k|k-1}][z_{i,k|k-1}-\bar{z}_{k|k-1}]^{\mathrm{T}}\\
&K_k=P_{xk|k-1,zk|k-1}P_{zk|k-1,zk|k-1}^{-1}\\
&\bar{x}_k=\bar{x}_{k-1}+K_k(z_k-\bar{z}_{k|k-1})\\
&\hat{P}_k=P_{k|k-1}+K_kP_{zk|k-1zk|k-1}K_k^{\mathrm{T}}
\end{aligned}\right\}\tag{3-107}$$

UKF 算法能在保持高阶项的前提下处理非线性系统的预测和滤波问题，但是其系统噪声必须限定为高斯型的，对非高斯分布系统不适合。而接下来介绍的粒子滤波可以解决这类问题。

(3)PF(粒子滤波)算法。粒子滤波是一种基于蒙特卡洛方法和贝叶斯估计的统计滤波方法，依据大数定律采用蒙特卡洛方法进行贝叶斯估计中的积分运算。粒子滤波算法首先依据系统状态向量的经验分布在状态空间产生一组随机样本集合，这些样本统称为粒子。然后根据量测值不断调整粒子和其权重的位置，使用调整后的粒子信息修正初始的经验条件分布。算法中采用粒子和相应权重组成的离散随机测度近似相关的概率分布，并根据递推实现随机测度的更新。当样本容量达到一定规模时，这种蒙特卡洛描述就可以近似状态变量的真实后验概率密度函数。粒子滤波适用于任何能用状态空间模型表示的非高斯背景的非线性随机系统，精度可以逼近最优估计，是一种很有效的非线性滤波估计技术。

标准粒子滤波算法如下：

1)初始化：取 $k=0$，按 $p(x_0)$ 抽取 N 个样本点 $x_0^{(i)}$，$i=1,\cdots,N$。

2)重要性采样：$\tilde{x}^{(i)}{}_k\sim q(x_k|x_{0:k-1}^{(i)},z_{1:k})$，令 $\tilde{x}^{(i)}{}_{0:k}=(x_{0:k-1}^{(i)},\tilde{x}^{(i)}{}_k)$，其中 $i=1,\cdots,N$。

3)计算权值：

$$\omega_k^{(i)}=\omega_{k-1}^{(i)}\frac{p(z_k\mid x_k^{(i)})p(x_k^{(i)}\mid x_{k-1}^{(i)})}{q(x_k^{(i)}\mid x_{0:k-1}^{(i)},z_{1:k})}\tag{3-108}$$

若采用一步转移后验状态分布，该式可简化为 $\omega_k^{(i)}=\omega_{k-1}^{(i)}p(z_k|x_k^{(i)})$。

4)归一化权值：

$$\tilde{\omega}^{(i)}{}_k=\frac{\omega_k^{(i)}}{\sum_{j=1}^{N}\omega_k^{(j)}}\tag{3-109}$$

5)重采样：根据各自归一化权值 $\tilde{\omega}^{(i)}{}_k$ 的大小复制/舍弃样本 $\tilde{x}^{(i)}{}_{0:k}$，得到 N 个近似服从 $p(x_{0:k}^{(i)}|z_{1:k})$ 分布的样本 $x_{0:k}^{(i)}$。令 $\omega_k^{(i)}=\tilde{\omega}^{(i)}{}_k=1/N$，$i=1,\cdots,N$。

6)输出结果：算法的输出是粒子集 $\{x_{0:k}^{(i)}:i=1,\cdots,N\}$，用它可以近似表示后验概率和函数 $g_k(x_{0:k})$ 的期望，有

$$\left.\begin{aligned}
&\hat{p}(x_{0:k}\mid z_{1:k})=\frac{1}{N}\sum_{i=1}^{N}\delta_{x_{0:k}^{(i)}}(dx_{0:k})\\
&E(g_k(x_{0:k}))=\frac{1}{N}\sum_{i=1}^{N}g_k(x_{0:k}^{(i)})
\end{aligned}\right\}\tag{3-110}$$

7)时刻 $k=k+1$,转到第 2)步。

标准滤波算法容易产生粒子退化问题,因此需要进行重采样,但是重采样增加了算法的计算量,降低了算法的效率。因此需要衡量粒子退化程度,适当地进行重采样,在保证滤波精确度的条件下,减少重采样带来的效率负担。此外,选择好的重要密度函数也是克服粒子退化的有效方法。另一方面重采样带来的负面效应是粒子多样性的弱化,这些问题还在对滤波算法的进一步研究中。在标准滤波算法基本框架下存在的算法改进有正则粒子滤波算法、高斯粒子滤波、辅助粒子滤波等。总体看来,粒子滤波算法是当前针对非线性非高斯系统的一种有效的滤波算法,但是由于其中还有许多待解决问题,还没有形成成熟的应用环境,对这些问题的完善将会促进粒子滤波进一步应用。

(4)无线自组织网络中的滤波算法选择。通过前文分析,对于模型改进主要在于提高信号强度的测量精度和预测精度。一方面对当下时刻的信号强度测量值进行滤波求得其准确估计值,另一方面,根据系统模型实现下一时刻的预测。对于其他影响链路质量的因素,作为系统状态的分量,需要实现预测。结合常用的滤波算法和实际的网络环境和应用条件,对滤波算法的选择做下述分析:

1)选择的滤波算法要考虑其应用条件,即必须在网络通信环境中算法收敛,能给出最终可行的滤波和预测结果。

2)在无线自组织网络中节点的能量有限,在考虑滤波算法时,引入的计算量不宜过大,避免在链路稳定预测机制上过度消耗节点的能量资源、计算资源等。

3)滤波算法的实时性要强,因为对于网络运行过程来说,链路质量预测和路由过程应该是快速响应的过程。

对于无线自组织网络的通信环境来说,环境噪声可以近似为高斯白噪声。对于模型来说,以上三类滤波算法都可以实现滤波,但是 UKF 算法和 PF 算法明显在计算量上要大于 KF 算法。其中 PF 算法的计算量是最大的,而且计算量随着粒子的增加会越来越明显。对于 PF 算法,由于其中存在较多待研究问题,还没有形成统一的应用法则,其基于采样的概率密度近似需要许多空间存储采样值来模拟概率特性。因此要应用 PF 需要在存储空间和计算效率上有很好的硬件基础支撑,这对于一般的嵌入式终端节点要求稍高。综合考虑算法效率和链路模型的可靠性需求,KF 算法在简洁性和有效性上都基本符合需求。因此在链路稳定模型改进设计中考虑采用 KF 算法实现可靠性处理。

2.基于时间序列的链路状态卡尔曼滤波建模

如前文所分析,卡尔曼滤波主要用于处理线性定长系统的相关滤波和预测问题,显然表征链路状态的演变过程不是一个可以简单量化的线性定常系统,即其状态转化矩阵 A 不是长期保持一定的,可以认为是短期稳定长期时变的矩阵。因此在使用卡尔曼滤波算法进行状态的计算过程中,需要定期实现状态转化矩阵的更新,这样才能保证能够及时跟踪到系统的状态。实现系统状态的准确估算和预测。而确定状态转移矩阵的方法可以从各链路状态分量的时间序列分析中得到。这样就形成了基于时间序列分析的卡尔曼滤波递推模型[44]。当网络中节点的运动规律性增强的时候,该预测方法的准确性和效率也会越高。在许多无线自组织网络的实际应用中,这种情况是合理的。因此完全有理由以此模型为基础实现稳定可靠的链路稳定性预测模型。

根据标准 KF 算法得到链路稳定性模型的状态方程为

$$\left.\begin{aligned} \boldsymbol{x}_k &= \boldsymbol{A}\boldsymbol{x}_{k-1} + \boldsymbol{B}\boldsymbol{u}_k + \boldsymbol{w}_{k-1} \\ \boldsymbol{z}_k &= \boldsymbol{H}\boldsymbol{x}_k + \boldsymbol{v}_k \end{aligned}\right\} \tag{3-111}$$

$\boldsymbol{x}_k=(m_1,m_2,m_3,m_4,m_5)^{\mathrm{T}}$ 表示链路状态变量 k 时刻的估计值；z_k 表示其 k 时刻的测量值；w_{k-1} 和 v_k 分别代表无线通信网络系统的过程噪声和量测噪声，相互独立且都服从高斯分布。即

$$\left.\begin{aligned} w_{k-1} &\sim N(0,Q) \\ v_k &\sim N(0,R) \end{aligned}\right\} \tag{3-112}$$

在对链路稳定性进行预测时，由于整个过程时间间隔很短，因此可以认为，该过程中信号强度相对平稳，具有短时连续和平稳特性。在该模型中不存在外在输入即 $u_k=0$，因此确定了 $\boldsymbol{A}$ 矩阵后，状态递推关系就可确定。对于量测方程，该模型的量测值就是状态向量的真值加上量测误差，因此 $\boldsymbol{H}$ 取为单位阵。为了模型的简化和便于应用，在确定了系统模型的矩阵参量后，认为其在一步预测过程中保持不变。初步得出简化的卡尔曼滤波和预测模型如下：

$$\left.\begin{aligned} \boldsymbol{x}_k &= \boldsymbol{A}\boldsymbol{x}_{k-1} + \boldsymbol{w}_{k-1} \\ \boldsymbol{z}_k &= \boldsymbol{x}_k + \boldsymbol{v}_k \\ \boldsymbol{LQ}_k &= \boldsymbol{C}\boldsymbol{x}_k \end{aligned}\right\} \tag{3-113}$$

式(3-113)中状态状态转移矩阵 $\boldsymbol{A}$ 需要定期更新，结合前文分析，链路状态的分量之间可以认为是相互独立的随机变量。因此可得矩阵 $\boldsymbol{A}$ 形如 $\mathrm{diag}(a_1,a_2,a_3,a_4,a_5)$。最后一个公式，就是采用滤波或预测值计算时刻 k 的链路稳定性，其中 $\boldsymbol{C}$ 矩阵即为状态向量的加权向量的转置形式(c_1,c_2,c_3,c_4,c_5)。

在确定 $\boldsymbol{A}$ 的过程中，对每个分量都采用一样的时间序列分析方法。这里以信号强度为例做详细说明。对于信号强度需要注意的是在无线自组织网络中可能存在硬件不同的节点间的通信，导致网卡在度量信号强度的标准上不一致，通常从网卡直接得到的是 RSSI 值，这是个与生产厂商密切相关的值，取值范围在[0,RSSI_Max]。RSSI_Max 表示最大的 RSSI 值，由厂商设定，同时该值又决定了信号强度测量的粒度。RSSI_Max 越大，粒度越细。当网络中硬件平台多样时(这也是通常的情况)，直接采用 RSSI 实现链路稳定性的计算有可能会带来很大误差。因此需要将 RSSI 根据网卡自身的特性转变为统一的度量 SNR(信噪比)。这可以通过查询相关网卡的资料实现[45]。

时间序列可以看作一个随机过程的连续时间间隔的一次过程实现。这里采用时间序列分析中的常用的自回归模型对信号强度变量建模。自回归模型可以表达如下：

$$\tilde{y}_t = \varphi_1\tilde{y}_{t-1} + \varphi_2\tilde{y}_{t-2} + \cdots + \varphi_p\tilde{y}_{t-p} + \xi \tag{3-114}$$

式 (3-114)称为 AR(p)，即 p 阶自回归过程，式中将 t 时刻的偏差表示为前 p 个时刻的偏差的线性组合加上一个随机的干扰 ξ。在实际的应用中 p 一般取 1 或 2 对应于 AR(1)和 AR(2)。由于卡尔曼只需要一步递推的参数即可，因此采用 AR(1)实现建模：

$$\tilde{y}_k = \varphi_1\tilde{y}_{k-1} + \xi \tag{3-115}$$

在 μ 为 y_k 的平均水平的情况下，将$\tilde{y}_k=y_k-\mu$ 代入到式(3-115)，可得 AR(1)的以下等效过程：

$$y_k = \varphi_1 y_{k-1} + \tau + \xi \tag{3-116}$$

其中的参数根据时间序列采样数据来估计，依据最小二乘原则，具体参数可利用以下公式

计算：

$$\left.\begin{aligned} \bar{y} &= \frac{1}{S}\sum_{i=0}^{S} y_{k-i} \\ \varphi_1 &= \frac{\sum_{i=0}^{S-1} y_{k-i}y_{k-i-1} - (S-1)\bar{y}^2}{\sum_{i=0}^{S-1} y_{k-i-1}^2 - (S-1)\bar{y}^2} \\ \tau &= (1-\varphi_1)\bar{y} \end{aligned}\right\} \tag{3-117}$$

对照式(3-116)对式(3-113)中的卡尔曼滤波模型进一步调整和优化得

$$\left.\begin{aligned} \boldsymbol{x}_k &= \boldsymbol{A}\boldsymbol{x}_{k-1} + \boldsymbol{\beta} + \boldsymbol{w}_{k-1} \\ \boldsymbol{z}_k &= \boldsymbol{x}_k + \boldsymbol{v}_k \\ \boldsymbol{LQ}_k &= \boldsymbol{C}\boldsymbol{x}_k \end{aligned}\right\} \tag{3-118}$$

其中在转移方程中加入了 $\boldsymbol{\beta}=(\tau_1,\tau_2,\tau_3,\tau_4,\tau_5)$，表示链路状态向量的平均水平，该向量和矩阵 $\boldsymbol{A}=\mathrm{diag}(a_1,a_2,a_3,a_4,a_5)=\mathrm{diag}(\varphi_{11},\varphi_{12},\varphi_{13},\varphi_{14},\varphi_{15})$ 一样都需要进行不断更新。针对该模型的还有些其他的参数。对于链路状态的每个分量而言量测扰动 $v_{k,j}$ 的方差可由时间序列计算，进而得到 v_k 的方差阵 $\boldsymbol{R}$：

$$\left.\begin{aligned} \sigma_j^2 &= \sum_{i=0}^{S}\left[\hat{y}_i - (\varphi_1\hat{y}_{i-1} + \tau)\right]^2, j=1,2,3,4,5 \\ \boldsymbol{R}_k &= \mathrm{diag}(\sigma_1^2,\sigma_2^2,\sigma_3^2,\sigma_4^2,\sigma_5^2) \end{aligned}\right\} \tag{3-119}$$

结合时间序列分析的卡尔曼滤波模型的运算步骤如下：

(1)根据状态向量的时间序列计算各链路状态的回归参数 $\tau_j,\varphi_{1j},j=1,2,3,4,5$。进而确定状态转移方程中的状态转移矩阵 $\boldsymbol{A}$ 和水平向量 $\boldsymbol{\beta}$，计算量测误差阵 $\boldsymbol{R}_k$。初始化卡尔曼滤波模型，有关参数的初始化问题，也会影响到模型的精度和稳定，在后面会详细讨论。

(2)依据卡尔曼滤波模型进行状态向量 k 时刻的滤波和 $k+1$ 时刻的预测。在这两个过程中状态方程是保持不变的，滤波实现过程：

时间更新：

$$\left.\begin{aligned} \hat{\boldsymbol{x}}_{k|k-1} &= \boldsymbol{A}\hat{\boldsymbol{x}}_{k-1} + \boldsymbol{\beta} \\ \boldsymbol{P}_{k|k-1} &= \boldsymbol{A}\boldsymbol{P}_{k-1}\boldsymbol{A}^{\mathrm{T}} + \boldsymbol{Q}_k \end{aligned}\right\} \tag{3-120}$$

量测更新：

$$\left.\begin{aligned} \boldsymbol{K}_k &= \boldsymbol{P}_{k|k-1}(\boldsymbol{P}_{k|k-1} + \boldsymbol{R}_k)^{-1} \\ \hat{\boldsymbol{x}}_{k|k} &= \hat{\boldsymbol{x}}_{k|k-1} + \boldsymbol{K}_k(\boldsymbol{z}_k - \hat{\boldsymbol{x}}_{k|k-1}) \\ \boldsymbol{P}_{k|k} &= (1-\boldsymbol{K}_k)\boldsymbol{P}_{k|k-1} \end{aligned}\right\} \tag{3-121}$$

预测实现过程：

时间更新：

$$\left.\begin{aligned} \hat{\boldsymbol{x}}_{k+1|k} &= \boldsymbol{A}\hat{\boldsymbol{x}}_k + \boldsymbol{\beta} \\ \boldsymbol{P}_{k+1|k} &= \boldsymbol{A}\boldsymbol{P}_k\boldsymbol{A}^{\mathrm{T}} + \boldsymbol{Q}_{k+1} \end{aligned}\right\} \tag{3-122}$$

量测更新：

$$\left.\begin{aligned}&\boldsymbol{K}_{k+1}=\boldsymbol{P}_{k+1|k}(\boldsymbol{P}_{k+1|k}+\boldsymbol{R}_{k+1})^{-1}\\&\hat{\boldsymbol{x}}_{k+1|k+1}=\hat{\boldsymbol{x}}_{k+1|k}+\boldsymbol{K}_{k+1}(\boldsymbol{z}_{k+1}-\hat{\boldsymbol{x}}_{k+1|k})\\&\boldsymbol{P}_{k+1|k+1}=(1-\boldsymbol{K}_{k+1})\boldsymbol{P}_{k+1|k}\end{aligned}\right\}\tag{3-123}$$

(3)k 时刻的工作处理完毕，等待下一时刻继续整个运算过程。在使用过程中，节点根据时间定期对链路状态向量进行滤波和预测。对于滤波器进行初始化时，需要一些采集量作参考，在此做简单讨论。滤波器的初始化阶段只负责一部分信息采集，通过采集到的信息计算滤波器的各种初始值。采用初始化时段的时间序列的平均值作为$\hat{\boldsymbol{x}}_0$，对于过程噪声，一般参考具体网卡的参数和其他状态分量给一个近似作为$\boldsymbol{Q}_k$，信号强度一旦确定，则认为其保持不变。$\boldsymbol{P}_0$ 可以通过 $\boldsymbol{Q}_0$ 计算实现初始化。初始化完成后，就可以通过迭代的预测和更新过程实现信号强度信息的滤波和预测。还有一点值得讨论的是时间序列分析的列长，即模型中的 S，它代表了时间序列的长度。由于在本节建立的模型中，假定链路状态短时段的连续平稳。如果选取的序列太长，短时平稳特性得不到保证，反而会影响模型的效果，但是要作出模型参数估计，数据量又该得到保证。在这种情况下，只能找一个折中点，使得数据量不至于太少，同时时间序列所占用的时间段要较短。总结本段分析，模型参数设定见表 3－14。

表 3－14　模型关键参数设定

参数名	状态向量初值	过程噪声方差阵	时间序列长度
参数性质	$\hat{\boldsymbol{x}}_0$	$\boldsymbol{Q}_k$	S
参数值	$\bar{\boldsymbol{x}}=S^{-1}\sum_{i=0}^{S}\boldsymbol{x}_i$	diag(36,0,0,0,0) 对应 6 dBm 的信号强度标准差	8

通过对链路状态进行基于时间序列分析和卡尔曼滤波和预测后，新的可靠性链路稳定模型如图 3－45 所示。

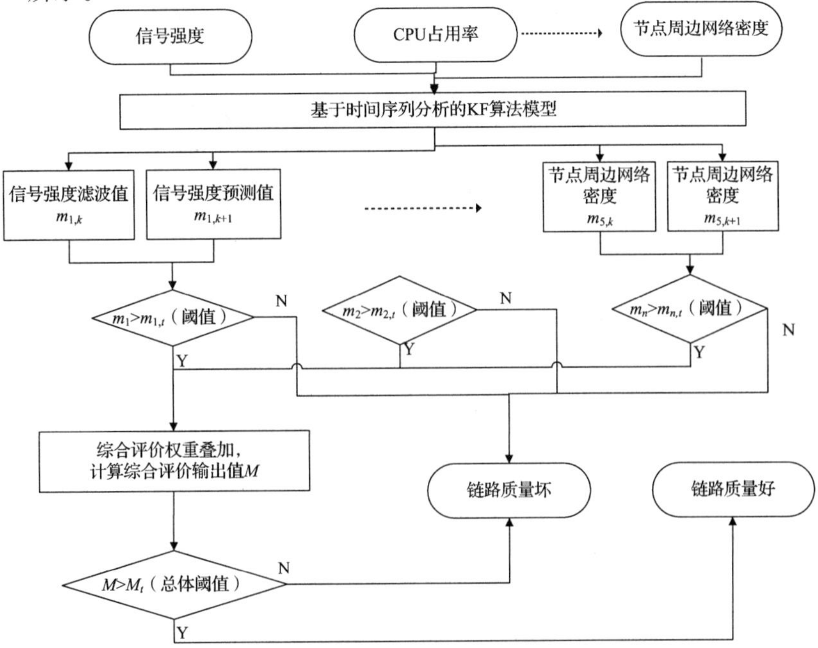

图 3－45　可靠链路稳定性度量模型

从该模型可见，众多影响因素充分包含了对链路质量有影响的各种关键信息，同时在信息采集上，结合了当前时刻的测量值，上一时刻或上一时段的统计值；加入可靠性设计后，实现了对下一时刻的状态向量预测值的提取。因此在系统层面形成了时间上的完备性，为提高模型的稳定性和可靠性提供了条件。

3.7　多尺度稳定链路的路由选择与改进设计

多尺度链路稳定性模型是为了提高路由协议性能而设计的，模型的作用和效果也是通过路由协议的性能间接体现出来的。本节将多尺度链路稳定性模型应用到现有的典型协议OLSR和AODV中，通过增加对链路稳定性的计算和预测，实现稳定路由的查找。首先根据现有协议的机理，在遵循协议大框架的前提下，嵌入链路稳定性预测模型，对协议进行适当的改进，形成稳定链路路由。然后通过仿真环境实现协议的性能比较和分析。OLSR协议和AODV协议作为无线自组织网络中两类协议的典型代表，对两者同时进行改进可以说明链路稳定性模型的普适程度。

3.7.1　路由协议改进设计框架及具体实现

这一部分将要对OLSR和AODV实现基于链路稳定性的改进设计，由于两种协议在运行机理上有所不同，因此分别进行原理解析和改进设计工作。改进设计的主要步骤设计如下：

(1)了解原协议的主要数据结构、控制消息处理流程及路由产生原理。

(2)修改数据结构及控制消息结构，加入链路稳定性指标到相应数据结构中。

(3)修改关键数据报文处理流程，形成以链路稳定性为参考的报文处理逻辑。

(4)修改路由产生算法，使得计算得到最优链路质量路由。

路由改进设计方法如图3-46所示。

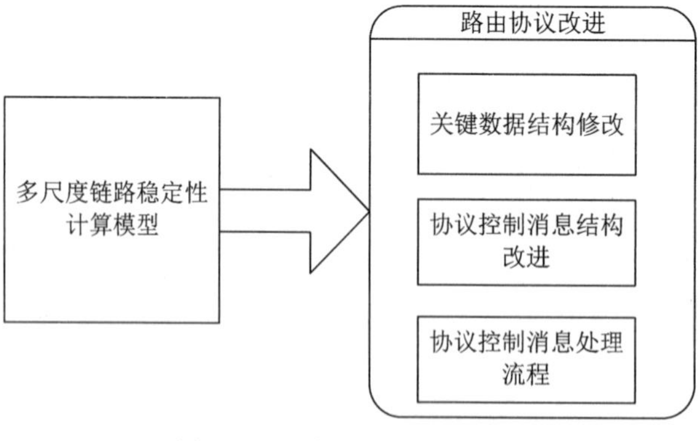

图3-46　路由协议改进方法

1.LS-OLSR协议分析与改进

对标准的OLSR协议来说，主要通过周期性的交换控制信息来实现拓扑感知和路由构建。在对其改进之前，首先需要了解其路由形成过程中的重要数据结构和相关的消息交换过程[46]。通过对关键数据结构进一步改进设计，加入链路质量评估信息，同时对消息结构加以修改，利用现有的消息交换机制实现链路质量的获取和传递。OLSR协议中，每个节点维护了形成路由需要的多种数据结构，并以表的形式存储这些数据元素。

(1)本地链路信息表(Link Set Table)。节点本身与邻居节点的链路状态信息就存储在本地链路信息表中。节点通过周期性发送 HELLO 控制消息来交换节点本身与邻居节点的链路状态信息。Link Set 表有如图 3-47 所示结构。

L_local_addr	L_neighbor_addr	L_SYM_time	L_ASYM_time	L_time

图 3-47　本地链路信息表结构

结构的前两项表示了组成链路的本地接口地址和邻居节点接口地址。L_SYM_time 是链路对称时刻，该时刻之前链路对称，链路节点双方均可检测到对方。L_ASYM_time 是链路非对称时刻，该时刻之前链路为单向非对称的，本地节点可以检测到邻居，但是对应邻居不一定能检测到本地节点。L_time 表达了链路维持时刻。此时刻之后链路丢失，必须删除链路。同样在 L_SYM_time 和 L_ASYM_time 都达到时，也暗示链路丢失，应该删除链路。

(2)邻居信息表(Neighbor Set Table)。邻居信息表存储了一跳范围内邻居节点的信息，如图 3-48 所示。

N_neighbor_main_addr	N_status	N_willingness

图 3-48　邻居信息表结构

N_neighbor_main_addr 代表邻居节点的主地址，N_status 代表邻居节点状态，在协议中有三种类型：NOT_ASYM 为非对称邻居，SYM 为对称邻居，MPR 为表示该邻居节点为本地节点的 MPR 节点。N_willingness 为邻居节点的转发意愿，即是邻居节点为其他节点进行数据包转发的意愿程度。

(3)两跳邻居信息表(2hop-Neighbor Set Table)。两跳邻居信息表是节点通过对接收到的 HELLO 消息中携带的邻居节点信息进行计算得到经过该一跳邻居可达的两跳邻居节点信息。用于存储节点的邻居节点到其对称两跳邻居节点的链路状态，其结构如图 3-49 所示。

N_neighbor_main_addr	N_2hop_addr	N_time

图 3-49　两跳邻居节点信息表结构

字段信息分解：N_neighour_main_addr 为邻居节点的主地址，N_2hop_addr 为对称两跳邻居节点主地址，N_time 为该表项的有效时间，超过该时间视为无效进行删除。

(4)MPR 表(MPR Set Table)。MPR 表存储了一个邻居节点的子集，通过邻居节点的主地址来标识。该集合中的邻居节点作为本地节点的 MPR 节点，是通过 MPR 选择算法从一跳邻居表中选择出来的。

(5)MPR Selectors 表(MPR Selectors Set Table)。该表存储了将本地节点选为 MPR 的那些一跳邻居节点，表项结构如图 3-50 所示。

MS_addr	MS_time

图 3-50　MPR Selectors 表项

MS_addr 表示 MPR_Selectors 的主地址，MS_time 为表项的有效时间。

(6)拓扑表(Topology Set Table)。拓扑表结构如图 3-51 所示。

T_dest_addr	T_last_addr	T_seq	T_time

图 3-51　拓扑表项

拓扑表记录当前从 TC 消息中获得的 MPR 及其 MPR_Selectors 之间的双向链路信息。并提取其他节点的多点中继信息，存储在拓扑表中。T_dest_addr 为目的节点主地址，T_last_addr 为到达目的节点 T_dest_addr 的最后一跳地址。T_seq 为表项序列号，记录本节点接收到的最后一个 TC 消息的序列号。新到一个 TC 消息时，节点将其序列号和表项序列号进行对比来决定是否接收该消息。T_time 为表项的有效时间，超过有效时间的表项应被删除。

(7)路由表(Routing Set Table)。路由表是路由协议的最终目标，路由表中记录了网络中所有可达节点的路由信息。路由表是通过最新的节点信息表和拓扑信息表计算得来的。同时也由这些最新的信息实现表的维护。路由表结构如图 3-52 所示。

R_dest_addr	R_next_addr	R_dist	R_iface_addr

图 3-52　路由表项结构

R_dest_addr 为路由的目的地址，R_next_addr 是到达目的地址的下一跳地址。R_dist 表示该条路由到达目的地址的跳数。R_iface_addr 为到达 R_next_addr 的本地节点的接口地址。

接下来需要了解 OLSR 的控制消息结构，OLSR 中有两类控制消息，即 HELLO 消息和 TC 消息。HELLO 消息和 TC 消息都作为控制报文的载荷而传递。因此 OLSR 中可以设计统一的控制报文格式如图 3-53 所示。

<table>
<tr><td>0</td><td>8</td><td>16</td><td>32</td></tr>
<tr><td colspan="2">Package_Length</td><td colspan="2">Packet_Sequence_Number</td></tr>
<tr><td>Message_Type</td><td>Vtime</td><td colspan="2">Message_Size</td></tr>
<tr><td colspan="4">Originator_Address</td></tr>
<tr><td>Time_To_Live</td><td>Hop_Count</td><td colspan="2">Message_Sequence_Num</td></tr>
<tr><td colspan="4">Message_Content
……
……
……</td></tr>
</table>

图 3-53　OLSR 控制报文格式

报文格式中 Package_Length 为报文长度，Packet_Sequence_Number 为分组序列号。OLSR 中每条控制消息包含一个序列号，每发送一条消息，序列号就增加 1，通过序列号接收节点可以很容易识别出哪个信息是最新的。Message_Type 为消息类型，如 HELLO、TC、HNA、HID。Vtime 为消息有效时间。Message_Size 为消息的长度。Originaator_Address 为发送消息的源节点地址。Time_To_Live 表示消息的最大传递跳数，每转发一次该域减 1，当 TTL 变为 1 时该消息不再转发。Hop_Count 为跳数，每转发一次，该域加 1。Message_Sequence_Number 产生消息时，由源节点分配给产生的每条消息一个唯一的识别号码。最后是具体的消息内容。可以是消息类型所指定的各种具体消息。

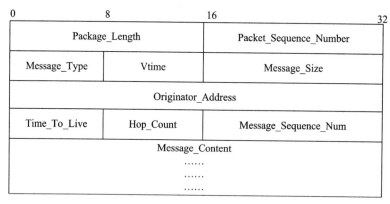

在 4 种消息中，最主要的就是 HELLO 消息和 TC 消息。HELLO 消息负责邻居节点探测和链路状态探测。TC 消息则负责转发网络的拓扑信息。HELLO 消息只在一跳范围内传播，不被转发。其结构如图 3－54 所示。

0	8	16	24　　32
Reserved		H_time	Willingness
Link_Code	Reserved	Link_Message_Size	
Neighbor_Interface_Address			
……			
Link_Code	Reserved	Link_Message_Size	
Neighbor_Interface_Address			
……			

图 3－54　HELLO 消息数据格式

Reserved 域必须设置为 0x0000；H_time 表示 HELLO 消息的发送周期，OLSR 协议默认为 2 s；Willingness 为节点为其他节点转发分组的愿意程度，主要有三种类型：WILL_NEVER 表示节点不愿意参与转发，WILL_ALWAYS 表示节点必然被选择为 MPR，还有 WILL_DEFAULT，默认值为 WILL_DEFAULT；LinkCode 标识了节点与其邻居节点之间的链路类型和邻居类型，ASYM_Link 表示单向链路，SYM_Link 表示双向链路，MPR_Link 表示不仅是双向链路，而且表示被该节点选为节点的 MPR，Link_Message_Size 给出分组的大小，从 Link_Code 字段开始计算，直到下一个 Link_Code 字段，倘若没有后续的链路类型，则到该分组的结尾；Neighbor_Interface_Address 是邻居节点的地址列表。每一种链路类型之后都会紧跟若干个邻居地址列表，表明发送 HELLO 分组的节点到这些邻居列表中的所有节点的链路类型均是前面 Link_Code 中给出的链路类型。

TC 消息携带了拓扑相关信息，通过 MPR 节点的转发散布到全网。TC 消息的结构如图 3－55 所示。

0	16　　32
ANSN	Reserved
Advertised_Neighbor_Main_Address	
……	

图 3－55　TC 报文格式

ANSN（Advertised Neighbor Sequence Number）：通过比较 ANSN 可以判定收到的 TC 分组是否是较新的分组，进而决定如何处理该 TC 分组。Reserved 保留域，必须设置为 0x0000。Advertised_Neighbor_Main_Address 为 MPR Selector 节点主地址，TC 分组将所有的 MPR Selector 的节点主地址封装并发送。

以上分析了 OLSR 协议中的关键数据结构和消息结构。接下来的重点工作就是如何在其中加入链路稳定性的判据。主要有数据结构的改进设计及相关控制消息的处理流程设计，形成 LS_OLSR 的关键数据结构。

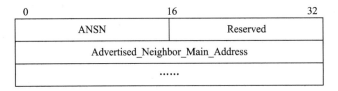

数据结构改进主要在于对以上介绍过的各种表项数据结构进行改进。本地链路信息表可以记录链路及相关链路信息状况的原始数据，这些数据是在控制消息中得到的。本地链路信息表的结构改变如图 3-56 所示。

L _ local _ addr	L _ neighbot _ addr	L _ SYM _ time	L _ ASYM _ time	L _ time	
Queue _ Length	CPU _ Utilization	Num _ Neighbor	SSI	Num _ PR	Build_time

图 3-56　LS_OLSR 协议本地链路信息表项

增加的表项中，Queue_Length 为邻接点的队列长度，CPU_Utilization 为节点的 CPU 利用率。Num_Neighbor 为邻居节点的邻接点个数，用于计算其网络覆盖能力，即网络密度。SSI 为信号强度相关信息。Num_PR 为接收到的控制报文个数，用于计算包传输率。Build_time 记录了该条链路状态信息建立的时间。

对于其他的表项，如一跳邻居表、两跳邻居表、MPR 表和 MPR Selectors 表，统一扩展 LQ 域为链路质量的指示。拓扑表中增加对最后一跳的链路质量的存储单元。路由表中的每一项对应加入路径稳定性表示域 PSQ，根据前文分析，链路稳定性和路径稳定性的关系为

$$PSQ=\frac{1}{\sum_{i=1}^{k}1/LQ_i} \tag{3-124}$$

该 PSQ 值给出了链路质量和路径跳数的综合作用，因此直接比较路由条目的 PSQ 值可以寻找到最优链路质量路由。至此完成了本地数据表的链路稳定性扩展。这些表的形成和更新是通过消息交换完成的，因此对应的控制消息也应进行相应的结构设计。

首先是控制报文的总体格式，控制报文需要传输计算链路稳定性的相关原始信息，主要是发送控制报文节点的队列长度，CPU 利用率，邻接点个数。LS_OLSR 的控制报文格式改变如图 3-57 所示。

<table>
<tr><td>0</td><td>8</td><td>16</td><td>32</td></tr>
<tr><td colspan="2">Package_Length</td><td colspan="2">Packet_Sequence_Number</td></tr>
<tr><td>Message_Type</td><td>Vtime</td><td colspan="2">Message_Size</td></tr>
<tr><td colspan="4">Originator_Address</td></tr>
<tr><td>Time_To_Live</td><td>Hop_Count</td><td colspan="2">Message_sequence_Num</td></tr>
<tr><td>Queue_Length</td><td>Num_Neighbor</td><td colspan="2">CPU_Utilization</td></tr>
<tr><td colspan="4">Message_Content
……
……
……</td></tr>
</table>

图 3-57　LS_OLSR 协议控制报文格式

其中扩展的内容和链路信息表项的相应内容一致。

HELLO 消息的功能仍然是邻居节点探测和链路探测，但是其需要携带相关的链路质量信息，因此做如图 3-58 扩展。

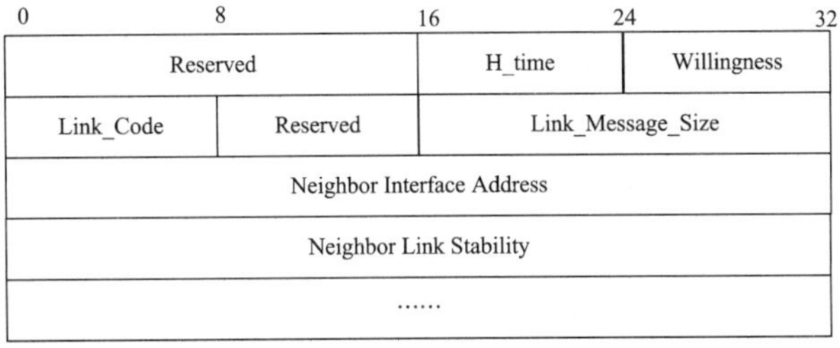

图 3－58　扩展的 LS_OLSR 协议 HELLO 消息搞格式

HELLO 消息改进处理流程如图 3－59 所示。

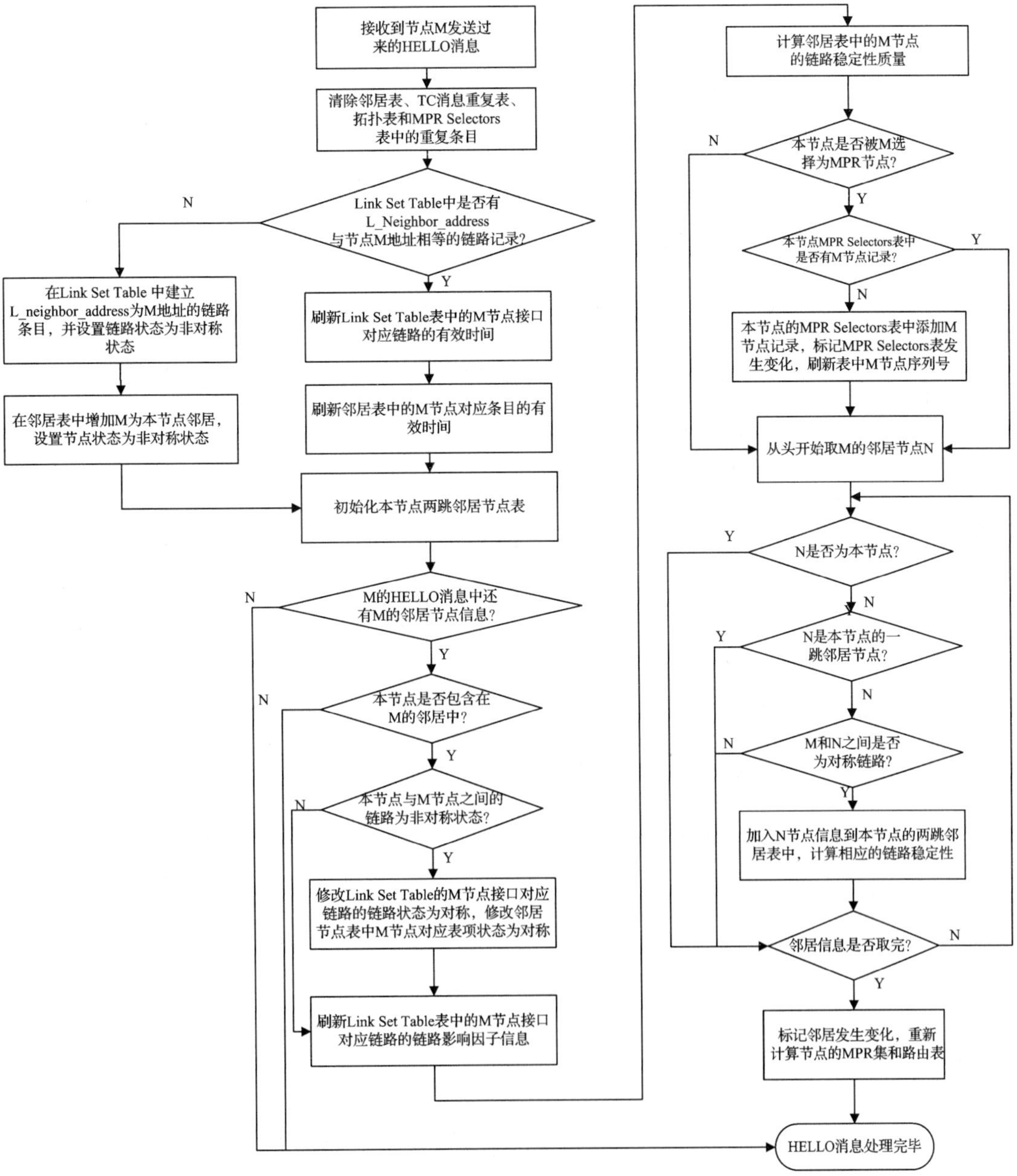

图 3－59　LS_OLSR 中的 HELLO 消息处理流程

TC消息则负责传递拓扑信息，同时传递MPR和MPR Selector之间的链路状态信息。形成具有链路状态信息的拓扑表。TC消息的扩展同HELLO消息类似，具有如图3-60所示结构。

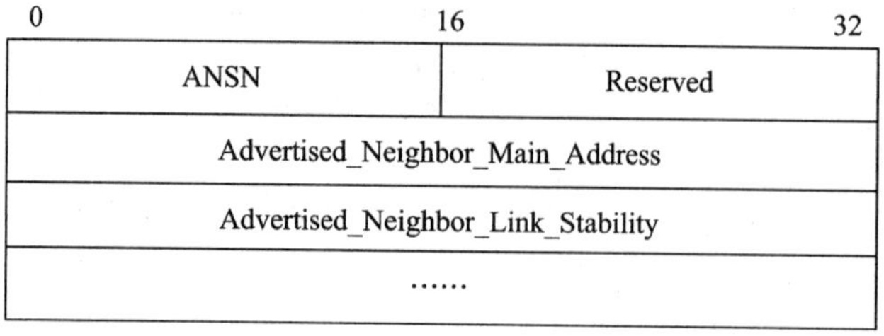

图3-60　扩展的LS_OLSR协议的TC消息格式

修改后的TC消息的处理流程如图3-61所示。

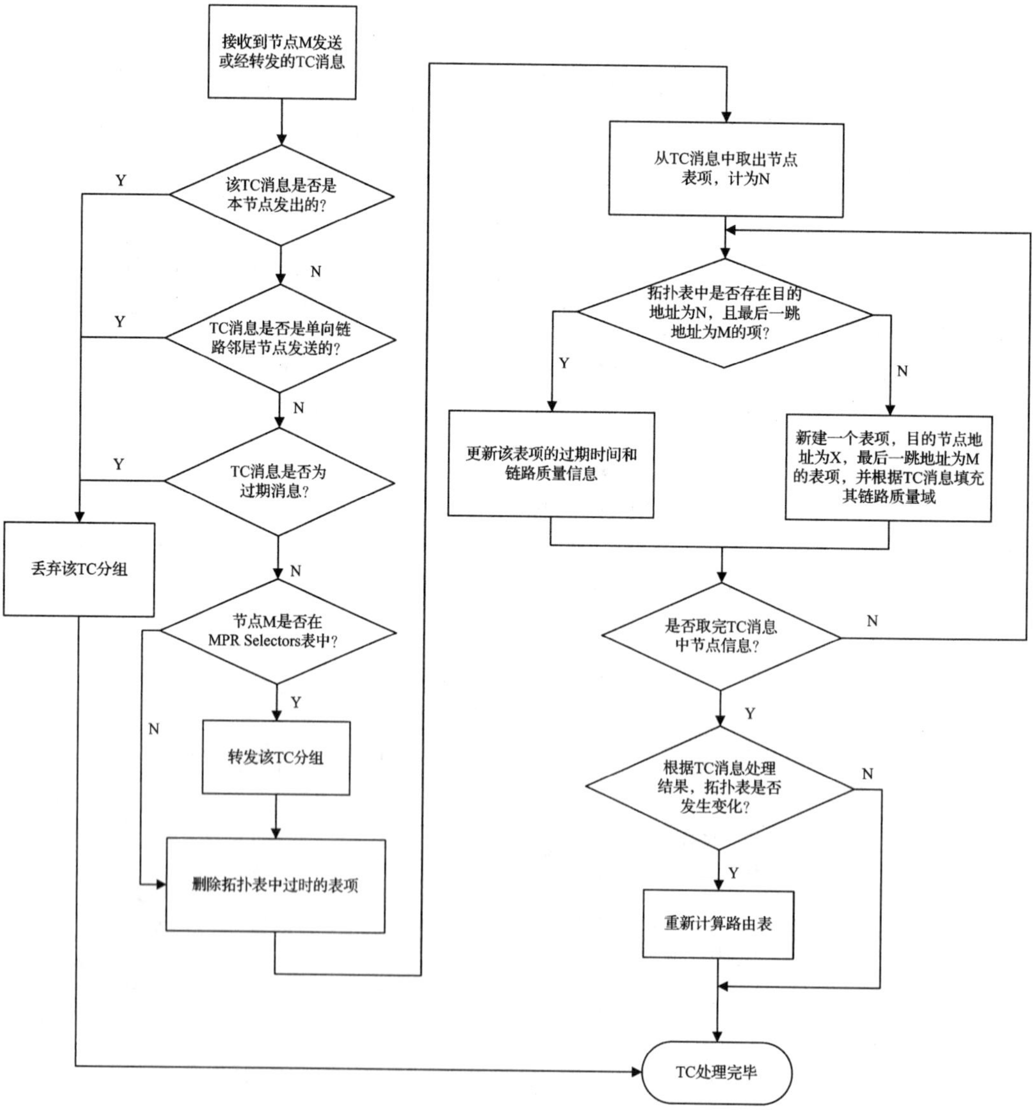

图3-61　LS_OLSR协议的TC消息处理流程

OLSR 中的 MPR 选择原则是选择覆盖度较大的节点作为 MPR 这样可以有效减小 MPR 集的大小，从而限制数据包转发范围和转发数量，减少不必要的消息泛洪。但是其选择 MPR 集合时没有考虑所选节点覆盖范围内的节点的链路稳定性。因此在 LS_OLSR 协议中将链路稳定性纳入选择条件，当覆盖范围相同的条件下，选择其覆盖集中各链路稳定性的平均值最大的节点作为 MPR。若节点 M 为 S 的一跳邻居，设 M 对于 S 的两跳邻居的覆盖集为 N_k 非空，则 M 的覆盖链路稳定性定义为

$$\text{Sum\_LS(MC)} = \sum_{i=1}^{k} \text{LS}(N_i) \tag{3-125}$$

这样在保证能够以最小 MPR 集覆盖两跳邻居的情况下，还能保证其链路状况在同等条件下最优。既兼顾了 MPR 选择原则，也提升了 MPR 集的链路质量。采用 N(X)代表节点 X 的一跳邻居节点集合，N_2(X)表示 X 的两跳邻居节点集合，MPR(X)表示 X 的 MPR 集合，则具有链路稳定性考量的 MPR 选择算法流程如图 3-62 所示。

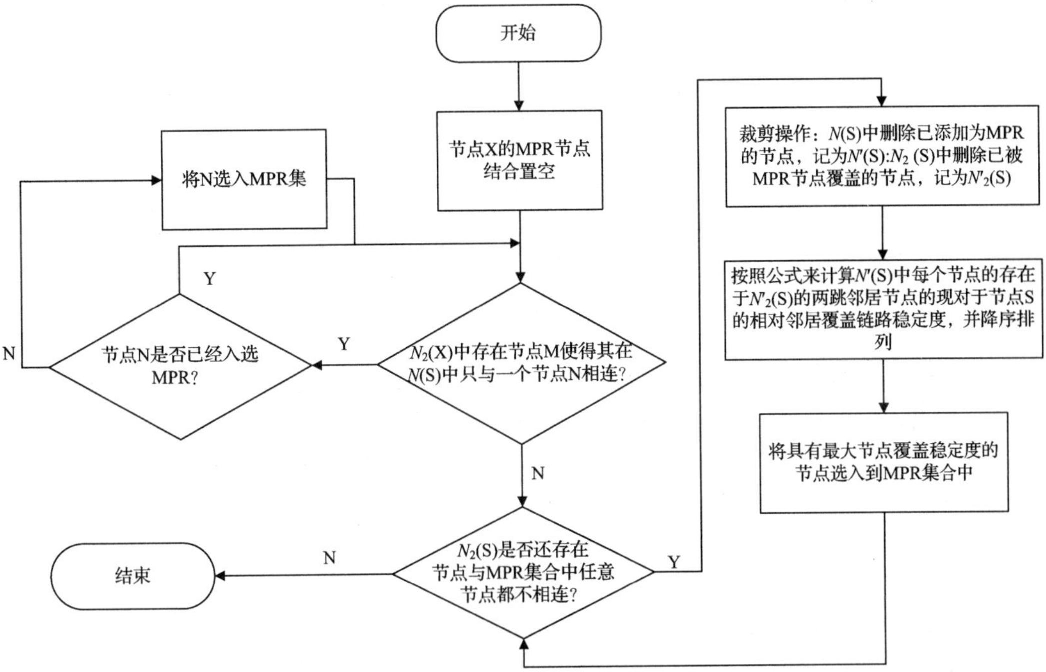

图 3-62　LS_OLSR 协议 MPR 选择算法

路由生成算法仍然采取 OLSR 中的逐条生成形式，唯一不同的就在于，每生成一跳新路由时需要按照倒数和原则进行路由的稳定性计算，对于同时具备的几条路由比较取稳定度最大的作为最终路由，实现稳定路由的选取。

2.LS-AODV 协议改进设计

遵循同样的协议分析和改进设计步骤，分析 AODV 协议[30]的关键数据结构和消息处理流程，并对其关键数据结构进行稳定性相关改进。AODV 协议是典型的按需路由协议，在加入链路稳定性的时候需要考虑其维护的特点，链路稳定性的指标在路由发现时才会对路由选择起参考作用。这种按需的要求不同于 OLSR 协议中的定期的信息交换和本地信息表更新机制。因此在 AODV 协议中周期性的动作和路由条目的形成是分开来的。这点也是反应式

路由和先验式路由的明显区别。但是为了准确表达链路的稳定性信息和保持链路信息时间上的连续性，这里还是采取对链路稳定性信息进行周期性的更新。当发起路由请求需要链路稳定性信息时，再进行一次即时更新，这样路由选择时利用的信息就是最新的，并且在时间上可以保持连续性，对提高个别链路稳定性影响因素的准确性也有促进作用。

AODV 协议的关键数据结构包含了四种协议帧格式，分别是：RREQ 协议帧，负责发起路由请求；RREP 协议帧，当找到了所请求的路由时，目的节点就负责向源节点发起路由应答；RRER 协议帧，负责报告链路错误，提醒其他节点对路由进行修复。RREP－ACK 协议帧，用于对设置了“A”标志的 RREP 协议帧进行应答，通常用来避免环路。要实现具有链路稳定性的路由发现与维护，根据原始 AODV 标准的分析，需要改变的协议帧为 RREQ 和 RREP，以加入链路稳定性指标值。扩展后的 RREQ 协议帧的结构如图 3－63 所示。

<table>
<tr><td>1</td><td colspan="5">8</td><td>16</td><td>24　　32</td></tr>
<tr><td>Type</td><td>J</td><td>R</td><td>G</td><td>D</td><td>U</td><td>Reserved</td><td>Hop_Count</td></tr>
<tr><td colspan="8">RREQ ID</td></tr>
<tr><td colspan="8">Destination IP Address</td></tr>
<tr><td colspan="8">Destination Sequence Number</td></tr>
<tr><td colspan="8">Originator IP Address</td></tr>
<tr><td colspan="8">Originator Sequence Number</td></tr>
<tr><td colspan="8">Link Stability Quality</td></tr>
</table>

图 3－63　LS_AODV 的 RREQ 帧格式

相比 AODV 协议本身对 RREQ 的扩展主要在于最后一条内容，包含了相关的链路稳定性信息。在路由请求历经各个中间节点时，实现具有链路稳定性路由的建立和更新。

同样对 RREP 协议帧也进行同样的结构扩展，形成的 LS_AODV 协议的 RREP 帧格式如图 3－64 所示。

<table>
<tr><td>1</td><td colspan="2">8</td><td>16</td><td>24</td><td>32</td></tr>
<tr><td>Type</td><td>R</td><td>A</td><td>Reserved</td><td>Prefix Size</td><td>Hop_Count</td></tr>
<tr><td colspan="6">Destination IP Address</td></tr>
<tr><td colspan="6">Destination Sequence Number</td></tr>
<tr><td colspan="6">Originator IP Address</td></tr>
<tr><td colspan="6">Lifetime</td></tr>
<tr><td colspan="6">Link Stability Quality</td></tr>
</table>

图 3－64　LS_AODV 协议的 RREP 帧格式

对于 RRER 和 RREP－ACK 消息，两者的作用不在于选路，而在于检测链路错误和处理协议中的单向链路引起的环路问题，因此不需要对其进行链路稳定性的相关扩展。

LS_AODV 对于数据结构的改进首先是 HELLO 报文的格式。HELLO 协议帧在

AODV 协议中提供了节点间的连接性信息。HELLO 消息是特殊的 RREP。这里使用 HELLO 消息不但要求提供连接性信息，还要负责传输相关链路质量因素值。结合 HELLO 消息现有形式，LS_AODV 协议中的 HELLO 消息格式如图 3-65 所示。

<table>
<tr><td>1</td><td>8</td><td></td><td>16</td><td>24</td><td>32</td></tr>
<tr><td>Type</td><td>R</td><td>A</td><td>Reserved</td><td>Prefix Size</td><td>Hop_Count</td></tr>
<tr><td colspan="6">Destination IP Address</td></tr>
<tr><td colspan="6">Destination Sequence Number</td></tr>
<tr><td>Queue Length</td><td colspan="3">Num Neighbor</td><td colspan="2">CPU Utilization</td></tr>
<tr><td colspan="6">Lifetime</td></tr>
</table>

图 3-65　LS_AODV 协议 HELLO 报文格式

HELLO 消息中的 Type 在发送 HELLO 消息时被设定为 4，增加了 Queue Length、Number Neighbor 和 CPU tilization，分别表达了队列长度、邻接点个数（AODV 中也称为先驱节点个数）和 CPU 利用率。同时在协议的先驱表中每个先驱节点同时保存其对应节点的链路稳定性因素值和链路稳定性综合指示值，记为 ILS(Inverse Link Stability)，为了便于协议中链路稳定性的记录和处理，可以通过链路稳定性的倒数值来表征链路稳定性，由链路稳定性和路径稳定性的倒数和关系，可以很方便地通过逐步累加的方法实现路径稳定性的计算。当发起一个 RREQ 报文时，其稳定性域设置为 0 即可。在路由表中路由条目添加的的路由稳定性也用路由稳定性的倒数表示，因此路由的建立和更新是选择路由稳定性倒数最小，即稳定性最强的路由。

LS_AODV 协议中数据结构改进具备了形成以稳定性为前提的选路策略的基础条件，同时其中协议中关键协议帧的处理流程改变是完成稳定路由选择的关键。分析 AODV 协议中四种协议帧的原始处理流程，可见 RREQ 和 RREP 的处理是形成路由的关键，RRER 用于报告链路错误，使相关路由无效，不涉及路由条目的形成和更新，因此其 RRER 报文的处理流程可以不变，而需要对 RREQ 和 RREP 处理流程做相应改进。

RREQ 报文的产生条件和原 AODV 协议中的基本相同，增加了设置链路稳定度倒数 ILS 为 0。关键不同还在于中间节点对 RREQ 报文的处理和转发过程不同，图 3-66 展示了 LS_AODV 协议中的 RREQ 处理流程。

同样，LS_AODV 中 RREP 报文的处理流程修改如图 3-67 所示。

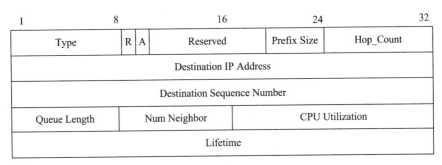

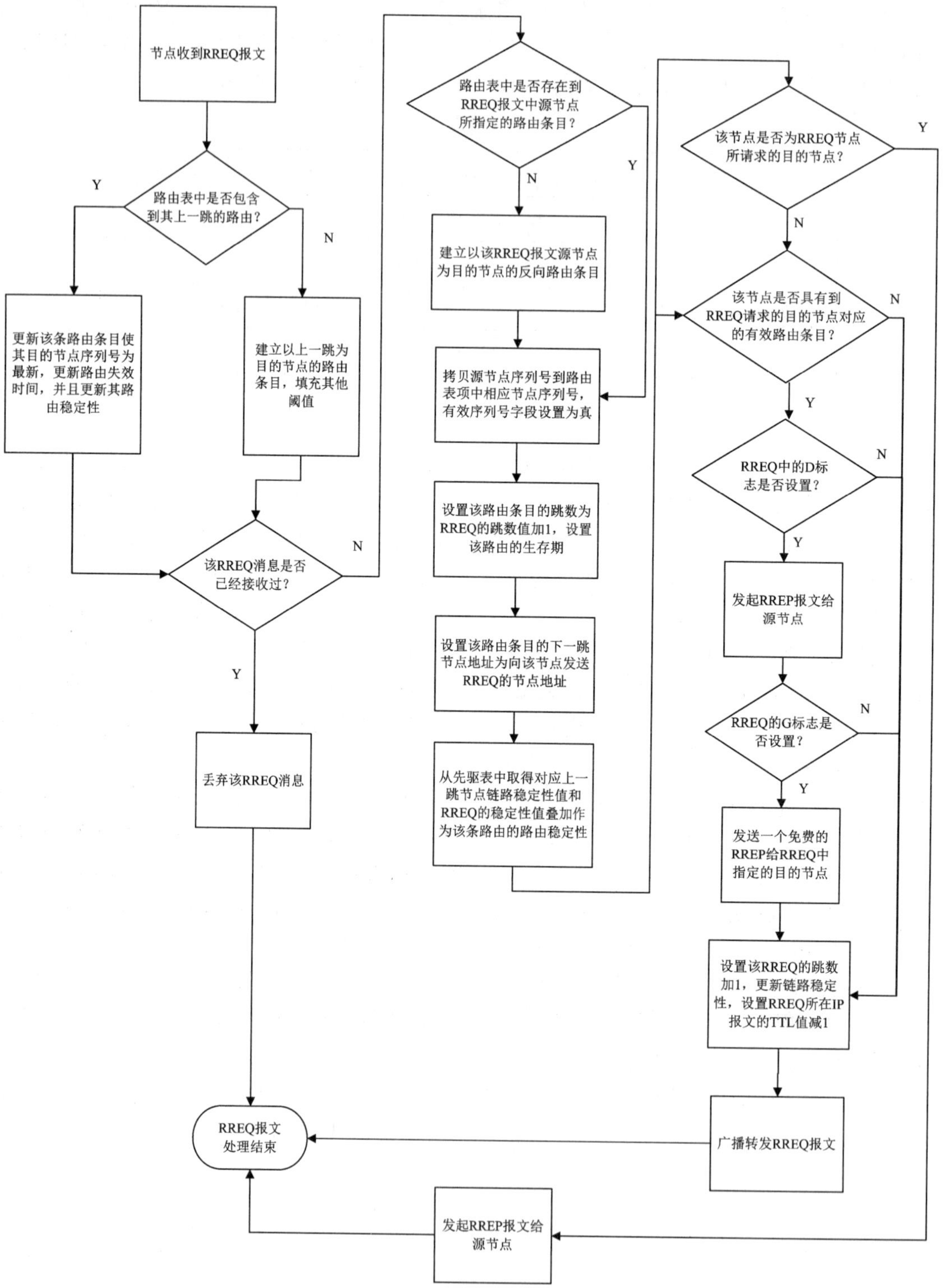

图 3-66　LS_AODV 协议中 RREQ 处理流程

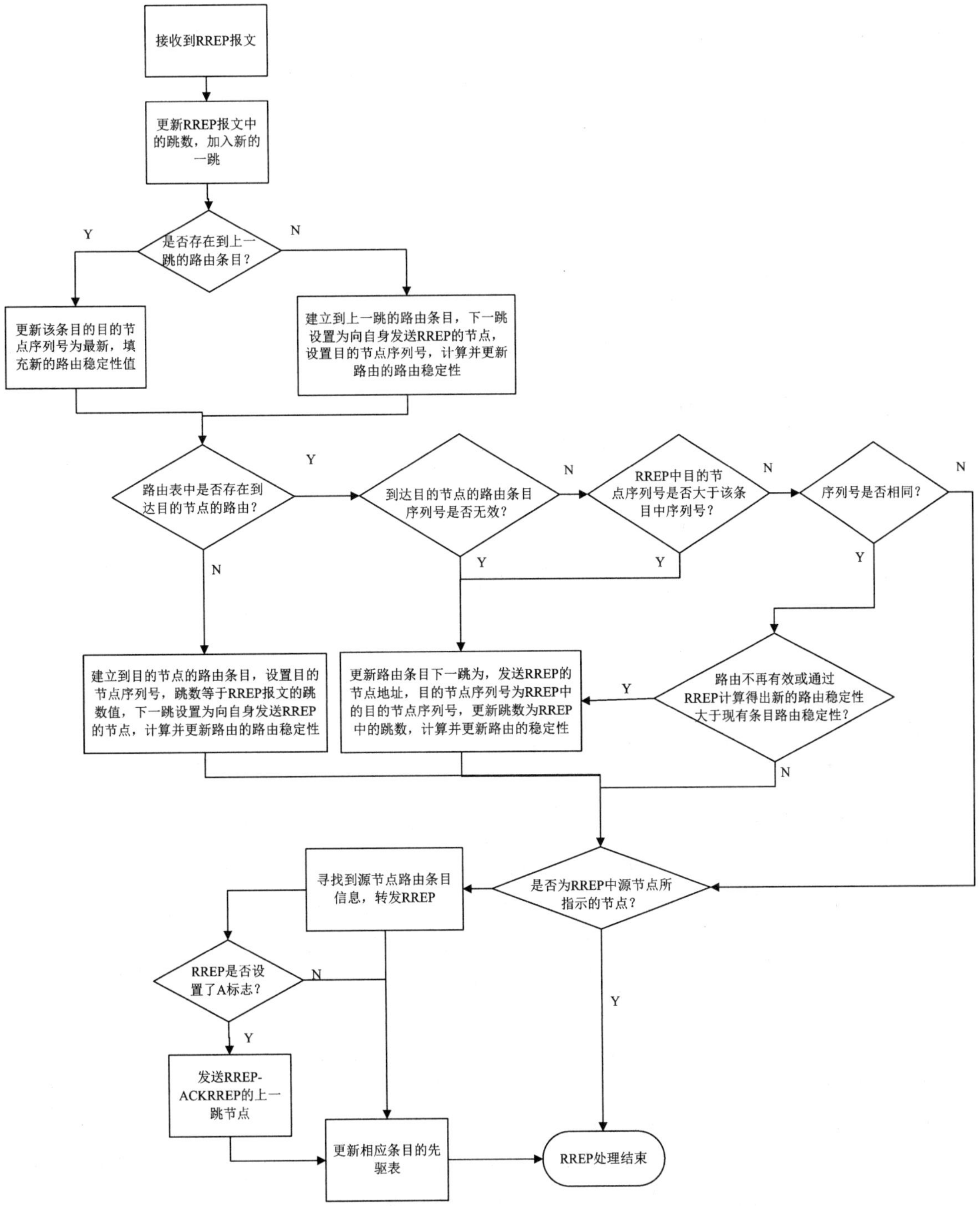

图 3－67　LS_AODV 协议中的 RREP 处理流程

3.7.2　路由协议改进仿真实验分析

实验主要考察在网络移动性不断增强的条件下，语音数据流量在原协议和改进协议之间的性能比较。移动性强一般导致了链路稳定性降低，在这样的条件下观察，具有链路稳定性预测机制的协议是否会显示出较好的性能。按照语音网络需求，网络的测量指标除了对包传递率和吞吐量有所要求，对时延和抖动也比较关注。仿真实验之前，需要对仿真实验平台Qualnet 中的协议根据改进设计进行源码改写，编译出新的可执行仿真协议后进行实验对比，最后对实验结果和数据进行收集处理并分析。

1.仿真场景参数设置

实验中采用了 1 500 m×1 500 m 的正方形空间，36 个节点均匀分布于空间平面。设置 CBR 流量作为语音数据流量，数据报文大小采用了前文验证的 1 KB。数据的发送间隔为每秒 16 次。共有 16 对双向 CBR 流量，代表了双工语音通信。采用 802.11 信道，节点的理想传输距离 250 m，发送速率为 2 Mb/s。移动模型为随机路点模型，通过设置不同的最大最小值组合形成特定的移动级别，实验共涉及 6 种移动级别：(0,4)，(4,8)，(8,12)，(12,16)，(16,20)，(20,24)，单位 m/s。具体实验场景参数设置见表 3－15。

表 3－15　改进协议对比实验设计参数

场景面积	1 500 m×1 500 m
节点数目	36 个节点均匀放置
业务流量	CBR 流量 16 对，报文大小固定为 1 KB，节点每秒发数据报文 16 次
节点移动模型	随机路点模型，速度范围(0～4,4～8,…,20～24 m/s)
物理层	802.11 b
MAC 层	802.11
信道衰落模型	理想无损失信道
路径损失	双径模型
路由协议	OLSR vs LS_OLSR 和 AODV vs LS_AODV

实验选用了 AODV 和 OLSR 协议本身，以及本节实现的改进协议，意在将实验结果进行对比解析。通过比较可以了解加入链路稳定性预测模型后路由协议的性能表现。以评判本节提出的链路稳定性预测模型的有效性。在实验参数中仍然选择了随机路点移动模型，不同的是实验中对移动速度范围采取了同时增大最小移动速度和最大移动速度，形成了等差序列速度域模型。进而形成了不同的网络移动级别，验证不同移动级别上的路由协议性能表现。这也符合实际的应用需求，因为一般在应用环境中都是以群体性活动组成网络。在一个网络中或者一个网络的各个簇中，节点的移动性能在同一级别上。当然移动性强的网络不一定网络链路质量和稳定性次于移动性弱的网络。原因和前文仿真实验相同，绝对移动能力不一定反映了相对的移动能力，而相对移动性决定了网络的链路环境变化速度和趋势。因此在实验所设计的不同移动级别上，网络性能的优劣是不确定的。即不存在特定对应的单调变化趋势。

2.仿真结果分析

采用上一小节设置的实验仿真环境参数进行实验。同样对实验数据进行处理统计，并图形化后分析实验结果及其产生的原因。

首先解析 OLSR 和 LS_OLSR 的性能差异，图 3－68 所示为两个协议之间的报文接收率的比较。

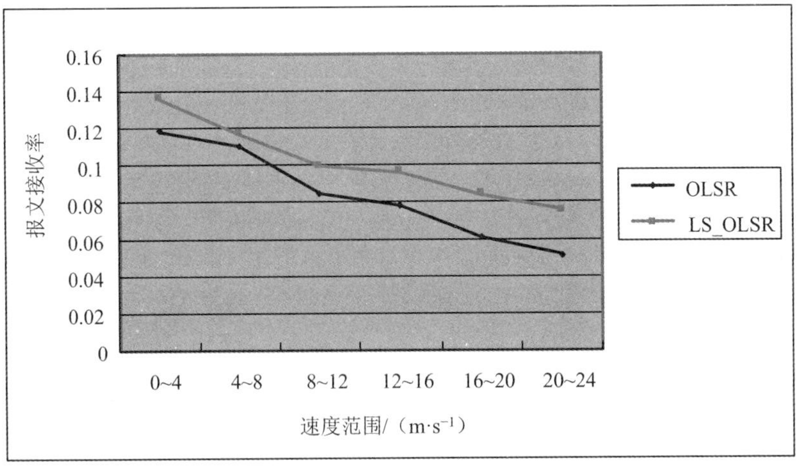

图 3-68　OLSR 和 LS_OLSR 报文接收率比较

报文接收率在两个协议中均表现出随着移动级别的增加，报文投递率不断减小，在同级别的移动性要求中，LS_OLSR 协议的报文投递率明显高于 OLSR。对于不同的移动级别有不同程度的报文投递率的提升。

图 3-69 显示了端到端时延的对比情况。图中表现出改进后的 LS_OLSR 协议在同级别的移动性能上，有更小的端到端时延。在端到端时延的表现上，改进前后都没有对应的针对移动级别的单调变化性质。

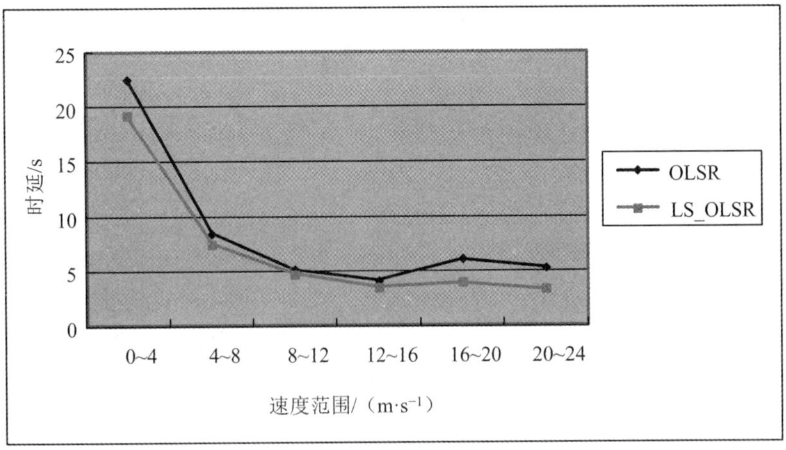

图 3-69　OLSR 和 LS_OLSR 端到端时延比较

在数据报文传输的抖动指标衡量中，改进后的 LS_OLSR 协议展现出更好的性能，如图 3-70所示。在低级别的移动域中，抖动的减小较为明显，其他移动级别上显示出平稳的抖动，相对于 OLSR 协议有相对较小的性能提升。

图 3-71 中给出了吞吐量的表现。随着移动级别的增加吞吐量的优化效果越来越明显。改进前后，吞吐量都随着移动级别的提升而降低。

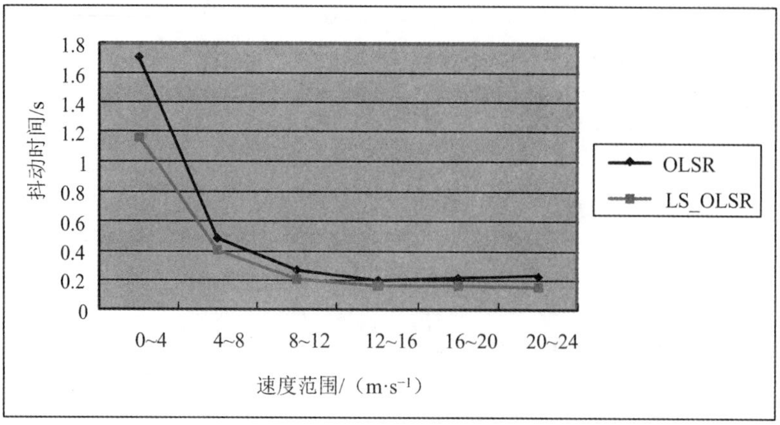

图 3-70　OLSR 和 LS_OLSR 抖动时间比较

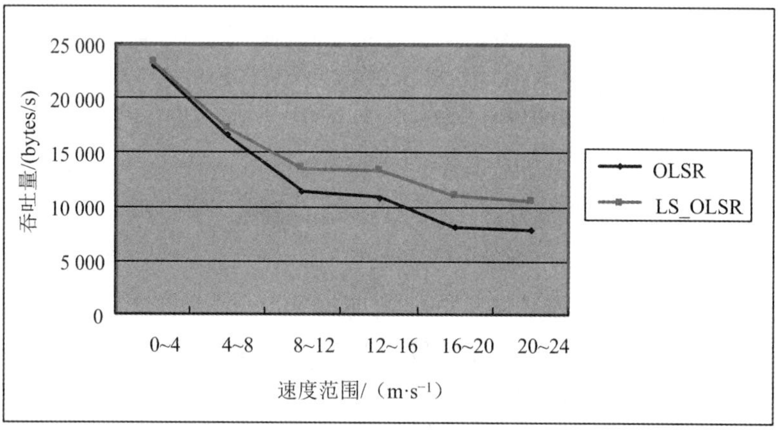

图 3-71　OLSR 和 LS_OLSR 吞吐量比较

在此给出 LS_OLSR 协议改进的总体评价，改进后的 LS_OLSR 协议在本节所涉及的 4 个关键参数上都有不同程度的提升。报文投递率和吞吐率有明显的性能提升，在端到端时延和抖动方面有一定程度的改进。通过对比，可以证明，在 OLSR 协议中加入链路稳定性预测模型，以此实现稳定路由的选择，的确可以提升网络业务的性能。同时也验证了本节提出的链路稳定性模型在形成稳定路由方面起了作用。

以上以 OLSR 为代表协议，研究了链路稳定性模型对于先验式路由协议的性能改进作用，接下来以 AODV 为代表解析反应式路由协议中链路稳定性模型的使用，及其在网络性能指标上的表现。

图 3-72 所示为 AODV 和 LS_AODV 的报文投递率比较。

报文投递率在不同移动级别都明显提高。在 AODV 协议中报文投递率没有呈现单调变化。只展示了在不同移动级别上，链路稳定性评估模型的应用对于选择稳定路由路径进而提高报文投递率起到了明显的作用。

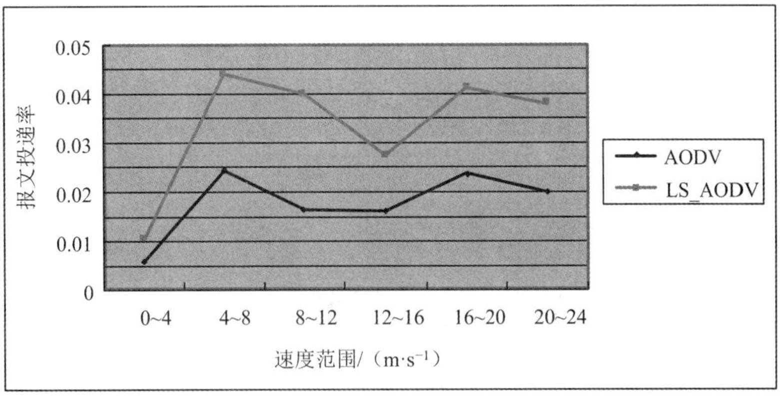

图 3－72　AODV 和 LS_AODV 的报文投递率比较

图 3－73 中端到端时延表现基本实现了优化，只是在 8～12 m/s 区间上时延比改进前略微变大，但是在其他移动级别上均实现了实验的优化效果，可以说是比较有效的优化了时延性能。对于 8～12 m/s 区间上的时延增加，可能是因为该区间的报文投递率的提升导致更多的报文传输，报文投递率和时延从理论上来讲还是有些矛盾的，由于报文投递率提高带来的大量报文传输，导致了报文传输排队时间变长，成为导致时延上升的可能因素。另一方面，稳定链路组成的路由路径一般要长于最短路径策略得到的路由路径，故可能会在同等条件下增加传输经过的中介点，增加了时延。此外，由于链路稳定性预测模型中采用的权重配搭套件取的是经验值，同一组经验值的适应能力也是影响性能表现的因素。有理由相信权重匹配的适应度在不断的实验训练学习中会得到提升，进而提升网络特定方面的性能和总体性能。总体上讲，链路预测模型的应用还是起到了降低时延的目的。

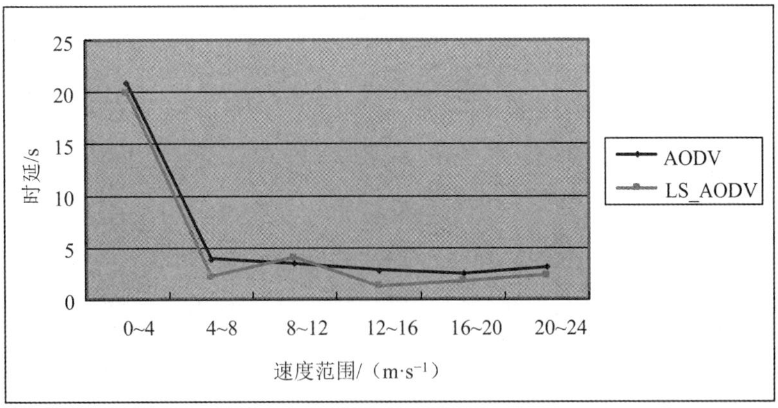

图 3－73　AODV 和 LS_AODV 端到端时延比较

如图 3－74 所示，两种抖动是比较接近的。LS_AODV 在不同移动级别中对抖动没有固定的优化，在 0～8 m/s 区间抖动较原协议要低，而在其他区间，较原协议高，但是很接近。同样影响抖动的因素也很多，报文投递率和抖动的表现也不是单调的对应关系，和时延分析相同，报文投递率的提升有时候会导致抖动的加强，因为在数量较多的数据报文发送过程中，信道竞争导致了同样业务的数据发送的机会不均等，产生了抖动的不稳定性。

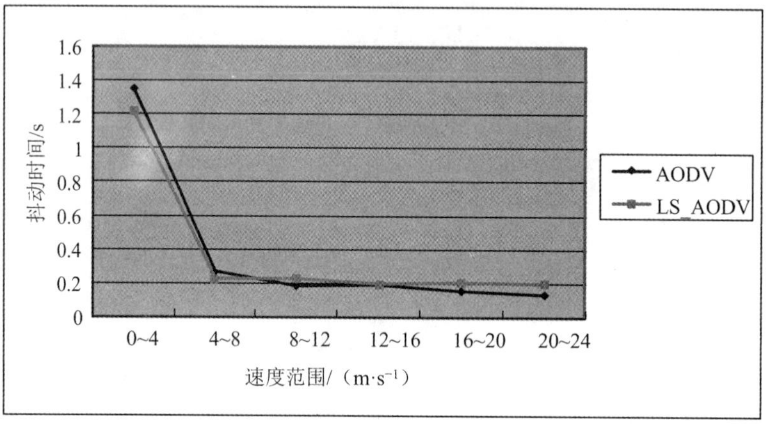

图 3－74　AODV 和 LS_AODV 抖动时间比较

吞吐量的表现和报文投递率类似，都有较为明显的提升，如图 3－75 所示。同样在移动级别高的区域优化效果更为明显。

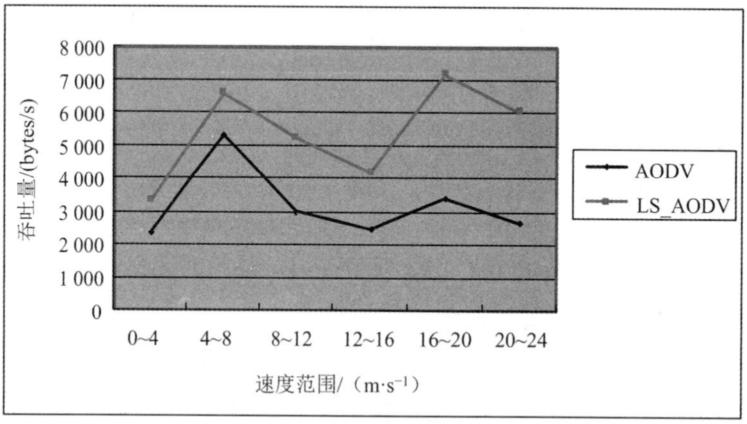

图 3－75　AODV 和 LS_AODV 吞吐量比较

总结 LS_AODV 和 AODV 的性能可见，LS_AODV 协议对报文投递率和网络吞吐量给出了明显的改善。对于时延和抖动，改进效果相对较弱，其中抖动指标基本与原协议持平，出现了小范围的振荡，部分移动级别上略微高于原协议。但总体上说优化效果还是大于其产生的略微不足。也反映了链路稳定模型对反应式路由协议的改进效果，证明了有效性。

综上所述，依据本节提出的链路稳定性预测模型实现了对典型先验式和反应式路由协议的改进设计，仿真结果表明，该预测模型应用于协议改进上时，实现了较为明显的网络性能提升。

3.7.3　LS－OLSR 协议场景实验分析

在仿真结果的基础上，为了进一步验证预测模型在改进路由协议性能方面的有效性，选用了 OLSR 协议，针对协议的官方源码，结合前文给出的路由协议改进方案，将多尺度链路稳定性预测模型应用到实际的 OLSR 协议实现中，形成了 LS - OLSR 协议实例。以 LS - OLSR 作为网络的协议，采用同样的网络设备，搭建了同样的网络拓扑环境，进行语音实验的数据统计和主观感受对比。实验主体设备见图 3 - 35，实验场景参数配置参见表 3 - 16。

表 3 - 16　LS - OLSR 协议实验参数配置

节点描述	Ad Hoc 手持式终端
路由协议	LS - OLSR
应用业务类型	语音
传输层协议	TCP
报文结构及其参数	报文序列号＋时间戳＋有效语音载荷，字节数(8＋8＋1 024 bytes)

实验参数和前文的场景实验基本相同，变化主要是将路由协议更换为 LS - OLSR。实验步骤和第二节中场景实验步骤相同，先通过实验计算出通信双方的时钟差，然后进行语音业务实验，最后对实验数据进行整理和修正。该实验主要测试了一跳和两跳情况下，静态和动态的实验状况。实验统计数据见表 3 - 17。

表 3 - 17　LS - OLSR 语音实验参数统计

Packet No	PRR	Delay/ms	Jitter/ms	备注	修正值 Delay/ms
4053	1	52 530.023	944.51013	静态单跳	148.023
3141	1	52 518.477	977.5509	静态单跳	136.477
4662	1	52 591.07	1 094.9357	单跳移动测试(间歇移动)	209.07
4711	1	52 598.03	1 055.8298	单跳跑动测试(慢)	216.03
4654	1	52 630.92	1 044.301	单跳跑动测试(快)	248.92
3251/3280	0.9911855	52 658.496	1 077.1735	两跳静态	276.496
3927/4088	0.9606164	53 516.652	3 846.673	两跳移动(慢)	1 134.652
3670/3922	0.9193387	53 995.71	18 965.158	两跳移动(快)	1 613.71

据表 3 - 17 实验结果来看，在应用 LS - OLSR 协议的条件下，从一跳到两跳的时延和抖动两个参数，随着跳数增加而逐渐恶化。报文投递率在 TCP 协议的保证下，始终保持着较高的水平，在两跳实验开始出现丢包。这里和采用 OLSR 协议的场景实验得出了相同的变化趋势，证明了无线自组织网络中的链路质量的差异的确是导致通信质量变化的主要原因，间接表达了本节工作的意义所在。同样从实验得出的数据可见，改进后的协议在同样的实验条件下，得出了比 OLSR 协议场景实验更加优异的性能指标。两个实验中报文投递率都很高，因此比较的意义不大，但是在对语音通信的敏感参数表现上，改进后的实验明显给出了很好的性能提升。性能提升主要体现在两跳的数据上，在一跳情况下链路由于确定了通信的两个终节点，通信只能通过该链路而不能实现切换，因此两个终节点间链路质量的变化直接决定了通信质量，其性能和采用 OLSR 差不多。而在两跳实验中，终节点通过中间节点实现转发，故在两跳路由过程中 LS - OLSR 就能依据链路稳定性预测模型和路由质量计算方法从不同中间节点中找出最佳节点，给出最优链路质量的路由，从而明显改善了两跳情况下的通信性能。同时这种改进和性能提升在主观的语音实验感受中也得到了体现，特别是时延，改进后语音的时延在同

等条件下明显缩小了。因此,无论从实验数据指标还是从语音主观感受评价,LS-OLSR 协议场景实验都给出了多尺度链路稳定性预测模型对协议性能改进的现实有效性。

3.8 无线自组织网络鲁棒路由协议

在目前的实际应用中,无人机集群是主要的研究热点。“蜂群”无人机集群是无人机集群的重要发展方向,其实现了任务的拆分,各无人机通过协作完成任务。之前需要中大型无人机才能完成的任务可以通过这样的方式分摊到各个小型无人机上,这样每个无人机的载荷都会降低,不仅降低了成本,而且增加了无人机系统的鲁棒性。而“蜂群”无人机工作在对抗环境下,其通信链路会受到干扰、节点可能会损失,因此还需要具备在节点和链路受损的条件下,完成其作战目标的能力。也就是说,“蜂群”无人机的鲁棒性不仅要求系统具备对于破坏的抵御能力,而且要在系统遭受破坏后,即节点或链路损失后,具备结构和功能的恢复能力。

我们知道,“蜂群”无人机系统是通过无线自组织网络连接起来,构成一个整体作战单元的。因此,“蜂群”无人机系统的鲁棒性取决于“蜂群”无人机无线自组织网络的鲁棒性。可以通过提高无线自组织网络的鲁棒性来提高“蜂群”无人机系统的鲁棒性,这里我们提出一种基于负载均衡的鲁棒路由协议,原理主要是在不具备网络全连通条件下,合理地配置节点的度分布,提高网络对随机失效和恶意攻击的鲁棒性。即当网络受到随机故障或敌方的攻击,损失了部分节点或通信链路的情况下,剩余的节点会重新构建新的网络拓扑结构,尽可能保持最大的连通子图,从而提高网络在链路损失和节点丢失等情况下的鲁棒性。

3.8.1 鲁棒路由协议的实现原理

1.问题描述

“蜂群”无人机系统可以用一个图 $G=(V,E)$ 来进行描述。其中 V 是“蜂群”无人机中的节点,E 是节点之间的通信链路。

定义 3:邻域系统。一个邻域系统 N 可以定义为

$$N=\{N_i \mid \forall i \in V\} \tag{3-126}$$

式中,N_i 是节点 i 的邻居节点集合,其相邻关系具有如下特性:

(1)任意给定一点 i 与其自身并不构成邻居关系:$i \notin N_i$。

(2)相邻关系是相互的,即

$$i \in N_{i'} \Longleftrightarrow i' \in N_i$$

定义 4:链路可用性。在“蜂群”无人机系统中,无线链路会不断受到干扰而损失,我们将一条链路在干扰条件下依然可用的概率定义为链路可用性,记为 p_{ij},其中 $i \in V, j \in N_i$。

定义 5:节点的度分布。与一个节点相连的节点个数称为节点的度。我们定义节点的度分布为节点的度为 k 的概率,记为 $P_i(k)$,其中 $i \in V$。

一个节点的度分布取决于其所有链路的可用性。可用二项分布进行计算。假定节点有 m 个邻居,节点与邻居之间存在连接的概率就是链路可用性概率,则节点的度分布为

$$P_i(k)=\binom{k}{m} p_{ij_1} p_{ij_2} \cdots p_{ij_k}(1-p_{ij_{k+1}})(1-p_{ij_{k+2}}) \cdots (1-p_{ij_m}) \tag{3-127}$$

定义 6:网络的度分布。我们定义网络的度分布为在网络任选一个节点,其度为 k 的概

率，记为 $P(k)$。设网络中有 n 个节点，显然

$$P(k)=\sum_{i=1}^{n}\left[\binom{1}{n}P_i(k)\right]=\frac{1}{n}\sum_{i=1}^{n}P_i(k) \tag{3-128}$$

“蜂群”无人机系统通常采用密集编队形式，其拓扑结构可以如图3－76(a)表示。在图3－76(a)中，如果损失一个节点，其拓扑结构就会变成图3－76(b)所示的状态。这时，整个网络还是连通的。在图3－76(b)中，如果再损失一个节点，“蜂群”无人机系统的拓扑结构就会变成图3－76(c)所示的状态。在图3－76(c)中，虽然有个别节点成为孤立节点或孤立子网，但大部分节点依然构成了一个较大的连通子图。再从图3－76(c)中移除一个节点，网络拓扑结构如图3－76(d)所示，这时“蜂群”无人机系统已经拆分成了若干个互不连通的小的连通子图，系统的完整性受到了损害。在复杂网络理念中，称从图3－76(c)到图3－76(d)的变化为发生了渗流相变。提高“蜂群”无人机系统的鲁棒性就是尽量避免或延缓这种渗流相变情况的发生。在发生渗流之前，认为网络中各节点构成了一个巨片；在发生渗流相变后，认为网络中的巨片消失。因此可以将网络中是否存在巨片作为网络鲁棒性的一个判断准则。MOLLY－REED准则[47]就是判断网络中是否存在巨片的准则。

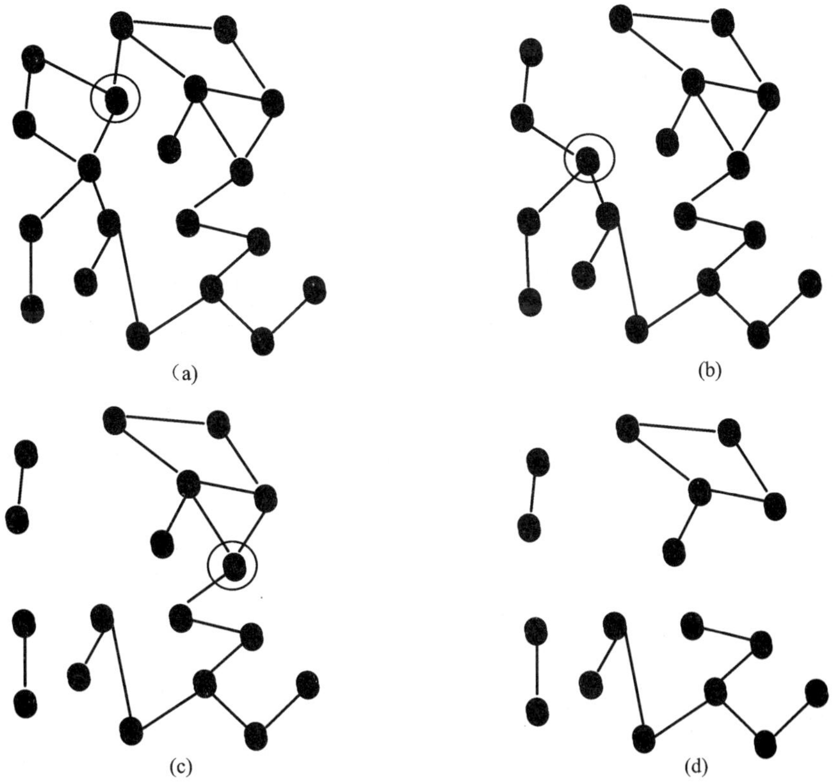

图3－76　随节点损失的密集编队拓扑变化

MOLLY－REED准则的推导出发点是：在巨片存在中的一个节点 j，在网络中任选一个节点 i，i 与 j 之间存在边，且边的个数应当大于2，即 $\langle k_i \mid i\leftrightarrow j\rangle=\sum_{k_i}k_iP(k_i \mid i\leftrightarrow j)=2$，根据贝叶斯准则，有

$$P(k_i \mid i \leftrightarrow j) = \frac{P(i \leftrightarrow j \mid k_i)}{P(i \leftrightarrow j)} \tag{3-129}$$

设节点 j 为网络巨片中的节点，在网络中任选节点 i，选中 i 的概率是 $1/C_{N-1}^{1} = \frac{1}{N-1}$，由于网络的平均度表示网络中任意两点之间存在连接的概率，所以选取 i 且与 j 之间存在连接的概率为

$$P(i \leftrightarrow j) = \frac{\langle k \rangle}{N-1} \tag{3-130}$$

显然 $P(i \leftrightarrow j \mid k_i) = \frac{k_i}{N-1}$，从而

$$\sum_{k_i} k_i P(k_i \mid i \leftrightarrow j) = \sum_{k_i} k_i \frac{P(i \leftrightarrow j \mid k_i)}{P(i \leftrightarrow j)} = \sum_{k_i} k_i \frac{k_i P(k_i)}{\langle k \rangle} = \frac{\langle k^2 \rangle}{\langle k \rangle} = 2 \tag{3-131}$$

$$\kappa \equiv \frac{\langle k^2 \rangle}{\langle k \rangle} \tag{3-132}$$

当 $\kappa > 2$ 时，网络中存在巨片，网络是互联互通的。“蜂群”无人机系统鲁棒性设计的工作就是通过合理地配置节点的链路质量，进而配置节点的度分布，使 $\kappa > 2$，从而保证“蜂群”无人机系统的鲁棒性。

达到此目的，必须解决两个关键问题：

(1)快速地计算节点的度分布。通过以上分析，我们知道，节点的度分布取决于节点与其相邻节点的链路质量。由于“蜂群”无人机工作在对抗环境下，其链路质量是一个快速变化的随机量，而“蜂群”无人机系统的任务执行周期又比较短。采用传统的基于统计的链路质量评估无法满足“蜂群”无人机系统的战术需求。因此，需要实现一种小样本条件下的链路快速评估算法，并在此基础上，对节点的度分布进行快速估算。在本文中，我们将采用灰预测中的GM(1,1)模型解决此问题。

(2)通过局部信息交换计算全网度分布。在式(3-131)中，计算 $\langle k \rangle$ 和 $\langle k^2 \rangle$ 需要全网各节点的度分布。这意味着每个节点需要将自己的度分布在网中进行泛洪广播。泛洪广播会占用大量的网络带宽、耗费大量的能量。而“蜂群”无人机通常是由微小型无人机构成的，网络带宽和能源受限，全网泛洪是不可取的，也是不现实的。因此，需要提出一种方法，仅通过相邻节点之间的信息交互，即可计算出全网的平均度 $\langle k \rangle$ 和 $\langle k^2 \rangle$。在本文中，我们将采用平均一致性方法，实现全网的平均度 $\langle k \rangle$ 和 $\langle k^2 \rangle$ 的分布式计算。

2.基于GM(1,1)模型的节点度分布快速估计算法

如前所述，“蜂群”无人机的链路质量是一个没有先验概率分布的快速变化随机量，传统的基于统计分析的链路评估算法不能满足对链路进行快速评估的要求。而灰观测中的GM(1,1)模型是小样本、贫信息、不确定系统中一种进行观测和估计的有效工具。在本节中，我们采用新陈代谢模式的均值差分GM(1,1)模型进行链路质量的快速估计，给出链路存活的概率。在本节中，我们选择链路的SNR/RSSI值作为链路质量的评价标准。一般而言，对于确定的无线网络设备，其SNR的取值范围是固定的。实测的SNR值越接近SNR的最大值，链路的质量越好，链路失效的概率越低。因此我们可以定义链路存在的概率为

$$p(k)=\frac{\mathrm{SNR}(k)-\mathrm{SNR}_{\min}}{\mathrm{SNR}_{\max}-\mathrm{SNR}_{\min}}$$

其中 SNR(k)为第 k 次的 SNR 测量值。

基于新陈代谢的 GM(1,1)模型估计链路存活概率 $P(t)$的过程如下。

第一步：引入二阶弱化缓冲算子(AWBO)减小 $P(t)$的随机性，

$$P^{(0)}(t)=P(t)d^2=\frac{1}{n-t+1}[P(t-n+1)d+\cdots+P(t-1)d+P(t)d] \tag{3-133}$$

$$P(t)d=\frac{1}{n-t+1}[P(t-n+1)+\cdots+P(t-1)+P(t)] \tag{3-134}$$

按照灰预测中的不动变定理：$P^{(0)}(t)=P(t)d^2=P(t)$。

第二步：一阶累加生成(1－AGO)预处理 AWBO 的输出结果，

$$P^{(1)}(t)=\sum_{i=t-n+1}^{t}P^{(0)}(i) \tag{3-135}$$

第三步：用 GM(1,1)差分模型 EDGM 得到 $P^{(1)}(t)$的估计值，

$$\hat{P}^{(1)}(t)=\left(P^{(0)}(t-n+1)-\frac{b}{a}\right)\left(\frac{1-0.5a}{1+0.5a}\right)^2+\frac{b}{a} \tag{3-136}$$

公式 (3－136)中的参数 a 是生长因子，b 是灰输入，

$$\begin{bmatrix}a\\b\end{bmatrix}=(\boldsymbol{B}^{\mathrm{T}}\boldsymbol{B})^{-1}\boldsymbol{B}^{\mathrm{T}}\boldsymbol{Y} \tag{3-137}$$

其中，$\boldsymbol{B}=\begin{bmatrix}P^{(1)}(t-n+1) & 1\\ \vdots & 1\\ P^{(1)}(t-2) & 1\\ P^{(1)}(t-1) & 1\end{bmatrix}$，$\boldsymbol{Y}=\begin{bmatrix}P^{(1)}(t-n+2)\\ \vdots\\ P^{(1)}(t-1)\\ P^{(1)}(t)\end{bmatrix}$。

第四步：用一阶转置累加生成算子(1－IAGO)处理，

$$\hat{P}(t)=\hat{P}^{(0)}(t)=\hat{P}^{(1)}(t)-\hat{P}^{(1)}(t-1) \tag{3-138}$$

这样，就可以计算出链路存活概率 $P(t)$。

3.基于平均一致性的全网平均度计算方法

(1)一致性算法描述。对于一阶线性系统，如果其每个节点都是智能体，则其动力学模型满足

$$x_i(t)=u_i(t),\quad i=1,2,\cdots,n \tag{3-139}$$

在式(3－136)中，n 表示系统中的智能体数量。智能体 i 的状态可以用 $x_i(t)\in R$ 表示，可以表示一些状态量，比如位置、速度等。$u_i(t)$表示智能体 i 的控制输入。每个智能体节点包含控制变量和自己的状态变量，如图 3－77 所示。智能体节点状态的变化规则取决于控制输入 $u_i(t)$，控制输入信息仅仅需要邻居智能体的状态信息，而不需要全网的状态信息，属于分布式的控制方法[48]。

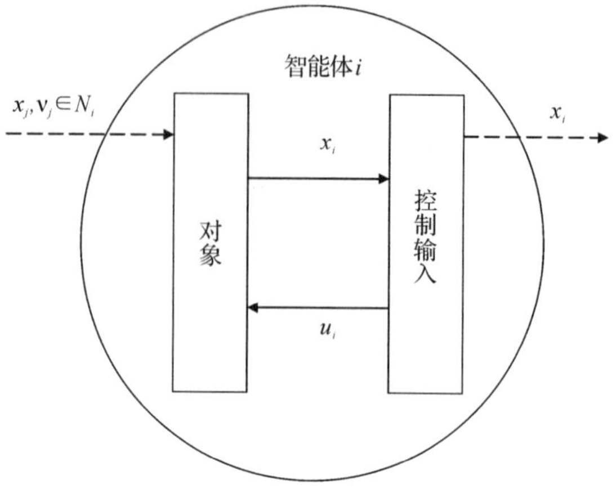

图 3-77　带有输入控制的智能体

如果对于系统中所有节点的状态，以下公式均成立：

$$\lim_{t \to \infty} | x_i - x_j | = 0, \quad i, j = 1, 2, \cdots, n, \text{且 } i \neq j \tag{3-140}$$

那么就可以说系统达到了一致性。如果任何时候，系统中的节点都能达到一致性，则可以称所有的节点最后达成一致的值为决策值[49]。

如果，系统中所有智能体在控制输入 $u_i(t)$ 的作用下渐进地达到的一个值是系统所有节点的期望值，即 $\lim\limits_{t \to \infty} x_i(t) = \frac{1}{n} \sum\limits_{i=1}^{n} x_i(0), i \in \mathbf{N}$，则可认为多智能体系统取得了全局的渐进平均一致性，这个时候系统达到的一致平衡点可以写为 $u_i(t) = \sum\limits_{\nu_j \in N_i} a_{ij}(t)[x_j(t) - x_i(t)]$，易知，$\boldsymbol{\chi}_x$ 属于常向量。

经典一阶线性系统的一致性控制率可以用下式表示[50]：

$$u_i(t) = \sum_{\nu_j \in N_i} a_{ij}(t)[x_j(t) - x_i(t)] \tag{3-141}$$

基于公式(3-139)，智能体的动力学模型可以改写为

$$x_i(t) = \sum_{\nu_j \in N_i} a_{ij}(t)[x_j(t) - x_i(t)] \tag{3-142}$$

每个智能体的状态都基于自身状态以及邻居节点的状态变化，系统最后趋于一致只需要局部节点间的信息交互。如果智能体系统的网络拓扑是固定不变的，那么式(3-142)可写作

$$x_i(t) = -\boldsymbol{L}\boldsymbol{x}(t) \tag{3-143}$$

上式，系统中所有智能体的状态变量由 $\boldsymbol{x}(t) = (x_1(t), x_2(t), \cdots, x_n(t))^{\mathrm{T}}$ 表示，$\boldsymbol{L}$ 是网络拓扑图 G 的拉普拉斯矩阵。对于式(3-140)的系统，若系统的网络拓扑是无向图并且是连通的，那么无论起始值的大小如何，系统都可以渐进收敛到平均一致性。对于网络拓扑具有强连通性的系统，起始值的大小任意，系统都会渐进收敛到一致。如果网络拓扑是强连通的而且可以看做平衡图，那么系统会渐进趋于平均一致性。

在系统运行过程中不可避免发生节点之间的通信链路故障，或者数据传输中的丢包等情况，所以系统的网络拓扑结构会随时间改变。这可以称为动态拓扑，别名也可以叫做切换拓扑。因为动态拓扑结构存在于智能体系统，可以改写式 (3-142)为

$$\boldsymbol{x}(t)=-\boldsymbol{L}_k\boldsymbol{x}(t),\ k=s(t) \tag{3-144}$$

式中，$\boldsymbol{x}(t)=(x_1(t),x_2(t),\cdots,x_n(t))^{\mathrm{T}}$，$L\Gamma_n=\{(V,E,A)\}$是有限图集合，包含 n 个节点。对于系统网络拓扑图 $G_k\in\Gamma_n$，而 $\boldsymbol{L}_k$ 是其拉普拉斯矩阵。对于网络是无向的情况，如果其每一个子图 G_k 都是连通的，那么系统 (3-144)能够实现一致性。对于网络是有向的情况，如果其每一个子图 G_k 都属于强连通并且是平衡图结构，那么随机切换起始状态，系统都能达到一致性[51]。

(2)全网平均度的快速计算：

$$\langle k\rangle=\sum_{k=1}^{n-1}kP(k) \tag{3-145}$$

将式(3-128)代入式(3-145)，有

$$\langle k\rangle=\sum_{k=1}^{n-1}k\sum_{i=1}^{n}\frac{1}{n}P_i(k)=\frac{1}{n}\sum_{k=1}^{n-1}\sum_{i=1}^{n}kP_i(k)=\frac{1}{n}\sum_{i=1}^{n}\sum_{k=1}^{n-1}kP_i(k)=\frac{1}{n}\sum_{i=1}^{n}\langle k_i\rangle \tag{3-146}$$

式 (3-146)表明，全网的平均度表示的是网络中每个节点的平均度的平均值。类似地可以推导出全网的$\langle k^2\rangle$是每个节点的$\langle k^2\rangle$的平均值。

在分布式一致性算法中，各节点通过相邻节点之间的信息交互，最终达到平衡状态。在众多的分布式一致性算法中，平均一致性算法的平衡状态是各节点初始状态的平均值。这个特性可以用来以较小的代价获得全网的度分布，避免了全网泛洪。在平均一致性中：

$$x_{av}=\lim_{t\to\infty}x_i(t)=\frac{1}{n}\sum_{i=1}^{n}x_i(0) \tag{3-147}$$

我们取 $x_i(0)$为节点 i 的度分布，即 $x_i(0)=\langle k_i\rangle$，根据式(3-147)，有

$$x_{av}=\langle k\rangle=\frac{1}{n}\sum_{i=1}^{n}\langle k_i\rangle \tag{3-148}$$

即全网信息一致性的收敛值为全网的度分布。类似地，可通过平均一致性计算全网$\langle k^2\rangle$的值。算法的整体流程如下：

1)对节点的所有相连链路的链路质量进行采样，获得 t 时刻的链路评估值 $L_{ij}(t)$。其中 i 表示节点 i，j 表示节点 i 的邻居。

2)根据 $t-4\sim t$ 时刻的链路评估值，采用灰预测方法预测 $\hat{L}_{ij}(t+1)$，并基于 $\hat{L}_{ij}(t+1)$计算链路的可用概率 $\hat{p}_{ij}(t+1)$。

3)根据式(3-127)计算节点的度分布 $P_i(k)$。

4)节点将自己的度分布信息向其邻居进行广播，并接收邻居节点的度分布信息。

5)节点基于下式计算网络度分布：

$$P(k)=\frac{1}{m}\sum_{j=1}^{m}P_j(k) \tag{3-149}$$

$j\in N_i$，m 为节点 i 的一跳邻居个数。

6)基于式(3-149)所得的 $P(k)$计算$\langle k\rangle$和$\langle k^2\rangle$，并根据式(3-132)计算 κ。

3.8.2 路由协议改进实验设计与分析

1.鲁棒性控制方法在 QualNet 上的整体设计

我们在 QualNet 平台上实现了本节所提的基于 MOLLY - REED 准则的鲁棒性控制方法。将所提的鲁棒性控制方法以模块的形式添加到 QualNet 应用层协议中，基本流程图如图 3 - 78 所示。

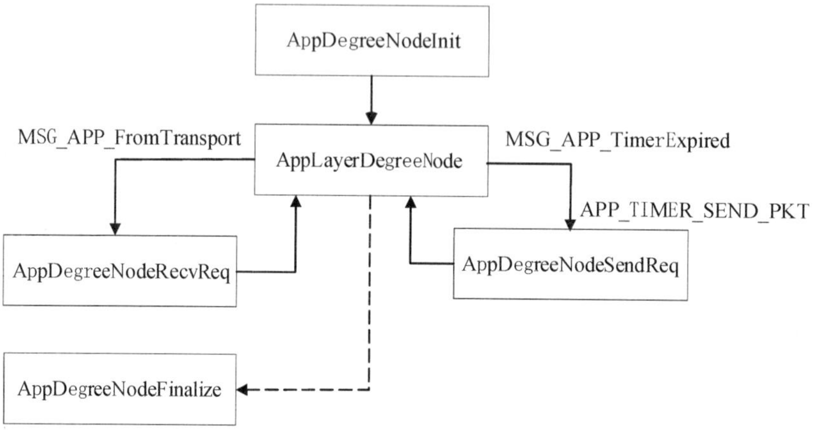

图 3 - 78 QualNet 中鲁棒性控制方法模块状态转换图

鲁棒性控制方法模块包含两个事件：控制方法收到一个来自传输层的数据包的事件类型为 MSG_APP_FromTransport，而动态更新定时器的事件类型为 MSG_APP_TimerExpired。鲁棒性控制方法设置的定时器包含 4 个处理函数：AppDegreeNodeNeighborUpdate 完成一跳邻居表的定时更新，UpdateDegreeDisrtribureList 完成节点度分布的计算，AppDegreeNodeResetRelated 完成节点网络度的初始化，UpdateAverageDegree 采用平均一致性的方法更新网络度。

鲁棒性控制方法包含 5 个状态：AppTspNodeInit 用来对鲁棒性控制方法运行所需的数据初始化；AppLayerDegreeNode 用来循环处理 QualNet 中的事件信息并根据事件的类型完成状态的跳转；AppDegreeNodeRecvReq 用来处理 MSG_APP_FromTransport 事件即传输层发往应用层的数据，接收一跳邻居发来的广播数据包并更新节点自身的邻居表中的度分布等信息；AppDegreeNodeSendReq 用来处理 MSG_APP_TimerExpired 事件中的 APP_TIMER_SEND_PKT 定时器到达，更新自身的链路状态信息和度分布等信息，并发送用于同步的广播数据包，设置下一次定时器的时间；AppDegreeNodeFinalize 终止协议运行状态并输出仿真数据。

鲁棒性控制方法在仿真运行期间主要有两种数据结构：

(1)struct_app_degree_data 结构为鲁棒性控制方法运行时节点之间通信的报文格式，其中包括一跳邻居地址、节点度、网络度等基本数据。

(2)struct_app_degree_node 结构包含节点本身状态标记项、自身属性还有统计量项，该结构中的一部分参数能够在仿真开始运行之前通过 QualNet Architect 工具完成配置，如图 3 - 79所示，该结构是协议运行的最基本数据单元。

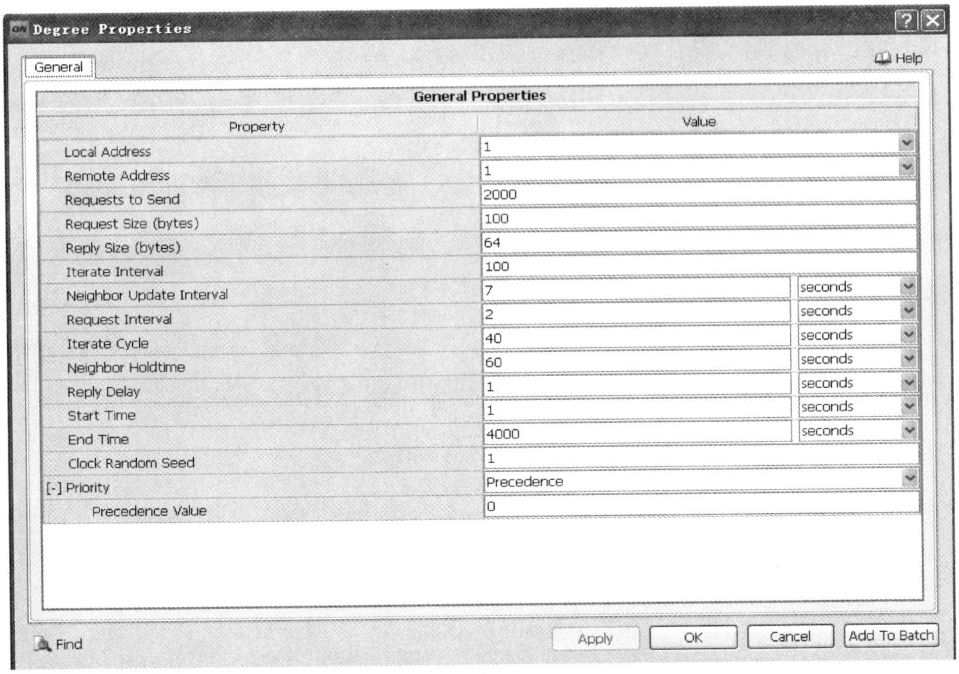

图 3-79　App 运行相关参数配置图

2.鲁棒性控制方法流程实现

本章在 QualNet 仿真软件上实现的鲁棒性控制方法的具体设计流程如图 3-80所示。QualNet 启动后会首先调用系统函数 APP_InitializeApplication()从配置文件中读取完成初始化所需要的仿真参数。配置文件包含的参数有目的节点地址、本地节点地址、请求报文计划发送的数量、是否使用邻居表动态更新、邻居表更新的间隔、定时器间隔、同步迭代间隔、随机数种子、开始时间、结束时间等,如图 3-79 所示。随机调用 AppDegreeNodeInit()函数完成节点 struct_app_degree_node 结构的初始化。节点初始化结束后进行到空闲状态,等待消息事件的到来。在接收到消息事件后,调用 AppLayerDegreeNode()函数对消息进行处理。到达仿真结束的时间后,调用 AppDegreeNodeFinalize()函数终结仿真,完成仿真数据的收集统计。

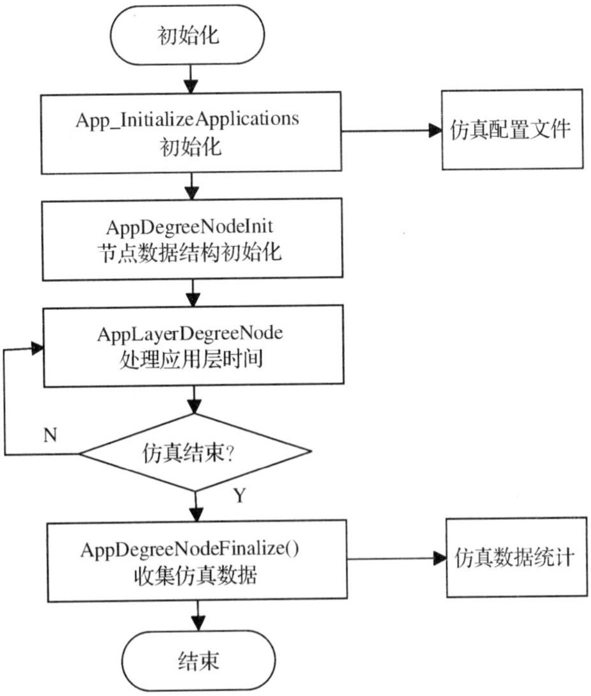

图 3-80　鲁棒性控制方法模块流程实现图

在 QualNet 仿真软件上实现的鲁棒性控制方法的模块设计中，AppLayerDegreeNode()函数是模块最重要的部分，具体实现的流程如图 3-81 所示。

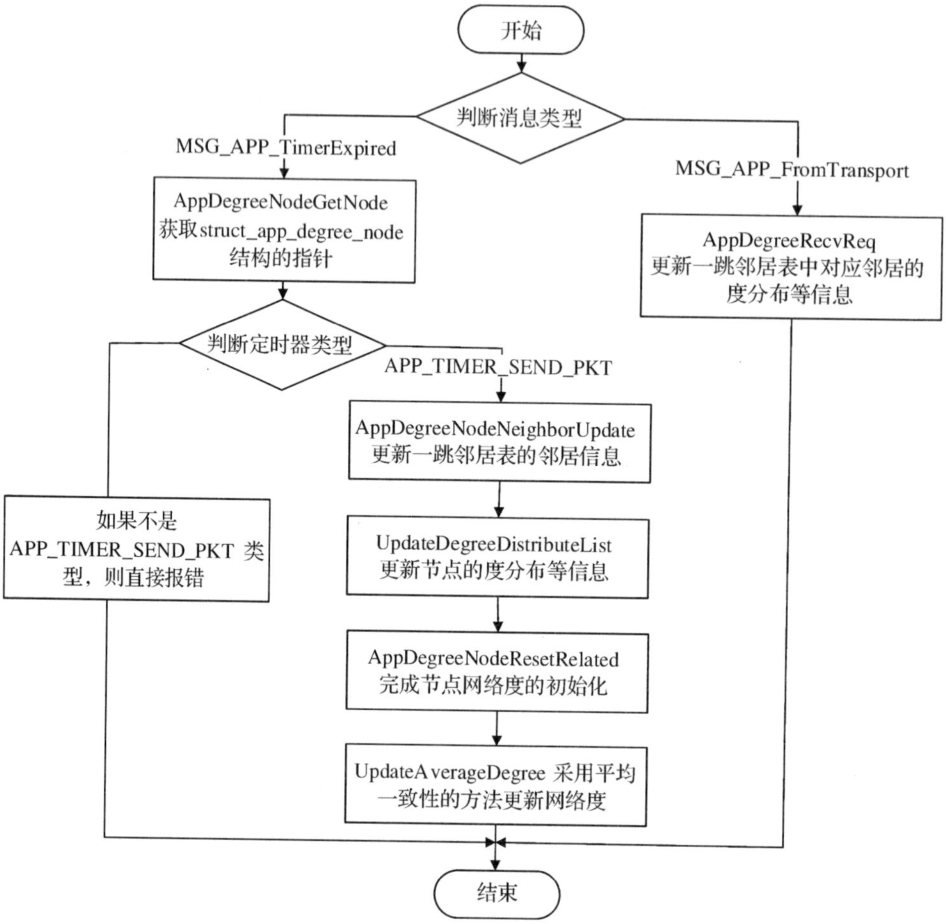

图 3-81　AppLayerDegreeNode()函数流程图

因为 QualNet 是一种基于离散事件的仿真软件，所以节点在收到事件消息之后才会对 AppLayerDegreeNode()函数进行调用。在函数执行开始后，会首先对消息类型进行判断。如果 MSG_APP_TimerExpired 是消息类型，则表示动态更新定时器超时，会首先调用 AppDegreeNodeGetNode()函数，可以由定时器消息中的 sourcePort 端口号获取指向节点 AppDataDegreeNode 类型的指针。之后会判断定时器的类型，如果定时器类型为 APP_TIMER_SENG_PKT，则定时器类型为同步定时器，会在接下来依次调用 AppDegreeNodeNeighborUpdate()函数、UpdateDegreeDisrtribureList()函数、AppDegreeNodeResetRelated()函数、UpdateAverageDegree()函数和 AppDegreeNodeSendReq()函数。AppDegreeNodeNeighborUpdate()函数的作用是完成一跳邻居表的定时更新，删除超时邻居表项，UpdateDegreeDisrtribureList()函数的作用是完成节点度分布的计算，AppDegreeNodeResetRelated()函数的作用是完成节点网络度的初始化，UpdateAverageDegree()函数的作用是采用平均一致性的方法更新网络度，AppDegreeNodeSendReq()函数的作用是发送同步广播报文。如果定时器类型不是 APP_TIMER_SENG_PKT，则直接报错返回。如果消息类型是 MSG_APP_

FromTransport，那么会紧接着调用 AppTspNodeRecvReq()函数，完成同步广播数据包中携带的邻居度分布信息的读取，对节点本地一跳邻居表中对应邻居项的度分布信息进行更新。

在基于 QualNet 仿真软件的鲁棒性控制方法设计模块中，在调用 AppDegreeNodeSendReq()之前，如果节点处于第一个发送周期结束之后的时间，会分别执行邻居表的更新、本地节点度分布的计算、本地网络度的初始化以及网络度的分布一致性更新，因此对该机制进行解释是有必要的。在收到一个采样周期的邻居节点发送的同步广播数据包之后，本地节点基本就可以获取一跳邻居的信息，就可以执行一系列的更新和计算操作。即如果经过了一个采样周期，节点就可以更新与一跳邻居的链路状态，如果达到了灰预测要求的数据量就可以根据灰预测 GM(1,1)模型进行节点的链路质量估计，然后利用二项分布的方法对节点的度分布信息进行更新，并依据节点与邻居节点的度分布信息计算网络的度分布信息。我们根据以往的经验值对节点的网络度信息进行处理，如果计算出来的网络度 $\kappa>2$，那么不做处理；如果计算出来的网络度 $1.5<\kappa\leqslant 2$，则更新本地节点的发射功率为之前的 1.2 倍；如果计算出来的网络度 $1<\kappa\leqslant 1.5$，则更新本地节点的发射功率为之前的 1.3 倍；如果计算出来的网络度 $\kappa\leqslant 1$，则更新本地节点的发射功率为之前的1.5倍。

图 3-82 所示为 MSG_APP_TimerExpired 事件的主要函数流程图。在事件开始之前，节点的 nodePtr->numPktsSend 会被置为 0。事件开始之后，会判断 nodePtr->numPktsSend 的值是否大于 1，如果小于 1，则进入下一个判断，判断 nodePtr->NeighborTable 是否为空，如果不为空表明已经探测到了节点一跳邻居的存在，更新发送的 struct_app_degree_data 结构中的一跳邻居信息。如果 nodePtr->numPktsSend 的值大于 1，那么首先更新邻居表中超时的邻居表项，删除超时的一跳邻居条目，接下来用二项分布的方法对利用灰预测得出的节点与邻居之间的链路质量进行计算，由公式(3-127)得出节点的度分布信息。紧接着要计算节点的网络度信息并利用平均一致性的方法与邻居节点的网络度进行迭代计算，然后利用得到的节点网络度对发射功率进行设置，最后广播 struct_app_degree_data 信息给一跳邻居节点。当仿真结束时会调用 AppDegreeNodePrintStatsEnd()函数输出节点的度分布等相关信息，便于我们对网络度的收敛性进行分析。

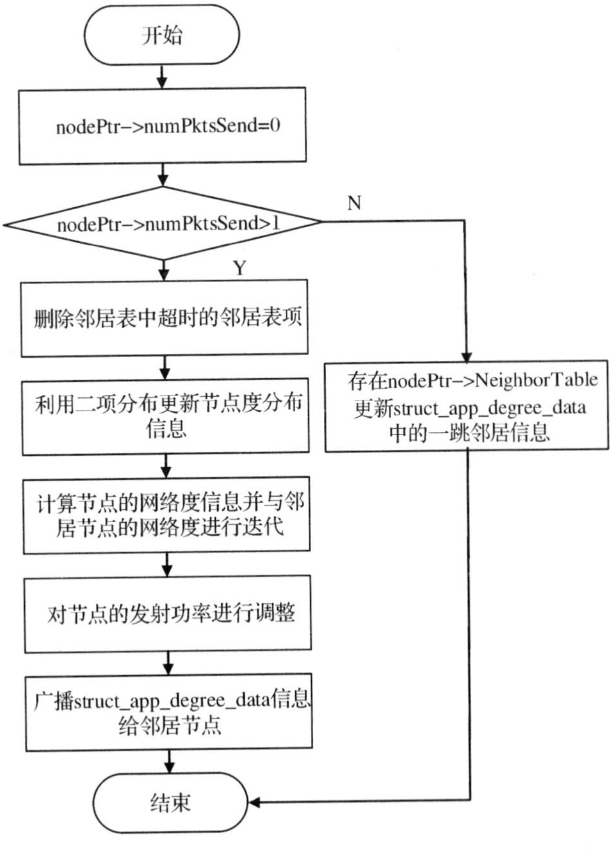

图 3-82　MSG_APP_TimerExpired 事件主要函数流程图

3.小规模无人机编队的性能分析

在实际应用中，小规模无人机编队的编队数量通常在 20 架左右。基于此，我们在 QualNet 仿真环境下构建了 20 个节点的小规模无人机编队的仿真场景，具体场景如图 3 - 83 所示。

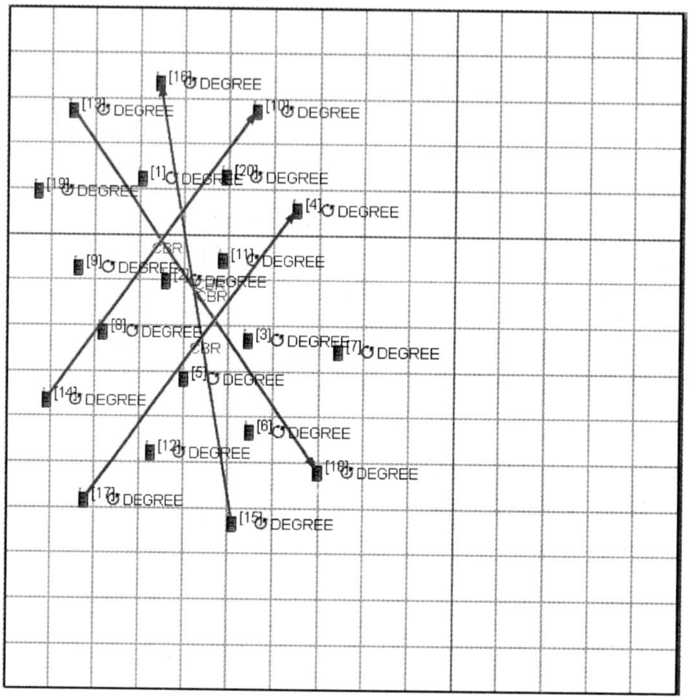

图 3 - 83　小规模编队实验场景

首先我们从上到下对仿真过程中各层所使用的协议与参数(见表 3 - 18)做简要说明。

• 应用层：就像上一节所介绍的，CBR(Constant Bit Rate)是速率恒不变的应用层业务，是一种理想的业务形式。本节主要是对无人机编队的性能和面对节点损失的鲁棒性进行分析，所以应用层使用了 CBR 业务。

• 传输层：在传输层使用用户数据包协议 UDP，这是一种面向数据包的无连接并且保证数据可靠传输的运输层协议。

• 网络层：在网络层采用 OLSR(Optimized Link State Routing)协议，它是一种标准化的表驱动式优化链路状态路由协议，以路由跳数提供最优路径，尤其适合大而密集型的网络。

• MAC：MAC 层采用 802.11。

• 物理层：物理层采用 802.11。

如果没有特别说明，在后面的场景中均采用上述的协议与参数。场景面积为 1 500 m×1 500 m。考虑到在实际作战环境中，小规模无人机编队往往是朝着一个目标呈群体统一移动，因此在图 3 - 83 所示的仿真场景中，所有节点以 3～5 m/s 的随机速度向右移动，以较好地模拟真实情况下小规模无人机编队的工作环境。为验证本文所提出方法的有效性，我们在场景中添加四条 CBR 业务，CBR1、CBR2、CBR3 以及 CBR4 分别表示节点 17 到节点 4、节点 14 到节点 10、节点 15 到节点 16、节点 13 到节点 18 的业务流，用来模拟小规模编队中无人机之间的通信。实验主要是考察在节点损失的情况下，采用本文所提出的鲁棒性控制方法的小规模无人机编队系统是否具有更好的抗节点损失的鲁棒性。

表 3-18 仿真环境参数

场景面积	节点数目	业务流量	节点移动模型	物理层	MAC 层	路由协议
1 500 m×1 500 m	20 个节点均匀放置	CBR 业务 4 对，报文大小固定为 1 KB，节点每秒发数据报文 16 次	自定义移动模型，每个节点以 3～5 m/s 的随机速率向右移动	802.11	802.11	均采用 OLSR

(1)损失不同数量节点的情况下的丢包率分析。采用上述设置的参数进行仿真实验，随机产生失效节点 ID。对实验数据进行处理统计，并分析实验结果及其产生的原因。从无节点损失到损失 12 个节点，每次损失的节点数目为 3、5、6、9、12，图 3-84 是引入了鲁棒性控制方法实验场景与无鲁棒性控制方法实验场景的 CBR 丢包率对比。

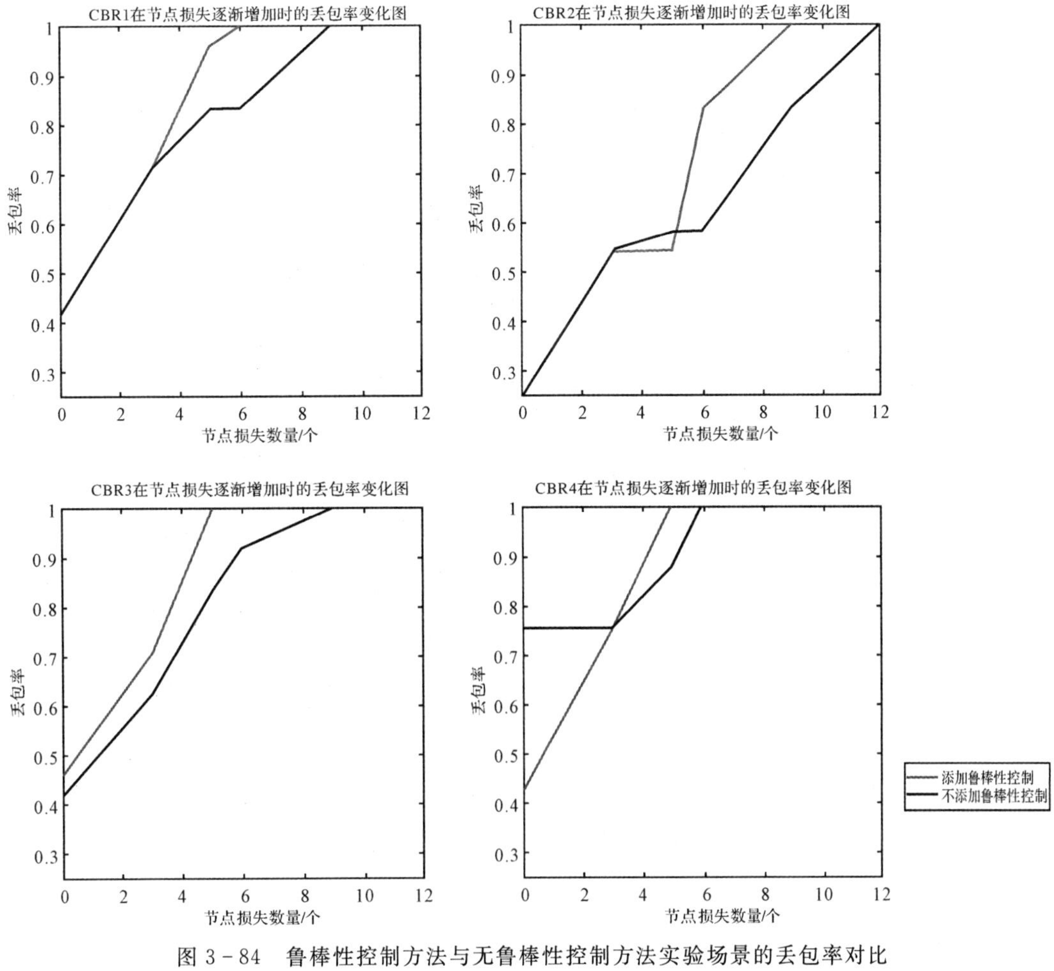

图 3-84 鲁棒性控制方法与无鲁棒性控制方法实验场景的丢包率对比

在没有节点损失的情况下，引入鲁棒性控制方法的实验场景中，大部分 CBR 业务流的丢包率要少于无鲁棒性控制方法的实验场景，但是 CBR4 引入鲁棒性控制方法的实验场景 CBR 的丢包率要高于无鲁棒性控制方法实验场景 CBR 的丢包率。通过观察发现，引入鲁棒性控制方法后，CBR4 的数据传输路径由原来的 13→1→2→3→6→18 变为 13→1→2→6→18，经过调试发现 2→6 距离较长导致信噪比降低，丢包率会略微增大。

损失节点数达到 5 个以后，无鲁棒性控制方法实验场景下的 CBR3 和 CBR4 的业务流完全中断，而 CBR1 在损失节点数达到 6 个时业务流完全中断，CBR2 在损失节点数达到 9 个时业务流完全中断。在 CBR4 中，由于 3 个节点的损失没有对无鲁棒性控制方法中 CBR4 的数据传输链路造成改变，故 CBR4 两种情况下的丢包率没有变化。当损失节点数量为 5 时，损失的节点 ID 是 1、2、5、3 和 6，CBR2 的传输链路为 14→8→9→19→13→16→10 并没有发生改变，故丢包率没有变化。每次增加 3 个损失节点，发现无鲁棒性控制方法实验场景下的 CBR2 和 CBR4 的丢包率逐渐增大直到业务流完全断开。而采用鲁棒性控制方法实验场景的丢包率的趋势也是逐渐增大的，随着损失节点增加导致丢包率增加的主要原因是损失节点导致 CBR 的数据传输路径发生变化，跳数增加而且总的路径长度变长，因此在更多的节点丢失后，鲁棒性控制方法实验场景和无鲁棒性控制方法实验场景的 CBR 丢包率均会增大。整体来看，采用鲁棒性控制方法的实验场景在保证了网络对节点损失的鲁棒性的同时，其网络丢包率比无鲁棒性控制方法实验场景的丢包率低。

(2)损失不同数量节点的情况下的时延分析。我们将不同数量节点损失的情况下的时延数据进行图形化，并分析产生的原因。从无节点损失到损失 12 个节点，每次损失的节点数目为 3、5、6、9、12，图 3-85 引入了鲁棒性控制方法实验场景与无鲁棒性控制方法实验场景的 CBR 时延对比。

在没有节点损失的情况下，无鲁棒性控制方法实验场景的四条 CBR 的时延都要高于引入鲁棒性控制方法 CBR 的时延。当损失节点数量为 3 时，由于随机损失的 3 个节点是网络中流量比较大即中心性比较高的节点 1、2、5，失效节点数量增加导致全网平均度下降，采用鲁棒性控制方法的实验场景会适当增加节点的发射功率以保证 $\kappa>2$，进而导致大量业务流在节点 11 处汇聚，导致网络拥塞的加剧，所有 CBR 的时延都出现了增加。而无鲁棒性控制方法各个 CBR 的路径会变长，但是拥塞减轻，拥塞减轻导致时延下降而 CBR 数据传输路径变长导致时延上升，拥塞减轻带来的影响小于 CBR 数据传输路径变长带来的影响，导致各条 CBR 时延的上升。

损失节点数达到 5 个以后，无鲁棒性控制方法实验场景下的 CBR3 和 CBR4 的业务流完全中断，而 CBR1 在损失节点数量达到 6 个时业务流完全中断，CBR2 在损失节点数量达到 9 个时业务流完全中断。当损失节点数量为 5 时，损失的节点 ID 是 1、2、5、3 和 6，CBR1 的传输链路由 17→12→6→3→11→4 变为 17→14→8→9→19→13→16→10→4，链路长度大量增加，时延上升很多；而 CBR2 的传输链路为 14→8→9→19→13→16→10 并没有发生改变，时延有轻微波动。而采用鲁棒性控制方法的实验场景 CBR 业务的时延整体来看逐渐增大，但是出现了随着失效节点数量增加而单个 CBR 业务的时延减小的情况，在损失节点数量为 5 时，损失节点数量的增加导致最优链路被破坏，整个网络的拥塞下降，CBR 的时延反而会下降；而损失节点数量再次增加时，失效节点数量增加导致全网平均度下降，采用鲁棒性控制方法会适当增加节点的发射功率以保证 $\kappa>2$，使得 CBR 业务经过的路由跳数减少以及总的数据传输距离增加，数据包转发次数下降导致时延下降，总的数据传输距离增加导致时延上升。当数据包转发次数下降带来的影响比总的数据传输距离增加带来的影响大时，时延也会降低。无论从整体还是从个体来看，采用鲁棒性控制方法不但保证了网络对节点损失的鲁棒性，同时降低了网络的传输时延，但是会导致网络中出现介数比较大的节点，如果网络中业务比较多，系统性能会有所下降，即整体时延会上升。

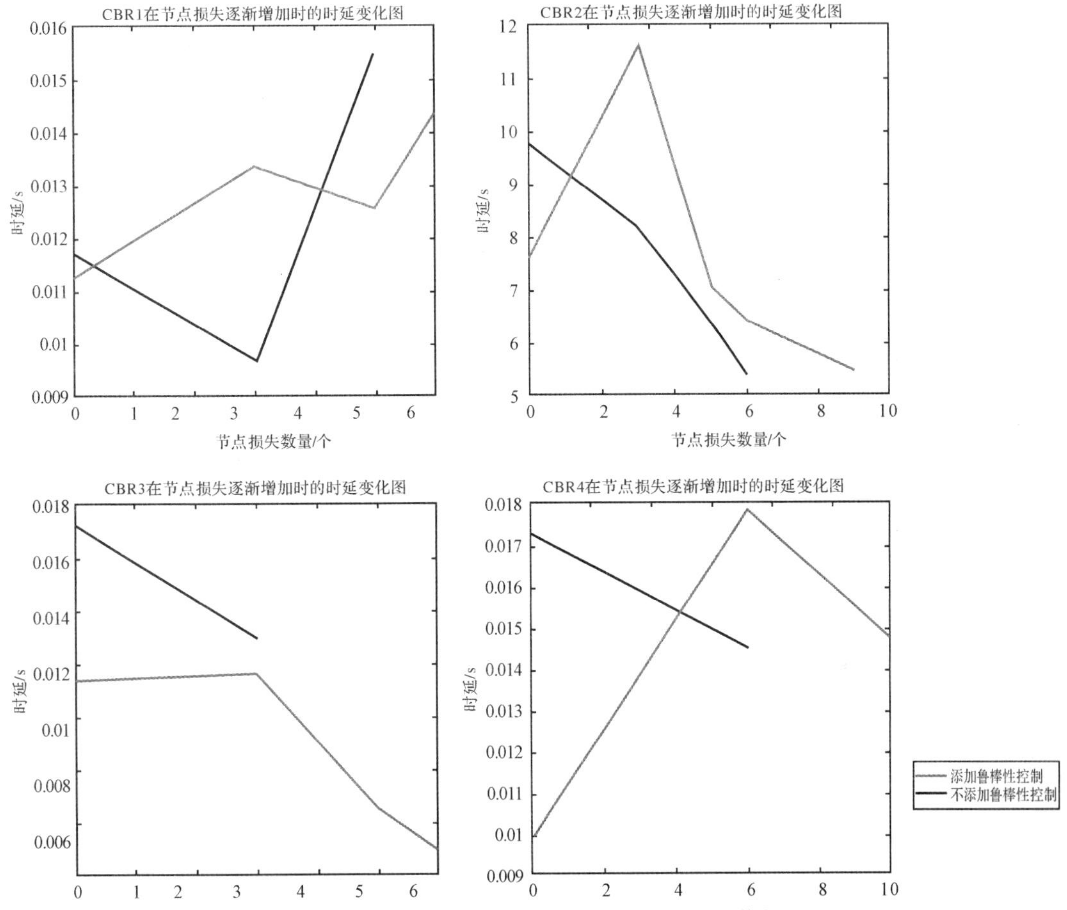

图3-85 鲁棒性控制方法与无鲁棒性控制方法实验场景的时延对比

(3)添加鲁棒性控制的小规模编队的系统性能测试。我们对鲁棒性控制方法所能提升的小规模无人机编队的系统性能做了进一步的测试。随机选择节点进行失效，以所有4条CBR业务流全部中断作为测试系统性能极限的标准。在引入鲁棒性控制方法的场景中，最低6个左右节点失效，最高12个左右节点失效后，4条CBR全部中断。而在无鲁棒性控制方法实验场景下，最低3个左右节点失效，最高9个节点失效后，4条CBR全部中断。图3-86中列出了随着节点损失数目增加，引入鲁棒性控制方法的场景和无鲁棒性控制方法场景下系统平均丢包率和时延的变化，这里所列是节点损失达到业务流中断的极限情况。

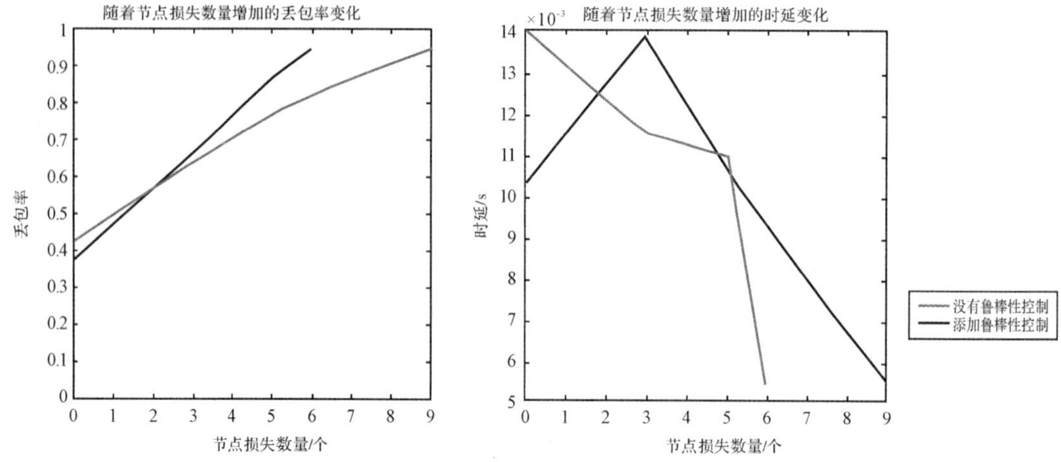

图 3-86　鲁棒性控制方法与无鲁棒性控制方法实验场景平均丢包和时延的变化

4.中等规模无人机编队的性能分析

在实际应用中,中等规模无人机编队的编队数量通常在 50 架左右。基于此,我们在 QualNet 仿真环境下构建了 50 个节点的中等规模无人机编队的仿真场景,具体场景如图 3-87所示。

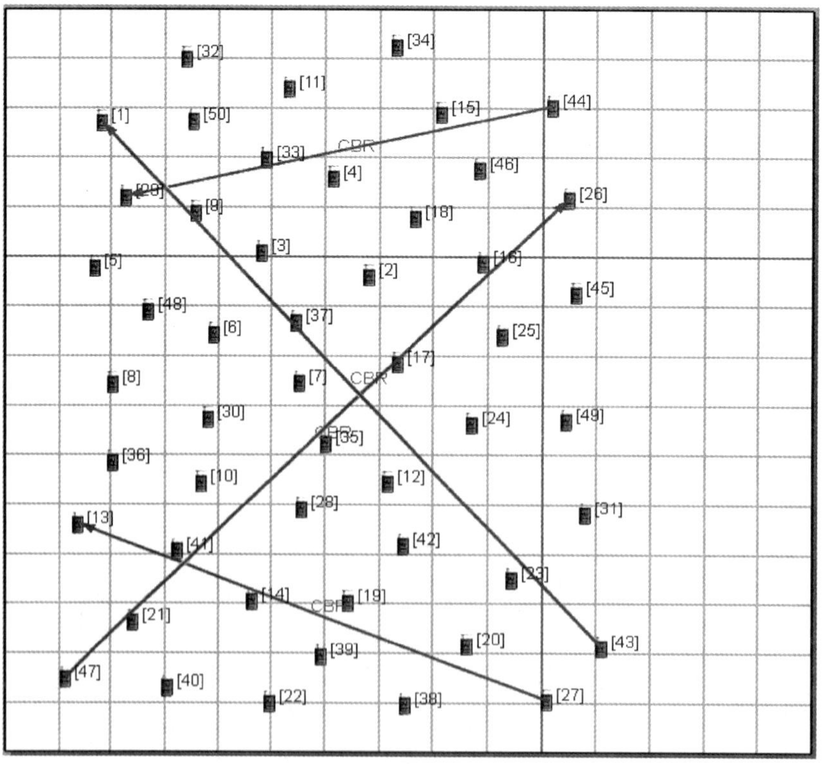

图 3-87　中等规模无人机编队仿真场景

采用上一节设置的协议与参数,场景面积为 1 500 m×1 500 m。考虑到在实际作战环境中，中等规模无人机编队往往也是朝着一个目标呈群体统一移动，因此在图 3－87 所示的仿真场景中，所有节点以 3～5 m/s 的随机速度向右移动，以较好地模拟真实情况下中等规模无人机编队的工作环境。为验证本文所提方法的有效性，我们在场景中添加 4 条 CBR 业务，CBR1、CBR2、CBR3 以及 CBR4 分别表示节点 43 到节点 1、节点 27 到节点 13、节点 47 到节点 26、节点 44 到节点 29 的业务流，其中 CBR1 和 CBR3 处于节点较为密集区域，CBR2 和 CBR4 处于节点较为稀疏的区域，分别模拟中等规模编队中无人机中距离较远与距离较近的无人机之间的通信。实验主要是考察在节点损失的情况下，采用了本文所提出的鲁棒性控制方法的无人机系统是否具有更好的抗节点损失的鲁棒性。

（1）损失不同数量节点的情况下的丢包率分析。采用上一节设置的参数进行仿真实验，随机产生失效节点 ID。对实验数据进行处理统计，并分析实验结果及其产生的原因。从无节点损失到损失 20 个节点，每次增加 5 个随机损失的节点，图 3－88 是引入了鲁棒性控制方法实验场景与无鲁棒性控制方法实验场景的 CBR 丢包率对比。

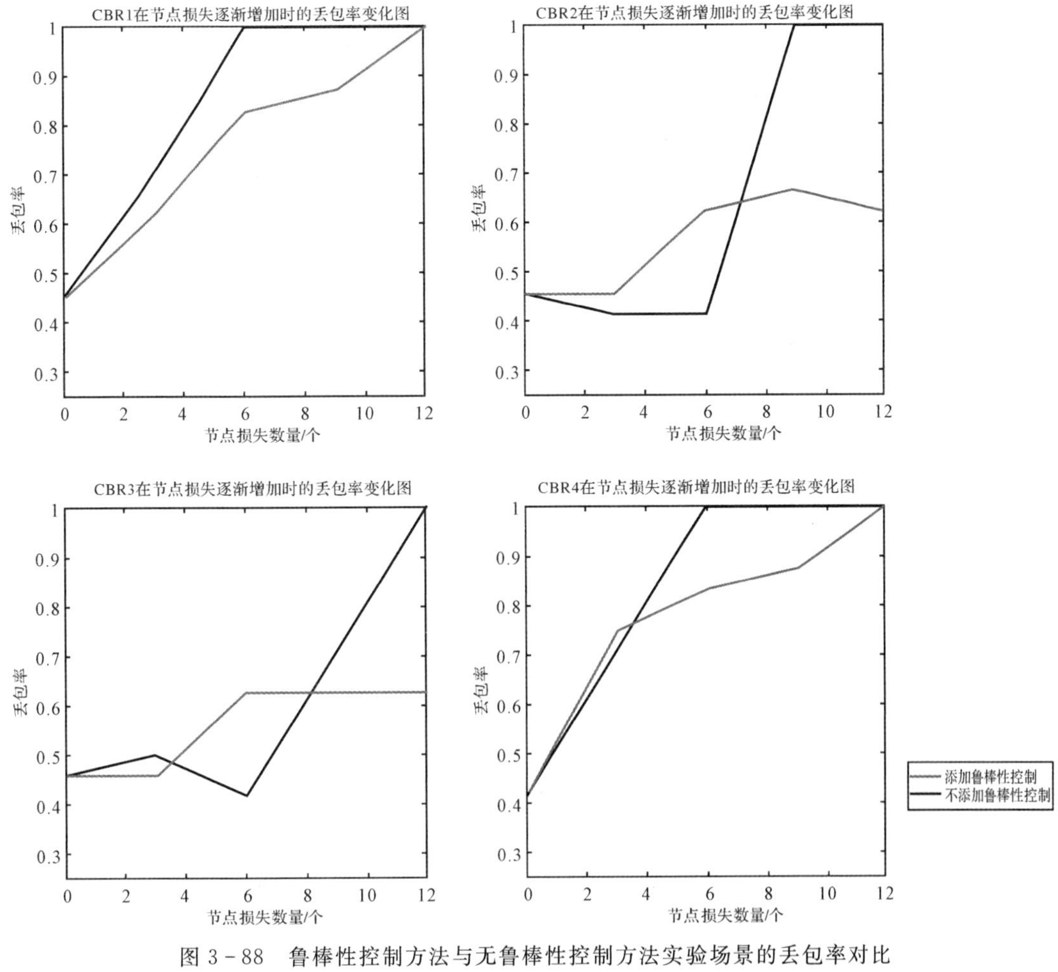

图 3－88　鲁棒性控制方法与无鲁棒性控制方法实验场景的丢包率对比

在没有节点损失的情况下，引入鲁棒性控制方法的实验场景与没有鲁棒性控制方法的实验场景 CBR 的丢包率是一致的。

损失节点数达到10个以后，无鲁棒性控制方法实验场景下的CBR1和CBR4的业务流完全中断，而CBR2在损失节点数达到15个时业务流完全中断，CBR3在损失节点数达到20个时业务流完全中断。而采用鲁棒性控制方法的实验场景的丢包率也是逐渐增大的，CBR1和CBR4在节点损失数量达到20时才会完全断开，CBR2和CBR3在本次实验中随机损失20个以内的节点业务流都不会完全断开。CBR3在10个节点损失、15个节点损失、20个节点损失时由于其数据传输的链路没有发生变化，所以CBR3的丢包率在这种情况下也没有发生变化。随着节点损失量的增多，丢包率一般是逐渐增加的，丢包率增加的主要原因是节点损失导致CBR业务的数据传输路径发生变化，跳数增加而且总的路径长度变长，因此在更多的节点丢失后，鲁棒性控制方法实验场景和无鲁棒性控制方法实验场景的CBR丢包率均会增大。但是我们发现在一些时刻，随着损失节点数量的增加，出现了CBR2的丢包率减小的情况，这是因为在更多的节点丢失后，全网平均度下降，鲁棒性控制方法会适当增加节点的发射功率以保证$\kappa>2$，而CBR2数据传输总的路径长度没有很大改变，但是数据传输经过的节点数量减少。例如，20个节点损失与15个节点损失的情况相比，额外损失的5个节点是7、9、12、40、41，CBR2的传输路径因为由27→20→38→39→14→41→13被破坏变为27→38→22→40→21→13，数据包转发次数减少导致丢包减少，丢包率下降。整体来看，采用鲁棒性控制方法的实验场景在保证了网络对节点损失的鲁棒性的同时，其网络中CBR的丢包率比无鲁棒性控制方法实验场景CBR的丢包率低。

(2)损失不同数量节点的情况下的时延分析。我们将不同数量节点损失的情况下的时延数据进行图形化，并分析产生的原因。从无损失节点到损失20个节点，每次额外增加5个损失的节点，图3-89是引入了鲁棒性控制方法实验场景与无鲁棒性控制方法实验场景的CBR时延对比。

在没有节点损失的情况下，无鲁棒性控制方法实验场景CBR1和CBR4的时延要高于引入鲁棒性控制方法实验场景CBR的时延，CBR3的时延两者近乎一致，引入鲁棒性控制方法的实验场景中CBR2的时延略高，这是因为CBR2业务数据传输经过的节点经由平均一致性计算后部分节点的平均度$\kappa<2$，鲁棒性控制方法会适当增加节点的发射功率以保证$\kappa>2$，OLSR的路由方法是最短跳数寻径，所以CBR2的数据传输路径经过的路由跳数减少以及总的数据传输距离增加，数据包转发次数下降导致时延下降，总的数据传输距离增加导致时延上升。当数据包转发次数下降带来的影响比总的数据传输距离增加带来的影响小时，时延会略微上升。节点损失数量达到5个以后，无鲁棒性控制方法的实验场景的CBR的时延全部增加。引入鲁棒性控制方法的实验场景中除CBR2时延增加较多外，其余的三条CBR时延的变化不大。

损失节点数达到10个以后，无鲁棒性控制方法实验场景下的CBR1和CBR4的业务流完全中断，而CBR2在损失节点数达到15个时业务流完全中断，CBR3在损失节点数达到20个时业务流完全中断。采用鲁棒性控制方法的实验场景CBR业务的时延整体来看逐渐增大，CBR1和CBR4在节点损失数目达到20时完全断开，但是出现了随着失效节点数量增加而单个CBR业务的时延减小的情况，这主要是失效节点数量增加导致全网平均度下降，采用鲁棒性控制方法会适当增加节点的发射功率以保证$\kappa>2$，使得CBR业务经过的路由跳数减少以及总的数据传输距离增加，数据包转发次数下降导致时延下降，总的数据传输距离增加导致时延上升。当数据包转发次数下降带来的影响比总的数据传输距离增加带来的影响大时，时延反而会降低。从单体来看，鲁棒性控制方法的实验场景除了 CBR2 在不损失节点、损失 5 个节点、损失 10 个节点的情况下差于没有鲁棒性控制方法的实验场景的情况，其他的 3 条 CBR 都是鲁棒性控制方法的时延更低。从整体来看，采用鲁棒性控制方法不但保证了网络对节点损失的鲁棒性，同时降低了网络的传输时延。

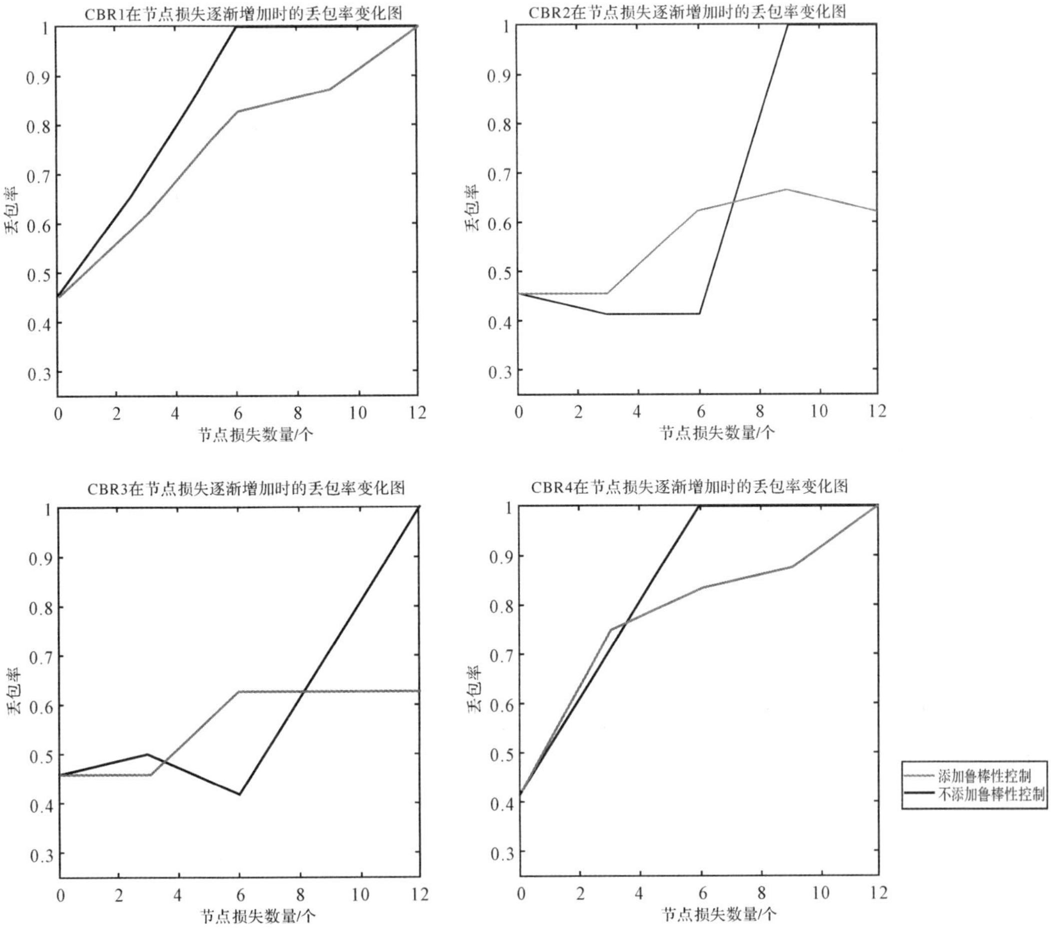

图 3-89　鲁棒性控制方法与无鲁棒性控制方法实验场景的时延对比

(3)添加鲁棒性控制的中等规模编队的系统性能测试。我们对鲁棒性控制方法所能提升的中等规模无人机编队的系统性能做了进一步的测试。随机选择节点进行失效，以所有 4 条 CBR 业务流全部中断作为测试系统性能极限的标准。在引入鲁棒性控制方法的场景中，最低 15 个左右节点失效，最高 35 个左右节点失效后，4 条 CBR 全部中断。而在无鲁棒性控制方法实验场景下，最低 7 个左右节点失效，最高 20 个节点失效后，4 条 CBR 全部中断。图3-90中列出了随着节点损失数目增加，引入鲁棒性控制方法的场景和无鲁棒性控制方法场景下系统平均丢包率和时延的变化，这里所列是节点损失达到业务流中断的极限情况。

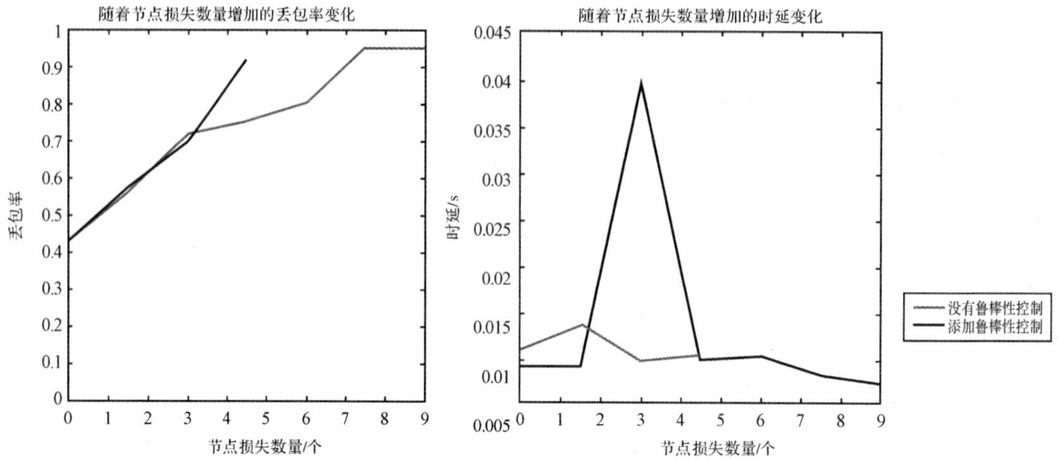

图 3-90　鲁棒性控制方法与无鲁棒性控制方法实验场景平均丢包和时延的变化

5.“蜂群”无人机编队的性能分析

在实际应用中，“蜂群”无人机编队的编队数量通常在 100 架左右。基于此，我们在 QualNet 仿真环境下构建了 100 个节点的“蜂群”无人机编队的仿真场景，具体场景如图 3-91 所示。

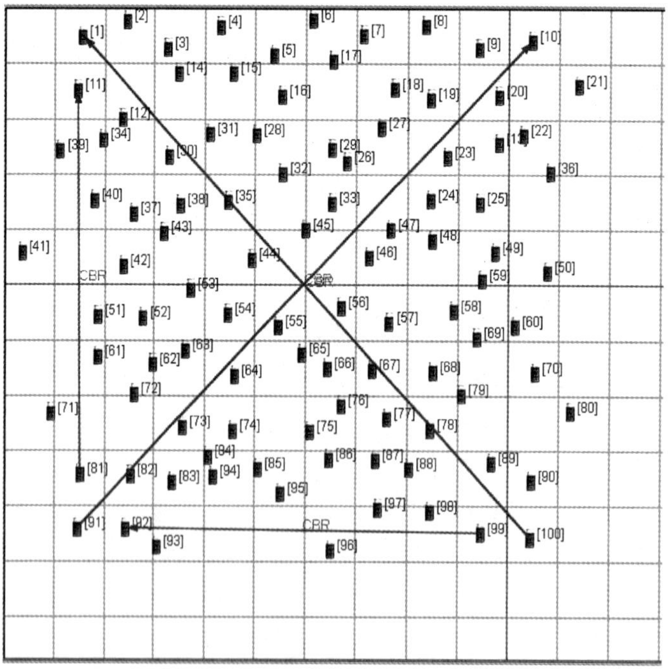

图 3-91　“蜂群”无人机编队仿真场景

采用上一节设置的协议与参数，场景面积为 1 500 m×1 500 m。考虑到在实际作战环境中，“蜂群”无人机往往是朝着一个目标呈群体统一移动，因此在图 3-91 所示的仿真场景中，所有节点以 3～5 m/s 的随机速度向右移动，以较好地模拟真实情况下“蜂群”无人机的工作环境。为验证本文所提方法的有效性，我们在场景中添加 4 条 CBR 业务，CBR1、CBR2、CBR3 以及 CBR4 分别表示节点 100 到节点 1、节点 91 到节点 10、节点 81 到节点 11、节点 99 到节点

92 的业务流。其中 CBR1 和 CBR2 处于节点密集区域，CBR3 和 CBR4 处于节点稀疏区域，分别模拟“蜂群”无人机中距离较远与距离较近的无人机之间的通信。实验主要是考察在节点损失的情况下，采用了本文所提出的鲁棒性控制方法的无人机系统是否具有更好的抗节点损失的鲁棒性。

(1)损失不同数量节点的情况下的丢包率分析。采用上述设置的参数进行仿真实验，随机产生失效节点 ID。对实验数据进行处理统计，并分析实验结果及其产生的原因。从无节点损失到损失 20 个节点，每次增加 5 个损失节点，图 3-92 是引入了鲁棒性控制方法实验场景与无鲁棒性控制方法实验场景的 CBR 丢包率对比。

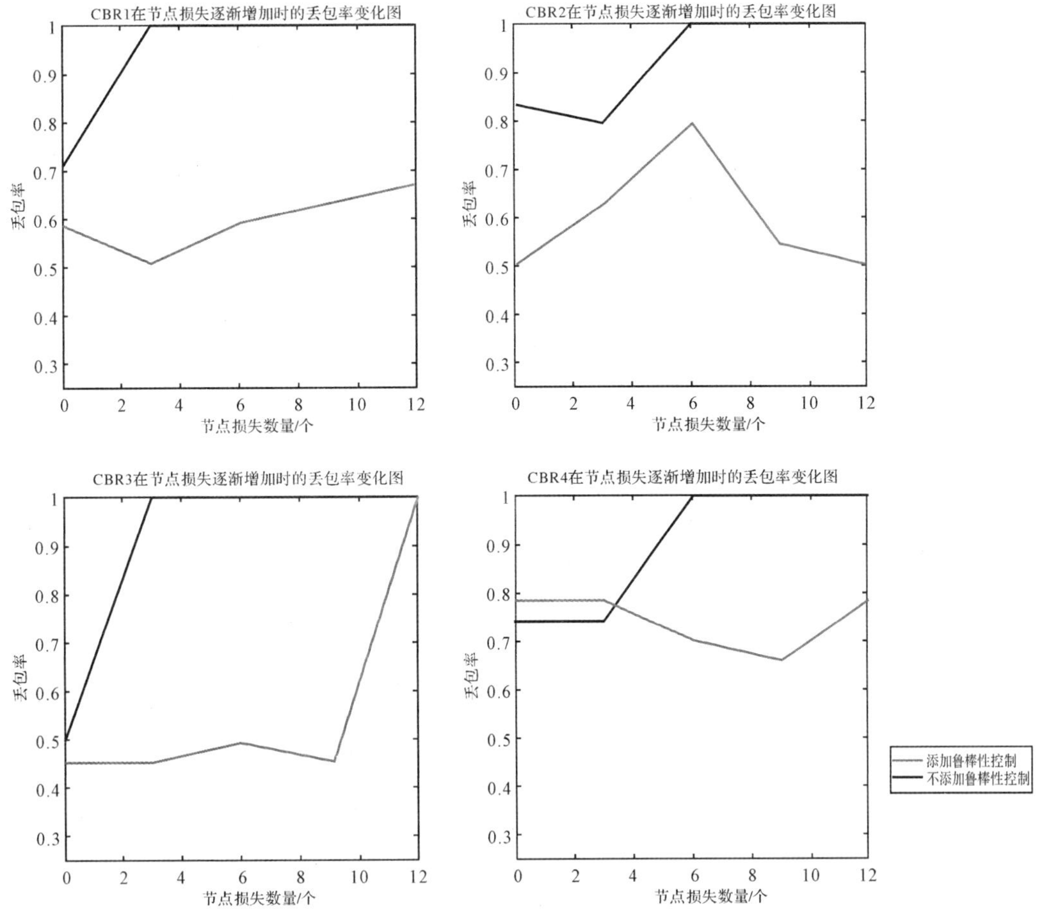

图 3-92　鲁棒性控制方法与无鲁棒性控制方法实验场景丢包率对比

在没有节点损失的情况下，引入鲁棒性控制方法的实验场景中，大部分 CBR 业务流的丢包率要少于无鲁棒性控制方法的实验场景，但是 CBR4 在引入鲁棒性控制方法的实验场景中的丢包率要高于在无鲁棒性控制方法的实验场景中的丢包率。通过观察发现，引入鲁棒性控制方法后，CBR4 的数据传输路径由原来的 99→98→97→86→95→84→83→92 变为 99→98→97→96→95→94→92，调试发现 96→95 距离较长导致信噪比降低，丢包率会略微增大。

损失节点数达到 5 个以后，无鲁棒性控制方法实验场景下的 CBR1 和 CBR3 的业务流完全中断。在 CBR4 中，由于 5 个损失节点没有对 CBR4 的链路造成改变，故 CBR4 两种情况下的丢包率没有变化。每次增加 5 个损失节点，发现无鲁棒性控制方法实验场景下的 CBR2 和

CBR4 的丢包率逐渐增大直到业务流完全断开。而采用鲁棒性控制方法实验场景的丢包率的趋势是逐渐增大的,但是在一些时刻,随着损失节点数量的增加,出现了 CBR1 和 CBR2 的丢包率减小的情况,这是因为在更多的节点丢失后,全网平均度下降,鲁棒性控制方法会适当增加节点的发射功率以保证 $\kappa>2$,而 CBR1 和 CBR2 经过的区域节点较为密集,数据传输总的路径长度不会发生很大改变,但是数据传输经过的节点数量减少。例如,15 个节点损失与 10 个节点损失的情况相比,CBR2 的传输路径由 91→82→84→64→44→46→26→19→20→10 变为 91→83→63→55→33→23→9→10,数据包转发次数减少导致丢包减少,丢包率下降。随着损失节点数量增加,CBR3 和 CBR4 的丢包率减少的原因是节点损失导致链路被破坏,而 CBR3 和 CBR4 处于边界区域,跳数增加,单跳距离变短使得信噪比增加,丢包率会略微减小。从整体来看,采用鲁棒性控制方法的实验场景在保证了网络对节点损失的鲁棒性的同时,其网络丢包率比无鲁棒性控制方法实验场景的丢包率低。

(2)损失不同数量节点的情况下的时延分析。我们将不同数量节点损失的情况下的时延数据进行图形化,并分析产生的原因。从无节点损失到损失 20 个节点,每次增加 5 个损失节点,图 3-93 是引入了鲁棒性控制方法实验场景与无鲁棒性控制方法实验场景的 CBR 时延对比。

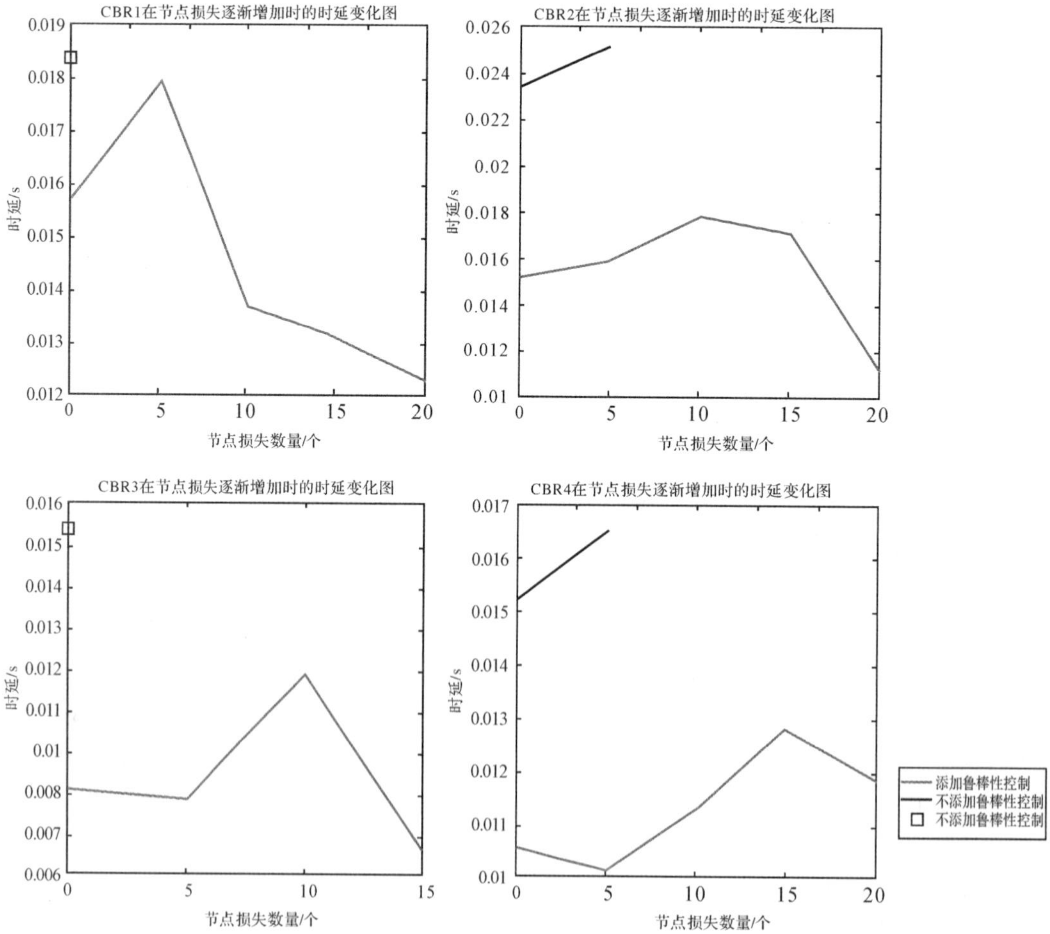

图 3-93　鲁棒性控制方法与无鲁棒性控制方法时延对比

随着损失节点数量的增加，无鲁棒性控制方法的实验场景 CBR 的时延会逐渐增加。当损失节点数目达到 5 个时，CBR1 和 CBR3 的业务流完全断开，当损失节点数目增大到 10 个时，CBR2 和 CBR4 的业务流亦完全断开。而采用鲁棒性控制方法的实验场景 CBR 业务的时延整体来看逐渐增大，只有 CBR3 在损失节点数目达到 20 时完全断开，但是出现了随着失效节点数量增加而单个 CBR 业务的时延减小的情况，这主要是失效节点数量增加导致全网平均度下降，采用鲁棒性控制方法会适当增加节点的发射功率以保证 $\kappa>2$，使得 CBR 业务经过的路由跳数减少以及总的数据传输距离增加，数据包转发次数下降导致时延下降，总的数据传输距离增加导致时延上升。当数据包转发次数下降带来的影响比总的数据传输距离增加带来的影响大时，时延反而会降低。无论从整体还是从个体来看，采用鲁棒性控制方法不但保证了网络对节点损失的鲁棒性，同时降低了网络的传输时延。

(3)添加鲁棒性控制方法的“蜂群”系统的性能测试。我们对鲁棒性控制方法所能提升的系统性能做了进一步的测试。随机选择节点进行失效，以所有 4 条 CBR 业务流全部中断作为测试系统性能极限的标准。在引入鲁棒性控制方法的场景中，最低 40 个左右节点失效，最高 70 个左右节点失效后，4 条 CBR 全部中断。而在无鲁棒性控制方法实验场景下，最低 8 个左右节点失效，最高 40 个节点失效后，4 条 CBR 全部中断。图 3－94 中列出了随着节点损失数目增加，引入鲁棒性控制方法的场景和无鲁棒性控制方法场景下系统平均丢包率和时延的变化，这里所列是节点损失达到业务流中断的极限情况。

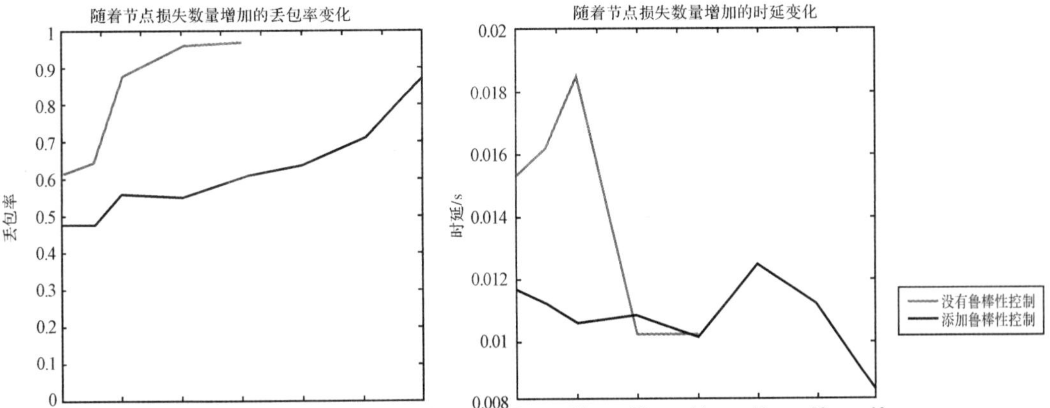

图 3－94　鲁棒性控制方法与无鲁棒性控制方法平均丢包和时延的变化

6.小结

本节我们主要提出了一种鲁棒性控制方法来提升无人机编队面向节点损失的鲁棒性。当无人机系统中的节点被击毁或者由于干扰而失联时，所提出的方法能够保证无人机无线自组网的连通性，使无人机集群拥有更好的鲁棒性，可以更好地完成规定的作战任务，符合现代作战场景的需要。

对于小规模编队、中等规模编队和“蜂群”无人机编队这三种情况的仿真结果表明，引入鲁棒性控制方法与无鲁棒性控制方法相比，随着节点损失数量的增加，两种场景下 CBR 业务流整体丢包率和时延均有所增大。总体上来说，同等情况下，引入鲁棒性控制方法实验场景的性能不会差于无鲁棒性控制方法的实验场景，但是面对节点损失的鲁棒性有显著提升，非常适合于无人机编队的工作场景，对于无人机被击毁或者由于受到干扰而失联的场景有着极高的抗毁性。

但是，随着节点损失数量的增加，鲁棒性控制方法会使路由单跳距离变长以及路由跳数减少，单跳距离变长导致信噪比降低同时丢包率增大，而路由跳数减少会导致丢包率减少，最终丢包率增大还是减小取决于这两种因素的比例，这是一个动态平衡的过程。当单跳距离变长带来的影响较大时，会出现丢包率上升的情况，但是不会对网络性能造成较大的影响。

需要说明的一点是，我们在路由选择时没有把网络拥塞纳入考虑范围，网络中会出现介数比较大的节点，如果网络中业务比较多，系统性能会有所下降。这时候就需要修改路由的选择方法，尽量避免出现介数太大的节点，我们拟在下一小节的研究工作中针对此问题提出进一步的优化设计方案。

3.8.3 基于介数的鲁棒路由研究

在上一小节中我们提到在路由选择中没有把网络拥塞纳入考虑范围，网络中业务较多时会对系统性能有一定影响。本小节我们将对该问题进行解决，改变路由选择的方法，并对不同负载的“蜂群”无人机系统的性能进行分析。

1.现有路由策略的优缺点

路由策略的优劣极大程度上决定了网络的传输容量，与改变网络的资源分配和拓扑结构相比较，路由策略的优化比较容易实施而且代价较小，例如利用软件在计算机网络中修改路由算法即可。所以在一般情况下，提高网络传输容量的首选方案是对路由策略进行优化。当前已经有很多学者在优化网络的路由策略研究方面做出了不少贡献。最短路径算法在实际网络中的应用非常广泛[52-54]。

对路由策略进行优化的主要目的是为数据包的传输寻找最合适的路径，最短路径路由策略被广泛应用在实际网络中。网络上路由策略的研究分为三种类别：全局型路由策略、混合型路由策略和局部型路由策略。

(1)全局型路由策略。全局型路由策略需要预先获取整个网络的拓扑结构信息，在传统的最短路径路由策略中，由于实际网络结构分布不会特别均匀，数据包在选择路径时会比较容易选择中心节点以尽快地到达目的节点，会导致中心节点的有限资源被耗尽进而使网络发生拥塞。

在文献[55]中，作者对经典的最短路由路径策略做出了改进，称之为有效路由策略(efficient routing)，称数据包传输的路径为有效路径(effient path)。例如，从节点 i 到节点 j 的传输路径是 $P_{ij}=i\equiv x_0,x_1,\cdots,x_n\equiv j$。研究表明，网络中负载较大的节点往往度也大。在作者提出的路由策略中，网络节点的度被当做路由函数的代价，其代价函数为

$$P_{ij}=\min\sum_{m=0}^{l}k(x_m)^{\beta} \tag{3-150}$$

式中，l 是路径长度；$k(x_m)$ 表示节点 x_m 的度；β 是可调节函数。

此路由策略考虑了节点的度，计算路由条目的时候选择某个度与其代价成正比的节点作为经过的节点，减轻了中心节点拥塞，中心节点的负载被平摊到其他的非中心节点上，极大地提高了网络传输容量。

在文献[56]中，Ling 等人提出了一种全局动态路由策略，该策略以实时负载作为路由函

数的代价，充分考虑了网络中的每个节点每个时刻的实时负载，其代价函数为

$$P_{ij}=\min\sum_{m=0}^{l}[1+n(x_m)] \tag{3-151}$$

式中，$n(x_m)$表示节点 x_m 的实时队列长度。全局动态策略以实时负载为代价实时计算路由表，根据实时负载调整数据传输路径，使网络传输的容量从整体上提升至最大。但是该路由策略更新与计算路由表的次数太过频繁，耗时较长，且会引发路由翻转(routing flaps)的问题，在实际网络如 IP 网络中不可用。

在发生节点拥塞的流量模型中，网络传输容量与网络中介数最大值成反比关系。基于此，在文献[57]中，作者提出可以减少网络中介数的最大值来间接增加网络传输容量，他们提出了一种最佳路由策略(optimal routing 策略)，利用迭代的方法调整网络的边权重值来缩减网络中节点介数最大值，从而大幅度增加网络传输容量，但是会增加网络的平均路径长度。

(2)混合路由策略。混合型路由策略把一个节点邻居节点的度、到其他节点的最短路径长度以及缓存大小等因素均纳入考虑。在文献[58]中，作者提出了一种基于"流量感知"的路由策略，在选择路由时要考虑邻居节点到目的节点的最短路径长度以及当前网络的拥塞程度。假设节点 x 有数据包要发送给节点 y，首先计算节点 x 的邻居节点 i 的 H_i 值，H_i 值的定义如下：

$$H_i=\alpha\frac{d_i}{\sum_{j\in g(i)}d_i}+(1-\alpha)\frac{l_i}{\sum_{j\in g(i)}l_j},0\leqslant\alpha\leqslant 1 \tag{3-152}$$

式中，$g(i)$为节点 A 的全部邻居节点的集合；d_i 为节点 i 到节点 y 的最短路径长度；α 是可调节参数；$l_i=q_i/c_i$，表示数据包在节点 i 的驻留时间，c_i 是节点 x 每次能发送数据包的最大值，q_i 表示节点 x 的队列长度，最后选择节点 x 的邻居节点中 H 值最小的节点，数据包 P 会被发送给该节点。

(3)局部路由策略。每个节点只知道自己的邻居信息，这种情况采用局部路由策略，选择局部信息当作路径选择中的启发式信息。局部路由策略中有一种随机游走策略，已经有很多科研人员对其进行了研究[59-60]。

在文献[61]中，Wang 等人提出了一种局部路由策略(local routing)，每个节点只需要知道自己全部邻居节点的度分布，然后根据邻居节点的度分布信息，以某一概率向其邻居节点转发数据包，转发概率可以由函数得出

$$\Pi_i=\frac{k_i^{\alpha}}{\sum_j k_j^{\alpha}} \tag{3-153}$$

式中，α 是可调参数；j 遍历节点 i 的全部邻居节点。

上面局部路由策略只考虑了邻居节点的度分布，还有其他的研究人员对其余的局部路由策略进行了研究，分别考虑邻居节点的介数、队列长度、等待时间等因素。

近年来，出现了很多新的有效的路由策略，其中大多数路由策略可以直接用于实际网络，对网络科学的快速发展起到了促进作用。

2.基于介数的鲁棒性路由算法

我们首先对介数的概念做一个简单介绍，接着对所提出的基于介数的鲁棒性路由算法进

行描述。

(1)点介数。介数(between centrality)表示节点在网络中的中心性,能够从理论上对网络中全部节点的相对负载情况进行估计。概念上来说,一个节点的介数表示经过该节点的最短路径的跳数[62],

$$B_\nu = \sum_{s \neq d} \frac{\sigma_{s,d}(\nu)}{\sigma_{s,d}} \tag{3-154}$$

式中,B_ν 表示节点 ν 的介数;$\sigma_{s,d}(\nu)$表示源节点 s 到目的节点 d 的最短路径上经过节点 ν 的最短路径的条数;$\sigma_{s,d}$ 表示源节点 s 到目的节点 d 的最短路径的长度。

介数的定义是基于最短路径路由算法得出的,可以用介数当作网络传输容量的评估系数。任一时刻到达网络中任一节点 i 的平均数据包的个数为 $RB_i/N(N-1)$,其中 $B_i/N(N-1)$ 表示一个数据包到达介数为 B_i 的节点 i 的概率。如果 $RB_i/N(N-1)>C$,那么在节点 i 上排队的数据包队列会太长,发生网络拥塞。所以,如果要保证网络上所有节点都不会发生数据包的堆积,必须确保到达网络中节点介数最大的节点上的数据包数量不会超过其处理能力,即必须满足 $RB_{\max}/N(N-1) \leqslant C$,则有

$$R \leqslant \frac{CN(N-1)}{B_{\max}} \tag{3-155}$$

式中,$B_{\max}$表示网络中所有节点的最大介数值。网络传输容量指的是网络不发生拥塞的最大值,可用 R_c 表示为

$$R_c = \frac{CN(N-1)}{B_{\max}} \tag{3-156}$$

由式(3-156)可知,网络中节点介数值越大,网络传输容量越低,因此可以把网络节点介数最大值 $B_{\max}$作为不同优化策略下的网络传输容量。

(2)边介数。类似点介数,网络中边的介数也可以评估边上的相对流量负载,边 l_{ij} 的介数是指经过该边的最短路径的条数,可以由下式表示:

$$B_{ij} = \sum_{s \neq d} \frac{\sigma_{s,d}(l_{ij})}{\sigma_{s,d}} \tag{3-157}$$

式中,B_{ij}表示边 l_{ij} 的介数;$\sigma_{s,d}(l_{ij})$表示从源节点 s 到目的节点 d 的路径中经过边 l_{ij} 的最短路径的条数;$\sigma_{s,d}$表示源节点 s 到目的节点 d 的最短路径的条数。

类似于节点发生拥塞的流量模型中的网络传输容量与介数的关系,链路拥塞也就是边拥塞的流量模型中的每个时刻,一个数据包到达边介数为 B_{ij} 的某条边 l_{ij} 的概率为 $B_{ij}/N(N-1)$。要阻止网络拥塞的发生,必须确保到达网络中边介数最大边的数据包数量不超过其处理能力,满足 $RB_{\max}/N(N-1) \leqslant D$,即

$$R \leqslant \frac{DN(N-1)}{B_{\max}} \tag{3-158}$$

那么网络传输容量满足:

$$R_c = \frac{DN(N-1)}{B_{\max}} \tag{3-159}$$

类似于点介数,网络中边的边介数最大的值与网络传输容量成反比,可以用边介数的最大值间接对网络传输容量在不同优化策略下的变化做评估。

(3)基于介数的鲁棒性路由算法。OLSR(优化链路状态协议)是表驱动路由协议,也称作

主动路由协议，即每个网络中的节点在一跳范围内周期性地发送拓扑控制信息，与网络中其他节点交换拓扑控制信息，OLSR 协议采用多点中继（MultiPoint Relay）的方法，只有被选中的节点即 MPR 节点才会在第一次收到泛洪信息时进行转发，减小了控制分组的泛洪范围，适合于网络规模大且节点密集的网络，因此适合于无人机编队网络。在 OLSR 中，节点周期性地交换信息来维护网络拓扑，当节点本地存储的拓扑信息发生变化时，每一个节点会重新计算它到网络中所有可达目的节点的路由，其采用最短路径算法（Dijkstra）建立路由表。网络中节点如果要向其他节点通信，可以直接查询路由表获取下一跳地址。

但是经典的 OLSR 路由协议由于采用最短路径算法，在相同的数据包生成率下，中心节点很容易发生数据包的大量堆积，导致网络拥塞，延长数据包在网络中的排队时间。本章我们对经典的 OLSR 路由协议做出了改进，下面我们对改进的路由算法过程做了进一步的介绍[63]。

数据包的传输路径可以用高效路径来表示，从网络中任意选择两个节点，一个作为源节点，一个作为目的节点，则从源节点到目的节点所经过的序列表示两个节点的高效路径，即 $P(i\rightarrow j):=i\equiv x_0,x_1,\cdots,x_{n-1},x_n\equiv j$，高效路径的代价函数定义为

$$L(P(i\rightarrow j):\beta)=\sum_{\nu=0}^{n-1}(1+B_\nu)^\beta \tag{3-160}$$

式中，B_ν 表示节点 ν 的介数；n 是高效路径的长度；β 是可调整参数，若节点 i 与节点 j 之间代价最小的高效路径存在多条，随机选中其一即可。考虑该代价函数，网络中随机一个节点到其他节点的最佳路由便是使代价函数最小的路径。

实现该路由过程的方式有两种。第一种是置每条链路的权重为起始节点的权重，有向链路的权重设为 $w_{ij}=(1+B_i)^\beta$，然后采用最短路径算法计算网络的路由表。第二种方法是将每条链路 l_{ij} 的代价设置为 $c(i,j)=(1+B_i)^\beta+(1+B_j)^\beta$，再采用最短路径算法计算网络的路由表。这两种方法都是将基于节点的代价函数转化为基于链路的代价函数，然后采用传统的最短路径算法。二者的结果是一致的，尽管权重设置不同。这里我们采用的是第一种方法。

整个路由算法过程如下：

1）计算每个节点的可达节点的介数，用 $[B_0,B_1,B_2,\cdots,B_N]$ 表示；

2）将边 l_{ij} 的权重设置为 $c(i,j)=(1+B_i)^\beta$；

3）采用传统的 Dijkstra 算法计算网络的路由表；

4）根据计算出来的路由表转发数据包。

如果设置 $\beta=0$，那么基于介数的鲁棒路由算法就是传统无加权的最短路由算法。在该路由算法中，将节点介数作为选择路由的代价函数的元素，比原始的最短路由算法更加高效且精确，能够有效减轻网络的拥塞。接下来，我们将在 QualNet 上对该算法进行仿真验证，并分析相应的实验结果。

3.8.4　基于介数鲁棒路由的实验仿真与分析

如 3.8.2 小节所述，我们仍然构建由 100 个节点组成的“蜂群”无人机系统仿真场景，所有节点的物理层和 MAC 协议选择 802.11，场景面积为 1 500 m×1 500 m，所有节点以 3～5 m/s 的随机速度向右移动，实验主要是考察在节点损失的情况下，采用本章所提的基于介数的鲁棒

性路由协议是否具有超过原始的 OLSR 路由协议的性能。我们分别对网络低负载情况和网络高负载情况作了仿真实验,并对结果进行了分析。

1.采用不同路由协议的低负载“蜂群”无人机编队的性能分析

我们在低负载“蜂群”无人机编队中添加了 4 条 CBR,如图 3 - 95 所示,CBR1、CBR2、CBR3 以及 CBR4 分别表示节点 100 到节点 1、节点 91 到节点 10、节点 4 到节点 72、节点 7 到节点 80 的业务流。其中 CBR1 和 CBR2 跨度较长,CBR3 和 CBR4 跨度较短。在该场景中,业务流少而且交集较少,实验主要是考察在低负载的情况下采用基于介数的 OLSR 路由协议的无人机系统的性能。

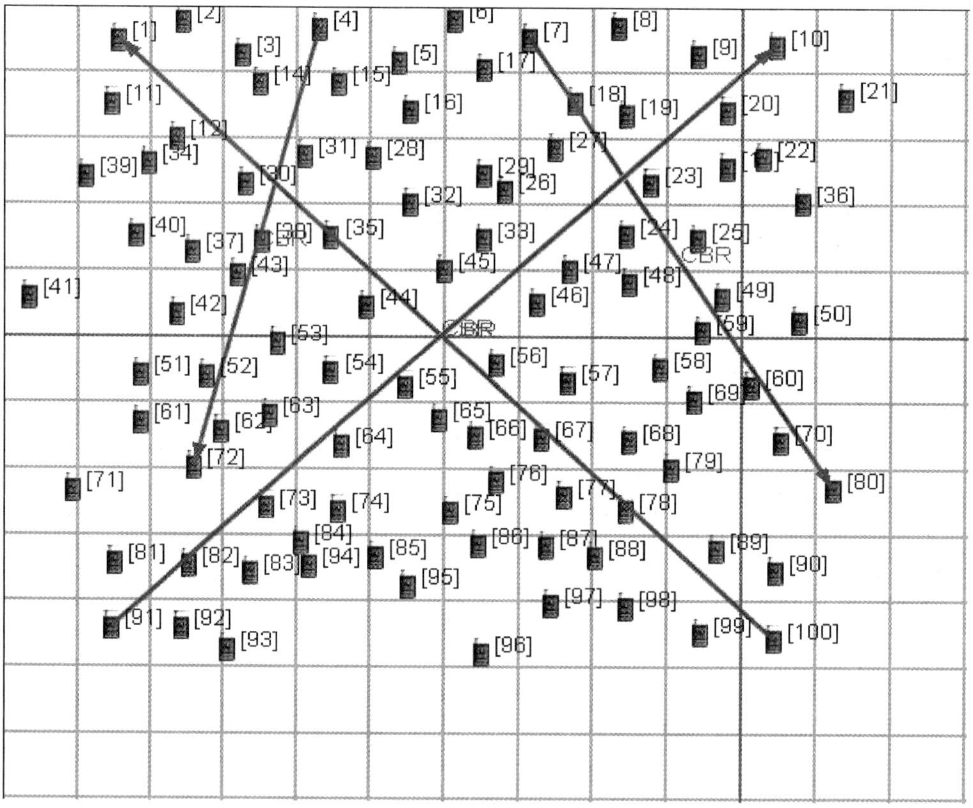

图 3 - 95 低负载“蜂群”无人机编队场景

(1)损失不同数量节点的情况下的丢包率分析。采用上述设置的参数进行仿真实验,对网络中度较高的节点进行攻击。对实验数据进行处理统计,并分析实验结果及其产生的原因。从无节点损失到损失 20 个节点,每次增加 5 个损失节点,图 3 - 96 是采用基于介数的 OLSR 路由协议的实验场景与采用原始 OLSR 路由协议的实验场景的 CBR 丢包率对比。

由图 3 - 96 可知,在没有节点损失的情况下,添加基于介数的 OLSR 路由协议的实验场景中,3 条 CBR 业务流的丢包率小于添加原始 OLSR 路由协议实验场景 CBR 的丢包率,1 条 CBR 业务流的丢包率与添加原始 OLSR 路由协议的实验场景持平。随着节点损失数量的增加,添加基于介数的 OLSR 路由协议的实验场景的 CBR 的丢包率要略微低于添加原始 OLSR 路由协议的实验场景 CBR 的丢包率。

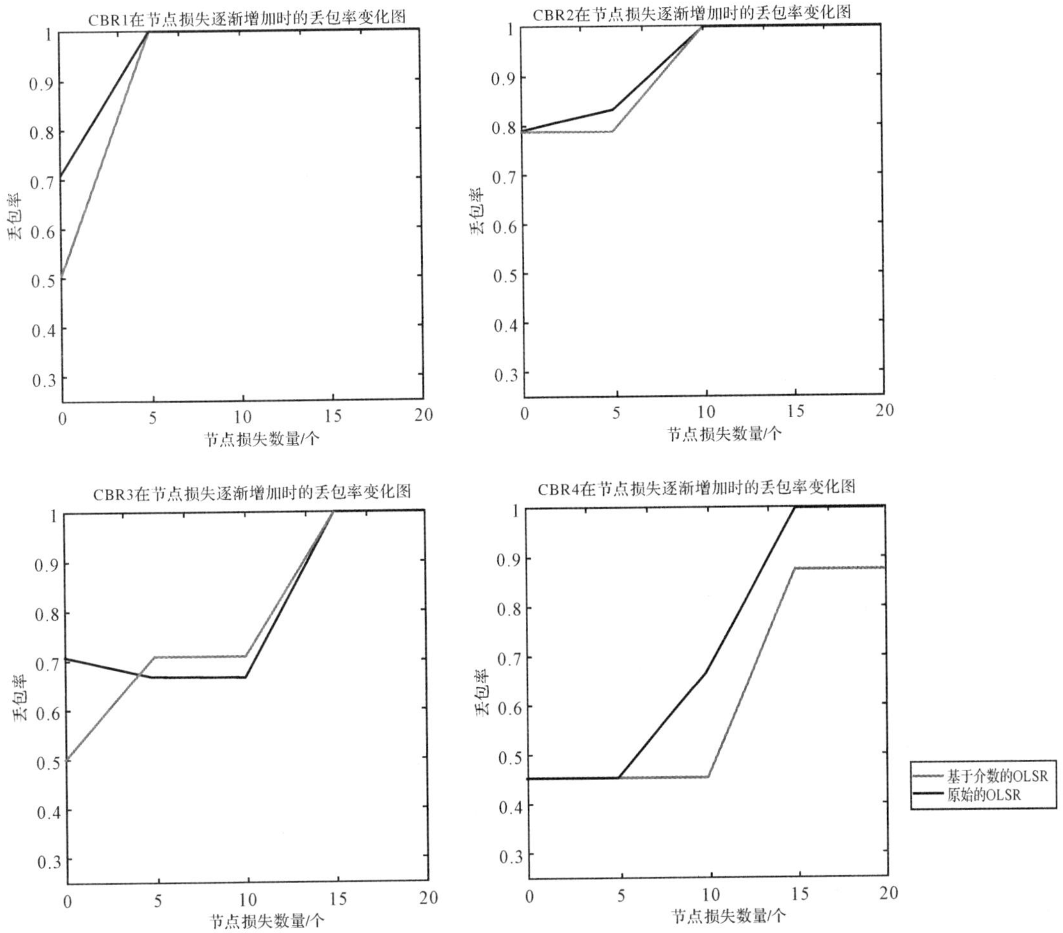

图 3-96　基于介数的 OLSR 与原始 OLSR 实验场景丢包率对比

(2)损失不同数量节点的情况下的时延分析。我们将不同数量节点损失的情况下的时延数据进行图形化,并分析产生的原因。从无节点损失到损失 20 个节点,每次增加 5 个损失节点,图 3-97 是采用基于介数的 OLSR 路由协议的实验场景与采用原始 OLSR 路由协议的实验场景的 CBR 时延对比。

由图 3-97 可知,在没有节点损失的情况下,添加基于介数的 OLSR 路由协议的实验场景中,4 条 CBR 业务流的时延要略微高于添加原始 OLSR 路由协议的实验场景 CBR 的时延,这是因为引入介数作为路由选路代价的元素后,相对于最短跳数的选路方法,CBR 数据传输的跳数和路径会变长。随着节点损失数量的增加,添加基于介数的 OLSR 路由协议的实验场景的 CBR 的时延要略微高于添加原始 OLSR 路由协议的实验场景 CBR 的时延。

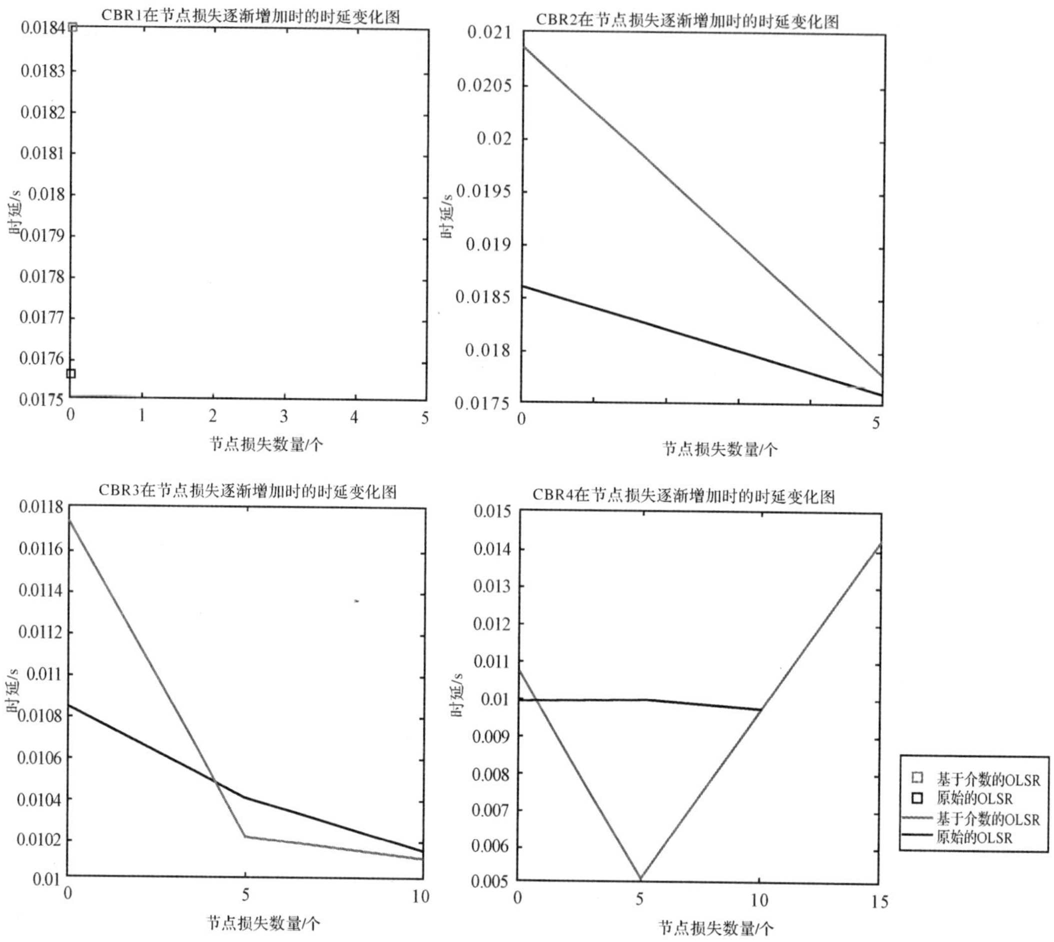

图 3-97 基于介数的 OLSR 与原始 OLSR 实验场景时延对比

2.采用不同路由协议的高负载“蜂群”无人机编队的性能分析

我们在高负载“蜂群”无人机编队中添加了 10 条 CBR，如图 3-98 所示，CBR1 到 CBR10 分别表示节点 100 到节点 1、节点 98 到节点 3、节点 91 到节点 10、节点 81 到节点 11、节点 80 到节点 34、节点 72 到节点 36、节点 89 到 40、节点 50 到节点 51、节点 99 到节点 92、7 到节点 94 的业务流。在该场景中，业务流较多而且交集密切，实验主要是考察在高负载的情况下采用基于介数的 OLSR 路由协议的无人机系统的性能。

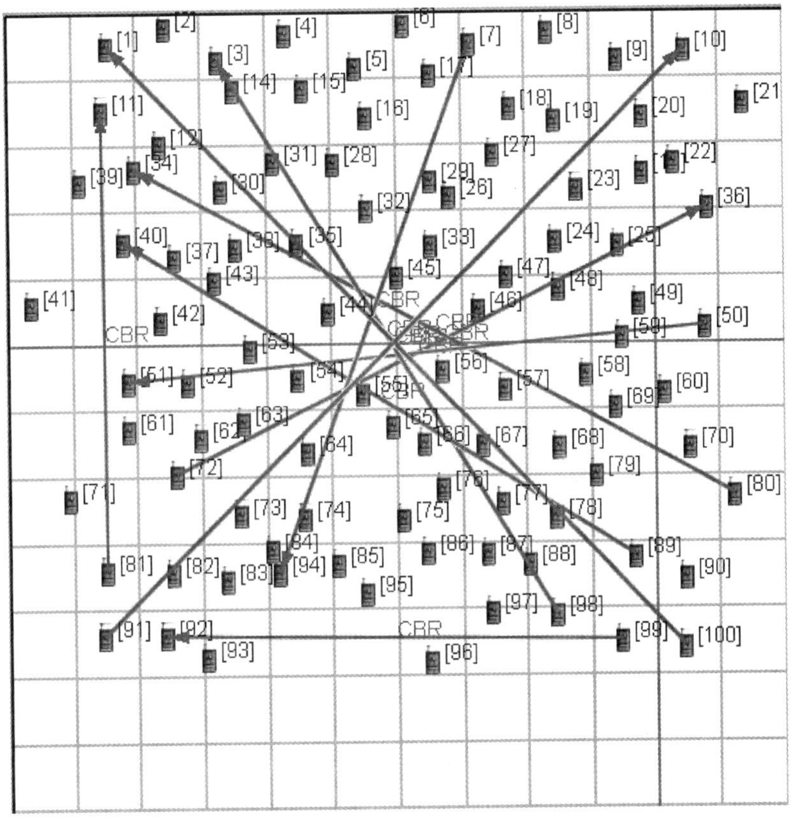

图 3-98　高负载"蜂群"无人机编队场景

(1)损失不同数量节点的情况下的丢包率分析。采用上述设置的参数进行仿真实验,对网络中度高的节点进行攻击。对实验数据进行处理统计,并分析实验结果及其产生的原因。从无节点损失到损失 20 个节点,每次增加 5 个损失节点,图 3-99 是采用基于介数的 OLSR 路由协议的实验场景与采用原始 OLSR 路由协议的实验场景的 CBR 丢包率对比。

由图 3-99 可知,在没有节点损失的情况下,添加基于介数的 OLSR 路由协议的实验场景中,基于介数的路由协议充分考虑了网络拥塞,减少了网络中的拥塞,所以 7 条 CBR 业务流的丢包率小于添加原始 OLSR 路由协议的实验场景 CBR 的丢包率,2 条 CBR 业务流的丢包率与添加原始 OLSR 路由协议的实验场景 CBR 的丢包率持平,一条略高。随着节点损失数量的增加,添加基于介数的 OLSR 路由协议的实验场景 CBR 的丢包率要略低于添加原始 OLSR 路由协议的实验场景 CBR 的丢包率。

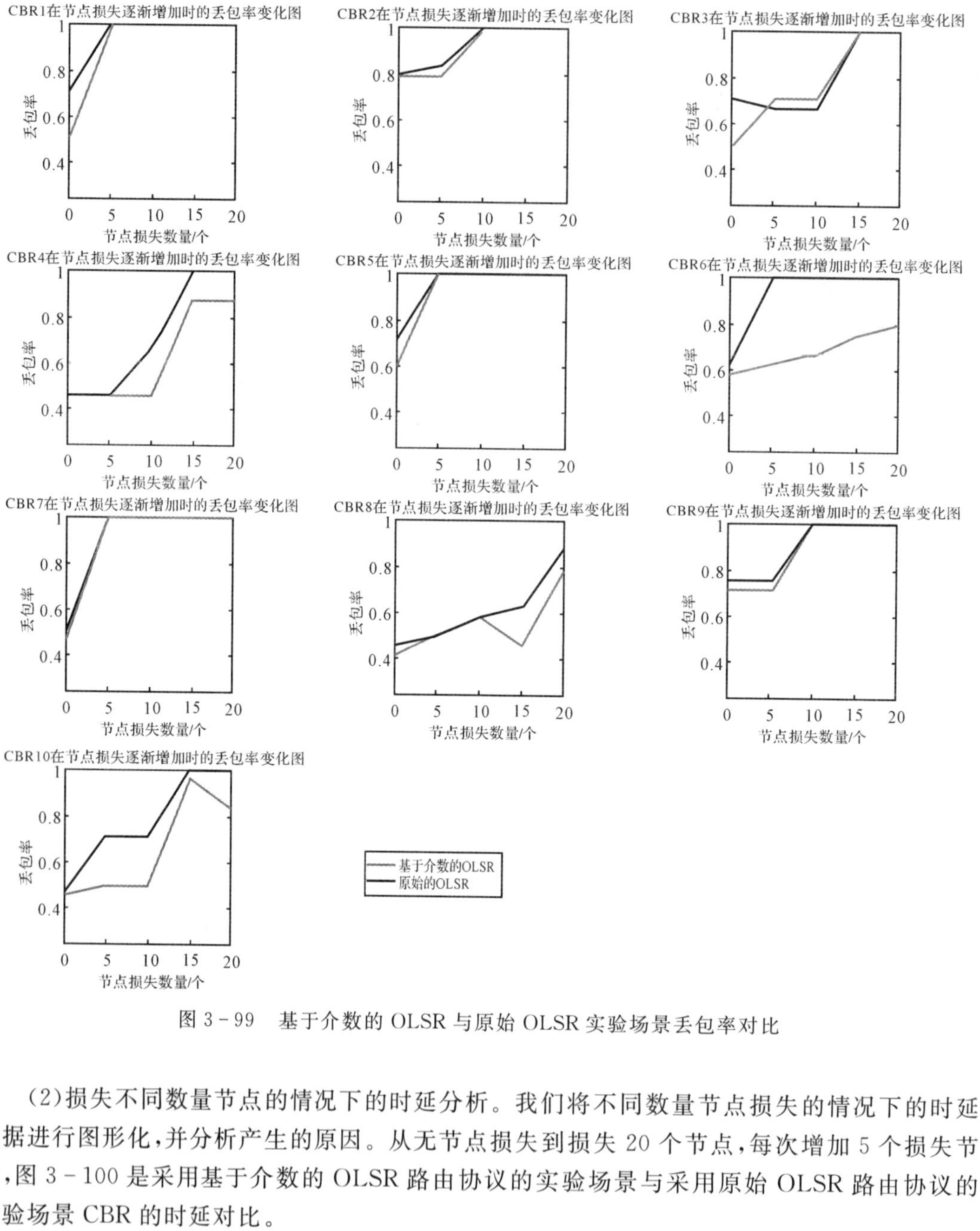

图 3-99 基于介数的 OLSR 与原始 OLSR 实验场景丢包率对比

(2)损失不同数量节点的情况下的时延分析。我们将不同数量节点损失的情况下的时延数据进行图形化,并分析产生的原因。从无节点损失到损失 20 个节点,每次增加 5 个损失节点,图 3-100 是采用基于介数的 OLSR 路由协议的实验场景与采用原始 OLSR 路由协议的实验场景 CBR 的时延对比。

由图 3-100 可知,在没有节点损失的情况下,添加基于介数的 OLSR 路由协议的实验场景中,大部分 CBR 业务流的时延要略微高于添加原始 OLSR 路由协议实验场景 CBR 的时延,这是因为引入介数作为路由选路代价的元素后,相对于最短跳数的选路方法,CBR 数据传输的跳数和路径会变长。随着节点损失数量的增加,添加基于介数的 OLSR 路由协议的实验场景 CBR 的时延也要略微高于添加原始 OLSR 路由协议实验场景 CBR 的时延,但是总体差距不明显。

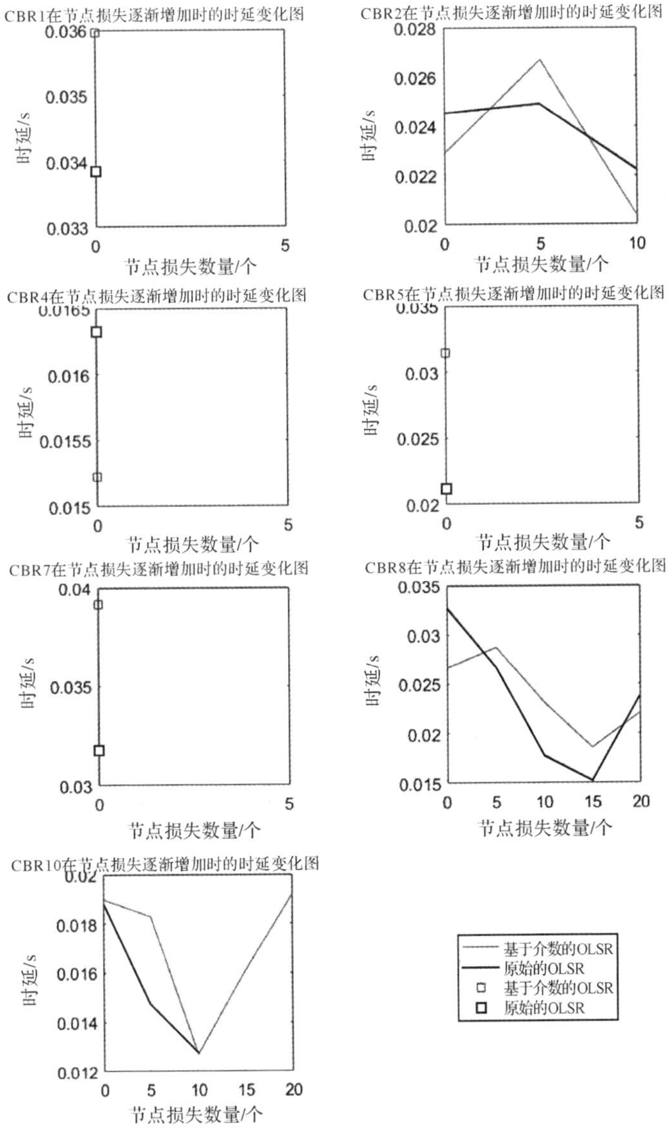

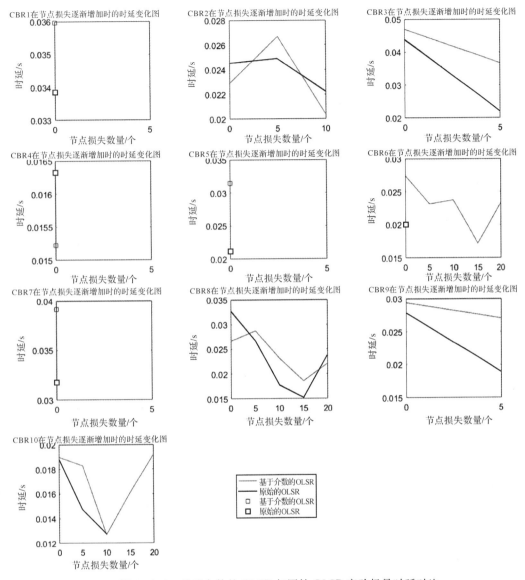

图 3 - 100　基于介数的 OLSR 与原始 OLSR 实验场景时延对比

3.小结

本节我们对现有路由协议的优缺点进行了分析，发现几乎所有的路由协议都会基于明确定义的度量算法发现最佳路由的情况。由于度最大的节点很容易被选中，网络中会产生一些中心节点。然而中心节点的故障会降低网络连接和性能，而且当网络中负载较大时网络可能出现拥塞。我们对 OLSR 路由协议进行了改进，使得即使在移动网络的拓扑高频改变的情况以及网络中负载较高的情况，协议都可以有效降低网络的丢包率，时延会有略微增大；但是，在节点损失的情况下，基于介数的 OLSR 路由协议与普通的路由协议在实验场景中的性能基本趋于一致，面向节点损失的鲁棒性没有明显的提升。在下一小节，我们将对综合的鲁棒性控制方法在不同实验场景中的性能做全面且系统的分析。

3.8.5 综合鲁棒性控制方法的性能分析

本小节将主要分析综合鲁棒性控制方法的性能，我们在 QualNet 仿真平台上同时采用 3.8.1小节基于 MOLLY－REED 准则的“蜂群”无人机鲁棒性控制方法和 3.8.3 小节基于介数的鲁棒路由协议，分别实现了低负载“蜂群”无人机编队场景、高负载“蜂群”无人机编队场景、“蜂群”无人机协同侦察作战场景想定以及美军 103 架“灰山鹑”无人机编队的真实场景，并根据仿真结果对综合鲁棒性控制方法的性能进行了分析。

1.采用不同鲁棒性控制方法的低负载“蜂群”无人机编队性能分析

我们仍然构建由 100 个节点的“蜂群”无人机系统仿真场景，所有节点的物理层和 MAC 协议选择 802.11，场景面积为 1 500 m×1 500 m，所有节点以 3～5 m/s 的随机速度向右移动，实验主要是考察在节点损失的情况下，分别采用原始 OLSR 协议且无鲁棒性控制、基于介数 OLSR 协议且无鲁棒性控制、基于介数 OLSR 协议且添加鲁棒性控制、原始 OLSR 协议且添加鲁棒性控制四种方法的实验场景的性能。我们分别对网络低负载情况作了仿真实验，并对结果进行了分析。我们在低负载“蜂群”无人机编队中添加了 4 条 CBR，如图 3－101 所示，CBR1、CBR2、CBR3 以及 CBR4 分别表示节点 91 到节点 21、节点 36 到节点 1、节点 71 到节点 80、节点 99 到节点 2 的业务流。在该场景中，业务流少而且交集较少，实验主要是考察在低负载的情况下分别采用四种方法的无人机系统的性能。

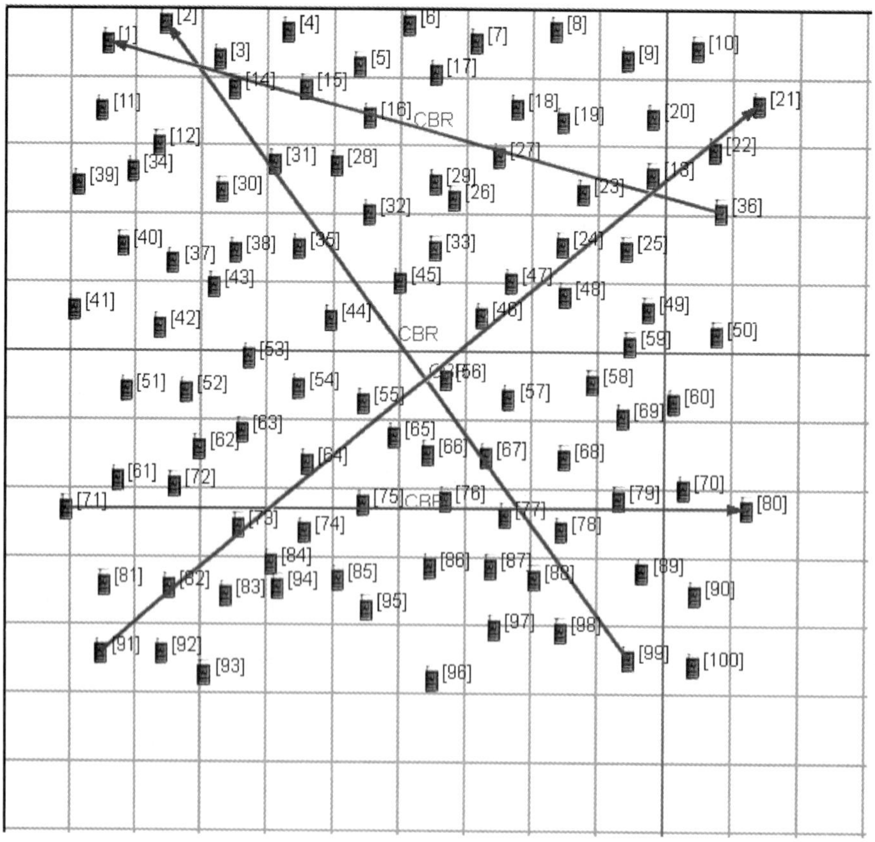

图 3－101 低负载“蜂群”无人机编队场景

(1)损失不同数量节点的情况下的丢包率分析。采用上述设置的参数进行仿真实验,对网络中度高的节点进行攻击。对实验数据进行处理统计,并分析实验结果及其产生的原因。从无节点损失到损失 20 个节点,每次增加 5 个损失节点,图 3 - 102 是实验场景分别采用原始 OLSR 协议且无鲁棒性控制、基于介数 OLSR 协议且无鲁棒性控制、基于介数 OLSR 协议且添加鲁棒性控制、原始 OLSR 协议且添加鲁棒性控制四种方法的 CBR 丢包率对比。

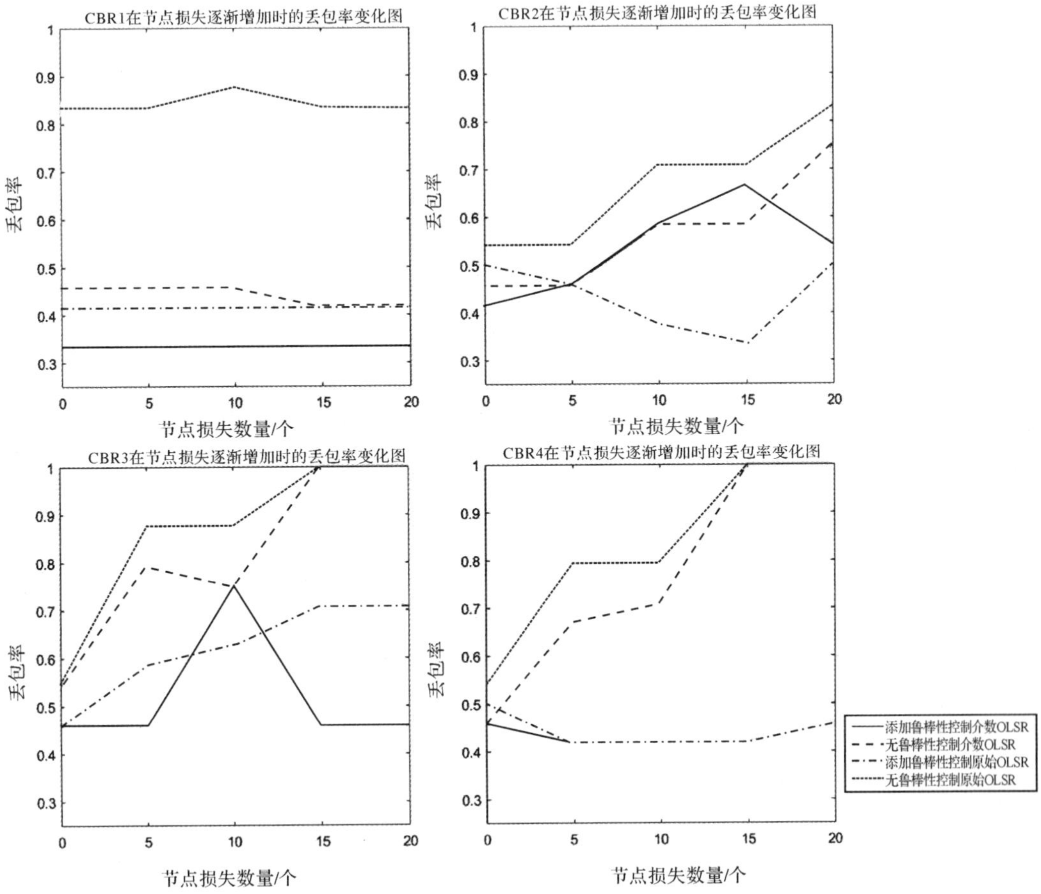

图 3 - 102　用不同方法的实验场景的 CBR 丢包率对比

由图 3 - 102 可知,随着节点的损失,四种条件下的实验场景 CBR 丢包率总体都呈上升趋势,引入鲁棒性控制可以有效减小添加两种路由协议的实验场景的 CBR 丢包率,并且引入鲁棒性控制方法的实验场景在节点损失数量增大到 20 个时,都没有出现业务流完全断开的情况,而没有鲁棒性控制方法的实验场景在节点损失数量增大到 15 个时就出现了业务流完全中断的情况。整体来看,无论添加鲁棒性控制与否,添加基于介数的路由协议的实验场景 CBR 的丢包率要低于添加普通路由协议的实验场景 CBR 的丢包率,并且添加鲁棒性控制可以有效提升这两种路由协议的实验场景面向节点损失的网络鲁棒性。

(2)损失不同数量节点的情况下的时延分析。我们将不同数量节点损失的情况下的时延数据进行图形化,并分析产生的原因。从无节点损失到损失 20 个节点,每次增加 5 个损失节点,图 3 - 103 是实验场景分别采用原始 OLSR 协议且无鲁棒性控制、基于介数 OLSR 协议且

无鲁棒性控制、基于介数 OLSR 协议且添加鲁棒性控制、原始 OLSR 协议且添加鲁棒性控制四种方法的 CBR 时延对比。

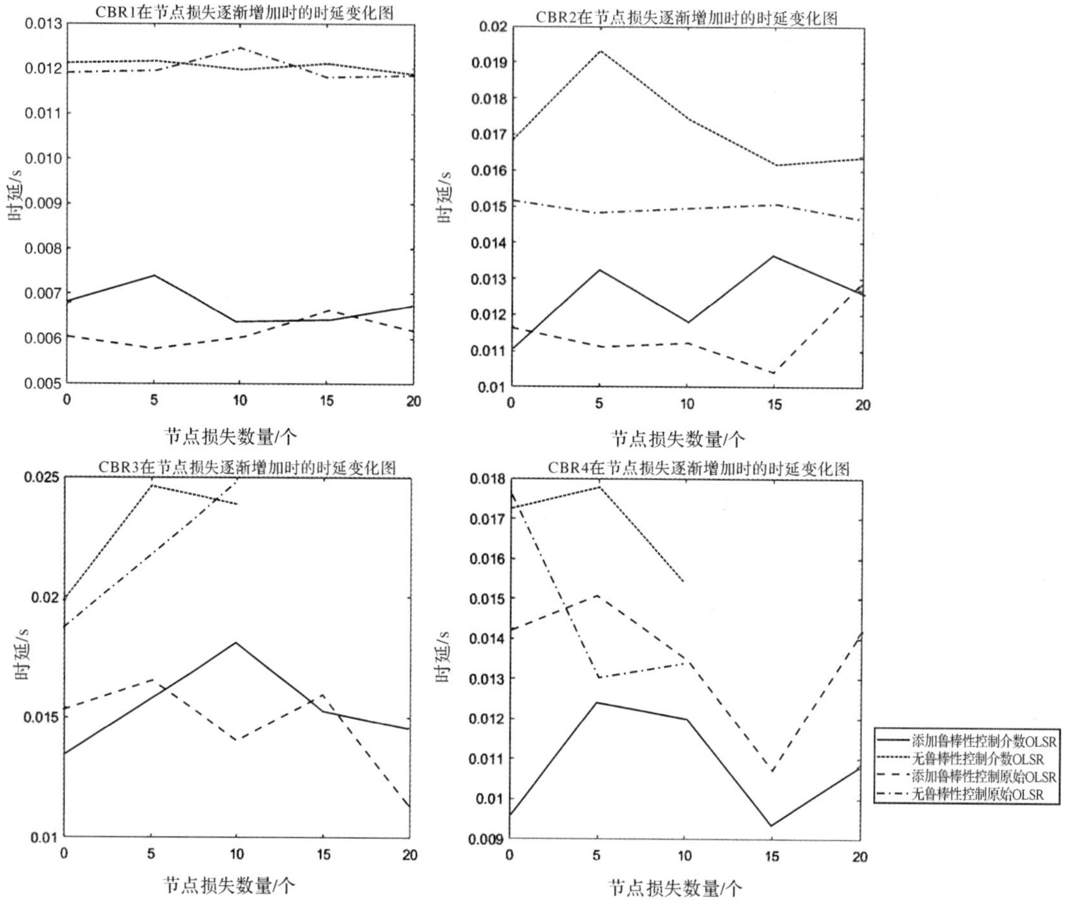

图 3－103　采用不同方法的实验场景的 CBR 时延对比

由图 3－103 可知，随着节点损失数量的增加，添加四种方法的实验场景的大部分 CBR 时延都会增加，引入鲁棒性控制可以有效减小添加两种路由协议的实验场景 CBR 的时延。同时，无论是否引入鲁棒性控制，基于介数的 OLSR 路由协议的实验场景 CBR 的时延会略微高于普通 OLSR 路由协议的实验场景 CBR 的时延。从整体来看，采用鲁棒性控制方法不但保证了网络对节点损失的鲁棒性，而且可以有效降低网络的时延，同时采用基于介数的路由协议会略微增大网络的时延。

(3)4 种方法在低负载“蜂群”系统中的性能测试。我们对鲁棒性控制方法所能提升的系统性能做了进一步的测试。随机选择节点进行失效，以所有 4 条 CBR 业务流全部中断作为测试系统性能极限的标准。在引入鲁棒性控制方法且分别采用两种路由协议的场景中，最低 35 个左右节点失效，最高 65 个左右节点失效后，4 条 CBR 全部中断。而在无鲁棒性控制方法且分别采用两种路由协议的场景中，最低 10 个左右节点失效，最高 35 个节点失效后，4 条 CBR 全部中断。图 3－104 中列出了随着节点损失数目增加，采用四种方法的实验场景下，系统平均丢包率和时延的变化，这里所列是节点损失达到业务流中断的极限情况。

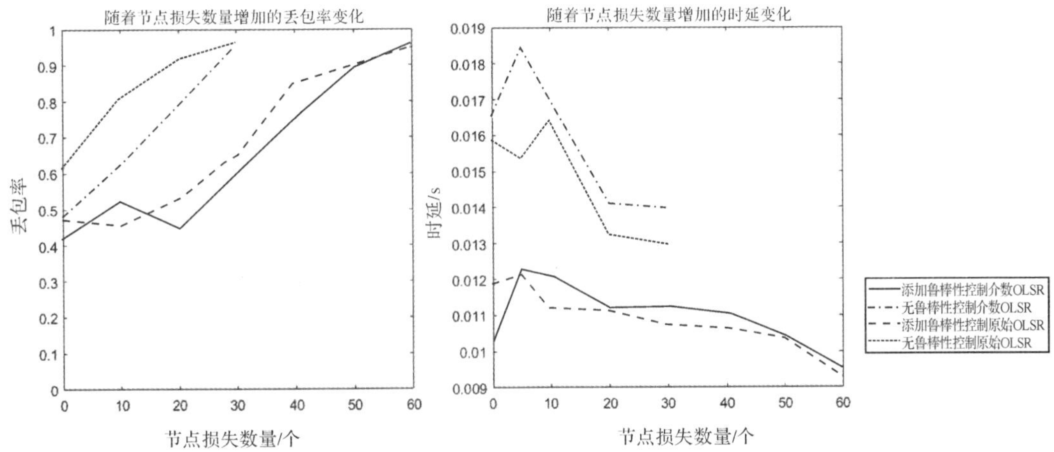

图 3 - 104　采用不同方法的实验场景 CBR 平均丢包和时延的变化

2.采用不同鲁棒性控制方法的高负载“蜂群”无人机编队性能分析

我们在高负载“蜂群”无人机编队中添加了 10 条 CBR，如图 3 - 105 所示，CBR1 到 CBR10 分别表示节点 3 到节点 21、节点 99 到节点 11、节点 71 到节点 36、节点 90 到节点 39、节点 51 到节点 80、节点 6 到节点 65、节点 91 到 8、节点 100 到节点 2、节点 92 到节点 70、节点 60 到节点 41 的业务流。在该场景中，业务流较多而且交集密切，实验主要是考察在高负载的情况下分别采用四种方法的“蜂群”无人机系统的性能。

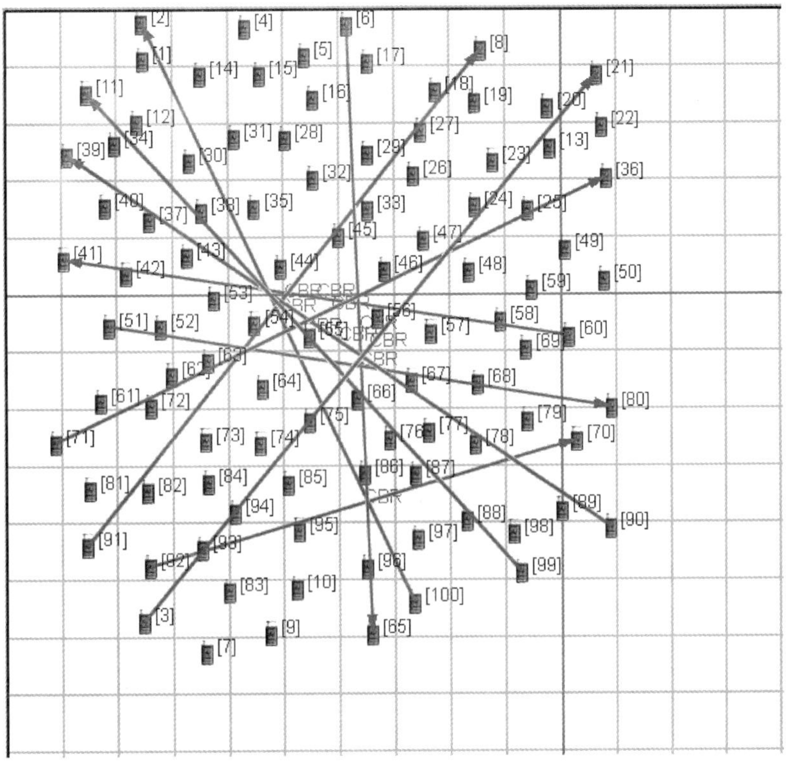

图 3 - 105　高负载“蜂群”无人机编队场景

(1)损失不同数量节点的情况下的丢包率分析。采用上述设置的参数进行仿真实验,对网络中度高的节点进行攻击。对实验数据进行处理统计,并分析实验结果及其产生的原因。从无节点损失到损失 20 个节点,每次增加 5 个损失节点,图 3 - 106 是实验场景分别采用原始 OLSR 协议且无鲁棒性控制、基于介数 OLSR 协议且无鲁棒性控制、基于介数 OLSR 协议且添加鲁棒性控制、原始 OLSR 协议且添加鲁棒性控制四种方法的 CBR 丢包率对比。

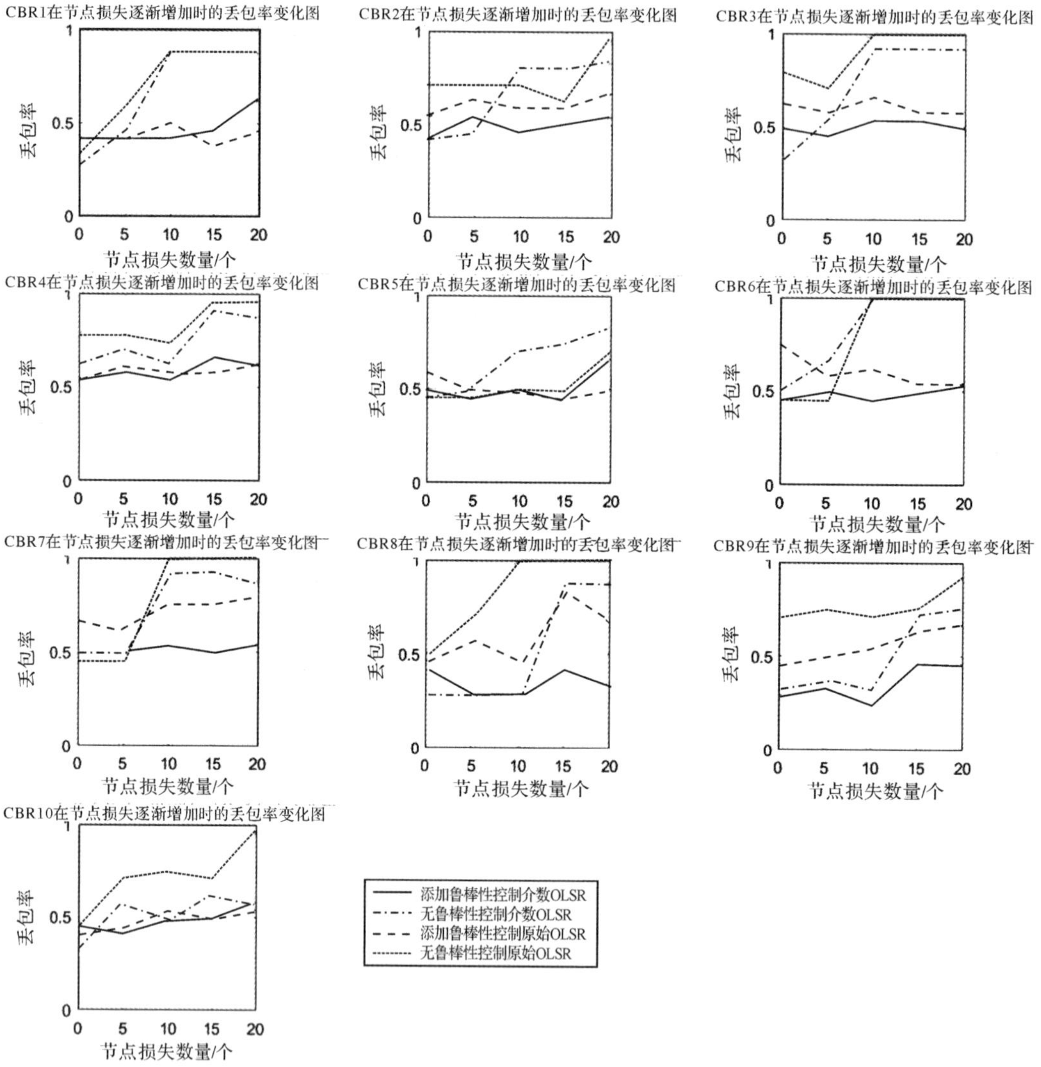

图 3 - 106　采用不同方法的实验场景的 CBR 丢包率对比

由图 3 - 106 可知,采用四种方法的实验场景 CBR 的丢包率都会随节点损失而逐渐增加。在网络发生拥塞的情况下,添加基于介数的 OLSR 路由协议的实验场景中,基于介数的路由协议充分考虑了网络拥塞,减少了网络中的拥塞。所以总体来看,无论是否采用鲁棒性控制方法,采用基于介数的路由协议的实验场景 CBR 的丢包率都要小于采用普通 OLSR 路由协议的实验场景 CBR 的丢包率,并且采用鲁棒性控制方法可以有效降低采用两种路由协议实验场景 CBR 的丢包率。

(2)损失不同数量节点的情况下的时延分析。我们将不同数量节点损失的情况下的时延数据进行图形化,并分析产生的原因。从无节点损失到损失 20 个节点,每次增加 5 个损失节点,图 3 - 107 是实验场景分别采用原始 OLSR 协议且无鲁棒性控制、基于介数 OLSR 协议且无鲁棒性控制、基于介数 OLSR 协议且添加鲁棒性控制、原始 OLSR 协议且添加鲁棒性控制四种方法的 CBR 时延对比。

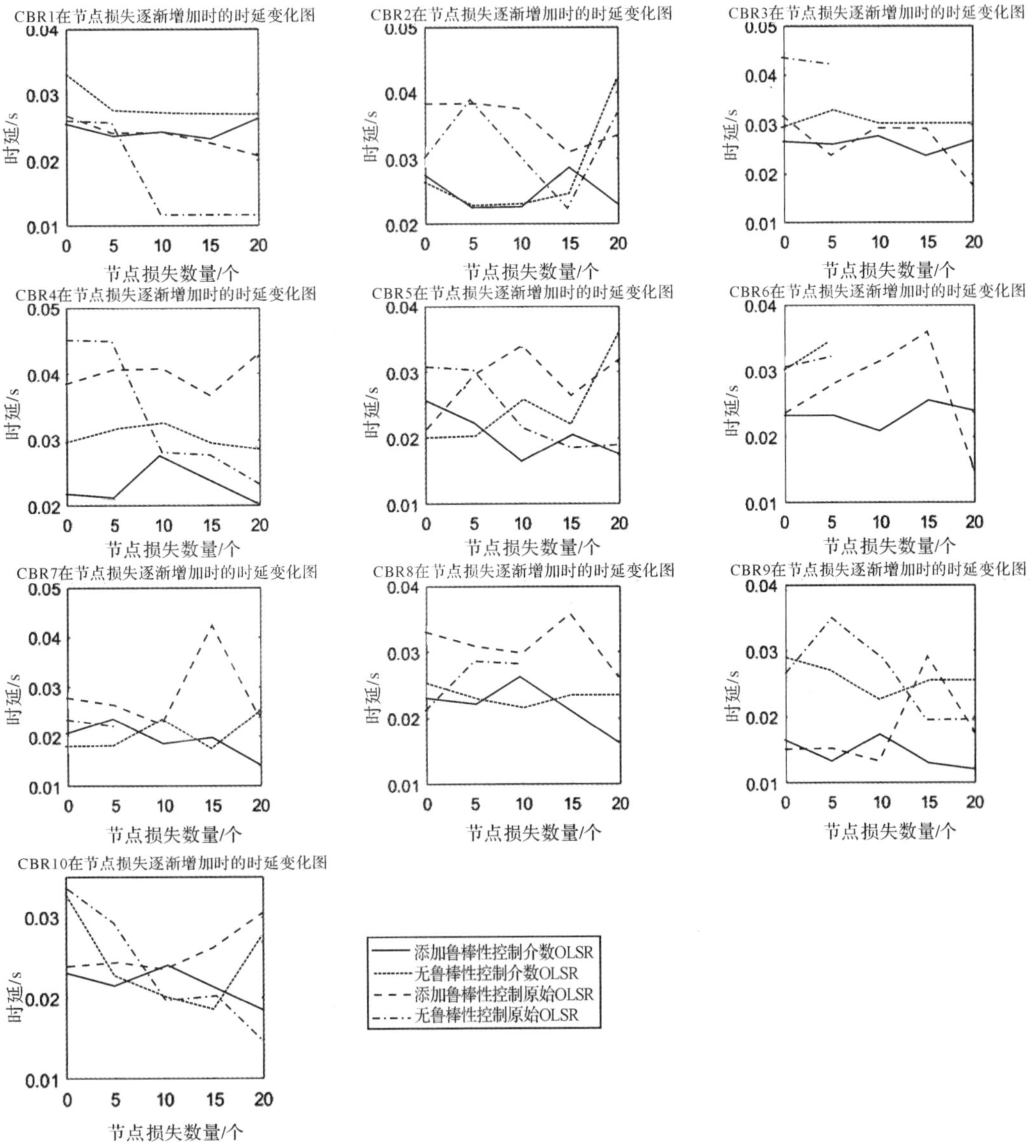

图 3 - 107　采用不同方法的实验场景的 CBR 时延对比

由图 3 - 107 可知,基于介数 OLSR 路由协议可以有效降低网络拥塞,采用基于介数 OLSR 协议且添加鲁棒性控制的实验场景 CBR 的时延是最低的。在没有节点损失的情况下,采用基于介数 OLSR 路由协议的实验场景 CBR 的时延要低于采用普通 OLSR 路由协议的实验场景 CBR 的时延,随着节点损失数量的增加,采用这两种方法的实验场景 CBR 的时延趋于一致。采用原始 OLSR 协议且添加鲁棒性控制的实验场景在节点损失较少的情况下网络拥塞最为严重且时延较高,随着节点损失数量的增加,网络中的业务流下降,反而会出现时延下降的情况。无论是否采用鲁棒性控制协议,采用基于介数的 OLSR 路由协议的实验场景 CBR 的时延抖动要比采用普通 OLSR 路由协议的实验场景 CBR 的时延抖动要小。

(3)4 种方法在高负载"蜂群"系统中的性能测试。我们对鲁棒性控制方法所能提升的系统性能做了进一步的测试。随机选择节点进行失效,以所有 10 条 CBR 业务流全部中断作为测试系统性能极限的标准。在引入鲁棒性控制方法且分别采用两种路由协议的场景中,最低 38 个左右节点失效,最高 75 个左右节点失效后,10 条 CBR 全部中断。而在无鲁棒性控制方法且分别采用两种路由协议的场景中,最低 15 个左右节点失效,最高 42 个节点失效后,10 条 CBR 全部中断。图 3-108 中列出了随着节点损失数目增加,采用 4 种方法的实验场景中,系统平均丢包率和时延的变化,这里所列是节点损失达到业务流中断的极限情况。

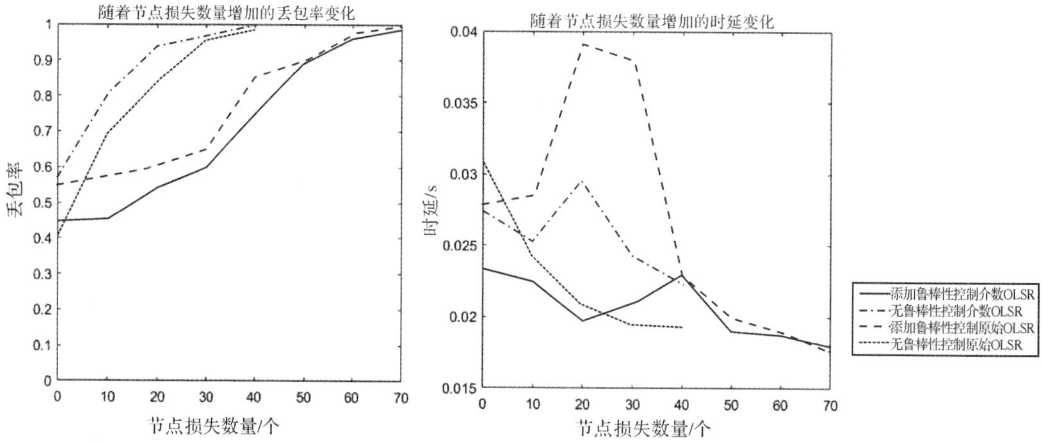

图 3-108 采用不同方法的实验场景 CBR 平均丢包和时延的变化

3."蜂群"无人机协同侦察作战场景想定的性能分析

协同侦察作战任务是"蜂群"无人机的另一项主要作战任务,单架无人机只能对目标的方位角进行探测,而三架或者三架以上的无人机可以通过它们之间的信息交互,对目标进行三角定位,而且编队内的无人机可以分别使用不同的装备,且以光学、雷达等多种方式对目标进行侦查,进而能够掌握更加全面的目标信息。"蜂群"无人机中编入不同性能的无人机一起执行侦查任务是未来对战场进行侦查的重要方式。实际战场环境下需要侦查的对象很多是移动的,例如坦克车等。出于目标移动导致位置不断变化的原因,对移动目标进行侦查要难于对固定目标进行侦查,因为其比对固定目标进行侦查多出了一个定位和跟踪的技术问题。因为单架无人机的传感器精度有限而且观察区域受限,通常需要融合多架 UAV 的观察值,使多架无人机对侦察到的目标进行协同跟踪与定位。

侦查任务是指无人机在特定时间内,通过机载探测设备对敌方行动和资源信息进行获取,并将侦查到的数据和图像信息经由通信链路传递给地面系统。而监视任务是指无人机利用相关探测和侦察设备,对水陆空三种区域的人物、地点以及时间进行系统观察,这种情况下需要更高的性能和载荷能力。对敌方目标信息和情报进行充分掌握,以提高我方武器打击精度和作战资源使用率的手段称为侦察,区域监视属于基本的侦察方式。概念上来说,区域监视任务是指无人机为了获取必要情报信息在指定任务区域重复且持续地进行搜索的过程。区域监视需要覆盖整个区域,并且每隔一段时间都要对任务区域进行全面搜索。由于监视区域一般位于敌方控制范围,存在通信干扰、延迟等不确定因素,要想确保区域监视任务的顺利完成,每架无人机都要有自主决断能力,而且多无人机必须能组成动态通信网络,通过通信设备完成自身状态等信息的交互,进而实现战场信息共享以及任务协同。

基于上述原因,我们在 QualNet 上构建了由 100 个节点组成的“蜂群”无人机区域监视作战场景,如图 3-109 所示,当“蜂群”无人机到达指定区域上方时开始执行任务,每个节点负责一部分区域的监视与侦察。这里用 CBR 不能较好地进行模拟,我们在应用层添加了新的应用层业务 POI 来模拟无人机之间的通信,能够以满足泊松分布的时间间隔来发送固定大小的数据报文,我们添加了 10 条 POI 业务尽可能覆盖“蜂群”无人机编队,用来模拟整个“蜂群”无人机编队之间的交互。这里,我们主要是考察当“蜂群”无人机系统中的节点被击毁或者由于干扰而失联时,所提出的综合的鲁棒性控制方法是否可以使得“蜂群”无人机具有更好的鲁棒性,是否更能满足无人机协同侦察作战场景的需要。

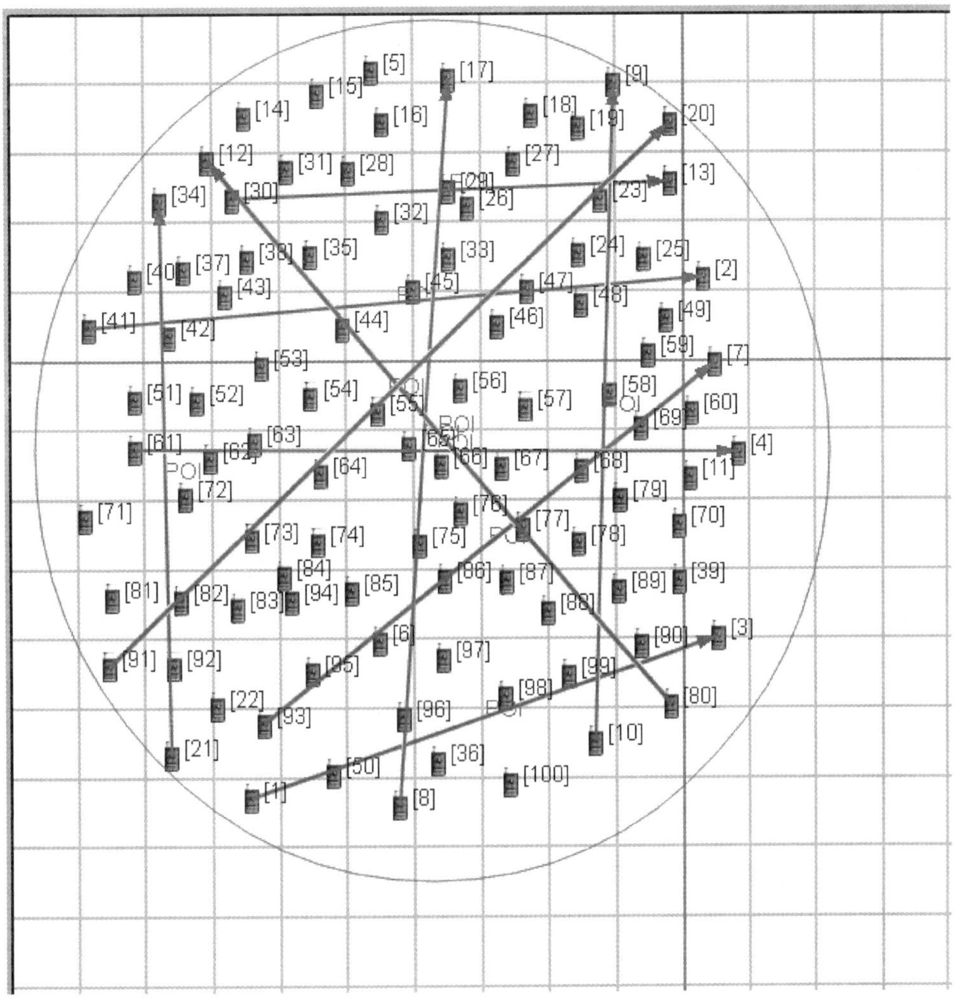

图 3-109 “蜂群”无人机协同侦察作战场景想定图

(1)损失不同数量节点的情况下的丢包率分析。采用上述设置的参数进行仿真实验,对网络中度高的节点进行攻击。对实验数据进行处理统计,并分析实验结果及其产生的原因。从无节点损失到损失 20 个节点,每次增加 5 个损失节点,图 3-110 是实验场景分别采用原始 OLSR 协议且无鲁棒性控制、基于介数 OLSR 协议且无鲁棒性控制、基于介数 OLSR 协议且添加鲁棒性控制、原始 OLSR 协议且添加鲁棒性控制四种方法 POI 的丢包率对比。

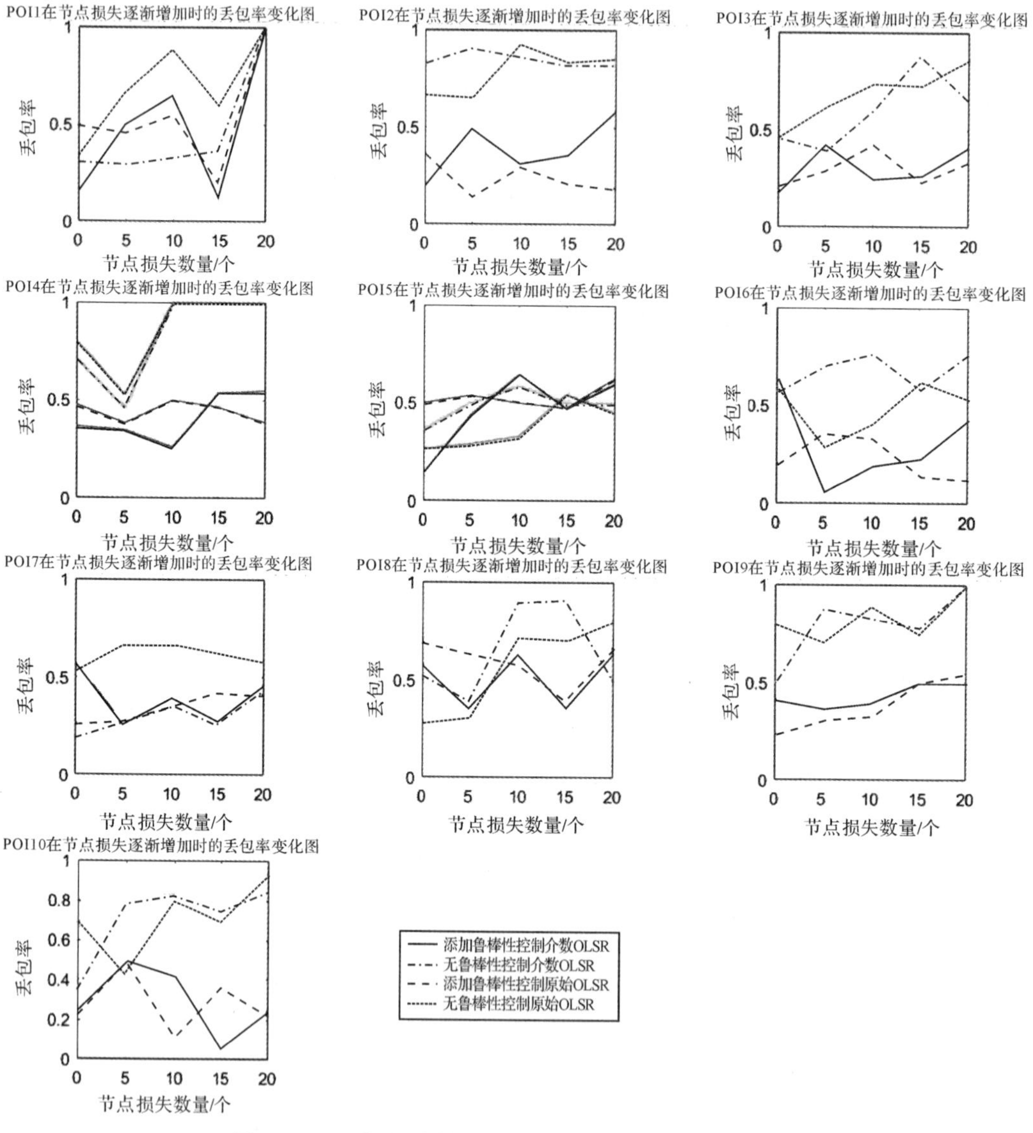

图 3-110 采用不同方法的实验场景的 POI 丢包率对比

由图 3-110 可知,随着节点的损失,四种条件下的实验场景 POI 的丢包率总体都呈上升趋势,引入鲁棒性控制可以有效减小添加两种路由协议的实验场景 POI 的丢包率,并且引入鲁棒性控制方法的实验场景在节点损失数量增大到 20 时,才首次出现 POI 完全断开的情况,而没有鲁棒性控制方法的实验场景在节点损失数量增大到 10 时就出现了 POI 完全中断的情况。整体来看,由于 POI 业务产生数据包的速率不固定,网络中大量数据包在同一节点汇聚的情况很少即网络基本不会发生拥塞。所以,整体上来看,无论是否添加鲁棒性控制,添加两种路由协议的实验场景 POI 的丢包率并没有很大差异，而添加鲁棒性控制可以有效提升这两种路由协议实验场景面对节点损失的网络鲁棒性。

(2)损失不同数量节点的情况下的时延分析。由图 3 - 111 可知，随着节点损失数量的增加，添加四种方法的实验场景大部分 POI 的时延都会增加，引入鲁棒性控制可以有效减小添加两种路由协议的实验场景 POI 的时延。同时，基于介数的 OLSR 路由协议的实验场景 POI 的时延会略微高于普通 OLSR 路由协议的实验场景 POI 的时延。但是，当度数高的节点被攻击时，基于介数进行路由选路的方法比基于最短跳数进行路由选路的方法其路由路径的变化要小，所以基于介数的 OLSR 路由协议的实验场景 POI 的时延抖动比普通 OLSR 路由协议的实验场景 POI 的时延抖动要低。从整体来看，采用鲁棒性控制方法不但保证了网络对节点损失的鲁棒性，而且可以有效降低网络的时延，同时采用基于介数的路由协议会略微增大网络的时延并减小网络的时延抖动。

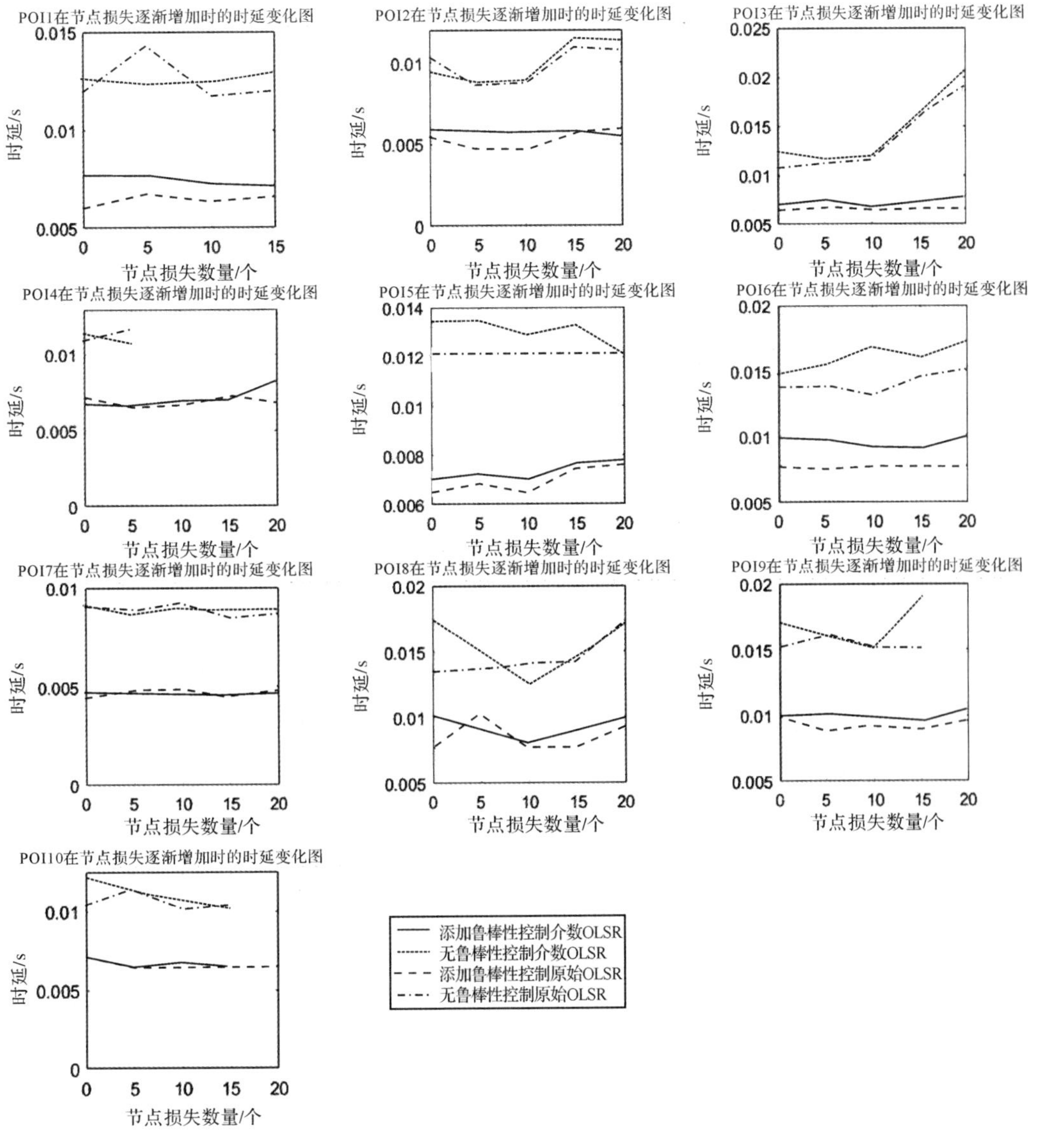

图 3 - 111　采用不同方法的实验场景的 POI 时延对比

(3)4 种方法的“蜂群”无人机系统的性能测试。我们对鲁棒性控制方法所能提升的系统性能做了进一步的测试。随机选择节点进行失效，以所有 10 条 POI 业务流全部中断作为测试系统性能极限的标准。在引入鲁棒性控制方法且分别采用两种路由协议的场景中，最低 42 个左右节点失效，最高 70 个左右节点失效后，10 条 POI 全部中断。而在无鲁棒性控制方法且分别采用两种路由协议的场景中，最低 13 个左右节点失效，最高 40 个节点失效后，10 条 POI 全部中断。图 3－112 中列出了随着节点损失数目增加，采用四种方法的实验场景中，系统平均丢包率和时延的变化，这里所列是节点损失达到业务流中断的极限情况。

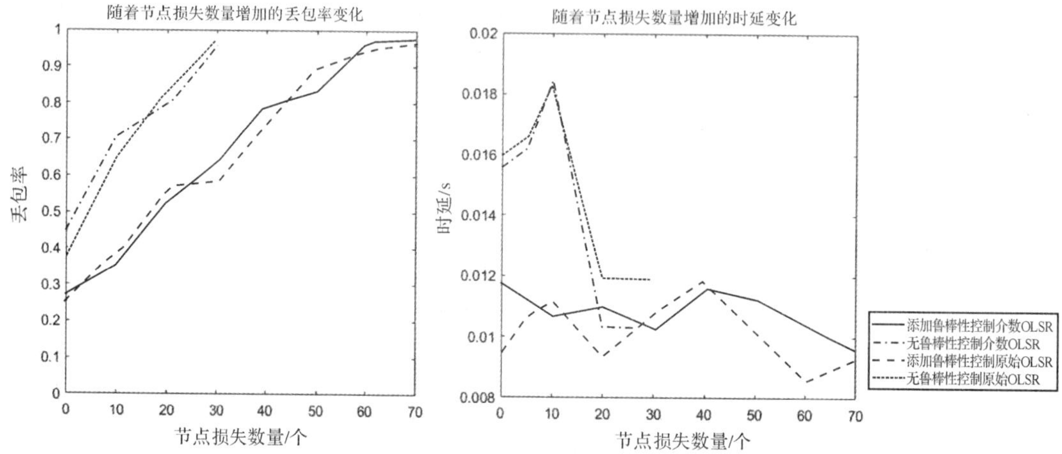

图 3－112　采用不同方法的实验场景 POI 平均丢包和时延的变化

4.美军“蜂群”无人机真实飞行场景的性能分析

2016 年 10 月 25 日在美国海军航空系统司令部的加利福尼亚州中国湖试验场，美军完成了利用三架 F/A－18F“超级大黄蜂”战斗机投放了 103 架“灰山鹑”的试验，在地面站的指挥之下，这群微型无人机演示了集体决策、自修正和自适应编队，通过在“蜂群”内部通信，作为“蜂群”成功完成了地面站设定的 4 项任务。如图 3－113 所示，这是此次实验完成的第 3 项任务，“蜂群”内所有无人机到达红点位置附近，然后在指定的红点位置附近做盘旋运动，即整个“蜂群”无人机成“一”字形编队做顶点盘旋运动。

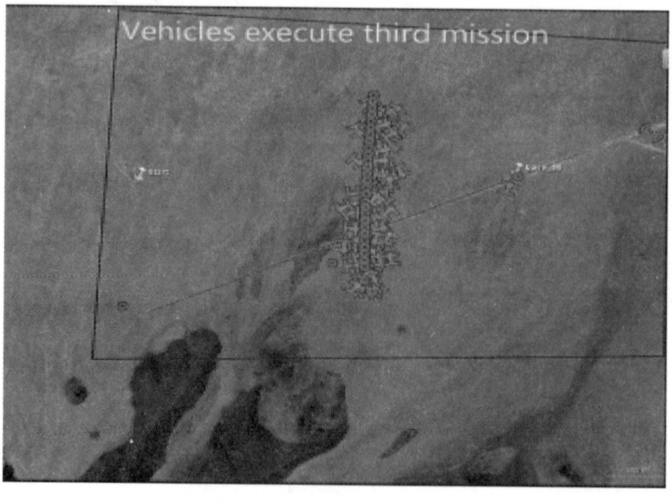

图 3－113　2016 年 10 月 25 日，“灰山鹑”蜂群完成预设的第 3 项任务

我们在 QualNet 上对此作战场景做了模拟，如图 3-114 所示，除路由协议外，所有的协议与上一章设定的协议类型相同。在此场景中无人机组成“一”字形编队，然后每个无人机自己做圆周运动，圆周半径不固定，以 3 r/min 的转速进行运动，用上一节添加的 POI 业务模拟无人机之间的通信，参数 λ 选择 2。我们添加了 8 条 POI 业务覆盖“蜂群”无人机编队，分别是节点 102 到节点 18、节点 4 到节点 11、节点 7 到节点 49、节点 6 到节点 39、节点 8 到节点 40、节点 101 到节点 48、节点 89 到节点 5、节点 3 到节点 14 的业务流，其中 6 条 POI 模拟较远的无人机之间的通信，2 条 POI 模拟较近的无人机之间的通信。这里，我们主要是考察当“蜂群”无人机系统中的节点被击毁或者由于干扰而失联时，所提出的综合的鲁棒性控制方法是否可以使得“蜂群”无人机具有更好的鲁棒性，是否更能满足真实场景下无人机集群控制的需要。

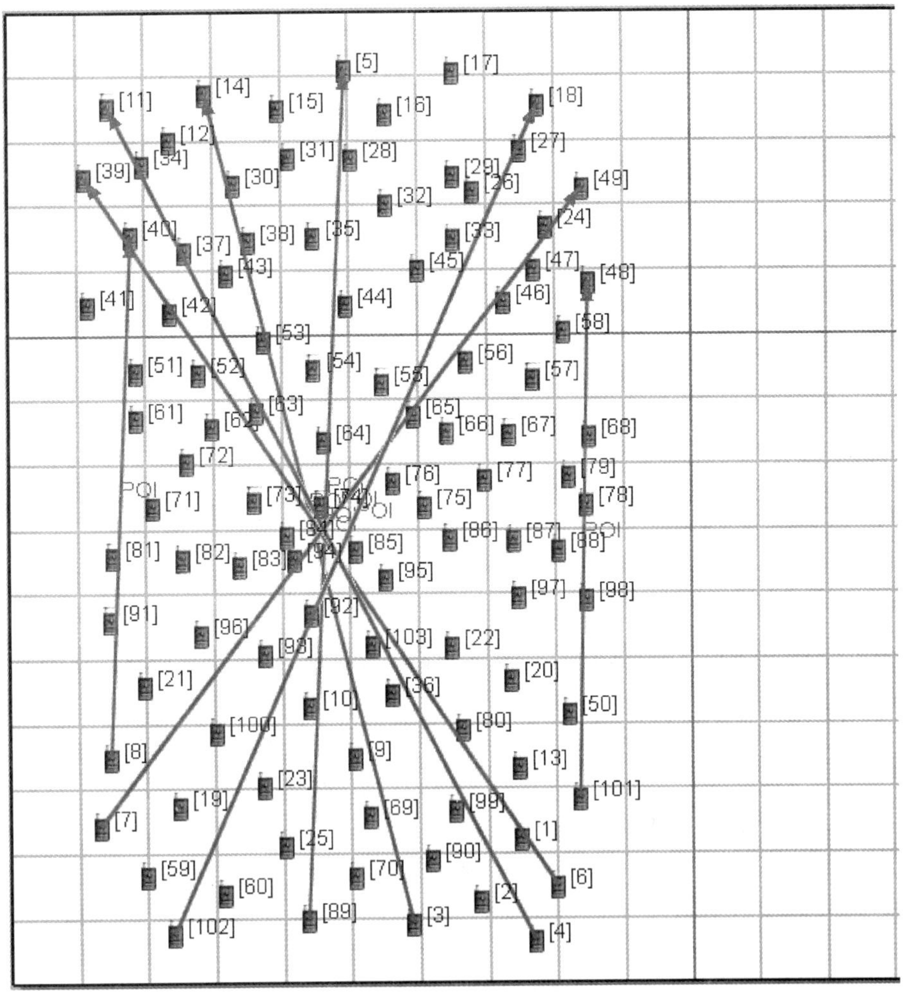

图 3-114　103 架“灰山鹑”蜂群执行盘旋任务场景模拟

(1)损失不同数量节点的情况下的丢包率分析。采用上述设置的参数进行仿真实验，对网络中度高的节点进行攻击。对实验数据进行处理统计，并分析实验结果及其产生的原因。从无节点损失到损失 20 个节点，每次增加 5 个损失节点，图 3-115 是实验场景分别采用原始 OLSR 协议且无鲁棒性控制、基于介数 OLSR 协议且无鲁棒性控制、基于介数 OLSR 协议且添加鲁棒性控制、原始 OLSR 协议且添加鲁棒性控制四种方法的 POI 丢包率对比。

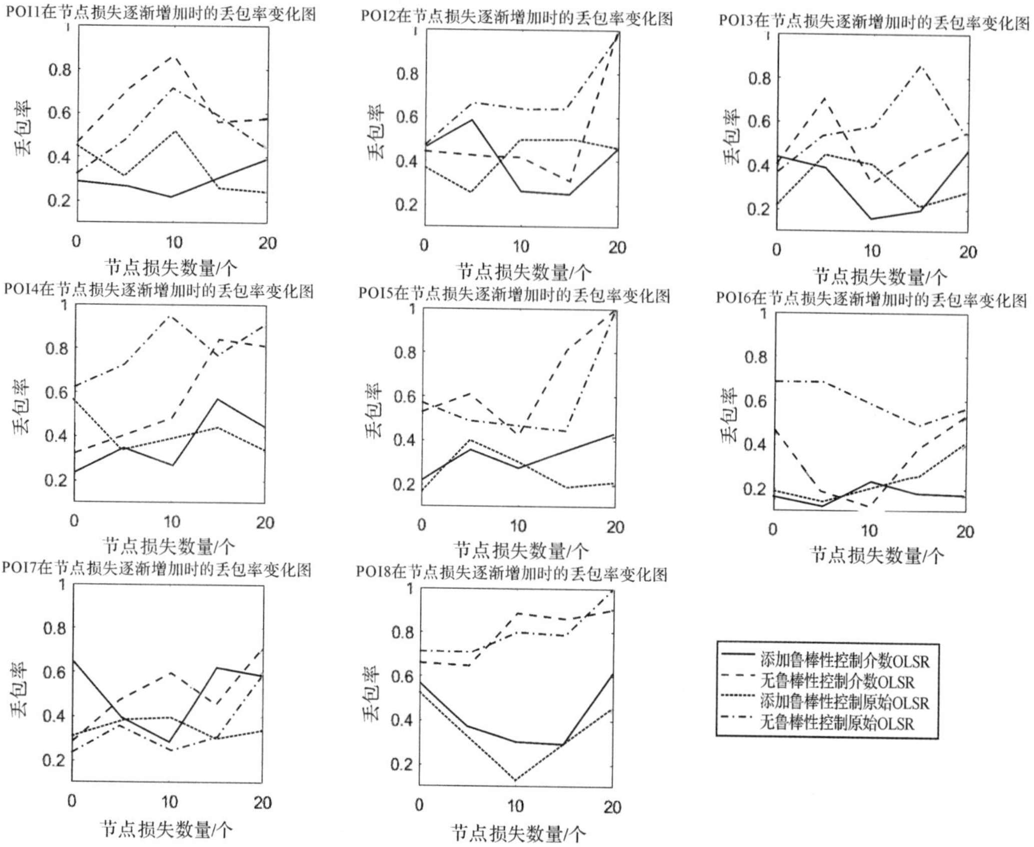

图 3－115 采用不同方法的实验场景的 POI 丢包率对比

由图 3－115 可知，随着节点损失数量的增加，四种条件下实验场景 POI 的丢包率都呈上升趋势，引入鲁棒性控制可以有效减小添加两种路由协议的实验场景 POI 的丢包率，并且引入鲁棒性控制方法的实验场景在节点损失数量增大到 20 时，都没有出现 POI 完全断开的情况，而没有鲁棒性控制方法的实验场景在节点损失数量增大到 20 时有 3 条 POI 完全中断。整体来看，由于 POI 业务产生数据包的速率不固定，网络中大量数据包在同一节点汇聚的情况很少即网络基本不会发生拥塞。所以，整体上来看，无论是否添加鲁棒性控制，添加两种路由协议的实验场景的 POI 丢包率并没有很大差异，而添加鲁棒性控制可以有效提升这两种路由协议实验场景面对节点损失的网络鲁棒性。

（2）损失不同数量节点的情况下的时延分析。我们将不同数量节点损失的情况下的时延数据进行图形化，并分析产生的原因。从无节点损失到损失 20 个节点，每次增加 5 个损失节点，图 3－116 是实验场景分别采用原始 OLSR 协议且无鲁棒性控制、基于介数 OLSR 协议且无鲁棒性控制、基于介数 OLSR 协议且添加鲁棒性控制、原始 OLSR 协议且添加鲁棒性控制四种方法的 POI 时延对比。

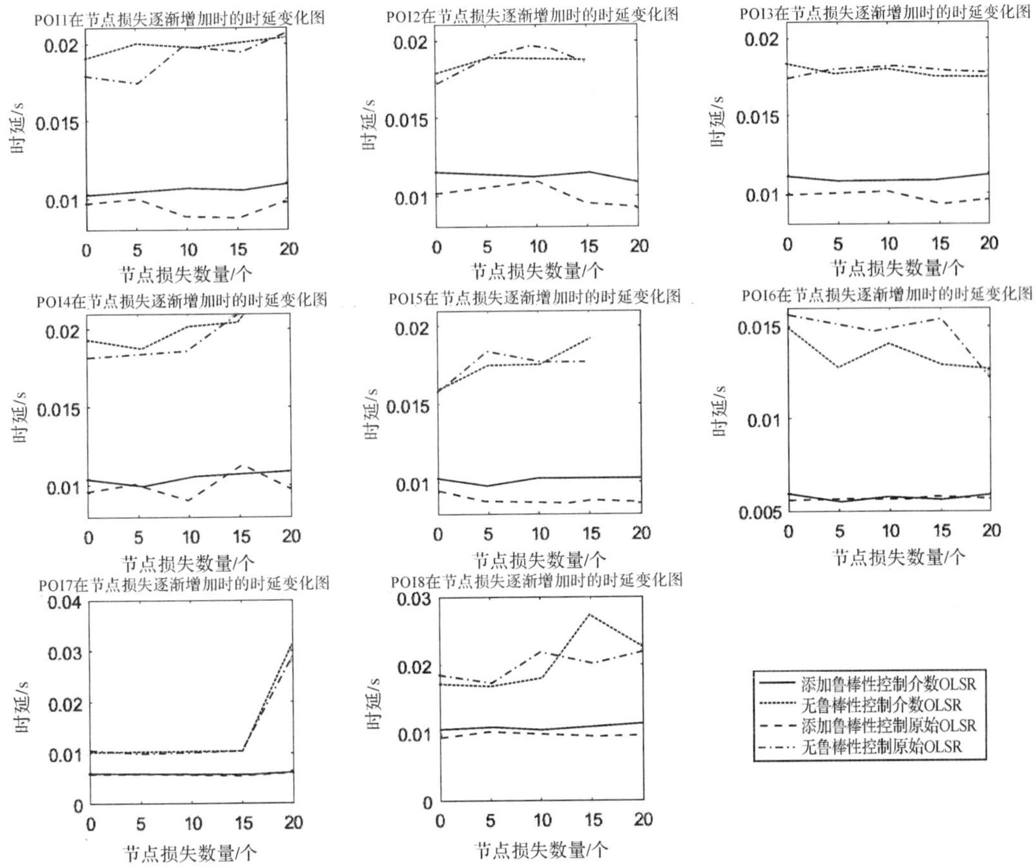

图 3-116　采用不同方法的实验场景的 POI 时延对比

由图 3-116 可知，随着节点损失数量的增加，添加四种方法的实验场景的大部分 POI 时延都会增加，引入鲁棒性控制可以有效减小添加两种路由协议的实验场景 POI 的时延。同时，基于介数的 OLSR 路由协议的实验场景 POI 的时延会略微高于普通 OLSR 路由协议的实验场景 POI 的时延，但是，基于介数的 OLSR 路由协议的实验场景 POI 的时延抖动比普通 OLSR 路由协议的实验场景 POI 的时延抖动要低，原因上一节已经叙述，在此不再重复。从整体来看，采用鲁棒性控制方法不但保证了网络对节点损失的鲁棒性，而且可以有效降低网络的时延，同时采用基于介数的路由协议会略微增大网络的时延并减小网络的时延抖动。

(3)4 种方法的“蜂群”系统的性能测试。我们对鲁棒性控制方法所能提升的系统性能做了进一步的测试。随机选择节点进行失效，以所有 8 条 POI 业务流全部中断作为测试系统性能极限的标准。在引入鲁棒性控制方法且分别采用两种路由协议的场景中，最低 45 个左右节点失效，最高 75 个左右节点失效后，8 条 POI 全部中断。而在无鲁棒性控制方法且分别采用两种路由协议的场景中，最低 15 个左右节点失效，最高 50 个节点失效后，8 条 POI 全部中断。图 3-117 中列出了随着节点损失数目增加，采用四种方法的实验场景中，系统平均丢包率和时延的变化，这里所列是节点损失达到业务流中断的极限情况。

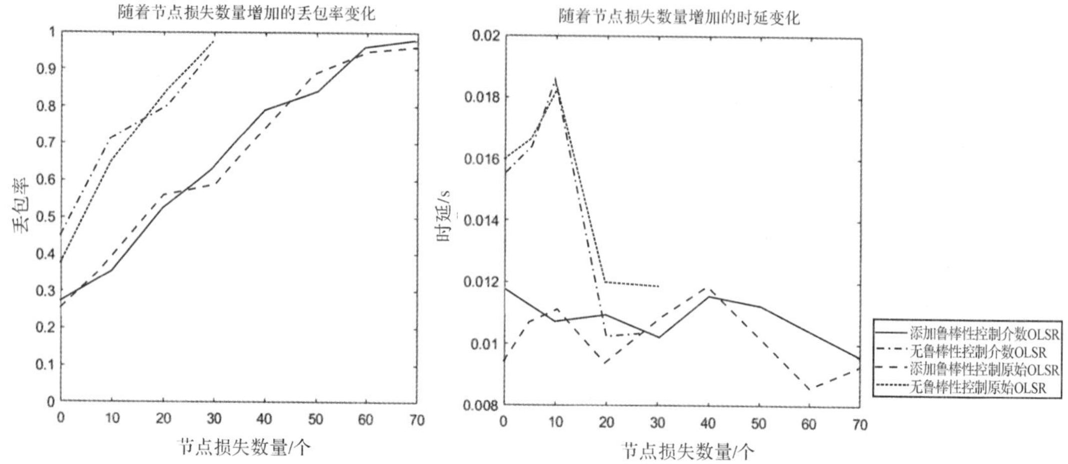

图 3-117　采用不同方法的实验场景 POI 平均丢包和时延的变化

5.小结

我们在 QualNet 仿真平台上分别实现了低负载“蜂群”无人机编队场景、高负载“蜂群”无人机编队场景、“蜂群”无人机协同侦察作战场景想定以及美军 103 架“灰山鹑”无人机编队的真实场景，并根据仿真结果对综合鲁棒性控制方法的性能进行了分析。仿真结果表明针对不同的作战任务，所提出的鲁棒性控制方法可以有效提高蜂群无人机系统通信网络面对节点损失的鲁棒性，对于无人机被击毁或者由于受到干扰而失联的情况，极大地提高了任务完成的可能性，并且可以避免网络中出现介数太大的节点，并且对于网络发生拥塞的情况，可以有效提升网络的性能。

3.9　面向定向天线的无线自组网路由协议

在传统的无人机集群自组织研究中，天线一般都采用的是全向天线。近年来，由于定向天线的优越性也逐渐受到重视，基于定向天线的一些无人机集群无线自组网的路由协议研究也受到了关注。定向天线的优越性体现在以下几方面。

(1)降低干扰：在发送端，定向天线可以朝一个方向集中能量发送信号，这样便减少了对其他节点信号传输的干扰。另一方面，在接收端，定向天线可以屏蔽来自其他发送节点的信号干扰。

(2)提高空间复用：和全向天线相比，使用定向天线时，在正在传输数据的两个节点周围可以有更多节点并发地进行数据传输。

(3)增大传输距离：通过集中无线电信号朝一个固定的方向发送，定向天线可以获得比全向天线更大的天线增益，因此就有更长的传输距离。

(4)减少能量需求：为了维持一个成功的链路所需最小的传输能量与发送节点和接收节点的天线增益成反比。因为定向天线比全向天线有更大的天线增益，所以可以减少维持链路的能量需求。

使用定向天线带来的这些优点，使得基于定向天线的无线自组网比基于全向天线的无线自组网，具有更好的抗干扰能力、更高的网络容量和更好的路由性能。但是，基于定向天线的无线自组网路由协议中，邻居的发现和维护是一个难点问题。在全向天线系统中，由于信号全向发送，全向接收，节点之间的相邻关系非常容易建立。而定向天线的信号发送是有指向性的，没有性能优异的邻居发现算法，就无法建立可靠的、高性能的路由协议。因此本节重点介绍一种面向定向天线的无人机集群无线自组网的邻居发现算法：基于邻居交集迭代的邻居发现算法 ICN - ND。

3.9.1　基于邻居交集迭代的邻居发现算法的实现原理

在无线自组织网络中使用全向天线更容易堵塞，信号覆盖范围更小，并且有更高的干扰性。另外，使用全向天线时，邻居发现是没有握手机制的。就是说，当一个处于监听状态的节点收到其他节点的 HELLO 包时，就认为已经发现了邻居节点。然而，发送 HELLO 包的节点并不知道是否有它的邻居节点收到 HELLO 包。如果网络是使用全向天线的话，这样的方式可能还是挺高效的。然而，如果网络中的节点使用的是定向天线的话，节点之间通信时，必须先协商天线波束扇区的对准。当一个节点第一次发现一个邻居节点时，他们必须进行协商，以便后续的数据传输。这就需要接收到 HELLO 包的节点进行反馈，达到两次握手或者三次握手。在配置定向天线的无线网络中，没有握手机制是不行的，因为它们必须协商天线波束对准方向。因此本文设计的 ICN - based ND 算法也将是基于握手机制的。

本文提出的定向无线自组织网络下的邻居发现算法目标是，尽可能地利用每个节点已经拥有的邻居信息，节点间通过不断地交换邻居表信息，减少每个节点主动扫描发现邻居的时间，从而降低整体的邻居发现时间。目前现有的邻居发现方案均未考虑在邻居发现过程，如何利用已知邻居信息，通过交换邻居表信息来提高邻居发现的效率。在一些文章中也提到了利用已有的邻居节点信息来优化邻居发现算法，但是并不是通过节点间交换邻居表信息的方式进行，比如在一些算法中，会记录当前节点每个波束扇区内邻居节点的分布情况，因此可以根据波束扇区内已发现的邻居信息来优化下一次的发现过程，比如 1 号波束扇区内发现了大量的邻居，则在下次探测时可以在该波束扇区减少探测的次数和频率。而本文为了提高现有邻居发现算法的效率，提出一种利用邻居集合的交集来加速邻居发现过程的方法，将能连续两次完全覆盖节点 360°信号范围的角度序列定义为一次扫描过程，每进行一次扫描过程，每个节点会发现一定数量的邻居，因此节点之间可以交换这些已有的邻居信息来加速邻居发现的过程。

该算法将能连续两次完全覆盖节点 360°信号范围的角度序列定义为一次扫描，通过多次扫描进行邻居发现，并将一次扫描分为邻居探测阶段和邻居交互阶段，并且节点的状态处于主动扫描状态或者被动监听状态。在邻居探测阶段，处于主动扫描状态的节点主动发送探测消息包，处于被动监听的节点被动监听探测消息包，当两个节点的天线波束角度对上时，监听的节点就可以收到探测消息包，于是与发送节点进行三次握手建立邻居关系。然后在邻居交互阶段，每个节点和已发现的邻居进行邻居表交换，通过算法判断出对方邻居表中的节点是否是自己的邻居。因此每次扫描的邻居探测阶段，节点会发送接收探测消息并通过三次握手的方式发现新邻居，而邻居交互阶段则是与已知的邻居交换邻居表信息，并发现新的邻居节点。

通过图 3 - 118 的场景说明 ICN - based ND 算法的主要设计思想，图中的每个节点定向天线的波束宽度为 45°，因此波束扇区为 8 个，假定 0 号波束扇区的中心角度为 0°。邻居探测阶段，处于主动扫描状态的节点，从0°角所在波束扇区开始发送消息包，之后顺时针旋转波束扇区依次发送消息包覆盖整个360°的信号范围。处于被动监听状态的节点，从180°角所在波束扇区监听消息包，之后顺时针旋转波束扇区覆盖整个360°的信号范围。在时钟同步的情况下，以此设置发送角度和接收角度的方式可以满足天线方向角度对准的要求。

图3-118中，仅画出了节点a和节点b的信号覆盖范围。白色节点处于被动监听状态，黑色节点处于主动扫描状态。以节点a为例，在第一次扫描时，节点a从0°角的波束扇区开始发送消息，由图可知0°角所在的波束扇区内没有邻居节点。因此节点a没有发现邻居。于是节点a朝它的45°角所在波束扇区发送消息，由图可知，节点d在节点a的45°波束扇区内，但是节点d是黑色节点，它也是处于主动扫描状态，此时正朝它自己的45°角所在波束扇区发送消息，因此节点a发现不了节点d。节点a继续朝它的90°所在波束扇区方向发送消息包，节点b处于节点a的90°波束扇区内，并且处于被动监听状态，正朝它的270°所在方向进行监听，于是节点a和节点b的波束扇区方向刚好对准，节点a和节点b进行三次握手建立邻居关系。接着，节点a朝它的135°角所在方向发送消息包，节点c正好朝它的315°角监听，于是节点a和节点c也可以进行三次握手建立邻居关系。其他波束扇区的邻居发现过程以此进行。

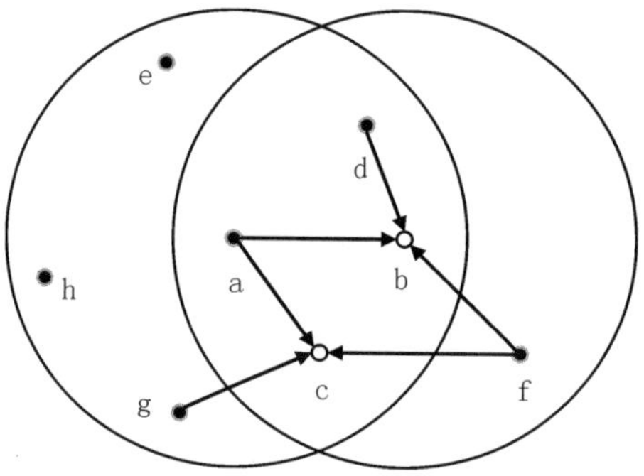

图3-118　节点场景图

在经过第一次扫描的邻居探测阶段之后，所有的节点经过和节点a一样的邻居发现过程后，各个节点更新了自己的邻居表，见表3-19。

表3-19　节点邻居信息表(邻居探测完成后)

节　点	邻居节点
a	b，c
b	a，d，f
c	a，g，f
d	b
f	b，c
g	c

进入该次扫描的邻居交互阶段时，节点间进行邻居表的交换。邻居表的表项包括邻居节点的角度信息和距离信息。与邻居探测阶段一样，处于主动扫描状态的节点，从0°角所在波束扇区开始发送消息包，之后顺时针旋转波束扇区发送消息包覆盖整个信号范围。处于被动

监听状态的节点，从 180°角所在波束扇区等待消息包，之后顺时针旋转波束扇区覆盖整个信号范围。同一次扫描的邻居交互阶段节点状态与邻居探测阶段的节点状态一致，即邻居探测阶段处于主动扫描状态的节点在邻居交互阶段依旧处于主动扫描状态，处于被动监听状态的节点在邻居交互阶段依旧处于被动监听状态。

根据波束扇区和时隙分配的关系，与邻居探测阶段一样，节点 a 在朝 45°波束扇区发送消息时，能与节点 b 进行通信。节点在邻居探测阶段发送的消息包中包含本节点的邻居表，邻居表中记录着邻居节点的方向距离信息。节点 a 和节点 b 进行邻居表交互时，首先节点 b 收到节点 a 的邻居表，于是节点 b 遍历每个邻居表项，利用表项中的方向距离等信息，通过三角余弦定理，判断出节点 c 是自己的邻居节点。节点 a 也会收到节点 b 的邻居表，判断出节点 d 是自己的邻居节点。因此，在这一次的邻居探测阶段结束之后，每个节点的邻居信息表都进行了更新，如表 3 - 20 所示。

表 3 - 20　节点邻居信息表(邻居交互完成后)

节　点	邻居节点
a	b, c, d, g
b	a, d, f, c
c	a, g, f, b
d	d, a
f	b, c
g	c, a

由此可见，在经过一次扫描，包括邻居探测阶段和邻居交互阶段，基本上每个节点都发现了新的邻居节点，并更新了自己的邻居表。可以证明，两个处于不同状态的具有邻居关系的节点，即一个节点处于主动扫描状态，另一个节点处于被动监听状态，在经过一个邻居探测阶段和邻居交换阶段，即一次扫描后，总是能把两个节点传输范围重叠区域的邻居节点完整地发现，并且在重叠区域之外的邻居节点也有可能被发现。

这一次的扫描完成之后，每个节点决定下一次的扫描是处于主动扫描状态还是处于被动监听状态。经过若干次的扫描迭代之后，每个节点的所有扇区都会被置为已发现完全状态，即完成了所有节点的邻居发现过程。

在时钟同步的情况下，可以使得算法在邻居探测阶段实现可靠的三次握手机制，在邻居交互阶段充分利用了已有的邻居表信息，已经互相发现的邻居节点之间可以进行定向通信来交换已有的邻居表信息，节点在获得邻居表信息时，可以根据表项中的角度距离信息判断节点是否在邻居范围内，表项内的角度信息可以由接收到的信号进行判断，而距离信息可以由 SNR 值进行估计或者 GPS 设备来获得，因此该邻居发现算法是可实现的。由上文可知，邻居探测阶段可以看成一个类似基于扫描的算法，ICN - based ND 算法在基于扫描的算法基础之上加上了邻居信息表交换的过程，即邻居交互阶段。相比现有的邻居发现算法，理论上会大大提高邻居发现的效率。

3.9.2　基于邻居交集迭代的邻居发现算法设计

本文假定网络中的每个节点都配置了基于扇区天线系统的定向天线。其中有 8 个互不重叠的波束扇区覆盖了所有的信号方向。如图 3－119 所示，有 8 个互不重叠的波束扇区，每个波束扇区的角度大小为 45°，并且 0 号波束扇区的中心角度为 0°。所有的波束扇区可以同时进行全向地接收，也可以单独地朝一个指定的方向进行接收。基于扇区天线系统的定向天线通过一个控制器来运作，控制器可以记录 SNR 值最高的方向，接着控制器通知上层协议在这个波束扇区接收到的数据。同时假定，如果一个节点朝一个指定的波束扇区进行定向发送或者定向接收时，其他的波束扇区不能接收数据。

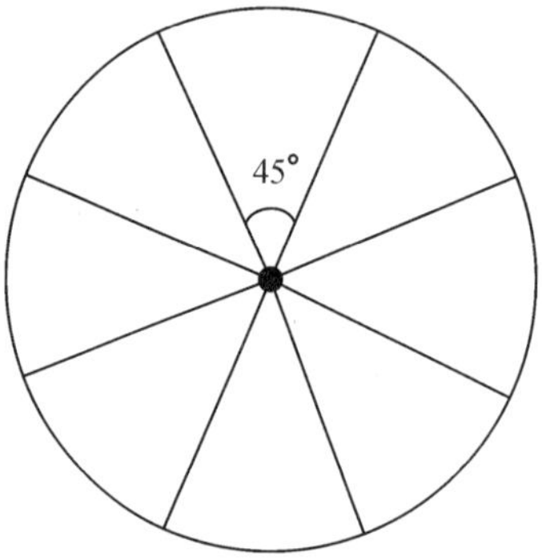

图 3－119　天线波束扇区图

该算法将能连续两次完全覆盖节点 360°信号传输范围的角度序列定义为一次扫描，通过多次扫描进行邻居发现，并将一次扫描分为邻居探测阶段和邻居交互阶段。并且无线自组织网络中节点的状态在每次扫描时处于主动扫描状态或者被动监听状态之一。该邻居发现算法的流程可以分为 5 个步骤：节点时隙初始化、节点 ID 编码、设置发送与接收角度、邻居探测和邻居交互。

1.节点时隙初始化

假设无线自组织网络中的节点个数为 N，每个节点配置的定向天线的波束宽度为 θ，波束扇区是互不重叠的，因此必须由(360°)/θ 个扇区才能覆盖节点的信号传输范围。算法中一次扫描分为邻居探测和邻居交互两个阶段，因此时隙可以按阶段分为两类，邻居探测阶段的时隙为握手时隙，用于主动发现邻居，通过三次握手机制建立邻居关系。邻居交互阶段的时隙为交互时隙，用于和已发现的邻居进行邻居表信息交换。时隙状态初始化时，每个时隙选择三种工作状态之一进行初始化：发送状态，接收状态和空闲状态，依次用 Tx、Rx、Idle 表示这三个状态。

假定网络中节点的天线波束扇区分成了 8 个，则每个波束扇区的大小为 45°。一次扫描分为了邻居探测阶段和邻居交互阶段。为了完全覆盖该节点的信号范围，邻居探测阶段时，节点需要主动探测 8 个波束扇区，在某个波束扇区发现邻居节点时需要进行三次握手建立邻居关系，因此每个波束扇区都要分配三个时隙，因此对应 8 个波束扇区就应该分配 24 个时隙，这些处于邻居探测阶段的时隙称为握手时隙，用于三次握手。同样，邻居交互阶段时，节点需要和 8 个波束扇区中的节点交换邻居表信息，每一次的交互包括发送自己的邻居表信息和接收其他节点的邻居表信息，因此在邻居交互阶段每个扇区需要两个时隙用于发送和接收邻居表信息，8 个波束扇区应该分配 16 个时隙，这些处于邻居交互阶段的时隙称为交互时隙。假设节点 A 处于主动扫描状态，节点 B 处于被动监听状态，则这一次扫描的节点的时隙状态初始化如图 3－120 所示。

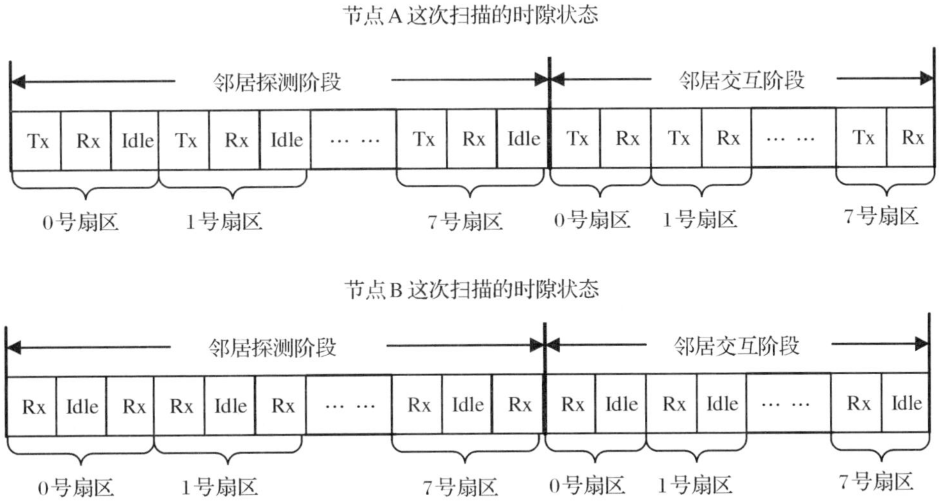

图 3－120　节点的时隙状态

每个扇区的邻居探测阶段时隙数为 3，对应三次握手。处于主动扫描状态的节点 A，3 个握手时隙初始状态分别为 Tx、Rx、Idle；处于被动监听状态的节点 B，3 个握手时隙初始状态分别为 Rx、Idle、Rx。在第一个握手时隙，处于主动扫描状态的节点 A 主动发送探测消息，处于被动监听状态的节点 B 监听探测消息，如果在这个时隙节点 B 接收到了节点 A 的探测消息，则更新自己的第二个时隙状态，将 Idle 更新为 Tx，否则第二个时隙保持 Idle 状态不变。在第二个握手时隙，如果节点 B 的时隙状态为 Tx，则向节点 A 方向返回一个 ACK 确认包，如果节点 B 的时隙状态是 Idle 状态，则处于空闲状态不做任何操作，如果在这个时隙，节点 A 收到节点 B 的 ACK 确认包，则将自己的第三个时隙状态由 Idle 更新为 Tx。在第三次握手时隙，如果节点 A 的时隙状态为 Idle，则处于空闲状态不做任何操作，如果时隙状态为 Tx，则向节点 B 方向返回 ACK 确认包。于是节点 A 和节点 B 通过三次握手建立了邻居关系。

每个扇区的邻居交互阶段时隙数为 2，处于主动扫描状态的节点的 2 个交互时隙的初始状态分别为 Tx、Rx，处于被动监听状态的节点的 2 个交互时隙的初始状态分别为 Rx、Idle。在第一个交互时隙，主动扫描的节点 A 主动朝邻居节点发送自己的邻居表信息。被动监听的节点 B 则监听邻居节点发送的邻居表信息，如果在某个波束扇区节点 B 接收到了节点 A 发送的邻居表信息，则更新自己的第二个时隙，将 Idle 改为 Tx，否则第二个时隙保持为 Idle 状态。第二个交互时隙，如果被动监听状态的节点 B 时隙状态是 Idle，则处于空闲状态不做任何操作，如果时隙状态为 Tx，则向节点 A 方向返回自己的邻居表信息，节点 A 接收到节点 B 的邻居表信息，因此节点 A 和节点 B 互相交换了自己的邻居表信息。

2.节点 ID 编码

本算法假定定向无线自组织网络中每个节点都有一个标识 ID，ID 是一个非负整数，并且所有节点的 ID 是连续的，比如网络中有 3 个节点，则它们的 ID 分别是 0、1、2。如果是 5 个则 ID 分别是 0、1、2、3、4。这里参考 SBA－D 算法中的编码方式，假设无线网络中共有 M 个节点，并且每个节点都有一个唯一的 ID，ID 的标号 $j\{0,\cdots,M-1\}$。每个节点的 ID 被编码成二进制进行存储，如果位数不足，则在前面补 0。比如现在网络中有 16 个节点，则节点 ID 为 3

的则编码成 0011，而不是 11。

对于第 i 次扫描，如果节点 ID 二进制编码的第 i 位为 0，则节点选择进入被动监听状态，如果二进制编码第 i 位为 1，则进入主动扫描状态。例如，ID 为 3 的节点，二进制位编码为 0011，则第一次和第二次扫描该节点选择进入被动监听状态，在第三次和第四次扫描选择进入主动扫描状态。在不考虑冲突的情况下，每个节点在第一次扫描的邻居探测阶段后，平均能发现网络中一半的邻居，因为有一半的节点处于被动监听状态，一半的节点处于主动扫描状态。很容易证明，两个 ID 不同的节点，它们的二进制编码中至少有一位是不同的，这就说明，两个在传输范围内的节点，它们至多需要 $\log_2 M$ 次扫描就能互相发现。

每个节点都将自己的 ID 二进制编码进行存储，用于每次扫描选择进入的状态，是主动扫描状态还是被动监听状态。二进制编码可以按位存储在数组中。这种方法存在着极少数的特殊情况，假设二进制位数为 4，如果进行 4 次 scan 之后，邻居还未发现完全。在 SBA - D 的算法中，这种情况出现得比较多，因为每个节点每次的扫描状态已经根据二进制编码固定了，如果在邻居发现的过程中出现冲突情况，则可能使得出现冲突的节点无法顺利完成完整的邻居发现。而 ICN - based ND 算法中，可以通过邻居表信息交互的过程减少冲突的影响。为了保证一定能完成完整的邻居发现，本文在二进制编码数据之后存储随机数 0、1，即如果在二进制编码数据用完之后邻居发现还未完成，则后续利用随机数 0、1。利用随机算法产生 0、1 随机序列，如果是 0 则进入被动监听状态，如果是 1 则进入主动扫描状态。

3.设置发送与接收角度

网络中的每个节点维持两个循环链表，分别存储发送角度和接收角度。假设网络中节点的天线波束扇区分为了 8 个，则每个波束扇区的角度大小为 45°。则本算法设置循环链表中的发送接收角度值为 0、45°、90°、135°、180°、225°、270°、315°。两个配置定向天线的节点，θ' 为发送节点的发送角度，θ'' 为接收节点的接收角度。则两个节点能进行定向发送和定向接收的必要条件为

$$\theta' = (\theta'' + \pi) \bmod 2\pi \tag{3-161}$$

如果发送节点和接收节点随机朝某个波束方向进行发送或者接收的话，发送节点发送方向和接收节点的接收方向在某一时刻同时对准的可能性是很小的。因此我们可以设定，发送角度的循环链表的表头为 0°，后面的角度值依次为 45°、90°、135°、180°、225°、270°、315°，接收角度的循环链表的表头为 180°，后面的角度值依次为 225°、270°、315°、0°、45°、90°、135°。于是，在时隙同步的情况下，发送节点的发送角度和接收节点的接收角度总是满足上面的必要条件，比如处于一次扫描的探测阶段时，主动扫描状态的节点 A 发送探测消息包时需要取得发送角度，从发送角度的循环链表首先取得的发送角度为表头的值 0°，而处于被动监听状态的节点 B 监听和接收探测消息也需要接收角度值，从接收角度的循环链表首先取得的接收角度为表头的值 180°，可知两个角度值满足式 (3 - 161)，下一次取得的发送角度和接收角度分别是 45°和 225°，也满足式 (3 - 161)。因此通过这样设置发送角度的循环链表和接收角度的循环链表，可以使得两个节点的天线波束互相对准。因此，处于主动扫描状态的节点，在邻居探测阶段，从 0°开始定向发送探测消息包，后续发送角度从发送角度循环链表中取，从而覆盖整个信号范围。而处于被动监听状态的节点，在邻居探测阶段，从 180°开始定向监听和接收探测消息包，后续监听角度从接收角度循环链表中取，从而覆盖整个信号范围。邻居探测阶段共有 8 个扇区，每个扇区会使用循环链表中的一个角度值，因此邻居探测阶段结束之后，发送角

度循环链表的表头角度重新回到 0°，而接收角度循环链表的表头角度重新回到 180°。于是处于主动扫描状态的节点，在邻居交互阶段，从 0°开始定向发送自己的邻居表信息，处于被动监听状态的节点，在邻居交互阶段，从 180°开始定向监听和接收其他节点的邻居表信息。发送节点和接收节点依次取循环链表的角度进行发送和接收，从而覆盖了它们的信号范围。而邻居探测阶段也是 8 个扇区，每个扇区使用循环链表中的一个角度值。因此每经过一次邻居探测阶段或者邻居交互阶段，表头的角度值经过一次循环又回到最初的值。因此在邻居探测阶段和邻居交互阶段，即在每一次扫描时，角度值永远满足式 (3-161)。

4.邻居探测阶段与邻居交互阶段

前面的三个步骤，主要完成了初始化的工作。包括了每个节点的时隙初始化，每个节点的 ID 二进制编码存储，以及每个节点的发送角度循环链表和接收角度循环链表的设置及初始化。然后第一个扫描的流程正式开始。节点首先根据 ID 二进制编码数据选择进入的状态，比如网络中有 16 个节点，节点 A 的 ID 为 10，二进制编码为 1010，节点 B 的 ID 为 3，二进制编码为 0011。因此第一次扫描，节点 A 选择进入主动扫描状态，节点 B 则选择进入被动监听状态。在这一次扫描中，包括邻居探测阶段和邻居交互阶段，节点 A 和节点 B 都保持各自的扫描状态，只有在下一次扫描开始的时候，才会重新选择进入主动扫描状态或者被动监听状态。

图 3-121 中画出了 8 个角度对应的线段，实线为此时的发送和接收角度。此时，节点 A 处于主动扫描状态，节点 B 处于被动监听状态，并都处于该次扫描的邻居探测阶段。节点 A 首先从发送角度循环链表取出发送角度，表头的角度为 0°，即 0 号扇区，由上文的节点时隙初始化可知，该扇区有三个握手时隙。第一个握手时隙，节点 A 朝 0 号扇区发送探测消息。节点 B 首先从接收角度循环链表取出接收角度，表头的角度为 180°，即 4 号扇区，因此第一个握手时隙时，节点 B 朝 4 号扇区监听接收探测消息。由图可知，节点 B 接收不到节点 A 的探测消息，因此不能通过三次握手建立邻居关系，即节点 A 在邻居探测阶段 0 号扇区的后两个时隙，以及节点 B 在 4 号扇区的后两个时隙，不进行任何操作。

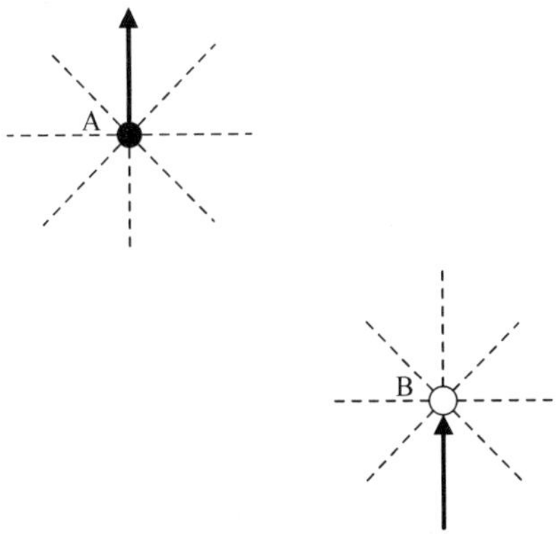

图 3-121　邻居探测阶段节点状态图

节点 A 继续从发送角度循环链表中取出发送角度，取出的是 45°，节点 B 继续从接收角度循环链表中取出接收角度，取出的是 225°。由图 3-121 可知，节点 B 还是不能监听到节点 A 发送的探测消息。

直到节点 A 从循环链表中取出的发送角度为 135°时，节点 B 从循环链表中取出的角度恰好为 315°,即节点 A 进入邻居探测的 3 号扇区时隙,节点 B 进入邻居探测阶段的 7 号扇区时隙。如图 3-122 所示,节点 A 的发送方向和节点 B 的接收方向正好对准,此时节点 B 可以接收到节点 A 的探测消息。节点 B 将邻居探测阶段 7 号扇区的第二个握手时隙的状态由 Idle 改为 Tx,并在第二个握手时隙朝节点 A 发送对探测消息的 ACK 确认包。节点 A 在 3 号扇区的第二个时隙收到节点 B 的 ACK 确认包,因此将这个扇区的第三个时隙状态由 Idle 改为 Tx,并在第三个时隙朝节点 B 发送 ACK 确认包。节点 B 接收到节点 A 的 ACK 确认包。因此完成了完整的三次握手过程,于是节点 A 和节点 B 建立了邻居关系,并各自更新自己的邻居表信息。邻居表中的表项信息包括了邻居节点的 ID、距离以及角度。

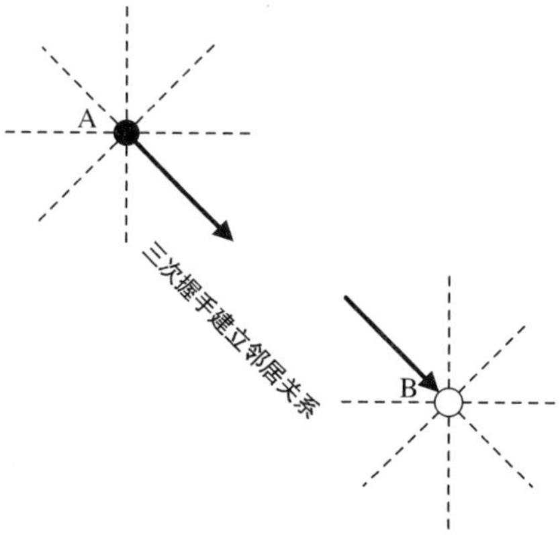

图 3-122　邻居探测阶段的三次握手

在完成该次扫描的邻居探测阶段后,进入该次扫描的邻居交互阶段。处于主动扫描状态的节点 A 从发送角度循环链表中取出发送角度,处于被动监听状态的节点从接收角度循环链表中取出接收角度。因为循环链表有 8 个角度值,经过邻居探测阶段 8 个的扇区的使用之后,在邻居交互阶段的开始,发送角度循环链表的表头的值重新回到了 0°,接收角度循环链表的表头的值重新回到了 180°。因此节点 A 从 0°角,即 0 号扇区开始定向发送自己的邻居表信息,节点 B 从 180°角,即 4 号扇区开始定向监听并接收其他节点的邻居表信息。

和邻居探测阶段一样,当节点 A 从发送角度循环链表中取出的角度为 135°时,节点 B 从接收角度循环链表中取出的角度恰好为 315°,即节点 A 进入邻居探测的 3 号扇区时隙,节点 B 进入邻居探测阶段的 7 号扇区时隙,节点 A 和节点 B 的波束扇区方向对准。节点 A 朝 3 号扇区发出了自己的邻居表信息,节点 B 接收到节点 A 发出的邻居表信息,节点 B 根据邻居判断算法判断节点 A 的邻居表中节点是否是自己的邻居节点,然后节点 B 更新自己的 7 号扇区的第二个时隙,由 Idle 改为 Tx。然后在第二个时隙,节点 B 朝节点 A 方向返回自己的邻居表信息,节点 A 接收到节点 B 的邻居表信息,也根据邻居判断算法判断节点 B 邻居表中的节点是否是自己的邻居节点,邻居判断算法将在下文详细提出。

上述的 5 个步骤完成了一次扫描的流程。接着节点根据之前存储的二进制编码数据,选择下一次扫描的状态,主动扫描状态或是被动监听状态,然后执行上述 5 个相同的步骤。最终,经过若干次的扫描之后,节点完成了所有邻居节点的发现。

5.算法工作流程图

该邻居发现算法的流程图,如图 3-123 所示。

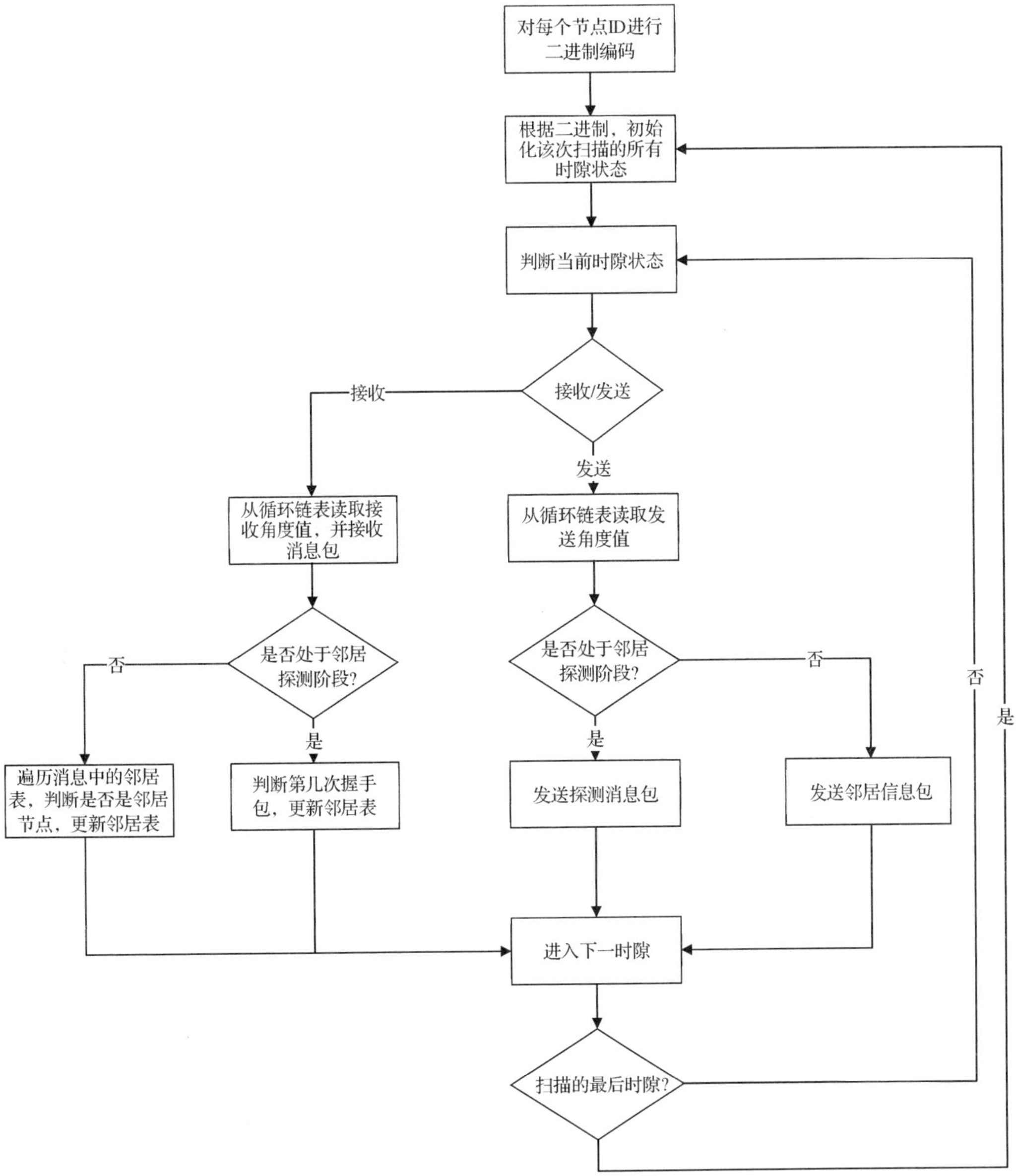

图 3-123　邻居发现算法的流程图

3.9.3　基于邻居交集迭代的邻居判断算法

在扫描的邻居交互阶段，节点会收到其他节点邻居表信息，邻居表中的表项信息包括邻居节点的 ID、距离和角度信息，于是根据这些信息执行邻居判断算法判断表中的节点是否是自己的邻居节点。邻居判断算法的如图 3-124 所示。

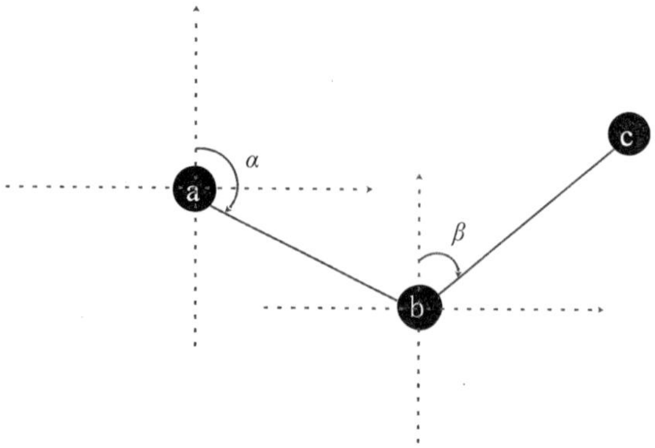

图 3-124　节点关系示意图

假设经过第一次扫描的邻居探测阶段之后，节点 a 和节 b 点通过三次握手建立了邻居关系，节点 b 和节点 c 也互相发现并建立了邻居关系。节点 b 和节点 a 之间的距离为 l_{ab}，节点 b 在节点 a 的 α 方向；节点 b 和节点 c 之间的距离为 l_{bc}，节点 c 在节点 b 的 β 方向。节点 a 和节点 c 都在对方的邻居范围内，但是因为节点 a 和节点 c 在当前扫描处于相同的状态，即同为主动扫描状态或者同为被动监听状态。所以在邻居探测阶段没有互相发现对方。可以通过 GPS 辅助设备获取，也可以通过 SNR 值，信号接收强度与接收距离的公式计算出。

当进入该扫描的邻居交互阶段时，节点 a 将会收到节点 b 的邻居表信息，节点 b 的邻居表中有节点 c 的相关信息。现在节点 a 需要判断节点 c 是否为自己的邻居节点，在已知节点 a 和节点 b 之间的距离，由节点 b 的邻居表信息可以得到节点 b 和节点 c 之间的距离，因此只需求出和的夹角 θ，再利用三角余弦公式即可估算出节点 a 和节点 c 之间的距离，然后判断是否超过了节点 a 的信号传输距离，即可确定节点 c 是否是邻居节点。根据角度 α 和角度 β 的取值范围不同，夹角 θ 的大小可以分为如图 3-125～图 3-130 所示 6 种情形。

当 $0\leqslant\alpha\leqslant180°$ 且 $0\leqslant\beta\leqslant\alpha$ 时，通过相关角度计算可得：$\theta=180°-\alpha+\beta$。

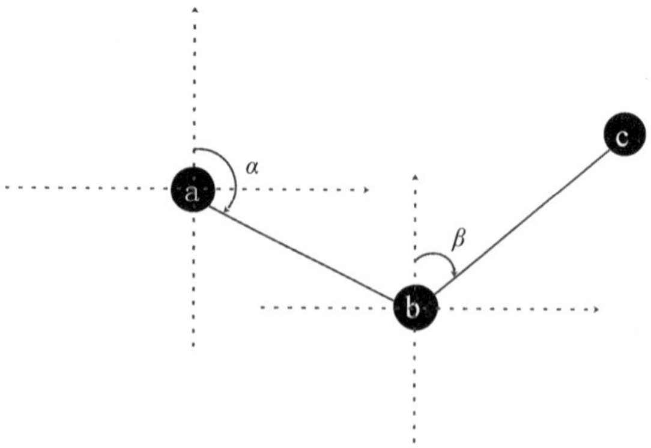

图 3-125　第一种情形

当 $0 \leqslant \alpha \leqslant 180°$ 且 $\alpha \leqslant \beta \leqslant \alpha + \beta$ 时，通过相关角度计算可得：$\theta = 180° - \beta + \alpha$。

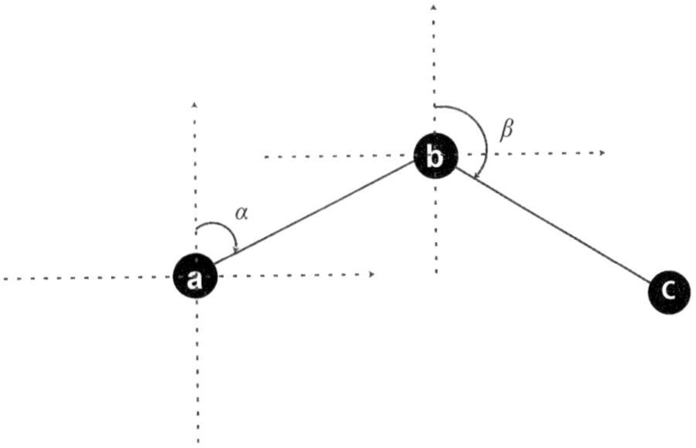

图 3-126　第二种情形

当 $0 \leqslant \alpha \leqslant 180°$ 且 $\alpha + 180° \leqslant \beta \leqslant 360°$ 时，通过相关角度计算可得：$\theta = \beta - \alpha - 180°$。

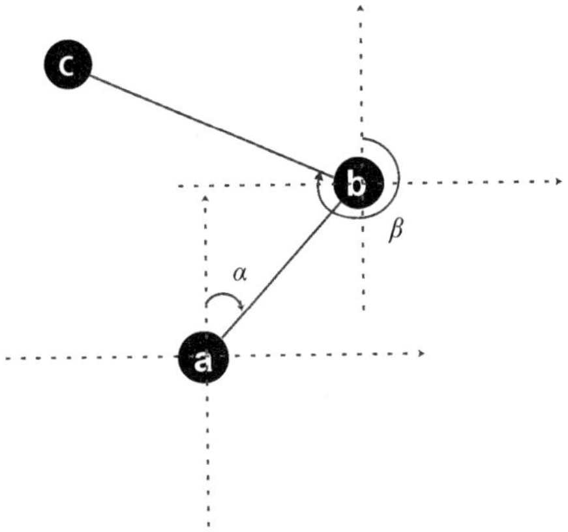

图 3-127　第三种情形

当 $180° \leqslant \alpha \leqslant 360°$ 且 $\alpha \leqslant \beta \leqslant \alpha - 180°$ 时，通过相关计算可得：$\theta = \alpha - \beta - 180°$。

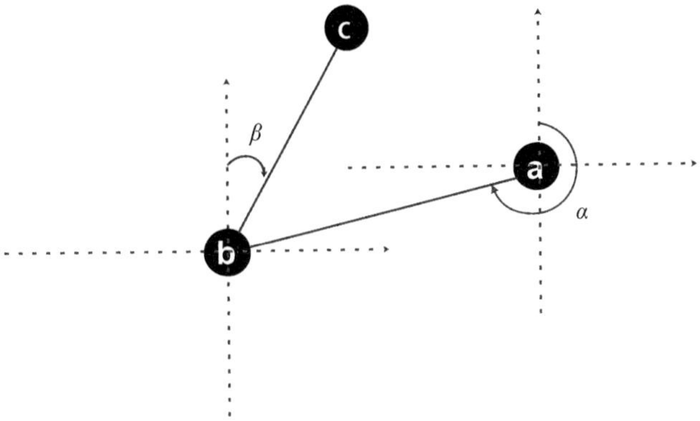

图 3-128　第四种情形

当 $180° \leqslant \alpha \leqslant 360°$ 且 $\alpha - 180° \leqslant \beta \leqslant \alpha$ 时，通过相关计算可得：$\theta = \beta - \alpha + 180°$。

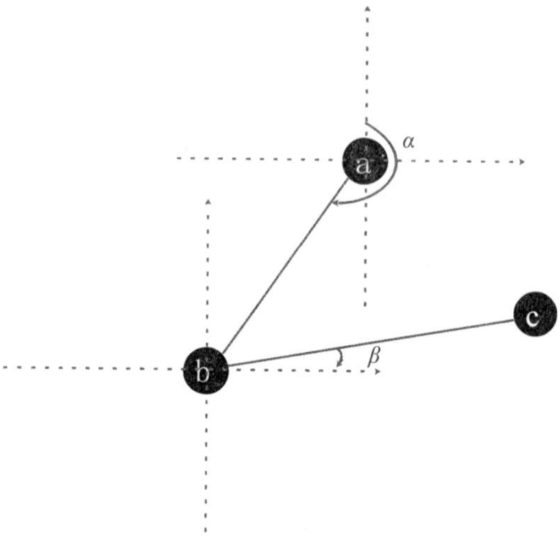

图 3-129　第五种情形

当 $180° \leqslant \alpha \leqslant 360°$ 且 $\alpha \leqslant \beta \leqslant 360°$ 时，通过相关计算可得：$\theta = \alpha - \beta + 180°$。

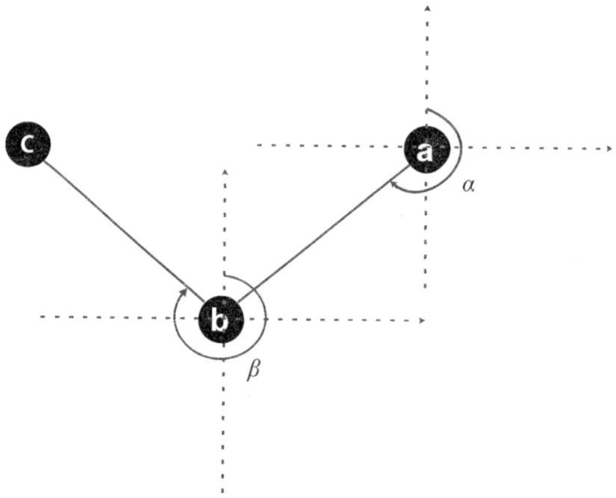

图 3-130　第六种情形

得到 θ 的值之后，就可以利用三角余弦公式解算出 $\overline{ac}$ 的距离 l_{ac}，即可判断节点 c 是否在节点 a 的邻居范围内。因此节点在邻居交互阶段接收到其他节点邻居表信息后，可以使用该邻居判断算法依次判断邻居表中的节点是否是自己的邻居节点。

3.9.4　基于邻居交集迭代的邻居发现算法实验仿真及分析

算法在 QualNet5.0 仿真平台上进行仿真验证，并以 SBA - D 算法作为对照方案进行比较。在仿真场景中采用 switched - beam 定向天线，路径损耗模型设置为两径模型，信道传输率设置为 2 Mb/s。节点均匀地分布在一个圆形区域内，所有的节点都互相可达，即仿真场景中的任意两个节点都互为邻居。

本书采用邻居发现所需时隙数这一指标，对 SBA - D 算法和 ICN - ND 算法的仿真结果进行分析比较，并分别考虑不同节点密度和不同波束宽度下对算法性能的影响。

1.不同节点密度的仿真结果及分析

本仿真实验主要考察 ICN - based ND 算法在不同节点密度下的性能，并与 SBA - R 算法进行比较。在仿真场景中，所有的节点均匀地分布在一个圆形区域内，所有的节点互相可达。通过改变这个圆形区域中节点的个数，使得节点的密度发生变化。比如当仿真场景的圆形区域中共有 6 个节点时，则每个节点的邻居节点为 5。当增加区域中的节点时，节点密度变大，因此每个节点的邻居数也随之增加。在该实验仿真中，通过设置合适的天线辐射模式文件，固定天线的波束宽度为 45°。最终设置的仿真参数如表 3 - 21 所示。

表 3 - 21　不同节点密度仿真参数

仿真场景面积	1 500 m×1 500 m
节点个数	6/8/10/12/14/16
信道传输速率	2 Mb/s
仿真时长	1 000 s
天线模型	switched - beam
天线波束宽度	45°
传输能量	35 dBm

仿真性能指标采用中心节点完成邻居发现所需的平均时隙数时，图 3 - 131 所示为不同节点密度下的根据实验结果绘制的两个仿真结果对比图，图 3 - 132 所示为 SBA - R 算法和 ICN - based ND 算法的实验仿真结果细节图。由仿真结果对比图中可知，对于中心节点来说，ICN - based ND 算法比 SBA - R 邻居发现算法的效率性能更好。从仿真结果细节图中可以看出，SBA - R 邻居发现算法随着节点密度的逐渐增大，中心节点完成邻居发现的时隙数急剧增大，而 ICN - based ND 算法在节点密度逐渐增大时，中心节点完成邻居发现的时隙数变化比较平缓。因此，在节点密度相同时，相同的实验仿真环境下，对于中心节点的邻居发现，ICN - based ND 算法在效率上优于 SBA - R 算法。

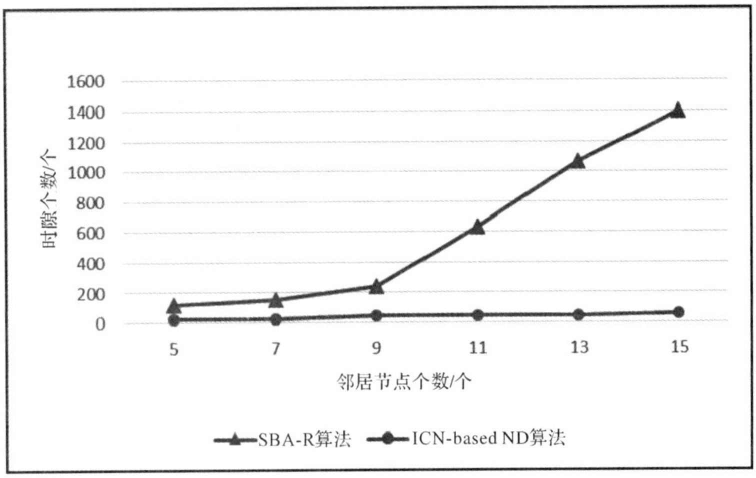

图 3 - 131　两种邻居发现算法的仿真结果对比图

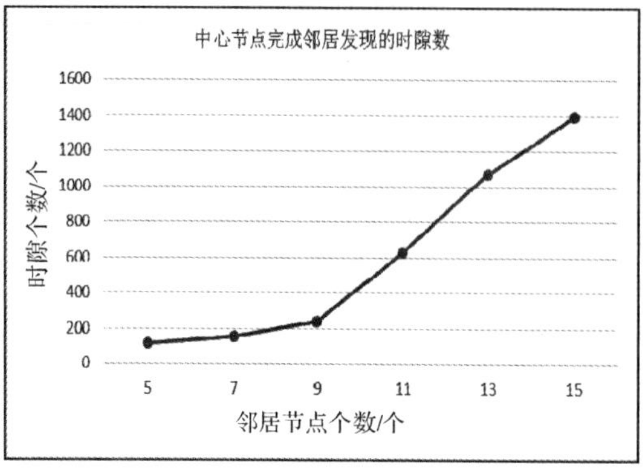

(a)

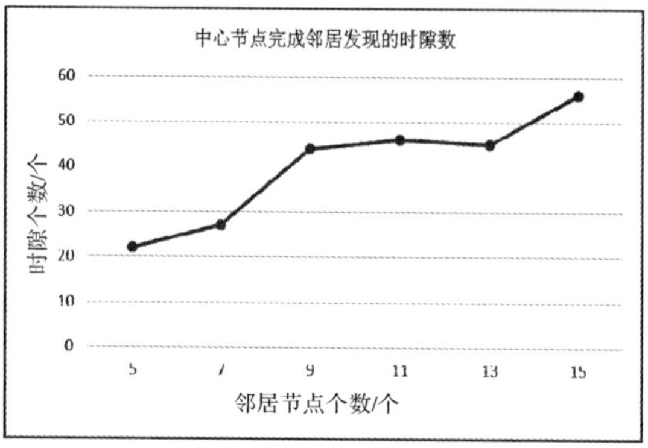

(b)

图 3-132　两种邻居发现算法的仿真结果细节图

(a)SBA-R 算法；(b)ICN-based ND 算法

仿真性能指标采用所有节点完成邻居发现所需的平均时隙数时，图 3-133 所示为不同节点密度下的根据实验结果绘制的仿真结果对比图。图 3-134 所示为 SBA-R 邻居发现算法和 ICN-based ND 算法的仿真结果细节图。由仿真结果对比图可知，对于所有节点完成邻居发现，ICN-based ND 算法在性能上仍然大大优于 SBA-R 算法。SBA-R 邻居发现算法所需要的时隙数与 ICN-based ND 算法所需时隙数不在一个数量级，SBA-R 所需的时隙数大大高于 ICN-based ND 算法。从仿真结果细节图中可以看出，SBA-R 所需要的时隙数呈现出指数增长趋势，而 ICN-based ND 算法所需时隙数呈现的是线性增长趋势。因此，在节点密度相同时，相同的实验仿真环境下，采用所有节点完成邻居发现的时隙数作为性能指标时，ICN-based ND 算法优于 SBA-R 算法。

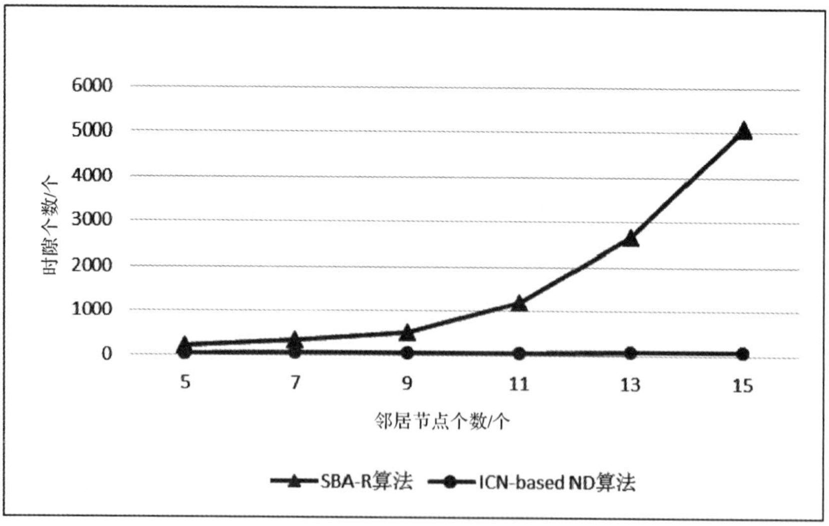

图 3-133　两种邻居发现算法的仿真结果对比图

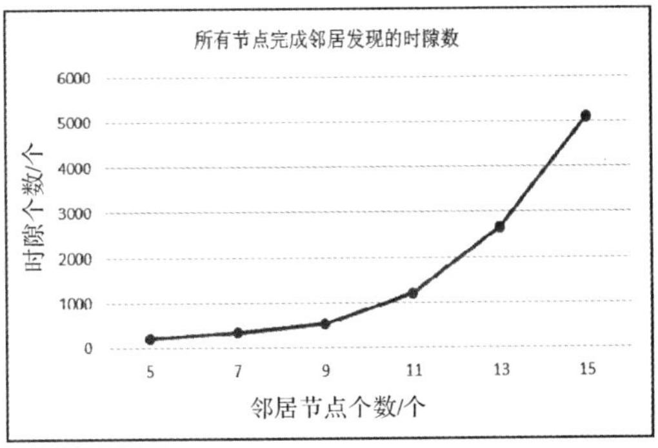

(a)

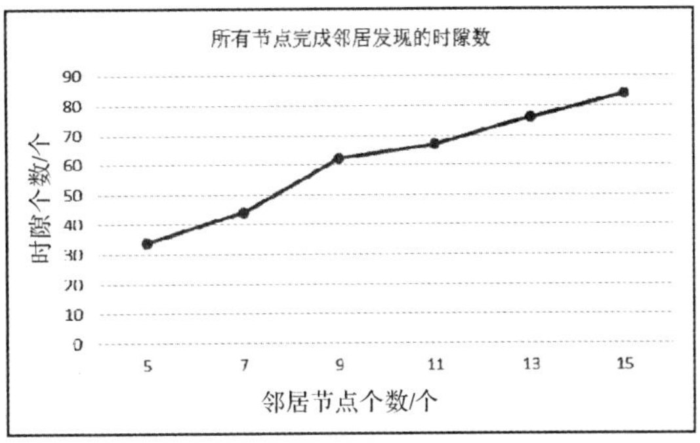

(b)

图 3－134　两种邻居发现算法的仿真结果细节图

(a)SBA－R 算法；(b)ICN－based ND 算法

针对 ICN－based ND 算法，又进行了另外的仿真实验，即当网络中的节点密度继续增大时，邻居节点个数由 10 个逐渐增加到 50 个，试图考查当节点密度继续增大时，对 ICN－based ND 算法性能的影响。图 3－135 所示为采用中心节点完成邻居发现所需时隙数为性能指标的仿真实验结果，图 3－136 所示为采用所有节点完成邻居发现所需时隙数作为性能指标的仿真实验结果。可以看出，当节点继续增大时，对于两种性能指标而言，该算法所需的时隙数都是呈现线性增长的趋势。

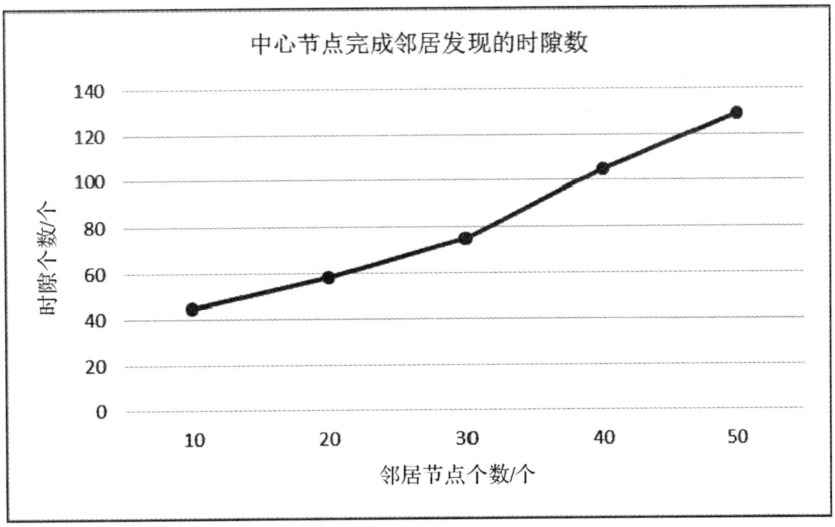

图 3－135　ICN－based ND 算法的仿真结果

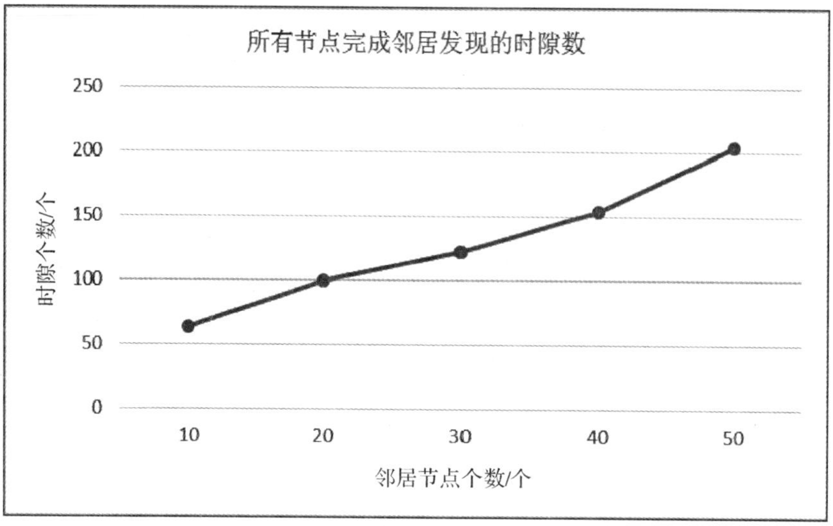

图 3-136　ICN-based ND 算法的仿真结果

综上所述，在不同的节点密度下，采用中心节点邻居发现所需的时隙数以及所有节点邻居发现所需的时隙数作为性能指标时，ICN-based ND 算法的效率都大大优于 SBA-R 邻居发现算法，并且邻居发现所需的时隙数随着节点密度改变的趋势更加平缓。效率大大优于SBA-R算法的原因在于 ICN-based ND 算法充分利用了已有的邻居信息，通过交换邻居表的方式，直接通过邻居判断算法即可找到邻居节点，减少了节点主动探测邻居的时间，因此表现出了更好的性能。SBA-R 算法在节点密度逐渐增大时，不论是中心节点还是所有的节点，完成邻居发现所需的时隙数都急剧增大，甚至表现出了指数增长的趋势。原因在于 SBA-R 算法在每一次扫描开始选择节点状态的时候，是以随机的方式进行，即 50%的概率进入主动扫描状态，50%的概率进入被动监听状态，而两个节点如果在一次扫描中处于相同的状态，即同处于主动扫描状态或者同处于被动监听状态，两个节点不能互相发现，这种随机选择节点状态的方式，虽然对于每次扫描来说，理论上平均有一半的节点处于主动扫描状态，一半的节点处于被动监听状态，然而对于特定的两个节点来说，不能保证它们在有限次扫描后发现对方，因为节点每次的状态都是随机进入，有可能很多次的扫描他们都处于同一个状态，一直无法发现对方，因此这种情况的出现会导致邻居发现时间的大大加长，而节点密度比较大时，这种情况出现的概率也比较大，因此对于 SBA-R 邻居发现算法，当节点密度逐渐增大时，中心节点以及所有节点完成邻居发现所需的时隙数急剧增大。

在波束宽度一定时，即每次扫描所需的时隙数一定时，影响实验结果的另外一个因素是冲突问题，通过实验仿真结果图可知，不论是中心节点还是所有节点完成邻居发现所需的时隙数都随着节点密度增加而增加。增大的因素除了邻居节点数更多之外，还因为当节点密度达到一定程度时，冲突的影响也会逐渐加大。比如三个节点甚至更多节点处于一条直线，这样的情况下，这些节点在邻居探测阶段的三次握手以及邻居交互阶段的交换邻居表信息时就会有很多冲突，导致邻居发现效率的降低。

2.不同波束宽度的仿真结果及分析

在该仿真实验中，在相同的节点密度下，设置不同的波束宽度大小。为了便于时隙的设置，必须实现整数个扇区覆盖节点的信号传输范围，因此波束宽度的大小必须能整除 360。因此设置波束扇区的角度大小依次为 10°、20°、30°、45°、60°、72°、90°。本实验仿真考查在不同的波束宽度大小时，ICN - based ND 算法的性能，并与 SBA - R 算法进行比较，仿真参数如表 3 - 22所示。

表 3 - 22　不同扇区角度大小仿真参数

仿真场景面积	1 500 m×1 500 m
节点个数	16
信道传输速率	2 Mb/s
仿真时长	1 000 s
天线模型	switched - beam
天线波束宽度	10°/20°/30°/45°/60°/72°/90°
传输能量	35 dBm

仿真性能指标采用中心节点完成邻居发现所需的平均时隙数时，图 3 - 137 所示为不同波束宽度下根据实验结果绘制的仿真结果对比图。图 3 - 138 所示为 SBA - R 邻居发现算法和 ICN - based ND 算法的仿真结果细节图。由仿真结果对比图可知，在不同的波束宽度下，对于中心节点的邻居发现，ICN - based ND 算法效率高于 SBA - R 邻居发现算法。由仿真结果细节图可知，SBA - R 邻居发现算法的仿真结果比较散乱，完成邻居发现的时隙数并没有随着波束宽度的变化呈现规律性的变化。该实验结果是在节点密度固定为 15 的情况下仿真获得，SBA - R 邻居发现算法扫描开始前节点状态选择的随机性导致了单个节点完成邻居发现时间的不确定，比如中心节点持续地与某些节点保持相同的节点状态，迟迟不能发现对方，就会导致邻居发现时间的增大，并且这种邻居发现时间的随机性大于波束宽度带来的影响。而 ICN - based ND 算法的仿真结果比较稳定，当波束宽度为 90°时，中心节点邻居发现所需的时隙数稍高于其他的波束扇区，因为波束宽度达到 90°时，多个节点处于中心节点的同一天线波束扇区的情况增多，导致冲突增大，影响了该邻居发现算法的效率。

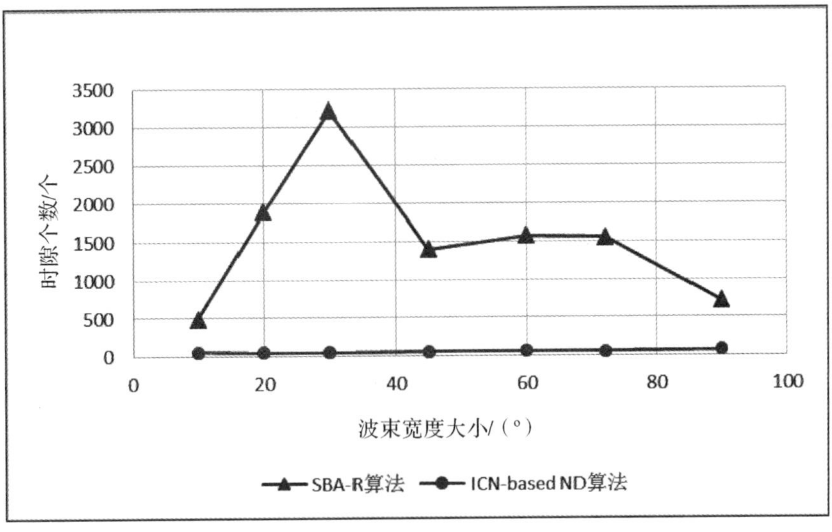

图 3 - 137　两种邻居发现算法的仿真结果对比图

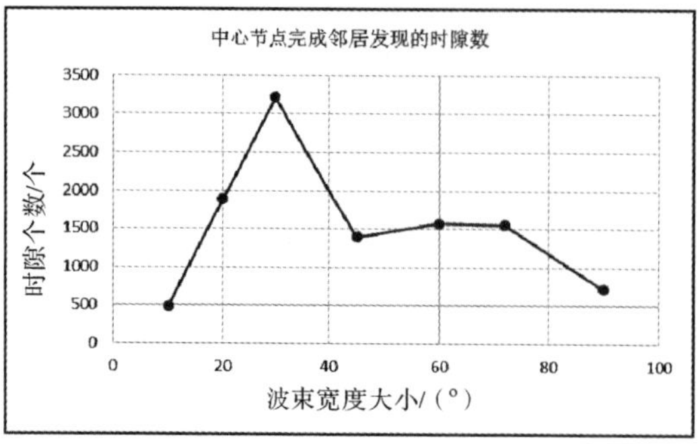

(a)

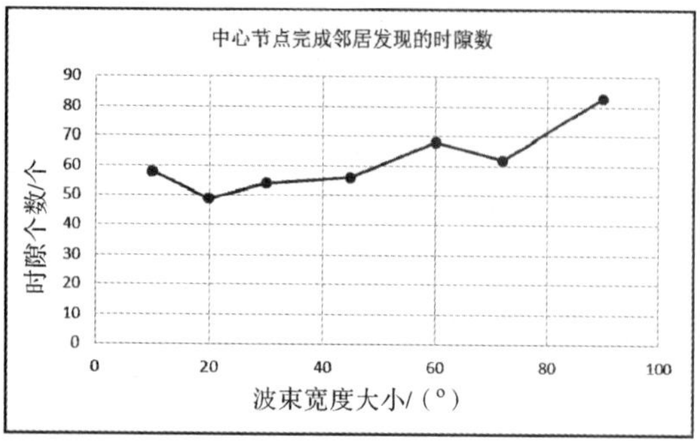

(b)

图 3-138　两种邻居发现算法的仿真结果细节图

(a)SBA-R 算法；(b)ICN-based ND 算法

仿真性能指标采用所有节点完成邻居发现所需的平均时隙数时，图 3-139 所示为两种邻居发现算法的仿真结果对比图，图 3-140 所示为 SBA-R 邻居发现算法和 ICN-based ND 算法的仿真结果细节图。由仿真结果对比图可知，相同的节点密度时，在不同的波束宽度大小下，ICN-based ND 算法完成邻居发现所需的时隙数仍然小于 SBA-R 算法所需的时隙数，因此 ICN-based ND 算法性能优于 SBA-R 算法。由仿真结果细节图可以看出，相比于中心节点完成邻居发现的实验仿真结果的散乱，SBA-R 邻居发现算法下所有节点完成邻居发现所需的时隙数随着波束宽度的增大而减少，因为统计的是所有的节点，因此 SBA-R 随机性的影响降低，整体的邻居发现时隙数随着波束宽度变化呈现出规律性。在相同的节点密度下，当波束宽度过小时，为了完全覆盖信号传输范围，每次扫描的时隙数会增加，即需要耗费更多的时间才能覆盖节点的信号传输范围，因此完成邻居发现的时间会更长。而当波束宽度超过一定值时，多个节点处于同一个波束扇区的可能性增大，因此冲突的可能性也变大，因此平均所需时隙数减少的速度有所降低，曲线变得平缓。ICN-base ND 算法，在波束宽度比较大或者比较小时，性能有所降低，而在其他的角度值上，表现得略好。当扇区角度较小时，需要更多的时隙覆盖信号的传输范围，因此需要较多的时隙数。而当扇区角度太大时，虽然需要更少的时隙就能覆盖信号传输范围，但是冲突的情况更多，因此性能有所降低。

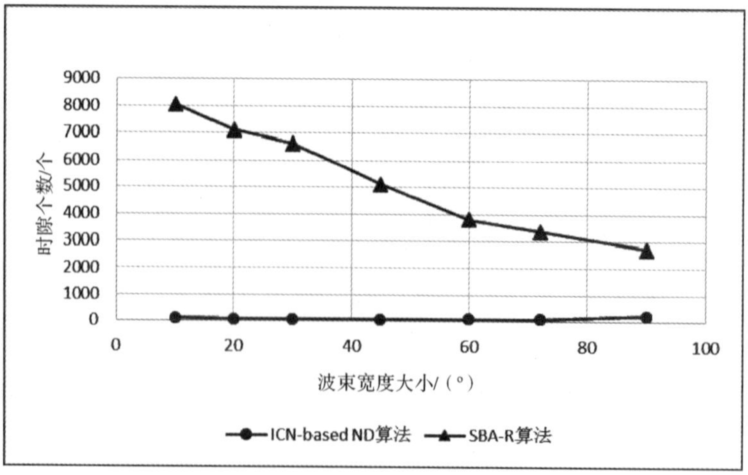

图 3-139　两种邻居发现算法的仿真结果对比图

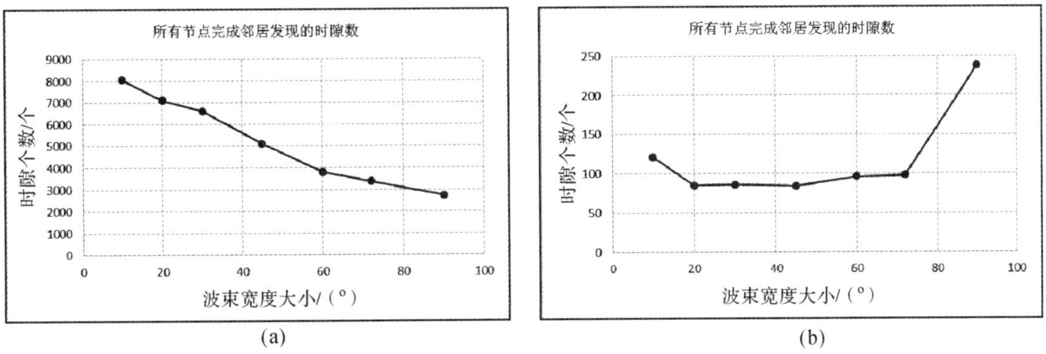

图3-140　两种邻居发现算法的仿真结果细节图

(a)SBA-R算法；(b)ICN-based ND算法

当波束宽度增大时，每次扫描的时隙数会减小，即一次扫描中只需要更少的时隙就能完全覆盖节点的信号传输范围。波束宽度增大的同时，也会带来更多的冲突。因此在该实验场景下，波束宽度增大会导致一次扫描的时隙减少，但是会带来更多的冲突问题导致需要更多次数的扫描，因此该实验场景的仿真结果受上述两个因素的综合影响。综上所述，当波束宽度较大时，引起的冲突问题对SBA-R的影响比较小，而对ICN-based ND算法的影响比较大，因此ICN-based ND算法在波束宽度达到90°时，不论是中心节点还是所有节点的邻居发现时隙数都突然增大，而SBA-R的所有节点完成邻居发现的时隙数逐渐降低，并且波束宽度在80°至90°时降低的趋势变缓。但是冲突的影响只是针对算法本身仿真结果的趋势而言，实际上，ICN-based ND算法的性能大大优于SBA-R算法，在SBA-R算法中存在冲突的情况可以通过邻居交互的方法减少冲突带来的影响。由实验结果可知，ICN-based ND算法在波束宽度在20°到45°时的性能最佳。

3.算法收敛性的仿真结果及分析

本仿真实验主要考察ICN-based ND算法的收敛性，并与SBA-R算法进行比较。在仿真场景中，所有的节点均匀地分布在一个圆形区域内，所有的节点互相可达，节点i位于圆形区域的中心。实验场景中节点的密度固定，每个节点有15个邻居节点。在该实验仿真中，通过设置合适的天线辐射模式文件，固定天线的波束宽度为45°。最终设置的仿真参数如表3-23所示。

表3-23　实验仿真参数

仿真场景面积	1 500 m×1 500 m
节点个数	16
信道传输速率	2 Mb/s
仿真时长	1 000 s
天线模型	switched-beam
天线波束宽度	45°
传输能量	35 dBm

该实验仿真中，本文同样采用两个性能指标对ICN-based ND算法收敛性进行分析，即

中心节点邻居发现过程的收敛性和所有节点邻居发现的收敛性，同时对 SBA－R 邻居发现算法的收敛性进行仿真分析，通过对比，分析 ICN－based ND 算法的收敛性情况。通过在相同的节点密度和相同的波束宽度大小的实验场景下，对这两种邻居发现算法进行了仿真实验，最后得到了仿真数据。因为根据前面不同节点密度和不同波束宽度的实验分析可知，ICN－based ND 算法在效率上比 SBA－R 邻居发现算法高很多，并且 ICN－based ND 算法完成邻居发现的时隙数和 SBA－R 相比不在一个数量级上，两个邻居发现算法所需的时隙数相差太多，仿真结果图横坐标的刻度间隔是不一样的，因此直接根据仿真结果图的趋势看算法的收敛性是不正确的。本文将根据个别节点影响邻居发现算法的程度来说明该算法的收敛性情况。比如某节点有 15 个邻居节点，利用一种邻居发现算法完成邻居发现共耗费了 1 000 个时隙，然而在 500 个时隙的时候该节点已经发现了 13 邻居节点，而为了发现剩余的 2 个节点，又耗费了 500 个时隙，因此为了发现剩余的两个节点，使得该算法所需的时隙数增加了一倍，因此该算法的收敛性很差，个别节点会大大影响该算法的性能。

图 3－141 所示为中心节点在使用 ICN－based ND 算法进行邻居发现时的仿真结果图，图 3－142 所示为中心节点在使用 SBA－R 邻居发现算法进行邻居发现时的仿真结果图。由这两张仿真结果图可以看出，对于中心节点来说，在使用 ICN－based ND 算法时，可以直观地看到，大部分邻居节点在经过 30 个时隙都已经被发现，其中有一个邻居节点在接近第 60 个时隙才被发现，这导致了该算法的邻居发现算法所需的时隙数加倍了。而在使用 SBA－R 邻居发现算法时，发现所有的 15 个邻居节点共耗费了接近 1 400 个时隙，然而在经过 400 个时隙时已经发现了 13 个邻居节点，最后 2 个邻居节点额外耗费了 1 000 个时隙才被发现，大大增加了 SBA－R 邻居发现算法的所需时隙数。因此根据中心节点发现邻居节点的仿真结果可以得出，ICN－based ND 算法在收敛性上好于 SBA－R 邻居发现算法。

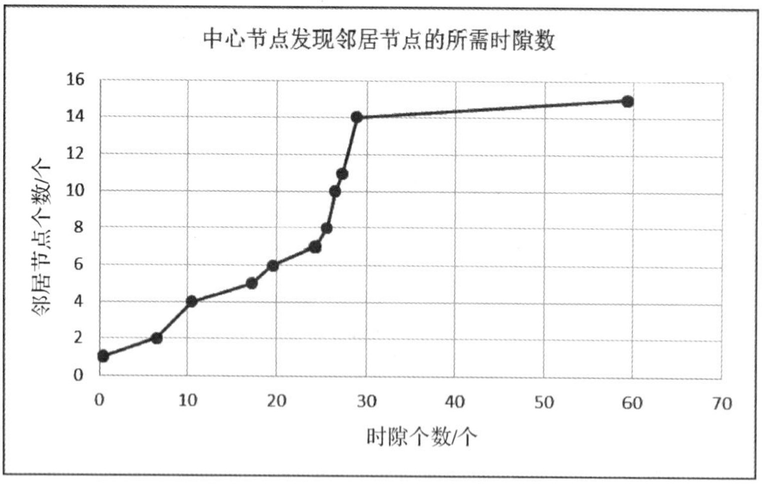

图 3－141　ICN－based ND 算法的仿真结果

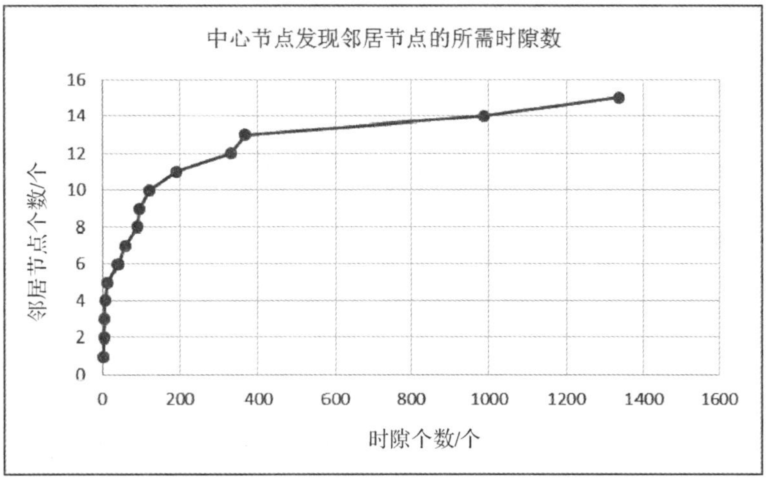

图 3-142　SBA-R 算法的仿真结果

图 3-143 所示为所有节点在使用 ICN-based ND 算法进行邻居发现的仿真结果图，图 3-144所示为所有节点在使用 SBA-R 邻居发现算法进行邻居发现的仿真结果图。由上述的两张仿真结果图可以看出，对于所有节点的邻居发现过程，在使用 ICN-based ND 算法时，并没有个别节点严重影响整体邻居发现过程的情况，在图 3-143 中，发现节点的时隙在分布上是均匀的。而在使用 SBA-R 发现算法时，所有节点邻居发现总共耗费了接近 1 700 个时隙，而在经过 400 个时隙时，已经发现了 13 个邻居节点，为了发现剩余的 2 个节点，大大增加了该邻居算法的邻居发现时隙数。因此从整体上看，即考虑所有的节点的邻居发现过程，ICN-based ND 算法在收敛性上比 SBA-R 邻居发现算法表现得更好，不存在某些节点严重影响整体邻居发现时间的情况。

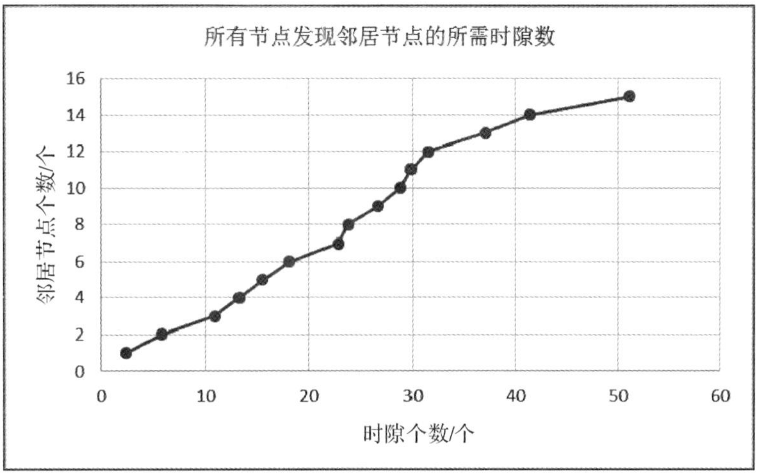

图 3-143　ICN-based ND 算法的仿真结果

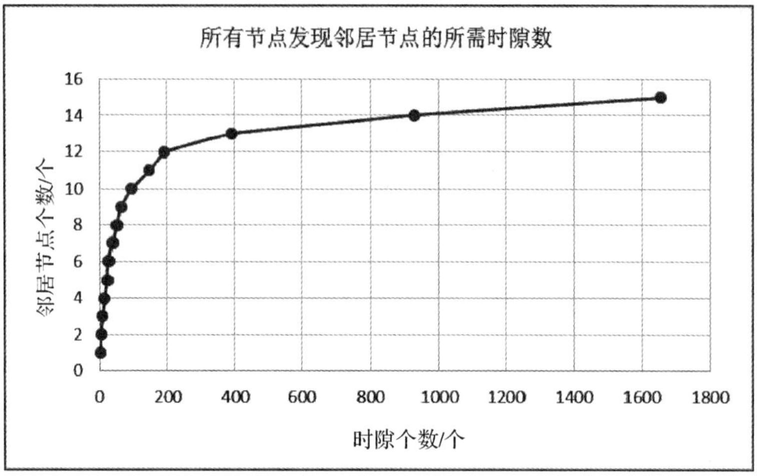

图 3 - 144　SBA - R 算法的仿真结果

综上所述，从中心节点的邻居发现过程和所有节点的邻居发现过程来看，ICN - based ND 算法在收敛性上的表现都好于 SBA - R 邻居发现算法。在 SBA - R 邻居发现算法中，会存在剩余的少量节点严重影响整体邻居发现时间的情况，而在 ICN - based ND 算法中，从所有节点的邻居发现过程来看，基本上不存在这种情况。

通过上面的仿真实验，在不同的实验场景下，采用不同的性能指标，ICN - based ND 算法与 SBA - R 算法相比具有更优越的性能表现。在不同的节点密度和不同的波束宽度下，不论是中心节点完成邻居发现所需的时隙数还是所有节点完成邻居发现所需的时隙数，ICN - based ND 算法均表现出了良好的性能。ICN - based ND 算法充分利用了已有邻居信息，通过节点间的信息交互，通过交换邻居表信息，直接通过邻居判断算法快速发现潜在的共有邻居，与现有的定向天线邻居发现算法相比，充分利用了邻居集合的交集，极大地加快了邻居发现的过程。同时，在相同的节点密度和波束宽度的实验场景下进行了仿真实验，实验结果验证了 ICN - based ND 算法在收敛性上的表现也好于 SBA - R 邻居发现算法。

参考文献

[1] GERHARZ M, DE WAAL C, MARTINI P,et al. Strategies for finding stable paths in mobile wireless ad hoc networks[C]//28th Annual IEEE International Conference on Local Computer Networks. IEEE,2003.

[2] BUTTERLY A, CAHILL V G,AERTNER G.et al. 802.11 Link quality and its prediction:an experimental study[J]. IFIP Lecture Notes in Computer Science (LNCS), 2011, 3260: 147-163.

[3] MENG L M, WU W X. Dynamic source routing protocol based on link stability arithmetic [C]//International Symposium on Information Science and Engineering. ISLSE,2008.

[4] YOO M, LEE J, KIM Y,et al. Link stability:aware routing protocol with multiple sampling rates[C]//Smart Spaces and Next Generation Wired/Wireless Networking, 2009.

[5] TAN H X, SEAH W K G, Limiting control overheads based on link stability for improved performance in mobile networks[M]. Greece:Springer, 2005.

[6] LEE M G, LEE S. A link stability model and stable routing for mobile ad hoc networks[J]. Embedded and Ubiquitous Computing, 2006: 904-913.

[7] CHEN J M, HO S P, LIN Y C,et al. QoS routing with link stability in mobile networks[J]. Embedded and Ubiquitous Computing, 2005: 683-692.

[8] SHAH S H, NAHRSTEDT K. Predictive location—based QoS routing in mobile networks[C]//IEEE International Conference on Communications, 2002.

[9] 吴正宇. 无线自组织网络中一种带预测的路由算法[J]. 计算机工程与应用, 2010, 46(21): 90-93.

[10] 谭长庚, 陈松乔, 龚晓霞. 移动自组网中基于预测机制的一种稳定路由算法设计[J]. 小型微型计算机系统, 2007, 28(1): 9-14.

[11] AHMED I, TEPE K E, SINGH B K. Reliable coverage area based link expiration time (LET) routing metric for mobile networks[J]. Networks, 2010: 466-476.

[12] SHA Y, WEI X, YANG Y,et al. A new routing protocol based on fuzzy combination model for predicting link stability of wireless networks[J]. Communication and Networking, 2009: 242-249.

[13] 孙文瑜, 徐成贤, 朱德通. 最优化方法[M].北京:高等教育出版社,2004.

[14] WU D, DJUKIC P, MOHAPATRA P. Determining 802.11 link quality with passive measurements[C]// IEEE International Symposium on wireless,2008.

[15] CHENG Z, HEINZELMAN W B. Exploring long lifetime routing (LLR) in networks [C]//Proceedings of the 7th ACM International Symposium on Modeling, Analysis and Simulation of Wireless and Mobile Systems,2004.

[16] KARLIN S, TAYLOR H M. 随机过程初级教程[M].庄兴无,陈宗洵,陈庆华,译. 2版.北京：人民邮电出版社,2007：557.

[17] 柳金甫，孙洪祥，王军. 应用随机过程[M]. 北京：北京交通大学出版社,2006：311.

[18] 苗建松，郑凤，丁炜. 稳定路径的 Adhoc 网络 QoS 路由算法[J]. 哈尔滨工业大学学报，2009，41(7)：131－134.

[19] SU W, LEE S J, GERLA M. Mobility prediction in wireless networks[C]// Proceedings of the 21st Century Military Communications. Architectures and Technologies for Information Superiority,2000.

[20] WANG J X, TANG J Q,DENG S G,et al, QoS routing with mobility prediction in MANET[C]//IEEE Pacific Rim Conference on Communications, Computers & Signal Processing,2002.

[21] DEMARCUS T, MEGHANATHAN N. Development of the multicast flow oriented routing protocol for mobile networks[C]//Proceedings of the 48th Annual Southeast Regional Conference,2010.

[22] LEE Y, KAZANTZIDIS M, PARK J,et al. On-demand multicast routing protocol for adaptive video and performance measurement[C]//IEEE Wireless Communications & Networking Conference,2008.

[23] CHENG Z, HEINZELMAN W B. Discovering long lifetime routes in mobile networks[J]. Networks, 2008, 6(5): 661－674.

[24] CHAKRABARTI S, MISHRA A. QoS issues in ad hoc wireless networks[J]. IEEE Communications Magazine, 2001,39(2):142－148.

[25] 王志雄,李腊元.一种基于移动预测和多路径机制的 Ad Hoc 网络路由协议[J].武汉理工大学学报.2006,30(2):216－219.

[26] SU W,LEE S,GERLA M.Moility prediction and routing in ad hoc wireless networks [J]. International Journal of Network Management,2010,11:3－30.

[27] MENOUAR H, LENARDI M, FILALI F. Movement prediction － based routing (MOPR) concept for position-based routing in vehicular networks[C]//2007 IEEE 66th Vehicular Technology Conference, IEEE, 2007: 2101－2105.

[28] HE D J, JIANG S M, RAO J Q. A link availability prediction model for wireless ad hoc networks[C]//2000 International Confereneeon Distributed Computing System Workshop. TaiPei, Taiwan:IEEE, 2000:7－11.

[29] MENOUAR H, LENARDI M, FILALI F. Movement prediction － based routing concept for position－based routing in vehicular networks[C]// Proceedings of the 1st IEEE International Symposium on Wireless Vehicular Communications,2007.

[30] 张金龙. 自组织网中基于移动预测机制的 OLSR 路由协议研究[D]. 南京：南京理工大学，2008.

[31] 屈耀红,闫建国.曲线拟合滤波在无人机导航数据处理中的应用[J].系统工程与电子技术,2004,26(12):1912－1914.

[32] MARKOV A A. Rasprostranenie zakona bol′shih chisel na velichiny, zavisyaschie

drug ot druga[J]. Izvestiya Fiziko—matematicheskogo obschestva pri Kazanskom universitete，1906:135 - 156.

[33] Dijkstra 算法介绍.[EB/OL].[2019 - 02 - 15]. http://en.wikipedia.org/wiki/Dijkstra′s_algorithm.

[34] CORSON S，MACKER J. Mobile ad hoc networking (MANET): routing protocol performance issues and evaluation considerations[S].RFC 2501.January 1999.

[35] 何仁贵. 灰色预测模型在数字图像处理中的应用[D].西安:西北工业大学,2005.

[36] HSIEH C H，HUANG R H，FENG T Y. An approach to improve estimation performance of GM (1，1) model[J]. JACⅢ，2008，12(3)：249 - 253.

[37] WU L，LIU S，YAO L，et al. The effect of sample size on the grey system model[J]. Applied Mathematical Modelling，2013，37(9)：6577 - 6583.

[38] PAUL K，BANDYOPADHYAY S，MUKHERJEE A.et al. A stability - based distributed routing mechanism to support unicast and multicast routing in wireless network[J]. Computer Communications，2001，24(18)：1828 - 1845.

[39] HAN Y J，LA R J，ZHANG H Q. Path selection in mobile ad—hoc networks and distribution of path duration[C]// Proceedings of the 25th IEEE International Conference on Computer Communications,2006.

[40] HAN Y，LA R J，MAKOWSKI A M,et al. Distribution of path durations in mobile ad hoc networks - Palm's theorem to the rescue[J]. Computer Networks，2006，50 (12)：1887 - 1900.

[41] LEADBETTER M R. On extreme values in stationary sequences[J]. Probability Theory and Related Fields，1974，28(4)：289 - 303.

[42] 舒坚，刘琳岚，樊佑磊，等. 无感知分组丢失下的无线传感器网络链路质量评估模型[J]. 通信学报，2011(4)：103 - 111.

[43] 朱志宇. 粒子滤波算法及其应用[M].北京:科学出版社,2010.

[44] 赵长胜. 有色噪声滤波理论与算法[M]. 北京：测绘出版社,2011.

[45] BOX G E P,JENKINS G M,REINSEL G C. 时间序列分析：预测与控制[M].3 版.北京：人民邮电出版社,2005.

[46] BARDWELL J. Converting signal strength percentage to dBm values[EB/OL].[2019 - 02 - 20]. http://www. people. okanagan. bc. ca/dwilliams/courses/nten216/Converting_Signal_Strength_RSSI_to_dBm.pdf.

[47] MOLLOY M，REED B. A critical point for random graphs with a given degree sequence[J]. Random Structures & Algorithms，1995，6(2 - 3):161 - 180.

[48] 胡鸿翔. 多智能体系统的一致性分析与控制[D]. 杭州:浙江工业大学，2013.

[49] OLFATI—SABER R，MURRAY R M. Consensus problems in networks of agents with switching topology and time - delays[J]. IEEE Transactions on Automatic Control，2004，49(9)：1520 - 1533.

[50] CERPA A ，WONG J L ，KUANG L ，et al. Statistical model of lossy links in wireless sensor networks[C]//Information Processing in Sensor Networks.IPSN，2005:3 - 9.

[51] SAKURAMA K, NAKANO K.Necessary and sufficient condition for average consensus of networked multi - agent systems with heterogeneous time delays[J]. International Journal of Systems Science,2015, 46(5): 818 - 830.
[52] KRIOUKOV D, FALL K , YANG X . Compact routing on internet - like graphs [C]//Joint Conference of the IEEE Computer & Communications Societies. IEEE, 2004.
[53] TANENBAUM A S. 计算机网络[M]. 潘爱民,译.4 版.北京:清华大学出版社,2004.
[54] HUITEMA C. Routing in the internet[M]. New York:Pearson,2000.
[55] YAN G , ZHOU T , HU B , et al. Efficient routing on complex networks[J]. Physical Review E Statistical Nonlinear & Soft Matter Physics, 2005, 73(2):046108.
[56] LING X, HU M B, JIANG R , et al. Global dynamic routing for scale - free networks [J]. Phys Rev E Stat Nonlin Soft Matter Phys, 2010, 81(2):016113.
[57] DANILA B , YU Y , MARSH J A , et al. Transport optimization on complex networks[J]. Chaos An Interdisciplinary Journal of Nonlinear Science, 2007, 17(2):167.
[58] CHEN Z Y , WANG X F. Effects of network structure and routing strategy on network capacity [J]. Phys Rev E Stat Nonlin Soft Matter Phys, 2006, 73 (3 Pt 2):036107.
[59] NOH J D , RIEGER H . Random walks on complex networks[J]. Physical Review Letters, 2004, 92(11):118701.
[60] EISLER Z, KERTESZ J. Random walks on complex networks with inhomogeneous impact[J]. Physical Review E Statistical Nonlinear & Soft Matter Physics, 2005, 71 (5):057104.
[61] WANG W X, WANG B H, YIN C Y, et al. Traffic dynamics based on local routing protocol on a scale - free network[J]. Physical Review E Statistical Nonlinear & Soft Matter Physics, 2006, 73(2):026111.
[62] NEWMAN M E J. Scientific collaboration networks Ⅱ : shortest paths, weighted networks, and centrality[J]. Physical Review E Statistical Nonlinear & Soft Matter Physics,2001,64(1): 016132.
[63] 蒋忠元, 梁满贵. 复杂网络传输容量分析与优化[M]. 北京:北京交通大学出版社, 2016:24 - 27.

第4章 无人机集群自组织网络的协同信息一致性技术

4.1 无人机集群协同作战的协同信息一致性需求

以“复眼”和“蜂群”为代表的无人机集群协同作战必将成为未来战场的重要作战模式。而协同信息的共享和一致性是无人航行体集群完成协同、编队、集结、同步等协同作战任务的关键基础和前提[1-10]。

首先,无人机集群编队控制是无人机集群协同作战取得最大化综合作战效能的基本前提。编队控制是指无人机集群在执行任务过程中,如何形成和保持一定的几何构型,以适应平台性能、战场环境、战术任务要求的控制技术。为保证完成协同作战任务的概率最大,要求所有无人机同时或顺序到达各自的目标位置;同时,为了保证平台的安全性,无人机平台必须切断或减少与远程指挥中心的联系,需要采用分布式控制方法。因此,无人机集群中的所有无人机平台必须在分布式条件下对集结地点、到达时间、航迹、飞行速度等协同变量达成一致,才能保证协同作战任务的顺利完成[11]。

其次,对分散、动态、多平台多源观测信息进行有效的态势融合,完成复杂环境感知与理解是无人机集群协同作战必不可少的一步。在多无人机多传感器分布式目标状态融合结构中,由于各节点只和部分节点进行通信,所得到的目标状态估计只是一个局部融合估计结果,因此需要引入分布式一致性算法使无人机集群中各节点得到尽可能一致的目标状态估计。采用分布式一致性算法还能够适应网络拓扑发生变化等情况,更好地满足无人机集群中分布式融合估计问题的各种重要需求[12-13]。

再次,在无人机集群协同作战系统中,时钟是一种重要的协同信息,时钟同步也是一项重要的支撑技术。为了保障无人机网络的正常工作,如数据采集、时分多址接入、协同定位、数据融合、同时发起饱和式攻击等,都需要网络节点的时钟保持同步。此外,在无人机路由协议和加密认证算法技术当中,为了发现过时及重复的分组信息,高精度和高可靠度的时间同步技术也是必不可少的。当前,在无人机自组织网络中,多数协议采用GPS作为时间同步的主要途径,然而众所周知,出于可靠性考虑,这种方法对于无人机集群网络系统是不可行的。其中最大的问题是GPS或其他卫星导航系统的抗干扰性较差,极易受到敌方干扰而失效。因此,采用一种不依赖设备的、基于节点信息交互的时钟同步技术成为无人机集群作战网络获得稳定性能的一个重要保障。这实质上就是需要一种以时钟为协同变量的分布式一致性算法[14]。

因此,协同信息的一致性是无人机集群协同作战的重要支撑技术。一致性是建立在对战场态势感知、传输、共享并理解的基础之上,通过信息交互,各作战单元对战场态势达成一致的理解,进而形成协同的行动。它是无人机集群完成协同作战战术任务的必要基础。但是,在实际作战任务中,无人机集群与其他战场要素一起构成了一个庞大的对抗性复杂系统,使得无人机集群的协同信息一致性问题变得非常复杂,具体表现在以下几个方面。

(1)通信的复杂性。战场环境中的通信往往存在网络拓扑结构变化、带宽受限、强干扰、长时延等特点,同时考虑到无人机集群的安全性,系统的通信次数和通信量必然受到限制。无人机集群的协同信息一致性必须要在通信受限的条件下保证收敛的可靠性和鲁棒性。

(2)时间的敏感性。战场环境下,无人机集群的协同作战任务存在时效性,这就要求必须在有限时间内完成无人机集群协同信息的一致性收敛过程。这样才能保证无人机集群的高突防概率、高毁伤能力和高效费比的综合作战效能。

(3)环境的复杂性。无人机集群协同作战面对的是一个高度对抗的战场环境,战场态势是动态变化的,目标、任务以及无人机本身均处在不断变化的状态中。通信网络可能出现故障、节点可能损失、与指挥中心的联系可能中断,在这种情况下,要求无人机集群的一致性算法能够自主地实时做出适当的响应。

由此可见,在实际应用环境中,无人机集群不得不面对网络时延、拓扑结构变化、带宽受限等复杂通信条件带来的影响,有效的协同信息一致性方法应该使无人机集群能够对不可预测的态势,或者环境变化及时做出响应。本章将针对无人机集群所面对的复杂环境、通信链路受限条件下的分布式一致性方法进行研究,提出一种有限时间收敛的、对拓扑变化不敏感的分布式一致性方法。其研究成果可推广应用于导弹集群、水下无人航行体等其他无人航行体集群的一致性问题、多智能体一致性问题、分布式环境下的数据一致性问题。

4.2 多智能体信息一致性方法

无人机集群实现协同信息一致性的方法有集中式控制、分布式控制和分散式控制三种方式。在集中式控制策略中,每一架无人机都要知道整个编队的信息,控制效果最好,但是需要大量信息交互,在交互过程中容易产生冲突,计算量大,对机载计算机性能要求较高,系统和控制算法复杂。在分布式控制策略中,每一架无人机只需知道与之相邻无人机的信息,虽然控制效果相对较弱,但信息交互少,大大减少了计算量,系统实现相对简单。在分散式控制策略中,每架无人机只要保持自己和编队中约定点的相对关系,不和其他无人机进行交互,其控制效果最差,基本没有信息交互,计算量最小,但结构最为简单。

综合比较上述三种方式,分布式的信息一致性方法具有控制结构简单可靠、交互信息量小、便于实现和维护的特点,并且具有很好的可扩展性和容错性。当网络拓扑结构发生变化时,如新的无人机加入集群、损失无人机、通信链路受阻时,能够将影响限制在局部范围内。因此,分布式信息一致性方法是未来无人机协同作战及协同编队策略的主要发展方向,目前关于协同信息一致性的研究也主要集中在分布式一致性方法。

现有的分布式一致性方法基本都属于多智能体分布式一致性方法。除无人机集群外,导弹集群、无人水下航行器集群、智能机器人、传感器网络等也属于多智能体系统。该方法起源于 1987 年,Reynolds 对自然界中鸟群、鱼群进行仿真建立了 Boid 模型[15],该模型提出的聚集、避障、平均化所有智能体位置方向以及速度匹配为之后的多智能体编队运动奠定了基础。1995 年,Vicsek 等[16]对之前的模型进行简化,提出了 Vicsek 模型。该模型采用一种基于离散时间一阶非线性模型来模拟粒子群运动,并进行了严格的收敛性证明。2003 年,Jadbabaie

等[17]对 Vicsek 模型进行线性化处理，并利用图论和矩阵论知识对收敛性进行了严格证明。2004年，Olfati-Saber 等[18]首次提出针对大量网络拓扑条件的多智能体网络的一致性框架，分别对固定、切换拓扑结构的有向网络以及具有通信时延、固定拓扑的无向网络进行一致性分析并给出收敛性证明，其中引入的代数连通性以及平均一致性问题也丰富了多智能体一致性研究内容。2005年，Ren 等[19]给出了针对存在动态变化的切换拓扑情况下系统达成一致性的条件，证明了如果动态拓扑下只要切换拓扑图中存在衍生树，系统便能达成一致。

近年来多智能体一致性方法逐渐偏向于高阶系统、非线性系统以及网络约束条件下的一致性算法。面向高阶系统和非线性系统的一致性方法解决的是考虑智能体本身的动力学特性的一致性方法。现在比较主流的研究理论是控制理论，主要是希望闭环控制系统存在外部扰动或者内部干扰同时满足一定的性能指标，从而实现系统稳定达成一致。针对高阶多智能体系统分布式一致性算法的研究已经取得了一定的进展。Liu 等[20]设计输出反馈控制律，研究线性多智能体系统在切换拓扑变化下的分布式一致性算法。Li 等[21]研究了带有未知非线性扰动的线性多智能体系统的分布式一致性控制问题，也得到了相应的研究成果。文献[22-23]分别研究基于事件触发和饱和输入的、针对高阶多智能体系统的分布式一致性算法，使外部扰动对闭环控制系统的影响尽可能小。非线性多智能体系统一致性研究也是现有研究中的热点和难点。2008年，Ren 等针对欧拉-拉格朗日系统网络设计并分析了一种无领航者的分布式一致性算法[24]。研究结果表明，若智能体为欧拉-拉格朗日模型的系统网络，其最终的一致性平衡取决于三点因素：通信拓扑、控制增益和系统的初始条件，为其他研究人员解决带有时延或时变通信拓扑结构的多智能体系统一致性奠定了基础。文献[25]提出了一种基于有向图的拉普拉斯矩阵边缘特性的控制律用于解决无领航者的非线性多智能体系统一致性问题，并给出了稳定的充分条件。文献[26]研究了一类满足指数稳定的针对时变拓扑变换和大时延的非线性多智能体一致性协议，最终多智能体系统实现动态稳定。总体而言，由于非线性控制理论体系并不成熟，非线性多智能体系统一致性理论依旧还有很大的研究空间。

多智能体之间达到一致性的基本手段是网络中各个智能体互相进行信息传递和共享。现有的多智能体一致性研究中，许多都假定网络无时延、拓扑结构为时不变且不考虑智能体本身动态特性。但是对于实际应用而言，通信网络是不完美的，考虑网络约束条件的多智能体一致性算法更有研究价值。而且需要协同的信息变量大多是与智能体的本身动态特性密切相关的，如无人机集群的时钟同步、对被监控对象的协同估计等，因此对于无人机集群协同作战这一特定应用而言，网络约束条件下的分布式一致性方法研究更具紧迫性。

网络约束条件可以大致分成两类，一类是通信信道的约束问题：时延、丢包、通信带宽、测量噪声等；另一类是多智能体网络拓扑结构变化问题。

网络时延主要由处理时延(nodal processing delay)、传输时延(transmission delay)、传播时延(propagation delay)、排队时延(queueing delay)组成，处理时延和排队时延通常由于量级较小，除了精度要求极高的一些应用，其余场合往往被忽略。因而现有文献主要研究对象是输入(传输)时延和通信(传播)时延。输入时延代表智能体自身对于外部作用和信号的连接或处理时间，由数据包长度/节点传输容量(带宽)计算得到。通信时延的产生是由于多智能体之间的信息传输通过传感器或通信网络进行，由链路长度/信号传播速度计算得到。对于存在上述两种时延的一致性问题，通常采用增广状态法、频域方法、时域李雅普诺夫方法进行研究。比较有代表性的成果有：2007年，Hu 等[27]研究了伴随时变时延通信拓扑下的二阶多智能体系统领导跟随一致性问题，并给出实现一致性的条件。2009 年，Su 等[28]讨论了固定有向通信网络伴随常量时延的二阶多智能体系统协同一致性问题，并利用线性矩阵不等式方法给出了实现一致性的充分条件。2010 年，Yu 等[29]也讨论了固定有向通信网络伴随常量时延的二阶多智能体系统协同一致性问题，并利用频域方法给出了实现一致性的充分条件。2011 年，Meng 等[30]使用频域方法讨论了二阶多智能体系统同时伴随输入和网络通信双时延的协同一致性问题，分别给出了有领航者和无领航者的二阶多智能体系统实现一致性的充分条件。2012 年，Liu 等[31]研究了固定有向通信网络伴随常量时延的二阶多智能体系统协同控制一致性问题，他们在控制协议中引入时延补偿项并利用频域方法，给出了二阶多智能体系统实现一致性的充要条件。2013 年，Cepeda - Gomez 等[32]采用 CTCR 技术也对于输入时延和网络通信时延并存的二阶多智能体系统的一致性问题进行了讨论。2014 年，Zhang 等[33]设计了一种控制算法，保证多智能体能实现存在切换拓扑的均方指数共识，同时通过在接收数据包中加上时间标记来进行同步从而处理时延，丢包，随机干扰。2015 年，Qin 等[34]针对存在时延的线性切换拓扑结构多智能体协同一致性，研究了一种保证指数稳定的半离散化的方法计算时延，从而可以得出一个最优反馈控制。2016 年，El - Ferik[35]由实际输入制定一种基于非线性系统的分布式控制协议，考虑系统中的传输延迟和通信带宽限制，通过引入时间戳来实现一种时钟同步机制保证信息传递，从而达到一致。

无人机集群工作在对抗环境中，存在干扰及节点损失、加入的情况，其通信拓扑结构必然是动态变化的。因此在多智能体系统协同一致性问题中考虑动态拓扑条件下的一致性问题，具有很大的实际意义，吸引了很多专家学者的注意。2006 年，Hong 等[36]解决了基于切换通信网络的领导跟随一致性问题。2007 年，Olfati - Saber 和 Murray[37]讨论了多智能体系统基于有向切换网络的一致性问题，当切换图集合的个数是有限多个，且每个切换图均是强连通均衡图的时候，利用所给一致性协议可以使得多智能体系统实现一致性。同年，Ren[24]讨论了基于无向切换通信拓扑的二阶多智能体系统的协同一致性问题，其中每次切换都保持通信图的连通性。

上述切换拓扑结构后的通信网络仍一直保持连通性，是一个比较强的条件，考虑到实际情况，很多学者研究了联合连通拓扑的概念，所谓联合连通是指在某一时间区间内通信网络可能会发生若干次切换，但并不要求切换拓扑结构后的通信网络保持实时连通性，而只要求在这一个时间区间内整个切换拓扑结构内网络保持连通性，其中所有切换网络拓扑图是指智能体节点不变的情况下将所有切换图的边重叠在一个拓扑图中而构成的图。2009 年，Lin 和 Jia[25]讨论了离散二阶智能体系统基于联合连通的通信网络并伴随常量通信时延的一致性问题，通过采用模型变换并使用非负矩阵性质得出所有智能体达到一致性的充分条件。在这篇文献中，作者提出的一致性控制协议含有一项关于速度的负反馈项，由此使得二阶智能体系统最终实现一致性的时候，所有智能体均处于一种静止状态。2010 年，Lin 和 Jia[26]讨论了连续二阶智能体系统基于联合连通的通信网络并伴随常量通信时延的一致性问题，他们使用线性矩阵不等式方法给出了二阶智能体系统实现一致性的充分条件，作者提出的一致性控制协议仍含有一项关于速度的负反馈项，最终所有智能体实现一致性后处于静止状态。2011 年，Lin 和 Jia[38]使用线性矩阵不等式方法，讨论了基于联合连通的通信网络并伴随时变时延的连续一阶智能体系统的一致性问题。2014 年，Xu 等[39]研究了基于联合连通通信拓扑下的一阶非线性多智能体系统的领导跟随一致性问题。2015 年，Wang 等[40]研究了基于马尔可夫切换拓扑并伴随通信噪声的一致性问题，并针对拓扑结构是否固定分别给出所有智能体达到一致性的充分条件。2016 年，Wang 等[41]研究了在考虑时延拓扑结构为弱联通有向图的多智能体系统中应用控制理论使系统达成一致。通过一种基于起始状态预测反馈的方法来处理输入延迟，由于零状态的解涉及过去输入的积分不易计算，因而使用零状态的输入作为预测，并通过李雅普诺夫分析得出系统共识充分条件。

有些学者对于处理动态拓扑问题提出了另外一种解决思路。即控制单个智能体之间距离保持在一定的范围内，即可保证各个单独智能体的有效通信。这种方法被称作保持通信连通性的一致性问题。势函数法是研究通信网络保持连通性的一种有效方法。2003 年，Tanner 等[42]首先使用势函数法研究多智能体系统群集问题。2010 年，Ajorlou 等[43]研究了一阶多智能体系统保持通信连通性的一致性问题，通过设计合适的势函数，并将势函数的负梯度项作为智能体的控制输入，当势函数的负梯度项满足一定条件，可使得初始连通的通信网络始终保持连通性，并使多智能体系统实现一致性。最新的研究成果有 Köhler 等[44]使用势函数法分别研究了二阶多智能体系统保持通信连通性的无领导者和有领导者的一致性问题，文中给出了设计合适势函数的方法。不过，由于无人机集群工作在对抗环境中，各节点的位置受制于战场环境和作战需求，保持连通性的一致性方法并不适用。

目前一致性方法基本都是基于平均一致性算法的，通常使用 Lyapunov 理论，大多数结果都可以达成渐近稳定，即在无穷时间时达成渐近收敛从而实现协同控制。实际环境中，比如无人机集群的协同作战任务必须在指定的时间内完成，因此有限时间收敛的一致性算法理论研究显得十分重要。到目前为止，有限时间一致性跟踪算法研究多是在有匹配扰动影响下的一阶或二阶算法，对于高阶尤其是不匹配扰动算法的研究较少，对于扰动以及滑模控制方法的选择也是研究难点。Weiss 等[45-46]提出了有限时间稳定性并对非线性系统的有限时间稳定理论进行研究，引入带扰动的非线性系统以及有限时间有界等概念。针对实际复杂环境，有限时间一致性研究可以分为拓扑结构为固定和时变两种。Yu[47]提出一种针对二阶非线性系统下固定拓扑的一致性跟踪算法，并给出了充分条件保证有限时间内收敛。Li 等[48]将一种连续的全局鲁棒有限时间一致性算法推广到 n 阶切换拓扑非线性系统中。Franceschelli 等[49]基于时变拓扑非线性系统提出了一种分布式算法解决有限时间一致性问题。但总体来说，现有的关于有限时间一致性依然是基于平均一致性的算法，只不过是设置了收敛误差的下限，然后通过引入反馈机制，使得协同信息可以在指定的时间内收敛到给定误差范围内。大部分算法比较复杂，难以实现工程化应用。而且收敛时间受制于网络规模和协同信息的初始条件。

多智能体一致性方法在无人机集群领域的应用目前主要集中在编队控制方面。编队控制的本质是通过一致性算法调节个体行为使多智能体系统按照预先设定好的几何形状进行位移，被广泛应用于多航行体平台。目前针对编队控制常见方法有主从式、虚拟结构式和行为式等。基于行为的方法应用场景较为广泛，但是每个个体的状态不易分析，动力学结构也比较复杂[50]。基于主从式多应用于早期多智能体系统研究，目的明确即跟随智能体与领航智能体状态达成一致即可，但是系统对领导者的稳定性要求高，系统往往会因为编队规模扩大，主体失效而导致系统崩溃的风险也随之增加[51]。基于虚拟结构式是现在广为应用的编队控制方法，通过对整个编队进行分析建立一个或多个虚拟基准点，易于变化编队几何造型，缺点是不适用于大范围的编队系统[52]。Cao 等[53]对存在未知外部干扰情况下的线性多智能体系统进行研究，提出一种基于分布式状态观测器的共识算法从而实现领导-跟随编队问题。Kan 等[54]研究有向随机图上的多智能体领导-跟随一致性问题，基于凸性质和 Lasalle 不变原理推出系统保证收敛的条件。Yu 等[55]利用邻居节点速度在离散时刻更新的特点提出一种基于事件触发机制的一致性算法，系统编队稳定性最终渐近实现。

我国学者对于无人机集群协同信息一致性也有较深入的研究。宋莉等[56]证明了二阶多智能体系统可以在有时延以及切换拓扑结构的情况下达成平均一致性。金元日[57]对具有马尔可夫切换拓扑结构的传感器网络的平均一致性问题进行研究。通过一种线性分布式推理算法对平均一致性参数进行优化使得收敛速度更快。将问题延伸到非线性系统下，并推导出其达成一致的稳定性判据。接着对离散多智能体系统中存在传输时延时的一致性进行了研究，提出了基于时变时延输出反馈的一致性算法。最后对存在网络限制条件的多智能体一致性问题进行研究，得出多智能体系统达成均方一致的充要条件，并对控制参数进行了讨论。梁晓龙等[58]围绕大规模无人系统的集群智能控制问题，阐述了集群智能对于大规模无人系统控制的意义，综述了各类集群智能控制方法的基本思想及相关研究工作。薛瑞彬等[59]在存在时延和通信拓扑为联合联通的情况下，对一种多智能体分布式编队算法进行了稳定性证明并进行仿真。明平松等[60]对随机多智能体系统稳定性问题的研究进展及其存在的问题进行阐述，并对随机多智能体系统一致稳定性的进一步研究方向进行了展望。董立静[61]针对一阶、二阶及高阶非线性连续时变拓扑结构下多智能体跟踪问题，引入和滑膜控制，从而深入研究了带时延的高阶多智能体系统跟踪问题。张青等[62]针对存在时延和不确定参数二阶非线性系统设计分布式控制器用于实现蜂拥控制，证明切换信号最终为一常数，从而李雅普诺夫函数正定，因此系统收敛。朱旭等[63]通过信息一致性计算集结点，启用速度和姿态一致性控制航迹，实现无人机紧密编队集结控制，并通过数值仿真进行了验证。

综上所述，协同信息的分布式一致性方法是无人机集群协同作战的一项重要支撑基础技术。虽然分布式一致性方法在国内外已经进行了充分深入的研究，但对于无人机集群协同作战这一特殊的应用领域，仍有不少挑战性的科学问题需要解决。

首先，由于无人机有限的续航能力和作战任务的时效性，无人机集群必须在指定的时间窗内完成作战任务。这就决定了无人机集群协同信息的一致性算法必须在指定的时间内收敛。而目前大部分分布式一致性算法是基于平均一致性算法的，其收敛是渐近的，理论上无法保证在有限的时间内收敛到决策值。虽然已经有部分学者对关于有限时间收敛的一致性算法进行了研究，但算法比较复杂，或条件比较苛刻，难以工程化应用。

其次，随着蜂群概念的引入，无人机集群的规模越来越大，2017 年 1 月 7 号，美军通过三架 F/A18 战斗机抛洒构建的微型无人机集群已经达到 104 架的规模。而且，无人机集群工作在对抗环境下，节点的损失、网络丢包、甚至网络的拆分在所难免，这也就相应地要求无人机集群协同信息的一致性算法不但能够扩展到一定规模，而且能够适应动态网络拓扑结构。此外，在无人机集群规模扩大的同时，其作战周期并不会延长，因此，要求一致性算法在能够适应拓扑变化的同时，收敛时间不能显著延长。关于这方面的研究目前还比较欠缺。

最后，尽管完全自主的、无中心、分布式的无人机集群是未来的发展方向，但是由于目前技术水平和限制，客观上需要人的高智能决策的有机融入。将有人机与无人机混合编组来执行战术任务，突破了无人机智能水平不足以独自完成复杂作战任务的限制，可以做到优势互补，发挥二者最大的作战效能。因此，能够同时工作在有基准和无基准状态下的一致性算法无疑是最佳的。目前分别针对纯分布无基准和有基准条件下的一致性算法已经取得了不少有价值的研究成果，但是无基准和有基准的一致性算法完全不同，如果应用在无人机上势必需要引入变结构控制，这将会增加无人机控制系统的复杂性，对于提高无人机系统的可靠性是不利的。

本书针对上述问题展开研究，在传统平均一致性方法的基础上，基于平均场理论，引入虚拟基准概念和能量最小化方法，设计实现一种高鲁棒性、有限时间收敛的分布式信息一致性算法。最大限度地减少拓扑变化、网络丢包、不确定时延等不利因素对无人机集群编队与协同任务的影响。而且对有/无领航节点的情况可采用相同的算法，以具有更好的适应性。

4.3　基于平均场的分布式信息一致性方法

4.3.1　问题描述

一致性是指多个智能体对所关心的协同变量的取值达成共识。记该协同变量为信息状态 x。假设在多智能体编队中有 n 个智能体，在本书余下的部分中，我们将统一以节点表示智能体编队中的个体。编队的通信拓扑可以用有向图 $G=(V,E)$ 来表示，其中 $V=\{v_1,v_2,\cdots,v_n\}$ 表示节点的集合，$E\subseteq V\times V$ 表示节点间链路的集合。现有的多智能体信息一致性的定义如下：

如果对于一个多智能体编队中所有节点的协同信息状态 $x=[x_1,x_2,\cdots,x_n]$ 都有下式成立：

$$\lim_{t\to\infty}|x_i-x_j|=0,\quad i,j=1,2,\cdots,n \tag{4-1}$$

则称多智能体编队达到一致性。

为了便于描述信息一致性模型，首先给出邻域系统的定义。一个邻域系统 N 可以定义为

$$N=\{N_i\mid\forall i\in V\} \tag{4-2}$$

式中，N_i 是节点 i 的邻居节点集合，其相邻关系具有如下特性[23]：

(1)任意给定一点 i 与其自身并不构成邻居关系：$i\notin N_i$；

(2)相邻关系是相互 $i\in N_j\Longleftrightarrow j\in N_i$。

如果式(4-1)成立，则称智能体编队中任意两个互为邻居的节点达成信息状态一致。由于智能体编队中节点数目为有限多个，若其中任意互为邻居节点的两个节点信息达成一致，则智能体编队达到一致。因此，可以通过任意节点和与其有直接通信关系的所有邻居节点相互作用，达到节点之间信息一致，进而实现智能体编队的协同信息一致性。这种方法也符合智能体编队的实际工作场景，可以降低网络负载，同时降低节点被无线探测到的概率。故信息一致性模型可以描述为

$$\lim_{t\to\infty}|x_i-x_j|=0,i=1,2,\cdots,n,j\in N_i \tag{4-3}$$

式(4-3)所产生的一致性收敛点取决于编队节点初始信息状态，是一个动态变化的值。为了优化一致性算法的收敛性能，我们引入了一个虚拟基准的概念。在引入虚拟基准后，智能体编队中的节点不仅要与邻居节点实现一致，也要与虚拟基准实现一致。则式(4-3)应改写为

$$\lim_{t\to\infty}|x_i-\langle x_{\mathrm{R}}\rangle_i|+|x_i-x_j|=0\quad i=1,2,\cdots,n,j\in N_i \tag{4-4}$$

式中，$\langle x_R\rangle_i$ 是节点 i 的虚拟基准：当系统不存在指定基准时，虚拟基准由邻居节点的平均作

用获得；若系统存在外部指定基准，虚拟基准取值为外部基准值。

由以上分析可知，式(4-3)和式(4-4)给出的信息一致性算法，只需要相邻节点之间的相互作用，即任意一个节点的信息状态仅仅依赖于其邻居节点的信息状态。因此，信息一致性的过程具有空间马尔可夫性。将基于空间马尔可夫随机场建立信息一致性模型。通过引入邻居系统和团势能，得到基于伊辛模型的能量函数，以能量最小化寻优的方法实现分布式信息一致性。

在基于空间的马尔可夫随机场建立的信息一致性模型中，用团来模拟邻居节点间关系。与子图的定义一致，可以定义单节点团 C_1、双邻居节点团 C_2、三邻居节点团 C_3 等。本文所使用的单节点团 C_1、双邻居节点团 C_2 形式如下：

$$C_1=\{i \mid i\in V\} \tag{4-5}$$

$$C_2=\{\{i,j\} \mid i\in V, j\in N_i\} \tag{4-6}$$

为每个节点设置一个初始信息状态，即为网络中的每个节点分配一个初始的协同信息，这一事件可视为一个标签化的过程，分配标签在随机领域术语中被称为配置。所谓的标签化，就是从标签集合中分配一个标签给每个节点。根据集合的定义，将系统产生的所有协同信息称为一个标签集合，它可以是连续或者离散的。在协同信息一致性系统中，采用连续的标签集合。故在我们所建立的空间马尔可夫随机场信息一致性模型中，系统中所有节点应具有相同的标签集合，与之对应的配置空间为

$$X=\{X_1,X_2,\cdots,X_n\}=R^n \tag{4-7}$$

式中，n 代表网络中节点的个数。标签化 $X_i=x_i$ 表示为每个节点 i 配置一个初始协同变量值 x_i 这一事件，对应的标签集合可以表示为$(X_1=x_1,X_2=x_2,\cdots,X_n=x_n)$，记为 $X=x$，其中 x 是 X 的一个配置。在概率中，x 是一个联合事件，其概率记为 $P(x)$；同理，在配置过程中，将节点 i 获得初始协同变量值 x_i 这一事件的概率记为 $P(x_i)$。由联合概率的基本性质可知以下两个条件显然成立：

$$P(x)>0, \forall x\in X \tag{4-8}$$

$$P(x_i \mid x_{V-\{i\}})=P(x_i \mid x_{N_i}) \tag{4-9}$$

以上两式分别体现了概率事件的正定性和概率事件的马尔可夫性。对于邻域系统 N 而言，X 是在 G 上的马尔可夫随机场。

存在这种情况，当系统每个节点都获得相同的标签：

$$x_i=x, i\in V \tag{4-10}$$

因而认为整个系统达到了信息一致，实现了全网络的协同信息一致性。其中事件 $x_i=x$ 的概率 $P(x_i=x)$，可以通过调整网络的配置来使其取得最大值。在马尔可夫随机场中，寻找 $P(x_i=x)$ 的最大概率定义为寻找马尔可夫随机场的最大后验概率(Maximum A Posteriori, MAP)配置。文献[64]指出，马尔可夫随机场等同于吉布斯随机场，故协同信息配置也应该服从以下形式的吉布斯分布：

$$P(x)=Z^{-1}\mathrm{e}^{-\frac{1}{T}U(x)} \tag{4-11}$$

式中，$Z=\sum\limits_{x\in X}\mathrm{e}^{-\frac{1}{T}U(x)}$ 是规格化的参数。T 是一个自由参数，在物理中代表温度，在大多数应用中可以假定为 1；其中 $U(x)$ 是一个能量函数，定义如下：

$$U(x)=\sum_{c\in C}V_c(x) \tag{4-12}$$

由式(4-12)可知，$U(x)$为所有可能的团 C 上的团势能 $V_c(x)$之和[24]。进一步写为

$$U(x)=\sum_{\{i\}\in C_1}V_1(x_i)+\sum_{\{i,j\}\in C_2}V_2(x_i,x_j)+\sum_{\{i,j,z\}\in C_3}V_3(x_i,x_j,x_z)+\cdots \tag{4-13}$$

只定义 C_1 团和 C_2 团，故公式(4-13)简化为

$$U(x)=\sum_{\{i\}\in V}V_1(x_i)+\sum_{\{i\}\in V}\sum_{\{j\}\in N_i}V_2(x_i,x_j) \tag{4-14}$$

引入式(4-11)，易知能量函数 $U(x)$的最小化使 $P(x)$的概率值最大化。问题转化为求最小化能量函数 $U(x)$，引入平均场理论中的伊辛模型，模型中的总能量可以表示为[65]

$$U(x)=-H\sum_i x_i-\sum_{ij}\boldsymbol{J}_{ij}x_ix_j \tag{4-15}$$

式中，$\boldsymbol{J}_{ij}$为耦合矩阵，x_i 是对应于节点 i 的本地协同信息集合。耦合矩阵$\boldsymbol{J}_{ij}$的每个格点都代表一对邻居节点之间的相互作用关系，若节点 i 和 j 之间可以进行协同信息交互，则矩阵中 J_{ij}不为 0。公式(4-15)能量函数 $U(x)$最小化等价于 $P(x)$的概率值最大。

以上分析表明，在式(4-11)的作用下，基于式(4-4)的一致性问题与平均场问题是等价的。可以通过求平均场能量最小化来求解一致性的解，同时也给出了一个思路，可以通过平均场给出虚拟信息基准。

4.3.2　能量函数定义

作为一致性算法的目标函数，能量函数是可以被最小化的，它主要有以下两个任务：

(1)定义协同信息变量达成一致的最佳求解方案；

(2)通过能量最小化寻找最佳的虚拟协同信息基准。

从式(4-14)中可知，团的势能函数求和可得势能函数。参考文献[66]，将双邻居节点团 C_2 的势能函数定义为

$$V_2(x_i,x_j)=g(x_i-x_j) \tag{4-16}$$

等式右边 $g(x_i-x_j)$定义为节点 i 和 j 之间的状态偏差的单调递减惩罚函数。在惩罚函数中最常用的是二次函数，因此上式可改写为

$$g(x_i-x_j)=(x_i-x_j)^2 \tag{4-17}$$

在高对抗的实际工作环境中，节点的状态是不断变化的，随时都有可能发生某一个节点故障重启或加入一个新节点，此时故障重启和新加入的节点将重新获取初始协同信息变量，这与其他节点同一时刻的信息变量存在较大的状态偏差，因此会产生一个较大的修复因子，使一致性集结点产生较大的波动，进而影响能量最小化的时间，降低算法效率。为此，引入一个截断变量 σ，用来表示节点与其邻居节点之间的状态偏差的方差。式(4-17)可以重写为

$$g(x_i-x_j)=\min\{\sigma^2,(x_i-x_j)^2\} \tag{4-18}$$

对式(4-18)求导得

$$g'(x_i-x_j)=2\min\{\sigma,(x_i-x_j)\} \tag{4-19}$$

而单节点团 C_1 的势能函数仅仅依赖节点当前信息状态与系统参考基准状态的偏差，故其二次方程描述为

$$V_1(x_i)=(x_i-x_R)^2 \tag{4-20}$$

式中，x_R 是基准信息，x_R 的取值取决于多智能体系统的工作模式。多智能体系统的工作模式基本可以分为两类，一类是智能体系统不存在外部基准信息，由各智能体在一致性协议的作用下，协同变量收敛于某个值，该值由各智能体协同变量的初值决定。在这种情况下，x_R 的取值由公式(4－21)给出平均场算法计算得到；另一种是存在基准信息，不仅要求智能体协作变量收敛，而且要收敛于给定的基准信息，例如存在领航节点的无人航行体编队飞行。在这种情况下，x_R 的取值取为外部给定的基准信息。

根据平均场理论，其他所有节点对某一个给定节点的影响可由一个平均作用近似获取[67]，进一步计算可得领域系统的基准信息状态。在平均场中，节点 i 邻域系统的虚拟基准状态可以定义为

$$\langle x_R\rangle_i=\sum_{\{j\}\in N_i}x_jP(x_j) \tag{4-21}$$

式中，$P(x_j)$为配置过程中节点 j 获得初始协同变量值 x_j 的概率，整理以上各式可得完整的能量函数表达式：

$$\begin{aligned}U(x)=&\sum_{\{i\}\in V}(x_i-\langle x_R\rangle_i)^2+\\&\sum_{\{i\}\in V}\sum_{\{j\}\in N_i}\min\{\sigma^2,(x_i-x_j)^2\}\end{aligned} \tag{4-22}$$

由上节分析有：当 $U(x)$取得最小值 $U_{\min}(x)$时就得到了全局系统信息一致的最优点。上述问题就转化为求式(4－22)的最小值点问题。式(4－22)的含义为，通过对系统中每个节点的团势能求和，将能量函数 $U(x)$ 转化为一个全局的变量并寻找最小化的能量函数 $U_{\min}(x)$，这是一个简单的二次函数求最值问题。但在分布式多跳网络中，获取每个节点的团势能并求和会产生很大的网络负载，增加网络中信息交互的时间，这可能会导致节点所获取的一致信息过时。要解决这一问题，应该寻找一种分布式并行运行算法，减少信息在网络中的传输时间，降低网络负载，更加快速地、准确地获取能量函数最小化值。

4.3.3 能量函数的并行最小化

为了解决一致性过程中新入节点或重启节点与邻居节点之间协同变量偏差过大问题，在式(4－18)中引入了截断变量 σ，这使得能量函数不再是一个线性函数，为简化分析，考虑公式

$$U(x)=\sum_{\{i\}\in V}(x_i-\langle x_R\rangle_i)^2+\sum_{\{i\}\in V}\sum_{\{j\}\in N_i}(x_i-x_j)^2 \tag{4-23}$$

式(4－23)可以看作是对两个二次函数的求和。由二次函数的基本性质可知当 $U(x)$ 取得最小值时，x 为函数的一个驻点，该点处的导数(梯度向量)值必为 0，即

$$\begin{aligned}\frac{\partial U(x)}{\partial x_i}&=2\Big[\sum_{\{i\}\in V}(x_i-\langle x_R\rangle_i)+\sum_{\{i\}\in V}\sum_{\{j\}\in N_i}(x_i-x_j)\Big]\\&=0,\quad \forall i\in V\end{aligned} \tag{4-24}$$

式(4－24)与式(4－22)具有较高的一致性。在求和的过程中依旧要获取系统中每个节点的协同变量信息，会增加系统的计算量，增大网络负载，增加网络延迟。故对式(4－24)进行整理得

$$\begin{aligned}\frac{\partial U(x)}{\partial x_i}=\sum_{\{i\}\in V}\Big\{2\Big[(x_i-\langle x_R\rangle_i)+\sum_{\{j\}\in N_i}(x_i-x_j)\Big]\Big\},\\ \forall i\in V\end{aligned} \tag{4-25}$$

令

$$\frac{\partial U(x_i)}{\partial x_i}=2\left[(x_i-\langle x_R\rangle_i)+\sum_{\{j\}\in N_i}(x_i-x_j)\right],\quad \forall i\in V \tag{4-26}$$

从而有

$$\frac{\partial U(x)}{\partial x_i}=\sum_{i\in V}\frac{\partial U(x_i)}{\partial x_i},\quad \forall i\in V \tag{4-27}$$

式(4－27)表明，全局能量函数最小化问题等价于借助式(4－27)求各个节点能量最小化问题。同时对各个节点进行团势能更新，以期取得最小的能量函数值，最终实现全局能量函数最小化。采用式(4－27)全分布式能量最小化算法，能较好地解决网络节点多、跳数多产生的网络负载过重问题。

为达到协同变量一致性，使全局能量函数最小化，式(4－25)取得了一个局部最小值点 x。在式(4－17)中所定义的能量函数是一个二次函数，其基本性质决定了公式(4－25)在定义域内是一个严格的凸函数。进一步由凸函数的性质有：严格的凸函数在全局中最多只有一个全局最小值点[68]。故式(4－25)取得的局部最小值点 x 即全局最小值点，在这点处可以取得马尔可夫随机场的最大后验概率。

在实际应用中，能量最小化函数的算法采用下面规则进行迭代求解：

$$x_i^{k+1}=x_i^k-2\mu\left[(x_i^k-\langle x_R\rangle_i^k)+\sum_{\{j\}\in N_i}(x_i^k-x_j^k)\right] \tag{4-28}$$

式中，μ 是一个较小的常数，μ 的取值参考具体实验精度要求和数值积分步长要求。由于式(4－28)仅涉及简单的算术运算和初等函数运算，因此本文的分布式信息一致性算法复杂度低，适用于 CPU 能力和功率都十分有限的无线自组织网络节点。

4.3.4　一致性算法收敛性分析

定理 1　多智能体编队在式(4－28)的作用下，将达到信息一致性。

证明：

式(4－28)可改写为

$$\frac{x_i^{k+1}-x_i^k}{\mu}=-2\left[(x_i^k-\langle x_R\rangle_i^k)+\sum_{\{i'\}\in N_i}(x_i^k-x_{i'}^k)\right] \tag{4-29}$$

式中，μ 是一个较小的常数可视为微分项中的步长，步长越小，其佩亚诺余项越小，从而扰动变小，当 μ 趋近于无穷小时，差分算子可视为微分算子。现实中计算机系统往往是非线性的离散系统，可以将式(4－28)的离散系统抽象成连续微分方程，从而达到用线性系统逼近非线性系统的目的。

平均场方法的更新方程可写为

$$\dot{x}_i=-2\left[(x_i-\langle x_R\rangle_i)+\sum_{j\in N_i}(x_i-x_j)\right] \tag{4-30}$$

引入式(4－21)，式(4－30)可改写为

$$\dot{x}_i=-2\left\{\left[x_i-\sum_{j\in N_i}x_jP(x_j)\right]+\sum_{j\in N_i}(x_i-x_j)\right\} \tag{4-31}$$

引入邻接矩阵，将式(4－31)改写为

$$\dot{x}_i=-2\left\{\left[x_i-\sum_{j\in n}a_{ij}x_jP(x_j)\right]+\sum_{j\in n}a_{ij}(x_i-x_j)\right\} \tag{4-32}$$

式中，a_{ij}为邻接矩阵的元素。

合并同类项，得

$$\dot{x}_i = -2\{(x_i + \sum_{j\in n} a_{ij}x_i - \sum_{j\in n} a_{ij}x_j[1+P(x_j)]\} \tag{4-33}$$

写作矩阵方式为

$$\dot{\boldsymbol{x}} = -\boldsymbol{L}\boldsymbol{x} \tag{4-34}$$

式中，

$$L_{ii} = 1 + \sum_{j\in n} a_{ij}, L_{ij} = -\sum_{j\in n} a_{ij}[1+P(x_j)] \tag{4-35}$$

显然，$-\boldsymbol{L}$ 为对角占优矩阵，零为其简单特征根[19]，故系统收敛。或 $\boldsymbol{L}$ 具有正实部特征根，则 $-\boldsymbol{L}$ 具有负实部特征根，所以系统收敛[19]。

定理 2　收敛速度一致性

下面对有向通信拓扑下本算法的收敛速度进行分析。由文献[18]可知，分布式多智能体系统一致性算法的收敛速度由其通信拓扑图的代数连通度决定，即矩阵 $\boldsymbol{L}$ 的第二小特征值，或矩阵 $\boldsymbol{L}$ 的谱半径 $\rho(\boldsymbol{L})$。本文一致性算法可写为

$$\dot{\boldsymbol{x}} = -\boldsymbol{L}\boldsymbol{x} \tag{4-36}$$

式中，$L_{ii} = 1 + \sum_{j\in n} a_{ij}, L_{ij} = -\sum_{j\in n} a_{ij}[1+P(x_j)]$，由于 $P(x_j)$为联合分布概率求和为 1，所以矩阵 $\boldsymbol{L}$ 仍是拉普拉斯矩阵。

系统状态方程为

$$\dot{\boldsymbol{x}}(t) = -\boldsymbol{L}\boldsymbol{x}(t) \tag{4-37}$$

对式(4-37)进行拉普拉斯变换可得

$$s\boldsymbol{x}(s) = -\boldsymbol{L}\boldsymbol{x}(s) \tag{4-38}$$

式中，$x(s)$为 $x(t)$的拉普拉斯变换，$x(s)$的特征方程为

$$\det(s\boldsymbol{I}_n + \boldsymbol{L}) = 0 \tag{4-39}$$

由于有向通信拓扑图 G_n 含有一个生成树，且 $\boldsymbol{L}$ 为拉普拉斯矩阵，从而由文献[69]可知 $\boldsymbol{L}$ 的特征值应为

$$0 = \lambda_1(G) < \lambda_2(G) \leqslant \cdots \leqslant \lambda_n(G) \tag{4-40}$$

其中，$\lambda_n(G)$为图 G_n 的谱半径，通常认为拉普拉斯矩阵

$$\lambda_2(\boldsymbol{L}) = \min_{x\neq 0_n \& 1_n^T x=0} \frac{\boldsymbol{x}^{\mathrm{T}}\boldsymbol{L}\boldsymbol{x}}{\|\boldsymbol{x}\|^2} \tag{4-41}$$

为图 G_n 的代数连通度，恒大于零。此时除了一个特征根为 0 外，其余特征根均有负实部，即均位于左半平面上，因而系统可以收敛到一个稳定状态。

再次，由文献[68,70,71]可知，

$$\lambda_n(G) \leqslant \sqrt{2\Delta^2 + 4^m + 2\Delta(\delta-1) - 2\delta(n-1)} \tag{4-42}$$

式中，Δ、δ 为图 G_n 的最大度和最小度，m、n 分别表示边数和顶点数。等号成立当且仅当图为正则偶图时，有

$$\lambda_2(G) \leqslant v(G) \leqslant e(G) \tag{4-43}$$

式中，$v(G)$为点连通度；$e(G)$为边连通度。

进而在图为固定直径 d 的 n 阶连通图中有下述公式被推出：

$$\lambda_2(G) \leqslant \sqrt{\left(\frac{n-d+1}{2}\right)^2 + n - 2} \tag{4-44}$$

综上，当多智能体收敛到稳定状态时，由于队形和节点间为了避免碰撞引入的间距已经被设定好，其第二小特征值的上界的增长速率由于幂函数特性也趋于稳定，特征根最后应分布在一个相对固定区间中，所以整个系统的收敛速度变化也集中在一个浮动不明显区间内，因而即使算法应用规模扩大即节点个数增加，算法收敛速度依旧无明显增大。

扩展到有基准状态的一致性信息一致性模型。和现有的大部分一致性算法一样，式(4-29)所给出的信息一致性算法适用于完全没有中心节点或没有指定基准值的场合，如没有指定集结位置的编队协同、多导弹同时击中目标的饱和攻击中对于协同末制导中的时间一致性等。但很多实际应用还是存在一个基准(期望)信息状态，这时，不仅要求编队收敛于一个共同值，而且该共同值要收敛于一个指定的基准状态。因此需要建立一种一致性算法，使得编队中的每一个智能体的协同信息状态一致于一个时变的或时不变的基准状态[72]。一种合理的应用场景是，在智能体编队中有一个智能体作为领航节点，通过特殊链路受控于指挥中心，获得基准信息状态。编队中的其他智能体通过与领航节点实现信息一致达到与基准信息状态的一致，即通常所说的领航-跟随模型。不失一般性，设节点 1 为领航节点，x^r 为基准信息状态，x^r 关于时间 t 是有界且分段连续的。在此条件下，一致性问题可以描述为

$$\lim_{t\to\infty} |x_i - x^r| = 0, \quad i = 1, 2, \cdots, n \tag{4-45}$$

令

$$\langle x_R \rangle_1 = x^r + \dot{x}^r \quad \langle x_R \rangle_i = x_{i-1} + \dot{x}_{i-1}, i = 2, 3, \cdots, n \tag{4-46}$$

并将 $\langle x_R \rangle_i = \sum\limits_{j\in N_i} x_j P(x_j)$ 代入公式(4-29)，即可实现对基准的跟踪。仿真结果表明，在实际应用中，可引入 PI 控制器，实现领航节点对基准信息状态的快速和无差跟踪。对于其他跟随节点，则无须引入 PI 控制器。

定理 3　在有基准信息状态条件下，式(4-29)收敛到基准值的必要条件是有向图 G_n 含有一簇生成树。

证明：

假设有向图 G_n 不含有一簇有向生成树，则存在一个航行体将整个航行体编队分成两个互不交换信息的子编队，或至少存在两个不接受信息的子编队。

对于情况一：假设第一个子编队有 x 个节点，第二个子编队有 y 个节点，$x+y=n-1$。节点 1 到 x 在编队 1，节点 $x+2$ 到 y 在编队 2，中间节点 $x+1$，矩阵 $\boldsymbol{L}$ 可改写为

$$\boldsymbol{L} = \begin{bmatrix} \boldsymbol{L}_x & \boldsymbol{0}_{x\times 1} & \boldsymbol{0}_{x\times y} \\ \boldsymbol{l}_x & \boldsymbol{l}_{x+1,x+1} & \boldsymbol{l}_y \\ \boldsymbol{0}_{y\times x} & \boldsymbol{0}_{y\times 1} & \boldsymbol{L}_y \end{bmatrix} \tag{4-47}$$

式中，$\boldsymbol{L}_x \in \mathbf{R}^{x\times x}$，$\boldsymbol{L}_y \in \mathbf{R}^{y\times y}$，$\boldsymbol{l}_x = [l_{x+1,1}, \cdots, l_{x+1,x}]$，$\boldsymbol{l}_y = [l_{x+1,x+2}, \cdots, l_{x+1,n}]$。

由定理 1 中转化得到

$$L_{ii} = 1 + \sum_{j\in n} a_{ij}, L_{ij} = -\sum_{j\in n} a_{ij}[1 + P(x_j)] \tag{4-48}$$

故 $\boldsymbol{L}_x$，$\boldsymbol{L}_y$ 矩阵行和为 0；因而至少有一个零特征值。且 $\mathrm{Rank}(\boldsymbol{L}_x) \leqslant x-1$，$\mathrm{Rank}(\boldsymbol{L}_y) \leqslant y-1$。可得 $\mathrm{Rank}(\boldsymbol{L}) \leqslant n-2$，即矩阵 $\boldsymbol{L}$ 至少有两个零特征值。

对于情况二：矩阵 $\boldsymbol{L}$ 至少有两行元素均为零，即矩阵 $\boldsymbol{L}$ 至少有两个零特征值。

两种情况均与拉普拉斯矩阵含有一簇有向生成树后有且仅有一个零特征值矛盾。

为了验证本文所提出算法的有效性，将在 Matlab 2009b 的环境下建立分别具有 3×3 通信拓扑 9 个节点的邻接规模编队、7×7 通信拓扑 49 个节点的大规模编队，形成标准 2－D 网格结构。为简单起见，假设每一节点仅与其水平或邻居节点进行交互，即采用标准的4－邻居系统。各节点与邻居节点交换协同变量并更新自己的变量信息状态。本节分别针对多智能体在无基准信息状态下的信息一致性、存在静态基准信息状态的信息一致性、存在动态基准信息状态的信息一致性等问题，对本文算法的性能进行仿真验证，并与极大一致性算法进行对比分析。极大一致性算法可以表示为

$$u_i(t)=\alpha_i\{(1-\delta)[x_{\max}(t)-x_i(t)]+\delta\sum_{\substack{j\in N_i\\ j\neq k}}[x_j(t)-x_i(t)]\},\ i=1,2,\cdots,n \tag{4-49}$$

式中，δ 为权值系数，是一个较小正数，仿真中 δ 取为 0.1，$x_{\max}(t)=\max\limits_{j\in N_i}\{x_j(t)\}$，$\alpha_i$ 为选择系数，其取值满足以下定义：

$$\alpha_i=\begin{cases}1,\ x_i(t)\leqslant x_{\max}(t)\\ 0,\ x_i(t)>x_{\max}(t)\end{cases} \tag{4-50}$$

1.无基准信息状态下的分布式算法仿真分析

图 4－1(a)(b)分别展示了本文算法在 3×3、7×7 通信拓扑条件下，全局各节点之间协同信息的变化情况。在没有外部基准信息的情况下，所有节点的协同信息差值收敛于 0 值，这表明邻居节点之间关于协同信息的误差已达到可接受范围之内。随着节点数目的增加，全网节点对协同变量达成共识的时间并未发生明显变化，这体现了该算法良好的鲁棒性。图 4－1(c)(d)分别展示了极大一致性算法在 3×3、7×7 通信拓扑条件下，全局各节点之间协同信息的变化情况。通过对比分析，本文算法在网络规模较小情况下与极大一致性算法收敛情况相似，但是随着网络规模的增大，本文算法在收敛时间方面具有明显优势。

2.外部静态基准信息状态下的分布式算法仿真分析

图 4－2(a)(b)分别展示了本文算法在不同编队规模下，各节点在有外部静态基准信息时对协同变量达成共识：所有节点协同信息收敛于外部静态基准，或称为与外部基准信息之间的差值小于误差期望值(10^{-6})。

我们可认为全局节点就收敛信息达成共识，即实现全网的协同信息一致性。与图 4－1(a)(b)比较易知，在有外部基准信息情况下，协同变量最终取值为外部基准，各节点的协同信息状态与外部基准信息误差小于我们所允许的最大误差。在收敛时间方面，随着节点数目的增加，全局节点达成信息共识的时间无明显增加。图 4－1 和图 4－2 中(c)(d)两图分别展示了极大一致性算法在 3×3、7×7 通信拓扑条件下，全局各节点在有外部静态基准信息时协同信息的变化情况。与图 4－2(a)(b)两图比较分析，随着节点规模扩大，极大一致性算法的效率明显下降。

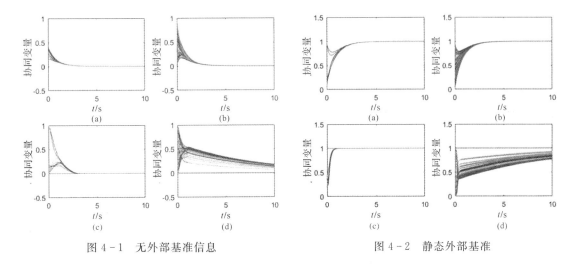

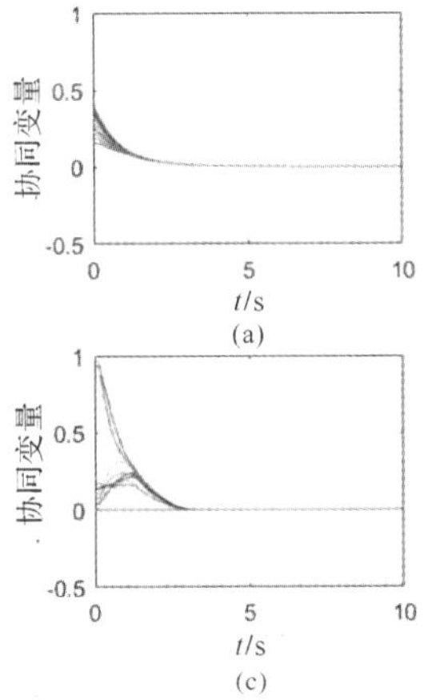

图 4 - 1　无外部基准信息

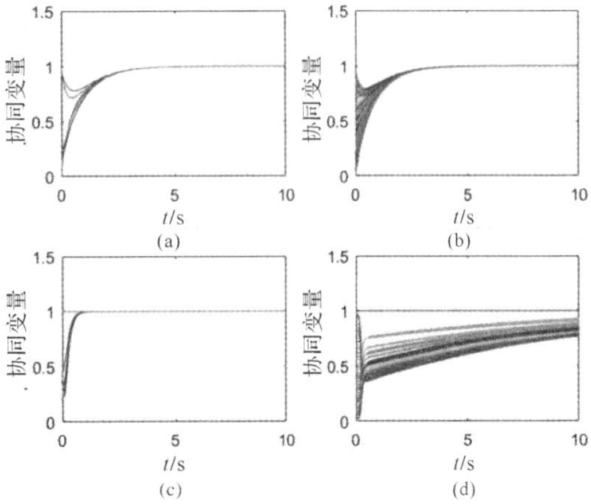

图 4 - 2　静态外部基准

3.外部动态基准信息状态下的分布式算法仿真分析

图 4 - 3 的外部动态基准信息取值为幅值为 1 正弦函数。代表本书算法的(a)(b)两图与静态基准信息相比，节点初始信息状态与基准信息有较大的差值，当各节点与邻居节点相互交换自身协同信息并更新自己的信息状态以后，对局部协同变量的共识趋于虚拟基准，而虚拟基准趋于外部基准，与外部基准差值不断减少，最终所有节点跟随外部基准运动，实现全局协同信息一致性。(c)(d)两图展示了极大一致性算法在 3×3、7×7 的网格拓扑条件下，存在外部动态基准信息时的仿真结果，可以看出，极大一致性算法收敛性能并不理想，偏差很大。

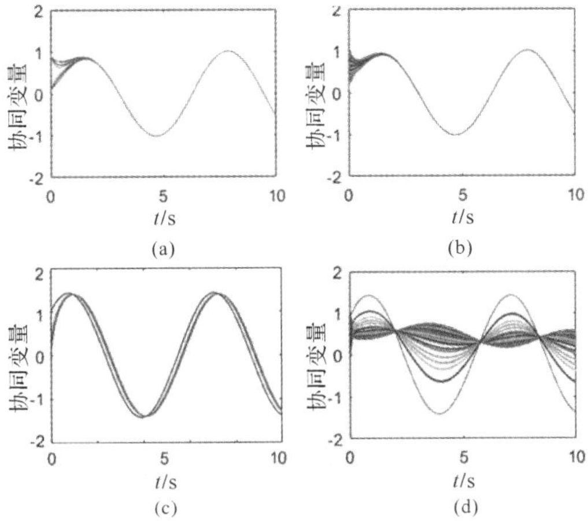

图 4 - 3　动态外部基准信息

4.3.5　QualNet 平台下的信息一致性仿真

多智能体生存环境的对抗性决定了多智能体必须具有高度的协同能力。在实际使用环境中，时空配准是多无人机航行平台执行协同任务的前提，对协同信息达成共识是多无人机航行平台编队与协同作战最基本、最重要的一致性信息；无人航行体编队协同作战工作在一定的对抗环境中，存在节点损失和新节点加入的情况，甚至会有编队拆分与合并的情况，造成高度动态通信拓扑结构，且时延不确定，丢包率高，这就要求算法应该具有较强的鲁棒性。

用 QualNet 模拟多智能的实际生存环境，采用本文所提出的分布式协同一致性算法，在存在网络丢包的情况下，各节点通过本文提出的算法能够达到时钟同步。为更好地体现算法性能，在同等环境下对 ATS（Average Time Synchronization）、GTSP（Gradient Time Synchronization Protocol）和本文算法 MFTS（Mean Field based Time Synchronization）进行比较，结果如图 4-4 所示。

首先给出判断达到信息一致性的标准：当全局系统中所有有效节点与邻居节点对协同信息的共识值之间的差值小于10^{-6}时，就认为达到了全局信息的一致性。在图 4-4 中，分别对邻接规模（9 个节点）编队、中等规模（25 个节点）编队、大规模（64 个节点）编队、超大规模（100 个节点）编队进行对比。由图可知，GTSP 算法仅仅在通信拓扑是邻接规模时能在指定的时间内实现全局信息信息一致性，随着节点数目的增多，算法的性能急剧下降；ATS 算法虽然能够较好地完成多智能体信息一致性，但随着节点数目的增多，所需要一致性的时间不断地增大。图 4-5 是对于不同节点数目，当采取三种不同算法时所需时间的直观表示。本文提出的 MFTS 能更好地适应动态拓扑，具有较高的鲁棒性。

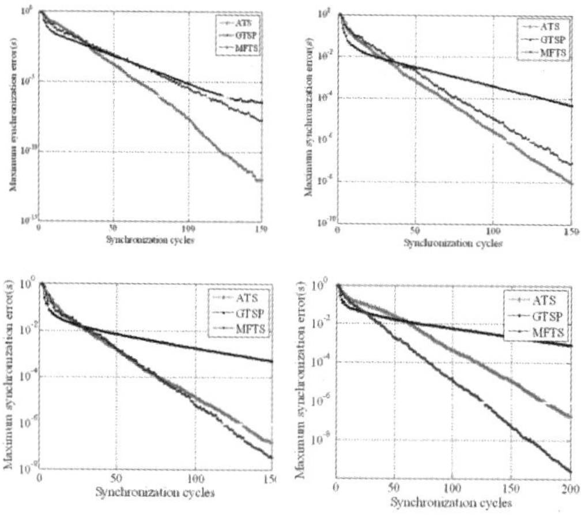

图 4-4 算法的性能比较

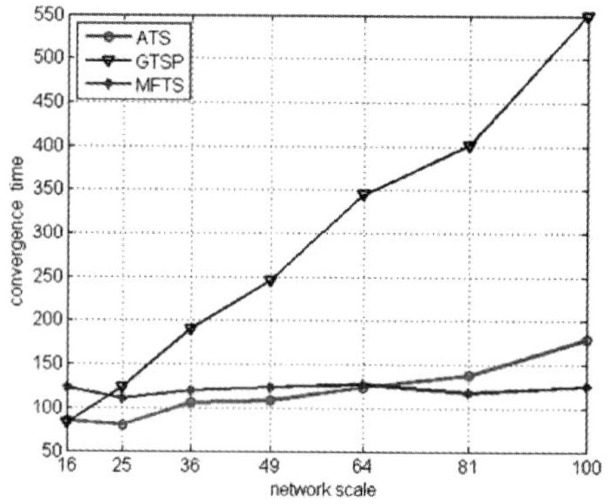

图 4-5 不同节点数目时间比较

4.4 无人机集群无线自组网中的时钟同步

无人机集群在执行协同攻击任务时，要求不同地点、不同平台的武器能够同时发射、同时到达、协同攻击目标。在这种情况下，必须要求各武器平台在自组织形成网络时达到高精度的时钟同步，才能满足协同制导和协同攻击的任务要求。此外，在军事应用中态势感知和控制信息是其主要业务，如果节点间存在比较大的时钟误差，将导致对战场态势及指挥命令的错误理解，严重影响作战效果[73]。

时钟同步不仅是无人机集群的关键技术，时钟同步也是无线自组织网络技术研究中的核心技术之一，它是执行大量应用程序的关键。

（1）无线自组织网络作为一种移动无线通信网络，终端依靠电池供电。在无线通信中，通常采用自动休眠和唤醒机制来节约终端的能量。如果终端不能同步唤醒或休眠，就不能正常通信，因此，时间同步保证了终端电源管理的同步性，对于无线自组织网络的节能管理格外重要[74]。

(2)随着无线自组织网络的应用范围逐渐扩大,在无线自组织网络中节点所传输的信息量也迅速增大,传统基于竞争的介质访问控制(Media Access Control,MAC)协议已经无法满足业务的需求。目前只有基于时隙预留的分布式动态时分多址协议(Time Division Multiple Access,TDMA)才能保证传输带宽及端到端时延的要求。在采用 TDMA 的 MAC 协议中,每个节点在分配给自己的时隙内发送数据,以保证不互相冲突,这样才能解决节点信道争用的问题。本书第 2 章所提出的 STDMA 协议必须在时钟同步的前提下才能正常工作。由于网络中的节点均使用本地时钟来确定时隙的位置,故全网的时钟必须保持同步。因此,时钟同步是无线自组织网络 MAC 协议设计和实现的重要基础[75-76]。

(3)传感器网络是一种特殊的无线自组织网络,网络需要节点间相互协作来实现信息的收集、传输和处理。例如在信息融合应用中,只有当各个节点的时钟一致时,节点采集的信息才是有意义的;另外,在汽车测速的应用当中,只有当观测的机动车的测速节点保持时钟同步时,才能利用各个测速节点分别获得的时间和位置信息,综合起来计算出被测车辆的速度信息。因此,时钟同步是无线自组织网络应用正常开展的基础[77]。

因此,时钟同步是无线自组织网络的一项重要基础支撑技术。精确的时钟同步是无线自组织网络自身协议运行、节能管理、数据融合的必要前提条件。无人机集群中的节点只有保持时钟同步,才能协作完成相应的任务。

4.4.1　研究现状

与传统的有线网络时钟同步协议设计不同,在无线自组织网络中,设计时钟同步协议还需要考虑的因素有以下几方面[78]。

(1)能量消耗:在无线自组织网络中,节点电源能量是有限的,并且一般情况下不能自动充电[79],因此能量消耗是设计时钟同步协议中必须考虑的因素。由于时钟同步过程中通常伴随着报文的传输,而报文传输过程非常消耗能量[80]。文献[81]研究表明,单个节点的时钟同步所消耗的能量约占其自身所有能量的 17%。Pottie 和 Kaiser 的研究表明[82],超过 100 m 范围射频传输 1 位大小数据量所消耗的能量(约 3 J)大致与执行 3 百万条指令所消耗能量相等。因此,减少消息传输量是降低无线自组织网络能量消耗的一个很好的突破口。

(2)传输延迟:报文传输延迟是设计通信网络的一个基本考虑因素。随着通信跳数的增加,报文传输过程中的不确定性将会显著增加。此外,信道的变化、节点的移动、自组织的特性使得时钟同步问题更加复杂。因此,减少延迟误差和抖动对有效定位和时钟同步是非常关键的。

(3)安全性和可靠性:随着网络变得越来越便于接入和高级监视技术的发展,网络也变得越来越易受攻击,网络安全也得到了越来越多的关注。另外,与有线网络不同,由于无线信道的时变特性,无线网络更频繁地发生报文丢失事件。因此,应对报文丢失和恶意攻击的机制在无线自组织网络时钟同步中是非常必要的。文献[83-85]对这个领域进行了初步的研究。

(4)网络拓扑变化:时钟同步协议的性能与网络拓扑结构密切相关。当网络中任何一个节点移动位置或者网络规模发生变化导致网络拓扑变化时,都需要时钟同步协议进行新的自我调整。节点的移动和电源的耗尽是造成这种变化的主要原因。因此,对于动态的无线自组织网络,时钟同步协议需要能够自适应网络拓扑的频繁变化。

(5)可伸缩性:可伸缩性是设计时钟同步协议的另外一项重要考虑因素。当网络中节点规模巨大时,时钟同步算法的计算和实现复杂性会成为一个很严重的问题,因此可伸缩性对时钟同步算法非常关键。

围绕以上几方面考虑因素,近年来国内外学者均提出了各式各样的解决方案。文献[86-88]对当前的时钟同步技术做了一定的综述,并根据不同的应用需求侧重点,对当前的无线自组织网络时钟同步协议进行了若干分类。从是否依赖参考时钟的角度分类,现有的时钟同步方案可以分为结构式和分布式两种。其中结构式时钟同步方案依赖参考节点时钟和特定的网络拓扑结构,全网节点时钟状态具有一定的结构划分。分布式时钟同步方案不依赖参考节点,只关注与邻居节点之间的通信,适应任意网络拓扑结构,全网中节点时钟状态平等。

本节将从结构式时钟同步方案和分布式时钟同步方案入手,对现有时钟同步协议进行介绍和总结。

1.结构式时钟同步方案

结构式时钟同步方案在时钟同步过程中依赖参考节点时钟,全网节点时钟状态具有一定的结构划分。结构式时钟同步方案是最早开始进行研究的,目前具有相对丰富的研究成果。结构化时钟同步方案具有算法简单、收敛速度快、收敛精度高、适合集中控制等优点,但这种方案下节点时钟状态分布具有特定的结构,时钟同步依赖特殊参考节点和特定网络拓扑结构,并不能完全适应分布式无中心的无线自组织网络。由于存在单点失效问题,结构式时钟同步方案的鲁棒性和可扩展性不高,而且建立和维护结构化的逻辑分布中整个网络的开销比较大。目前结构式时钟同步方案按照参考时钟的作用不同,可以分为三种模型:发送者模型、发送者-接收者模型、接收者-接收者模型,其中基于发送者模型的结构化时钟同步方案中,参考时钟周期性的发送单向广播报文,全网所有节点向参考时钟同步;基于发送者-接收者模型的结构化时钟同步方案中,节点间通过双向报文交换方式向参考时钟同步;基于接收者-接收者模型的结构化时钟同步方案中,全网节点间接地向参考时钟同步。这三种模型也是两两节点时钟同步的典型三种方式。本节将对这三种模型的发展进行简要介绍。

(1)基于发送者模型。基于发送者模型的结构化时钟同步方案在通信过程中,首先需要选择一个节点作为根节点,根节点向邻居节点周期性发送携带本地时间信息的单向广播报文,接收节点测量报文的传输时延,将本地时间调整为接收到报文中包含的时间值加上报文传输延迟。发送者单向广播通信过程如图4-6所示,报文广播范围内的所有节点都可以与根节点进行同步。基于发送者模型的时钟同步方案主要代表为DMTS[89](Delay Measurement Time Synchronization)和FTSP[65](Flooding Time Synchronization Protocol)。

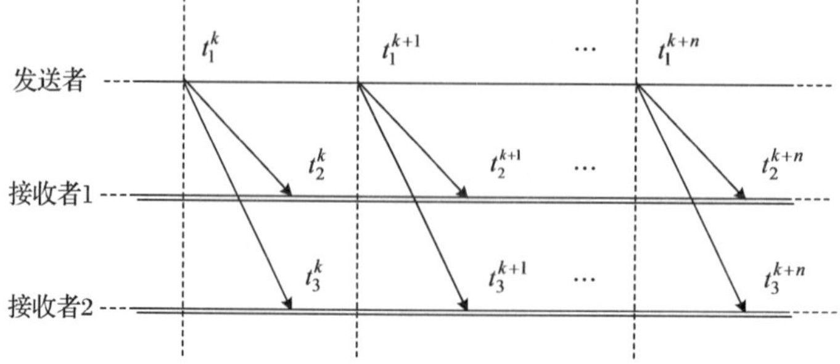

图4-6 发送者单向广播通信过程

DMTS 协议采用层次型结构来实现多跳无线自组织网络的时钟同步。为了避免冗余消息的传输，只接收级别比自己低的节点所广播的时间信息分组。DMTS 时钟同步协议所需传输的消息量少，能量开销低，可以实现全网范围的时钟同步。FTSP 协议在 DMTS 算法基础上考虑了根节点的选择、根节点和子节点的失效所造成的拓扑结构的变化以及冗余信息的处理等方面问题。FTSP 假设每个节点都有唯一的 ID，选择具有最小 ID 的节点为参考根节点，这样就能对根节点的失效的具有一定的鲁棒性。根节点周期性的向邻居发送携带本地时钟的消息。为了降低传输延迟，FTSP 协议在 MAC 层对消息的接收时间戳进行标记。邻居节点接收到该消息后利用消息中的根节点时钟值与接收时间戳，进行线性规划估计与根节点之间的相对时钟漂移和相对时钟偏移。邻居节点在调整本地时钟与根节点同步后，更新消息中的时间戳信息，向其自身邻居继续广播传输下去。如此进行下去，最终全网中所有节点均与根节点完成了同步。FTSP 协议采用最小二乘线性回归的方法降低测量误差，可以比较精确地估计时钟。

但在 FTSP 协议中，除了根节点需要周期性发送广播消息外，每个节点也都承担着广播转发该消息的任务，这将在整个网络中产生很大的通信负载。全网中的其他节点随着与根节点距离的增加，收集到的时钟信息也因此具有较大方差，由此导致了 FTSP 协议在大规模无线网络中的性能并不是很好，因此 FTSP 协议并不能真正有效地适应大规模网络的情况。现有的时钟同步协议多以 FTSP 协议为基础从降低网络通信负载[90]、提高收敛精度[91-94]、适应大规模网络[95-96]等角度入手进行了深入的研究[97-102]。

基于发送者模型的结构式时钟同步方案给本文时钟同步方案的启发是，通过单向广播消息的方式传播本地时钟信息，能有效减少通信过程中的消息交换量，降低能耗，具有可扩展性。但是发送者模型忽略了消息传输过程中的传播时延，影响时钟同步精度。虽然依赖 MAC 层时间戳甚至物理层时间戳的方式能提高同步精度，但在大规模无线自组织网络场景中该投入成本是比较高的。本文研究的分布式时钟同步协议借鉴单向广播消息方式这一思想来降低大规模无线自组织网络中的通信负载量，采用软件时间戳标记方式来降低实现成本、提高协议的通用性。

(2)基于发送者-接收者模型。基于发送者-接收者模型的结构化时钟同步方案在通信过程中，节点与参考主节点之间双向交换携带时间戳的报文，根据获得四个时间戳即可计算节点与主节点之间的时钟偏差。这种同步方式也被称为主从同步方式。图 4-7 所示为一个典型的发送者-接收者双向报文交换过程，即双向时间戳交换过程。

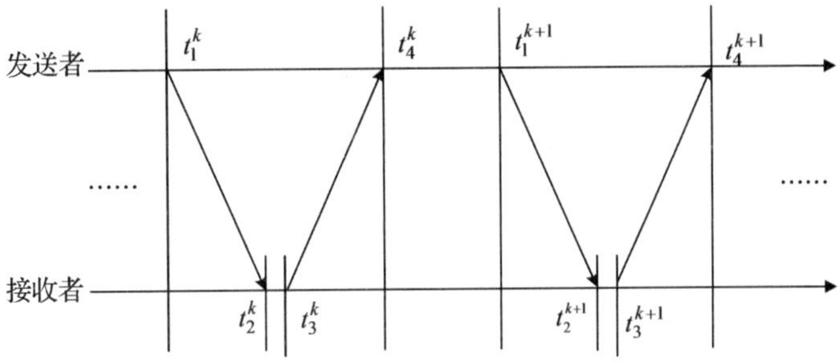

图 4-7　发送者-接收者双向报文交换过程

TPSN(Timing - Sync Protocol for Sensor Networks)是一种典型的发送者-接收者模型的时间同步算法[103]。为了排除关键路径上发送时间、访问时间和接收时间的不确定性延迟影响，TPSN 在 MAC 层标记了报文的发送和接收时间戳。在使用 TPSN 算法进行全网时钟同步时，整个网络内所有节点首先按层次结构进行划分，然后较低一层的子节点向相邻高一层的父节点进行同步，最终实现树形的全网同步。

TPSN 协议具有计算复杂度低、收敛速度快、收敛精度高等优点，是一种最通用的时钟同步方案。但其建立分层的拓扑结构需要较大的能量开销，并且无法适应动态变化的拓扑。现有的时钟同步协议多以 TPSN 协议为基础，从提高可扩展性[104-105]、提高同步收敛精度[106-108]、降低能耗[109-112]等角度进行了各方面的研究。

基于发送者-接收者模型的结构式时钟同步方案给本文时钟同步方案的启发是，基于双向时间戳交换机制计算时钟偏差的方法考虑了整个通信过程中的传输时延，然后再使用估计方法对计算的时钟偏差进行最优化处理是一种可行而又有效的方式。同时结构化分层的思路在分布式无线自组织网络中并不适用。本文研究的时钟同步方案借鉴双向时间戳交换机制思想，结合最优滤波估计算法对节点时钟偏差进行精确估计，并用分布式结构布局，提高时钟同步方案的可扩展性和鲁棒性。

(3)基于接收者-接收者模型。基于接收者-接收者模型的结构化时钟同步方案在通信过程中，参考节点作为“第三方”节点负责向其邻居周期性发送广播消息，几乎同时接收到该消息的其他所有节点，两两之间通过单向报文交换比较对该广播消息的接收时间戳，实现接收者与接收者之间的时钟同步。这种将参考节点作为“第三方”的同步方式也称为互同步方式。RBS (Reference Broadcast Synchronization)协议[113]是一种典型的基于接收者-接收者模型的结构化时钟同步方案，其时钟同步过程如图 4-8 所示。

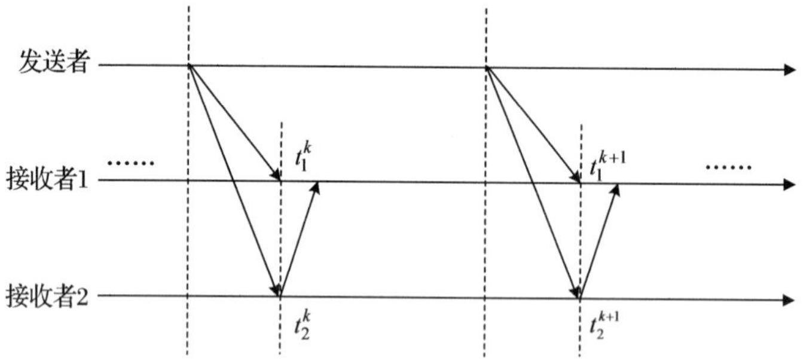

图 4-8 接收者-接收者报文交换过程

RBS 协议消除了发送处理时延、信道接入时延、传播时延，有效提高了时钟同步的精度。同时它还采用 MAC 层时间戳技术标记，进一步消除了接收时延的影响。因此单从同步方式对比，采用接收者-接收者模型的 RBS 协议相对 FTSP 协议和 TPSN 协议能获得更加精确的相邻节点时钟偏差。

RBS 也有以下不足，它需要参考时钟节点周期性地发送参考广播报文和接收节点两两之间双向报文交换，这将会在网络中产生大量的冗余消息，能量消耗巨大，因此实际其只能适用于单跳网络时钟同步。而且，无线网络中节点需要定期在唤醒状态和休眠状态之间切换以节省能量，这明显不能满足 RBS 在广播过程中需要所有节点保持活跃状态的要求。当前研究者们在 RBS 协议的基础上从扩展到多跳网络[114-116]、降低能量消耗[117]等角度进行了各方面的研究。

基于接收者-接收者模型的结构式时钟同步方案给本文时钟同步方案的启发是，采用互同步的方式虽然能够更加精确的计算时钟偏差，但在网络中节点仅有一个邻居时，存在悬挂节点无法同步的现状，并不能有效地保证全网同步。因此互同步方式并不能完美的适用于时钟偏差的计算中。但是这种互同步方式计算的精确时钟偏差却可以用来对使用其他方法计算的时钟偏差进行对比补偿。本文在未来的工作内容中计划结合互同步方式和双向报文交换进行相邻节点的时钟偏差估计。

2.分布式时钟同步方案

无线自组织网络是一种无通信基础设施支持的特殊网络，不存在中心节点，而且具有动态网络拓扑结构。因此，不依赖于参考节点的分布式时钟同步方案显然更适合于无线自组织网络。分布式时钟同步方案只关注与邻居节点之间通信，适应任意网络拓扑结构，因此具有鲁棒性强、可扩展性高等优点。近年来研究人员逐步将研究方向转到分布式时钟同步方案上。由于全网时钟分布式同步是以两两节点的时钟同步为基础的，上一节的结构式时钟同步方案中已经对现有两点之间的时钟同步的方式进行了详细介绍，因此这里对当前分布式时钟同步方案描述时，主要从全网时钟分布式同步方法入手。

当前的分布式时钟同步方案主要分为两类：一类是相对同步方法[118]，另一类是基于一致性的绝对同步方法[119-126]，其中后者占主导地位。

在相对同步方法中，算法仅计算出每个节点之间的时钟差，并不对节点时钟进行调整，多跳的同步也只是根据应用需要才执行，因此该方法并没有达到真正意义上的全网时钟同步。典型的相对同步方法是基于接收者-接收者模型计算两点时钟偏差的相对参考接收者/接收者时钟同步协议（Relative Referenceless Receiver/Receiver Synchronization，R4Syn[118]），该协议在网络中节点仅有一个邻居时，存在悬挂节点无法同步的现状，并不能有效地保证全网同步。基于信念传播（Belief Propagation，BP）的分布式时钟同步方法[125-126]也是一种相对同步方法。该方法将节点之间的时钟偏差作为边缘分布，以信念传播计算边缘分布的方法求相邻节点之间的时钟偏差，进而实现全网时钟同步。仿真结果表明该方案性能优于一致性算法。但作者 Leng 假设消息时延是相互独立并且同分布的高斯随机变量，而通过实验测试，这种假设在很多环境下并不成立。高斯分布只适合“接收者-接收者”同步方式[113]。相对同步方案与本文提出的方案做法不同，所以这里未进行详细研究。

一致性是一种经典的分布式算法，当前基于一致性的分布式时钟同步协议从一致性算法执行规模上来说可以分为两类：点到点一致性模型[119-121]和群组一致性模型[122-126]。

（1）基于点到点一致性模型。基于点到点一致性模型的分布式时钟同步方案，在收到单个邻居节点时钟信息后就立刻执行一致性算法、调整本地时钟，是成对节点之间时钟调整。ATS[119]（Average Time - Synch）是一种典型的点到点一致性时钟同步协议，其主要思想是节点通过与每个邻居节点的逻辑时钟平均，从而使得全网接收收敛到一个共同的虚拟时钟基准上。

在 ATS 协议中，定义节点 i 的本地时钟读数 τ_i 与真实时间 t 之间的关系为

$$\tau_i(t)=\alpha_i t+\beta_i \tag{4-51}$$

式中：$\tau_i(t)$——在真实时间 t 节点 i 的本地时钟读数；

α_i——i 节点的本地时钟漂移；

β_i——i 节点的时钟偏移。

每个节点都保持着基于自身本地时钟读数的虚拟时钟估计 $\hat{\tau}_i(t)$：

$$\hat{\tau}_i(t)=\hat{\alpha}_i\tau(t)+\hat{o}_i \tag{4-52}$$

式中：$\hat{\alpha}_i$——i 节点的虚拟时钟漂移；

$\hat{o}_i$——i 节点的虚拟时钟偏移。

定义节点 i 与节点 j 之间的相对时钟漂移 α_{ij} 为

$$\alpha_{ij}=\frac{\alpha_j}{\alpha_i} \tag{4-53}$$

在实际运行过程中 ATS 分为两个阶段：首先节点周期性地向邻居广播携带本地时钟值的报文，其邻居节点接收到该报文后在 MAC 层标记接收时间戳，利用硬件时钟线性的性质基于一致性理论估计本地时钟与发送方时钟的相对时钟漂移；然后广播节点自身相对虚拟时钟的时钟漂移当前估计，并接收其他节点的时钟漂移估计，从而基于一致性理论估计自身相对虚拟时钟的时钟漂移和偏移，进而调整本地时钟，实现全网向虚拟时钟的收敛。

记 $\tau_j(t_1)$ 表示 j 节点在真实时间 t_1 发送同步广播报文时在 MAC 层标记的发送时间戳，即发送时刻节点自身的本地时钟读数。邻居节点 i 接收到该报文后标记接收时间戳 $\tau_i(t_1)$，即此刻节点自身的本地时钟读数。记 $\tau_j(t_0)$、$\tau_i(t_0)$ 表示上一次报文的发送和接收时间戳。因此在假设传输时延可以忽略的前提下，根据以上 4 个时间戳，可以计算此刻节点 i 与节点 j 之间的相对时钟漂移 α_{ij}，则有

$$\alpha_{ij}=\frac{\tau_j(t_1)-\tau_j(t_0)}{\tau_i(t_1)-\tau_i(t_0)} \tag{4-54}$$

考虑到不可避免的测量和量化误差，ATS 使用一阶低通滤波器进行迭代更新相对时钟漂移 α_{ij}、虚拟时钟漂移 $\hat{\alpha}_i$ 和虚拟时钟偏移 $\hat{\beta}_i$，则有

$$\alpha_{ij}=\rho_\eta\alpha_{ij}+(1-\rho_\eta)\frac{\tau_j(t_1)-\tau_j(t_0)}{\tau_i(t_1)-\tau_i(t_0)} \tag{4-55}$$

$$\hat{\alpha}_i=\rho_\nu\hat{\alpha}_i+(1-\rho_\nu)\alpha_{ij}\hat{\alpha}_j \tag{4-56}$$

$$\hat{\beta}_i=\hat{o}_i+(1-\rho_o)[\tau_j(t_1)-\tau_i(t_1)] \tag{4-57}$$

式中：ρ_η，ρ_ν，ρ_o——初始时指定的权重参数，且 $\rho_\eta,\rho_\nu,\rho_o\in(0,1)$。

在假定由 M 个节点构成的连通网络图中，每个节点的平均度为 d_{avg}，那么在 k 次全网时钟同步广播周期内，每个节点平均能进行 $kd_{\text{avg}}/2$ 次的本地时钟迭代调整。因此，基于平均一致理论 ATS 可以达到指数级收敛。

但 ATS 协议的缺点也很明显：由于其采用的发送者模型估计相对时钟漂移和虚拟时钟偏移，忽略了传播时延。当存在不确定性时延时，ATS 无法达到平均一致，时钟同步性能将会恶化。文献[120]在通过双向时间戳交换的方式实现了基于点到点一致性的 ATSP(Average Time Synchronization Protocol)协议，但其采用单播的通讯方式，每次迭代过程中只与一个一跳邻居节点进行一致性运算，并且通过三次握手交换六个时间戳，同步时间较长，所需报文交换量较多。当出现节点移动或节点损失时，ATSP 协议会造成同步过程较大的波动，系统的鲁

棒性不强。

本文所提分布时钟同步方案采用的是群组一致全网时钟同步，与采用点到点一致性模型分布式时钟同步方案没有可比性。因此后续实验研究中没有针对 ATS 这一类点到点一致性分布式时钟同步方案进行比较分析。

(2)基于群组一致性模型。基于群组一致性模型的分布式时钟同步方案，在收到所有邻居节点时钟信息后才执行一致性算法、更新本地时钟，是节点与其所有一跳邻居节点之间的时钟调整。梯队时间同步协议(Gradient Time Synchronization Protocol，GTSP[122])是一种典型的群组一致性时钟同步方案，其主要思想是本地节点收到所有邻居的时钟信息后根据一致性理论调整本地时钟偏移和时钟漂移，直到全网收敛到一个统一值。其与 FTSP 协议类似，采用单向广播方式向邻居节点发送带有本地时钟值的时间报文，并在 MAC 层标记报文时间戳。

在 GTSP 协议中，单个节点的时钟偏移和漂移补偿模型可以描述为

$$L_i(t)=\int_{t_0}^{t} h_i(\tau)\,l_i(\tau)\,\mathrm{d}\tau+\theta_i(t_0) \tag{4-58}$$

式中：$L_i(t)$ ——t 时刻 i 节点的逻辑时钟；

$h_i(\tau)$ ——i 节点的硬件时钟频率；

$l_i(\tau)$ ——i 节点的相对逻辑时钟频率；

$\theta_i(t_0)$ ——t_0 时刻 i 节点硬件时钟与逻辑时钟之间的时钟偏移。

因此 t 时刻 i 节点的绝对逻辑时钟频率可以用 $x_i(t)$ 表示为

$$x_i(t)=h_i(t)\,l_i(t) \tag{4-59}$$

以节点 i 为例，GTSP 协议中，节点 i 周期性的广播包含自身逻辑时钟 $L_i(t)$ 和相对逻辑时钟频率 $l_i(t)$ 的时间报文。在一个广播周期内，节点 i 一旦完整接收来自所有邻居的时间报文，就可以利用其中的时间信息基于一致性理论更新本地时钟的相对逻辑时钟频率 $l_i(t)$ 和时钟偏移 $\theta_i(t)$，则有

$$l_i(t_{k+1})=\frac{l_i(t_k)+\sum\limits_{j\in N_i}\dfrac{x_j(t_k)}{h_i(t_k)}}{|N_i|+1} \tag{4-60}$$

$$\theta_i(t_{k+1})=\theta_i(t_k)+\frac{\sum\limits_{j\in N_i}\left[L_j(t_k)-L_i(t_k)\right]}{|N_i|+1} \tag{4-61}$$

式中：　t_k——第 k 次周期广播包的时刻；

N_i——i 节点的一跳邻居的集合；

$|N_i|$——i 节点自身的一跳邻居个数。

相比结构式时钟同步协议 FTSP，基于群组一致性的 GTSP 协议具有协议简单、收敛精度高、鲁棒性和可扩展性强等优点。但 GTSP 同样忽略了报文传递过程中的传播延迟，其直接利用报文中的邻居时钟值，因此每次迭代时所利用的邻居时钟并不准确。具有相同问题的还有广播接收协议(Broadcast and Receive Synchronization，BRS[123])。与 GTSP 协议不同的是，BRS 协议中每个节点只对不包含自身在内的所有一跳邻居的时钟值和时钟频率进行平均一致运算。群组邻居平均协议(Group Neighborhood Averaging，GNA[124])协议采用双向时间戳交换来克服传输时延的影响，但在一次全网迭代过程中，其每个节点(以 i 节点为例)需发

送两个广播包和$|N_i|$个单播包，报文交换量较大，网络通信负载大。

本文所提分布式时钟同步方案与群组一致性的方案类似，每个节点通过周期性向邻居节点广播同步报文，所有节点根据接收到的报文进行计算与发送者之间的时钟偏差。但与一般群组一致性方案不同的是，本文方案采用单向广播消息实现节点之间的双向时间戳交换，即本质上仍是基于发送者-接收者模型实现计算所有邻居节点时钟偏差。

4.4.2 时钟同步基本理论

无线自组织网络作为一种新型的分布式移动通信网络，其应用领域越来越广泛。由于其自身的特点，无线自组织网络时钟同步技术方面出现了许多其他网络没有的新问题。

本文在分析研究了现有无线自组织网络时钟同步方法的基础上，首先提出一种基于卡尔曼滤波算法的时钟偏差估计方法，用于解决时钟偏差难以准确测定问题，实现相邻节点之间时钟偏差的精确估计；其次开创性地提出一种基于平均场模型的全网时钟分布式同步方法，用于解决如何确定全网时钟基准问题，实现全网时钟分布式的同步；最后将时钟偏差估计方法和全网时钟分布式同步方法结合，形成了本文基于平均场的分布式时钟同步解决方案。该方案在 QualNet 仿真平台进行了设计、实现与验证。仿真实验取得了较好的结果，表明了本文所提方案快速收敛、收敛时间稳定、对拓扑规模变化不敏感和使用大规模无线自组织网络的特点。

1.时钟模型

在分布式系统中，时钟可以分为“逻辑时钟”和“物理时钟”。逻辑时钟的概念是建立在 Lamport 提出的超前关系上，体现了事件发生的逻辑先后顺序。物理时钟是用来描述在分布式系统中的实际意义上的时间。

(1)物理时钟。当前计算设备都是由装备的硬件时钟晶振来获得计算时间，物理时钟读数$C(t)$与真实时间t的关系可以近似为一个积分模型：

$$C(t)=k\int_{t_0}^{t}\omega(\tau)\,\mathrm{d}\tau+C(t_0) \tag{4-62}$$

式中：k——将时钟计数器震荡数转换为时钟时间单位的一个比例系数；

t_0——计时初始时刻；

$\omega(\tau)$——时钟晶振角频率，时钟晶振频率的倒数；

$C(t_0)$——t_0时刻的物理时钟读数。

由于时钟晶振频率的变化非常小，因此可以认为在短时期内节点晶振的频率是恒定的。因此式(4-62)可进一步简化为一个线性模型：

$$C(t)=at+b \tag{4-63}$$

式中：a——时钟漂移，$a=k\omega$；

b——计时初始时刻时钟偏移，$b=C(t_0)$。

对于一个完全精确的物理时钟a应该为1，然而，由于时钟晶振的老化、环境湿度、温度、电压变化等的影响，晶振的实际频率与标称频率之间存在细微差别，有如式(4-64)的关系：

$$|a-1|\leqslant\rho \tag{4-64}$$

式中：ρ——时钟漂移上限。

当前硬件能达到的ρ的典型值[127]为10^{-6}s，表明时钟关于真实时钟的时钟漂移在十天内不超过1 s，这仍然是一个很大的值。对于不同的硬件时钟而言，最大时钟漂移值ρ不同。

(2)逻辑时钟。在真实时刻 t，节点 i 的逻辑时钟读数 $L_i(t)$ 可以表示为

$$L_i(t)=\hat{a}_iC_i(t)+\hat{b}_i=\hat{a}_ia_it+\hat{a}_ib_i+\hat{b}_i \tag{4-65}$$

式中：$C_i(t)$——节点 i 在真实时刻 t 的本地时钟读数；

$\hat{a}_i$——节点 i 的逻辑时钟漂移补偿系数；

$\hat{b}_i$——节点 i 的逻辑时钟偏移补偿系数；

a_i——节点 i 的时钟漂移；

b_i——节点 i 的时钟偏移；

$\hat{a}_ia_i$——节点 i 的逻辑时钟漂移补偿值；

$\hat{a}_ib_i+\hat{b}_i$——节点 i 的逻辑时钟偏移补偿值；

对无线自组织网络的节点来说，时钟的漂移 a 和偏移 b 是无法获取的[119]。为了同步，通常将物理时钟转换为逻辑时钟。通常根据两节点间本地时钟的关系进行转换。

由式(4-63)可知，节点 i 的本地时钟 $C_i(t)$ 和节点 j 的本地时钟 $C_j(t)$ 的关系可转换为

$$C_i(t)=\frac{a_i}{a_j}C_j(t)+\left(b_i-\frac{a_i}{a_j}b_j\right)=a_{ji}C_j(t)+b_{ji} \tag{4-66}$$

式中：a_{ji}——节点 i 和 j 的相对时钟漂移；

b_{ji}——节点 i 和 j 的相对时钟偏移。

通常情况下，我们通过两个节点之间的时间戳报文交互获取与对方的时钟漂移和偏移。漂移补偿和偏移补偿是两种基本的时钟同步方法。由于时钟漂移受诸如温度、湿度、电压、设备老化等环境因素影响，比较难掌控或调整。因此许多现有的同步方案只是估计时钟偏移补偿，并以此调整本地时钟达到时钟同步。

无人机集群无线自组网时钟的难点在于：如何在分布式、无中心、动态拓扑条件下，不依赖于特定节点的获得全网时钟基准；如何在小样本、时延统计特性未知的情况下，快速准确地测量不对称、受干扰链路状态下的时钟偏差。

本节综合运用了前文所提出的信息一致性方法和灰预测方法解决这两个难题。将节点的时钟作为协同变量，应用式(4-28)即可求解全网时钟同步，本节不再展开赘述。应用式(4-28)的前提条件是要知道节点之间的时钟偏差，而时钟偏差只能通过节点之间的时间戳交互，并计入传输时延来计算，而无人机集群由于信息从产生到被正确接收的过程中存在着多种时延，这些时延的不确定性，导致接收信息的节点无法精确地比较与发送节点的时钟偏差，从而使各无人机不能及时更新状态以保持系统的一致性。尤其是在无人机集群系统中，网络拓扑结构受节点间相对位置变化和复杂环境因素的影响，随时间动态变化，且它的通信网络不能时刻保持全连通状态，加上通信链路的不稳定性和能量的限制，使得时延的不确定性更加突出。此外，无人机集群协同作战的整体作战周期较短，采用传统的基于统计模型的时延估计方法无法满足无人机集群协同作战对时敏性的需求。因此，需要在小样本、时延统计特性未知的情况下对网络传输时延进行快速准确的预测与估计，从而保证无人机集群信息一致性处理的时空统一。本书采取了灰预测与卡尔曼滤波相结合的方法，对传统的 IEEE 1588 进行改进，以实现快速信息偏差估计。

在介绍算法之前，先来对无线自组织网络中的时延特性进行细致的分析。由于目前唯一

可用的支持自组网工作模式的无线网卡均为 802.11 系列。我们就以 802.11 和 IEEE 1588 协议为对象进行分析，并以 802.11b 为载体，采用软件时间戳建立实验验证系统。

2.基于 802.11 和 IEEE 1588 的无线自组网时钟同步中的时延分析

IEEE 1588 协议融合了网络通信、本地计算和分布式一致性等多项技术，适用于所有通过多播进行通信的分布式系统，PTP 时钟同步协议能达到微秒级的同步精度。尽管 IEEE 1588 协议支持硬件的时间戳来提高更精确的时间同步，但从无线自组织网络的规模和终端考虑，通过软件标记时间戳，即在应用层记录时间戳，而非在 MAC 层记录数据发送和接收的时间戳。虽然这样会导致标记的时间因 CPU 中断进程调度而产生很大抖动，但在实时操作系统下，从应用层到物理层的时间延迟是有一个确定的时延上限的，在测量的数据中减去该时延即可。鉴于 1588 协议最终会在一个实时操作系统下运行，选择软件时间戳方式也是可行的。

在无线自组织网络中，通信节点共享无线通信信道发送数据，当两个及以上节点同时争用信道发送数据时便会产生冲突，这样将导致数据传输错误。因此在某一时刻通信信道上必须只允许一个节点发送数据，这就需要特定的媒质接入控制协议，MAC 协议大大影响无线信道的利用率和无线网络通信的性能。IEEE 802.11 协议是无线局域网的标准协议，同样适用于无线自组织网，可以在无线自组织网络中自行配置。目前 IEEE 802.11b 和 IEEE 802.11g 广泛用于无线设备终端中。

IEEE 802.11 的 MAC 协议有两种信道接入方式：PCF 和 DCF，可以工作在有固定结构的网络和分布式网络。PCF 是一种点协调方式，适用于有固定基站的无线网络，通过一个点协调器在基站决定由哪个节点占用信道进行数据传输。DCF 采用载波侦听多址接入和冲突避免协议(CSMA/CA)，载波侦听是通过物理和虚拟载波侦听机制实现的，节点在发送数据前使用载波侦听先对无线信道进行监听，如果信道空闲，则随机退避一段时间开始发送数据，如果信道被占用，已经有数据传输，则设定计时器，根据特定的算法进行退避。

节点在发送数据前若监听到信道被占用则随机退避一段时间，退避时间的计算式为

$$\text{BackoffTime} = \text{Int}[\text{CW} \times \text{Random}()] \times \text{slot} \tag{4-67}$$

式中：BackoffTime——信道冲突时的退避时间；

Int[x]——对 x 向下取整；

CW——竞争窗口；

Random()——随机数产生器；

slot——一个时隙的时间。

一个时隙的大小由物理层决定，当每个时隙结束时，退避定时器减 1，当定时器为 0 时开始发送数据，如果传输数据再次发生冲突，则竞争窗口的大小以指数级增加，CW 的大小是 2 的指数减 1，每次发生冲突，竞争窗口将会增大，重新监听信道进行冲突退避，直到数据发送成功。

无线网络通信中，数据在发送端和接收端传输过程中的时延主要由以下 6 类时延组成[65,128]，如图 4－9 所示。

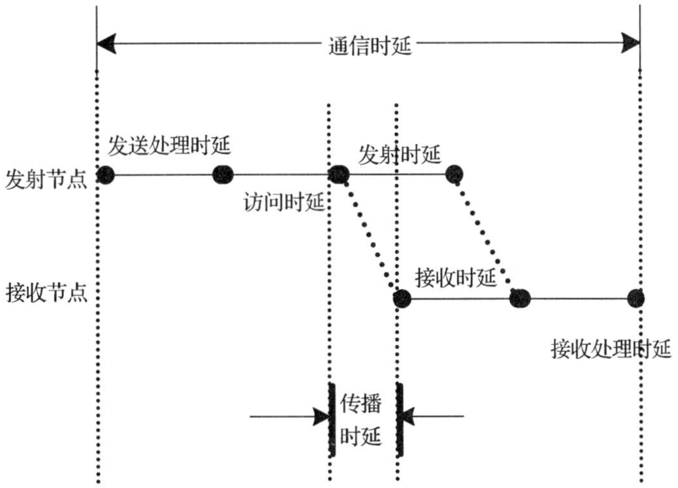

图 4-9　通信时延构成

1)发送处理时延:数据从应用层产生,到 MAC 层完成封包的时间,即信息的组装时间,受操作系统和当前处理器负载的影响;

2)信道接入时延:即访问时延,节点争用通信信道的时间,根据 CSMA/CA 退避算法,受无线网络中流量和信道利用率的影响;

3)发射时延:物理层发送数据包的时间,由数据包的长度和通信链路质量有关;

4)传播时延:数据在无线信道中的传输时间,与通信信道的距离有关,通常情况下无线自组织网络中节点的距离不超过 100 m,数据在信道上的传输时间小于 1 μs,可以忽略不计,若特殊情况下节点之间距离较远,该时延影响较大;

5)接收时延:物理层接收数据包所用的时间,通常与发射时延有重叠;

6)接收处理时延:节点接收数据包后得处理时间,对数据包进行解析,提取应用层数据并交给应用层进程的时延。

从发送方到接收方的通信时延 D 是一个不确定的随机变量,由上述可得 D 的计算公式为

$$D = D_{send} + D_{MAC} + D_{trans} + D_{radio} + D_{recv} \tag{4-68}$$

式中:D_{send}——发送处理时延;

D_{MAC}——信道接入时延;

D_{trans}——发射时延、接收时延;

D_{radio}——传播时延;

D_{recv}——接收处理时延。

(1)发送处理时延/接收处理时延。发送处理时延和接收处理时延类似,这两部分时延均由操作系统产生。以 Linux 操作系统为例,在发送过程中,用户调用的系统接口 send()、sendto()和 sendmsg(),其实都调用了 socket_sendmsg()。其调用过程如图 4-10 所示。

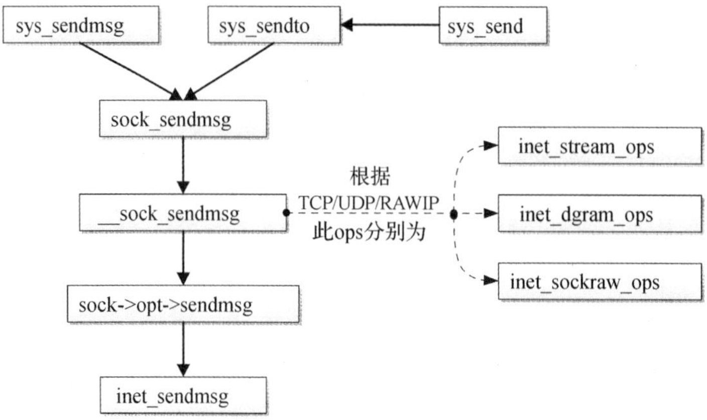

图 4－10　sys_send 函数调用树

在图 4－10 中的 inet_sendmsg()函数中，系统将会根据上层协议的不同，选择 tcp_sendmsg()、udp_sendmsg()或 raw_sendmsg()函数来发送应用层数据。在将报文交给 MAC 之前，系统还需要查询发送的接口。这个过程被操作系统分为 3 个步骤：第一步，查询本地路由表的 cache；第二步，当本地路由表中没有对应的目标网络的路由表项时，查询转发信息表(forward information base，FIB)；第三步，将查询结果写入本地路由表。考虑到时钟同步通常运行在同一个局域网内，因此，只需要查询本地路由表。

在获得了发送接口后，系统还需要获取目标节点的 MAC 地址。系统会首先查询本地的地址解析协议(address resolution protocol，ARP)缓存，如果查询的 IP－MAC 对应表项不存在，则系统会运行 ARP 协议，向网络中广播 ARP，以获得 IP－MAC 的对应关系。考虑到时钟同步协议运行于已经有过通信关系的节点之间，在本地缓存内已经存在相应的 IP－MAC 对应表项，因此，在实际工作过程中也只需查询本地缓存。

在获得了发送接口和目标节点的 MAC 地址后，系统给报文附加上源 IP 地址、目标 IP 地址、源 MAC 地址、目标 MAC 后，存入一个新建立的 sk_buffer 结构，并调用 dev_queue_xmit()函数，进入发送队列，触发软中断，发送报文。

在接收过程中，网卡驱动程序产生中断，将接收到的数据写入一个新建立的 sk_buffer 结构体，并触发软中断。软件中断会调用设备定义的 poll 函数，将报文交给正确的协议处理函数。

由以上的分析可以看出，发送处理时延和接收处理时延由三部分构成：①指令执行周期；②路由匹配和 ARP 查表时间；③中断处理时间。其中，指令执行周期是确定的。对于路由匹配和 ARP 查表时间，Linux 系统中普遍采用哈希算法查找路由表和 ARP 表进行匹配。由于子网内的节点个数不可能太多，通常在数十个以内，根据参考文献[129]进行计算可知，在 CPU 主频 400 MHz 环境下，查表时间将小于 2.4 μs。而中断处理时间由随机的中断排队等待时间和固定的中断响应时间构成，经过大量实验证明[130]，在运行于 Intel Celeron 400 MHz 处理器的标准核心 Linux 中断处理时间在 6～12 μs 之间波动，由此在现有的高频处理器中，中断处理时间小于 12 μs。考虑本文的目标是达到精度为 100 μs 的时钟同步，因此可以将查表和中断处理时间忽略不计。

(2)访问时延。访问时延 D_{MAC} 主要是指数据帧从准备完全开始等待使用信道，到获得信道使用权的这段等待时间。在 802.11 无线网络中，它的值由本章前面所述 CSMA/CA 机制决定。由前文节阐述可知，D_{MAC} 等于一个 DIFS 时间 D_{DIFS}、退避时间 $D_{backoff}$、冲突等待时间 $D_{collision}$ 之和。退避时间可根据 BEB 算法计算：

$$D_{backoff} = \mathrm{Int}[CW \times \mathrm{Random}()] \times T_{slot} \tag{4-69}$$

式中：　$D_{backoff}$——信道冲突时的退避时间；

$\mathrm{Int}[x]$——取整函数，表示小于或等于 x 的最大整数；

CW——竞争窗口，介于 CW_{min} 和 CW_{max} 间的整数，它是一个竞争窗口参数，由 BEB 算法确定；

Random()——随机数产生器，产生介于 0 与 1 之间的随机数；

T_{slot}——一个时隙的时间。

因此可写出访问时延计算公式为

$$D_{MAC} = D_{DIFS} + D_{backoff} + D_{collision} \tag{4-70}$$

(3)传播时延。传播延迟的值非常小，它仅仅是信息通过信道时的物理传播时间。无线多跳网络中节点之间的距离通常在 100 m 以内，则此时 D_{radio} 小于 0.3 μs。本文研究目标是实现一个纯软件形式、时钟同步误差小于 100 μs 的时钟同步算法，因此，此部分时延可以忽略不计。

(4)发射时延/接收时延。发射延迟 D_{trans} 主要是指站点获得信道使用权后，在无线信道下物理层发送数据帧的时间。接收延迟是物理层为了完成数据包的接收所花费的时间，通常与发射时延有重叠。在无线信道下，数据帧的发送延迟与数据帧的大小和发送速率有关，因此首先对数据帧的大小进行计算。

在 IEEE 1588 协议里，只有 Sync 报文和 Delay_Req 报文需要记录发送时间戳，Sync 报文和 Delay_Req 报文在应用层时均只有 124 个字节。而后数据从应用层发出，经过传输层、网络互联层、数据链路层、物理层进行封装传递。

在经过传输层时根据 UDP 协议进行封装，添加了 8 个字节的报头；在经过网络互联层时根据 IP 协议进行封装，添加了 20 个字节的报头。而后经过数据链路层根据 802.11b 的 MAC 层协议进行封装。由于 802.11 的组播数据帧结构和通用帧结构不同，我们对 MAC 帧结构进行如下详细说明。

根据图 4-11，802.11 的 MAC 帧在不包括上层数据的情况下，长度是 36 字节。其中 Address 4 字段只对跨 BSS 的通信有用，并且组播和广播不支持服务质量(Quality of Service，QoS)。所以在组播和广播下的基本业务集使用时，802.11 的 MAC 帧头和帧尾长度只有 28 字节。

Frame Control	Duration/ID	Address 1	Address 2	Address 3	Sequence Control	Address 4	Qos Control	Frame Body	FCS
2B	2B	6B	6B	6B	2B	6B	2B	0~2312B	4B

←MAC 帧头→

图 4-11　802.11 协议 MAC 帧结构

PTP 协议是一个用户数据报协议(User Datagram Protocol,UDP),报文长度为 124 字节,经过 UDP 协议 8 个字节报头和 IP 协议 20 字节报头的封装,长度达到 152 字节。因此此时传到物理层的数据帧,也即表示层服务数据单元(Presentation Service Data Unit,PSDU)有 180 个字节。

由物理层封装好的数据帧如图 4-12 所示。

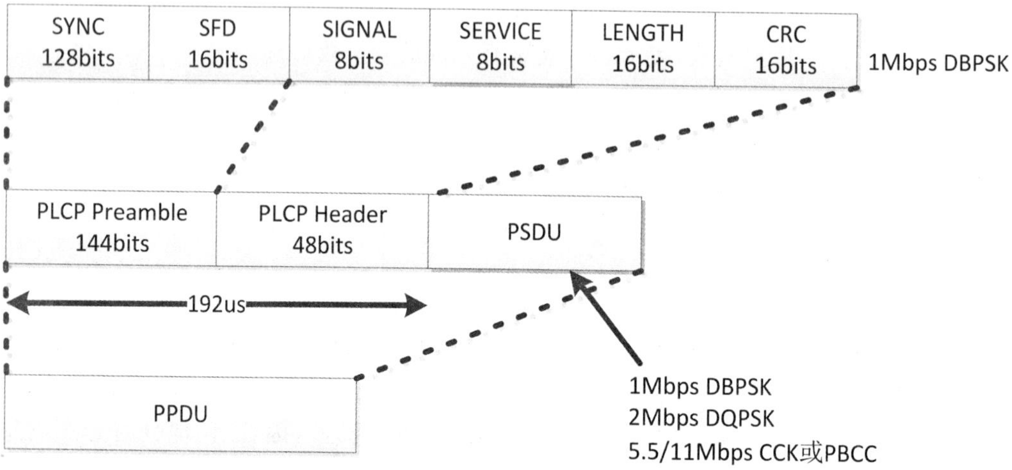

图 4-12　PLCP 数据帧结构

在物理层帧结构中,前导码由 128 位同步码(SYNC)和 16 位起始帧界定符(Start Frame Delimiter,SFD)构成。紧接着是 PLCP 头信息(PLCP Header),内容为与数据传输相关的物理参数。前导码和 PLCP 头部信息总共 192 位,以固定的 1 Mb/s 速率发送。而 PSDU 数据部分根据业务和链路质量的不同,可以选择 1 Mb/s、2 Mb/s、5.5 Mb/s 和 11 Mb/s 速率进行传送。由于 PTP 协议报文以组播形式发送,根据 WireShark 程序抓包分析,其发送速率为 1 Mb/s。因此,可以算出发射延迟/接收时延包括 PSDU 的传播时延和物理层报头的传播时延:

$$D_{\text{trans}} = T_{\text{slot}} + T_{\text{PLCP}} + T_{\text{PSDU}} \tag{4-71}$$

式中:D_{trans}——发射时延;

T_{slot}——一个时隙的时间;

T_{PLCP}——物理层 PLCP Header 传播时延;

T_{PSDU}——物理层 PSDU 传播时延。

通过以上分析可知,IEEE 1588 时钟同步算法的时延包括了确定性的时延和随机性时延两大部分。其中确定性的时延由发送处理时延/接收处理时延中的指令执行周期、发送/接收时延和传播时延构成。当数据包的长度和节点之间的距离确定时,这部分时延是固定的。随机性时延包括发送时延/接收时延中的排队、查表和中断响应时间,以及访问时延构成。从数量级上讲,访问时延是随机性时延的主要组成部分。确定性的时延是可以通过分析和计算得到的,影响时钟同步精度的主要因素就是随机性时延。因此,对不确定性时延进行准确估计,从而达到高精度的时钟同步是本文需要解决的核心问题。

4.4.3　小样本条件下基于快速时延估计的点对点时钟同步算法

无线自组织网络经常应用在军事作战、多航行体编队中和导弹集群中，这种环境下无线自组织网络的生存周期短，这就要求无线自组织网络中的节点必须在短期内就达到全网的时钟同步，因此必须提高时钟同步协议的收敛时间。灰预测理论可以在收集至少 5 个数据就能进行准确估计，非常适合进行主时钟节点和从时钟节点间的快速时延估计。

为了验证灰预测理论进行跟踪估计的效果，本文设计了测量两个网络节点间的传输时延的实验，基于灰预测方法在 802.11 无线网络环境下实现了快速时延估计算法，算法运行效果良好，如图 4－13 所示。

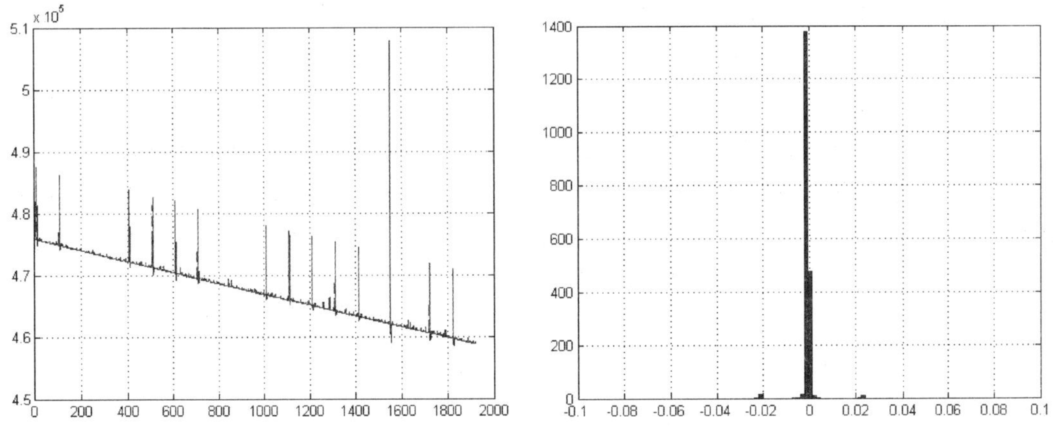

(a)　　　　　　　　　　(b)

图 4－13　时延估计值和实际值统计

(a)时延跟踪估计误差序列；(b)时延跟踪估计的误差分布

通过与实际测量所得的值进行比较，由图 4－13(a)可见，虽然时延变化比较大，但是灰预测能够很好地实现估计和跟踪。由直方分布图 4－13(b)可知，预测的误差范围为－0.02～0.02，近似正态分布，估计效果非常好。综上所述，可以认为基于灰预测理论两节点间时延估计结果的精度满足要求，可以应用在时钟同步方案中。

1.对主从时钟节点间的时延进行灰预测估计

估计节点间的时钟偏差通常是通过节点间双向时间戳交换来实现的。在单跳网络中两点同步时，假定从节点 i 要与主节点 j 进行同步，主从节点间的时间戳交换机制如图 4－14 所示。

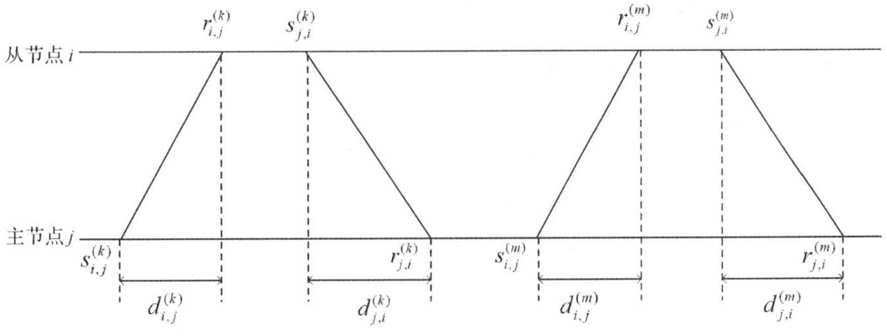

图 4－14　主节点 j 和从节点 i 之间的双向时间戳交换过程

假设节点 i 是主时钟，节点 j 是从时钟，主从节点进行时钟同步。通常节点 i 和节点 j 在 t 时刻的本地时钟为

$$\left.\begin{aligned} T_i(t) &= a_i t + b_i \\ T_j(t) &= a_j t + b_j \end{aligned}\right\} \tag{4-72}$$

式中：$T_i(t)$——主时钟节点的本地时钟；

$T_j(t)$——从时钟节点的本地时钟；

t——实时时间；

a_i——主时钟节点的时钟频偏；

a_j——从时钟节点的时钟频偏；

b_i——主时钟节点的时钟偏差；

b_j——从时钟节点的时钟偏差。

a_i、a_j、b_i 和 b_j 在基本分析时认为它们是恒定时不变的。在第 k 轮次的双向时间戳交换过程中，节点 i 发送时间戳报文的时刻为 $s_{i,j}^{(k)}$。节点 j 收到此数据包，接收时间为 $r_{i,j}^{(k)}$。t_1 时刻主节点发送它的第 k 次时间戳消息，节点 j 在 t_2 时刻接收，然后节点 j 在 t_3 时刻发送它的第 k 次时间戳，节点 i 在 t_4 时刻接收。基于式 (4-72) 和图 4-14 可得

$$s_{i,j}^{(k)} = a_i t_1 + b_i \tag{4-73}$$

$$r_{i,j}^{(k)} = a_j t_2 + b_j \tag{4-74}$$

$$s_{j,i}^{(k)} = a_j t_3 + b_j \tag{4-75}$$

$$r_{j,i}^{(k)} = a_i t_4 + b_i \tag{4-76}$$

$$t_2 = t_1 + d_{i,j}^{(k)} \tag{4-77}$$

$$t_4 = t_3 + d_{j,i}^{(k)} \tag{4-78}$$

式中：$s_{i,j}^{(k)}$——节点 i 发送时间戳报文的时刻；

$r_{i,j}^{(k)}$——节点 j 收到时间戳报文的时刻；

t_1——主节点发送它的第 k 次时间戳消息的时刻；

t_2——节点 j 接收时刻；

t_3——节点 j 发送它的第 k 次时间戳时刻；

t_4——节点 i 接收时刻；

$d_{i,j}^{(k)}$——从节点到主节点的传输时延；

$d_{j,i}^{(k)}$——主节点到从节点的传输时延。

将式(4-73) 和式(4-77)代入式 (4-74)，将式(4-75) 和式(4-78)代入式(4-76)，可得

$$r_{i,j}^{(k)} = \frac{a_j}{a_i} s_{i,j}^{(k)} + a_j d_{i,j}^{(k)} + b_j - \frac{a_j}{a_i} b_i \tag{4-79}$$

$$r_{j,i}^{(k)}=\frac{a_i}{a_j}s_{j,i}^{(k)}+a_i d_{j,i}^{(k)}+b_i-\frac{a_i}{a_j}b_j \tag{4-80}$$

这两个方程里共有 6 个未知参数(a_i，a_j，$d_{i,j}^{(k)}$，$d_{j,i}^{(k)}$，b_i，b_j)，因此不能在一次时间戳交换中找到时钟同步的方法，这 6 个未知的参数也不能通过增加时间戳交换次数来测量。由于无线信道的不稳定，$d_{i,j}^{(k)}$ 和 $d_{j,i}^{(k)}$ 不等于 $d_{i,j}^{(k+1)}$ 和 $d_{j,i}^{(k+1)}$。在式(4-73)和式(4-74)中，a_i 和 a_j 是时钟频偏，频偏的差异是由温度、工艺、器件老化等因素导致的石英晶振频率漂移引起的。提高石英晶振的稳定性非常昂贵，但在实际中，频偏的值非常接近 1[8]。因此设置时钟频偏为 1，只对时钟偏差进行估计。通过计算节点间时钟差值将时钟同步到相同的绝对时间。周期的调整时钟来补偿时钟漂移。在这种情况下，节点 i 和节点 j 间的时钟差值等于 b_j-b_i，式(4-79)和式 (4-80)改写为

$$r_{i,j}^{(k)}=s_{i,j}^{(k)}+d_{i,j}^{(k)}+\text{offset}_{i,j}^{(k)} \tag{4-81}$$

$$r_{j,i}^{(k)}=s_{j,i}^{(k)}+d_{j,i}^{(k)}+\text{offset}_{i,j}^{(k)} \tag{4-82}$$

式中：$\text{offset}_{i,j}^{(k)}$——节点 i 和节点 j 间的时钟差值；

令 $U(k)\overset{\text{def}}{=}r_{i,j}^{(k)}-s_{i,j}^{(k)}$，$V(k)\overset{\text{def}}{=}r_{j,i}^{(k)}-s_{j,i}^{(k)}$ 为节点 i 和节点 j 间的传输时延，对主从节点间的传输时延进行灰预测。模型参数如表 4-1 所示。

表 4-1　主从时钟节点间时延灰预测模型参数

$n=5$

$\boldsymbol{X}^{(0)}=\{x^{(0)}(1),x^{(0)}(2),\cdots,x^{(0)}(n)\}$

$x^{(1)}(k)=\sum^k x^{(0)}(i);k=1,2,\cdots,n$

$z^{(1)}(k)=\dfrac{x^{(1)}(k)+x^{(1)}(k-1)}{3},k=2,3,\cdots,n$

$\begin{bmatrix}a\\b\end{bmatrix}=(\boldsymbol{B}^{\mathrm{T}}\boldsymbol{B})^{-1}\boldsymbol{B}^{\mathrm{T}}\boldsymbol{Y}\quad \boldsymbol{Y}=\begin{vmatrix}x^{(0)}(3)\\ \vdots\end{vmatrix},\quad \boldsymbol{B}=\begin{vmatrix}-z^{(1)}(3) & 1\\ \vdots & \vdots\end{vmatrix}$

$x^{(0)}(k+1)=(1-\mathrm{e}^{a})(x^{(0)}(1)-\dfrac{b}{a})\mathrm{e}^{-ak},\quad k=1,2,\cdots,n-1$

2.基于灰预测理论时钟同步方案实现

本文提出的方案旨在通过在小样本下估计时间信息传输时延和不对称比率来实现快速时钟同步。图 4-15 是改进的时钟同步算法示意图。

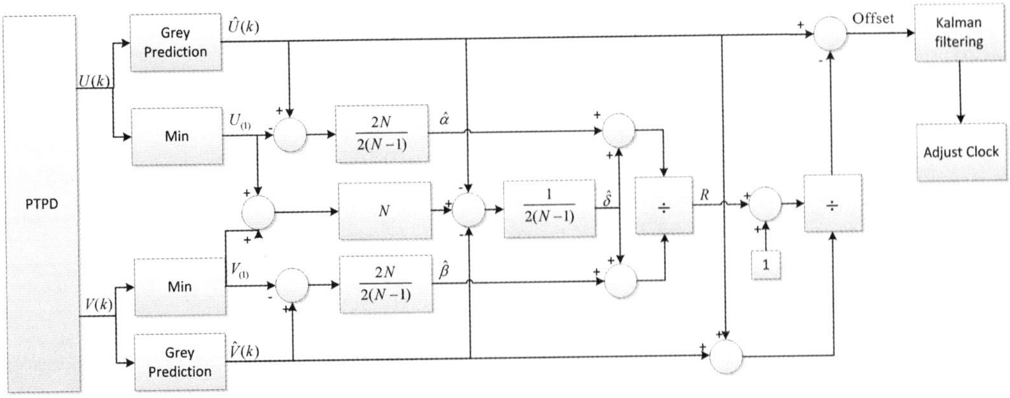

图 4-15　基于灰预测理论改进的 PTP 时钟同步算法

因此，式(4-81)和式(4-82)可重写为

$$U(k)=\delta+\tilde{d}_{ij}(k)+\mathrm{offset}(k) \tag{4-83}$$

$$V(k)=\delta+\tilde{d}_{ji}(k)+\mathrm{offset}(k) \tag{4-84}$$

式中：$U(k)$——节点 i 到节点 j 的传输时延；

$V(k)$——节点 j 到节点 i 的传输时延；

δ——时延的固定部分；

$\tilde{d}_{ij}(k)$——上行链路的不确定性部分；

$\tilde{d}_{ji}(k)$——下行链路的不确定性部分；

$\mathrm{offset}(k)$——节点间的时钟偏差。

$\tilde{d}_{ij}(k)$和 $\tilde{d}_{ji}(k)$分别改写为 α 和β。$\hat{U}(k)$和 $\hat{V}(k)$是通过灰预测理论得到的估计值，$U(1)$和 $V(1)$ 分别表示 $U(k)$和 $V(k)$的最小值。

变量$[\delta \quad \alpha \quad \beta]$的最大似然估计为[17]

$$\begin{bmatrix}\hat{\delta}\\ \hat{\alpha}\\ \hat{\beta}\end{bmatrix}=\frac{1}{2(N-1)}\begin{bmatrix}N[U(1)+V(1)]-(\bar{U}+\bar{V})\\ 2N[\bar{U}-U(1)]\\ 2N[\bar{V}-V(1)]\end{bmatrix} \tag{4-85}$$

式中：$\bar{U}$——样本$\{U(k)\}_{k=1}^{N}$的平均值；

$\bar{V}$——样本$\{V(k)\}_{k=1}^{N}$的平均值。

大量的样本才能得到有意义的平均值，这种方法不适用于快速同步的需求。

对比预测的数据和实际获得的数据，可过滤不对称的传输时延，达到快速时钟同步的目的。因此用 GM(1,1)得到的估计值替换 $\bar{U}$ 和 $\bar{V}$，可得

$$\hat{\delta}=\frac{1}{2(n-1)}\{n[U(1)+V(1)]-[\hat{U}(k)+\hat{V}(k)]\} \tag{4-86}$$

$$\hat{\alpha}=\frac{1}{2(n-1)}[\hat{U}(k)-U(1)] \tag{4-87}$$

$$\hat{\beta}=\frac{1}{2(n-1)}[\hat{V}(k)-V(1)] \tag{4-88}$$

式中：$\hat{U}(k)$——通过灰预测理论得到的 $U(k)$估计值；

$\hat{V}(k)$——通过灰预测理论得到的 $V(k)$估计值；

n——用来估计的序列的长度，此处 n 设置为 5。

用新陈代谢的 GM(1,1)模型估计 $\hat{U}(k)$和 $\hat{V}(k)$的值。它们是用同样的算法得到的，因此此处只列出 $\hat{U}(k)$的估计过程：

第一步：引入二阶弱化缓冲算子(AWBO)来弱化 $U(k)$ 的随机性。

$$U^{(0)}(k)=U(k)d^2=\frac{1}{n-k+1}[U(k-n+1)d+\cdots+U(k-1)d+U(k)d] \quad (4-89)$$

$$U(k)d=\frac{1}{n-k+1}[U(k-n+1)+\cdots+U(k-1)+U(k)] \quad (4-90)$$

按照固定部分的定理：$U^{(0)}(k)=U(k)d^2=U(k)$。

第二步：一阶累加生成(1-AGO)预处理 AWBO 的输出结果。

$$U^{(1)}(k)=\sum_{i=k-n+1}^{k}U^{(0)}(i) \quad (4-91)$$

第三步：用 GM(1,1)差分模型 EDGM 得到 $U^{(1)}(k)$的估计值。

$$\hat{U}^{(1)}(k)=\left(U^{(0)}(k-n+1)-\frac{b}{a}\right)\left(\frac{1-0.5a}{1+0.5a}\right)^2+\frac{b}{a} \quad (4-92)$$

式中，参数 a 是生长因子，b 是灰输入，则有

$$\begin{bmatrix}a\\b\end{bmatrix}=(\boldsymbol{B}^{\mathrm{T}}\boldsymbol{B})^{-1}\boldsymbol{B}^{\mathrm{T}}\boldsymbol{Y} \quad (4-93)$$

式中，$\boldsymbol{B}=\begin{bmatrix}U^{(1)}(k-n+1) & 1\\ \vdots & 1\\ U^{(1)}(k-2) & 1\\ U^{(1)}(k-1) & 1\end{bmatrix}$，$\boldsymbol{Y}=\begin{bmatrix}U^{(1)}(k-n+2)\\ \vdots \\ U^{(1)}(k-1)\\ U^{(1)}(k)\end{bmatrix}$。

第四步：用一阶转置累加生成算子(1-IAGO)进行处理，则

$$\hat{U}(k)=\hat{U}^{(0)}(k)=\hat{U}^{(1)}(k)-\hat{U}^{(1)}(k-1) \quad (4-94)$$

同理可得

$$\hat{V}(k)=\hat{V}^{(0)}(k)=\hat{V}^{(1)}(k)-\hat{V}^{(1)}(k-1) \quad (4-95)$$

得到 $\hat{U}(k)$和 $\hat{V}(k)$后，由式 (4-86)～式(4-88)计算得到$[\hat{\delta} \quad \hat{\alpha} \quad \hat{\beta}]$。不对称比率 R 由下式计算：

$$R(k)=\frac{\hat{\delta}+\hat{\beta}}{\hat{\delta}+\hat{\alpha}} \quad (4-96)$$

因此可得

$$\delta+\tilde{d}_{ji}(k)=R(k)(\delta+\tilde{d}_{ij}(k)) \quad (4-97)$$

基于式(4-83)、式(4-84)和式(4-97)，不对称链路中两个节点的偏差为

$$\mathrm{offset}(k)=\hat{U}(k)-\frac{\hat{U}(k)+\hat{V}(k)}{1+R(k)} \quad (4-98)$$

3.基于灰预测的时钟同步实验结果及性能分析

为了实现 IEEE 1588 协议在 Ad Hoc 网络的高精度的时钟同步，在原有的协议基础上根据时钟伺服系统对原有协议进行改进，增加了对主从延迟的自适应限幅滤波、单向延迟的限幅滤波和 IIR 滤波、时钟偏差的基于离散线性卡尔曼的滤波估计，从而以纯软件方式实现了适用于 Ad Hoc 网络环境下的时钟同步。本章通过实验分别对改进后的 IEEE 1588 协议在 Ad Hoc 网络环境下进行测试，给出了 PC 嵌入式系统平台下的实验结果。

(1)实验环境与实验方法。我们基于嵌入式平台建立了基于802.11的Ad Hoc网络的实验环境,进行了纯软件方式实现的IEEE 1588协议在Ad Hoc网络中的时钟同步实验与测试。实验环境由三台嵌入式开发板终端+无线网卡组成,无线网卡在802.11b下搭建为ad-hoc模式的非加密的WLAN,实验环境及逻辑通信网络拓扑分别如图4-16、图4-17所示。实验环境和相关平台的参数如表4-2所示。

图4-16 嵌入式系统平台实验环境

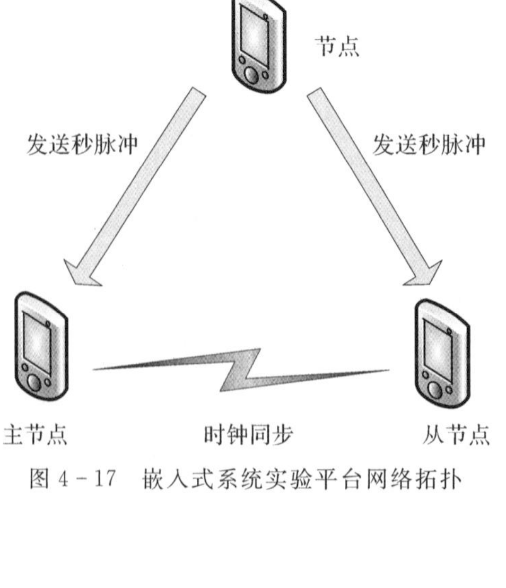

图4-17 嵌入式系统实验平台网络拓扑

表 4-2　实验测试环境

设　　备	数量	配　　置
嵌入式开发板终端	3	Tiny6410 嵌入式开发板，配备 RS232 串口 OS：Linux kernel 2.6.38 CPU：S3C6410A，主频 533MHz RAM：256M DDR RAM，256M SLC Nand Flash
终端无线网卡	3	Mavell 88W8686，SD-WIFI 模块，802.11b/g
RS232-RS485 转换器	3	采用铝箔总屏蔽/屏蔽双绞线(F/UTP)连接

(2)时钟同步精度测试方法。测试时间同步精度的方法很多，常用的方法主要有三种方法：软件自身报告，秒脉冲信号比较和时钟输出比较。

1)软件自身报告：依赖时钟同步协议堆栈自身报告的结果，显示时间同步的质量。这虽然能很好地反映协议运行过程中得到的时钟偏差，方便实现，但由于软件自身报告总是为时间同步调整之前得到的报告误差，因此这个自身报告是两个时钟的上一时刻最差的情况，不能很好地反映系统当前时刻时钟同步精度。

2)秒脉冲信号对比：是分析时钟同步的最通用的方法。它是通过观察在每秒跳变处传送的脉冲产生秒脉冲信号，来对比出当前时刻的时钟同步精度。这种测量主要的优点是它会有效地采样每秒的误差。但是秒脉冲信号需要额外的硬件设计，这是个不足之处。

3)时钟输出比较：测试时钟同步最精确的方法是，同步设置主时钟和从时钟在已知频率点产生一个时钟输出，然后比较这两路时钟信号。这在每秒钟提供了很多次误差，从而提供了更为精确的时间同步。另外，可通过模拟输出来控制时钟输出，而不会增添额外的同步误差。但这更需要在硬件上增加模块。

本项目采用秒脉冲信号对比方式，以 RS485 为基础，一个从节点发送秒脉冲，另外两个节点同时接收记录接收时间。对比两个接收方的时间差值，即可知道主从节点之间的时钟偏差。由于该测量方法不受网络时延的影响，不与时钟同步协议竞争 TCP/IP 协议栈，因而能提供高精度的记录时间。由于不需要额外时钟硬件辅助，这种串口测量方法在实验室测量阶段是非常方便节省成本的。

(3)实验结果与分析。根据上文所叙述的实验环境和时钟同步精度测试方法，搭建实验环境，我们对标准 PTP 方案、基于灰预测的时钟同步方案、基于最大似然估计的时钟同步方案进行了实验分析并做了对比。实验中 RS485 串口发送数据周期为 1 s，测试数据为 1 000 组，测得的数据用 Matlab 和 Excel 进行绘图分析。

1)标准 PTP 方案精度测试。图 4-18～图 4-22 所示为采用本文方法后测量的标准 PTP 方案的主时钟节点-从时钟节点间时钟同步误差。其中，图 4-18 显示的是 0～1 000 之间的整体时钟同步误差情况，图 4-19、图 4-20、图 4-21 分别显示了 0～200 s、200～600 s、600～1 000 s 三个子区间的时钟误差情况。图 4-22 展示了时钟收敛后时钟同步误差分布的统计直方图。

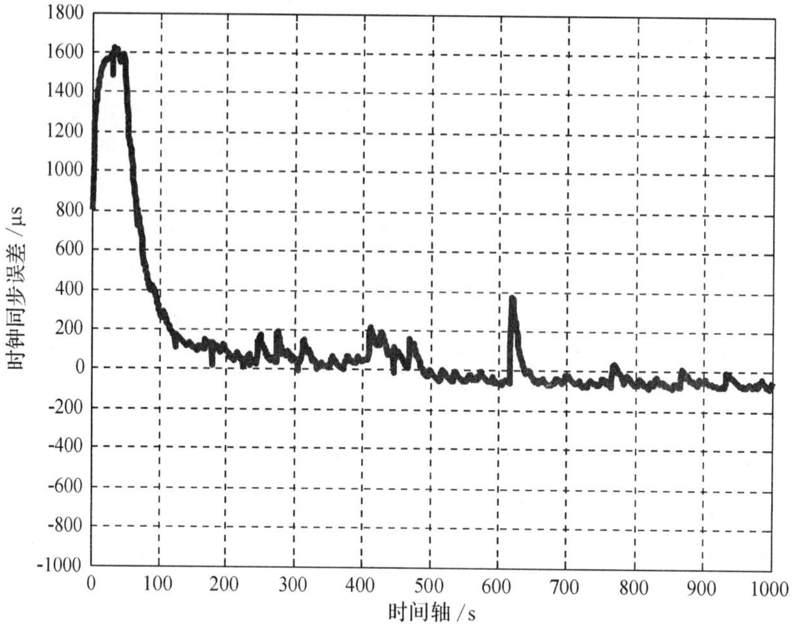

图 4-18 标准 PTP 方案主时钟节点-从时钟节点时钟同步误差

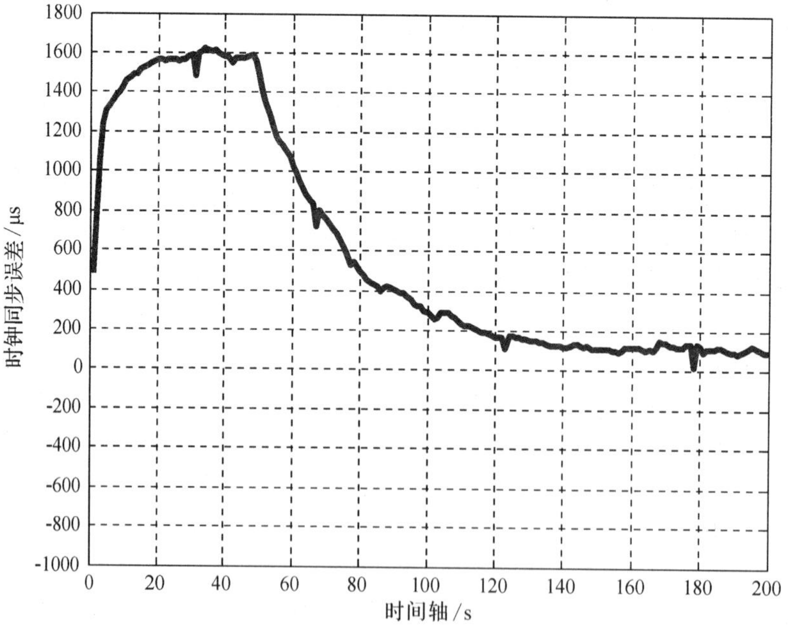

图 4-19 标准 PTP 方案主时钟节点-从时钟节点时钟同步误差放大区间 0～200 s

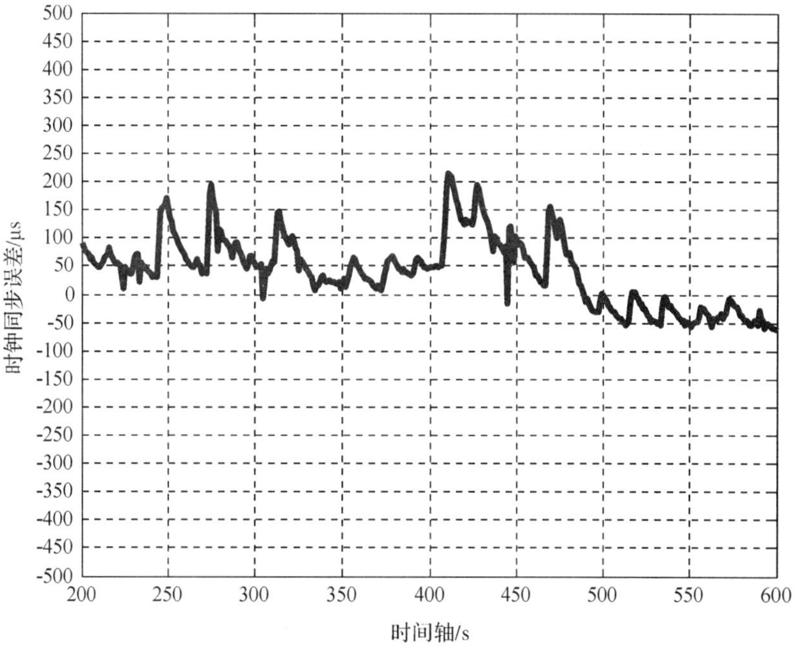

图 4－20　标准 PTP 方案主时钟节点-从时钟节点时钟同步误差放大区间 200～600 s

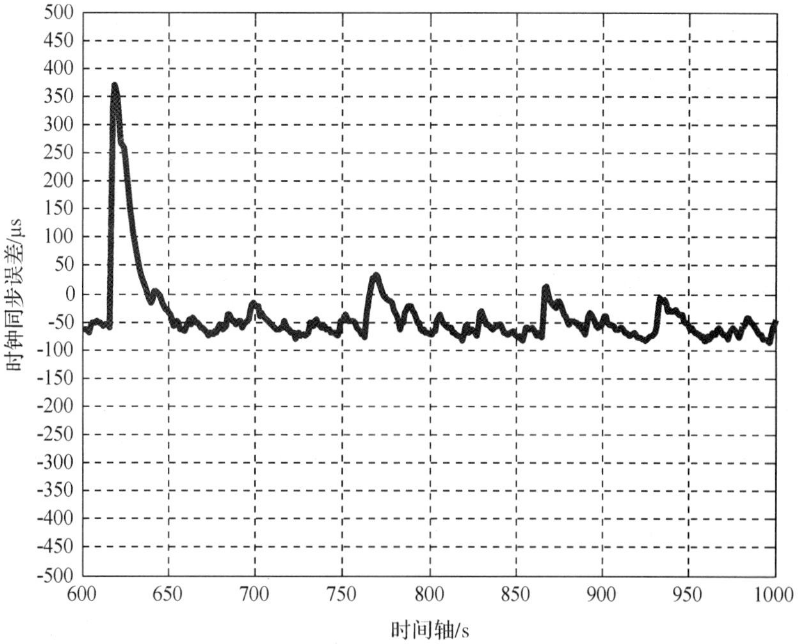

图 4－21　标准 PTP 方案主时钟节点-从时钟节点时钟同步误差放大区间 600～1 000 s

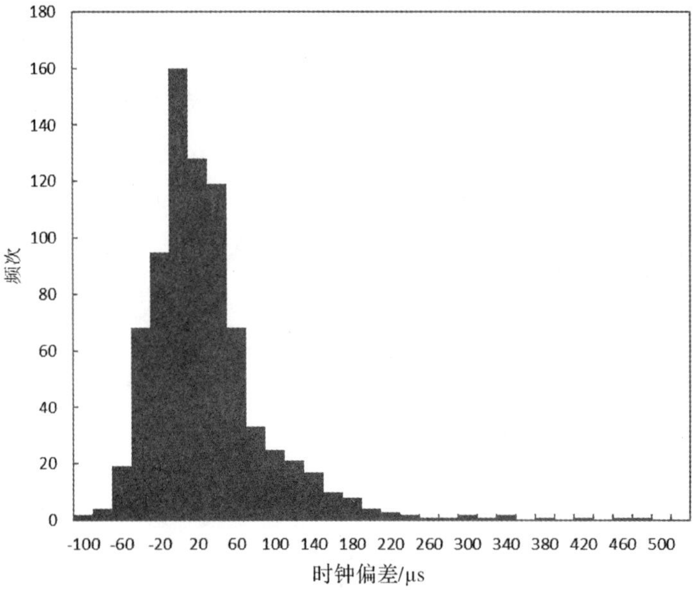

图 4-22　标准 PTP 方案主时钟节点-从时钟节点时钟同步误差统计直方图

分析实验结果可知，主时钟节点和从时钟节点之间的时钟同步误差在 200 s 后开始收敛到 100 μs 以内。从图 4-20～图 4-21 可以看出，收敛后主时钟节点和从时钟节点之间的时钟同步误差基本保持在 100 μs 以内，有小幅抖动在 100 μs 以外，时钟跟踪偏移误差小于 100 μs，满足无线自组织网络中大部分应用需求。

从图 4-22 可以明显发现，时钟同步收敛后对时钟同步误差分布情况大致呈正态分布。对实验结果进行数据统计可知，时钟同步收敛后时钟同步误差均值是 60.5 μs，时钟偏差的标准方差是 74 μs。

2)基于灰预测理论改进的 PTP 方案精度测试。图 4-23～图 4-27 所示为采用本文方法后测量的基于灰预测改进的 PTP 方案的主时钟节点-从时钟节点间时钟同步误差。其中，图 4-23 显示的是 0～1 000 之间的整体时钟同步误差情况，图 4-24、图 4-25、图 4-26 分别显示了 0～200 s、200～600 s、600～1 000 s 三个子区间的时钟误差情况。图 4-27 显示了时钟收敛后时钟同步误差分布的统计直方图。

分析实验结果可知，在灰预测模型的作用下，主时钟节点和从时钟节点之间的时钟同步误差在 45 s 后开始收敛到 100 μs 以内。从图 4-25～图 4-26 可以看出，收敛后主时钟节点和从时钟节点之间的时钟同步误差基本保持在 40 μs 以内，满足无线自组织网络中大部分应用需求。

从图 4-27 可以明显发现，时钟同步收敛后对时钟同步误差分布情况大致呈正态分布。对实验结果进行数据统计可知，时钟同步收敛后时钟同步误差均值是 30.7 μs，时钟偏差的标准方差是 19.4 μs。由此说明了本文使用灰预测进行估计主从节点间传输时延是可行的，本文所提基于灰预测改进的时钟同步方案是有效的。

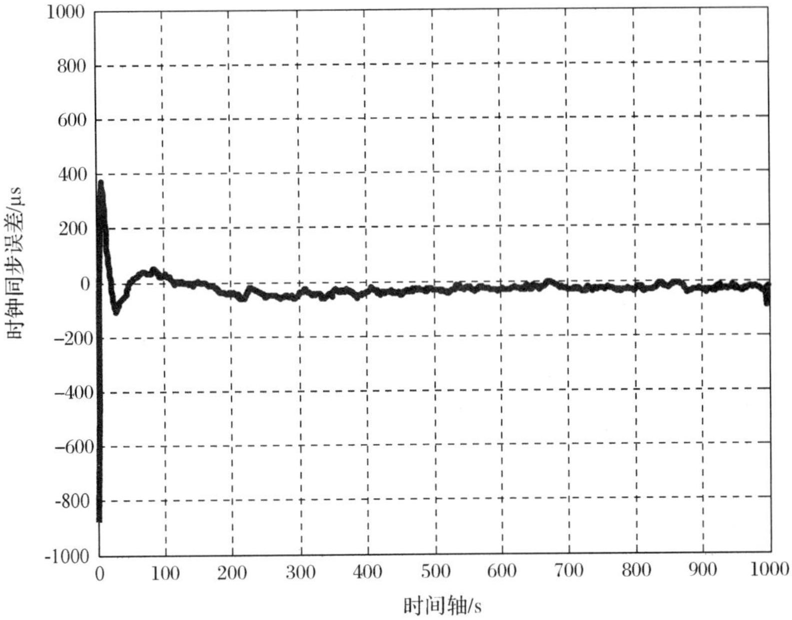

图 4－23　基于灰预测改进的 PTP 方案主时钟节点-从时钟节点时钟同步误差

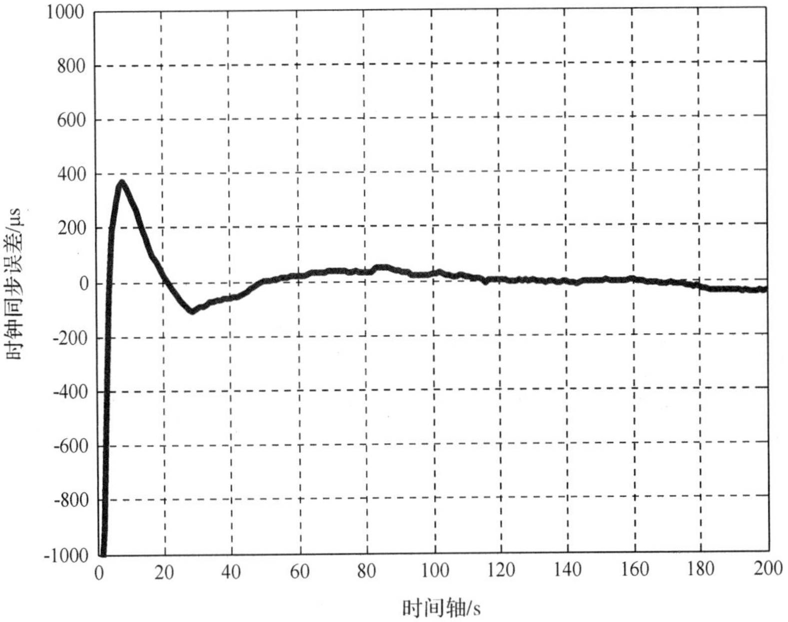

图 4－24　基于灰预测改进的 PTP 方案主时钟节点-从时钟节点时钟同步误差放大区间 0～200 s

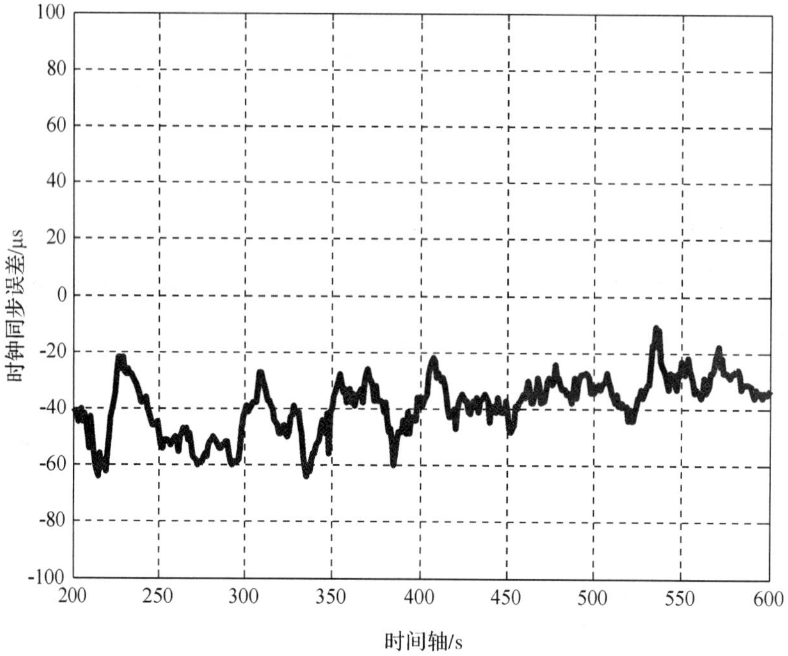

图 4-25　基于灰预测改进的 PTP 方案主时钟节点-从时钟节点时钟同步误差放大区间 200～600 s

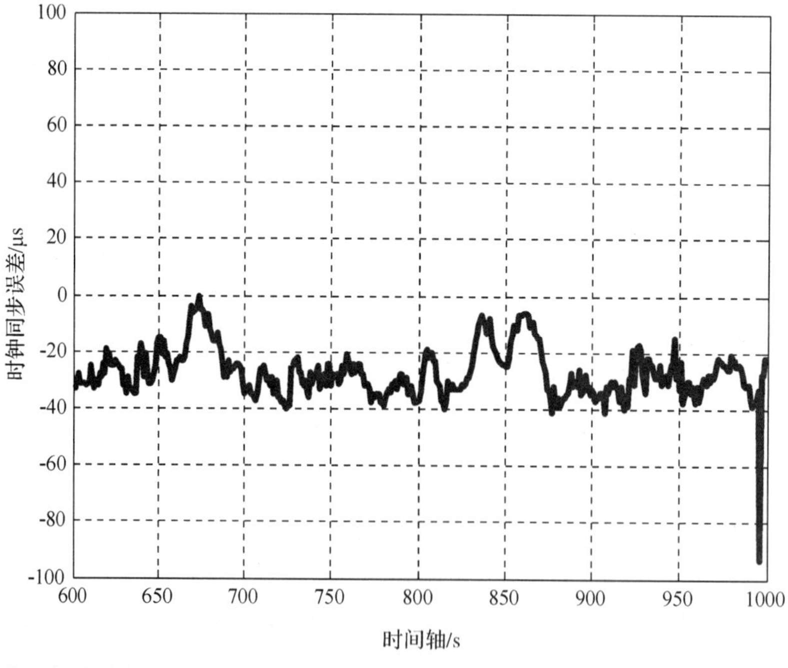

图 4-26　基于灰预测改进的 PTP 方案主时钟节点-从时钟节点时钟同步误差放大区间 600～1 000 s

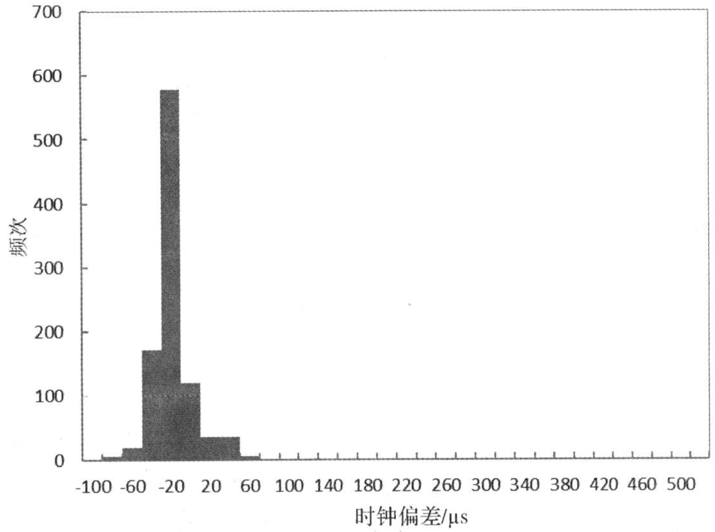

图 4-27　基于灰预测改进的 PTP 方案主时钟节点-从时钟节点时钟同步误差统计直方图

3)基于最大似然估计的时钟同步方案精度测试。图 4-28～图 4-32 所示为采用本文方法后测量基于最大似然估计改进的 PTP 方案的主时钟节点-从时钟节点间时钟同步误差。其中,图 4-28 显示的是 0～1 000 之间的整体时钟同步误差情况,图 4-29、图 4-30、图 4-31 分别显示了 0～200 s、200～600 s、600～1 000 s 三个子区间的时钟误差情况。图 4-32 展示了时钟收敛后时钟同步误差分布的统计直方图。

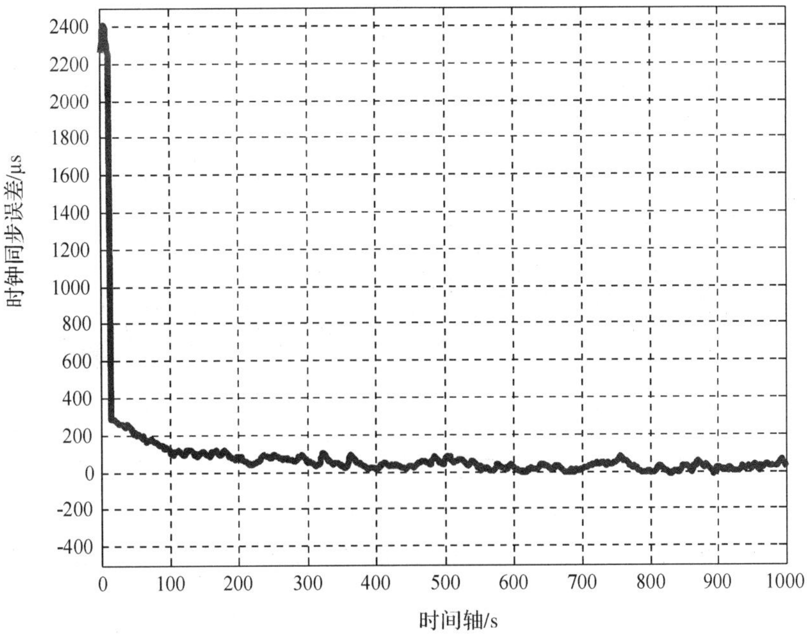

图 4-28　基于最大似然估计的 PTP 方案主时钟节点-从时钟节点时钟同步误差

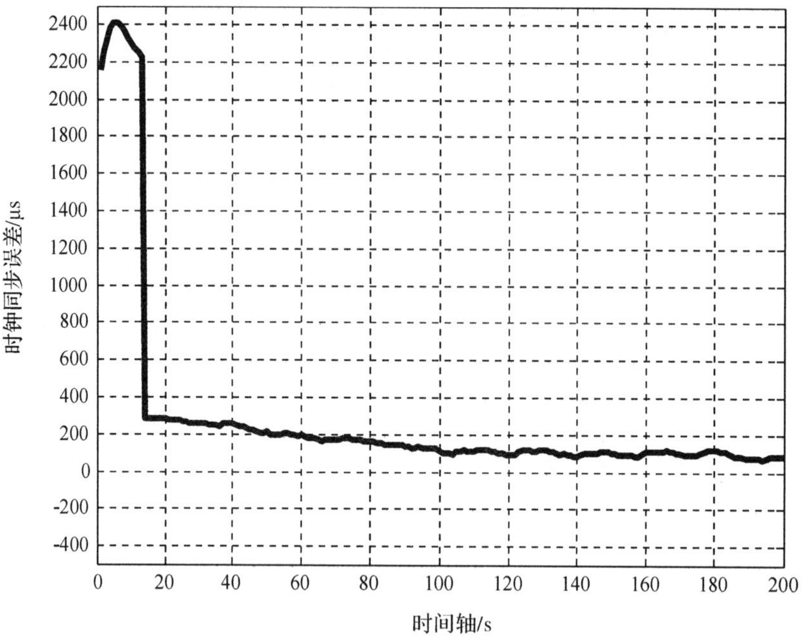

图 4-29　基于最大似然估计的 PTP 方案主时钟节点-从时钟节点时钟同步误差放大区间 0～200 s

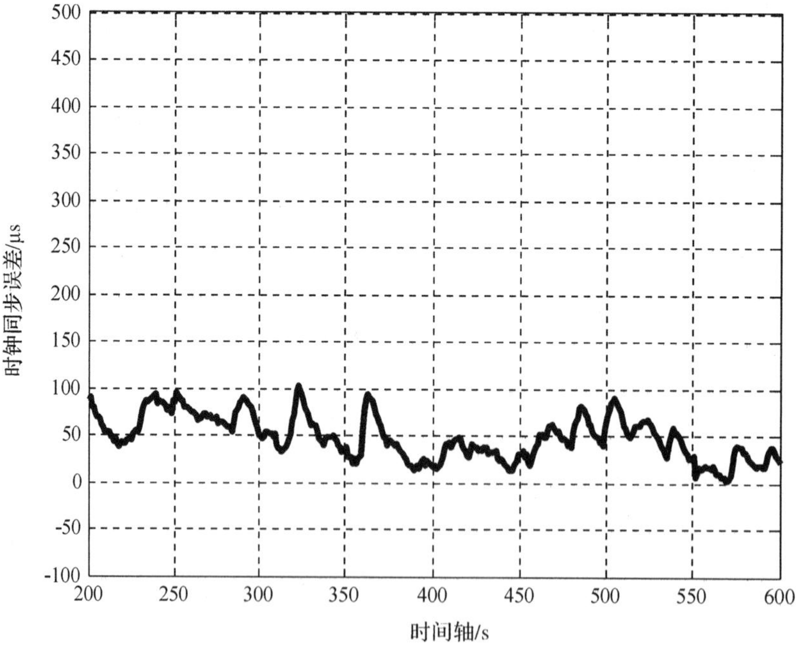

图 4-30　基于最大似然估计的 PTP 方案主时钟节点-从时钟节点时钟同步误差放大区间 200～600 s

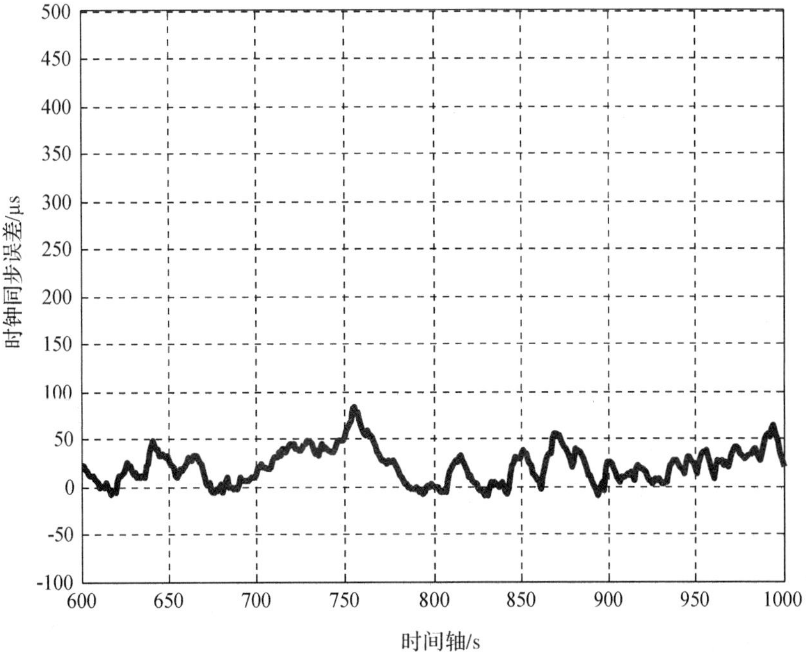

图 4-31　基于最大似然估计的 PTP 方案主时钟节点-从时钟节点时钟同步误差放大区间 600～1 000 s

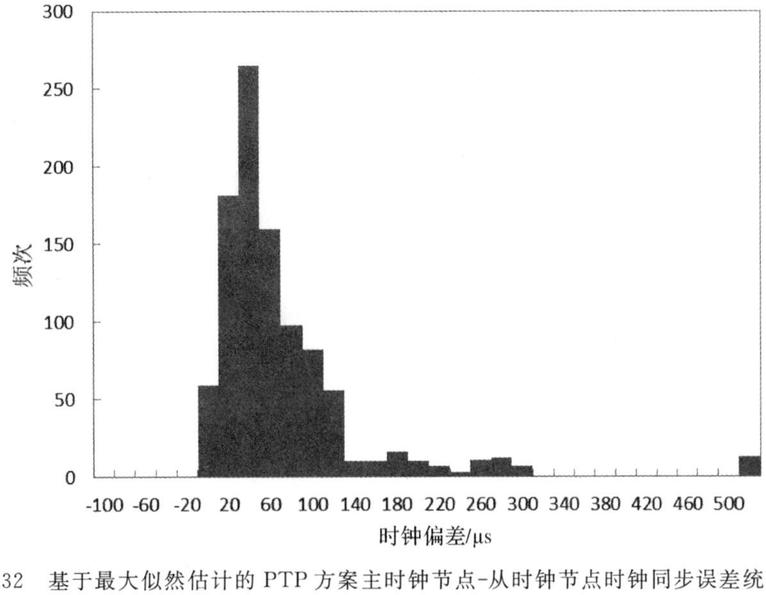

图 4-32　基于最大似然估计的 PTP 方案主时钟节点-从时钟节点时钟同步误差统计直方图

分析实验结果可知，在灰预测模型的作用下，主时钟节点和从时钟节点之间的时钟同步误差在 190 s 后开始收敛到 100 μs 以内。由图 4-30～图 4-31 可以看出，收敛后主时钟节点和从时钟节点之间的时钟同步误差基本保持在 100 μs 以内。

从图 4-32 可以看出，时钟同步收敛后对时钟同步误差分布情况大致呈正态分布。对实验结果进行数据统计可知，时钟同步收敛后时钟同步误差均值是 35.8 μs，时钟偏差的标准方差是 25.1 μs。由此说明了本文基于最大似然估计改进的 PTP 方案是有效的。

4）三种时钟同步方案比较。经过大量的对比实验，统计的时钟同步各项性能数据如表 4-3所示。

表 4-3 时钟同步方案性能比较

时钟同步方案	收敛时间/s	时钟偏差/μs	标准差/μs
标准 PTP 方案	200	60.5	74
基于灰预测改进的 PTP 方案	45	30.7	19.4
基于最大似然估计改进的 PTP 方案	190	35.8	25.1

从表中可以看出，和标准 PTP 方案相比，基于灰预测理论改进的时钟同步方案，在收敛时间上缩短了 77%，在收敛精度上提高了一倍，标准差减小了 70%；基于最大似然估计改进的时钟同步方案在收敛时间上提高不明显，收敛精度提高了一倍，标准差减小了 66%。充分说明了本文所提出的两种改进的时钟同步方案在各项性能上都有了明显提升，且更加稳定。

根据上述实验数据和分析可知，基于灰预测的时钟同步方案在基于 802.11 的 Ad Hoc 网络环境下得到了很高的精度，收敛时间短，收敛精度高并且运行稳定，这两种同步方案能够满足大部分 Ad Hoc 网络的应用需求，而且时钟同步程序以纯软件方式实现，不依赖硬件时钟点，降低了设备的成本和同步系统的复杂度。

4.4.4 基于平均场的全网时钟同步方案仿真实现

在使用 QualNet 对本文所提的方案进行仿真前，首先需要将该 MFSP 协议以模块的形式加入到 QualNet 的应用层中。由于 QualNet 系统中并没有提供对时钟同步协议的仿真模块，并且消息传输时延方面与真实环境相差较大，因此在仿真模块设计中，我们的目标主要针对全网时钟分布式同步算法这部分，对于时钟偏差估计算法，通过定义的高斯分布误差模拟实际中传输时延对时钟偏差计算的影响。这样做的好处是能更加充分地验证本文提出的基于平均场模型实现全网时钟分布式同步这一方法，并且也便于添加其他同步方案，进行分布式同步方法的比较。

本文设计了基于 MFSP 协议的分布式时钟同步程序，在 QualNet 平台下用 C 语言进行代码编写和实现。网络中的每个节点都独立地运行一个 MFSP 程序，并根据事件消息类型触发相应的处理过程。为了便于后续的深入研究，仿真程序在编写的过程中注重代码的可复用性，预留了一些接口和函数。同时在本文所实现的 MFSP 协议仿真程序中，通过调整仿真配置选项，能轻松切换到指定时钟同步协议进行仿真，目前已经实现的有 MFSP 协议和 GTSP 协议。

1.整体设计

在基于 QualNet 仿真平台的分布式时钟同步方案设计中，我们将 MFSP 协议以模块的形式添加到 QualNet 应用层协议中，其状态转换图如图 4-33 所示。

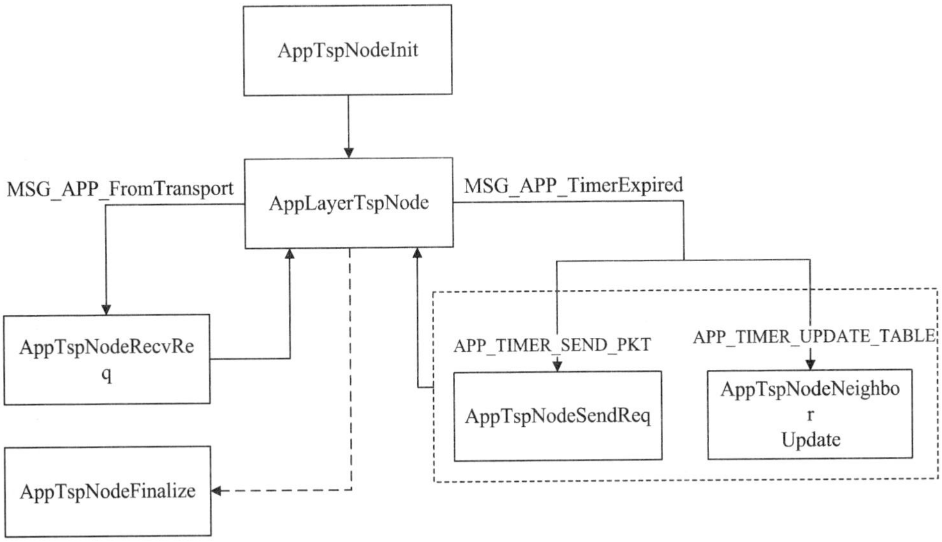

图 4-33　QualNet 中 MFSP 协议模块状态转换图

MFSP 协议模块有两个事件：MSG_APP_FromTransport 事件表示 MFSP 协议收到一个传输层的数据包，MSG_APP_TimerExpired 事件表示一个动态更新定时器已到。MFSP 协议模块中设置的动态更新定时器有两种：APP_TIMER_SEND_PKT 同步采样定时器，APP_TIMER_UPDATE_TABLE 一跳邻居表更新定时器。

MFSP 协议模块中有 6 个状态：AppTspNodeInit 用来初始化 MFSP 协议运行所需数据；AppLayerTspNode 用来循环接收 QualNet 中的事件信息并根据事件类型转到不同的状态；AppTspNodeRecvReq 用来处理 MSG_APP_FromTransport 事件，接收同步广播数据包并用于更新对应一跳邻居表中相应邻居时钟记录；AppTspNodeSendReq 用来处理 MSG_APP_TimerExpired 事件中的 APP_TIMER_SEND_PKT 定时器到达，发送同步广播数据包，并启动下一次定时器；AppTspNodeNeighborUpdate 用来处理 MSG_APP_TimerExpired 事件中 APP_TIMER_UPDATE_TABLE 定时器到达，执行节点一跳邻居表更新动作，并启动下一次定时器，AppTspNodeFinalize 结束协议运行并统计仿真数据。

MFSP 协议模块在仿真程序中主要维持两种数据结构：

(1)struct_app_tsp_node 结构存储本地节点自身属性、状态标记项以及统计量项，是协议运行的基本数据单元，其中部分参数在仿真运行开始前通过 QualNet Architect 工具即可实现配置，如图 4-34 所示。

(2)struct_app_tsp_data 结构为 MFSP 协议运行时节点之间通信的报文格式，其中包含协议版本号、报文类型、报文序列号、本地时钟值等基本数据项。

2.算法流程实现

本文在 QualNet 仿真平台上设计的 MFSP 协议模块具体实现流程如图 4-35 所示。首先调用 QualNet 调用系统函数 APP_InitializeApplications()从配置文件中读取需要初始化的仿真参数，主要包括本地节点地址、目的节点地址、请求报文的计划发送数量、同步迭代间隔、是否使用邻居表动态更新、邻居表更新间隔、随机数种子、时钟同步算法选择等，如图 4-34 所示。然后调用 AppTspNodeInit()函数对节点 struct_app_tsp_node 结构进行初始化。当节点完成初始化之后进入空闲状态，等待事件消息的到来。接收到事件消息后调用 AppLayerTspNode()函数进行处理。当仿真时间结束，调用 AppTspNodeFinalize()函数结束仿真，收集仿真统计数据。

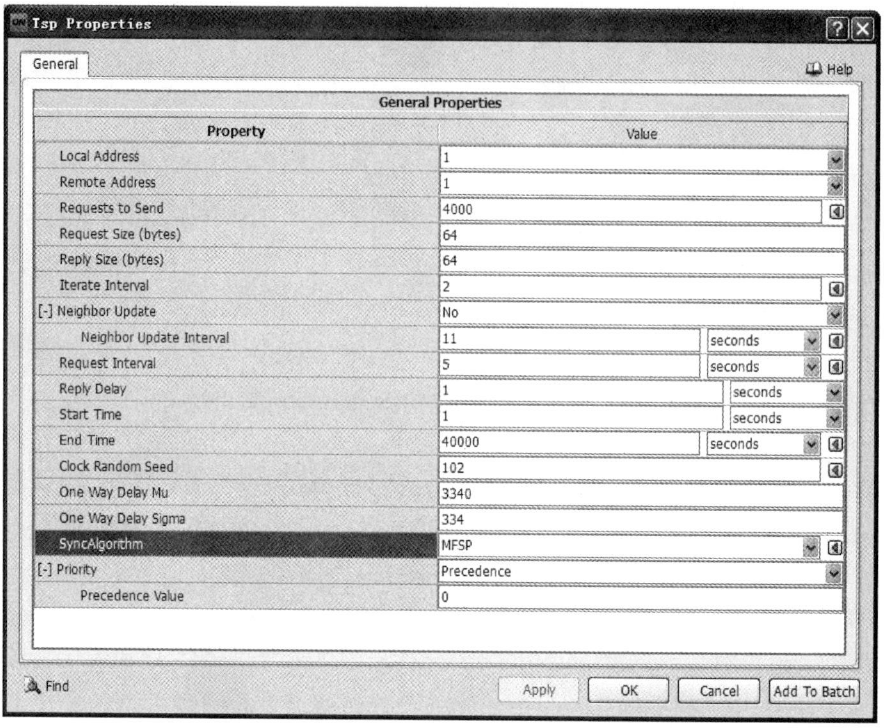

图 4-34　QualNet 仿真相关参数配置图

在基于 QualNet 仿真平台的 MFSP 协议模块设计中，AppLayerTspNode()函数是程序的核心部分，其具体流程如图 4-36 所示。

由于 QualNet 是一种离散事件仿真工具，因此只有接收到事件消息后才会调用 AppLayerTspNode()函数进行处理。在函数实现的开始，首先需要对消息类型进行判断。若消息类型为 MSG_APP_TimerExpired，表示动态更新定时器已到，则首先调用 AppTspNodeGetNode()函数，根据定时器消息中的 sourcePort 端口号获得节点 AppDataTspNode 类型的指针。然后进一步判断该定时器类型，若定时器类型为 APP_TIMER_SEND_PKT，为同步采样定时器，则下一步依次调用 AppTspNodeUpdateClock()函数和 AppTspNodeSendReq()函数。AppTspNodeUpdateClock()函数的作用是执行节点分布式时钟同步算法，AppTspNodeSendReq()函数作用是发送同步广播报文。若定时器类型为 APP_TIMER_UPDATE_TABLE，为一跳邻居表更新定时器，则需要调用 AppTspNodeNeighborUpdate()函数更新节点本地一跳邻居表。若消息类型为 MSG_APP_FromTransport，则进一步调用 AppTspNodeRecvReq()函数，读取同步广播数据包中携带的邻居时钟，更新节点本地一跳邻居表中对应邻居的时钟记录。

在基于 QualNet 仿真平台的 MFSP 模块设计中，节点分布式时钟同步算法 AppTspNodeUpdateClock()的执行发生在发送同步广播报文之前，也即调用 AppTspNodeSendReq()之前，因此有必要对该机制进行解释。由前文中 MFSP 协议算法流程描述可知，节点收到完整的一个采样周期内的邻居节点发送的同步广播数据包后，即可执行本地分布式时钟同步算法。因此我们选择在每轮同步广播发送之前进行分布式时钟同步算法的执行，即调整本地时钟。同时在无线环境中，基于 UDP 的广播报文并不能保证报文的可靠到达，节点之间通讯存在丢包误帧的情况，因此在仿真程序中我们提供可调的迭代系数选项 iterateCoeff。该选项默认为 1，其含义为每经过 iterateCoeff 轮同步采样广播，才调用一次本地节点分布式时钟同步算法。iterateCoeffResidue 为程序中定义的迭代系数计数器，其初始值和每次复位值为 iterateCoeff。

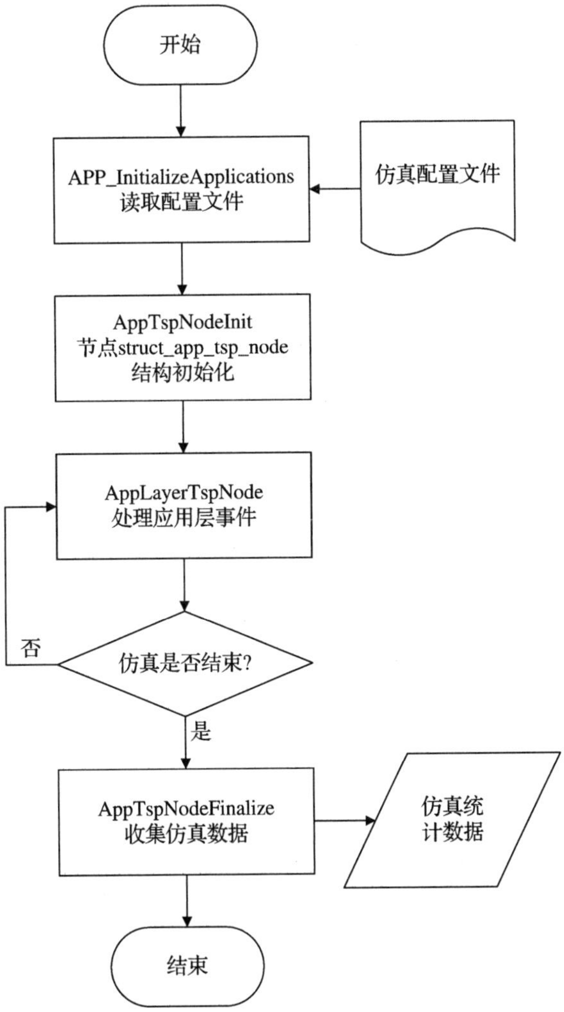

图 4－35　MFSP 协议模块实现流程图

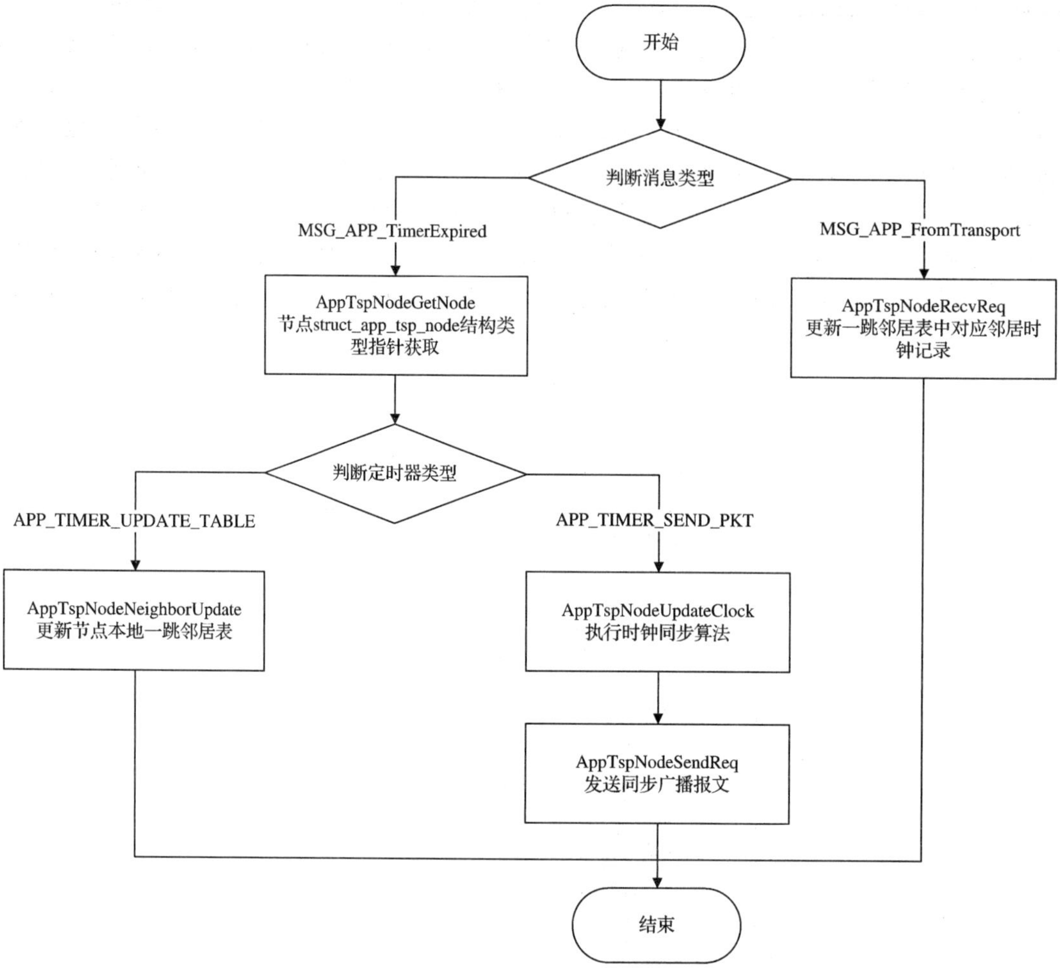

图 4-36　AppLayerTspNode()函数流程图

图 4-37 所示为 AppTspNodeUpdateClock 函数的流程图。

在函数运行的开始，首先节点迭代系数计数器 iterateCoeffResidue 减 1。然后判断迭代系数计数器 iterateCoeffResidue 是否为 0。若不为 0，则函数返回。若为 0，则复位为 iterateCoeff，并根据 syncAlg 的不同类型执行不同的时钟同步算法。程序中此处调用的时钟同步算法函数有基于 GTSP 协议的 AppTspNodeTimeSyncGTSP()和基于 MFSP 协议的 AppTspNodeTimeSyncMFSP()。在调整完本地时钟后，调用 AppTspNodePrintStats()函数将相关仿真数据记录到文件中。在整个仿真结束后可以通过对该文件进行分析获取相应时钟同步算法的性能。

3.基于 QualNet 平台的仿真实验与性能分析

(1)仿真指标与方法。

1)仿真指标。为了定量分析本文 MFSP 协议仿真模块的收敛精度与收敛时间，定义仿真中节点时钟误差的两种判定标准：全网一跳距离最大时钟误差、全网最大时钟误差。

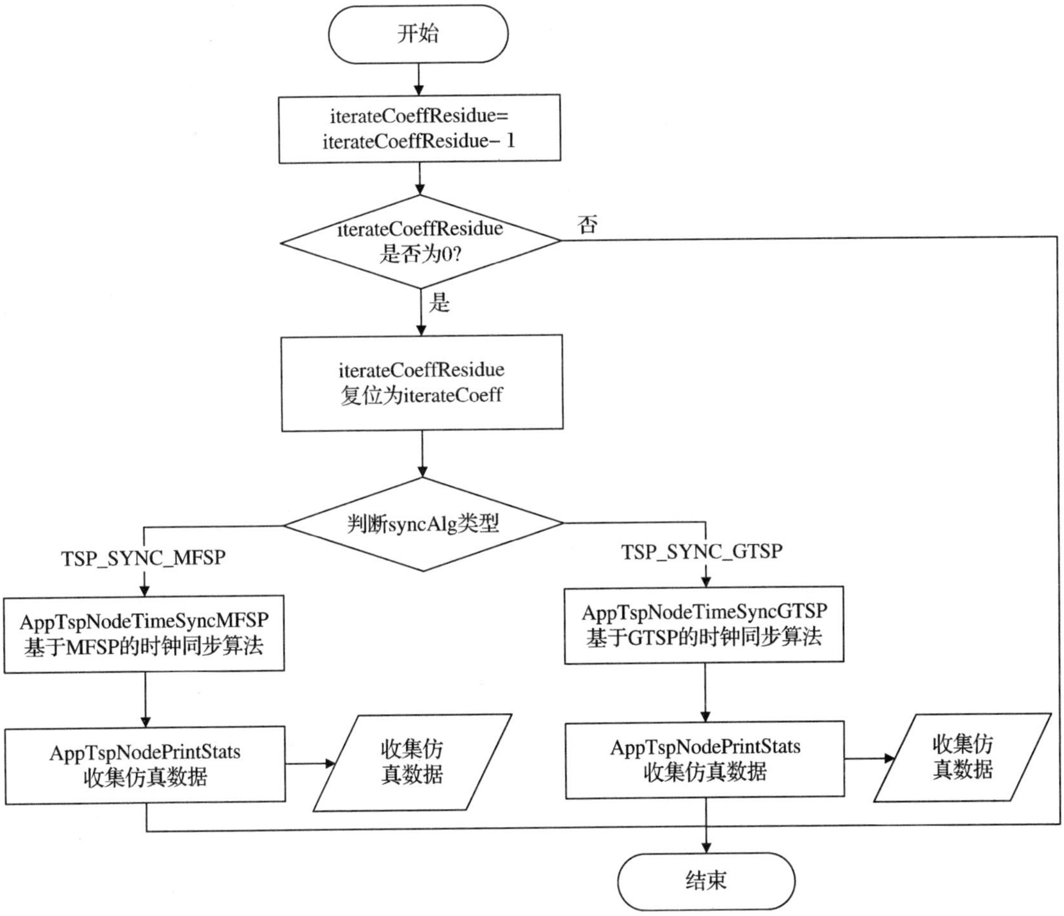

图 4-37　AppTspNodeUpdateClock 函数流程图

定义在第 k 次同步操作后，全网中所有一跳邻居之间的最大时钟同步误差，也即全网一跳距离最大时钟误差 $e_{1-\text{hop}}(k)$ 可表示为

$$e_{1-\text{hop}}(k)=\max_{i\in V, j\in N_i}\{|C_i(k)-C_j(k)|\} \tag{4-99}$$

式中：$C_i(k)$——节点 i 在第 k 次同步操作后的本地时钟；

$C_j(k)$——节点 i 的一跳邻居节点 j 在第 k 次同步操作后的本地时钟。

如果全网中一跳距离最大时钟误差值 $e_{1-\text{hop}}(k)=0$，就意味着达到了每个节点一跳距离内达到局部同步。

定义在第 k 次同步操作后，全网最大时钟误差值 $e(k)$ 为

$$e(k)=\max_{i,j\in V}\{|C_i(k)-C_j(k)|\} \tag{4-100}$$

式中：$C_j(k)$——任意节点 i 和 j 在第 k 次同步操作后的本地时钟。

显然，如果全网最大时钟误差值 $e(k)=0$，全网所有时钟必然完全同步。

2)仿真方法。在 QualNet 仿真中设定每个节点的初始本地时钟在[0s，1s]中均匀分布随机取值，因此选取 $e_{1-\text{hop}}(k)$ 或 $e(k)$ 开始持续小于 10^{-6} s 时作为达到全网收敛的指标。

QualNet 仿真是在 QualNet 5.0 环境下运行的。仿真场景为具有标准 2-D 网格拓扑结

构的多个节点构成。为了便于对 MFSP 协议的精度和收敛性进行分析比较，采用静态路由，假设节点仅与其水平或垂直方向的一跳邻居进行交互，即标准的 4 -邻居系统。在每一次同步迭代过程中，网络中的每个节点与其邻居节点交换时间戳，并同步更新各自的本地时钟。图 4 - 38为本文在 QualNet 上使用的无线自组织网络的一个仿真场景。

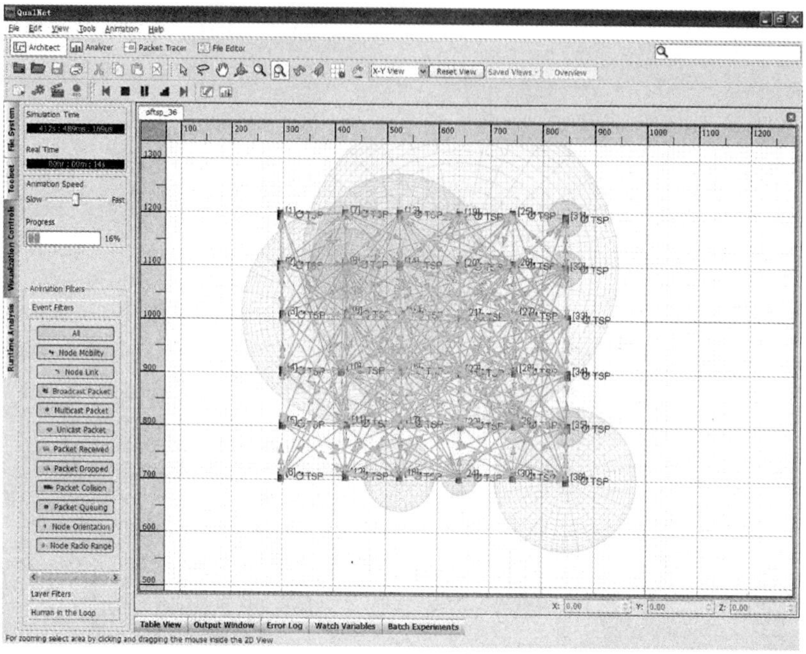

图 4 - 38　仿真环境

在仿真前，需要根据实验目的，设置节点和网络、调整实验参数和仿真时间等。本文所要进行 QualNet 仿真的主要配置参数见表 4 - 4。

表 4 - 4　QualNet 仿真场景主要配置参数

参　　数	数值及类型
场景大小/(km×km)	0.5×0.5～1.5×1.5
节点个数	16/25/36/49/64/81/100
拓扑结构	网格
初始时钟偏差/μs	[0,+10^6]均匀分布
迭代系数	2
时钟同步算法	MFSP/GTSP
物理层	802.11b Radio
噪声因子/dB	10
数据链路层	802.11

如前文所述，GTSP 协议是一种典型的基于群组一致性模型的分布式时钟同步方案，本文所提出的 MFSP 协议亦是一种采用群组同步方式的分布式时钟同步协议。因此，本节中将 GTSP 协议和 MFSP 协议在 QualNet 环境下进行了仿真对比，以验证 MFSP 协议的性能优势。

需要重点说明的是，GTSP 协议是基于发送者模型获取邻居时钟值的，依赖 MAC 层时间戳，忽略了传播时延。而本文 MFSP 协议是基于广播形式实现的发送者-接收者模型，使用应用层时间戳，考虑了传输时延的不确定性，并采用卡尔曼滤波算法对时钟偏差进行估计。仿真中我们通过定义的高斯分布误差模拟实际中传输时延对时钟偏差计算的影响。因此在获得与邻居节点的精确时钟偏差上，GTSP 协议与 MFSP 协议将相同。因此本文对二者比较的重点在于全网时钟分布式同步算法这部分。

(2)仿真结果与分析。在本文基于 QualNet 平台的仿真实验中，将从以下四个方面测试 MFSP 协议性能：

a.MFSP 协议时钟同步收敛过程；

b.不同网络规模下 MFSP 协议时钟同步收敛性能比较；

c.MFSP 协议与 GTSP 协议时钟同步收敛性能比较；

d.MFSP 协议与 GTSP 协议在不同网络规模下达到收敛所需迭代次数比较。

其中第一组实验是为了验证本文 MFSP 协议的可行性，第二组实验是为了验证本文 MFSP 协议的性能，第三组实验是为了验证本文 MFSP 协议相比 GTSP 协议在时钟同步精度方面的性能，第四组实验是为了验证本文 MFSP 协议相比 GTSP 协议在时钟同步收敛时间方面的性能。

1)MFSP 协议时钟同步收敛过程。图 4－39 所示为 MFSP 协议下 10×10 个节点在 120 次同步迭代内的全网时钟值的收敛过程。其中，图 4－39(a)所示为时钟初始状态，图 4－39(b)～(d)是分别迭代了 1 次、3 次和 5 次后的全网时钟状态，图 4－39(e)～(p)显示的是从第 10 次迭代到第 120 次迭代，每隔 10 次迭代后全网时钟的收敛过程。

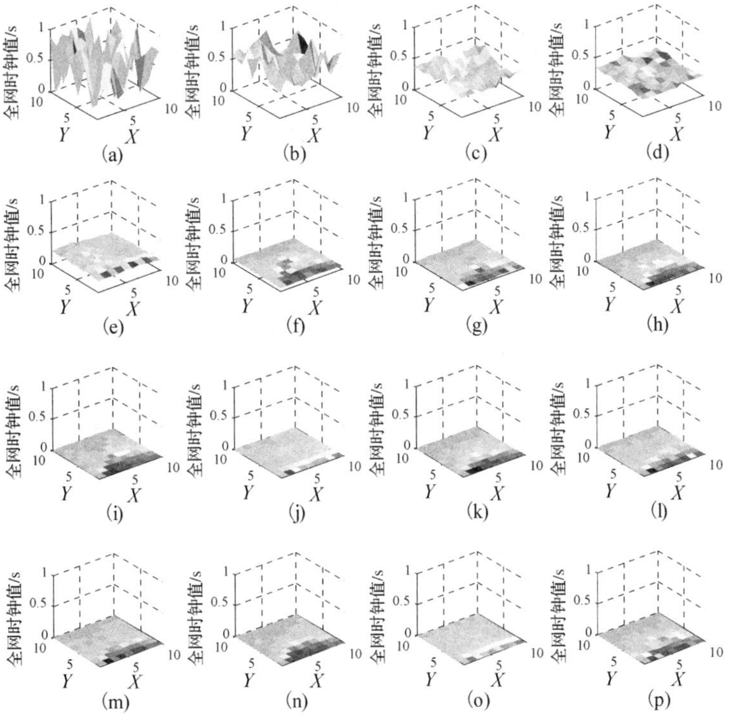

图 4－39　MFSP 协议下全网时钟收敛过程

图 4-40 所示为图 4-39 全网时钟收敛过程中的全网时钟值的最大值、最小值、均值、标准差与收敛指标的对比曲线。为了便于数据的展示，Y 轴采取对数坐标。

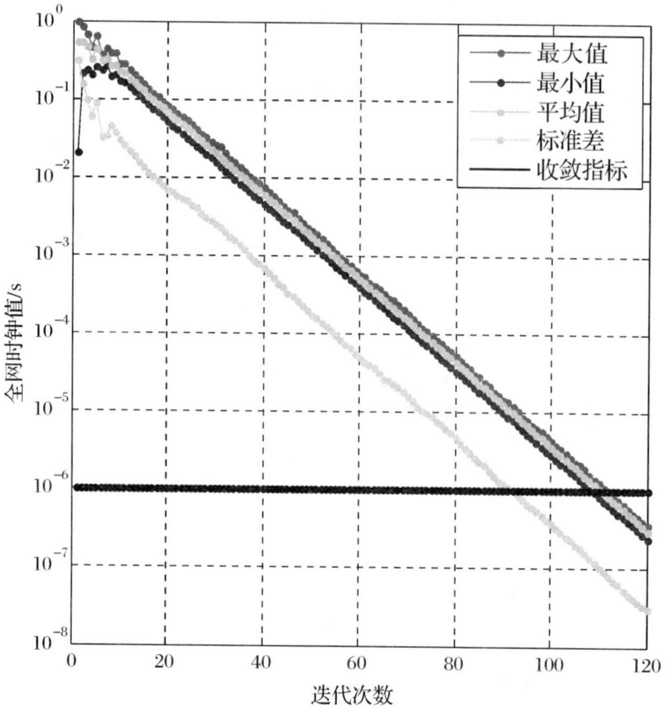

图 4-40　MFSP 协议下全网时钟收敛性能

从图 4-39 可以直观地看出，在使用 MFSP 协议进行全网时钟同步时，全网节点时钟均能很快同步，并实现分布式并行同步。从图 4-40 中全网时钟值变化曲线（Y 轴为对数坐标）也可以看出，全网时钟均向最低值处收敛，并以指数级下降，并且在 120 次迭代以内就能达到收敛状态，由此可以说明本文所提时钟同步协议 MFSP 用于全网时钟分布式同步是可行的。

2）不同网络规模下 MFSP 协议时钟同步收敛性能比较。为了更加全面地验证本文所提 MFSP 协议的有效性，我们进行了不同网络规模下 MFSP 协议时钟同步误差收敛的性能比较仿真实验。图 4-41 和图 4-42 描述了 4×4、6×6、8×8、10×10 个节点在 120 次同步迭代内节点之间的时钟误差的收敛性能，其中图 4-41 中以全网一跳距离最大时钟误差作为时钟同步误差判定标准，图 4-42 则以全网最大时钟误差作为判定标准。为了便于数据的展示，Y 轴采取对数坐标。

表 4-5 中详细记录了图 4-41 和图 4-42 中的不同判定标准及不同场景下 MFSP 协议达到收敛所需迭代次数的数据。

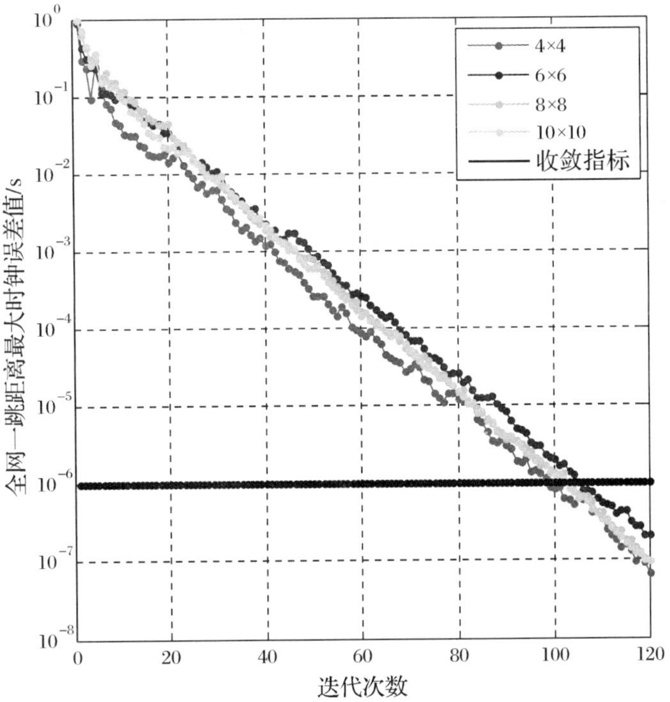

图 4-41　4×4、6×6、8×8、10×10 个节点在 120 次同步迭代内全网一跳距离最大时钟误差对比

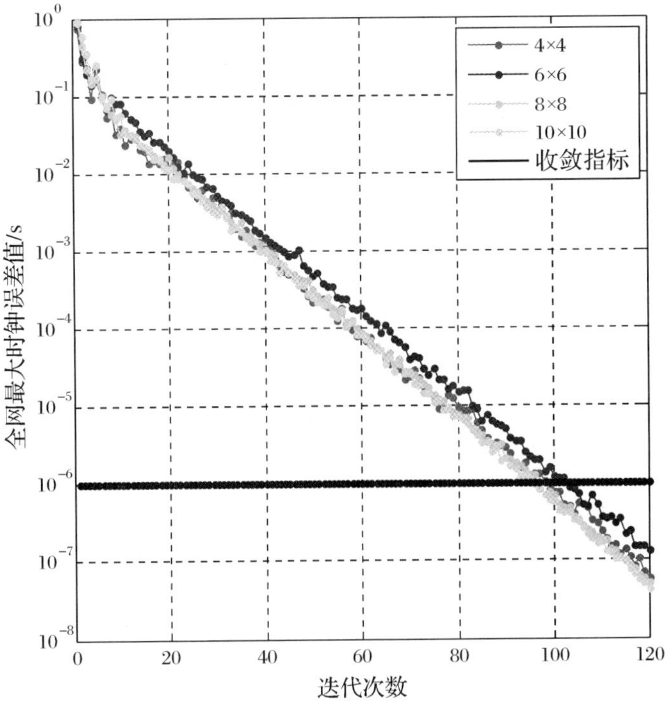

图 4-42　4×4、6×6、8×8、10×10 个节点在 120 次同步迭代内全网最大时钟误差对比

表 4-5　4×4、6×6、8×8、10×10 个节点达到收敛所需迭代次数

节点规模	达到收敛所需迭代次数	
	全网一跳距离最大时钟误差	全网最大时钟误差
4×4	99	99
6×6	103	106
8×8	97	103
10×10	96	102

对比图 4-41 和图 4-42 中不同节点规模下全网时钟收敛曲线变化，可以发现本文所提 MFSP 协议在不同网络规模下收敛时间稳定，并且与时钟同步误差判定标准无关。表 4-5 中达到收敛所需迭代次数的统计数据中也清晰地说明本文 MFSP 协议收敛时间稳定的特点。由此验证了本文有关协议性能的理论分析，说明了本文 MFSP 协议具有收敛时间稳定、网络拓扑规模变化不敏感和适用大规模无线自组织网络的特点，这也是本文 MFSP 协议的优点。

3）MFSP 协议与 GTSP 协议时钟同步收敛性能比较。为了更加辩证地验证本文所提方法的优势，如前所述，我们选取同为群组一致性算法的 GTSP 协议进行对比仿真验证。图 4-43和图 4-44 所示为 MFSP 协议和 GTSP 协议在 6×6 节点网络规模下随着同步迭代次数的增加，分别在全网一跳距离时钟最大误差和全网时钟同步最大误差判定标准下的时钟同步收敛图，其中 Y 轴均为对数坐标。

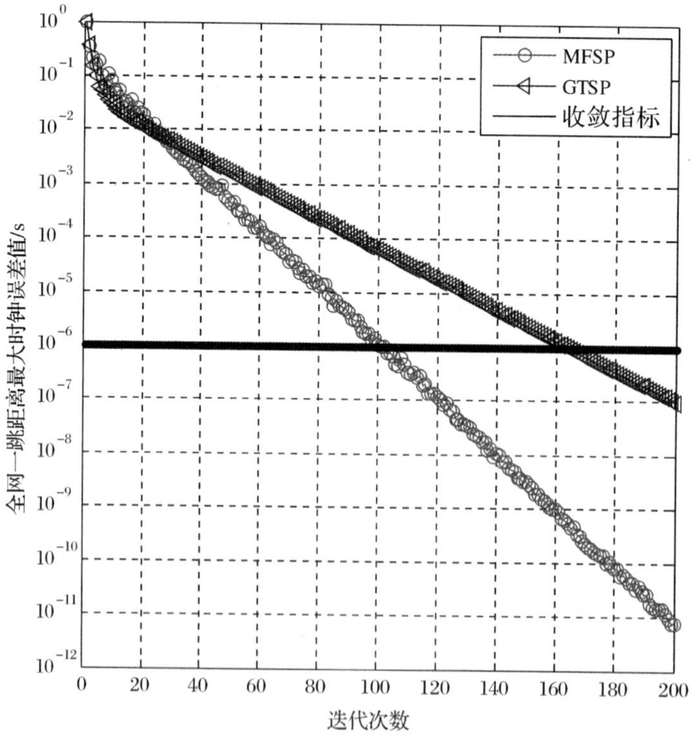

图 4-43　MFSP 协议和 GTSP 协议在 6×6 节点下全网一跳距离最大时钟误差收敛性能对比

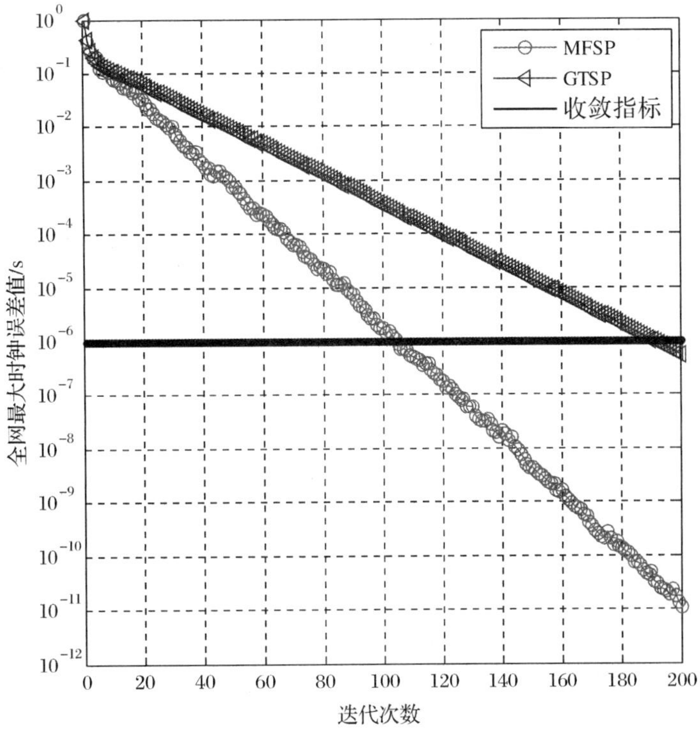

图 4-44　MFSP 协议和 GTSP 协议在 6×6 节点下全网最大时钟误差收敛性能对比

从全网一跳距离时钟误差最大值指标上对比，图 4-43 中 GTSP 协议需要 165 次同步迭代才完成了收敛，而 MFSP 协议只需要 101 次。从全网时钟误差最大值指标上对比，图 4-44 中 MFSP 协议经过 105 次同步迭代完成了收敛，而 GTSP 协议则需要 191 次同步迭代。尽管 GTSP 协议与 MFSP 协议同为指数级收敛，但 MFSP 协议具有更快的收敛特性。由此可以验证本文所提基于平均场的分布式时钟同步协议 MFSP 相比典型分布式时钟同步协议 GTSP，具有快速收敛的特点。

4)MFSP 协议与 GTSP 协议在不同网络规模下达到收敛所需迭代次数比较。图 4-45 和图 4-46 展示了 MFSP 协议和 GTSP 协议随着网络节点规模的增大，达到同步所需要的迭代次数变化，其中图 4-45 以全网一跳距离最大时钟误差作为比较标准，即一跳邻居范围内达到同步，图 4-46 以全网最大时钟误差作为对比标准，即全网范围内达到同步。网络规模比较的范围从 4×4 节点规模开始，对于节点规模较小的场景，本文不对其进行对比。由于完成一次全网同步迭代 GTSP 协议和 MFSP 协议均需要全网节点一次同步广播包的采样，因此这里达到同步所需要的迭代次数的对比，也即为收敛时间的对比。表 4-6 对图 4-45 和图 4-46 中不同比较标准、不同节点场景下全网收敛迭代次数的数据进行了记录与统计。

由图 4-45、图 4-46 和表 4-6 中可见，GTSP 协议达到同步所需的迭代次数与网络规模成正比，对网络规模变化敏感。而本文所提 MFSP 协议则随着网络规模的变化，保持着基本稳定的收敛，即收敛时间稳定。在 4×4 节点的网络规模下，我们发现 MFSP 协议的收敛时间并不优于 GTSP 协议，但当网络规模更大时，MFSP 协议的优势就明显展现出来了。由此可知本文所提方法的核心优势在于收敛时间稳定、不受网络规模影响、能够保证全网同步的及时性。同时也充分验证了本文所提 MFSP 协议具有快速收敛、收敛时间稳定、对拓扑规模变化不敏感以及适用于大规模无线自组织网络的特点。

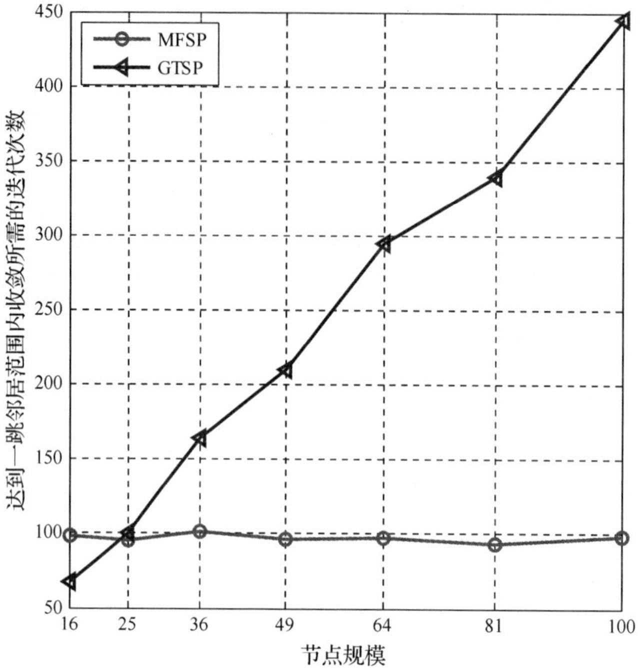

图 4-45　MFSP 协议和 GTSP 协议在一跳邻居范围内收敛所需迭代次数对比

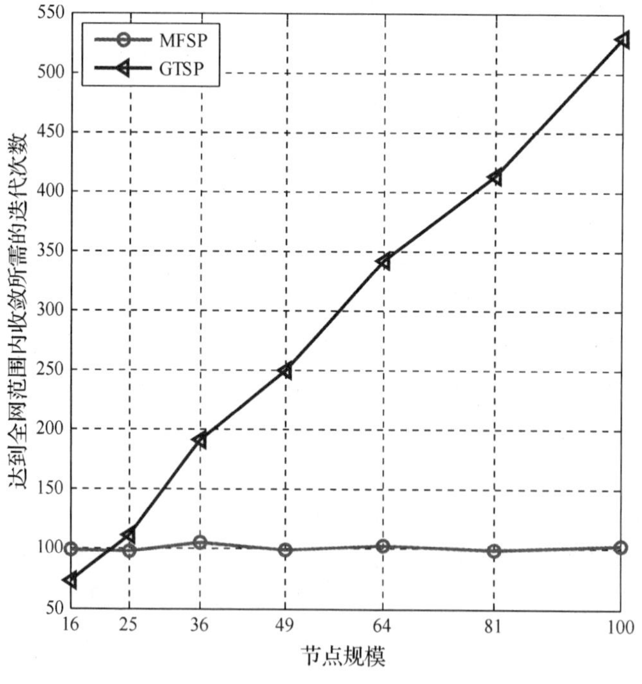

图 4-46　MFSP 协议和 GTSP 协议在全网范围内收敛所需迭代次数对比

表 4-6　MFSP 协议和 GTSP 协议收敛所需迭代次数对比

节点规模	一跳邻居范围收敛		全网范围内收敛	
	MFSP	GTSP	MFSP	GTSP
4×4	98	67	99	73
5×5	95	100	98	112
6×6	101	164	105	191
7×7	96	210	99	250
8×8	97	295	103	342
9×9	93	340	99	413
10×10	98	460	103	529

4.5　小　　结

本章中我们对所提基于平均场的分布式时钟同步协议 MFSP 协议在 QualNet 平台进行设计与实现，并完成了多场景仿真验证与性能分析。由仿真结果可知，本文 MFSP 协议能很好地满足大规模无线自组织网络时钟同步需要，具有快速收敛、收敛时间稳定和对拓扑规模变化不敏感的特点。

参 考 文 献

[1] LIU Y, QU Z, XIN H, et al. Distributed real－time optimal power flow control in smart grid[J]. IEEE Transactions on Power Systems, 2017, 32(5): 3403 - 3414.

[2] BENDER J G. An overview of systems studies of automated highway systems[J]. IEEE Transactions on vehicular technology, 1991, 40(1): 82 - 99.

[3] LAWTON J R T, BEARD R W, YOUNG B J. A decentralized approach to formation maneuvers[J]. IEEE transactions on robotics and automation, 2003, 19(6): 933 - 941.

[4] REN W. Consensus strategies for cooperative control of vehicle formations[J]. IET Control Theory & Applications, 2007, 1(2): 505 - 512.

[5] GRASSO R, BRACA P, FORTUNATI S, et al. Distributed underwater glider network with consensus Kalman filter for environmental field estimation[C]//OCEANS 2015 - Genova. IEEE, 2015: 1 - 7.

[6] REDDY I J, MEENAKSHI R. Congestion control using distributed link scheduling in wireless networks[C]// World Conference on Futuristic Trends in Research and Innovation for Social Welfare (Startup Conclave). IEEE, 2016: 1 - 5.

[7] REN W, BEARD R W, ATKINS E M. A survey of consensus problems in multi - agent coordination[C]//Proceedings of the 2005 American Control Conference. IEEE, 2005: 1859 - 1864.

[8] LIU Z, CHEN W, LU J, et al. Formation control of mobile robots using distributed controller with sampled - data and communication delays[J]. IEEE Transactions on Control Systems Technology, 2016, 24(6): 2125 - 2132.

[9] FELICETTI L, PALMERINI G B. Attitude coordination strategies in satellite constellations and formation flying[C]//2015 IEEE Aerospace Conference. 2015: 1 - 13.

[10] HE C, FENG Z, REN Z. Flocking of multi - agents based on consensus protocol and pinning control[C]// 2012 10th World Congress on Intelligent Control and Automation (WCICA). IEEE, 2012: 1311 - 1316.

[11] 沈林成,牛铁峰,朱华勇. 多无人机自主协同控制理论与方法[M]. 北京:国防工业出版社, 2013.

[12] WANG L, ZHANG Q, ZHU H, et al. Adaptive consensus fusion estimation for MSN with communication delays and switching network topologies[C]//2010 49th IEEE Conference on Decision and Control (CDC). IEEE, 2010: 2087 - 2092.

[13] 王林, 张国忠, 朱华勇, 等. 面向移动传感器网络的自适应一致性融合估计方法[J]. 上海交通大学学报, 2011, 45(3): 383 - 387.

[14] 杨海东, 于宏坤, 赵鹏. 无人机数据链的未来发展和组网通信关键技术[C]//2014 (第五届) 中国无人机大会论文集, 2014.

[15] REYNOLDS C W. Flocks, herds and schools: A distributed behavioral model[C]//ACM SIGGRAPH computer graphics. ACM, 1987, 21(4): 25 - 34.

[16] VICSEK T, CZIRóK A, BEN - JACOB E, et al. Novel type of phase transition in a system of self - driven particles[J]. Physical review letters, 1995, 75(6): 1226.

[17] JADBABAIE A, LIN J, MORSE A S. Coordination of groups of mobile autonomous agents using nearest neighbor rules[J]. IEEE Transactions on automatic control, 2003, 48(6): 988 - 1001.

[18] OLFATI - SABER R, MURRAY R M. Consensus problems in networks of agents with switching topology and time - delays[J]. IEEE Transactions on automatic control, 2004, 49(9): 1520 - 1533.

[19] REN W, BEARD R W. Consensus seeking in multiagent systems under dynamically changing interaction topologies[J]. IEEE Transactions on automatic control, 2005, 50(5): 655 - 661.

[20] LIU Y, JIA Y. H∞ consensus control of multi - agent systems with switching topology: a dynamic output feedback protocol[J]. International Journal of Control, 2010, 83(3): 527 - 537.

[21] LI Z, DUAN Z, XIE L, et al. Distributed robust control of linear multi - agent systems with parameter uncertainties[J]. International Journal of Control, 2012, 85(8): 1039 - 1050.

[22] HAJSHIRMOHAMADI S, SHEIKHOLESLAM F, DAVOODI M, et al. Event - triggered simultaneous fault detection and consensus control for linear multi - agent systems[C]//2016 Second International Conference on Event - based Control, Communication, and Signal Processing. IEEE, 2016: 1 - 7.

[23] DAL COL L, TARBOURIECH S, ZACCARIAN L. Global H∞ consensus of linear multi - agent systems with input saturation[C]//2016 American Control Conference (ACC). IEEE, 2016: 6272 - 6277.

[24] REN W. Second - order consensus algorithm with extensions to switching topologies and reference models[C]//2007 American Control Conference. IEEE, 2007: 1431 - 1436.

[25] LIN P, JIA Y. Consensus of second - order discrete - time multi - agent systems with nonuniform time - delays and dynamically changing topologies[J]. Automatica, 2009, 45(9): 2154 - 2158.

[26] LIN P, JIA Y. Consensus of a class of second - order multi - agent systems with time - delay and jointly - connected topologies[J]. IEEE Transactions on Automatic Control, 2010, 55(3): 778 - 784.

[27] HU J, HONG Y. Leader - following coordination of multi - agent systems with coupling time delays[J]. Physica A: Statistical Mechanics and its Applications, 2007, 374(2): 853 - 863.

[28] SU H, WANG X. Second - order consensus of multiple agents with coupling delay

[C]//2008 7th World Congress on Intelligent Control and Automation. IEEE, 2008: 7181 - 7186.

[29] YU W, CHEN G, CAO M. Some necessary and sufficient conditions for second - order consensus in multi - agent dynamical systems[J]. Automatica, 2010, 46(6): 1089 - 1095.

[30] MENG Z, REN W, CAO Y, et al. Leaderless and leader - following consensus with communication and input delays under a directed network topology[J]. IEEE Transactions on Systems, Man, and Cybernetics, Part B (Cybernetics), 2011, 41(1): 75 - 88.

[31] LIU C L, LIU F. Dynamical consensus seeking of second - order multi - agent systems based on delayed state compensation[J]. Systems & Control Letters, 2012, 61(12): 1235 - 1241.

[32] CEPEDA - GOMEZ R, OLGAC N. Exact stability analysis of second - order leaderless and leader - follower consensus protocols with rationally - independent multiple time delays[J]. Systems & Control Letters, 2013, 62(6): 482 - 495.

[33] ZHANG Y, QU Y. Network - based leader - following consensus of multi - agent systems with variable topological structures and nonlinear dynamics[C]//2014 33rd Chinese Control Conference. IEEE, 2014: 1686 - 1691.

[34] QIN J, SHENG J, GAO H, et al. Coordination control for generic linear multi - agent systems with time delay: a semi - discretization approach[C]//2015 IEEE 54th Annual Conference on Decision and Control. IEEE, 2015: 1066 - 1071.

[35] EL - FERIK S, SIDDIQUI B A, LEWIS F L. Distributed nonlinear MPC of multi - agent systems with data compression and random delays[J]. IEEE Trans. Automat. Contr., 2016, 61(3): 817 - 822.

[36] HONG Y, HU J, GAO L. Tracking control for multi - agent consensus with an active leader and variable topology[J]. Automatica, 2006, 42(7): 1177 - 1182.

[37] OLFATI - SABER R, FAX J A, MURRAY R M. Consensus and cooperation in networked multi - agent systems[J]. Proceedings of the IEEE, 2007, 95(1): 215 - 233.

[38] LIN P, JIA Y. Multi - agent consensus with diverse time - delays and jointly - connected topologies[J]. Automatica, 2011, 47(4): 848 - 856.

[39] XU W, CAO J, YU W, et al. Leader - following consensus of non - linear multi - agent systems with jointly connected topology [J]. IET Control Theory & Applications, 2014, 8(6): 432 - 440.

[40] WANG Y, CHENG L, REN W, et al. Seeking consensus in networks of linear agents: communication noises and Markovian switching topologies[J]. IEEE Transactions on Automatic Control, 2015, 60(5): 1374 - 1379.

[41] WANG C, DING Z. $H\infty$ consensus control of multi - agent systems with input delay and directed topology[J]. IET Control Theory & Applications, 2016, 10(6): 617 - 624.

[42] TANNER H G, JADBABAIE A, PAPPAS G J. Stable flocking of mobile agents, Part I: Fixed topology[C]// Proceedings of 42nd IEEE Conference on Decision and Control. IEEE, 2003, 2: 2010 - 2015.

[43] AJORLOU A, MOMENI A, AGHDAM A G. A class of bounded distributed control strategies for connectivity preservation in multi - agent systems [J]. IEEE Transactions on Automatic Control, 2010, 55(12): 2828 - 2833.

[44] KöHLER P N, DIMAROGONAS D V. On topological conditions to maintain leader - follower connectivity in double - integrator multi - agent systems[C]//2016 24th Mediterranean Conference on Control and Automation (MED). IEEE, 2016: 767 - 772.

[45] WEISS L, INFANTE E F. On the stability of systems defined over a finite time interval[J]. Proceedings of the National Academy of Sciences, 1965, 54(1): 44 - 48.

[46] WEISS L, INFANTE E. Finite time stability under perturbing forces and on product spaces[J]. IEEE Transactions on Automatic Control, 1967, 12(1): 54 - 59.

[47] YU D. Distributed finite - time tracking control for second - order nonlinear multi - agent systems under switching topology[C]//2016 12th World Congress on Intelligent Control and Automation. IEEE, 2016: 560 - 564.

[48] LI P, ZHENG Z Q, MA J J. Global robust finite time stabilization of a class of nonlinear uncertain systems[J]. Control Theory & Applications, 2011, 28(7): 915 - 920.

[49] FRANCESCHELLI M, GIUA A, PISANO A, et al. Finite - time consensus for switching network topologies with disturbances[J]. Nonlinear Analysis: Hybrid Systems, 2013, 10: 83 - 93.

[50] CHEN Y Y, TIAN Y P. Directed coordinated control for multi - agent formation motion on a set of given curves[J]. Acta Automatica Sinica, 2009, 35(12): 1541 - 1549.

[51] SUN L, YAO F, CHAI S, et al. Leader - following consensus for high - order multi - agent systems with measurement noises[C]//2016 8th International Conference on Intelligent Human - Machine Systems and Cybernetics. IEEE, 2016, 2: 349 - 352.

[52] BHOWMICK C, BEHERA L, SHUKLA A, et al. Flocking control of multi - agent system with leader - follower architecture using consensus based estimated flocking center[C]//2016 42nd Annual Conference of the IEEE on Industrial Electronics Society. IEEE, 2016: 166 - 171.

[53] CAO W, ZHANG J, REN W. Leader - follower consensus of linear multi - agent systems with unknown external disturbances[J]. Systems & Control Letters, 2015, 82: 64 - 70.

[54] KAN Z, SHEA J M, DIXON W E. Leader - follower containment control over directed random graphs[J]. Automatica, 2016, 66: 56 - 62.

[55] YU P, DING L, LIU Z W, et al. Leader - follower flocking based on distributed event - triggered hybrid control[J]. International Journal of Robust and Nonlinear Control, 2016, 26(1): 143 - 153.

[56] 宋莉，伍清河. 具有多时变时滞的多智能体系统在切换拓扑下的平均一致性[J]. 控制与决策，2013 (12)：1811 - 1816.

[57] 金元日. 不确定通信下多智能体系统的一致性[D].杭州：浙江大学，2013.

[58] 梁晓龙，孙强，尹忠海，等. 大规模无人系统集群智能控制方法综述[J]. 计算机应用研究，2015，32(1)：11 - 14.

[59] 薛瑞彬，宋建梅，张民强. 具有时延及联合连通拓扑的多飞行器分布式协同编队飞行控制研究[J]. 兵工学报，2015，36(3)：492 - 502.

[60] 明平松，刘建昌. 随机多智能体系统一致稳定性分析[J]. 控制与决策，2016，31(3)：385 - 393.

[61] 董立静. 变拓扑结构下多智能体系统的追踪问题[D].北京：北京理工大学，2016.

[62] 张青，李萍，杨正全，等. 带有未知参数和通讯时延的多智能体蜂拥控制[J]. 哈尔滨工程大学学报，2016，37(5)：696 - 700.

[63] 朱旭，张逊逊，尤谨语，等. 基于信息一致性的无人机紧密编队集结控制[J]. 航空学报，2015，36(12)：3919 - 3929.

[64] LI S Z. Markov random field modeling in image analysis[M]. Berlin：Springer，2009.

[65] MARóTI M, KUSY B, SIMON G, et al. The flooding time synchronization protocol [C]//Proceedings of the 2nd international conference on Embedded networked sensor systems. ACM, 2004：39 - 49.

[66] KOPETZ H, OCHSENREITER W. Clock synchronization in distributed real - time systems[J]. IEEE Transactions on Computers, 1987, 100(8)：933 - 940.

[67] GAST M S. 802.11 无线网络权威指南[M]. 南京：东南大学出版社，2007.

[68] 丁尚文. 图的最大和次小拉普拉斯特征值[D]. 成都：电子科技大学，2008.

[69] AYSAL T C, ORESHKIN B N, COATES M J. Accelerated distributed average consensus via localized node state prediction[J]. IEEE Transactions on signal processing, 2009, 57(4)：1563 - 1576.

[70] 刘瑞芳. 图的最小特征根和拉普拉斯谱半径[D]. 上海：华东师范大学，2010.

[71] 汪天飞，李彬. 图的最大拉普拉斯特征值的上界[J]. 四川师范大学学报(自然科学版)，2007，30(2)：191 - 193.

[72] REN W, BEARD R W, 多航行体协同控制中的分布式一致性：理论与应用[M].吴晓锋，译.北京：电子工业出版社，2014：57 - 58.

[73] 郑少仁，王海涛，赵志峰，等. Ad Hoc 网络技术[M]. 北京：人民邮电出版社，2005.

[74] SHEU J P, CHAO C M, HU W K, et al. A clock synchronization algorithm for multihop wireless ad hoc networks[J]. Wireless Personal Communications, 2007, 43(2)：185 - 200.

[75] SU W, AKYILDIZ I F. Time - diffusion synchronization protocol for wireless sensor networks[J]. IEEE/ACM Transactions on Networking (TON), 2005, 13(2)：384 - 397.

[76] WANG J, FANG Y, WU D. SYN - DMAC：A directional MAC protocol for ad hoc networks with synchronization [C]//2005 Military Communications Conference.

IEEE, 2005: 2258 - 2263.

[77] SUNDARARAMAN B, BUY U, KSHEMKALYANI A D. Clock synchronization for wireless sensor networks: a survey[J]. Ad Hoc Networks, 2005, 3(3): 281 - 323.

[78] SERPEDIN E, CHAUDHARI Q M. Synchronization in wireless sensor networks: parameter estimation, performance benchmarks, and protocols[M]. Cambridge: Cambridge University Press, 2009.

[79] EPHREMIDES A. Energy concerns in wireless networks[J]. IEEE Wireless Communications, 2002, 9(4): 48 - 59.

[80] CHENG K Y, LUI K S, WU Y C, et al. A distributed multihop time synchronization protocol for wireless sensor networks using pairwise broadcast synchronization[J]. IEEE transactions on wireless communications, 2009, 8(4):1764 - 1772.

[81] VAN GREUNEN J, RABAEY J. Lightweight time synchronization for sensor networks[C]//Proceedings of the 2nd ACM international conference on Wireless sensor networks and applications. ACM, 2003: 11 - 19.

[82] POTTIE G J, KAISER W J. Wireless integrated network sensors[J]. Communications of the ACM, 2000, 43(5): 51 - 58.

[83] BOUKERCHE A, TURGUT D. Secure time synchronization protocols for wireless sensor networks[J]. IEEE Wireless Communications, 2007, 14(5):79 - 81.

[84] DU X, GUIZANI M, XIAO Y, et al. Secure and efficient time synchronization in heterogeneous sensor networks[J]. IEEE transactions on vehicular technology, 2008, 57(4): 2387 - 2394.

[85] SUN K, NING P, WANG C. Secure and resilient clock synchronization in wireless sensor networks[J]. IEEE Journal on Selected Areas in Communications, 2006, 24(2): 395 - 408.

[86] DJENOURI D, BAGAA M. Implementation of high precision synchronization protocols in wireless sensor networks[C]//2014 23rd Wireless and Optical Communication Conference. IEEE, 2014: 1 - 6.

[87] LUO B. Distributed clock synchronization for wireless sensor networks[C]. HKU Theses Online (HKUTO), 2014.

[88] WU Y C, CHAUDHARI Q, SERPEDIN E. Clock synchronization of wireless sensor networks[J]. IEEE Signal Processing Magazine, 2011, 28(1): 124 - 138.

[89] PING S. Delay measurement time synchronization for wireless sensor networks[J]. Intel Research Berkeley Lab, 2003, 6: 1 - 12.

[90] HUANG W, QUAN Y, CHEN D. Improving broadcast efficiency in wireless sensor network time synchronization protocols[C]//Proceedings of the International Workshop on System Level Interconnect Prediction. ACM, 2012: 48 - 55.

[91] YILDIRIM K S, KANTARCI A. Drift estimation using pairwise slope with minimum variance in wireless sensor networks[J]. Ad Hoc Networks, 2013, 11(3): 765 - 777.

[92] 陈莹，唐加山. 无线传感器网络中一种基于 FTSP 的时间同步协议的改进设计[J]. 内

蒙古大学学报(自然科学版)，2012 (4)：409 - 413.

[93] CHEN C, WANG D X, XIAO L G. Genetic based time synchronization optimize algorithm for wireless sensor networks[C]//Proceedings of the International Conference on Logistics, Engineering, Management and Computer Science, 2014.

[94] YILDIRIM K S, KANTARCI A. Time synchronization based on slow - flooding in wireless sensor networks[J]. IEEE Transactions on Parallel and Distributed Systems, 2014, 25(1): 244 - 253.

[95] HUANG G, ZOMAYA A Y, DELICATO F C, et al. Long term and large scale time synchronization in wireless sensor networks[J]. Computer Communications, 2014, 37: 77 - 91.

[96] YILDIRIM K S, KANTARCI A. External gradient time synchronization in wireless sensor networks[J]. IEEE Transactions on Parallel and Distributed Systems, 2014, 25(3): 633 - 641.

[97] YILDIRIM K S, GURCAN O. Efficient time synchronization in a wireless sensor network by adaptive value tracking[J]. IEEE Trans. Wireless Commun., 2014, 13(7): 3650 - 3664.

[98] JIN M, FANG D Y, CHEN X J, et al. Voltage - aware time synchronization for wireless sensor networks[J]. International Journal of Distributed Sensor Networks, 2014, 10(7): 1 - 13.

[99] YANG J, LI X. Time synchronization algorithms in Low - Cost wireless sensor network systems[J]. International Journal of Wireless Information Networks, 2014, 21 (3): 196 - 207.

[100] KUMAR S, LEE Y, LEE S R. Estimation and compensation of non - deterministic delays for time synchronization in wireless sensor networks[J]. International Journal of Control and Automation, 2014, 7(4): 103 - 112.

[101] HAO T, ZHOU R, XING G, et al. Wizsync: Exploiting Wi - Fi infrastructure for clock synchronization in wireless sensor networks[J]. IEEE Transactions on mobile computing, 2014, 13(6): 1379 - 1392.

[102] LENZEN C, SOMMER P, WATTENHOFER R. PulseSync: An efficient and scalable clock synchronization protocol[J]. IEEE/ACM Transactions on Networking (TON), 2015, 23(3): 717 - 727.

[103] GANERIWAL S, KUMAR R, SRIVASTAVA M B. Timing - sync protocol for sensor networks[C]//Proceedings of the 1st international conference on Embedded networked sensor systems. ACM, 2003: 138 - 149.

[104] JIANG Y, FAN Y, CHEN X. Time synchronization protocol for wireless sensor networks with node monitoring[J]. Journal of Information &Computational Science, 2013, 10(4): 1213 - 1220.

[105] 师超，仇洪冰. 基于脉冲耦合的 TPSN 时间同步协议[J]. 应用科学学报，2013，31 (1)：15 - 20.

[106] CHAUDHARI Q M. A simple and robust clock synchronization scheme[J]. IEEE Transactions on Communications, 2012, 60(2): 328 - 332.

[107] EXEL R. Mitigation of asymmetric link delays in IEEE 1588 clock synchronization systems[J]. IEEE Communications Letters, 2014, 18(3): 507 - 510.

[108] ZOU C, LU Y. A time synchronization method for wireless sensor networks[C]// International Conference on Information Computing and Applications. Springer, Berlin, Heidelberg, 2012: 221 - 228.

[109] SUN Y, NAN J, WU X, et al. Cluster - based and energy - balanced time synchronization algorithm for multi - hop wireless sensor networks[J]. IEICE Communications Express, 2014, 3(5): 156 - 162.

[110] AKHLAQ M, SHELTAMI T R. The recursive time synchronization protocol for wireless sensor networks[C]//2012 IEEE Sensors Applications Symposium (SAS). IEEE, 2012: 1 - 6.

[111] AKHLAQ M, SHELTAMI T R. RTSP: An accurate and energy - efficient protocol for clock synchronization in WSNs[J]. IEEE Transactions on Instrumentation and Measurement, 2013, 62(3): 578 - 589.

[112] KOSANOVIC M R, STOJCEV M K. RPATS - Reliable power aware time synchronization protocol[J]. Microelectronics Reliability, 2014, 54(1): 303 - 315.

[113] ELSON J, GIROD L, ESTRIN D. Fine - grained network time synchronization using reference broadcasts[J]. ACM SIGOPS Operating Systems Review, 2002, 36(SI): 147 - 163.

[114] DJENOURI D. Theoretical estimators and lower - bounds for receiver - to - receiver time synchronization in multi - hop wireless networks[C]//IET International Conference on Wireless Communications and Applications,2012.

[115] DJENOURI D, MERABTINE N, MEKAHLIA F Z, et al. Fault - tolerant implementation of a distributed MLE - based time synchronization protocol for wireless sensor networks[C]//2013 IEEE Wireless Communications and Networking Conference. IEEE, 2013: 4387 - 4391.

[116] FAN L, LING Y, WANG T, et al. Novel clock synchronization algorithm of parametric difference for parallel and distributed simulations[J]. Computer Networks, 2013, 57(6): 1474 - 1487.

[117] XIAO H, LU C, OGAI H. A multi - hop low cost time synchronization algorithm for wireless sensor network in bridge health diagnosis system[C]//2012 IEEE 18th International Conference on Embedded and Real - Time Computing Systems and Applications . IEEE, 2012: 392 - 395.

[118] DJENOURI D, MERABTINE N, MEKAHLIA F Z, et al. Fast distributed multi - hop relative time synchronization protocol and estimators for wireless sensor networks[J]. Ad Hoc Networks, 2013, 11(8): 2329 - 2344.

[119] SCHENATO L, FIORENTIN F. Average timesynch: A consensus - based protocol

for clock synchronization in wireless sensor networks[J]. Automatica, 2011, 47(9): 1878 - 1886.

[120] WU J, JIAO L, DING R. Average time synchronization in wireless sensor networks by pairwise messages[J]. Computer Communications, 2012, 35(2): 221 - 233.

[121] SCHMALENSTROEER J, JEBRAMCIK P, HAEB - UMBACH R. A combined hardware - software approach for acoustic sensor network synchronization[J]. Signal Processing, 2015, 107: 171 - 184.

[122] SOMMER P, WATTENHOFER R. Gradient clock synchronization in wireless sensor networks[C]//Proceedings of the 2009 International Conference on Information Processing in Sensor Networks. IEEE Computer Society, 2009: 37 - 48.

[123] 师超，仇洪冰，陈东华，等. 一种简单的分布式无线传感器网络时间同步方案[J]. 西安电子科技大学学报，2013 (1)：93 - 99.

[124] LIN L, MA S, MA M. A group neighborhood average clock synchronization protocol for wireless sensor networks[J]. Sensors, 2014, 14(8): 14744 - 14764.

[125] LENG M, WU Y C. Distributed clock synchronization for wireless sensor networks using belief propagation[J]. IEEE Trans. Signal Process,2011,59(11) :5404 - 5414.

[126] DU J, WU Y C. Fully distributed clock skew and offset estimation in wireless sensor networks[C]//Proceedings of IEEE International Conference on Acoustics, Speech and Signal Processing. IEEE, 2013.

[127] VIG J R. Introduction to quartz frequency standards[R]. Army Lab Command Fort Monmouth Nj Electronics Technology And Devices Lab, 1992.

[128] KOPETZ H, OCHSENREITER W. Clock synchronization in distributed real - time systems[J]. IEEE Transactions on Computers, 1987, 100(8): 933 - 940.

[129] DU H J, YANG N. Compression strategy for hash match algorithm in route list[J]. Systems Engineering and Electronics, 2007, 29(11): 1945 - 1948.

[130] CHU W, ZHANG F, FAN X. Measurement of real - time performance of embedded linux systems[J]. Systems Engineering and Electronics, 2007, 29(8): 1385 - 1401.

第 5 章　无人机集群自组织网络的网络安全技术

5.1　无人机集群无线自组网所面临的安全问题

无人机集群组网由于其应用场景，与传统移动自组网和车载自组网有着明显的区别：节点移动速度快，拓扑变化频繁，网络拓扑的稀疏性，存在异构网络等等，这些特点对无人机集群组网的安全提出了较高要求。[1-2]

无人机通常采用无线通信数据链进行组网，无线通信数据链是一种按照固定消息格式与通信协议，实时传输信息的战术信息系统[3]。以美军 Link11 使用的通用协议栈结构为例[4-9]，如图 5－1 所示。

<table>
<tr><td colspan="2" rowspan="2">应用层</td><td colspan="4">战术数据系统接口</td><td rowspan="6">网络规划管理</td></tr>
<tr><td colspan="4">格式化消息处理</td></tr>
<tr><td colspan="2">网络层</td><td colspan="4">网络管理，中继转发</td></tr>
<tr><td rowspan="2">链路层</td><td>链路层控制</td><td>控制协议一</td><td>控制协议二</td><td>控制协议三</td><td>…</td></tr>
<tr><td>媒体访问控制</td><td>PPPx</td><td>TDMA</td><td>POLL</td><td>…</td></tr>
<tr><td colspan="2">传媒层</td><td>HF</td><td>V/UHF</td><td>SATCOM</td><td>…</td></tr>
</table>

图 5－1　通用数据链协议栈[10]

应用层完成与战术数据系统的信息接口与数据链消息格式处理。将应用层独立设计保证了消息处理能力上的继承性。数据链的消息格式形成了公用的标准，而且可以与其他标准进行一致性设计。

网络层执行网络的建立与维护、拓扑控制，按照业务数据的优先级进行链路级通道的分配与选择。对需要进行网内或者跨网转发的消息选择中继路由等。

链路层针对具体的链路通道与质量要求实现分组方式、纠错检错处理、QoS 保障、MAC 处理等功能。链路层分文链路层控制与媒体访问控制，不同的数据链针对特定的应用场景可以选择多种协议进行实现。

物理层，物理层完成数字信号的低截获和抗干扰的传输功能。主要包括数字信号的编解码、变频放大、交织加扰与调制解调功能。

结合上述协议栈，以及无人机集群所面临的战场环境和其作战任务特性，我们可以了解到无人机集群的安全性需求主要体现在下述几方面。

(1)可用性:无人机集群依赖于可靠的通信系统所提供的信息共享能力实现协同作战,因此要求无人机集群无线自组网在受到攻击时依然能够提供有效的服务。在对抗环境下,无人机集群无线自组网可能受到的攻击形式很多。例如,在物理层和数据链路层,攻击者可能发送大量的无用分组拥塞无线链路;在网络层,攻击者可能通过发布虚假路由,令网络无法互连;在应用层,攻击者可能会建立虚假的信任关系,并在此基础上发布错误的信息指令,干扰作战任务的顺利完成。

(2)机密性:无人机集群作为一种作战单元,其交互的信息当然是敏感信息,这些信息在网络中进行传输时必须加密,以避免被敌方截获和破译。除敏感信息外,路由信息也应当进行加密处理,因为这些信息可以被敌方用来进行目标识别;

(3)完整性:无人机集群中传输的作战指令和战场态势信息必须保证在传输过程中不被篡改,否则可能会执行错误的作战行动,或对战场形势形成误判,后果不堪设想。

(4)可控性:即构成自组网网络的各个实体的可控,比如节点被俘获后再入网限制、作战任务的事后审计等等。

具体而言,无人机集群组网的安全问题存在以下几种情况。

(1)动态信任关系。无人机集群组网是一个暂态性的临时组网,网络参与节点一般是出发前预先进行信任关系建立,但存在战场环境变化,如不同编队进行重组,节点临时加入,节点被俘获等这些变化时,信任关系的如何进行保持、更新,是无人机集群组网必然要考虑的安全问题,由此便涉及网络中的身份认证、密钥管理、入侵检测以及信任管理等安全技术。

(2)信号劫持与干扰。由于无人机集群组网采用无线信号进行数据交换,恶意攻击者只要能找到目前网络传递时使用的频率,进行调制识别,就有可能对该网络中传递的所有数据进行截获监听,实施流量分析、重放、篡改等多种攻击行为。此外,部分无人机还需要导航信号进行位置、高度、速度的信息获取,因而导航卫星与无人机之间的信号传输也是攻击者干扰网络的一个有效途径,例如GPS欺骗。

(3)网络层安全。当需要传递数据的两个用户由于自身传递距离有限不能达到对方时,数据的传递就需要网络中其他的节点帮助,也就是说所有的用户不光要接收处理数据发送信息,还需帮助其他用户传递数据,即路由的作用。正是由于每个用户都有机会担任传递任务,一旦某个节点被俘获,或者敌方节点潜伏在网络附近,对路由机制进行破坏,将导致整个网络瘫痪,例如女巫攻击、虫洞攻击等。

综合分析无人机集群的安全需求,以及其特殊的环境条件,要解决无人机集群的安全性问题,关键的核心是要解决无中心、动态拓扑环境下的密钥管理和信任关系管理。

下文将首先介绍当前密钥管理、数据链抗干扰低截获以及网络层安全技术的研究进展,然后介绍一种适用于自组网的基于信誉机制的信任模型及路由安全方案。

5.2 密钥管理

在无人机集群自组织网络安全问题中,密钥管理是确保整个网络系统安全的前提与基础,没有安全有效的密钥管理,无人机集群组网的安全也就无从谈起。

目前无线自组网密钥管理方案大体可分为对称密钥管理方案,类PGP的自组织密钥管理,基于门限密码技术的分布式密钥管理,基于身份标识的密钥管理以及基于无证书的密钥管理方案。

1.对称密钥管理方案

对称密钥管理方案是基于对称加密体制的密钥管理方式。在移动自组网中任意两个节点建立对称密钥实现安全通信，其主要的技术手段是在网络建立初期将密钥预分配到各个节点中，通过预分配的密钥构造任意节点间的对称密钥。Eschemauer 和 Gligor 提出概率预分配密钥管理方案(E－G 方案)[11]。该方案在每个节点部署之前装载一个或多个从密钥池中选取的密钥。部署后，如果两个节点的预分配密钥存在相同密钥，则节点间能建立对称密钥，实现安全通信。方案为了提高节点成功建立对称密钥的概率，需要增加每个节点中存储预分配密钥个数，密钥存储空间与成功建立对称密钥的概率成正比。

为了降低节点预分配密钥的存储空间并提高节点成功建立对称密钥的概率，Ramkumar 等人在 E－G 方案的基础上提出了散列随机预加载子集方案(HARPS 方案)[12]。采用从密钥池中选出若干根密钥，然后对每个根密钥重复利用散列函数的方式，使根密钥派生出多个子密钥。预分配过程是通过映射的方式将子密钥部署在节点中。部署后，节点通过具有相同根密钥及计算根密钥散列深度建立对称密钥。该方案相对方案降低了节点对预分配密钥的存储空间的需求，提高了预分配密钥管理方案建立对称密钥的概率。

2.类 PGP 自组织密钥管理

自组织的密钥管理方案[13-14]中，节点之间自己相互颁发证书，无须通过第三方的 CA 等机构，在节点建立通信之前，通过合并证书链来验证对应节点的身份，完全符合无线自组网中的无中心、自组织特性。但是，它也有一些显而易见的缺点：

(1)节点之间自己颁发证书，没有第三方 CA 等可信结构对节点的身份进行验证，导致任何具备颁发证书能力的节点均可以接入网络，特别是在开放网络环境下，这种通过信任传递对节点的可靠性进行衡量本身就不够强健。

(2)这种密钥管理方案缺乏有效的证书撤销机制，当一些节点被敌方俘获，或者潜伏在网络中的恶意节点实施网内攻击时，缺乏有效的手段将该节点隔离出网络。

(3)节点之间通过合并证书链来建立信任关系，但是并不能保证证书链中总是存在合适的有向可达信任路径，如果不存在相应的可达信任路径，就无法完成节点间的相互认证和鉴别服务。

(4)在较大的网络规模下，每一个节点都需要维护一个庞大的证书库，证书库的维护、相隔较远的节点选路和认证的成本也随之增大。

因而完全自组织的密钥管理方式，适用一些网络规模不大、安全性要求不是很高的平面型网络。

3.基于门限秘密共享的分布式密钥管理方案

由于集中式的 CA 容易受到攻击或者损毁面临关键点失效的风险，将集中式管理全网公钥证书颁发与维护的认证服务器 CA 由一个节点分割成若干节点的集合[15]，当普通用户接入网络时，由若干分布式 CA 节点合作完成对用户的身份的鉴别以及相应公钥证书的颁发，这种方式有效降低了 CA 节点单点失效的风险，也避免了因为普通节点集中向 CA 节点申请身份认证以及公钥证书带来的网络拥塞，非常符合无线自组网的无中心、自组织的特点。基于分布式的密钥管理，都基于如下的假设，即单一的节点是不足以信任的，但是节点的集合则是值得信任的。网络中的所有节点都能获取到系统的公钥，并可以通过系统的公钥来验证系统使用系统私钥给其他节点颁发的公钥证书。分布式密钥管理通常有两种方案:部分分布式接入方案和完全分布式接入方案。

(1)部分分布式密钥管理认证利用了门限密码技术[15],将由单一节点完成的接入认证服务分散到 n 个节点协同完成,防止了因单点失效而导致的认证与密钥管理系统的崩溃,极大地提高了网络的鲁棒性与安全性。但是这种方案仍存在一定的缺陷:一是新加入的节点需要向 t 个认证节点申请认证,随着网络规模的扩张,这些认证节点可能分布在网络各处,需要通过大量的多跳通信才能达到。二是认证节点所面临的计算量和通信量都非常大,在网络环境不佳的情况下,很容易引发网络拥塞、服务等待时间过长甚至无法正常提供服务。

为了避免上述缺点,在使用部分分布式密钥管理的同时,应考虑使用结构化网络结构,例如分簇结构等,尽量让节点的接入认证能够在较少的跳数内进行,并使用运算和续航能力较强的节点担任簇首和分布式认证节点。

(2)完全分布式接入方案[16]同样需要离线注册等结构提供网络的初始化,网络在初始化的时候需要将系统私钥分割,并分散给各个节点,网络建立完成之后,也需要让每一个接入的节点都获得一部分的私钥份额。安全分布式方案与部分分布式方案相比,具有更强的可行性,也更有效率,但是,它也有一定的缺点:

完全分布式密钥管理假设每个节点周围都有 t 个可以一跳可达的节点,但是在实际应用中,这样的理想情况并不是所有的节点都能达到,会有一部分节点面临无法得到认证的问题。

由于网络中每个节点都持有一部分系统私钥,攻击者可以很容易挑选到 t 个持有不同密钥的攻击对象,这样也降低了系统的安全性

由于全部的节点都承担了认证节点的角色,这样节点在正常的通信需求以外,还承担了大量的证书计算以及通信负荷。这对节点的计算和通信能力也是严重的挑战。

4.基于身份标识的密码管理(Identity - Based Cryptograph, IBC)

基于身份标识的密码管理方案[17-20]是使用节点的身份标识作为公钥,从而简化了通信实体的认证,取消了证书机制,避免了证书库的管理和维护带来的巨大负担。

一个典型的基于身份的公钥密码体制四个算法组成:Setup(建立),Extract(私钥提取),Encrypt(加密),Decrypt(解密)。其大致的过程如下:

Setup:由 PKG(Private Key Generation)运行,输入安全参数 k,输出系统参数和系统主密钥。系统参数是指明文空间以及密文空间等。系统参数以认证的方式对所有用户公开,系统主密钥只有 KGC 掌握,对其他户保密。

Extract:由 PKG 运行,输入系统参数,系统主密钥和一个用户 A 的身份信息 IDA,输出 A 的私钥 SA,并经秘密认证信道发送给用户 A。

Encrypt:由用户运行,输入系统参数,待加密的消息 M,充当用户 A 公钥的身份 ID,输出消息 M 的密文 C。

Decrypt:输入系统参数,一个密文 C,用户 A 的私钥 Sa,输出消息 M 或者解密。

基于身份标识的密码管理方案也有明显的缺陷:一是密钥托管问题,由于 PKG 节点拥有接入节点的私钥,因此 PKG 节点可以冒充该节点伪造该节点的签名,或者解密发给该节点的消息。二是密钥的撤销问题:如果一个节点 B 的身份标志发生了变化,而对应的节点 A 在未知的情况下,依然使用 B 以前的身份 ID 为消息加密,同样 B 也可以使用以前的私钥为消息解密。

5.基于无证书的密码管理方案

基于无证书的密码体制由 Al - Rayami 和 Paterson[21] 在 2003 年亚洲密码学年会上第一次提出。在 CL - PKC 中，KGC（Key Generate Center）不直接生成用户的私钥，只产生与用户身份相对应的部分私钥，用户将部分私钥和自己生成的秘密值结合生成用户自己的私钥，有效解决了 IBC 的密钥托管问题。同时，用户利用 KGC 生成的系统公开参数和自己的秘密信息生成用户的公钥，不需要使用公钥证书来保证公钥的真实性，解决了 PKI 中证书管理问题。

一个典型无证书公钥密码管理方案[22-24] 由七个算法组成：Setup（建立），Partial - Private - Key - Extract（部分私钥提取），Set - Secret - Value（设定秘密值），Set - Private - Key（确定私钥），Set - Pubic - Key（确定公钥），Encrypt（加密），Decrypt（解密）。其大致的过程如下：

Setup：由 KGC 运行。以安全参数 k 为输入，产生系统参数和系统主密钥。系统参数以认证的方式对所对用户公开，系统主密钥只有 KGC 掌握，对其他用户保密。

Partial - Private - key - Extract：由 KGC 运行，输入系统参数，系统主密钥和一个用户 A 的身份信息 IDa，输出 A 的部分私钥 Da，并经秘密认证信道发送给用户 A。

Set - Secret - Value：由用户 A 运行，输入系统参数，一个用户 A 的身份信息 ID_a，为 A 输出一个秘密值 X_a。

Set - Private - Key：由用户 A 运行，输入系统参数，用户 A 的部分私钥 Da，以及 A 的秘密值 X_a，为 A 输出完整的私钥 S_a。

Set - Pubic - Key：由用户运行，输入系统参数，用户 A 的秘密值 X_a，输出 A 的公钥 P_a。

Encrypt：由用户运行，输入系统参数，待加密的消息 M，用户 A 的公钥 P_a，输出消息 M 的密文 C。

Decrypt：输入系统参数，一个密文 C，用户 A 的私钥 S_a，输出消息 M 或者解密失败。

现有的无证书公钥密码机制通常是采用基于椭圆曲线上的双线性映射，双线性映射的运算很耗费计算资源，因而很多学者在研究如何优化双线性对的计算效率以及替代算法，进而提高无证书公钥密码管理方案的可行性。

上述方案的优缺点见表 5 - 1。

表 5 - 1　各方案优缺点

方　　案		密码理论	认证方式	计算复杂度	通信负荷	安全性	优　势	适用网络规模
对称密钥管理		对称密码学	预共享密钥	低	较低	低	简单	小规模
自组织		PGP	证书链	较低	高	一般	扩展性好	小规模
分布式	部分分布式	门限密码	公钥证书	高	较高	较强	防单点失效	层次化结构
	完全分布式			较高	较高	较强	防单点失效	层次化结构
基于身份的密钥管理		基于身份的密码学	身份验证	高	高	强	开销小	大规模
基于无证书的密钥管理		基于无证书的密码学	身份验证	高	高	强	开销小	大规模

5.3 数据链抗干扰、低截获技术

无人机数据链承担着无人机指挥控制和信息传输的重要任务，是无人机系统的重要组成部分。近年来，无人机在军事和民用领域的广泛应用对无人机数据链在复杂环境下的安全性、可靠性和适应性提出了更高的要求。

现有数据链通过直接序列扩频和快速跳频加强对敌对干扰的抵抗作用，但仅仅通过扩、跳频技术来提高抗干扰能力的空间有限。多输入多输出（MIMO）、正交频分复用（Orthogonal frequency division multiplexed, OFDM）、RS（Reed - Solomon）编/解码、扩/跳频综合技术和认知无线电等技术的出现，为增强数据链的抗干扰功能提供了有利的技术支撑[25-26]。

1.扩频和跳频的抗干扰技术[27]

以美军数据链抗干扰技术为例，HF、VHF电台以及UHF频段的窄带数据链系统多以跳频技术为主。直接序列扩频由于远近效应、频率资源占用等问题，在低频段使用甚少，但其在接力通信、卫星通信和分组无线网中有广泛应用。从LINK16开始，数据链工作频段向高频段发展，跳频仍是核心技术，但其与扩频、跳时、高效编译码、频谱感知等技术联合智能抗干扰成为抗干扰通信发展的新趋势。目前跳频的主要发展趋势是：

(1)提高跳速。提高跳速是提高抗跟踪式干扰能力的最有力措施之一。目前各国主用的VHF跳频电台跳速一般都在500 hop/s以下，UHF频段的HAVEQUICKIIA将跳速提高到1 000 hop/s，L频段的JIDS跳速高达76 923 hop/s。HF频段已有跳速为2 560 hop/s和5 000 hop/s的跳频通信系统，这些系统采用高速跳频解决了短波频段多径延迟和跟踪式干扰两大难题。当跳速达到10 000 hop/s时，每一跳的驻留时间只有0.1 ms，电波传播距离约为30 km，对其进行跟踪干扰基本不可能。变速跳频也是提高抗跟踪式干扰的一种有效手段。值得注意的是，外军有些跳频通信设备大幅度提高跳速，并不是以提高抗跟踪干扰能力为出发点，其主要目的是利用高跳速提高传输速率，更利于纠错处理。以话音为主的跳频通信，跳频可不超过1 000 hop/s，对数据通信，则可研究上万跳的设备。

(2)扩展频段、发展多频段设备。采用扩频技术的通信体制，其抗干扰能力与频带有关，频带越宽，抗干扰性能就可以做到越好。发展新型多频段设备更是一种发展趋势。扩展频段和跳频带宽是提高跳频通信抗阻塞干扰的最有效途径之一。

(3)混合扩频。新一代数据链抗干扰设计都倾向于混合扩频方式，JIDS就是一个成功案例。混合方式在将跳频的技术优势与直扩信号低信噪比隐蔽的特点相结合，并利用跳频技术克服直扩的远近效应，使得较易解决多台同时工作及同步等难题。利用直扩、跳频的频率分集、时间分集作用，同时能更好地克服多径效应。但是，若跳频点数不够、直扩序列不够长，则混合方式非但不能取得两者之长，反而会让抗干扰能力大大降低。一般来说，扩频长度小于64位，频点数小于30时，都将大大削弱抗干扰能力。

(4)提高自适应特性。信号驻留时间、跳频图案、跳频速率、跳频带宽、跳频点数等参数随机跳变或自适应调整将大大提高跳频通信系统抗截获抗干扰特性。如JIDS除采用跳扩、跳时、纠错编码抗干扰措施外，还采用了直扩序列随机跳变、跳频图案随机跳变、时间随机抖动等措施。

2.优化通信效率的抗干扰技术

这些相关技术包括多输入多输出(MIMO)系统、信道编码技术、多信源协作通信以及认知无线电[28]。集中于物理层和链路层的技术研究重点有以下几项。

(1)低功耗 MIMO 系统的集成。

(2)有限频谱资源限制下,高吞吐量、高可靠性的物理层和 MAC 层协议和策略。

(3)基于协作通信的无人机数据链抗干扰技术,采用多信源(或虚拟多信源)条件下,采用分集技术,提高了分集增益,从而提高抗干扰能力。

(4)基于认知无线电的无人机数据链抗干扰技术。引入认知无线电技术,可根据干扰环境下,根据信噪比、信道估计以及频谱感知等信息来重构数据链参数,进而实现抗干扰能力。

无人机数据链的低截获技术[27],属于射频隐身的范畴,早期主要应用在雷达领域。与抗干扰通信近 50 年的发展历程相比,低截获通信的概念相对较新。20 世纪 80 年代末,通信系统的低截获能力开始被军事和工业部门重视,得到快速发展。最初的低截获通信系统采用了传统的扩展频谱技术和低功率发射技术,而后的研究表明,在传统扩展频谱系统上降低功率并不能实现低截获。随后,美国研究人员开始将重心集中到低检测波形(能量检测器或特征检测器均不能检测到)的研究上。美国的洛克希德帕洛阿尔托研究实验室(LPARL)用了五年时间设计出三代低截获波形,并在原型机上得到了验证。洛克希德帕洛阿尔托研究实验室给出理想低截获波形特征定义如下:

1)通过扩展频谱获得极低的瞬时功率谱密度;

2)信号特征接近随机噪声,淹没在环境热噪声和干扰能量中;

3)没有固定可检测的信号特征,如传输速率、直接序列扩频码片速率、跳频速率、跳时速率和调制载波等;

4)不要求任何类型的同步模式信息连续传输;

5)每一个数据比特使用尽可能多的直接序列扩频码片以使积分时间最大化,有效降低非线性截获接收机的性能;

6) 低截获波形的检测能力应尽可能与传输的数字信号速率相独立,以使信息传输时间和传输功率最小化;

7)理想低截获波形的低检测能力与通信频率、带宽、传输媒介、潜在截获接收机能力无关。

仍以美军为例,低截获技术在数据链的典型应用项目有 IFDL、MADL、TTNT。其中 IFDL 和 MADL 为定向网络,具备隐蔽通信能力。JTRS 计划发展的两种新型网络波形宽带网络波形(WNW)和士兵无线电台(SRW)均具有专门的低截获性能。IFDL 是美军为 F22 战机开发的作战飞机编队协同数据链。据资料显示,IFDL 采用的是 Q 频段定向天线,利用窄带波束使高速飞行的作战飞机实现实时数据交换,可通过 IFDL 交换的数据包括瞄准信息、燃料状态和武器存量等。MADL(多功能先进数据链)是 F-35 装备的一种低截获/LPD 点对点数据链,利用极窄的波束和极低的发射功率完成战机间信息交互,并提供更灵活的作战方式。MADL 的特点是采用 K 频段定向通信技术,自动为编队中的成员提供态势感知、飞行参数等信息,是 F-22 或 F-35 战机隐身性能的重要保证。TTNT 是一种主要应用于时敏目标快速瞄准定位和精确打击的无线网络通信技术,在战术飞机、无人机、情报和监视侦察平台以及地面站之间提供高性能、低延时、互操作的数据通信。它是一种全向数据链,采用跳频、跳时、自适应功率/速率控制技术,具有抗干扰能力、低检测和低截获特性。资料显示 TTNT 具有专门的低截获/低检测模式，但未见具体描述。美军JTRS计划为满足海陆空三个作战领域的未来通用需求，在选择性兼容现役无线电波形的基础上，研制了两种新型网络波形：宽带网络波形(WNW)，士兵无线电台(SRW)。WNW为机动平台提供的骨干网传输、路由。而SRW则是为不能依赖WNW的小型网络用户(尺寸、重量、功率受限)而设计，将态势感知推至处于战术边缘的下车士兵和无人系统。WNW波形包括AJ、OFDM、低截获/低检测和BEAM4种信号空间(SiS)，增量1阶段实现AJ和OFDM波形。WNW波形的低截获/低检测模式最初实现的是点到点传输，需要通过网关节点对其进行设置。但陆军、海军都提出开发低截获网络能力的需求。SRW波形包括三种操作模式：作战通信(CC)、电子战(EW)和LPD/低截获，增量1阶段完成CC、EW模式。

从外军数据链抗截获体制的发展可看出，目前数据链通信系统降低截获概率的方法主要有三种：定向通信、功率控制和低截获波形设计。对于隐身通信，主要采用功率控制、定向窄波束通信，可有效控制信号辐射的距离和范围。新型的全向数据链TTNT、WNW、SRW则设计有别于抗干扰波形的专用低截获波形，用于隐蔽性要求高的作战场景。

从波形设计来讲，低截获通信和抗干扰通信的需求几乎是相反的，任何一种单一的波形都不能同时满足抗干扰和低截获的需求。当前主流的思想是进行联合设计，跳频抗干扰波形，可通过结合扩频、跳时、自适应跳频/扩频(跳频图案、跳频速率、跳频带宽、跳频点数、扩频因子等参数随机跳变)等技术获得优良的抗截获性能。直接序列扩频低截获波形则因其扩展频谱特性具有一定的抗干扰能力，同时还可结合跳频、高性能信道编码等技术提高抗干扰能力。

5.4 网络层安全技术

一般而言，攻击者首先得能跟踪无线信号，识别调制方式，才能实施针对网络协议层面的攻击。以民用无线自组网的应用举例，无线传感器网络、车载自组网等等，通常采用公开的通信标准IEEE 802.15.4/zigbee，802.11p等，因而网络层的攻击方式层出不穷。随着未来通信对抗技术的发展，比如非合作数字信号调制识别技术的发展，无人机数据链网络层受到的威胁会大大提升。

以网络层的路由机制为例，恶意攻击者对路由攻击的目的是破坏路由规则及数据传输，比如扰乱控制报文的传输路径，导致最终路由选择的不是最优的传递路线或是一条子虚乌有的传递路线；又或者不怀好意的攻击者使选择无法收敛不能形成环路，导致网络没有办法选择转发路线；甚至攻击者不停地发送各种信息占用带宽，使网络中其他的实体无法开展工作。

针对移动自组网路由协议的攻击形式有很多，大致可分为两种：一是被动攻击，二是主动攻击[29]。第一种方式的攻击就是对网络不造成破坏，利用能收到网络信号的设备偷听，得到全部或者自己认为重要的信息。攻击的主要表现有：获取路由相关信息、根据需要获取数据报文等。第二种方式的攻击除了监听，还会对网络进行破坏，比如阻止路由形成。其具体的表现有：制造虚假的认证分组得到网络的许可、阻止路由的有效形成、阻断正在使用的转发路线或者改变分组当前的传递路径等。例如黑洞/灰洞/虫洞攻击，攻击者隐藏在网络中，通过重放路由协议的控制报文，如邻居探测报文，来错误引导网络拓扑的形成，导致路由机制失效；女巫攻击，攻击者利用单个节点来伪造多个身份存在于网络中，从而达到削弱网络的冗余性、降低网络健壮性、监视或干扰网络正常活动等目的。

路由协议的安全是移动自组网安全的一个重要组成部分，如果路由协议受到恶意攻击，整个移动自组网将无法正常工作。所以，必须提供相应的安全机制，以便保护移动自组网路由协议的正常运行。目前，针对移动自组网路由协议所受的安全威胁和多种攻击方式，研究者提出了各种不同的解决方案，具体可归纳为两种：一种是基于密码体制的安全路由方案，另一种是基于监测模型和信誉机制的安全路由方案。[30]

1.基于密码体制的安全路由方案

基于密码体制的方案主要通过加密、认证、数字签名等手段保证路由信息的机密性、完整性和不可否认性等，目前学者已经相继提出了多种安全路由协议，但这些协议仍然存在很多问题，比较具有代表性的安全路由协议有 SRP[31]、ARAN[32]、ARIANDE[33]和 SAR[34]。

SRP[31](Secure Routing Protocol)协议是对 DSR 协议进行安全扩展后给出的改进方案，在不存在共谋节点的情况下，它能有效防止路由信息遭到篡改、伪造和重放，从而确保了路由信息的准确性。该协议要求源节点与目的节点具有共享密钥。当源节点启动一个路由请求时，先创建一个路由请求分组 RREQ，RREQ 对原 DSR 路由请求分组进行了扩充，扩充内容包括随机查询标识、查询序列号和消息验证码(Message Authentication Code，MAC)，消息认证码的计算方法是将源节点地址、目的节点地址、随机查询标识和源与目的共享密钥作为单向散列函数的输入，输出即为消息认证码。目的节点收到这样的路由请求分组后，首先使用共享密钥计算和验证 MAC，以检验分组的完整性，如果校验通过，它会创建一个路由回复分组 RREP，该分组中也附带有一个消息验证码，通过反向路由传送给源节点，源节点收到此路由回复分组后，采用同样的方法来验证 RREP，验证通过，则接受此路由，否则丢弃。SRP 的优点在于其只对原路由协议的路由控制分组进行简单地扩充，实现比较简单，并且源节点和目的节点通过共享的密钥来验证，计算量小，简化了密钥的管理。SRP 的缺点在于其对中间节点缺乏认证，路由控制包在传递过程中可能遭到篡改。

ARAN[32](Authenticated Routing for Ad Hoc Networks)是一种按需安全路由协议，通过使用数字证书来保证路由信息的安全，协议要求路由过程中的节点需要通过在线可信任的证书服务器 CA 来获取有效的公钥证书，才能参与路由过程。ARAN 的路由发现过程需要进行端到端的认证，当源节点需要寻找一条到达目的节点的路由时，首先初始化一个路由请求分组，其中包含了自己签名的信息和自己的证书，中间节点处理 RREQ 分组的步骤为，①验证上一节点的签名；②删除上一节点的签名和证书；③记录上一节点的 IP 地址到 RREQ 中；④使用自己的私钥对分组进行签名；⑤在 RREQ 分组中附带上自己的证书；⑥广播分组。目的节点收到路由请求分组后，对源节点进行身份认证，并验证分组的完整性，验证通过则创建路由回复分组 RREP，通过反向路由传送到源节点，此过程与路由请求分组传递时一样需进行逐跳签名与认证。源节点收到 RREP 后，验证通过则接受其路径。当节点发现链路断开时，会产生一个经过自己签名的路由出错分组发送给源节点。ARAN 协议使用公钥密码算法对路由发现及维护过程中的路由控制分组进行签名认证，提供了一套较为完善的保障机制，有效防止了路由控制分组在传输过程中被篡改和伪造。ARAN 的缺点在于采用逐跳签名认证的方式，增加了计算复杂性，并且会产生较大的时间延迟；其次，路由控制分组中携带了节点的公钥证书，相应增加了网络传输开销；此外，ARAN 需要网络中存在一个可信任的第三方进行密钥管理，这在移动自组网中缺乏一定的实现基础。

ARIANDE[33]是一种基于 DSR 的按需安全路由协议，协议的安全性由以下手段来保证：

①源节点和目的节点通过共享密钥来实现相互认证;②采用节点间的共享密钥、TESLA 广播认证协议对路由消息中的数据进行验证;③用哈希算法来验证路由消息所途径的节点是否都在路由消息列表中。其中 TESLA 是一种用于认证消息的广播认证协议,与传统的采用非对称密码体制的认证协议相比,它的不对称性是通过时钟同步和延迟发布密钥的方式实现的。ARIANDE 协议要求网络中各节点拥有其他节点的 TESLA 认证初值,并且收发双方具有共享密钥,各节点时钟要求基本同步。路由发现过程中,源节点使用与目的节点共享的密钥对路由请求分组信息进行完整性计算,并将计算的结果附在路由请求分组 RREQ 中广播出去,中间节点收到 RREQ 后,首先将自己的地址插入到 RREQ 分组的节点列表中,并进行哈希计算,然后使用自己的 TESLA 认证密钥对整个分组进行计算生成消息认证码,并追加在 RREQ 后广播出去,直到目的节点收到此分组。目的节点收到 RREQ 后,使用与源节点共享的密钥对源节点进行身份验证,通过计算节点列表的 hash 值来验证分组完整性,通过则返回一个路由回复分组 RREP。路由回复过程中,途径节点需将自己的 TESLA 认证密钥追加在 RREP 后面,源节点通过这些密钥来验证分组的完整性。路由维护时,ARIANDE 也采取了认证机制。为了防止恶意节点散布虚假路由错误分组 RERR,中间节点发出路由错误报文必须附上 TESLA 认证消息,然后沿着反向路径发送给源节点,途径过的中间节点首先存储该分组,直到密钥公布并可以验证该分组,如果通过认证则予以接受,否则抛弃该报文。ARIANDE 为路由协议在完整性、认证性方面提供了很好的安全保障。但是,运行 ARIADNE 协议的节点必须保持时钟同步,而且各节点需要知道其他所有节点的 TESLA 认证密钥的初始值,这些要求对移动自组网是不现实的,并且 TESLA 广播认证机制增加了一定的延时。

SAR[34](Security - Aware Ad Hoc Routing Protocol)是具有安全意识的移动自组网路由协议,它为所有安全按需路由协议提出了一个通用的框架。运行该协议的每个节点在入网前会从 CA 获得一个信任等级,节点信任等级在离开网络之前都是不可更改的,SAR 采用了对称密码体制,处于同一信任等级的节点有一个共享密钥,因此在路由分组的转发中,只有符合路由分组中信任等级要求的节点才可以参与路由,不满足信任等级的节点由于没有共享密钥而无法处理路由信息。很明显,通过 SAR 所发现的源节点与目的节点之间的路由并不是最短的,但这样查找的路由确实具有一定的安全保障。SAR 能有效地阻止不在同一信任等级节点的攻击,并提出了“保护质量”(Quality of Protection)的思想,但是对于内部授权节点的攻击不能进行很好地防范。

2.基于监测模型和信誉机制的安全方案

基于密码体制的安全路由方案在其设定的网络环境下有效地保证了路由信息的机密性、完整性、可认证性以及不可否认性等。但是,基于密码体制的安全路由方案假设在具有分布式网络结构的移动自组网中存在某种类似传统网络的认证机构,而这在移动自组网中缺乏一定的现实基础,并且移动自组网的多跳传输依赖于中间节点的协作转发,这种协作是建立在对彼此行为相互信任基础上的,而基于密码体制的方案并未考虑到节点的行为信任。可以看出纯粹地依靠密码手段并不能充分地解决移动自组网路由协议的安全难题,作为一种新的行为管理机制,信任评估模型近年来引起了众多学者的广泛关注,并且实现了与路由协议的有机结合。

Marti[35]等人首先在 DSR 路由协议中引入“看门狗(Watchdog)”部件来检测邻居的转发行为,当发现邻居丢包的数量超过一个阈值时,则判定该邻居为不良节点,Watchdog 尽管本身并不完美，但在一定程度上可以检测节点的不良行为，以后许多声誉系统均沿用这种方法来检测节点行为。Marti 提出的路由协议 Pathrated DSR 由两部分组成："看门狗"(Watchdog)和"引路人"(Pathrater)，其中 Watchdog 用于检测节点的不良转发包行为，Pathrater 则负责计算声誉水平与选择路由，在路由选路时尽量避免信誉水平低的节点包含在路径中。"看门狗"方法能有效地发现不良行为节点，但其只是简单地对节点的声誉值进行标记，并且在路由选路时只是绕过信誉度低的节点，缺少对不良节点的惩罚。

Buchegger[36-37] 等人在"看门狗"与"引路人"机制的基础上增加了信任管理和声誉系统，提出了一种针对自私攻击的 CONFIDANT 协议，该协议包含四个模块：监视器(看门狗)，信任管理模块、声誉系统和路径管理模块(引路人)，其中监视器主要用于检测节点行为获得观察信息，如果检测到可疑事件，那么监视器将向信任管理系统报告，信任管理系统依此评估节点的可信任水平，并将结果存放在一个声誉表中。声誉系统为每个节点维护一张黑名单，并且通过告警信息来与友邻节点共享，黑名单中的节点主要是指那些信任水平低于设定阈值的节点。为了验证告警信息的来源，采用了一种与 PGP 相似的机制。路径管理模块与"引路人"功能相似，主要是依据节点的声誉水平来选择路径。CONFIDANT 通过不为信誉水平低的节点转发包来达到惩罚节点的目的，CONFIDANT 较"看门狗"与"引路人"机制有不少改进，例如节点之间通过告警信息达到信息的共享，加快了对不合作节点的检测速度，但这些告警信息在传递过程中可能会遭到篡改，并且还存在恶意节点发送虚假告警消息的问题。

Michiardi 和 Molva[38] 提出了一种基于联合信誉机制的 CORE 模型，其将信任分为直接信誉、间接信誉和功能信誉，对这些信誉分配不同的权值进行综合计算得到总的信誉值，用于决定是继续与该节点合作还是逐渐隔离；CORE 是一种完全分布式信任管理模型，同时采取直接和间接方式获取节点的信誉值。CORE 和 CONFIDANT 很相似，但是它采用了一种较复杂的计算方法来得到节点的信誉值，具体包含两个模块："看门狗"模块和声誉系统。"看门狗"用来检测节点的不良行为，而声誉系统则维护一张声誉值表，由四部分组成：节点标识、主观声誉值、间接声誉值及功能性声誉值。主观声誉值由其自己的观察得到，间接声誉是从其他节点获得的关于某节点的正面报告，功能声誉是在节点执行任务时所表现的行为声誉。在 CORE 的声誉信息共享机制中，包括两种实体，一种为声誉信息请求者，一种为声誉信息提供者，当对某节点的信任证据不足时，就会向其他节点发出信誉请求信息，CORE 的不足在于其只对正面的评价信息进行交换，而且存在节点故意抬高其他节点信誉水平的可能。

后续研究者们将工作重点放在样本采集、信任计算以及路由应用上。下一节将介绍在上述工作的基础上，提出的一种面向移动自组网的基于信任计算的安全路由协议。

5.5　基于灰聚类信任计算的路由协议

与传统网络相比，无线自组网需要网络节点的通力合作(网络中每一个节点不仅仅是终端，也是一个路由器)。在传统网络中，路由主要由路由器、网关等固件来完成，是属于设备可信赖的；而在无线自组网中，每个用户节点相当于一个"路由器"，这些节点都是可以"来去自由""自由移动"，参与节点之间的数据转发完全依靠节点的个人行为。但对于一个参与网络运行的终端节点而言，往往会根据自身利益的需求，有选择性的对网络做出贡献，比如自私的节点只"享受"不"奉献"；再比如一些恶意节点执行黑洞、灰洞、虫洞等等有针对性的路由攻击，都会造成网络性能的急剧下降，甚至瘫痪的结果。因而，如何规范节点的行为、激励节点的合作、防止节点自私或恶意行为成为亟须解决的关键性问题。

在对于这一问题上，目前有两种解决思路，一类是基于信用机制（Credit－Based Models），另一类则基于信誉机制（Reputation－Based Models）。基于信用机制的基本原理为，节点要获取网络的服务，必须支付费用，即信用（具体形式为筹码或虚拟货币），信用可以通过为网络提供服务（比如提供路由、转发数据包等等）而获得。这类方案如果要应用到现实中，需要为每一个节点提供一个具有防篡改功能的硬件模块，或者需要在网络中实现一个银行的角色，作为可信第三方（Trusted－Third Party），为节点提供信用储存、支付等服务。这类方案普遍存在可扩展性差的问题，这种方案并不适合无人机集群自组网的需求。

基于信誉的信任机制的基本思想是：对于任意一个节点 N，信任机制根据 N 执行过的网络行为和其他节点对其行为的评价，为该节点分配一个信任值，使得其他节点可以根据 N 的信任值做出是否与 N 发生网络行为的决策。这种方案在实现中无需硬件支持，可扩展性强。在无人机集群组网中对节点的信任度进行计算，有助于发现被俘获节点的异常行为。

当前基于可信度或是信誉的评估方法对评估样本都有特殊的要求，对评估对象提出种种假设，无法辨别间接样本的恶意推荐问题，在实际移动自组网中各个节点尤其是恶意节点对外暴露的信息往往偏少，样本数量有限，无法明确判断其状态，大部分是非完全信息，从而导致评估结果缺乏客观性与可靠性。

采用灰色系统理论描述通信节点非完全信息状态，根据灰类白化以及灰色聚类思想进行节点风险评估。针对自组网络通信需求对节点行为进行多关键属性划分，采用味集群方法收集原始样本，避免恶意推荐；将难以用数值精确刻画的关键属性以白化权函数量化，引入灰聚类的概念和计算方法，将实体的通信风险水平定义为实体关键属性值序列针对各评估灰类的聚类评估值，从而得到该实体通信风险水平的相对参考值。

(1)样本指标选择。样本指标选择要符合无人机集群组网的设定。除了网络通信特性（如丢包率）外还应该考虑该节点的自身物理属性，包括移动特性、无线信号特性以及空间特性等：网络通信特性是指节点对于网络报文收发的特性，是反应节点风险水平的核心因素。网络通信特性包括传输速度、丢包率等，传输速度体现了节点的工作性能，传输速度太低不利于网络通信，若将其作为路由节点风险程度提高；丢包率则是评价节点工作可靠性的关键指标，丢包率除了跟自身工作的稳定性有关以外，还跟一些特定的移动自组网攻击相关，如黑洞攻击、虫洞攻击等，是评估不可缺少的部分。在节点的物理属性方面，移动特性主要关注节点运动速度，运动速度越快，丢包率会越高，也会导致路由频繁变化，不利于稳定的通信；无线信号特性则包括两个方面的因素，一个是信号强弱水平，信号越强，则工作越可靠，另外一个是信号稳定程度，即信号变化率，信号变化太快，既可能是节点移动过快，也可能是节点自身的不稳定以及环境的干扰导致，甚至节点本身是一个攻击节点，因此，信号稳定程度也反映了通信的风险级别；空间特性则主要是节点之间的距离，节点越近，则传输可靠性越高，距离也是通信风险需要考虑的因素。样本指标选择还需要满足可监测以及客观性的特点。可监测是指该属性指标在移动自组网中需具备测量的手段，如转发速度与丢包率可通过 Watchdog 方法，将网络接口设置为监听方式，即可完成数据的监测，该方法同样适用于无线信号的检测；客观性是指指标测量是客观的，应避免恶意伪造指标数值，如被评估节点的电池能量指标，虽然电池能量的多少可影响通信的风险，但需要节点自身进行检测并报告给评估节点，较容易伪造。根据可监测的要求，移动特性与空间特性的测量需要专门的设备，如测距雷达、GPS 定位设备等，这在资源短缺的移动自组网环境中难以满足，但是可以根据信号强度与距离的转换关系，将移动的速度反映到无线信号的变化中，而将距离的远近反映到信号的强度中，同样可以对其进行评估与处理。

样本指标选择如图 5-2 所示。

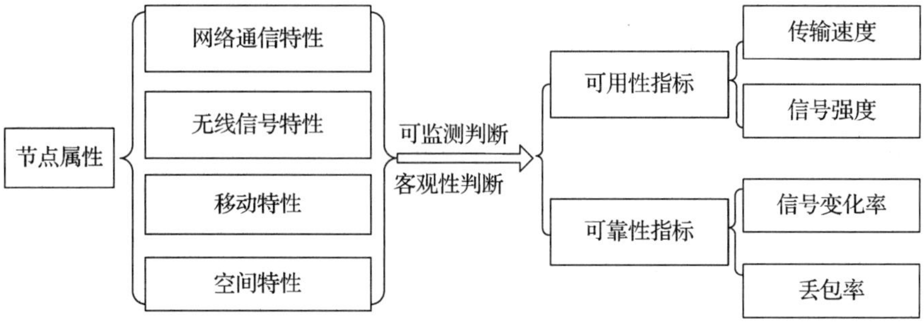

图 5-2　样本指标选择

(2)基于灰聚类的节点信誉机制。根据灰色理论聚类分析过程以及节点风险评估需求，首先对被评估节点进行关键属性定义，得到关键属性集合 A，各个评估节点集合 P，对这些关键属性进行监测后，将样本数据交换，通过选择，得到味集群，对每个味集群样本进行量化单位统一化处理以及指标多极性处理后，进行灰聚类计算，最后通过味集群决策得出结论，味集群内部的样本由于都在有效偏差范围之内，可直接对样本进行算数平均后进行灰聚类计算。非完全信息可信节点评估方案框架如图 5-3 所示。

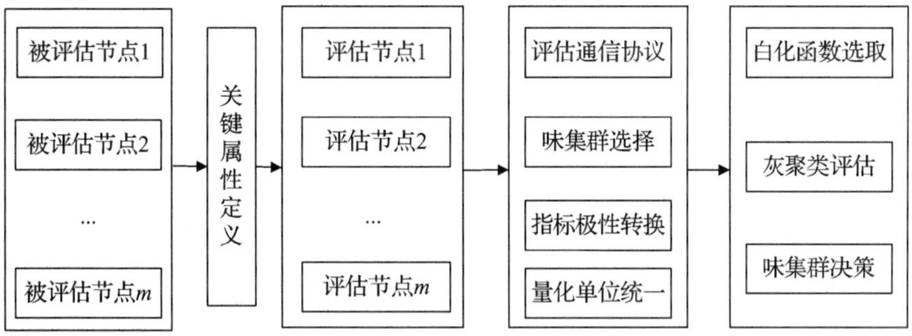

图 5-3　节点风险评估框图

(3)味集群决策算法。

输入：味集群 $T_1,T_2,\cdots,T_q$ 对被评估节点集$\{d_1,d_2,\cdots,d_m\}$的灰聚类评估矩阵为

$$\boldsymbol{G}^* = \begin{pmatrix} g_{11}^* & g_{12}^* & \cdots & g_{1m}^* \\ g_{21}^* & g_{22}^* & \cdots & g_{2m}^* \\ \vdots & \vdots & & \vdots \\ g_{q1}^* & g_{q2}^* & \cdots & g_{qm}^* \end{pmatrix}$$

输出：味集群 $T_1,T_2,\cdots,T_q$ 对$\{d_1,d_2,\cdots,d_m\}$决策结果，有

$$G^0 = \{g_1^0, g_2^0, \cdots, g_m^0\}$$

步骤如下：

对$\{d_1,d_2,\cdots,d_m\}$中的每个节点d_i：

对d_i所有的聚类灰类$\boldsymbol{G}_i^*=\{g_{1i}^* \quad g_{2i}^* \quad \cdots \quad g_{qi}^*\}$进行计算，针对每个灰类$g_k$，

$$\text{if}(g_{ki}^*=g_k)\ \text{then}C_i(g_k)++;$$

然后，$C_i=\max(C_i(g_k))$得到对应的g_k，

if(Count(g_k) > 1)，then 将σ_{ik}对应的灰类g_k作为最终结果

g_k为节点d_i的决策结果g_i^0。

(4)白化函数定义。针对每个评估指标，可以根据通信的需求以及网络指标要求，定义其白化函数。假设采用802.11b无线设备组建移动自组网，其理想传输速度与距离如表5-2所示，在实际应用中，通常有一半的"原始速度"被分组负载、校验和、帧位、错误恢复数据和其他"无用"的信息占用，即使不考虑传播范围和障碍物对性能的削弱影响，实际吞吐率也仅能达到最高传输速率的一半甚至更低，为0.5～5.5 Mb/s，在实际工作环境中，802.11b室外有效工作范围为300 m，超过550 m认为数据传输不可靠。根据这个原则，同时结合表5-2可知，对于传输速率，小于0.5 Mb/s(63 KB/s)为不可靠，大于5.5 Mb/s(688 KB/s)为可靠性高，而2 Mb/s(250 KB/s)左右为一般可靠；根据一般网络评估指标，丢包率小于10%可认为可靠程度高，而30%左右为正常丢包率，大于70%则认为可靠性低；对于信号强度，802.11b网络设备的发射功率根据国家无线电管理规定，不能超过20 dBm，即100 mW，因此可设网络设备发射功率为100 mW，根据自由空间模型可计算出在不同距离对应的信号功率。

表5-2 802.11b理想速度表

序号	距离/m	速度/($\mathrm{Mb \cdot s^{-1}}$)
1	160	11.0
2	270	5.5
3	400	2.0
4	550	1.0

根据上述公式以及工作距离，可知在160 m、300 m以及550 m处的衰减强度分别为84.74 dBm、90.21 dBm以及95.47 dBm，而网卡发射功率为20 dBm左右，因此，当检测到的信号强度大于−64.74 dBm(3.36×10^{-7} mW)的时候，可认为该节点信号较可靠，在−70.21dBm(0.953×10^{-7} mW)左右的时候该节点为一般可靠，在−75.47dBm(0.284×10^{-7} mW)的时候，则认为该节点信号不可靠。对于信号变化率，可结合移动速率进行判断，不妨以一般文档传输作为判断，假定移动自组网中需要传输的文件最大为10 MB，在平均2 Mb/s(250 KB/s)的速度下需要40 s，以影响最大的直线远离方式运动，则节点如果在该时间内运动了550 m，可认为该文档无法完成传输，此时，信号变化率为95.47/40＝2.39 dBm/s，即信号变化率大于2.39 dBm/s的时候，可认为该节点通信风险高，同理，信号变化率小于2.12 dBm/s的时候为低风险，2.26 dBm/s左右为一般风险，又设节点运动最大速度为20 m/s，则信号变化最大值为3.47 dBm/s。

各个指标选定单位分别为：丢包率采取百分比、无量纲单位；传输速度采用KB/s；信号强度采用10^{-7}mW；信号变化率采用dBm/s。则针对各个指标的白化函数为

1)第一灰类(上灰类):

$$f_{11}(0,c_{11})=f_{11}(0,0.1),$$
$$f_{21}(c_{21},\infty)=f_{21}(688,\infty),$$
$$f_{31}(c_{31},\infty)=f_{31}(3.36,\infty),$$
$$f_{41}(0,c_{41})=f_{41}(0,2.12)$$

2)第二灰类(中灰类):

$$f_{21}(-,c_{12},+)=f_{12}(-,0.3,+),$$
$$f_{22}(-,c_{22},+)=f_{12}(-,250,+),$$
$$f_{32}(-,c_{32},+)=f_{12}(-,0.953,+),$$
$$f_{42}(-,c_{42},+)=f_{12}(-,2.26,+)$$

3)第三灰类(下灰类):

$$f_{13}(c_{13},\infty)=f_{13}(0.7,\infty),$$
$$f_{23}(0,c_{23})=f_{23}(0,63),$$
$$f_{33}(0,c_{33})=f_{33}(0,0.284),$$
$$f_{43}(0,c_{43})=f_{43}(2.39,\infty)$$

上述白化函数自变量针对不同属性有不同的单位,在聚类分析前需要做统一化处理.需要指出的是,这些指标的制定是针对特定的传输要求提出的一个简化指标阈值,实际中可针对具体的移动自组网采用相应的指标参数。

(5)信誉计算算法。味集群中第 i 个客户 C_i 对节点 B 的指标 S_j 的评价即为 d_{ij},其中 $1\leqslant i\leqslant t$, $1\leqslant j\leqslant l$,可构成一个客户评价矩阵,即灰关联因子集:

$$\begin{pmatrix} C_1\to B \\ C_2\to B \\ \vdots \\ C_t\to B \end{pmatrix}=\begin{pmatrix} d(1) \\ d(2) \\ \vdots \\ d(t) \end{pmatrix}=\begin{pmatrix} d_{1,1} & d_{1,2} & \cdots & d_{1,l} \\ d_{2,1} & d_{2,2} & \cdots & d_{2,l} \\ \vdots & \vdots & & \vdots \\ d_{t,1} & d_{t,2} & \cdots & d_{t,l} \end{pmatrix}$$

然后对灰关联因子集进行灰关联分析,并对时间 t 积分,计算灰关联度,得客户集到节点 B 的评估向量 $\boldsymbol{X}$。

以相对优化原则构造参考序列 $d(0)=\{d_{0,1},\ d_{0,2},\cdots,\ d_{0,l}\}$,其中 $d_{0,j}=\max\{d_{i,j}\}$。

定义 $\gamma=\gamma(d_{0,j},d_{i,j})=\dfrac{1}{n}\sum\limits_{i=1}^{t}\gamma(d_{0,k},d_{i,k})$,并且

$$\gamma(d_{0,j},d_{i,j})=\frac{\min\min|d_{0,k}-d_{i,k}|+\zeta\max\max|d_{0,k}-d_{i,k}|}{|d_{0,k}-d_{i,k}|+\zeta\max\max|d_{0,k}-d_{i,k}|}$$

称 $\gamma_{i,j}$ 为序列 $d(i)$ 对于参考序列 $d(0)$ 的灰关联度。其中 $\zeta\in(0,1)$ 为分辨系数,一般 ζ 取 0.5。同时 $\gamma_{i,j}$ 也意味着客户集对节点 B 的 s_j 指标评价值。设 $t\in[t_0,t_n]$,若灰关联度 $\gamma_{i,j}$ 在 t 点成立,当且仅当 $t_n(t_0\neq 0)$ 时,评分值有确定解 $X_i(s_j)$,且 $X_i(s_j)=\dfrac{1}{t_n-t_0}\displaystyle\int_{t_0}^{t_n}\gamma_{i,j}(t)\mathrm{d}t$ 。因此评估向量可表示为 $\boldsymbol{X}=(X_{s_1},X_{s_2},\cdots,X_{s_l})$。

构造白化函数及权重矩阵。定义第 j 个聚类指标的 k 灰类的白化函 $f_{s_j}^{k}(\cdot)$,$f_{s_j}^{k}(\cdot)\in$

[0,1],并定义该白化函数的阈值 $\lambda_{j,k}$,满足 $f_{s_j}^k(\lambda_{j,k})=1$。对于优灰类的特征白化值取该类指标 j 中的最优值;劣灰类的特征白化值取该类指标 j 中的最差值;若有其他灰类,其特征白化值可由上述两种特征白化值内插求得。

由上述定义求取 j 指标 k 灰类的权重 $\eta_{s_j}^k$,$\eta_{s_j}^k=\dfrac{\lambda_{j,k}}{\sum\limits_{i=1}^{l}\lambda_{j,k}}$,则权重矩阵为 m 行×l 列(m 为灰类个数,l 为聚类指标个数)。

白化矩阵 $\boldsymbol{F}_i$ 则如下所示:

$$\boldsymbol{F}_i=\begin{pmatrix} f_{s_1}^1(X_{s_1}) & f_{s_1}^2(X_{s_1}) & \cdots & f_{s_1}^k(X_{s_1}) & \cdots & f_{s_1}^m(X_{s_1}) \\ f_{s_2}^1(X_{s_2}) & f_{s_2}^2(X_{s_2}) & \cdots & f_{s_2}^k(X_{s_2}) & \cdots & f_{s_2}^m(X_{s_2}) \\ \vdots & \vdots & & \vdots & & \vdots \\ f_{s_j}^1(X_{s_j}) & f_{s_j}^2(X_{s_j}) & \cdots & f_{s_j}^k(X_{s_j}) & \cdots & f_{s_j}^m(X_{s_j}) \\ \vdots & \vdots & & \vdots & & \vdots \\ f_{s_l}^1(X_{s_l}) & f_{s_l}^2(X_{s_l}) & \cdots & f_{s_l}^k(X_{s_l}) & \cdots & f_{s_l}^m(X_{s_l}) \end{pmatrix}$$

计算聚类向量 $\boldsymbol{\sigma}$,有

$$\boldsymbol{\sigma}=(\sigma^1,\sigma^2,\cdots,\sigma^m)=\left[\sum_{i=1}^{l}f_{s_i}^1(X_{s_i})\eta_{s_i}^1,\sum_{i=1}^{l}f_{s_i}^2(X_{s_i})\eta_{s_i}^2,\cdots,\sum_{i=1}^{l}f_{s_i}^m(X_{s_i})\eta_{s_i}^m\right]。$$

可信度等级的判定:若 $\sigma^i=\max(\sigma^1,\sigma^2,\cdots,\sigma^m)$,则节点 B 的可信度等级属于 g_i。

(6)基于信任计算的路由机制。以 OLSR 协议为例,每个节点通过收集邻节点的信息,计算对应的信任度,并在广播拓扑控制报文时,广播相邻节点的信任值。节点收到拓扑控制报文后,构建拓扑时是一个带权值的有向图,进行路由计算时,考虑这些权值即可,比如使用带权路径最短- Dijkstra 算法。

(7)实验及仿真。在 QulaNet 选取 1 500 m×1 500 m 的场景,均匀放置 30 个无线节点,拓扑结构如图 5-4 所示。物理层设置为 2 Mb/s 带宽,信号覆盖范围为 270 m,拓扑上呈对角线相邻的节点信号不可达,仿真时间为 900 s。分别在节点 1 和 6、13 和 18、25 和 30 之间建立 CBR 数据流,每隔 1 s 发送一个 512 字节的 CBR 数据包。

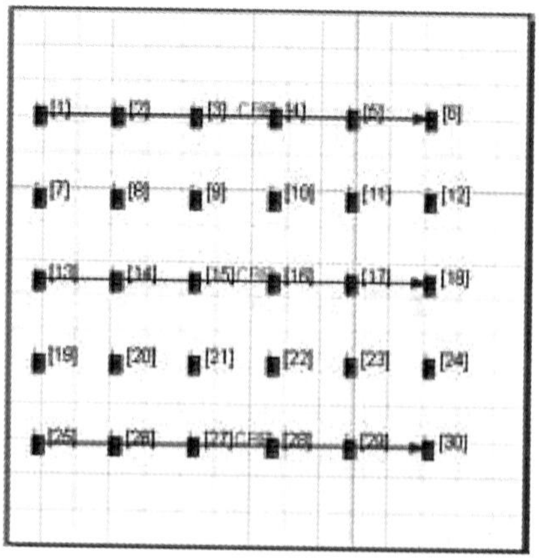

图 5-4　网络拓扑示意图

分 7 组实验，测试在攻击者节点个数增加的情况下，OLSR 协议和 trust - olsr 协议的网络性能，7 组实验的恶意节点分布如表 5 - 3 和图 5 - 5 所示。攻击节点的功能设置为正常参与路由协议，但针对数据包进行全部丢弃。

表 5 - 3　恶意节点个数及标识

恶意节点个数	0	1	2	3	4	5	6	7
恶意节点标识	无	3	3，15	3，15，27	3,11,15,27	3,11,15, 23，27	2,3,11, 15,23,27	2,3,11,14, 15,23,27

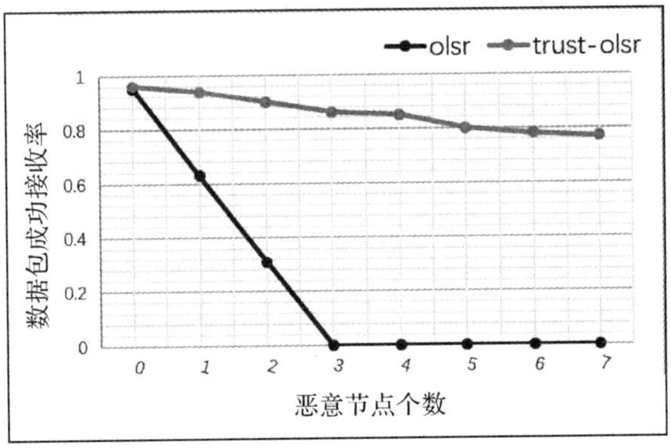

图 5 - 5　数据包平均成功接收率

由仿真结果可以看出，当恶意节点数逐渐增加时，基于灰聚类节点信任计算的 OLSR 协议仍然能够保证 CBR 包的接收率，而未加入信任计算的 OLSR 协议在恶意节点变多的情况下，特别是路由选择中无法绕开恶意节点(节点 3、节点 15 以及后几组实验中的节点 27)的情况下，CBR 数据流出现了中断，而且路由出现死锁，因为节点 2、14、26 在屡次数据传输失败的情况下，仍然将节点 3、15 和 27 当作自己的邻居。仿真结果表明，在有恶意节点的情况下，基于信任计算的路由协议有着更好的表现，体现了路由过程中趋利避害的目的。

5.6　小　　结

无人机集群的网络安全问题，仍然是一个开放问题，目前并未形成一个成熟的解决方案。对于急需解决的无人机集群网络安全的问题而言，特别是面向战场环境时，首要问题应是低截获和抗干扰的数据链波形设计，其次是信任模型和密钥管理，最后才是网络协议层安全(拓扑管理、路由机制等安全)。

参考文献

[1] 陶于金，李沛峰．无人机系统发展与关键技术综述[J]．航空制造技术，2014，464(20)：34－39．

[2] 段海滨，邱华鑫，陈琳，等．无人机自主集群技术研究展望[J]．科技导报，2018，36(21)：90－98．

[3] 王俊，周树道，程龙，等．无人机数据链关键技术与发展趋势[J]．飞航导弹，2011(3)：62－65．

[4] 王毓龙，周阳升，李从云．美军无人机数据链发展研究[J]．飞航导弹，2013(4)：73－76．

[5] 任德锋，陶孝锋，朱厉洪，等．美军战术数据链发展研究[J]．空间电子技术，2015，12(3)：51－54，80．

[6] 房朝辉，李冬．美军战术数据链的最新动态[J]．国防科技，2008(1)：84－87．

[7] 何肇雄．战术数据链组网技术研究[D]．长沙：国防科学技术大学，2011．

[8] 陈志辉，李大双．对美军下一代数据链 TTNT 技术的分析与探讨[J]．信息安全与通信保密，2011(5)：76－79．

[9] 李宏智．战术数据链的发展与作战应用[J]．舰船电子工程，2010，30(4)：1－5．

[10] 雷鹏勇．无线通信数据链协议栈软件设计与实现[D]．成都：电子科技大学，2012．

[11] ESCHENAUER L，GLIGOR V D. A key－management scheme for distributed sensor networks[C]. ACM Conference on Computer and Communications Security，2002：41－47.

[12] RAMKUMAR M，MEMON N. An efficient key predistribution scheme for ad hoc network security[J]. IEEE Journal on Selected Areas in Communications，2005，23(3)：611－621.

[13] HUBAUX J，BUTTYAN L ，CAPKUN S. The quest for security in mobile ad hoc networks[C]//Proceedings of the 2nd ACM international symposium on Mobile ad hoc networking & computing. ACM New York，NY，USA. ，2001：146－155.

[14] CAPKUN S，BUTTYAN L ，HUBAUX J. Self－organized public－key management for mobile ad hoc networks[J]. IEEE Transactions on mobile computing，2003，2(1)：52－64.

[15] ZHOU L，HAAS Z. Securing Ad Hoc Networks[J]. IEEE Networks，1999，13(6)：24－30.

[16] KONG J，ZERFOS P，LUO H，et al. Providing robust and ubiquitous security support for mobile ad－hoc networks [C]//Proceedings of the 9th International Conference on Network Protocols，Piscataway NJ. IEEE Press，2001：251－260.

[17] KHALILI A，KATZ J，ARB AUGH W A. Toward secure key distribution in truly ad hoc networks[C]// Proceedings of 2003 Symposium on Applications and the Internet Workshops，2003：342－346.

[18] DENG L M, MUKHERJEE A, AGRAWAL D P. Threshold and Identity - Based Key Management and Authentication for Wireless Ad Hoc Networks[C]// Proceedings of ITCC 2004 International Conference on Information Technology:Coding and Computing,2004:107 - 111.

[19] SETH A, KESHAV S. Practical security for disconnected nodes[C]// Proceedings of the First Workshop on Secure Network Protocols, Piscataway NJ: IEEE Press, 2005: 31 - 36.

[20] ASOKAN N, KOSTIAINEN K, GINZBOORG P, et al. Applicability of Identity - Based Cryptography for Disruption - Tolerant Networking[C]// Proceedings of the 1st international MobiSys workshop on Mobile opportunistic networking, New York: ACM, 2007: 52 - 56.

[21] AL - RIYAMI S S,PATERSON K G.Certificateless public key cryptography. Advanced in Cryptology - ASIACRYPT 2003[C]//Proceedings of 9th International Conference on the Theory and Application of Cryptology and Information Security,2003: 452 - 473.

[22] FAGEN L, SHIRASE M, TAKAGI T.Key management using cerficateless public key cryptography in ad hoc networks[J]. Lecture Notes in Computer Science,2008: 116 - 126.

[23] ZHANG Z F, SOSILO W, RAAD R.Mobile Ad - hoc network key management with certificateless cryptography[C]//2008 2nd International Conference on Signal Processing and Communication Systems. ICSPCS,2008.

[24] LU L,WANG Z,LIU W J, et al.A certificateless key management scheme in mobile ad hoc networks[C]//7th International Conference on Wireless Communications, Networking and Mobile Computing,2011.

[25] 李思佳,毛玉泉,郑秋容,等.UAV 数据链抗干扰的关键技术研究综述[J].计算机应用研究,2011,28(6):2020 - 2024.

[26] 陈亚丁,李少谦,程郁凡.无线通信系统综合抗干扰效能评估[J].电子科技大学学报,2010,39(3):196 - 208.

[27] 邓雪群.数据链通信的抗干扰、低截获技术发展研究[J].中国新通信,2017,19(19): 66 - 68.

[28] 丁文锐,黄文乾.无人机数据链抗干扰技术发展综述[J].电子技术应用,2016,42(10): 6 - 10.

[29] 洪亮. 移动自组网路由安全性研究[D].武汉:华中科技大学,2006.

[30] 严泽松. 基于信任评估的移动自组网安全路由协议研究[D].郑州:解放军信息工程大学,2011.

[31] PAPADIMITRATOS P, HAAS Z J. Secure routing for mobile ad hoc networks[C]. The SCS Communication Networks and Distributed Systems Modeling and Simulation Conference (CNDS), San Antonio, TX, January 27 - 31, 2002: 193 - 204.

[32] DAHILL B, LEVINE B N, ROYER E,et al. ARAN: A secure Routing Protocol for

Ad Hoc Networks[R]. [S.l.]:UMass Tech Report 02 - 32, 2002.

[33] HU Y C, PERRIG A, JOHNSON D B. Ariadne: A secure on - demand routing protocol for ad hoc networks[J]. Wireless Networks, 2005, 11(1 - 2): 21 - 38.

[34] YI S, NALDURG P, KRAVETS R. Security - aware ad hoc routing for wireless networks[C]// Proceedings of the 2nd ACM international symposium on Mobile ad hoc networking & computing, ACM, 2001: 299 - 302.

[35] MARTI S, GIULI T J, LAI K, et al. Mitigating routing misbehavior in mobile ad hoc networks[C]// Proceedings of the 6th annual international conference on Mobile computing and networking, ACM, 2000: 255 - 265.

[36] BUCHEGGER S, LE BOUDEC J Y. Nodes bearing grudges: Towards routing security, fairness, and robustness in mobile ad hoc networks[C]// Proceedings 10th Euromicro Workshop on Parallel, Distributed and Network - based Processing, IEEE, 2002: 403 - 410.

[37] BUCHEGGER S, LE BOUDEC J Y. Performance analysis of the CONFIDANT protocol[C]//Proceedings of the 3rd ACM international symposium on Mobile ad hoc networking & computing, ACM, 2002: 226 - 236.

[38] MICHIARDI P, MOLVA R. Core: a collaborative reputation mechanism to enforce node cooperation in mobile ad hoc networks[J]. Advanced Communications and Multimedia Security, 2002: 107 - 121.